KB006860

뉴욕타임스 과학

THE NEW YORK TIMES BOOK OF SCIENCE:
More than 150 Years of Groundbreaking Scientific Coverage
The New York Times, David Corcoran

Copyright © 2015 by The New York Times Company
All Material in this book was first published in The New York Times and is copyright © 2015 by The New York Times Company
All rights reserved.

The printing, copying, redistribution, or retransmission of the material without express written permission is prohibited.
This Korean edition was published by OpenScience in 2018
by arrangement with Sterling Publishing Co., Inc.
through KCC(Korea Copyright Center Inc.), Seoul.

이 책은 (주)한국저작권센터(KCC)를 통한 저작권자와의 독점계약으로
열린과학에서 출간되었습니다.
저작권법에 의해 한국 내에서 보호를 받는 저작물이므로 무단전재와 복제를 금합니다.

The New York Times

뉴욕타임스 과학

나탈리 앤지어, 월데머 캠퍼트, 월터 설리번,
존 노블 윌포드, 칼 짐머 외 52인 지음
민청기, 방진이 옮김

질문, 발견, 탐구에 관한 150년간의 이야기

열린과학

일러두기

1. 이 책의 외래어 표기는 국립국어원의 외래어 표기법을 따랐으며, 본문 내 '중략' 및 '하략'은 원서를 따른 것입니다.
2. 옮긴이와 편집자 주는 해당 부분에 괄호를 달고, 설명 끝에 각각 –옮긴이와 편집자로 표기했습니다.
3. 본문에 나온 도서 중 국내에 번역 출간된 도서는 출판사와 출판연도를, 미출간 도서는 원서명을 병기했습니다.
4. 단행본은 『 』, 신문·잡지·학술지는 《 》, 영화·노래는 〈 〉로 표기했습니다.

과학 편집자로서 끝없는 열정과 창의력, 유머로

《뉴욕타임스》의 과학/건강 부문 보도를 디지털 시대로 이끈

바버라 스트로치(Barbara Strauch, 1951~2015)에게

추천사 *Foreword*

40년 전쯤의 일이다. 수학 괴짜들의 원정 경기라고 할 수 있는 중학교 수학 경시대회에 참가하려고 기차를 타고 멀리 가는 길이었다. 우리를 인솔하는 선생님이 열차의 금속바퀴에서 나는 소음을 뚫고 몇몇 아이에게 수학이 왜 좋은지 물었다. 주변 여건상 누구보다 내성적일 것 같지만, 사실 '수학 선수'들이 그 정도로 내성적이지는 않다. 아이들은 완전제곱수이면서 삼각수인 수를 찾거나 지하철에 탄 두 사람의 생일이 같을 확률 계산하기 같은 문제에는 적극적으로 달려드는 데 반해, 어떤 것에 관해서 개인적인 생각을 표현할 때는 좀 더 내성적인 반응을 보인다. 빠른 속도로 달리는 열차에는 덜컹거리는 소리만 들렸다. 아이들은 아무 대답도 하지 않았다.

하지만 나는 선생님의 질문을 듣고 생각에 잠겼다. 나는 왜 수학에 빠졌던 걸까? 문제의 해답에 집중하는 순간의 설렘 때문에? 우아한 증명을 만들어가는 과정의 아름다움 때문에? 아니면 숨은 패턴을 이해하는 능력 때문에? 물론 7학년(한국의 중학교 1학년—옮긴이) 학생으로서 이제 갓 싹을 틔운 내 수학적 사고방식으로는 모두 관련이 있었다. 그래도 내 기억에 가장 설득력 있는 대답은 바로 수학이 '쓸모가 있다'는 것이었다. '우량조건문제(프랑스 수학자 자크 아다마르의 정의에서 시작된 개념으로 문제의 답이 존재하고 그 해가 유일하게 결정될 수 있는 조건의 문제를 말한다.—옮긴이)'에는 하나의 명확한 해답이 존재한다. 어떤 해법을 사용하든, 어떤 계산법을 적용하든, 어떤 경사각을 선택하든, 오류가 없다면 해답을 얻게 될 것이다. 답이 있다는 말이다. 문제를 풀 때 그 문제에 답이 있다는 최소한의 확실성이, 내게는 불확실성으로 가득한 것 같았던 1960년대 이후의 세상에서 반가운 정신적 지주가 되었다.

그런데 과학 전문 작가라는 직업에 도전 의욕을 불러일으키는 것도, 파도치는 불확실성의 바다에 존재하는 바로 그 확실성이다.

시험이나 경시대회에 출제되는 것처럼 인간이 만든 문제를 푸는 것이 아니라 현실 세계를 탐험하는 도구로 수학을 사용할 때는, 너무 복잡해지지 않도록 가정假定이라는 두꺼운 벽으로 주변을 둘러쳐야 정확성을 확보할 수 있다. 지구의 공전운동을 계산할 때, 우리는 지구가 태양의 중력에만 영향을 받으면서 운동하는 단단한 공이라고 가정한다. 진실에 좀 더 가까이 다가가고 싶을 때는 달과 다른 행성의 영향력까지 계산한다. 지구의 복잡한 내부 구조까지 반영할 때도 있다. 전반적으로 과학의 작동 방식을 한마디로 요약하자면 '진보라는 것은 단순화와 관련성이 서로 겹치는, 그러면서 끊임없이 변화하는 영역에서 일어난다'라고 할 수 있다. 과학이란 무시해야 할 것들을 알아내는 기술인 것이다.

그래서 과학 전문 작가는 과학적 결과의 정확성(확실성)과 그런 결과를 뒷받침하는 검증의 어려움(불확실성) 사이에서 끊임없이 미묘한 균형을 유지해야 한다. 나 역시 작가이자 과학자로서 그 두 가지를 모두 경험했다. 과학 기자와 수많은 인터뷰를 하면서 나는 "네, 하지만…"이라는 말을 반복했다. 그 말로 어떤 제한조건을 강조하면서 과학 진보에 대한 내 설명은 더 정확해졌지만, 한편으로 책임감 있는 기자로서 내가 작성한 기사의 의미는 애매해졌다. 나는 글을 쓰면서 과학 진보의 짜릿함은 그대로 담아내면서 각각의 진보에 따르는 정확한, 그리고 늘 존재하는 한계를 충실하게 표현하려고 끊임없이 글과 씨름했다.

본질적으로 우리 과학자들은 모르는 것만큼이나 아는 것에 관해서도 방어적이다. 우리에게는 무지無知도 유용하다. 모른다는 것은 우리가 알고 있는 지식의 한계를 알려줄 뿐 아니라 드물게는 우리에게 미지의 영역을 보여 주고 새로운 통찰을 전해 준다.

과학자와 과학 작가 들이 그런 사실을 대중과 늘 원활하게 소통하는 것은 아니다. 독자들을 숨죽이게 할 정도로 잘 쓴 기사는 물론 흥미진진하다. 하지만 그런 기사는 시간이 가면서 사람들에게 '과학은 불안정한 것'이라는 인상을 준다. 꾸준히 변화가 일어나 사실이 이리저리 흔들리면서 과학 교과서의 내용도 계속 바뀐다는 생각을 자연스럽게 만드는 것이다. 하지만 과학은 사실 놀라울 정도로 안정적이다. 새로운 통찰은 보통 기존 지식을 없애는 것이 아니라 오히려 기존 지식을 미지의 영역으로 조금 더 들어가게 한다. 오해를 살 때가 많지만, 이것이 바로 모든 과학 활동의 본질적인 특성이다.

사실 훨씬 더 중요한 역할을 하는 것은 과학의 연속성인데, 가장 잘 작성된 과학 기사를 읽어도 독자들이 알아내기 어려울 수 있는 것이 바로 연속성이다. 20세기의 가장 위대한 과학 성과로 1915년 아인슈타인이 완성한 일반상대성이론을 꼽을 수 있다. 이 이론은 중력을 설명하는 새롭고도 더 강력한 방법론이다. 1919년 아인슈타인의 이론은 일식이 일어나는 동안 멀리 떨어진 별을 관측하여 얻은 결과를 통해 확인되었다. 《뉴욕타임스》에서는 그 이야기를 두 개의 기사(두 기사 모두 이 책에 실려 있다)로 작성하여 널리 보도했는데, 내가 본 것 중에 가장 자주 인용되었던 기사이기도 하다. 당연한 말이지만, 그 기사에서는 시공간에서 뒤틀리고 구부러지는 면에서 중력을 설명한 아인슈타인의 전혀 새로운 관점을 별로 대단하게 보지 않았다. 과학 교육을 받지 않은 사람에게 고도로 추상적인 개념을 설명할 때는 제아무리 뛰어난 과학자라고 해도 몇 년이 지난 후에야 비로소 적당한 말이 떠오를 때가 많다. 그리고 정확히 말하자면, 《뉴욕타임스》의 기사는 하늘로 던진 공이 그리는 원호圓弧나 아래로 떨어뜨린 컵이 그리는 궤적처럼 우리가 일상에서 보는 중력 현상에서는 아인슈타인과 뉴턴의 예측이 거의 다르지 않다고 강조했다.

하지만 독자들이 그 기사를 읽고 아인슈타인의 발견이 아무리 혁신적이라도 상대성이론을 발견할 때 뉴턴의 중력 법칙이 중요한 길잡이였다는 것까지 파악할 수는 없을 것이다. 1912년부터 1915년까지 복잡한 수학을 연구하던 아인슈타인은 달의 움직임처럼 일상적인 상황에 적용할 때는 자신이 개발한 새로운 방정식을 뉴턴의 중력으로 바꿔야 한다고 애써 주장했다. 바로 그런 상황에서는 뉴턴의 개념이 아주 정확하다는 것이 이미 증명되었기 때문이다. 사실 아인슈타인은 1913년에 이 요건을 적용하면서 기술적으로 오류를 범했고, 그 탓에 일반상대성이론의 발견은 2년 동안 지연되었다. 그래도 아인슈타인은 뉴턴의 중력을 무시하기는커녕 뉴턴 물리학이라는 생명줄을 단단히 부여잡은 채, 낯설지만 웅대하고 아름다운 세상으로 나아갔다.

요점을 말하자면, 지식의 최전선에는 불확실성(과학을 흥미롭게 만드는 것이 바로 이 불확실성이다)이 있지만 여러분이 확신할 수 있는 과학적 통찰의 정수도 함께 존재한다. 아인슈타인이 일반상대성이론을 발견했다고 해서 여러분이 고등학교 물리 시간에 뉴턴의 중력을 이해하려고 노력했던 일이 헛수고가 되지 않는다는 말이다. 옷장에 걸려 있는 폭이 아주 좁은 넥타이와 달리 심오한 과학 지식은 결코 구닥다리가 되는 법이 없다.

때로는 많은 과학 전문 작가가 단 하나의 놀라운 발견에 매료된 나머지 덫에 걸려 과학 발전의 기본적인 연속성을 침해하는 것을 볼 수 있다. 나는 미지의 영역에 들어섰다는 사실을 알릴 때, 사람들 사이에 왜 의견 충돌이 일어나는지 잘 알고 있다. 현실에서 그런 미지의 영역은 지금까지 잘 알려진 모든 지식의 주변에서 경계를 이루며 밀접하게 연관되어 있기 때문이다. 이 훌륭한 책에 실린 많은 기사가 증명하듯, 최고의 과학 기사는 그런 경계가 있다는 것을 명확하게 드러내지 않으면서 그 경계 위를 걸어 다닌다.

그 경계선을 지키는 것은 매우 중요하다. 앞으로는 과학적 통찰과 과학기술의 산물에 의존할 일이 더 많아질 것이다. 따라서 대중이 과학적 성과에 익숙해지고 과학적 절차에 대한 감을 익혀야 할 필요성이 날로 증가하고 있다. 과학이 진보하면서 확실성의 영역은 정확하게 연계된 불확실성의 영역으로 확장된다. 내가 어릴 적 기차 안에서 얻은 통찰과 아주 비슷하게, 일반 대중도 과학의 원리에 관해 알아야 한다. 그것도 아주 깊이.

브라이언 그린Brian Greene

(물리학자, 『엘러건트 유니버스』 저자)

서문 *Introduction*

《뉴욕타임스》에 과학이 처음 언급된 것은 시기적절하게도 1851년 9월 18일 발간된 창간호였다. 당시에는 신문 이름이 《뉴욕 데일리 타임스 *The New-York Daily Times*》였고 총 네 면 중에서 두 번째 면에 '그레이엄 크래커(그레이엄이 금욕적이고 건강한 생활을 영위하기 위해 만들었던 사각형 통밀 크래커-옮긴이)'를 발명한 유명 영양학자 레버런드 실베스터 그레이엄Reverend Sylvester Graham이 사망했으며, 그의 저서 『인간 생명과학에 관한 강의 *Lectures on the Science of Human Life*』에 저자의 독특한 관점에 관한 체계적이고 일부 과학적인 설명이 담겨 있다는 기사가 실렸다.

부고 기사를 썼던 기자가 왜 그레이엄의 관점을 독특하다고 표현했는지는 알 길이 없다. 촛불 아래에서 손으로 조판 작업을 하던 초기의 《뉴욕타임스》는 지금과 달리 영향력이 크지 않았고, 뉴스로 과학 기사가 보도된다는 것 자체가 상식적으로 매우 독특한 일이었을 것이다. 《뉴욕타임스》의 창립자이며, 카리스마 넘치고 야심만만하며 약간 돈키호테 같은 공화당 정치인 헨리 자비스 레이먼드Henry Jarvis Raymond는 "미국에서 가장 훌륭하고 저렴한 가족 신문"을 만들겠다며 "열정을 위한 냉정하고 지적인 비판"을 전면에 내세웠다. (그리고 다분히 의도적으로 신문을 1페니에 판매해 경쟁자들의 싹을 잘랐다.) 레이먼드가 고용한 최고의 직원 가운데 존 스윈턴John Swinton 논설위원은 과학 보도 측면에서 《뉴욕타임스》를 최고의 자리에 올렸는데, 굵직한 과학 학술회의 기사를 '하루'에 서너 개씩 보도할 정도였다. 다윈의 『종의 기원』에 관해 호의적이면서 지금도 읽어볼 가치가 있는 선구적인 서평(이 책의 468~481쪽)을 써달라고 의뢰해서 조금이나마 책을 알렸던 사람도 바로 스윈턴이었다. 하지만 스윈턴은 1869년 창업주 레이먼드가 사망한 뒤 《뉴욕타임스》를 떠났다. 그리고 메이어 버거Meyer Berger가 《뉴욕타임스》 100년 역사를 아주 박진감 넘치는 모험담처럼 써 내려간 《뉴욕 타임스 이야기 1851~1951*The Story of The New York Times 1851-1951*》에서 표현했던 대로, 그 이후로 과학 뉴스는 "거의 50년 동안 침체기에 빠졌다."

이런 상황에 변화가 생긴 것은 1896년 대부분 남에게 빌린 75,000달러(현재 가치로 환산하면 약 200만 달러)로 쇠락해 가는 《뉴욕타임스》를 사들인 테네시 출신의 젊은 출판인 아돌프 옥스Adolph Ochs와 그의 자손이자 현 경영진인 슐츠버거Sulzberger 집안사람들이 등장한 다음이었다. 옥스는 언론계에서 가장 투지 넘치고 선견지명이 있는 사람이었다. '인쇄에 적합한 모든 뉴스를 보도한다'는 경영 방침과 '두려움이나 호의 없이 편견 없는 뉴스를 전한다'는 자랑스러운 사명을 직접 만들었던 옥스는 아이디어(대부분 좋은 아이디어였다)가 넘치는 사람이었고, 자신처럼 의욕과 재능이 넘치는 사람들을 주위에 거느린 마법사 같은 존재였다.

그중에서도 가장 재능이 뛰어난 사람은 1904년 옥스가 편집국장으로 채용한 카 밴 앤다Carr Van Anda를 꼽을 수 있다. 밴 앤다는 활동적인 언론인이었을 뿐 아니라 젊은 아인슈타인이 개발한 방정식에서 최소한 두 개의 오류를 찾아낸 수학자이기도 했다. 버거는 옥스와 밴 앤다 모두 "과학계에서 아직 밝혀지지 않은 미지의 영역, 그리고 세상에서 아직 탐사되지 않은 오지의 소식에 호기심이 아주 많았다"면서 다음과 같은 글을 남겼다.

> 옥스가 현대의 탐구 활동과 과학 발전에 관한 이야기의 독점권을 얻는 데 드는 거의 모든 비용을 지불하지 않았더라면, (중략) 밴 앤다는《뉴욕타임스》를 결코 업계의 선두로 만들지 못했을 테지만, 옥스는 밴 앤다가 마음대로 하게 두었다. 그렇게 두 사람은《뉴욕타임스》를 업계의 선두로 만들었고 그 자리를 한 번도 놓치지 않았다.

《뉴욕타임스》에서 최초로 퓰리처상을 받은 사람은 앨바 존스턴Alva Johnston이었다. "과학 뉴스를 탁월하게 보도"한 공로였다. 특히 1922년 미국과학진흥협회 회의를 취재하면서 〈과학자들이 원자의 충돌을 목격하다〉라는 기념비적인 제목으로 보도한 기사(이 책의 762쪽)가 대표적이었다. 존스턴은 밴 앤다가 과학진흥협회 회의를 취재하기 위해 보도국에서 뽑은 기자였는데 정해진 분야 없이 모든 분야를 취재했다. 하지만 당시《뉴욕타임스》에서는 해당 분야의 전문가에게 취재를 의뢰하기도 했으며 과학자나 탐험가에게 뉴스 기사를 의뢰할 때도 있었다. 초창기에 그런 전문가 중의 한 사람이었던 월데머 캠퍼트Waldemar Kaempffert는 원래 공학자였다가 1927년 옥스에 의해 논설위원으로 일하게 되었다. 그리고 1930년에는 윌리엄 L. 로렌스William L. Laurence가 최초의 과학 전문기자로 채용되었다. (로렌스는 1940년대에 미 육군성 담당기자가 되어 원자폭탄 개발에 총력을 기울인 '맨해튼 프로젝트'의 공식 역사가로 참여해서 훗날 '원자력 빌'이라는 별명을 얻었다.《뉴욕타임스》에는 전쟁이 끝날 때까지 맨해튼 프로젝트에 관해 아무것도 공개하지 않는다는 조건으로 기사를 쓸 수 있었다. 지금 같으면 기자로서 상상하기 어려운 조건이었다.)

수십 년 동안 《뉴욕타임스》가 과학 보도에서 주도권을 강화하면서, 전 분야를 취재하는 기자와 전문 분야만 취재하는 기자의 비율도 달라졌다. 일부 명백한 예외가 있긴 하지만, 1940년대 이후로 과학 전문기자 대부분은 일반 언론인으로 시작한 사람들로 석사 이상의 학위가 있거나, 옥스나 밴 앤다를 움직였던 것 같은 열정적인 호기심이 있는 남녀였다. 이들은 취재하는 방법을 알고, 진짜 뉴스와 과장된 홍보 활동을 구분할 줄 알며, 새로운 발견의 중요성과 그 발견의 기반이 되는 대학원 수준의 과학을 이해하는 데 도움이 될 전문 정보원을 확보하는 방법도 알았다. 그리고 종종 글을 멋지게 다듬을 여유가 없는 마감 시간의 압박 속에서 기사를 쓰는 방법도 알았다. 존 노블 윌포드John Noble Wilford는 젊은 시절에는 정치부 기자가 목표였지만, 1960년대에 시작된 우주 경쟁에 매료되어 훗날 과학 보도로 퓰리처상을 두 번 받았다. 그리고 허블 우주망원경 탄생 10주년을 기념하는 다소 의례적인 회의를 취재하고 이런 기사를 썼다.

> 허블 우주망원경이 촬영한 먼 곳의 은하와 수많은 별이 모여 있는 음울한 성운 사진을 보고 천문학자나 일반 사람들 모두 깊은 인상을 받았다. 좀 더 최근에 촬영된 것 중에는 아킬라 성운의 휘황찬란한 불꽃놀이 사진도 있다. 성운 중심부에 있는 별의 잔해 주변에서 고리 모양으로 밝게 빛나는 고온 가스와 가는 띠처럼 쏟아져 내리는 차가운 가스가 보인다. 60억 년쯤 지나서 태양이 최후의 순간을 맞이할 때의 모습과 비슷해 보인다.

《뉴욕타임스》에 온 지 불과 열 달 만에 특종 보도로 퓰리처상을 받은 나탈리 앤지어Natalie Angier는 이런 기사를 썼다(이 책의 551쪽).

> 아주 느린 신진대사와 타고난 침착한 기질, 음식이나 음료를 한 번 먹고 몇 달을 견딜 수 있는 생존력, 세쿼이아 옹이 같은 단단한 방어막 등이 잘 어우러져서 야생동물 떼가 밟고 지나가도 견딜 수 있는 거북은 지구에 알려진 동물 중에서 수명이 가장 길다.

옥스가 《뉴욕타임스》에 온 뒤로 100년이 넘었는데도 과학 보도가 여전히 회사의 대들보 역할을 하는 것은 그리 놀라운 일은 아니다. 화요일에 발간되는 과학 섹션《사이언스타임스*Science Times*》가 처음 등장한 것은 1978년이었다(옛 생각이 나게 하는, 창사 25주년 기념일에 관한 기사는 731~734쪽에 실려 있다). 《뉴욕타임스》의 과학 섹션은 영향력이 줄어든 미국 신문업계에서도 극히 일부만 남은 과학 지면의 하나이며, 여전히 가장 인기 있는 지면이기도 하다.

이 책에는 150년이 넘는 시간 동안 보도되었던 125개의 기사(최고의 기사냐고? 그렇지는 않다. 그보다는 가장 전형적인 기사라고 해두자)가 실려 있다. 자타가 공인하는 위대한 기사도 있다. 그중에서도 존 윌포드가 1969년 7월 20일 아폴로 11호의 달 착륙에 관해 쓴, 심장이 터질 것 같은 머리기사를 빼놓을 수 없다. (달 착륙 보도는 '인간, 달 위를 걷다'라는, 그때까지 《뉴욕타임스》 역사상 가장 굵직한 제목을 달았다. 그리고 1면에 유일하게 실렸던 시詩도 이 책에 수록되어 있다.) 윌포드는 앤지어를 비롯해서 과거와 현재의 거인들인 캠퍼트, 로렌스, 윌리엄 J. 브로드William J. Broad, 월터 설리번Walter Sullivan, 맬컴 W. 브라운Malcolm W. Browne, 로렌스 K. 알트먼Lawrence K. Altman, 니콜라스 웨이드Nicholas Wade, 지나 콜라타Gina Kolata, 데니스 오버바이Dennis Overbye처럼 《뉴욕타임스》의 대표적인 인물이다.

그런데 언론이 정말 '역사의 초고初考'라면, 정확하지 않거나 핵심을 놓친 이야기도 다루는 것이 중요하다. 단적인 예로 1919년 아인슈타인의 일반 상대성이론을 완성한 사건을 취재하면서 '하늘의 빛이 온통 휘어져 있다'라는 이상하면서도 시적인 제목으로 보도했던 것을 들 수 있다(이 책의 777쪽). 그 기사는 첫 문장에서 다음과 같이 패배를 솔직하게 인정한다. "아인슈타인의 빛에 관한 이론이 개기일식 탐사단의 조사로 입증되었지만, 과학자가 아닌 일반인이 알아들을 수 있는 말로 이 이론을 설명하려는 노력은 별 성과를 거두지 못하고 있다." 하지만《뉴욕타임스》는 최소한 그 이론이 무엇인가 중요하다는 것만큼은 알았으므로, 채 한 달이 안 돼 아인슈타인을 찾아가 상대성이론에 대해 직접 설명을 들음으로써 노련하게 체면을 세웠다.

《뉴욕타임스》가 164년 넘게 시간 순으로 기록한 광범위한 과학적 노력을 이 정도 분량의 책으로 완전히 보여 주기란 거의 불가능하다. 예컨대, 이 책에서는 화학을 별도의 장으로 나누지 않았다. 우리가 화학에서 찾아낸 가장 흥미로운 이야기는 물리학이나 기술을 다루는 장에 포함시키는 편이 더 적당할 것 같았기 때문이다. 위대한 과학자나 뛰어난 학문적 성과 가운데 이 책에 실리지 않은 것도 있다. 이 책은 개론 강좌가 아니라 소설 형식으로 써나간 실제 이야기, 그러니까 과학과 언론이라는 두 분야에서 매우 중요한 시기를 지나는 동안 과학 보도가 어떻게 진화했는지 특유의 문체로 서술한 신문 기사다. 좀 더 자세한 이야기를 원하는 독자를 위해, 다행히도 이 책과 같은 시리즈로 '물리학과 천문학', '수학', '의학'에 관한 책이 나와 있다.

데이비드 코코런David Corcoran
(《사이언스타임즈》 전前 편집장)

Contents

chapter 03

생물학 생명의 메커니즘

chapter 04

지구과학 판, 극지방, 그리고 바다

chapter 05

환경 삶에 대한 도전

chapter 06

탐험 여기, 그리고 저 밖에 있는 신세계

chapter 07

지구의 생명체 생물학, 고생물학, 동물학

chapter 08

수학 현실에서 무한으로

chapter 09

의학 발병과 돌파구

chapter 10

신경과학 뇌의 비밀

chapter 11

과학과 과학자에 대하여 사람, 과정, 모습

chapter 12

물리학 상상하기 힘든 것들을 이해하기

chapter 13

과학기술 발명과 혁명

Chapter 01

고고학

문명의 재발견

The New York Times

3,400년 만에 세상에 드러난 투탕카멘왕의 내부 무덤

오늘은 이집트 유적 발굴사를 통틀어 가장 특별한 날일 것이다. 투탕카멘의 무덤에 관해 어떤 추측과 상상이 오갔는지 모르지만, 지금 드러난 진실은 분명 꿈속에서도 상상하지 못했을 것이다.

현재의 무덤 입구는 원래 투탕카멘 무덤의 봉인되어 있던 방에 뚫은 것이며 그 방에서 다른 방으로 가는 또 다른 문도 개봉되었다. 왕의 모습은 보이지 않았지만, 우리는 가까운 곳에 훼손되지 않은 원래 모습 그대로 누워 있을 것으로 확신했다. 또한 과거에 이미 엄청난 양의 보물이 발견되었던 무덤인데, 이번에 예술·역사·본질적으로 가치 있는 보물이 새로 발견되었다. 가장 낙관적인 발굴자라도 상상은커녕 꿈속에서도 그려보지 못했을 만큼 많은 양이라, 카나번 경과 하워드 카터Howard Carter 씨는 지금까지의 모든 발견을 뛰어넘는 독보적인 위치에 오르게 되었다.

일요일에 공식 개방 예정

왕의 시신이 있는 밀봉된 방은 공식적으로 일요일에 개봉하기로 했지만, 실제 입구를 개봉하는 작업까지 그날로 미뤄둘 수는 없었다. 입구 개봉은 시간이 오래 걸리는 작업이었다. 수많은 밀봉 부분을 최대한 건드리지 않아야 하고, 뜯어낸 벽이 떨어지면서 벽 너머에 있는 유물을 훼손하는 일이 없도록 최대한 조심스럽게 작업해야 하기 때문이었다.

공식 초청된 손님들을 열악한 환경에서 기다리게 해놓고, 일요일 하루에 모든 작업을 끝내기란 불가능했다. 그래서 이집트 당국과 협의해서 실제로 벽을 뚫는 작업은 오늘 정부 관료들이 보는 앞에서 끝내기로 했다. 그런 이유로 카터 씨는 아침 내내 무덤 안에서 제임스 H. 브레스티드James H. Breasted 교수, 앨런 가드너Alan Gardiner 박사와 함께 작업했다. 두 사람은 카터 씨가 밀봉된 부분을 조사하고 벽에 새겨진 온갖 문자를 해독하고 옮겨 적는 작업을 시작할 때부터 천금 같은 조언을 해주었다.

정오에 작업이 끝나자, 무덤은 점심식사가 끝날 때까지 폐쇄되었다. 점심시간 동안 카나번 경과 카터 씨, 이블린 허버트 백작부인은 초청 인사들을 대접했다.

내부 무덤에 관한 공식 이야기

정부의 공식 인사들이 무덤 출입구로 들어온 것은 1시가 지나서였다. 작업이 시작되었고 그 결과 놀라운 것들이 발견되어 나는 공식적으로 다음과 같이 기록했다.

오늘 오후 1시부터 3시 사이에 투탕카멘 무덤을 발굴하는 동안, 최고의 순간은 카나번 경과 하워드 카터 씨가 방 내부의 봉인된 출입구를 열 때였다. 그 자리에는 이블린 허버트 백작부인과 압델 하미드 솔리만 파샤 공공사업부 차관, 피에르 라코 문화재청장, 윌리엄 가스틴 경, 찰스 커스트 경, 윈락 뉴욕 메트로폴리탄 미술관 학예사, 그리고 이집트 정부 관리들이 있었다.

궁정 호위대 조각상에 둘러싸인 왕실 휘장이 새겨진 출입구를 여는 작업은 지독한 열기 속에서 서너 시간 동안 아주 조심스레 진행되었다. 그리고 마침내 아주 경이로운 광경이 펼쳐졌다. 사람들 눈앞에 눈부시게 아름다운 왕의 무덤이 모습을 드러낸 것이다.

금과 눈부신 파란 도자기로 덮인 거대한 유골함이 아름답게 장식된 넓은 방을 꽉 채우고 있었다. 나무로 만든 이 아름다운 유골함은 높이가 거의 천장에 닿을 정도였고, 무덤 같은 이 멋진 방의 네 벽과의 사이에도 공간이 별로 없었다.

유골함 옆면에는 멋진 경전 문구와 죽은 자들의 무시무시한 상징이 장식되어 있고, 뚜껑에는 성스러운 건축물인 신전의 입구에 정말 있을 법한 훌륭한 처마 장식과 마감 장식이 달려 있었다.

또 다른 유골함 내부

유골함의 동쪽 면에는 빗장이 걸려 있는 두 개의 커다란 접이식 문이 있었다. 유골함 속에는 또 다른 유골함이 들어 있는데, 굳게 닫힌 채 봉인되어 있으며 왕족 묘지를 상징하는 합일문자(두 개 이상의 글자를 합쳐 한 글자 모양으로 도안한 것–옮긴이)가 쓰여 있었다. 안쪽 유골함에는 관보가 덮여 있고 황금이 박혀 있으며, 람세스 4세의 파피루스 문서에 남겨진 근거로 판단해 보면 유골함 안에는 석관에 누운 왕의 유해가 들어 있는 여러 겹의 유골함이 있을 게 분명했다. 덮개 혹은 유골함 겉면 곳곳에는 유해를 보호하는 신비로운 형태의 멋진 상징이 세밀하게 새겨져 금박으로 덮여 있었다. 바닥에는 저세상의 물 위에서 왕이 사용할 수 있도록 노 7개가 놓여 있었다.

방의 동쪽 벽 끝에는 열린 채 결코 닫힌 적 없는 또 다른 출입문이 있었다. 출입문을 지나면 또 다른 방이 나오는데 무덤의 창고였다. 방 안쪽에는 아주 정교하고 화려한 금박 문양이 새겨진, 형언할 수 없을 정도로 아름다운 유골함이 있었다. 그 위에는 파라오의 왕관에 달린 것 같은 뱀 모양의 표상이 겹겹이 쌓여 있고, 옆에는 정교하게 만들어진 여신상이 두 팔을 벌리고 서서 유골함을 보호하고 있는데 동정심 많아 보이는 얼굴은 어깨 너머로 적을 돌아보고 있었다. 이 유골함은 왕의 내장(뇌, 심장 따위)을 담는 카노푸스의 단지(고대 이집트에서 미라의 내장을 담아두는 단지로 뚜껑이 사람 머리 모양으로 생겼다.—옮긴이) 4개를 보관하는 그릇이나 다름없었다.

창고 입구 가까이에는 검은색과 금색으로 칠해진, 자칼의 머리 모양을 한 아누비스 신이 자신의 유골함 위에 서 있었는데 유골함 밑에는 이상하게 생긴 번쩍거리는 작은 썰매가 있었다. 그리고 그 뒤에는 지하세계의 상징인 황소 머리가 놓여 있었다.

창고의 남쪽에는 갖가지 형태의 유골함과 검은 상자가 엄청나게 쌓여 있었다. 전부 뚜껑이 닫힌 채 밀봉되어 있고 하나만 열려 있는데, 그 안에는 검은 표범 위에 황금으로 만든 왕의 인형이 세워져 있었다. 창고 가장 안쪽에 비슷한 상자가 더 많이 쌓여 있었다. 그중에는 밀봉된 작은 모형 관棺도 있었다. 분명히 장례식에 사용하는 군주의 작은 조각상과 저 세상에서 군주가 부릴 종이 들어 있을 것이다. 아누비스 신의 남쪽에는 다양한 모양의 멋진 흰색 나무 상자가 쌓여 있는데 황금과 채색 도자기로 장식되어 있다. 그 옆에는 또 다른 마차가 놓여 있었다. 아주 놀라운 광경이었고, 그 화려함은 말로 표현할 수 없을 지경이었다. 시간이 많이 흐른 데다 먼지가 쏟아져 내리자, 무덤은 추가 계획 및 조치를 위해 폐쇄되었다.

지금까지의 설명은 불가피하게 좀 성급한 면이 있고 향후 연구 결과에 따라 자세한 내용은 수정될 가능성이 높다. 오늘 겪은 전대미문의 경험을 널리 알릴 권한이 있는 사람들이 예나 지금이나 여전히 갈팡질팡하고 있어서 이야기를 일관성 있게 전하기가 쉽지 않은 것이 사실이다. 하지만 그 웅장한 유골함, 혹은 덮개가 주는 압도적인 감동을 표현할 때만큼은 다들 그 파란색과 황금색이 아주 휘황찬란하고 새로운 방의 전체 공간을 거의 가득 채웠다고 입을 모았다.

내부가 더 상세히 밝혀지다

또 다른 제보자는 다음과 같이 더 자세한 설명을 들려주었다.

카터 씨와 캘런더 씨가 뚫어 놓은 구멍으로 내부가 드러나자마자, 그 안에서 길을 막고 있는 커다란 장애물 몇 개가 있다는 것이 확인되었습니다. 파란 무늬가 있는 황금색 차단막 같았는데, 저는 그 무늬를 보고 그것이 유명한 소위 '이시스의 매듭(고대 이집트 풍요의 신인 이시스의 모습을 형상화한 문양이며 그림으로 그리거나 작은 조각상 형태로 만들었다. 일종의 부적 개념으로 사용했으며, 죽은 자가 내세에서 이시스와 그의 아들 호루스에게 보호받기를 기원하는 의미로 무덤에 함께 묻기도 했다.—옮긴이)'이라는 것을 알았습니다.

사실 그건 정말 대단한 유골함? 덮개? 성궤? 뭐 그랬습니다. 뭐라고 불러도 상관없어요. 나무로 만들어서 조각을 새기고 금박을 입혔는데 새로 발견된 방 내부를 거의 가득 채우고 있었습니다. 높이는 거의 천장에 닿았고, 옆면과 벽의 간격은 46센티미터 정도였을 겁니다. 당시 이집트 노예나 일반인들은 우리보다 날씬하고 옷도 얇아서 그 사이로 충분히 지나다녔겠지만, 우리가 지금 같은 차림으로 비집고 다니기에는 폭이 좁습니다.

안으로 들어가서 바로 오른쪽으로 돌아 동쪽 벽을 따라 북쪽으로 가는 길은 처음과 다름없이 여전히 좁았습니다. 벽은 아름답게 장식되어 있었지만, 벽화가 변질되어 상태가 좋지 않아 보였습니다. 유골함인지 성궤인지 그 속으로 들어가는 문은 유골함의 동쪽 벽에 있었는데, 동으로 만든 육중한 경첩이 달려 있고 문을 여는 데 조금 힘이 들었습니다. 문을 여니 또 다른 나무 벽이랄까 차단막 같은 것만 보였는데, 그 안에 들어 있는 두 번째 성궤의 겉면이었습니다. 상자 안에 상자가 들어 있는 것이죠.

바깥쪽 성궤의 벽 안쪽 면에는 곳곳에 경전이 새겨져 있고 장식이 되어 있었습니다. 그리고 그때까지 안쪽 성궤의 벽 바깥 면에도 비슷하게 금박으로 장식되어 있었죠. 그 멋진 광경을 보면서 생기는 경외감과 놀라움, 신비로움을 어떻게 말로 표현해야 할지 정말 엄두도 못 낼 정도였어요.

안쪽 성궤에 달린 문은 처음 봉인된 뒤로 훼손되지 않은 것 같았습니다. 도굴꾼이 침입한 흔적은 보이지 않았어요. 저희도 오늘 그 성궤를 열려는 시도는 하지 않았습니다. 불가능했으니까요. 틀림없이 바깥쪽 벽을 제거해야 안쪽 성궤의 문을 열 수 있을 거예요. 먼저 안쪽 성궤의 문을 닫고 봉인한 다음 바깥쪽 벽을 둘러친 게 분명합니다. 따라서 제가 추측하기로는 안쪽 유골함을 열기 전에 바깥쪽 차단벽을 허물어야 합니다. 그런데 그 좁은 공간에서 그 작업을 하려면 어려움이 많을 겁니다.

죽은 자가 내세에서 사용할 노 외에도, 제가 개별적으로 주목했던 물건 중에는 극상품으로 보이는 설화석고로 만든 꽃병과 바닥에 아무렇게나 널려 있는 귀금속 조각이 있었습니다. 도굴꾼들이 버린 것 같았어요.

앞서 말한 내용을 보면 도굴되지 않고 3,000년 동안 아무런 방해도 받지 않은 고대 이집트 왕의 무덤을 발견한 것이 분명했다. 앞에서 말한 공식 기록에서는 람세스 4세의 파피루스가 언급되었다. 이집트 고고학자들은 그 파피루스에 무덤 기본 계획의 밑그림이 있다는 것을 기억할 것이다. 기본 계획에는 석관이 놓인 매장지가 나와 있으며 그 안에는 상자, 혹은 성궤가 들어 있고 다시 그 안에는 더 작은 상자나 성궤가 반복해서 들어 있다. 그리고 상자는 지금 발견된 것과 똑같이 나무처럼 보이게 칠해져 있었다.

역사적 관심이 집중되다

따라서 그 발견에 쏠리는 역사적 관심은 어마어마했다.

성궤 안에 성궤가 들어 있는 구조를 보면, 고대 도굴꾼들이 침입하지 못했던 것처럼 당장 성궤를 열기란 불가능하다는 것이 합리적으로 명백해 보였다. 투탕카멘이 매장된 곳을 직접 보는 것도 무기한 연기될 수밖에 없을 것이다. 왕의 길고 외로운 기다림은 아직 끝나지 않았다.

오늘 무덤에 들어온 사람들은 저마다 감정이 북받쳐 말을 제대로 못했지만, 더 안쪽에 있는 창고에 놓인 새로운 보물에 감탄하며 열광했다. 그 방은 그냥 돌을 깎아 만든 방으로 문은 원래부터 없었다. 그래서 성궤가 있는 방에서 들어오는 오는 길은 열려 있고, 방 안의 부장품도 가려진 것 없이 한눈에 다 보였다.

부장품을 본 사람들에게 특히 인상적이었던 것은 앞서 네 명의 수호 여신이 보호하고 있다고 말한 유골함이었다. 여신들은 출입구를 바라보며 제발 방해하지 말라고 애원이라도 하는 것 같았다. 여신을 만든 세공 기술은 그 무엇보다도 아름다웠다. 설화석고로 만든 꽃병에도 엄청난 탄성이 터져 나왔다. 다들 앞서 발견되었던 것들도 사랑스럽지만, 꽃병이 그보다 훨씬 더 사랑스럽다고 말했다. 꽃병은 시간을 거스른 듯 선명한 흰색이었다. 조각상 같은 것들도 의심할 여지없이 아름답고 가치가 있었지만, 밀봉이 훼손되지 않은 채 닫혀 있는 수많은 상자 속에는 그 무엇보다도 귀중한 물건들이 들어 있을 것만 같았다.

발굴 과정에 중대한 문제가 발생하다

왕의 유골이 있는 성궤 발굴은 아직 시작하지도 않았는데, 외실에 붙어 있는 작은 별실에도 아직 발견되지 않은 놀라운 부장품이 있었다. 이 부장품들은 그 양만으로도 카나번 경과 카터 씨에게는 중대한 문제가 되기에 충분했다. 숨이 턱 막힐 정도로 어마어마한 규모였다.

봉인되어 있는 문을 실제로 열고 들어가는 의식은 오후 1시 45분에 시작되었다. 점심시간이 채 끝나기도 전에 카나번 경과 윌리엄 가스틴 경이 인솔하는 일행과 나는 임시 창고에 있는 직원 식당에서 나와 무덤에 들어가 통로를 따라 아래로 내려갔다.

잠시 후 피에르 라코 문화재청장이 압델 하미드 솔리만 파샤 공공사업부 차관과 함께 도착했다.

캘런더 씨가 여러 사람을 소개한 후에 철문을 열기 위해 안전망을 제거하고 통로로 내려갔다. 그 모습을 본 참석자들은 모두 외투를 벗었다. 철문을 여는 과정이 오래 걸릴 것 같았을 뿐 아니라 그 방 안의 공기가 아무래도 후텁지근할 게 분명하기 때문이었다.

전류가 부족해서 약간의 문제가 있었다. 몇 분간 팽팽한 긴장감이 감돌았다. 난간에서 지켜보는 사람들도 아래쪽 계단 맨 위에 서 있는 사람들이 떨리는 가슴을 애써 감추고 있다는 것을 알 수 있었다. 사람들은 3개월 동안 기다려온 순간을 실제로 체험하기 위해 언제 내려가면 될지, 그리고 눈앞에서 벽이 무너지면서 그 뒤에 3,000년간 감춰져 있던 비밀이 언제 드러날지 알려주는 신호를 기다렸다.

마침내 캘런더 씨가 불이 들어왔다는 말을 전했다. 카터 씨, 그 다음 이블린 허버트 백작부인 바로 옆에 있던 카나번 경, 그 뒤로 윌리엄 가스틴 경, 압델 하미드 솔리만 파샤 차관, 피에르 라코 청장, 엥겔바흐 씨, 브레스테드 교수, 가디너 박사, 리스고 씨와 다른 일행들이 큰 방으로 통하는 곁방으로 내려갔다. 모두 스무 명이었다. 거기에 추가로 인장 같은 것을 담을 커다란 쟁반을 들고 온 일꾼도 몇몇 있었다.

카터 씨가 카나번 경을 칭송하다

실제 작업을 시작하기 전, 카터 씨는 간단한 인사말로 지금까지 이룬 성과는 물론, 벽 뒤에서 이제 모습을 드러낼 것들 모두 전적으로 카나번 경 덕분이라고 말했다. 참석자 모두에게도 감사의 뜻을 표한 다음 지원을 아끼지 않은 메트로폴리탄 미술관과 이집트 정부에도 사의를 표했다. 그리고 가장 중요한 일이 아직 남아 있으며 잘못 다루면 유물이 크게 손상될 수도 있다면서, 결국 이 모든 일이 과학 발전을 위한 것이므로 평화롭게 작업이 끝날 수 있기를 바란다고 말했다.

이어서 카나번 경이 짤막하게 참석한 사람들과 이집트 정부에 고마움을 전하고, 특히 아낌없이 지원하고 공감해 주었으며 자금도 대출해 준 리스고 씨와 메트로폴리탄 미술관에 감사의 말을 전했다. 그리고 그 덕분에 세계 최고라고 할 수 있는 전문가들이 아주 중요하고 섬세한 작업을 수행하며 이 무덤에 있는 보물을 적절하고 과학적인 방법으로 다룰 수 있었다고 말했다.

카나번 경은 그 전까지 겪었던 수많은 좌절 속에서도 꺾이지 않는 믿음과 불굴의 인내로 힘이 되어 주었다면서 이번 과학적 발견은 전적으로 카터 씨의 공이라는 말로 연설을 마무리했다.

그러고 나서 카터 씨가 밀봉된 벽을 향해 서서 끌과 나무망치로 문을 부수기 시작했다. 순식간에 커다란 조각 하나가 떨어져 나오더니 문 위에 수평으로 놓여 있는, 나무로 된 상인방(창이나 출입구의 상부에 가로로 부착하는 나무로 상부에서 오는 하중을 지지하는 부재—옮긴이)이 겉으로 드러났다. 3시쯤 되자 카터 씨가 안으로 들어갈 만한 구멍이 생겼고, 곧이어 벽 대부분이 사라지자 그 안에서 앞서 설명한 것처럼 아름다운 광경이 펼쳐져 사람들은 황홀감에 빠져 넋을 잃고 말았다.

벨기에 여왕과 레오폴드 왕자는 레시 백작부인과 레시 백작처럼 신분을 숨긴 채 일행인 카파트 교수와 함께 오늘 아침 임시열차로 도착했다.

알렉산드리아에서 출발하여 중간에 카이로에서만 몇 분 정차했을 뿐 열차를 갈아타지 않고 곧바로 이곳에 왔다. 여왕은 기차역에서 압델 아지즈 예하 주지사와 부지사, 여러 관리, J. K. 왓슨 대령을 만났다. 숙소는 윈터 팰리스 호텔이었다. 이번이 여왕의 두 번째 방문인데, 첫 방문은 1911년이었으며 당시에는 왕과 함께 와서 두 달간 머물렀고 머무는 동안 수단으로 사냥을 가기도 했다.

고고학자들이 고대로 가는 문을 열다

R. L. 뒤퍼스

며칠 전 고고학 발견이라는 길고 긴 사슬에 또 다른 연결고리가 생겼다. 굴착기가 폼페이시 풍요의 4번가에 있는 주택을 파헤치다가 유물을 발견한 것이다. 오랫동안 땅속에 묻혀 있던 도시를 250년 넘게 체계적으로 탐사하다가 마침내 찾아낸 유물이었다. 은쟁반과 금팔찌, 반지, 목걸이, 숟가락, 거울, 은주전자, 향수 용기, "빼어나게 아름다운 프레스코화", 다채롭게 채색된 아폴로 조각상도 나왔는데, 예전에 발굴되었던 유물과 함께 폼페이에 관해서 폼페이 사람이 알았던 것보다 더 많은 정보를 우리에게 알려주는 것 같다.

하지만 폼페이는 극적인 사건과 다양한 의미가 가득한 현대 고고학의 이야기 속에 들어 있는 중요한 일부일 뿐이다. 고대 이집트 언어 해독에 실마리가 된 로제타스톤, 고대 메소포타미아 언어 해독에 실마리가 된

이란 서부 베히스툰 마을에서 발견된 비문, 아테네가 아직 미개한 마을일 때 번영을 누렸던 지중해 문명에 관한 수많은 신비를 알려준 트로이와 미케네, 그리고 크레타섬의 크노소스에서 발굴된 유적들, 오랫동안 잊혔다가 아름다운 보물이 들어 있는 놀라운 창고와 함께 발견된 투탕카멘의 무덤. 이런 유물이나 유적은 현대사의 그 어떤 사건 못지않게 흥미로운 최고의 이야기들이다.

다음 기사는 과거의 위대한 문명을 밝혀서 현재의 우리 문명을 균형적으로 바라보게 한 위대한 발굴자와 암호 해독가의 빛나는 업적을 간략하게 정리한 것이다.

폼페이

서기 79년 8월 24일, 로마제국의 찬란한 영광은 거의 절정에 달해 있었다. 베스파시아누스 황제가 제위에 있었고, 기독교는 주로 극빈층에서 믿는 잘 알려지지 않은 종파였다. 둥근 기둥이 있는 이교도 사원에서 신을 섬겼으며 로마의 최상층은 자신들이 영원히 번성할 문명의 궁극적 존재라고 자신했다. 그때 현재의 나폴리만에 솟아 있는 베수비오라는 산이 갑자기 폭발하여 폼페이와 헤르쿨라네움이라는 두 도시가 두꺼운 화산재와 용암에 덮여 사라지고 말았다. 박물학자이자 정치가였던 대大 플리니우스는 위험을 무릅쓰고 너무 가까이 접근하는 바람에 질식해서 죽고 말았다.

로마제국은 수명을 다해 사라지고 몇 개의 아치와 무너진 벽, 부서진 조각상만 남아 제국의 존재를 증명하고 있다. 폼페이와 헤르쿨라네움은 화산재와 용암에 뒤덮인 채 결국 사람들의 기억에서 사라졌다. 하지만 두 도시를 파괴한 것 같았던 재앙이 실제로는 두 도시를 보존했고 나머지 위대한 제국은 멸망했다. 현대 고고학자들은 땅을 몇 센티미터 정도 파는 것으로, 로마제국 사람들의 일상에 관해 모든 라틴어책에 쓰인 것보다 더 많이 알게 되었다.

하지만 폼페이를 처음 발굴한 사람은 고고학자가 아니었다. 16세기 말 이탈리아 인부들이 폼페이가 묻힌 땅 위를 가로질러 수로를 파다가 땅에 묻힌 도시를 지나는 터널을 발견하고는 깜짝 놀랐다. 당시에 사람들의 호기심을 사고 유물 일부가 유실되기도 했지만, 고대 도시의 발굴 작업이 체계적으로 이루어진 시기는 18세기 중반이 지나서였다.

과거의 도시

그렇지만 16세기 말 도메니코 폰타나Domenico Fontana의 감독 아래 삽과 곡괭이로 수로 공사를 하던 인부들이 발견했던 것은 중요한 고고학적 성과 중 하나이다. 그 발견은 훗날의 발굴과 달리 발굴자를 과거의 시간으로 데려가지는 않았을지 몰라도, 1,900년 전 사람들의 삶과 죽음에 대한 세부적인 모습을 가장 친근하고 감동적으로 보여 주었다. 발굴된 것 중에는 예술품뿐만 아니라 선거 현수막과 어린 학생이 휘갈겨 쓴 낙서, 약 56세대를 거치는 시간 동안 짖거나 사람을 물지 않았을 개를 조심하라고 알리는 경고문, 죽을 때 모습 그대로 누워 있는 사람의 유골, 그리고 아주 오래전에 마지막 숨을 쉬었을 남녀의 형체와 특징까지 그대로 남겨진 용암 속의 구멍들이 있었다.

그것이 폼페이의 과거 모습이었고 현재 모습이다. 폼페이의 말끔해진 거리에 들어가거나 발굴된 또 다른 집에 불쑥 들어가는 것은 거의 2,000

년 동안 존재하지 않았던 도시의 거친 생활로 몰래 들어가는 것이나 다름없다.

로제타스톤

폼페이 발굴은 한 가지 발굴 방법, 그것도 다소 단순한 방법으로 가능했다. 하지만 나폴레옹 휘하의 한 장교가 1799년 나일강 서쪽 지류 하구 로제타 마을 인근에서 발견한 '로제타스톤Rosetta Stone'을 발굴할 때는 그보다 더 복잡한 방법이 필요했다. 길이 114센티미터, 폭 72센티미터의 이 현무암 석판에는 세 가지 언어로 기록된 비문이 있었다. 하나는 그리스어였고 다른 두 개는 고대 이집트어였다. 고대 이집트어 비문 중에서 위쪽에 있는 것은 이집트 상형문자였는데 오래전에 사라진 문자라서 당시에는 해독이 불가능했다. 유일한 단서는 그리스어 비문을 읽을 수 있다는 것이었다. 이런 식으로 로제타스톤에 새겨진 비문이 기원전 약 196년경 프톨레마이오스 5세가 공표한 법령이라는 것을 알게 되었다.

영국인 의사 토마스 영Thomas Young 박사와 프랑스인 장 프랑수아 샹폴리옹Jean-François Champollion은 그 상형문자 해독에 말 그대로 인생 전부를 바쳤다. 영 박사는 4년간의 고된 작업 끝에 가까스로 90자를 해독했다. 작업의 어려움은 이루 말할 수 없었다. 이미 사라져서 알 수 없는 언어일 뿐 아니라 비밀 암호나 다름없는 글이었기 때문이다. 중국어를 배운 적 없는 사람이 같은 날 인쇄된 영어 신문을 참고해서 중국어 신문을 읽어야 하는 상황이나 마찬가지였다. 영 박사는 추측을 엄청나게 많이 할 수밖에 없었다. 때로는 그 추측이 완전히 틀리는 바람에 몇 달간의 작업이 수포로 돌아갈 때도 있었다.

샹폴리옹의 연구

독자적으로 로제타스톤을 연구한 샹폴리옹은 해독 작업이 엄청나게 복잡하다는 것을 알았다. 이집트 상형문자는 원시적인 단계를 훨씬 뛰어넘어 중국 문자와 거의 비슷한 수준이었다. 처음에는 특정 기호가 문자인지 음절인지 단어인지 구분할 방법이 없었다. 하지만 샹폴리옹은 로제타스톤 옆에 붙어살면서 그것을 생각하고 꿈꾸었고, 마침내 그 비밀을 밝혀서 최초의 현대식 상형문자 사전을 만들었다. 그러나 샹폴리옹은 서재와 현장에서 일하느라 너무 지친 나머지 42살에 세상을 떠났다.

우연히 발견된 로제타스톤은 독창적인 연구를 통해 내용이 해독되면서 고대 이집트 역사에 다시 생명을 불어넣었다. 현대의 가장 복잡한 퍼즐조차 지능이 낮은 이를 위한 심심풀이 오락거리로 보일 만큼 독창적인 연구였다. 그리고 현대인들은 폼페이 발굴로 1세기경 로마제국 사람들의 비밀을 알았듯 로제타스톤을 통해 나일 강가에 살던 옛사람들의 비밀을 알게 되었다.

베히스툰 마을의 비문

고대로 가는 또 다른 문을 조용히 열었던 베히스툰 비문 이야기에는 강렬한 모험과 믿을 수 없는 인내, 독창적 지식이라는 요소가 거의 비슷하게 녹아 있다. 베히스툰은 페르시아 서부 국경의 케르만샤주州에 있으며 500미터가 넘는 거대한 절벽이 빼놓을 수 없는 특징인 곳이다. 이 절벽에서 높이 90미터쯤 되는 곳에 수세기 전부터 사람의 형상과 세 가지 언어로 된 비문이 새겨져 있었다. 1835년 헨리 롤린슨Henry Rawlinson

이 처음 그곳에 가보았을 때만 해도 그가 알고 있었던 것은 그 정도가 전부였다. 25살이었던 롤린슨은 동인도회사의 통역관으로 일했으며 당시에는 페르시아군의 장교였다. 그리고 언어학에 열정이 있었다.

롤린슨은 그 비문을 옮겨 적은 뒤 번역하기로 마음먹었다. 그러기 위해서는 절벽을 타야 했다. 등산가도 애를 먹을 것 같은 절벽이었다. 롤린슨은 발가락과 손가락으로 매달리고 절벽 돌출부에 설치된 사다리 위에서 균형을 잡아가며 여러 차례 절벽을 탔다. 돌출부의 폭이 어찌나 좁은지 조금만 실수해도 롤린슨의 연구는 거기서 끝날 지경이었다. 털끝만 한 차이로 아슬아슬하게 위험에서 벗어나기도 했다. 결국 그렇게 롤린슨은 제대로 된 비문의 사본을 손에 넣었다. 이제 남은 것은 비문을 번역하는 일뿐이었다.

전문가가 아니라면 롤린슨이 어떻게 비문을 번역했는지 절대 이해하지 못할 것이다. 얼마 못 가 그 비문에 똑같은 내용이 페르시아인과 바빌로니아인, 메디아인 등 세 고대 민족이 사용한 설형문자(기원전 3000년경부터 약 3,000년간 메소포타미아를 중심으로 고대 오리엔트 지역에서 널리 쓰이던 문자—편집자)로 쓰여 있다는 것을 알아채긴 했지만, 롤린슨이나 그 누구도 그들의 언어를 알지 못했기 때문이다. 하지만 롤린슨은 이미 알고 있던 현대 페르시아 방언에 관한 지식을 기반으로, 잘 알려진 두 명의 왕 이름이 비문에 들어 있다는 것을 알아내고는 퍼즐을 풀었다.

롤린슨의 번역문은 1846년, 그러니까 번역 작업을 시작한 지 11년 만에 발표되었다. 베히스툰 비문에는 기원전 500년 전의 오만한 군주 다리우스왕의 명령에 따라 자랑스러운 정복의 기록이 새겨져 있었다. 사람의 접근이 어려웠던 데다가 사막의 건조한 공기 덕분에 비문은 2,400년 넘게 보존될 수 있었다.

그렇게 다리우스왕의 허세, 롤린슨과 다른 현대 고전학자의 창의력이 결합하여 돌과 원통형 토기, 점토판에 새겨진 설형문자를 읽을 수 있었고, 우리는 고대 메소포타미아 문명을 들여다볼 수 있게 되었다.

트로이와 크레타

고고학적 명성을 얻기까지 하인리히 슐리만Heinrich Schliemann처럼 먼 길을 돌고 돌았던 사람도 없었다. 슐리만은 독일 메클렌부르크-슈베린 지방에서 목사의 아들로 태어났다. 어릴 적 식료품 가게에서 일하다가 세계여행을 떠나기도 하고 용병이 되기도 했다. 그리고 주州가 된 지 얼마 안 된 캘리포니아로 가서 미국 시민이 되었다.

금융 쪽에 재능이 있었던 슐리만은 상당한 재산을 모은 다음, 어릴 적 호메로스의 글을 읽으며 꾸었던 꿈을 좇아 신화 속의 도시나 다름없었던 트로이를 발굴하는 데 돈을 쓰기로 마음먹었다. 이때가 1870년대 초반이었다.

슐리만은 터키 서부의 다르다넬스 해협에서 그리 멀지 않은 히살리크 언덕이라는 곳으로 갔다. 그리고 많은 고대 그리스로마 학자가 회의적으로 보았는데도 그곳에서 땅을 팠다. 슐리만은 공교롭게도 호메로스의 글에 나오는 트로이 유적뿐 아니라 5개의 다른 도시와 마을 유적도 발견했다. 그리고 아킬레우스가 헥토르를 이리저리 끌고 다녔던 벽을 지나서 트로이를 계속 발굴해 나갔다.

슐리만과 슐리만의 작업을 완수한 사람들이 비교적 현대적인 모습의 트로이 유적에서 처음 발견한 것은 연달아 붙어 있는 세 마을의 유적이었다. 옛날에 청동과 은을 사용했던 거주민이 모여 살다가 불에 타서 폐

허가 된 곳이었다. 그리고 마침내 아주 먼 옛날 신석기 시대의 정착지 유적을 발견했다. 슐리만은 성격이 급하고 열정적이었으며, 요즘 고고학자와는 달리 과학적 기법을 알지 못했다. 하지만 트로이의 존재를 증명했고 그 덕분에 학자들은 트로이 사람들이 어떻게 살았는지 아주 명확하게 이야기할 수 있게 되었다.

하지만 트로이는 아무래도 호메로스 시대의 문명이 처음 시작된 곳이 아닌 것 같았다. 슐리만은 문명의 흔적이 이어지고 있는 것 같은 크레타섬으로 발길을 돌렸다. 크레타섬은 아테네 항구에서 남쪽으로 290킬로미터 떨어져 있으며 고대에는 그리스 문명과 이집트 문명 사이에서 징검다리 역할을 했던 것으로 보인다. 페리클레스(고대 아테네 민주정치의 전성기를 이룩한 정치가이자 군인—옮긴이)와 페이디아스(고대 그리스의 조각가로 파르테논 건립에 총감독이었던 것으로 유명하다.—옮긴이)의 선조들이 무례하고 지저분한 야만인이었던 시절에, 크레타 사람들은 매우 세련된 문화를 누리고 있었다.

슐리만은 아르고스만灣과 코린트만灣 사이의 육로에 자리 잡은 고대 그리스 도시 미케네에서도 땅을 팠다. 그리고 선사 시대의 무덤과 보물을 발견했는데 크레타의 영향을 받은 것이 틀림없었다. 그런 다음 비로소 크레타섬에 가서 크노소스 땅에 삽을 찔러 넣었다. 하지만 슐리만은 세상을 떠나고, 아서 에번스 경Sir Arthur Evans이라는 영국인이 중단된 슐리만의 작업을 이어받아 미노타우로스를 애완동물로 키웠다는 전설 속 미노스왕의 궁전을 찾아냈다.

뉴욕 메트로폴리탄 미술관의 크레타 전시관에 가면 미노스왕 시절 고대 문명의 사조를 어렴풋이 알아볼 수 있을 것이다. 전시관을 제대로 보려면 고대 크레타인이 색채를 사랑했고 그래서 미술품이 세밀하고 활기가 넘치며, 비록 사람을 제물로 바치는 잔인한 종교를 믿었지만 유쾌한 사람들이었다는 것을 알아두어야 한다.

투탕카멘의 무덤

이집트는 로제타스톤 시대부터 골동품 수집가의 천국이다. 유물이 발견될 때마다 수집가들은 그 의미와 아름다움에 숨을 죽였다. 하지만 카나번 경과 카터가 발견한 투탕카멘의 무덤보다 더 아름답거나 유물 발굴 과정이 극적인 경우는 없다. 두 사람이 직접 전한 소식에 따르면, 이들은 7만 톤의 모래와 자갈을 운반해서 대부분을 직접 체로 친 다음에야 비로소 찾던 것을 손에 넣을 수 있었다. 그때도 두 사람이 찾던 것을 발견한 것은 아니었다. 발견된 것은 그보다도 훨씬 더 엄청난 것이었다.

카터는 몇 주간 땅을 팠지만 소득이 없다가 우연히 무덤 입구를 발견했다. 본능에 의지해서 왕의 계곡 전체를 찾아다니다가 과학과 행운이 맞아 떨어지면서 정확한 지점을 찾게 된 것인데, 그 지점의 폭은 몇 미터에 불과했다.

투탕카멘의 무덤이 발견된 것은 벌써 8년 전의 일이지만 그 찬란한 아름다움은 아직도 사람들의 마음에 생생하게 남아 있다. 당시 사람들은 그 아름다운 모습에 거의 까무러칠 정도였다. 유물을 보고 3,300여 년 전 이집트 사람들이 그들 나름대로 거의 완벽에 가까운 문화 수준에 다다랐다는 것을 알게 되었기 때문이다. 이집트인들은 그 당시에 고대의 사슬과 종교의 억압에서 벗어나 완전히 열린 눈으로 자연의 아름다움을 바라보았다. 동시에 그들의 예술적 기교와 손재주는 보고 느끼는 것을 돌이나 황금, 나무, 색채로 표현할 수 있는 경지에 이르렀다.

그래서 전 세계의 고고학자들은 수십 년 전만 해도 꿈꿀 수 없었던 방식으로 역사를 풍요롭게 만들고 있다. 그들이 과학적으로 지혜롭게 유물을 발굴하면, 편견이 있거나 잘 모르는 역사가들이 남긴 기록에 더는 의존하지 않아도 된다. 우리가 보고 다루는 물건은 오래전에 사라지거나 다른 민족에 흡수된 사람들의 일상생활에서 한 부분을 차지했던 것이다. 과거의 풍요로움을 체감하면서 한때 현대 문명이 인간 활동의 정점이라고 믿으면서 생겨난 오만한 생각을 떨쳐버리고 있는지도 모른다. 이제는 최소한 예술 측면에서는 거의 상상할 수 없을 정도로 먼 옛날 사람들이 현재의 우리와 충분히 겨룰 만하다는 것을 알게 되었다.

땅을 파거나 바위에 새겨진 비문을 읽음으로써, 고고학자는 역사에 새로운 차원을 더하고 있다.

한 과학자가 우연히 유물의 연대 측정법을 발견하다

시카고대학교 원자력연구소의 한 연구원이 원자력 실험을 하던 중 물체에 함유된 방사성 탄소의 양을 측정하여 그 물체의 생성 연대를 상대적인 정확도로 알아낼 방법을 우연히 발견했다고 발표했다.

마흔 살의 화학교수 윌러드 F. 리비 Willard F. Libby 박사는 2년 전 대기 중에서 우주선宇宙線의 작용을 연구하던 중 우연히 그 방법을 발견했으며, 이제 과학자들이 유기체의 나이를 25,000살까지 맞출 수 있게 되었다고 말했다. 리비 박사는 '연대 측정' 기술을 적용해서 특수한 가이거 계수기를 개발했다.

인류학자나 고고학자 같은 동료들은 그 발견이 엄청난 발전이라면서 경의를 표했다. 연대 측정 기술을 사용하면 이제 일찍이 서반구에서 발생한 콜럼버스 이전 문명의 연대 측정은 물론, 홍적세(기원전 60만 년~1만 년)에 생성된 지구 토양의 화학 성분 분석도 가능해질 것이라고 한다.

하지만 리비 박사는 2만5천 년보다 더 오래된 물체를 측정할 때는 가이거 계수기가 효과적이지 않다고 강조했다. 그러면서 나무나 숯, 완전히 결정화된 껍질, 치아 같은 물질의 연대를 측정하는 데 사용하는 달력을 만들고 싶다는 뜻을 밝혔다.

리비 박사는 미국자연사박물관에서 열린 제29회 국제미국연구자회의ICA에 참석해서 회의 첫날 35개국에서 온 300여 명의 과학자 앞에서 발견 내용을 발표했다. 리비 박사와 함께 연구한 사람은 시카고대의 E. C. 앤더슨E. C. Anderson 박사와 템플대 연구소장 A. V. 그로스A .V. Grosse 박사였다.

리비 박사 연구팀의 실험은 방사성 탄소가 약 9킬로미터 상공에서 생성되며 지구에서 '정상 상태steady state(유체의 흐름이나 열, 물질 이동 등의 동적 현상에서 각각의 상태를 결정하는 여러 가지 상태량이 시간이 지나도 변하지 않는 상태—옮긴이) 조건'이 오랫동안 유지된다는 것을 입증했다. 당시 리비 박사는 지구 어딘가에 33메트릭톤Metric Ton(1,000킬로그램을 1톤으로 하는 중량 단위—옮긴이)의 방사성 탄소가 틀림없이 존재한다고 추정했다. 33메트릭톤이라는 양은 원자력위원회에서 몇 년에 걸쳐 만들어낸다고 추정되는 동위원소의 양보다 수백만 배 많다는 것이 리비 박사의 설명이었다.

공기 중에서 생성된 방사성 탄소 원자는 식물에 필수 식량인 이산화탄소로 산화되므로 이산화탄소도 방사성을 띤다고 리비 박사는 추정했다. 그리고 동물과 인간은 식물을 먹기 때문에, 대기의 생명주기에서 격리되어 있지 않은 모든 생명체와 마찬가지로 방사성을 띤다.

리비 박사는 식물이 공기 중에서 이산화탄소를 흡수하고 그 식물을 먹은 동물이 이산화탄소를 공기 중으로 다시 내보내는 것을 '삶'이라고 정의했다. "이렇게 생각할 수 있다. 죽음은 유기체로 들어가는 방사성 탄소 원자의 흐름을 정지시키고 유기체 내부의 방사성 탄소를 끊임없이 분해해서 질소로 바꾸는 것이라고 말이다."

리비 박사는 방사성 탄소 원자의 분해 속도는 바뀌지 않기 때문에, 유기체가 죽은 다음 지나간 시간은 유기체의 방사성 탄소를 '분석assay'한 다음 유기체가 죽을 당시 전 세계의 일반적인 탄소 수준을 분석한 결과와 비교해서 측정할 수 있다고 덧붙였다. 분석이라는 말은 방사능 측정이라는 말과 같은 뜻이다. 그리고 죽는 시점에서 유기체의 몸속에는 정확하게 똑같은 탄소 원자가 들어 있고, 대기 중의 우주선 강도는 수만 년 동안 분명 일정한 수준을 유지했다고 주장했다.

리비 박사는 그 방법을 검증하기 위해 마지막 2년 동안 시카고대의 제임스 아놀드James Arnold 박사와 함께 연구했다. 두 사람은 특수한 가이거 계수기로 고대 유물에서 나온 나무 표본을 측정했다. 나무의 나이는 나이테로 알 수 있으므로 그런 식으로 연대 측정법의 정확성을 검증할 수 있었다.

두 사람이 사용한 나무 표본은 전 세계에서 수집한 것으로 기원전 625년에서 725년경 시리아 북서부의 히타이트 시대 왕궁의 바닥에서 가져온 것도 있었고, 1874년에 벌목한 캘리포니아 세쿼이아 나무도 있었으며, 기원전 332년에서 30년경 이집트 프톨레마이오스 왕조의 미라 모양 관에 사용된 나무도 있었다. 이집트 왕의 무덤에서 가져온 표본도 2개 있었는데 무덤에 있는 왕의 관은 4600년 전에 제작된 것이었다.

두 사람은 측정값을 한데 모아 놓고 서로의 생각에 동의했다. 추가 조사를 통해 약 11개의 서로 다른 중요한 연대 측정 문제가 선정되었고 문제마다 유명한 과학자들이 초청되어 공동 작업을 진행했다. 작업 비용은 뉴욕의 바이킹 펀드가 지원했다.

리비 박사는 내년 안에 다른 연구를 통해 "방사성 탄소 연대 측정법에 관한 '명확한' 시험 결과가 나올 것"이라고 말했다. 그리고 지금까지 25개 정도의 "미공개" 표본을 측정해서 만족할 만한 결과를 얻었다.

리비 박사는 "현재 방법으로 1만5천 년에서 2만 년까지 상당한 정확도로 연대를 측정할 수 있다고 믿는 근거가 있다. 그리고 2만5천 년까지 측정할 수 있게 될 것으로 생각한다"라고 말했다.

바이킹 펀드 관계자인 헬무트 드 테라Helmut de Terra 박사는 학술회의에서 서반구에서 가장 오래된 것으로 알려진 멕시코 계곡 테오티우아칸에 있는 '태양의 피라미드' 중심부에서 가져온 다수의 표본을 리비 박사에게 건넸다고 말했다. 태양의 피라미드가 얼마나 오래되었는지 아는 사람은 없지만, 그동안 대략 1만5천년 정도인 것으로 추정되었다. 그런데 가이거 계수기로 측정한 결과 정확하게 2,951년이었다.

과학적으로 타당성이 있는 더 광범위한 정보가 나와서 지구의 물리적 형성에 관한 역사적 기록을 밝히고 그런 의미에서 선사시대를 역사시대로 바꾸게 되기를 기대한다.

1607년 건설된 미국의 '발생지' 제임스타운 요새 발견

존 노블 윌포드

1607년 5월 13일, 오늘날 미국으로 발전한 최초의 성공적인 영국인 정착지가 넓고 조수간만의 차가 큰 강의 습지대 섬에서 불안한 모습으로 시작되었다. 버지니아 주식회사 소속인 104명의 정착민은 마을 이름을 제임스 포트James Fort로 정했다가 나중에 제임스타운Jamestown으로 바꿨다. 정착민들은 독자적으로 몇 달간 힘들게 생활하다가 절반 넘게 죽고 말았다.

제임스타운 식민지는 존 스미스John Smith 선장이 역사에 이름을 남기고, 강력한 인디언 추장 포와탄Powhatan의 어린 딸 포카혼타스Pocahontas가 적에게 둘러싸인 스미스 선장의 친구가 되어 목숨을 구해 주었다고 해서 전설이 된 곳이었다. 19세기에 연설가 에드워드 에버렛Edward Everett은 그 당시를 돌아보면서 버지니아 해안의 제임스타운 요새는 "위대한 공화국이 처음 싹튼 곳"이라고 말했다.

하지만 맨 처음 세워진 요새의 흔적은 200년 넘게 사람들의 기억에서 완전히 사라졌다. 통나무로 만든 요새는 지은 지 1년 만에 불에 타버렸다. 땅에 묻힌 방벽의 잔해와 각종 무기, 사기그릇, 기타 물건들은 제임스강의 변화무쌍한 조류에 유실된 것으로 추정되었다. 미국에 처음 세워진 최초의 영국인 영구 정착지의 구조물들은 복구가 불가능해 보였다.

하지만 고고학자들이 어제 그 잃어버린 유적지를 찾았다고 발표했다. 최근 발굴 작업을 진행하다가 말뚝 울타리가 서 있던 곳으로 보이는 장소에서 썩은 나무의 잔해를 발견했다는 것이다. 학자들은 이를 근거로 삼각형 모양의 요새 터를 밝혀내고 요새 한쪽 모서리에 있는 원형 돌출부의 윤곽과 두 벽이 맞닿는 각도를 알아냈다. 고고학자들은 이런 결과가 요새의 최초 모습에 관한 당시의 기록과 정확하게 일치한다고 말했다. 학자들은 또한 요새 안에 있던 건물 두 채의 흔적을 찾아냈으며, 그곳에서 유리와 동 제품을 만들었다는 증거와 칼이나 갑옷, 담뱃대, 보석류, 도자기, 동전 등 수천 개의 유물도 발견했다.

그곳에서 발견된 무덤에는 총상을 입고 사망한 것으로 보이는 20대 초반 백인의 유골이 잘 보존되어 있었는데, 살해된 것인지 폭동에 희생된 것인지 아니면 다른 사건이 있었는지 흥미를 자아냈다.

조지 앨런George Allen 버지니아 주지사는 제임스타운섬에서 "미국의 발생지인 최초의 요새를 찾았다"고 공식 발표했다.

제임스타운 유적지의 소유주이며 발굴 작업을 지원했던 버지니아주 유물보존협회의 고고학 책임자 윌리엄 켈소William Kelso 박사는 전화 인터뷰에서, 발굴된 유물이 역사가들에게 엘리자베스 1세 여왕과 후계자인 제임스 1세 시절인 '초기 식민지 사회'의 좀 더 정확한 풍속을 보여 준다고 말했다.

켈소 박사의 말로는 그중에서도 가장 흥미로운 유물은 인디언과 물물교환하려고 만든 것이 분명한 십여 개의 하늘색 유리구슬이었다. 박사는 "존 스미스 선장은 이 구슬을 주고 분쟁 지역을 벗어난 것"이라고 말했다.

미국지리학협회도 지원하는 이번 발굴 작업은 제임스타운 탄생 400주년을 맞는 2007년까지 4천 제곱미터 면적의 유적지와 마을 주변 잔해 대부분을 발굴할 계획이다.

버지니아주 윌리엄스버그에 있는 윌리엄앤매리대학교의 역사학자로, 유럽인과 아메리카 인디언의 초기 접촉과정 전문가인 제임스 액스텔James Axtell 박사는 "반드시 초기 식민지 유물이 나올 것"이며 "아주 중요한 유물"이라고 말했다. "그리고 여기는 상징적으로도 중요한 곳이다. 성공적인 식민지 사례로 들기에 더 좋은 곳도 있지만, 제임스타운은 버지니아와 영국인이 세웠고 미국이 시작된 곳이기 때문이다."

실제로 포카혼타스와 결혼한 존 롤프John Rolf가 1613년 잡종 담배를 개발해서 런던의 기존 시장을 석권하고 경제 발전을 촉발하지 않았다면, 제임스타운은 또 하나의 실패한 식민지가 되었을 것이다.

1584년 현재의 노스캐롤라이나주 로어노크섬에 정착했던 초기 영국 이주민들은 비참한 종말을 맞았다. 1562년 찰스 포트Charles Fort에 정착했던 프랑스 위그노들도 로어노크 이주민들과 비슷한 운명을 맞았다. 찰스 포트 유적지는 올해 초 사우스캐롤라이나 해안에서 발견되었다.

1565년 스페인 사람들이 현재의 플로리다에 세인트오거스틴 마을을 세웠는데, 멕시코를 제외한 북아메리카에서 유럽인들이 세운 가장 오래된 영구 정착지다.

초기 제임스타운에는 많은 시련이 있었다. 새뮤얼 엘리어트 모리슨Samuel Eliot Morison은 『옥스퍼드 미국인사*The Oxford History of the American People*』에서 식민지 주민들이 "미국에 처음 오는 사람들이 으레 그랬듯, 지대가 낮은 습지 섬에 정착지를 마련하는 실수를 저질렀다"라고 썼다. 그리고 주변에 강력한 인디언 동맹이 있는 곳에 자리 잡는 바람에 1607년 5월 26일 최초로 인디언들의 공격을 받았다.

또한 말라리아와 굶주림에 시달리고 인디언에게 살해되면서 첫 1년 동안 살아남은 사람은 총 104명 가운데 38명에 불과했다. 높은 사망률과 부실한 마을 운영으로 폭동이 일어날 것이라는 소문이 도는 바람에 주민들에게 혹독한 탄압이 가해지기도 했다. 영국에서 오는 보급선은 아예 오지 않거나 와도 물자가 부족했으며, 구호선 한 척이 버뮤다에서 난파되기도 했다. 이 사건은 셰익스피어의 『템페스트』에 영감을 주기도 했다.

액스텔 박사는 "제임스타운이 살아남았다는 건 정말 놀라운 일이다. 첫 15년 동안 정착민의 80퍼센트가 죽었다. 첫해에는 돈을 벌 방법이 전혀 없었다. 마을의 조직이 체계적이지 않았고 물자도 부족했다. 아메리카 원주민과의 관계도 그 어느 곳보다 최악이었을 것"이라고 말했다.

정착지에 관해 설명한 1610년의 기록을 보면, 최초의 요새는 삼각형 모양이었고 장벽이 강 쪽으로 110미터, 반대쪽으로는 90미터 길이로 세워졌다. 유적 발굴 시 요새의 두 벽은 46.5도의 각도를 이루고 있었는데, 기록에 남아 있는 숫자와 같았다.

장벽은 참나무나 호두나무로 만든 판자와 말뚝을 세워서 만들었다. 새로운 발굴 작업의 결과를 보면 최초의 요새에서 강물에 유실된 곳은 전체의 20퍼센트 정도밖에 안 되는 것으로 보인다. 1608년 요새가 불에 타자, 사람들은 1만6천 제곱미터 넓이의 오각형 형태로 요새를 다시 지었다.

유물보존협회의 켈소 박사는 유적에서 많은 양의 군용軍用 유물이 나와서 발굴 작업자들이 깜짝 놀랐다고 했다. 한 건물 근처에 묻혀 있던 쓰레기 더미에서는 당시 제작된 판화에서 스미스 선장이 입고 있는 것과 같은 종류의 철모와 강철 흉갑(가슴을 가리는 갑옷—옮긴이)이 나오기도 했다.

고고학자들은 대문자 'S'가 새겨진 담뱃대도 발굴했다. 켈소 박사는 "그게 스미스 선장의 것이라고 말하는 건 아니다. 하지만 누가 알겠는가?"라고 말했다.

가장 최근에 발견된 것은 요새 안쪽 무덤에 있던 젊은이의 유골이었다. 수요일에 워싱턴 국립자연사박물관에서 온 법의학 전문가들이 그 유골을 조사했다.

부패한 나무의 외형과 남아 있는 손톱을 본 과학자들은 젊은이를 나무 관에 넣은 채 매장한 것이라고 말했다. 코와 치아, 광대뼈의 형태를 보면 유럽인이었다. 고고학자들은 그가 식민지가 건설되고 나서 다음 해나 그다음 해에 매장된 것으로 추정했다.

스미스소니언협회의 법의학 인류학자인 더글러스 W. 오슬리Douglas W. Owsley 박사는 죽은 사람이 분명 비참한 최후를 맞았을 것이라고 말했다. 오른쪽 다리 아래쪽 정강이뼈와 종아리뼈가 모두 골절되었고 골절 부위에 총알이 박혀 있었다. 한쪽 어깨뼈에는 구멍이 나 있었는데, 또 다른 총상일 가능성이 있었다.

당시 인디언에게는 총이 없었으므로 그 유골은 정착민 사이에 살인 사건이 일어났다는 증거였다. 우연한 사고였을까? 아니면 처형이었을까? 이것은 역사학자들이 풀어야 할 문제다. 식민지에 관한 기록을 샅샅이 뒤져서 총상으로 죽은 사람들에 대한 기록이 있는지 찾아봐야 할 것이다. 오슬리 박사는 한 남자가 폭동을 일으켜서 살해되었다는 기록도 있고, 인디언이 정착민의 총을 강탈해서 그를 쏘았다는 기록도 있다고 말했다.

인류학자들은 다른 무엇보다도 그 유골과 요새에서 발견된 다른 유물을 연구하는 데 관심이 많다. 가혹한 식민지 환경에서 살던 17세기 초 정착민들의 영양 상태나 질병, 다른 신체 조건을 밝히려는 것이다.

제임스타운 요새 발굴지에서는 스미스 선장과 포카혼타스의 이야기를 아름답게 꾸며줄 만한 유물은 아직 발견되지 않았다. 많은 역사가가 그들의 이야기가 근거 없는 믿음에 가깝다고 추정한다.

액스텔 박사는 인터뷰에서 스미스 선장과 포카혼타스가 사랑에 빠졌다는 이야기를 뒷받침하는 역사 기록은 발견되지 않았다고 말했다. 하지만 포카혼타스가 위험을 무릅쓰고 영국인에게 음식을 가져다주고, 인디언의 공격을 미리 알려주었으며, 때로는 아주 큰 위험을 감수하기도 했다는 것만큼은 사실이다. 액스텔 박사는 "내가 알기로 포카혼타스는 동족에게 배신자 비슷한 존재였다. 아버지인 포와탄 입장에서는 특히 그랬다"고 말했다.

더욱이 수정주의 역사에서는 스미스 선장이 인디언에게 붙잡혔을 때 인질로서 상품과 교환되었을 뿐 포카혼타스 덕분에 풀려난 것은 아니라고 한다.

켈소 박사는 "포카혼타스가 스미스 선장을 구했다는 이야기는 시간이 한참 흐른 다음에 스미스 선장의 기록에 추가되었을 것"이라고 말했다.

주차장 지하에서 발견된 유골, 리처드 3세로 밝혀지다

존 F. 번스

그 유골은 지난가을 공영주차장 밑에서 발견될 때까지 묘비도 애도하는 사람도 없이 500년 넘게 묻혀 있었다. 유골의 주인을 살해한 무리가 두려웠던 가톨릭 수사들은 아주 급하게 시신을 매장했다. 벌거벗은 그대로 수의도 입히지 않고, 반지나 그 어떤 장신구도 없이 이름도 표시하지 않은 채였다. 매장한 곳이 어찌나 비좁았던지 유골은 쪼개진 두개골이 바로 선 채 몸과 약간 틀어져 있을 정도의 구겨진 상태로 얕게 묻혀 있었다.

월요일에 레스터대학교의 발굴팀은 많은 역사학자와 고고학자의 추정을 확인하는 자리에서 DNA와 다른 증거를 기반으로 그 유골이 수 세기 동안 비난받아온 잉글랜드의 군주 리처드 3세라고 결론지었다. 리처드 3세는 양 떼의 땅인 잉글랜드 이스트 미들랜즈 지방의 고대도시에서

30여 킬로미터 떨어진 보스워스 평원의 전투에서 1485년 8월 22일 죽음을 맞았고 그 뒤로 사람들의 기억에서 잊혔다. 하지만 "누가 봐도 의심의 여지가 없다"는 전문가팀의 결론 덕분에 그의 입장에서는 운명이었던 망각의 상태에서 벗어난 것은 물론, 그 외에도 더 얻을 것이 많아 보였다.

유골을 발견한 사람들은 이번 발견으로 리처드 3세가 새롭게 주목받고 재평가됨으로써 명예를 회복할 것이며, 비록 복수심에 불타는 후계자에 의해 폄하되었지만 사실은 시민의 권리에 깊이 공감하는 왕이었음이 입증될 것이라고 확신한다. 영국 역사나 영화, 소설에서 악랄한 인물로 묘사되고, 셰익스피어의 작품에서는 왜소한 절름발이에다가 왕자인 두 조카를 살해한 미치광이 살인자로 그려진 것과는 딴판으로 리처드 3세가 새로운 세대의 연구 주제 및 대중들의 재평가 대상이 될 수 있다는 것이 이 열렬한 지지자들의 생각이다.

'리처드3세협회'의 오래된 열성 회원이자 작가인 필리파 랭리Philippa Langley 씨는 "리처드 3세는 발견되기를 바랐고 발견될 준비가 되었던 것 같다. 그래서 우리가 그를 발견했고 이제 그의 진면목에 관한 진짜 이야기를 시작할 수 있다"고 말했다. 그가 소속된 협회는 그동안 부당하게 매도되었던 리처드 3세의 명예 회복을 위해 수십 년째 활동하고 있다. 랭리 씨는 이런 말을 덧붙였다. "이제 우리는 그를 명예롭게, 왕의 자격으로 다시 매장할 수 있다."

레스터대 발굴팀은 랭리 씨가 리처드 3세 발굴 프로젝트에 영감을 주는 사람이라고 알려주었다. 그녀는 (대부분 익명의 미국인이 기부한) 25만 달러에 달하는 기부금을 모아 유골을 발굴하고 그 유골이 정말 리처드 3세의 것임을 밝혀낸 연구를 수행했다.

랭리 씨는 리처드 3세에 관한 연극을 연구하면서 리처드 3세가 주차장 땅 밑, 그러니까 그레이프라이어 소수도원Greyfriars Priory의 유적 한 구석에 묻혀 있을 것 같은 예감이 들었다고 설명했다. 그 수도원에서 라틴어로 글을 썼던 중세 역사가 존 라우스John Rous는 리처드 3세가 죽고 나서 몇 년 후 그가 매장되었다는 기록을 남겼다. 검증되지 않은 이야기 중에는 폭도들이 수도원에서 2킬로미터 정도 떨어진 소어강에 왕의 시신을 던졌다는 것도 있었다.

레스터대의 관계자로 발굴 프로젝트의 진행을 담당하는 리처드 테일러Richard Taylor 씨는 지난 일요일, 그러니까 유골이 발견된 지 5개월 만에 DNA 검사결과가 나옴으로써 과학 퍼즐의 마지막 조각이 맞춰졌으며, 바로 그때 팀원들이 역사적으로 중요한 성취를 이루었다는 것을 알게 되었다고 말했다.

테일러 씨는 이렇게 말했다. "그때 이 유골이 의심할 여지없이 리처드 3세라는 것을 알았다. 우리는 이제 확신한다. 지금까지 가졌던 그 어떤 확신만큼이나 말이다."

발굴팀의 중진 유전학자인 튜리 킹Turi King 박사는 기자회견에서 살아 있는 리처드 3세 후손들에게서 채취한 DNA 표본이 발굴한 유골에서 채취한 표본과 일치한다고 말했다. 역사학자이자 인구 통계학자인 케빈 슈러Kevin Schurer는 리처드 3세의 누이인 엑서터 공작부인의 살아 있는 후손 두 명을 찾아냈다. 한 명은 캐나다 태생으로 런던에 사는 55세의 가구 제작자 마이클 입센이었고, 다른 한 명은 입센 씨의 6촌 친척이며 익명을 요구한 사람이었다.

킹 박사는 영국과 프랑스의 연구소 세 곳에서 검사를 진행한 결과, 모계로 유전되는 유전인자인 미토콘드리아 DNA가 주차장의 유골과 일치한다고 말했다. 세 표본에 있는 미토콘드리아 DNA 유형이 영국 국민의 1~2퍼센트에게만 있을 정도로 드문 것이라서 그 표본으로 더 많은 작업을 하려고 기다리던 분석팀도 만족할 정도였다. 킹 박사는 그 결과를 처음 분석할 때 "아주 조용히 가다가 슬쩍 춤을 추면서 온 연구소를 돌아다녔다"고 말했다.

분석팀원들은 DNA 결과가 나오기 전부터 유골이 리처드 3세라는 결정적 증거가 있었다고 말했다. 시신이 20대 후반이나 30대 초반의 여위고 호리호리한 남자의 것이고(사망 당시 리처드 3세는 32세였다) 유골을 분석해보니 육류와 생선을 많이 섭취하는 고단백 식사를 했는데 그게 바로 15세기 특권층의 특징이라는 것이 그들의 주장이었다.

또한 갈비뼈 2개를 방사성 탄소 연대 측정법으로 검사한 결과 1455년에서 1540년에 죽은 누군가의 시신이라고 나온 것이 강력한 증거라고 말했다. 게다가 리처드 3세가 전투 중에 입었다고 역사에 기록되어 있는 치명상, 그리고 보스워스 전투에서 승리하고 헨리 7세로 즉위한 헨리 튜더의 병사들이 복수심에 불탄 나머지 리처드 3세의 시체에 한참 동안 가했을 것으로 여겨지는 또 다른 공격이 유골에 남아 있는 다수의 상처와 일치했다.

학자들은 리처드 3세가 입은 치명상은 왼쪽 귀 뒷부분의 커다란 두개골 골절이며 미늘창(긴 막대 끝에 도끼 모양의 쇳덩이가 달린 중세 무기)으로 강타당해서 생긴 것이 거의 확실하다고 말했다. 당시 왕의 죽음을 목격했던 사람들의 설명도 그와 일치했다. 분석팀은 9개의 다른 상처도 발견했는데, 그중에는 왕이 죽은 다음에 단검으로 뺨과 턱, 등 아래를 찌른 것으로 보이는 상처도 있었다.

하지만 유골에서 발견한 가장 결정적인 증거는 심하게 휘어 있는 척추 윗부분일 것이다. 분석팀은 유골이 몸을 꼽추 형태로 만드는 척추측만증에 걸린 사람의 것으로 오른쪽 어깨가 올라가 있으며, 그런 것들이 셰익스피어의 희곡에 표현된 리처드 3세의 가장 뚜렷하고 매력 없는 특징과 같다고 설명했다.

안내를 받아 유골의 잔해를 본 기자들은 지금이 역사적으로 매우 중요한 순간임을 직감했다. 유골은 대학 도서관의 밀실에 있었는데, 유리상자에 담긴 채 검은 벨벳 받침 위에 펼쳐져 있었다. 대학 예배당 직원 두 명이 있었고 그중 한 명은 로마가톨릭 사제가 입는 검고 빨간 예복 차림으로 유골 옆에 앉아 있었다. 그 사제 옆으로 줄줄이 지나가는 기자들에게 다른 직원이 왕 앞에서 품위 있게 행동하라며 주의를 주었다.

리처드3세협회의 회원들은 일단 왕의 유골이 발견되었으니 전통적으로 왕실 결혼식과 장례식이 열렸던 런던 웨스트민스터 성당에 다른 영국 군주들과 함께 다시 매장해야 한다고 말했다. 하지만 레스터시 당국은 유골이 처음 발견된 곳에서 180미터도 채 떨어지지 않은 시내의 국교회대성당에 매장할 계획이며, 리처드 3세를 보러 온 관광객을 안내하는 안내 시설도 성당 부지에 같은 날 문을 열 예정이라고 발표했다.

Chapter 02

천문학

시간과 별의 학문

르메트르 신부,
별이 갑자기 탄생했다고 주장하다

월데머 캠퍼트

우주에 이상한 일이 일어났다. 오늘 영국과학진흥협회 소속 물리학자들이 조르주 르메트르Georges Lemaître 신부, 빌렘 드 지터Willem de Sitter 교수, 아서 에딩턴Arthur Eddington 경 같은 유명 인사가 새로운 우주생성론에 관해 토론하는 것을 듣기 위해 모인 자리에서였다.

우주가 어딘가로 밀려들어 갔다가 빠져나오기도 했고 비눗방울처럼 터지기도 했으며 '수학점mathematical point(위치는 있지만 어느 차원에서도 크기가 없는 점—옮긴이)'으로 축소되기도 했다.

칠판에 적힌 복잡한 방정식은 분명 아름다운 화음이었고 그 감성에 익숙한 수학자들에게는 현대적인 천체의 음악music of the spheres(피타고라스가 상상한 천체의 운행에 따라 생기는 음악으로 사람 귀에는 들리지 않는다고 함—옮긴이)과 같았다.

마치 수학으로 곡예를 부리고 있는 것 같은 이런 모습은 아인슈타인의 상대성이론이 과학계에 초래한 기묘하고 난처한 상황에서 비롯되었다. 상대성이론이 등장하면서 지구와 태양, 별의 나이가 우주의 나이보다 1천 배나 더 많아졌는데, 그런 불편한 상황에서 벗어나기 위해 이렇게 상대론자들이 레스터에 모여 새로운 수학의 창세기에 또 하나의 장을 써넣게 된 것이었다.

특히 닫힌 우주, 팽창하는 우주라는 개념을 처음 제시한 르메트르 신부가 그 문제에 관심이 많았다. 르메트르 신부는 늙은 별, 그리고 그 늙은 별이 속한 어린 우주라는 불편한 상황을 정리하기 위해 가장 최근에 생각한 개념을 설명하려고 자리에서 일어났다.

르메트르 신부가 해결책을 제시하다

르메트르 신부는 "그 불일치는 해결할 수 있다. 팽창하는 우주의 메커니즘에 느려터진 별의 진화를 좀 더 빠른 진화로 대치하는 방법 같은 것이 있다면 말이다"라고 말했다.

그래서 르메트르 신부는 전혀 새로운 우주를 창조했다. 우리는 많은 물질이 모여 있는 '물질 구름cloud of matter'이라고 시작한다. 그것이 전체로 확장되고 르메트르 신부가 '평형 반경equilibrium radius'이라고 부르는 것을 통과하기 위해 속도가 줄어든 다음 갈수록 더 빠른 속도로 영원히 팽창한다.

하지만 이렇게 우주가 전체적으로 팽창하는 동안 물질 구름 속에서 상대적으로 밀도가 높은 곳은 압축되거나 수축된다. 이런 축소 과정에서 "확산되어 있던 물질이 갑자기 응집되면서 별이 탄생한다."

이 새로운 이론에서 "별과 성운은 천문학적으로 아주 짧은 시간에 함께 생성된다. 별은 천천히 생성된 것이 아니라 갑작스럽게 생성된 것이다." 따라서 이 이론에 따르면 태양계가 속한 '우리 은하'와 그 너머에 있는 수억 개의 별 무리는 모두 비눗방울처럼 폭발하는 우주에서 물질이 붕괴하면서 생긴 것이다.

르메트르 신부는 캘리포니아주 마운트윌슨 천문대의 에드윈 P. 허블Edwin P. Hubble 박사의 연구에서 자신의 새로운 이론에 관한 일부 확실한 증거를 얻었지만, 더 많은 것이 필요했다.

에딩턴 경이 사람들을 놀라게 하다

직접 만든 역설을 좋아하는 에딩턴 경은 소위 명백한 사실을 별로 존중하지 않았다. 에딩턴 경은 자리에서 일어나 "이론적으로 검증받지 않으면, 실험 물리학자들의 관찰 결과를 인정하지 않을 것"이라며 "그렇다고 해서 그들이 너무 큰 충격을 받지 않았으면 좋겠다"고 말했다.

수학자들이 놀라서 한숨을 살짝 내쉬고 드 지터 교수가 가볍게 항의했지만, 잠시 후 에딩턴 경이 자신의 설명에 관해 "우주는 가설일 뿐이다. 원자처럼"이라고 논평하자 다들 약간 놀라는 눈치였다. 드 지터 교수는 어린 우주와 늙은 별들 간의 불일치가 그다지 당혹스럽지 않았다. 드 지터 교수는 이렇게 설명했다.

"캘리포니아주에는 2천 년 된 거대한 세쿼이아 나무가 있다. 그런데 정치구政治區로서의 캘리포니아는 겨우 몇 세대밖에 안 된 짧은 역사를 지닌 곳이다. 하지만 이상할 게 전혀 없는 이유는 캘리포니아라는 이름이 언제 생겼는지, 언제 독립적인 정치구가 되었는지 알기 때문이다. 우리는 캘리포니아주와 우주에 관해서 우리가 할 수 있는 만큼 추론해야 한다. 그런 이유로 우리가 상상하려고 하는 이 그럴듯한 우주가 그동안 관찰했던 사실에 부합하기를 바란다."

우주의 시작에 관한 문제

드 지터 교수는 우주의 시작이라는 것은 태양이 자오선을 가로지르는 것보다 놀라울 게 없는 현상이라고 봐도 무방하다는 말을 했다.

그렇게 보면 별은 어떤 나이든지 다 될 수 있다. 은하가 아주 빠른 속도로 우리에게서, 그리고 서로서로 멀어지고 있다면 분명 '상호침투interpenetration'가 일어난 시점이 있을 것이다. 빈번한 충돌이 발생하는 이 상호침투가 발생한 시점은 10억 년 전이었다.

이 모든 것에는 인상적인 철학적 겸손함이 있었다. 드 지터 교수는 말을 이었다.

"자연은 수학이 없어도 잘 돌아간다. 수학은 그저 자연의 움직임을 알아내는 도구일 뿐이다. 그게 가능하다면 말이다. 우리가 암흑 속에서 헤매고 있다면 그건 자연의 잘못이 아니라 수학의 잘못이다. 결국, 아는 게 없다는 말이 되는 것이다. 우리는 우리의 감각적 인상(노력하지 않아도 느껴지는 외부 자극에 대한 인상—옮긴이)이 외부 세계에서 비롯되고 외부 세계가 실제로 존재한다고 확신한다.

외부 세계를 이해하기 위해 우리는 그것을 수학적 형태로 만들어야 한다. 그건 어떻게 해서든 외부 세계를 측정해야 한다는 말이다. 수학자들이 우주가 휘어 있다는 결론을 얻은 것도 다 이런 식이었다. 우리가 확신하는 세상의 모든 것처럼 우리는 우주가 4차원이라는 것을 확신한다."

우주 팽창이 목격되다

"더욱이 우리는 이 우주가 팽창하고 있다는 결론을 받아들여야 한다. 우리의 방정식이 그렇다고 말하기 때문이고 외부 성운이 초당 약 19,000킬로미터로 멀어지고 있기 때문이다.

수학자들이 실제로 눈으로 본 것을 설명하기에 가장 쉬운 방법은 우주가 팽창하고 있다고 결론짓는 것이다. 이런 수학자들은 상식으로 통하는 것에 얽매이기 싫어한다. 다시 말해서, 우리가 보고 듣고 느끼는 것을 바탕으로 추론할 때 마음이 속임수를 써도 허용한다는 것이다."

G. C. 맥비티G. C. McVittie 박사는 이런 측면을 고려해서 팽창하는 우주를 논의할 때 이렇게 말했다.

"우주가 산산이 흩어지고 있다면, 태양과 행성은 왜 저렇게 안정적이고 영구적인 것처럼 보일까? 정답은 최신 장비와 방법을 사용하는 관찰자가 불가피하게도 행성계行星界는 크기가 고정되어 변하지 않는 반면, 성운계星雲界는 팽창한다고 결론지었기 때문이다."

마음의 작용

맥비티 박사는 계속 설명했다. "우리 마음의 본성이 원래 그렇다. 본능적으로 가까운 주변 환경은 영원할 것으로 생각하는 반면, 우리가 사는 우주가 불안정하다는 증거는 간과한다."

마일스 워커Miles Walker 교수는 협회 사람들에게 실업 문제를 해결하기 위해 공공사업에 많은 예산을 지출하는 것은 바람직하지 않다고 말했다. 워커 교수의 말은 이랬다.

"주된 목표는 가장 적은 지출로 최대한의 부를 창출하고, 어떤 일에 가능한 한 많은 사람을 고용할 게 아니라 가능한 한 적은 사람을 고용하는 것이 되어야 한다. 그런데 고용해야 할 사람의 수는 무한대다. 끝내야 할 일이 무궁무진하기 때문이다."

그래서 워커 교수가 제시하는 해결책은 사람들이 필요로 하는 물건을 생산하는 것이다.

"사람들에게 각자 필요로 하는 물건을 주면 돈이나 직장이 없어도 살 수 있다. 그런데도 일자리가 사람들에게 가치가 있는 이유는 일하는 것이 도덕적으로 바람직하다는 생각에 갇혀 있기 때문이다."

워커 교수는 사람들이 필요로 하는 것을 생산하는 일에 수백만 명을 고용하는 건 어려울 수 있다는 것에 동의한다.

장기적 관점을 촉구하다

워커 교수는 이렇게 덧붙였다. "좀 더 장기적인 관점으로 봐야 한다. 지금 당장 가치가 있는 것보다는 앞으로 오랫동안 가치를 얻을 수 있는 소중한 것을 얻는다고 봐야 하는 것이다."

그래서 그는 지하철이나 교량 건설, 전력 시스템 확장, 철도 전자화, 증기기관을 디젤-전기기관으로 대체하는 일에 실업 인구를 투입해야 한다고 말했다.

C. C. 허스트C. C. Hurst 박사는 '진화 과정에서 유전자의 중요성'이라는 주제로 연설을 하면서 이제 신종 식물이나 동물을 실험적으로 만들 수 있게 되었다고 말했다. 물론 생물의 종별 차이가 왜 생겼는지는 아직 규명하지 못했지만, X선을 활용한 연구를 보면 결국 생물학자도 원자

와 전자를 다뤄야 한다는 사실이 드러났다. 허스트 박사는 우주선宇宙線이 진화의 일차적인 동력일 수도 있다는 말도 했다.

허스트 박사는 이렇게 예측했다. "이제 자연 선택이 대부분 인간 선택으로 바뀔 시점이 얼마 남지 않았다. 그러면 인간 스스로 진화를 통제할 수 있고 심지어 자신의 운명까지 결정할 수 있게 될 것이다."

천문학자들이 시간을 되돌려 관찰하면서 은하계의 탄생을 훔쳐보다

존 노블 윌포드

태초에 빛이 있었다. 폭발 속에서 우주가 탄생했던 새벽이다. 하지만 빅뱅의 불덩이가 팽창한 다음 식으면서 어린 우주에는 빛이 사라지고 어둠이 내려앉았다. 당시의 어린 우주는 오래전부터 존재했던 수소와 헬륨의 흔적이 점점이 박힌 채 산발적인 운명의 파도에 산산이 부서진 형체 없는 암흑 물질의 바다였다.

우주는 천문학자들이 그 특성에 따라 '암흑기'로 규정한 시기로 접어들었다. 빅뱅이 발생한 뒤 30만 년부터 5억 년까지 어둠이 계속되었고, 이 중요한 변화의 시간에 관해 천문학자들에게 남겨진 직접적인 증거는 전혀 없었다. 어쨌든 이 중요한 사건으로 현대적인 우주의 구조가 생성되었고 궁극적으로 행성과 생명체를 탄생시킬 환경이 조성되었다.

하지만 암흑기에 어떤 일이 있었는지, 빛이 어떻게 다시 생겨났는지는 여전히 수수께끼로 남아 우리를 좌절하게 만든다. 만일 암흑기에 빛이나 탐지할 수 있는 다른 방사선이 없었다면, 그 당시의 우주에서 무엇을 볼 수 있을까? 그뿐만 아니라 우리에게는 그렇게 먼 과거를 볼 수 있는 망원경도 없다. 영국 케임브리지대학교의 마틴 리스Martin Rees 박사는 이것을 "천문학에서 가장 중요한 미해결 문제"라고 불렀다.

이런 어려움이 있었지만 천문학자들은 지구 궤도와 지상에 새로 설치한 망원경으로 더 멀리 떨어진 우주, 그리고 더 오래전 시간까지 관찰함으로써 태초의 빛에 관한 연구에서 진전을 보았다. 그리고 마침내 초기(꼭 최초일 필요는 없다) 은하의 모습을 보게 되었다. 관찰할 때마다 우주의 형성 과정을 거꾸로 거슬러 올라가는 것 같았다. 천문학자들은 우주 대부분을 구성하고 있는 주성분인 신비로운 암흑 물질이 과연 무엇이며, 암흑 물질과 암흑기의 다른 조건이 어떻게 최초의 별과 은하를 탄생시켰는지 밝히기 위해 단서를 모으고 있다. 새로운 지식을 얻게 되면, 과학자들은 자신의 이론을 시험하고 암흑기를 포함하는 우주의 역사에 관해 컴퓨터로 더 상세한 모의실험을 수행할 수 있게 된다.

최초의 별이 탄생하고 수많은 별이 중력의 영향으로 한데 모여 은하가 탄생하면서, 하늘에는 다시 빛이 돌아왔고 암흑기는 종말을 맞았다. 매사추세츠주 케임브리지에 있는 하버드스미스소니언 천체물리연구소의 이론 천체물리학자 에이브러햄 로브Abraham Loeb 박사는 "갑자기 우주가 크리스마스트리처럼 밝게 빛났다. 우주가 암흑기의 어느 순간에 최초의 가장 단순한 상태에서 지금과 같은 복잡한 상태로 바뀐 것이다. 그 순간을 잠시나마 볼 수 있다면 철학적으로 정말 흥미진진할 것"이라고 말했다.

몇 년 전만 해도 로브 박사처럼 암흑기와 별의 초기 형성 과정을 연구하는 과학자는 한 손에 꼽을 정도로 적었다. 하지만 지난주 메릴랜드대학교에서 열린 학회에는 그 연구 주제를 대상으로 수십 명의 일류 관측천문학자와 이론 천문학자가 참석했다. 로브 박사는 "지금은 화제의 중심에 있는 연구 주제가 되었다"고 말했다.

2주 전 미국항공우주국(이하 NASA)에서 허블 우주망원경으로 촬영한 은하 사진을 공개했다. 천문학자들이 그동안 연구했던 은하 중 가장 먼 곳에 있는 은하로, 우주가 생성된 다음 10억 년 내에 탄생한 것으로 추정되었다. 그러니까 지금으로부터 최소한 120억 년 전에 생긴 것이다. 그런데 그 추정치는 우주 나이를 대략 130억 년으로 보는 우주 모형 및 연대 기준을 참고했기 때문에 정확하지 않다. 우주 모형과 연대 기준에 논란이 많은 데다가 앞으로 개정될 예정이기 때문이다.

애리조나대학교의 천문학자이며 지구 궤도에 있는 허블 우주망원경에 탑재된 근적외선 카메라와 분광기로 관측 작업을 수행하는 로저 I. 톰슨Rodger I. Thompson 박사는 "우리는 정말 새로운 영역에 발을 들여놓은 것"이라고 말했다.

가장 멀리 있으며 가장 희미하게 보이는 은하계는 오직 적외선 카메라로만 감지할 수 있다. 아주 먼 우주에 있는 먼지는 가시광선을 대부분 차단하는데, 파장이 더 긴 적외선 속의 방사선보다도 더 많이 차단한다. 그리고 은하가 방출하는 빛의 파장이 붉은색에 가깝고 심지어 근적외선에 가까운 것은 팽창하는 우주에서 볼 수 있는 현상이다. 보이지 않을 만큼 먼 거리에 있는 은하의 적외선 빛은 우주에 있는 체셔 고양이의 웃음(『이상한 나라의 앨리스』에 등장하는 캐릭터로 커다란 웃음을 남긴 채 모습을 감추는 것이 특징이다.—옮긴이)이라고 할 수 있다.

더 멀리 있는 은하일수록 팽창속도도 더 빨라서 더 큰 적색편이(관측자로부터 멀어지는 별빛의 스펙트럼이 파장이 긴 붉은색 쪽으로 편향되는 현상—옮긴이)를 보인다. 우주의 나이는 아직 확실하지 않으므로 천문학자들은 우주의 나이를 말할 때 우주의 거리, 다시 말해 어떤 물체의 적색편이 값을 기준으로 삼는다.

얼마 전까지만 해도 천문학자들이 볼 수 있는 것은 적색편이 1의 거리에 있는 물체가 전부였다. 적색편이 1의 거리에는 우주의 전체 나이 중에서 최근 절반의 기간에 생성된 물체가 포함된다. 적색편이가 3인 물체를 봤다면 그 물체의 속도는 비행기로 음속의 벽을 깨뜨린 것이나 다름없다. 최근 몇 달간 천문학자들은 적색편이 5라는 장벽을 뛰어넘었다. 적색편이 5의 거리에서 우주의 나이는 지금의 10분의 1에 불과했다.

메릴랜드주 그린벨트에 있는 고더드 우주비행센터의 천문학자 존 C. 매서John C. Mather 박사는 "우리는 지금 한때 불가능하다고 생각했을 정도로 큰 적색편이를 관찰하고 있다"고 말했다.

허블 우주망원경에 달린 적외선 카메라는 하늘의 아주 작은 지역에 집중된 상태로 36시간 동안 조리개를 열어, 가시광선 사진으로는 보이지 않는 아주 희미한 은하 사진을 100장 이상 찍었다. 그 은하 중에서 최소한 몇 개는 지금까지 측정된 것 중에서 적색편이가 가장 클 것으로 예상된다. 정확한 측정을 하려면 더 강력한 망원경이 개발되길 기다려야 할 수도 있다.

캘리포니아주 패서디나에 있는 카네기 천문대의 천문학자 앨런 M. 드레슬러Alan M. Dressler 박사는 우주 관측이 적외선으로 우주를 보는 아주 흥미로운 단계에 접어들었으며, 이제 은하가 형성되는 모습을 찾아 나설 것이라고 말했다.

원거리 관측에서 결정적인 분기점이 찾아온 시기는 1995년이었다.

당시 볼티모어에 있는 우주망원경과학연구소STScI 소장 로버트 윌리엄스Robert Williams 박사는 천문학자들에게 허블 우주망원경으로 우주에서 아주 좁은 지역을 집중적으로 관측하라고 지시했다. 지상에서 볼 때는 빛이 거의 보이지 않는 곳이었다. 망원경에 있는 가시광선 카메라의 조리개를 열흘간 열어 놓았다. 당시 기준으로는 가장 먼 거리에 있는 물체를 알아보기에 충분할 정도로 긴 시간이었다. 그렇게 촬영한 '허블 딥필드The Hubble Deep Field'라는 이름의 다채로운 사진은 천문학자들에게 적색편이 4의 거리보다 더 멀리 있는 3천 개가 넘는 은하의 놀라운 모습을 보여 주었다. 학자들은 그렇게 먼 거리에, 그러니까 우주 역사에서 그렇게 이른 시기에 그토록 조밀하게 은하가 모여 있는 모습에 깜짝 놀랐다. 천문학자들에게 그 사진은 은하의 발생기, 다시 말해 암흑기의 맨 처음에 이르는 길이 있다는 것을 의미했다.

거의 같은 시기에, 패서디나에 있는 캘리포니아 공과대학의 찰스 C. 스타이델Charles C. Steidel 박사가 주도하는 천문학자 팀이 하와이 켁 천문대에 설치된 세계 최고의 망원경을 사용해서 멀리 떨어진 은하를 탐지하는 새로운 기술을 개발했다. 그때 천문학자들은 빅뱅이 일어난 후 불과 수십억 년 뒤에 생성되었으며 적색편이가 큰 440개의 은하를 찾아냈다. 그렇게 먼 거리에 있는 물체를 그렇게 자세히 조사한 것은 그때가 처음이었다.

스타이델 박사가 사용한 관측 방법은 자외선 '소실dropout' 기법이었다. 멀리 떨어진 은하에서 나오는 자외선은 보통 은하 내부, 혹은 은하와 지구 사이에 있는 수소에 흡수된다. 은하가 더 멀리 있을수록 은하의 빛은 중간에서 더 많은 수소와 만나고, 그에 따라 은하가 방출하는 자외선은 더욱 희미해진다. 천문학자들은 녹색 필터와 적색 필터를 끼면 보이지만, 자외선 필터를 끼면 보이지 않는 물체를 찾는 방법으로 적색편이가 2.2~4인 은하를 어렵사리 찾아냈다.

'허블 딥필드'와 스타이델 박사의 사진은 이론학자들에게 생각할 거리를 많이 남겼다. 초기 은하는 지금보다 더 작고 더 밀도가 높고 균일하지 않았다. 스타이델 박사는 "초기 우주에서도 은하는 지금처럼 강하게 뭉쳐 있었었다"고 말했다.

우주론자들은 우주의 구조가 하향식이 아니라 상향식으로 진화했다는 자신들의 우주 모형에 작고 균일하지 않은 은하가 잘 들어맞는다고 말한다. 즉, 은하는 소수의 별이 모여 시작되었고 점점 합쳐지면서 크기가 훨씬 더 커진 것이지, 처음부터 엄청나게 큰 별들의 모임으로 시작한 다음 은하로 쪼개진 것이 아니라는 말이다. 로브 박사는 "우리가 발견한 작고 어린 물체는 아직도 형성되고 있는 중"이라고 하면서, 그 발견이 갈수록 지지자가 많아지고 있는 상향식 해석을 뒷받침하는 증거로 보이는 이유를 설명했다.

관측 결과도 우주 물질의 본질과 양에 대한 우주론자들의 생각이 올바른 방향으로 가고 있음을 시사한다. 과학자들은 가깝고 먼 은하의 회전에 관해 오랫동안 연구하면서 우주에는 보기보다 훨씬 많은 것이 있다고 확신했다. 일반적인 물질로 설명할 수 있는 것보다 더 큰 중력으로 뭉쳐 있지 않았다면, 은하는 오래전에 흩어졌을 것이다. 우주 질량의 대부분, 그러니까 거의 99퍼센트 정도는 어떤 신비로운 '암흑' 형태일 것이다.

올해 출판된 『태초 그 이전』(해나무, 2003)에서 케임브리지대학교의 리스 박사는 "은하의 중력에 영향을 미쳐 은하를 뭉치게 만드는 지배적인 물질에 관해 이해하지 못하면 은하를 제대로 이해하기란 절대로 불가능하다"라고 썼다.

다수가 선호하는 가설에서는 빅뱅으로 생겨난 차가운 암흑 물질, 특이하고 아직 알려지지 않은 아원자 소립자가 존재한다고 추정한다. 그런 물질이나 입자는 아주 작고 느려서 중력이 개입하지 않는 한 사실상 서로 혹은 보통의 물질과 상호작용하지 않기에 탐지될 만한 방사선도 전혀 나오지 않는다. 다만 보통의 물질을 은하나 은하군으로 묶는 결정적인 인력引力을 제공할 수는 있다.

이론에 따르면, 그 모든 것은 '우주 초단파 배경 복사' 속에 있는 작은 파동과 함께 시작되었다. 우주 초단파 배경 복사는 우주가 탄생한 뒤 30만 년 동안 일어난 현상에 대해 방대한 정보를 제공하는 빅뱅이 남긴 탐지 가능한 흔적이다. 1990년대 초 우주배경탐사선 코비COBE, Cosmic Background Explorer가 확인하고 그림으로 표시했던, 이 배경 복사 속의 작은 파동은 빅뱅 속에 있는 물질의 밀도가 불규칙하기 때문에 발생한 것이다. 그런 물질, 즉 암흑 물질 덩어리는 일반 물질을 끌어당겨 더 큰 덩어리가 되고 계속 활발하게 뭉쳐서 별이나 은하를 생성한다.

코비에서 발견한 것과 수많은 다른 물리 데이터, 그리고 가정을 기반으로 수행한 컴퓨터 모의실험 결과를 보면, 대부분 뜨거운 암흑 물질(빠르게 움직이는 중성미자라는 입자로 구성되어 있다는 가설이 있다)로 이루어진 우주는 하향식, 그러니까 커다란 물질 덩어리가 먼저 생긴 다음 수많은 은하로 쪼개지는 방식으로 생성되었어야 한다. 그런데 그 시나리오가 맞는다면 암흑기는 지금 짐작하는 것보다 훨씬 더 길었을 것이다. 반면 우주가 차가운 암흑 물질로 이루어졌다면, 그때 생성된 은하의 크기는 더 작은 크기로 좀 더 이른 시기에 생성되었어야 했다. 새로운 관측 결과가 바로 그것을 증명하고 있다.

천문학자들은 2월에 적색편이가 5인 물체를 처음 발견했다고 발표했다. 그것은 우주가 현재 나이의 고작 8퍼센트 정도였던 시점에 생성된 어린 은하였다. 학자들이 우주가 생성된 후 10억 년의 시간 안쪽으로 거슬러 올라간 것은 그게 처음이었다. 그래도 암흑기의 경계는 여전히 보이지 않았다.

볼티모어에 있는 존스홉킨스대학교의 아르준 데이Arjun Dey 박사 연구팀은 초기 은하에서 5.34의 적색편이 값을 측정했는데, 이것은 은하가 빅뱅이 발생하고 8억 2천만 년이 지난 다음에도 빛을 발하고 있었다는 것을 의미한다(이때 우주의 나이를 130억 년으로 추정했다).

데이 박사는 그 당시에 관해 "우리는 무엇을 찾아야 하는지 알고 있었기 때문에, 이 기록이 몇 달 내에 깨질 거라고 확신했다"고 말했다.

아니나 다를까, 그해 5월 하와이대학교와 케임브리지대학교의 천문학자들이 좀 더 멀리 떨어져 있는, 적색편이가 5.64인 은하를 발견했다고 발표했다. 기존보다 6천만 년 정도 더 과거에 생성된 은하를 발견한 것이다. 그 은하를 발견한 천문학자 중 한 사람인 에스더 M. 후Esther M. Hu 박사는 천문학자들이 빅뱅이 발생한 다음 5억 년 정도 지나서 생성된 은하를 발견하기 직전 단계에 와 있다고 말했다.

로브 박사는 최소한 그 정도로 초기에, 그러니까 적색편이가 대략 10이 넘는 시점에서 우주에 빛이 돌아왔다고 말하면서 아주 흥미로운 단서 두 가지를 언급했다. 둘 다 퀘이사quasar의 빛을 관찰해서 얻은 것이었다. 퀘이사는 아주 멀리 있는 은하의 중심이며 우주에서 가장 밝은 물체다. 퀘이사의 빛은 수소 가스의 구름을 통과하여 지구에 닿기 때문에 아주 먼 곳에 있는 우주 환경을 탐지하는 탐사 도구로 이용된다.

로브 박사는 퀘이사의 빛이 가스 구름에 흡수되지 않는다는 사실이,

깊은 우주 공간의 수소 원자 거의 모두가 이온화된 상태이고 이온의 전자가 자외선 복사 때문에 떨어져 나간 증거라고 말했다. 그런 자외선 복사는 적색편이가 대규모 퀘이사 성단보다 더 큰 대규모 성단에서만 생겨날 수 있다. 두 번째 단서는 퀘이사에 관한 다른 연구에서 나왔다. 멀리 있는 가스 구름 일부에는 수소뿐 아니라 탄소처럼 무거운 원소도 들어 있다는 것이다. 탄소는 별 내부의 핵 용광로에서만 생성되며 별이 수명을 다해 폭발할 때 우주로 흩어진다. 따라서 이런 초기 은하가 생기기 오래전부터 별들이 탄생하고 소멸했던 것이다.

카네기 천문대의 드레슬러 박사는 "우리는 더 희미한 물체를 찾아낼 것이고 그 결과 매달 더 많은 것을 알게 될 것이다. 하지만 현재의 망원경으로 볼 수 있는 거리는 한계에 도달했다. 켁 망원경이나 허블 망원경도 마찬가지다"라고 말했다.

천문학자들은 지구 궤도에 떠 있는 허블 우주망원경을 더 강력한 망원경으로 대체하는 계획의 초기 단계를 진행 중이다. '차세대 우주망원경'으로 불리는 그 망원경은 2007년 수천 킬로미터 떨어진 우주를 향해 발사될 예정이며, 현재 지상이나 지구 궤도에 설치된 적외선 망원경으로 연구 중인 물체보다 400배 더 희미한 물체에서 방출하는 적외선을 감지할 수 있다. 차세대 우주망원경의 반사경은 허블 망원경보다 약 3배 이상 클 것이다.

고더드 우주비행센터의 매서 박사는 새로운 망원경이 그만큼 빛을 더 많이 모을 수 있기 때문에 천문학자들이 노출 시간을 2주 정도로 짧게 해도 "상상했던 광경을 볼 수 있을 것"이라고 말했다. 그리고 적색편이가 10 이상인 은하도 찾아낼 수 있을 것이다.

그 정도면 우주에서 최초로 생성된 별이나 은하를 관찰할 수 있으며,

초기 우주가 어떻게 길고 긴 암흑의 밤을 지나 스스로 형태를 갖추면서 주위에 환한 빛을 발하게 되었는지 더 많이 밝혀낼 수 있을 것이다.

빅뱅 전에는 어떤 일이 있었을까?

데니스 오버바이

스트라이크가 세 번이면 아웃 하나가 되고 아웃이 세 번이면 한 회가 끝나며 한 경기가 보통 9회로 되어 있는 야구처럼, 우주는 자기만의 시간이 있다. 우주 바깥에 시간을 기록하는 존재가 있는 것은 아니다. 공간과 시간은 우주의 일부이며 그 반대는 성립하지 않는다는 것이 아우구스티누스 이래로 철학자들이 했던 말이며, 아인슈타인이 제시한 일반상대성원리의 핵심이자 잊을 수 없는 지혜이기도 하다.

아인슈타인의 이론은 중력을 시공간의 구조가 왜곡되는 것이라고 설명하면서 우주의 팽창을 예견했다. 20세기 천문학의 중요한 사실이었다. 우주론자들은 마치 필름을 거꾸로 돌리는 것처럼 우주의 팽창 과정을 역방향으로 상상함으로써, 모든 것의 시작점인 빅뱅이 일어난 다음 정확하게 백만 분의 일 초가 지난 시점에서 우주의 역사가 어떠했는지 추적했다.

하지만 빅뱅 이전에 어떤 일이 있었는지 묻는 것은 마치 양키스와 레드삭스 간의 야구 경기에서 투수가 맨 처음 공을 던지기 전에 누상에 누가 있었는지 묻는 것과 약간 비슷하다. 투수가 첫 공을 던지기 이전은 경기가 시작되지도 않았을 때였다.

그런데도 언젠가 하버드대학교의 시드니 콜먼Sidney Coleman 박사가 한 말처럼 우주가 어떻게 "무한대라는 빅뱅 이전의 상태에서 시간이 흐르는 현재 상태로 엄청난 변화가 일어났는지" 상상하면서 영원을 보려는 이론 과학자들은 연구를 멈추지 않았다.

어떤 물리학자들은 시간의 원점Time Zero(빅뱅이 발생한 시간—옮긴이)의 거울 반대편에 시간이 거꾸로 흐르는 또 다른 우주가 있다고 추정했다. 그리고 충돌하는 섬우주island universe(무한히 넓은 우주에 떠 있는 은하의 모습을 바다 위에 떠 있는 섬에 비유해서 일컫는 말—옮긴이)가 폭발과 수축을 계속하면서 우주의 생성이 영원히 반복된다고 주장하는 학자들도 있다.

케임브리지대학교의 물리학자 겸 작가인 스티븐 호킹Stephen Hawking 박사와 동료들은 자신들이 제안한 소위 '양자우주론quantum cosmology'에서 우주가 일종의 독립된 실체이며 '상상의 시간' 속에 존재하면서 모든 가능성이 녹아 있는 수정 같은 용해물이라고 상상했다.

이 모든 생각은 물리학자들이 아인슈타인의 중력을 아원자 입자의 움직임을 설명하는 역설적인 양자 법칙과 결합할 때까지는 그저 공상에 머물게 될 것이다. 과학자들은 우주가 너무 작고 밀도가 높아서 공간과 시간조차 불분명하고 불연속적일 때 그 우주를 설명하기 위해서는 그런 양자 중력 이론이 필요하다는 것에 동의한다. 스탠퍼드대학교의 우주론자인 안드레이 린데Andrei Linde 박사는 "우리의 시계와 자는 서로 분리되고 있다"라는 말을 자주 입에 올렸다.

현재 시점에서 그 궁극적인 양자 중력 이론의 왕좌를 차지하려고 하는 후보 이론으로 두 가지를 들 수 있다. 하나는 '만물 이론theory of everything'이라고도 하며, 자연의 궁극적인 구성 성분이 점이 아니라 진동하는 작은 끈이라고 단정하는 '끈 이론string theory'이다. 끈 이론 연구자들은 빅뱅과 맞먹는 엄청난 밀도로 압축된 물질인 블랙홀 연구에서 인상적인 성공을 거두었지만, 빅뱅 그 자체에 관한 연구에서는 성과가 거의 없었다.

끈 이론의 경쟁자이지만 그보다 덜 알려진 '루프 양자 중력loop quantum gravity' 이론은 양자 구조를 아인슈타인 방정식에 직접 적용해서 얻은 결과다. 이 이론에서 설명하고 있는 것은 오직 중력과 시공간이다. 하지만 최근 독일 포츠담골름에 있는 막스플랑크중력물리학연구소의 마틴 보요발트Martin Bojowald 박사는 이 이론을 이용해서 우주의 시작점이라고 일컫는 시점으로 돌아가 우주의 진행 과정을 지켜보았다고 말했다. 이 이론에 따르면 우주에 소위 '특이점'이라고 하는 무한 밀도의 '균형점zero moment'이 있다기보다는, 우주가 초기 단계부터 수축하고 있었을 것이라는 게 보요발트 박사의 말이었다. 빅뱅이 '빅 바운스big bounce(현재 우리가 사는 우주가 빅뱅으로 탄생한 것이 아니라 현재 우주 이전에 존재했던 우주가 수축하면서 0이 아닌 아주 작은 크기로 줄었다가 다시 입자 간에 밀어내는 힘으로 현재 우리가 사는 우주로 팽창했다는 이론—옮긴이)'였다고 말하는 것이다.

두 이론의 연구자들은 마치 야누스처럼 한 가지 개념에 존재하는 그 두 가지 면을 꿈속에서라도 밝혀내려 한다. 아직은 알 수 없지만 그게 밝혀진다면 시간과 공간, 다른 모든 것이 어떻게 무無에서 탄생할 수 있었는지 설명할 수 있을 것이다. 프린스턴대학교의 물리학자 존 아치볼드 휠러John Archibald Wheeler 박사가 말했듯 '법칙 없는 법칙'에 대한 규정을 만드는 것이다.

물리학계의 걸출한 시적 탐험가인 휠러 박사는 독창적인 이론을 제시했다. 양자역학에서 그 유명한 불확정성의 원리에 따르면, 운동량이나 위치 같은 아원자 입자의 특성은 가능성의 안개 같은 것에 쌓인 채 미지의 상태로 존재한다. 그러다가 어떤 것이 입자를 측정하거나 입자와 충돌할 때 비로소 특성이 정해지는 것이다.

휠러 박사는 그와 비슷하게 우주가 수십억의 수십억 번의 양자 상호작용이 축적되면서 저절로 생겨난 것인지, 그러니까 미시적으로 봤을 때 우주가 자기 발에 치이면서 이리저리 움직이다가 깨어났다고 볼 수 있는지 무척 궁금해 했다. 그것은 언젠가 휠러 박사가 '관찰에 의한 발생'이라고 불렀던 개념이었다. 하지만 지금은 양자역학과 정보이론 사이의 의도된 관련성을 강조하기 위해 '비트에서 존재로it from bit'라고 부른다.

양자 발생 개념이 옳다면 그 속에는 우주의 생성이 까마득히 먼 옛날 아주 먼 곳에서 이루어졌다는 개념이 포함되어 있어야 한다. 언제가 휠러 박사는 이렇게 말했다. "과거는 이론이다. 현재 시점에서 과거는 기록으로만 존재한다. 미시적인 수준에서 우리는 그 과거는 물론 현재와 미래를 만드는 참여자이다."

우주의 탄생이 시간이라는 개념의 밖에서 일어난다면, 그것은 항상 일어나야 한다. 빅뱅은 지금 여기에 존재하며 모든 순간의 시발점이다. 그리고 당신도 그 안에 있다.

화성의 위성

우리 시에 있는 해군성 천문대의 책임자인 존 로저스John Rodgers 해군 소장이 최근 화성의 위성을 발견한 다음 작성했던 보고서가 오늘 아침 해군성에 도착했다고 공식 발표했다. 로저스 소장에 따르면, 천문대의 아사프 홀Asaph Hall 교수가 66센티미터 굴절망원경으로 관측한 결과 화성에 최소한 두 개의 위성이 있다는 것을 확인했다고 한다.

관측일지를 살펴보던 홀 교수는 처음 발견한 이 위성이 8월 16일 11시 42분에 처음 관측된 줄 알았는데 실제로는 8월 11일 14시 40분에 관측되었다는 것을 알게 되었다. 하지만 그때는 화성의 움직임을 보지 못했기 때문에 그 물체가 위성이라는 것을 알아채지 못했다. 하지만 앞서 말한 대로 8월 16일에 그 위성을 발견한 다음 관측했고, 같은 달 17일과 18일, 19일에도 관측했다. 이 위성은 시거리가 화성의 중심에서 82초(각도의 단위로 1초는 3,600분의 1도이다.—옮긴이) 정도 떨어져 있으며, 화성 주위를 공전하는 데 30시간이 걸린다. 홀 교수는 그 위성의 광도에 따른 등급을 13등급 혹은 14등급으로 추정했다. 당시 그 위성의 궤도면은 지구에서 화성까지의 시선視線(지구와 화성을 연결하는 직선—옮긴이)을 기준으로 보면 꽤 많이 기울어 있다. 이각離角(어떤 천체를 볼 때 그 천체와 지구, 태양이 이루는 각도—옮긴이)은 72도와 252도이다.

두 번째 위성은 8월 17일 16시에 발견되었다. 밝기는 첫 번째 위성과 비슷하고 이각은 화성과 거의 같다. 그리고 이각 위치에서의 시거리와 공전 주기는 아직 밝혀지지 않았다.

다음은 사이먼 뉴컴Simon Newcomb 교수가 계산한 바깥쪽 위성, 그러니까 첫 번째로 발견된 위성의 예비 정보다. 궤도의 장축은 82초, 장축의 각도는 70도와 250도, 단축은 28초, 위성이 서쪽 장축단을 지나는 시기는 8월 19일 16시 40분. 안쪽 위성의 공전주기는 아주 짧아서 8시간 미만으로 추정되며 정확한 값을 확정할 수 없다.

새로운 태양 이론

J. 노먼 로키어J. Norman Lockyer 씨가 태양의 대기 구성에 관한 새로운 발견을 했다고 주장하는 것을 두고, 컬럼비아대학교의 루드 교수나 뉴욕시티대학교의 드레이퍼 교수 같은 저명한 실험 물리학 대가들이 매우 신중한 모습을 보이고 있다. 그들의 대화를 보면 대기를 구성하는 소위 원소라는 것들이 단순하지 않을 가능성은 인정하지만, 로키어 씨가 그것을 충분히 입증했다는 말에는 동의할 수 없다는 뜻이 확고하다.

모든 힘은 한 가지 주된 힘의 다양한 형태일 뿐이라는 학설의 관점에서 새로운 의미를 갖게 된 이 가설은, 아이작 뉴턴 경Sir Isaac Newton 시절 이후로 물리학자들에게 조건부로 인정되었고 중세 과학에서는 추정의 근거가 되었다. 하지만 드레이퍼 교수가 어제 저녁 인터뷰 중에 아주 조심스럽게 말했듯이, 언젠가는 일부 증명될 가능성이 있다면서 이 학설을 모호하고 막연하게 인정하는 것과 그 학설이 사실이라는 것을 시각적으로 확실하게 입증하는 것은 전혀 다른 일이다.

드레이퍼 교수는 어제 매디슨가에 있는 자택 3층의 연구소에 있었다. 그는 런던에서 온 조간신문 기사로 보이는 (행간이 두 배 넓게 인쇄된) 전보와 프랑스과학원에서 발행하는 학술지 《논평*Comptes Rendus*》의 1878년판 674페이지에 있는 문장을 보고 박장대소했다. 학술지에 실린 문장은 다음과 같았다.

> 알려진 화합물의 작용 방식에 따라 유추해봤을 때, 독립적으로 한 분자의 구성 요소로 간주되는 칼슘은 그 또한 복합체임을 증명할 수 있었다.

《논평》에는 이런 식으로 주석이 달려 있는데, 과학원 사무국장은 로키어 씨가 며칠 내로 가설을 뒷받침하는 근거를 제출할 것이라는 말을 덧붙였다. 이 주석이 영어로 번역되면 엄청난 수소 열풍의 근거가 되는 모든 실제 정보가 들어 있는 것으로 인정될 것이다. 드레이퍼 교수는 그동안 자신과 논쟁을 벌였던 분광학자들의 연구를 깎아내리는 것으로 비치지 않기를 바란다면서, 로키어 씨가 본인의 가설에 대한 확실한 증거를 충분히 수집했다면 즉시 그 자료를 공개해야 한다고 생각하며, 명확한 의견을 밝히기 전에 《왕립학회 회보*Transactions of the Royal Society*》에 논문의 공식 사본을 게재할 때까지 인내심을 갖고 기다리겠다고 말했다. 하지만 드레이퍼 교수는 자신이 구해 볼 수 있었던, 논문에 대한 그런 빈약한 메모 정도로는 확실한 증거가 제시되었다고 볼 수 없어서, 수소가 다양한 얼굴을 가지고 있으며 수많은 원소의 주성분이라는 로키어 씨의 발견은 과학계에서 인정받을 수 없다고 말했다. 그리고 태양의 광구photosphere(육안으로 볼 수 있는 태양의 표면—옮긴이)와 색권color-sphere(채층 chromosphere이라고도 하며 태양의 광구 위를 약 2천 킬로미터 높이로 덮고 있는 태양의 대기—옮긴이)에서 나오는 스펙트럼이 서로 다른 이유가 광구에서 발생하는 원자의 해리dissociation(화합물이 각각의 분자나 원자 또는 이온으로 나누어지는 현상—옮긴이)와 색권에서 발생하는 14개 원소의 결합으로 설명된다는 독창적인 학설에 동의하는 것에는 특히나 조심스러워했다.

화성에 있는 운하가 '착시'로 밝혀지다

경영 컨설턴트로 전도가 유망한 전문 회계사 중 누군가 이런 추정을 했다. 옛날에 지구에서 화성으로 전보를 보낼 수 있었다면, 그것도 아주 오래전 전신기술이 발명되기 전에 그 전보를 보낼 수 있었다 해도, 벨기에에서 벌어진 전투 소식이 화성에 도착하려면 아직도 60년 넘게 기다려야 한다는 것이다. 여기서 말하는 전투는 현재 진행 중인 전투가 아니라 거의 100년 전에 끝난 워털루 전투를 말한다.

그리고 1909년 화성충火星衝(지구를 기준으로 봤을 때 화성, 지구, 태양이 순서대로 일직선상에 놓이는 현상—편집자)이 발생한 후 6년도 넘게 지난 지금, E. M. 안토니아디E. M. Antoniadi가 수장으로 있는 영국천문학회의 화성관측분과에서는 최근에야 보고서를 발간하여 화성에서 발견된 유명한 운하가 착시錯視라고 발표했다. 화성에 존재한다고 기록된 운하의 숫자는 1908년까지 모두 585개에 달했다.

안토니아디는 프랑스 뫼동에 있는 아주 거대하고 유럽에서 가장 강력한 굴절망원경으로 화성을 직접 관찰했다. 그렇게 오랫동안 연구한 끝에 "기하학적으로 얽혀 있는 운하가 화성에 존재한다는 주장에 영원히 반박할 수 없는 반증이 나왔다"며 최종 결론을 내렸다.

안토니아디는 뫼동에서 관측 작업을 하기 위해 회전판 위에서 돌아가는 구조물을 설계했다. 여기에는 10미터 정도의 레일이 있어서 망원경이 구조물에서 나오는 열에 영향받지 않도록 간격을 둘 수 있었다. 그는 그런 장치가 돔이나 다른 형태보다 우수하다고 생각했다. 하늘에 노출되는 굴절망원경의 분리된 몸체는 냉각되는 속도가 아주 빨랐고, 특히 관측을 시작하기 25분 전에 반사경 문을 열어서 몸체 안에 시원한 공기가 들어가게 하면 더욱 빠르게 냉각시킬 수 있었다.

안토니아디는 화성을 관측하면서 망원경의 접안렌즈를 들여다보지 않는 쪽 눈을 계속 뜨고 있어 봐야 좋을 게 없고, 그렇다고 계속 감고 있기도 힘들다고 생각했다. 그래서 낡은 안경을 활용해서 접안렌즈를 들여다보지 않는 눈 쪽에는 검은 유리를 대 계속 눈을 뜰 수 있게 하고, 다른 눈은 접안렌즈를 통해 망원경을 들여다볼 수 있게 만들어 사용했다. 그리고 그 안경을 쓴 채 그런 과학적 논증의 힘으로 관측을 하고 화성에 운하가 있다는 가설이 근거 없는 믿음일 뿐이라고 주장했다.

안토니아디가 다른 관측자들처럼 더 작은 망원경으로 화성을 관측했을 때만 해도 좁고 곧게 뻗은 선이 보일 때가 많았지만, 뫼동 천문대의 굴절망원경으로 관측했을 때는 화성의 모습이 선명하게 보이지 않고 어른거릴 때만 그 선이 보였다. 화성의 모습이 선명하게 잘 보일 때는 소위 대륙 영역이라는 복잡한 자연구조가 보였다. 이탈리아의 천문학자

조반니 스키아파렐리Giovanni Schiaparelli(1877년부터 화성 표면을 관측하여 상세한 무늬가 그려져 있고 바다와 대륙으로 분리된 화성 지도를 최초로 제작했다.—옮긴이)가 그렸던 선명하고 좁은 선 대신 불규칙한 줄무늬나 음영이 다양하게 보였던 것이다.

현대적인 화성 연구가 시작되어 사람들의 관심이 높아지자 법학박사이자 이학박사인 사이먼 뉴컴 교수는 작업의 출발점을 1877년 스키아파렐리의 연구로 정했다. 스키아파렐리는 화성에서 다른 곳보다 더 검은색으로 넓게 펼쳐진 지역을 바다로 불렀던 옛 관측자들의 생각을 그대로 수용한 나머지 그 바다에 정말 물이 모여 있으며, 바다가 상대적으로 좁은 선으로 연결되어 있다고 생각했다. 그는 당시의 학술적 명명법에 따라 그 좁은 선에 '카날리(canale, 수로)'라는 이름을 붙였다. 이것을 영어로 옮길 때 적절한 단어는 '채널channel'이었지만, 실제로는 영어나 프랑스어로 모두 '캐널(canal, 운하)'로 번역되면서 화성의 거주민들이 만든 수로라는 인공적인 의미가 담겼다. 폭이 수 킬로미터였으므로 운하라고 하기에는 터무니없었지만, 그때부터 운하라는 이름이 널리 사용되어 지금도 그 단어를 없애기가 매우 어렵다. (하략)

스키아파렐리의 두 번째 관측은 1879년 화성충이 일어났을 때 이루어졌다. 화성충이 일어나면 화성은 지구와 더 멀어지지만 수평선 위에서 보이기 때문에 관측하기는 더 좋아진다. 스키아파렐리는 그때 많은 운하를 추가로 발견했는데 그 전에 그렸던 것들보다 훨씬 더 폭이 좁았다. 한편 운하에 인공적인 의미가 담긴 것처럼 인식되면서 사람들의 관심도 늘어나 망원경을 통한 화성 연구가 활발해졌고 그런 상황이 지금까지 이어지고 있다. 새로운 운하들이 추가되었고, 특히 로웰 천문대에서 운하를 많이 발견하면서 전체 운하의 숫자는 1908년까지 585개를 넘어섰다. 로웰 천문대에서는 화성에 그려진 이 복잡한 운하 체계의 일반적인 특성을 설명하면서, 운하가 화성 표면 전체를 덮는 그물망 형태이며 밝은 영역과 어두운 영역의 면적이 비슷하고 화성의 극관polar cap(화성의 극지방에서 얼음으로 덮여 하얗게 빛나 보이는 부분—옮긴이)을 연결한다고 말했다. (하략)

그물망의 가로세로 선이 만나는 곳에는 핀의 머리처럼 작은 검은색 점이 있다. 선의 굵기는 다양하지만, 같은 선에서는 굵기가 처음부터 끝까지 일정하게 유지된다. 하지만 이 선의 문제는 보이지 않을 때가 많고 선명하지 않을 때도 있다는 것이다. 그리고 한 가지 뚜렷한 특징은 가끔 나타나는 이중성이었다. 어떨 때는 선이 두 줄로 보였던 것이다. 뉴컴 교수는 "스키아파렐리가 이걸 처음 언급하고 확인했다. 관측으로 확인할 수 있는 한도 내에서 말이다"라고 말했다.

최근 안토니아디는 그 기하학적 선, 그리고 선이 두 줄로 보이는 현상이 단지 착시라고 발표하면서 이를 뒷받침하기 위해 직접 그린 그림 다수를 스키아파렐리와 로웰 천문대에서 그린 그림과 나란히 제시했다. 그리고 스키아파렐리가 평범한 21.6센티미터 굴절망원경으로 어렴풋이 보고 그렸던 무늬를 자신은 뫼동 천문대의 83센티미터 굴절망원경으로 아주 안정적으로 살폈다고 말했다. (하략)

안토니아디는 "이제 다음 사항을 고려해 보면"이라고 말했다.

"(a) 1909년 뫼동의 83센티미터 굴절망원경으로 화성을 관측해 보니 스키아파렐리가 평범한 21.6센티미터 굴절망원경으로 어렴풋이 봤을 때보다 화성과 지구의 거리가 4배에서 16배 정도 더 가깝다는 게 밝혀졌다.

(b) 스키아파렐리가 그린 무늬에서 볼 수 있는 불규칙한 모습을 큰 망

원경에서는 안정적으로 살펴볼 수 있지만, 스키아파렐리는 그저 직선만 어렴풋이 봤을 뿐이다.

(c) 스키아파렐리의 불규칙한 무늬는 원근법을 엄격하게 따랐는데, 선을 그릴 때는 원근법에서 어긋나는 경우가 많았다.

(d) 토성의 고리에 있는 카시니의 간극(토성의 바깥쪽 고리와 안쪽 고리 사이에 있는 틈으로 1675년 J. D. 카시니가 발견했다.—옮긴이)처럼 실제 존재하는 행성의 가늘고 검은 선은 회절 현상 탓에 작은 망원경보다 큰 망원경에서 훨씬 더 넓고 뚜렷하게 보인다.

(e) 스키아파렐리의 망원경으로는 절대 볼 수 없지만, 사진으로도 확인된 그 미세하고 불규칙한 세부 모습은 선의 자취가 전혀 보이지 않을 때라도 뫼동의 83센티미터 망원경에서 안정적으로 관측된다.

우리는 결론을 내렸다. 의심의 여지가 없다. 거대한 뫼동 천문대 굴절 망원경으로 확인한 자연 그대로의 모습은 이탈리아 천문학자 스키아파렐리가 조잡하게 그린 거미줄보다 화성의 세부 모습을 훨씬 더 사실적으로 보여 준다." (하략)

바이킹 로봇 화성에 안착
돌투성이 평원 사진 지구로 전송

존 노블 윌포드

지구에서 출발한 탐험선이자 로봇 우주선인 '바이킹 1호'가 오늘 처음으로 화성에 착륙하여 거센 바람이 부는 돌투성이 사막 지대의 멋진 사진을 지구로 전송했다. 사진에 보이는 장소는 최초로 지구 밖에서 직접 생명체를 탐색한 곳이다.

다리가 셋인 바이킹 1호 착륙선은 미 동부 하절기 시간으로 오전 7시 53분에 손상된 곳 없이 수직으로 화성의 크리세 평원에 내려앉았다. 11개월 동안 거의 8억 킬로미터가 넘는 거리를 항해한 뒤였다. 화성 궤도에 있는 모선母船에서 화성 표면으로 착륙선이 하강하는 최종 단계이자 가장 마음을 졸였던 단계는 3시간 13분이 걸렸다.

그리고, 착륙하다

자동 컴퓨터의 명령에 따라 착륙선의 로켓이 점화되고 낙하산이 펼쳐졌으며 보호막이 분리된 다음 더 많은 로켓이 점화되었다. 그런 다음 착륙선이 내려앉았다. 그리고 당시 3억4천만 킬로미터가 넘는 화성과 지구의 거리 때문에, 19분이 지나서야 이곳 캘리포니아주 패서디나에 있는 제트추진연구소의 통제실에 안전하게 착륙했다는 신호가 수신되었다. 항공 통제관 중 한 명인 리처드 벤더Richard Bender가 "착륙! 착륙했다는 신호 몇 개가 들어왔다"며 착륙을 알렸다. 10억 달러짜리 바이킹 우주사업에 참여해서 이날을 위해 8년을 준비했던 과학자와 기술자들에게는 만감이 교차하는 순간이었다.

환호와 탄성이 터져 나오다

통제실과 연구소에는 박수갈채가 가득했다. 다들 환하게 웃었고 눈가에는 눈물이 맺혔다. 자신들이 이룬 성과에 놀란 나머지 다들 멍한 표정이었다.

바이킹 1호가 착륙함으로써 화성 표면 탐사가 최초로 시작되었다. 과거 소련에서 두 차례 착륙한 적이 있지만, 쓸 만한 자료는 얻지 못했다. 화성은 수백 년 동안 사람들의 마음을 사로잡았고 전설 같은 존재였으며 끝없는 과학적 추측의 대상이었다.

모든 것이 계획대로 진행된다면 8일 이내에 착륙선에서 기계 팔이 나와 토양 표본을 채취한 다음 탑재된 장비로 화학 및 생물학적 분석을 수행할 것이다. 그리고 그 작업은 화성에 존재할지도 모르는 생명체의 흔적을 찾는 이번 임무의 시작이 될 것이다.

20세기 초인 비교적 최근까지도 화성에 '고도로 발달한 문명'이 있다고 진지하게 생각하는 사람들이 있었다. 지금은 그런 사람들이 없지만, 과학자들은 대체로 태양계의 모든 행성 가운데 화성이 생명체가 살기에 가장 알맞은 곳일지 모른다고 생각한다. 그런데 바이킹 1호의 착륙선에는 생명체를 찾는 실험 장비 외에도 화성 토양의 화학 성분과 날씨, 대기, 지진 활동, 지질을 연구하는 장비가 실려 있다. 그렇게 바이킹은 인근 세상에 보내진 것 중에서 가장 복잡한 우주선이었다.

바이킹 1호가 화성에 착륙해서 우주선과 주변 환경이 선명하게 찍힌 흑백 사진 두 장을 전송한 다음 열린 기자회견에서, 제임스 S. 마틴 주니어James S. Martin Jr. 바이킹 우주사업 책임자는 "오늘은 내 인생에서 가장 행복한 시간이다. 모든 것이 그렇게 완벽하게 작동하는 것이 정말 놀라울 뿐이다"라고 말했다. 바이킹 사업의 영상팀 팀장인 브라운대학교의 지질학자 토머스 A. 머치Thomas A. Mutch 박사는 바이킹이 처음 보낸 사진 두 장을 보고 흥분한 채 "정말 최고"라며 너스레를 떨었다.

사진에는 돌투성이 평원 위에 자리 잡은 590킬로그램 무게의 착륙선이 찍혀 있었다. 검은 돌도 있고 옅은 색 돌도 있었다. 돌은 대부분 풍화작용을 겪지 않은 듯 모서리가 날카로웠지만, 조금 더 둥그스름한 돌도 있었다. 바이킹 팀의 지질학자들은 눈앞에 보이는 화성의 모습에 관한 더 자세한 설명은 애써 자제하는 모습이었다.

모래와 분화구

바이킹 착륙선이 낯설고 새로운 주변 환경을 300도 화각으로 찍어서 보낸 파노라마 사진 속에는 모래언덕 비슷한 지형과 침식된 분화구처럼 보이는 구덩이, 흩날리는 모래에 일부가 묻혀 있는 밝은색 암석지대, 곳곳에 있는 낮은 봉우리가 보였다. 그리고 3킬로미터 밖의 지평선에는 과학자들이 대규모 충돌로 생긴 분화구의 가장자리라고 추정하는 산등성이가 있었다.

영상팀 소속인 코넬대학교의 천문학자 칼 세이건Carl Sagan 박사는 "안전 문제 때문에 지형이 단조로운 곳을 골랐는데도 화성은 정말 흥미로운 곳"이라고 말했다.

영상팀의 또 다른 팀원인 사이언스애플리케이션사의 앨런 B. 바인더Alan B. Binder 씨는 착륙 지역이 "애리조나나 북멕시코에 있는 것처럼 아주 심하게 침식된 용암층 같다"고 말했다.

다른 과학자들은 사진을 훑어본 다음 착륙 지점의 주요 구성 물질은 화산 폭발로 생성된 것 같지만, 유성과의 충돌이나 층이 얇은 화성의 대기에서 부는 바람, 그리고 아마도 물에 의한 침식작용으로 변형되었을 것이라는 데 동의했다.

밝은 하늘

바이킹 우주 사업의 과학자들은 화성의 하늘이 밝은 것에 깜짝 놀랐다. 착륙 지점은 한여름 늦은 오후였다. (화성의 하루는 24시간 37분이고, 1년은 678일이다.) 한 사진에 찍혀 있는 그림자를 보면 화성의 대기에 존재한다고 알려진 소량의 물에서 형성된 구름이 착륙선 위를 지나가고 있다는 것을 알 수 있었다. 사진 속 먼 하늘에는 옅은 구름이 길게 걸려 있었다.

그 사진은 착륙선에 달린 똑같은 카메라 두 대 중에서 한 대가 찍은 것이었다. 카메라는 착륙선이 착륙한 다음 1분 이내에 작동을 시작했다. 촬영된 사진은 전자 데이터 형태로 바뀐 다음 1만2천 킬로미터 상공에서 화성 궤도를 도는 모선으로 전송된 후, 지구에 있는 추적 안테나로 중계되었다.

첫 번째 사진이 통제센터의 텔레비전 화면에 나타나기 시작한 것은 오전 8시 54분이었다. 세로로 한 줄씩 그려지면서 완전히 표시되기까지 22분이 걸렸다. 사진에는 좌우로 약 50도 범위의 풍경이 찍혀 있었다. 사진의 하단은 우주선에서 60센티미터 정도 떨어져 있고, 상단은 우주선에서 180센티미터 정도 떨어져 있었다.

장소 선정

착륙선에 달린 팔이 토양 표본을 퍼 올리기 전까지, 바이킹 우주선은 컬러 사진과 입체 사진을 포함한 몇 장의 사진을 더 전송할 예정이다. 과학자들은 그 사진으로 토양 표본을 퍼 올리기 좋은 장소를 선택할 것이다.

첫 번째 사진에서는 착륙선 다리가 단단한 땅을 거의 파고 들어가지 않은 모습이 확인되었다. 그리고 다른 자료를 통해 착륙선이 계획대로 시간당 8.8킬로미터의 속도로 조심스럽게 내려앉았으며 탑재된 모든 장치가 정상적으로 작동되는 것을 확인했다.

착륙 장소의 정확한 위치는 아직 파악되지 않았다. 하지만 발사 책임자인 A. 토머스 영A. Thomas Young 박사는 모든 하강 절차가 계획대로 정확하게 진행된 것으로 보이며, 착륙선은 폭이 약 100킬로미터에 길이가 210킬로미터인 타원형 목표 지점의 중심부 가까이에 착륙한 것 같다고 말했다. 타원형의 목표 지점은 '황금 평원'으로 불리는 크리세 평원의 서쪽 경사면이며 북위 22.4도, 서경 47.5도에 있다.

궤도선과 착륙선이 결합되어 있는 바이킹 1호 우주선은 6월 19일 화성의 궤도에 진입했고, 지난 4주 동안 표면 사진을 찍으며 비교적 평평하고 착륙하기에 안전한 표면을 찾았다. (하략)

궤도선에서는 36분에 걸쳐 파노라마 사진을 촬영했다. 착륙지 주변을 거의 완벽하게 보여 주는 사진이었다. 머치 박사는 "정말 아름답다, 정말 아름다워" 혹은 "이건 정말 믿어지지 않는 풍경"이라며 과학자답지 않은 표현을 써서 풍경의 느낌을 반감시킬 때가 많았다. 머치 박사는 돌투성이 평원 사진을 보고는 함박웃음을 지으면서 "지적인 우리 지질학자들이 쓰는 말로 하자면, 이 돌들은 검은 돌이다"라고 말했다.

사진 분석

지질학자와 물리학자, 기상학자, 생물학자, 천문학자 들이 이미 사진을 더 자세하게 분석하고 있다. 수신된 전자 신호를 컴퓨터로 처리해서 사진 품질도 향상시켰다.

사진이 전송되는 와중에 백악관에서 포드 대통령이 전화를 걸어 바이킹 팀에 축하의 말을 전했다. 포드 대통령은 통제실에 있던 NASA 국장 제임스 C. 플레처 박사James C. Fletcher, 그리고 마틴 씨와 통화했다.

포드 대통령은 "성공적인 업무 수행"이라면서 이번 성공이 인류가 다른 세상에 처음 발을 디뎠던 아폴로 11호의 달 착륙 7주년 기념일에 이루어진 것이라고 귀띔했다. 그러면서 1976년 7월 20일을 '우주 탐사일'로 선언했다.

머치 박사는 대통령의 전화를 끊자마자 수신되는 사진을 보면서 계속해서 사진에 대한 첫인상을 늘어놓았다. 화성의 바위 그림자는 달보다 더 부드럽다고 말하면서, 달에는 대기가 없지만 화성에는 희박하나마 대기가 있어 태양 빛이 산란하기 때문이라고 설명했다. 어느 순간 머치 박사는 한층 고조된 목소리로 "저기에 가보고 싶고, 가서 주변을 걸어 다니고 싶지 않냐"고 말했다.

몇몇 다른 과학자는 처음 전송된 사진들이 생각보다 훨씬 선명하고 또렷하다고 말했다. 그러면서 파노라마 사진의 전송이 끝나기 전에 무선 통신이 끊길까 봐 노심초사했다. 하지만 궤도선은 화성의 뒤편으로 들어가기 전에 사진 전송을 완료할 수 있는 범위에서 한동안 벗어나지 않았다. (하략)

기자회견에서 바이킹 우주 사업의 과학자들은 사진에서 생명체의 존재를 암시하는 증거는 전혀 찾지 못했지만, 확실한 증거가 있을 것이라는 기대는 애초부터 없었다고 말했다. 게다가 지표면이나 지표면 아래에서 한때 침식작용을 일으켰던 물의 흔적을 쉽게 눈으로 확인할 것이라는 생각도 하지 않았다.

궤도에서 그 지역 주변을 찍은 사진을 보면, 한때 홍수가 발생해서 표면에 깊은 수로가 생기고 구슬처럼 생긴 섬들이 남아 있었을 가능성이 매우 높았다. 착륙 장소는 과거에 홍수가 나면서 생긴 침전물이 쌓여서 만들어진 곳 같았다. 그리고 궤도선의 장비에 저지대인 크리세 평원 상공의 대기 속에 있는 엄청난 양의 수증기가 탐지되었다.

밀도가 지구의 1퍼센트에 불과한 화성 대기의 주요 성분은 이산화탄소다. 착륙선이 하강하는 동안 대기 속에서 희귀한 불활성 기체인 아르곤이 소량 탐지되었다. 예전에 소련에서 탐사할 때도 그랬지만, 바이킹 1호가 궤도에서 관측했을 때 추정했던 것보다는 훨씬 적은 양이었다.

사람들은 모서리가 날카로운 바위를 보고 깜짝 놀랐다. (바람이나 물이 일으키는) 풍화작용이 아주 최근에는 전혀 없었거나 심하지 않았다는 것을 의미했기 때문이다. 세이건 박사는 세 가지 해석을 내놓았다. 바위가 최근 발생한 엄청난 사건에 의해 쪼개졌거나, 바위가 생긴 것은 오래전이지만 일찌감치 땅속에 묻혔다가 최근 들어 지표면으로 드러났거나, 풍화작용이 "이 지역에서 상대적으로 미미했다"는 것이다.

화성에서는 바람이 시속 320킬로미터가 넘는 속도로 불기 때문에 전 지역에 먼지 폭풍이 휘몰아친다. 하지만 대기가 희박하기 때문에 화성에서 부는 시속 320킬로미터의 바람은 지구에서 부는 시속 32킬로미터의 바람과 비슷하다.

머치 박사의 생각에 여러모로 사진에서 가장 흥미로운 물체는 활대(돛대 상단에 가로로 댄 나무—옮긴이)와 안테나가 삐죽 튀어나온 채 세 다리로 평원에 단단하게 자리 잡은 착륙선 그 자체였다. 머치 박사는 이렇게 말했다. "잘 모르는 곳에 가면 주변에서 친구를 찾게 된다. 착륙선은 좋은 친구이다. 아주 좋은 친구이다."

착륙선은 오전 4시 40분에 궤도선에서 분리되어 화성 표면으로 하강하기 시작했다. 실제로 분리 명령이 바이킹 우주선의 컴퓨터에 전송된 것은 그보다 몇 시간 전이었다. 명령어는 'KVUGNG'라는 부호화된 단어 한 개였다. 그때부터 우주선은 컴퓨터에 프로그램된 명령에 따라 주말 내내 자동으로 움직였다.

발화장치가 작동하면서 궤도선에서 착륙선이 분리되었다. 3세트의 용수철이 착륙선을 초당 2~3센티미터의 속도로 부드럽게 밀어냈다. 착륙선에 달린 돔 형태의 보호 덮개인 보호각保護殼 가장자리에 있는 8개의 작은 로켓이 점화되어 착륙선이 화성의 중력에 의해 궤도에서 지표면까지 내려가는 동안 속도나 방향을 조절했다.

열 차폐막 위치 조정

오랜 무동력 하강이 끝나고 화성 대기의 상층부에 도달하기 직전에 착륙선은 몸체의 열 차폐막heat shield(대기와의 마찰로 발생하는 열을 차단하는 차폐물—옮긴이)이 대기와 부딪히도록 선체 방향을 재조정했다. 코르크와 비슷하게 생긴 열 차폐막의 피복재는 섭씨 1,480도의 열에 견디도록 제작되었다.

선체가 대기와 마찰을 일으키면서 발생하는 항력(진행 방향과 반대 방향으로 잡아당기는 힘—옮긴이)과 양력(진행 방향의 위쪽으로 밀어 올리는 힘—옮긴이)이 하강 속도를 더욱 늦춘다. 그래서 착륙선이 너무 빨리 떨어지거나 한쪽으로 기울어진 채 떨어지는 일이 없게 한다. 5.9킬로미터 상공까지 떨어지면 폭 16미터짜리 낙하산이 펴지면서 하강 속도가 시속 160킬로미터까지 느려진다. 1.4킬로미터 상공에 이르면 추력 조절이 가능한 로켓이 점화되면서 착륙선을 지표면에 부드럽게 착륙시킨다.

착륙선은 화성 표면에 내린 다음 첫 12초 동안 (항공 관제사들이 'how-am-I'라고 일컫는) 메시지를 전송하여 상태를 보고한다. 보고 내용에 이상이 없었다고 발사 책임자인 영 씨가 말했다.

소련의 실패

세 차례에 걸쳐 화성에 우주선을 착륙시키려 했던 소련은 운이 별로 좋지 않았다. 한 번은 착륙 중간에 추락했고, 또 한 번은 지표면에 착륙한

지 20초 만에 통신이 끊겼으며, 세 번째는 하강하는 도중 작동이 멈췄다.

바이킹 1호와 모든 면에서 동일한 바이킹 2호가 8월 7일 화성 궤도에 진입하여 빠르면 9월 4일에 두 번째로 화성 표면에 착륙할 예정이다. 이번에는 바위도 더 많고 과학적인 측면에서 더 흥미로운 것이 많은 화성의 극관 아래쪽 북반구에 착륙할 것이다.

하지만 당시에 중앙 관제소의 모든 관심은 바이킹 1호와 화성 표면에서 전송된 첫 번째 사진에 쏠려 있었다.

NASA 우주과학 담당 부책임자인 노엘 W. 히너스Noel W. Hinners 박사는 "처음으로 눈물이 났다. 그게, 아마도 결혼식 이후로 처음이었던 것 같다. 정말 굉장했다"고 말했다.

명왕성은 뉴욕에서만 행성이 아니다

케네스 창

애틀랜타에 사는 파멜라 커티스는 로즈 지구 우주 센터Rose Center for Earth and Space에 전시된 행성 사진을 보고 당혹감에 이맛살을 찌푸렸다. 행성의 숫자가 부족한 것 같았기 때문이다.

파멜라는 손가락으로 행성의 개수를 세기 시작했다. 그러면서 오래전 아들이 학교에서 배웠던 암기 공식을 떠올리려고 애썼다.

> My Very Educated Mother Just Served Us Nine Pizzas.(아주 교양 있는 우리 엄마가 우리에게 방금 피자 아홉 개를 갖다 주셨어요.)
>
> Mercury(수성), Venus(금성), Earth(지구), Mars(화성), Jupiter(목성), Saturn(토성), Uranus(천왕성), Neptune(해왕성).

그녀는 "뭐가 빠졌는지 알려면 처음부터 끝까지 다 따져봐야 했다"고 말했다.

명왕성! 명왕성이 없었다.

파멜라는 "어머니가 피자 아홉 개를 주셨다. 그런데 아홉 번째가 없다"고 말했다.

유력 과학연구기관 중에서도 미국자연사박물관은 지난 2월 로즈 지구우주 센터(이하 로즈센터)를 개관하면서 조용히 그리고 아주 특이하게도 명왕성을 행성들의 신전에서 제외했다. 로즈센터 어디에도 명왕성을 행성으로 설명한 곳은 없었다. 하지만 '명왕성은 행성이 아닙니다'라고 명백하게 밝혀 놓은 곳도 없었다.

박물관 부설 헤이든 천문관 관장인 닐 디그래스 타이슨Neil deGrasse Tyson 박사는 "그 문제로 사람들과 싸울 생각은 없다. 이 문제를 언급할 때는 정말 주의하셔야 한다"고 말했다.

박물관의 행보는 아직도 놀랍기만 하다. 일방적으로 명왕성의 지위를 강등시켜서 해왕성 너머 '카이퍼 벨트Kuiper Belt(해왕성 바깥에서 태양의 주위를 도는 소행성이 모여 있는 지역—옮긴이)'에서 태양 주위를 도는 300여 개의 얼음 덩어리 가운데 하나로 만들어버린 것이다.

MIT의 행성학 교수인 리처드 P. 빈젤Richard P. Binzel 박사는 로즈센터 전시회에 관해서 "명왕성은 여기서 찾기가 어렵기 때문에 더욱 눈에 띈다. 명왕성을 강등시킨 건 너무 지나친 처사였다. 주류 천문학자들이 생각하는 선을 넘어 버렸다"라고 말했다.

콜로라도주 볼더시에 있는 사우스웨스트연구소의 우주학과 학과장인 S. 앨런 스턴S. Alan Stern 박사도 그런 변화를 달가워하지 않았다. 스턴 박사는 "그렇게 생각하는 사람들은 소수이다. 어처구니없는 일이다. 천문학계에서는 이미 결론이 났다. 그건 문젯거리가 안 된다고 말이다"라고 말했다.

천문학자들의 유력 단체인 국제천문연맹IAU에서는 여전히 명왕성을 태양계의 아홉 번째 행성으로 인정한다. 1999년에 명왕성을 행성인 동시에 카이퍼 벨트의 일원으로도 봐야 한다는 제안이 나오자 '소행성'이라는 명칭을 추가하는 것이 명왕성의 위상을 떨어뜨린다고 생각한 사람들의 격렬한 항의가 이어졌다.

소행성이라는 명칭을 추가하는 제안은 채택되지 않았고, 파리에 본부가 있는 국제천문연맹은 명왕성이 예나 지금이나 행성임을 재확인하는 성명을 발표했다. 연맹에서는 "이 절차는 명백하게 명왕성이 행성의 지위를 잃는 일을 막기 위해 마련된 것"이라고 했다.

하지만 명왕성을 옹호하는 일부 천문학자들마저도 명왕성이 요즘에 발견되었다면 행성의 지위를 얻지 못했을 것이라는 말에 동의한다. 지름이 대략 2,250킬로미터밖에 안 될 정도로 작고 다른 행성과 너무 다르기 때문이라는 것이 그 이유다.

연맹에서 생긴 논쟁은 천문학계에 격한 감정을 불러일으켰지만, 명왕성을 빼놓은 로즈센터의 행성 전시회에서 큰 논란은 없었고 크게 놀라는 사람도 없었다.

파멜라의 남편 윌리엄은 "처음 50년 동안 한 가지 방식으로만 배웠는데, 이제는 다른 방식으로 배우게 될 것 같다"고 말했다.

로즈센터의 전시 해설자 제인 레빈슨은 관람객 열 명 중 한 명 정도가 사라진 행성에 관해 묻는다고 말했다. 그러면 그녀는 명왕성의 지위를 두고 벌어진 논란을 설명하면서 박물관 측에서 전시를 준비하는 동안 "결론이 났어야 했는데 그러지 못했다"라고 말해준다고 했다.

레빈슨은 "특히 아이들이 많이 물어본다. '명왕성을 빼먹은 건가요?' 라고 말이다. '제 친구 명왕성을 빼먹으셨어요?'라고 말하는 아이들도 있다"고 말했다.

맨해튼의 '선한 목자 학교' 6학년인 일리스 퍼밀리아는 박물관에서 이제 명왕성을 행성으로 보지 않는다는 말을 듣고 깜짝 놀랐다며 "명왕성을 찾을 수 없었다. 기분이 이상했다"고 말했다.

행성으로서의 명왕성은 언제나 별종이었다. 명왕성의 구조는 혜성과 비슷하다. 타원형 궤도는 다른 행성의 궤도보다 17도 기울어 있다. 명왕성은 1930년 2월 18일 클라이드 W. 톰보Clyde W. Tombaugh가 발견했다. 천문학자들은 처음에 명왕성의 크기가 지구 정도라고 추정했으며 훗날 그보다 훨씬 작고 달보다도 작다는 것을 알게 되었다.

하지만 명왕성은 계속 행성으로 불렸다. 달리 부를 이름이 없었기 때문이다. 그런데 1992년 천문학자들은 카이퍼 벨트에 있는 물체를 처음 발견했다. 그리고 해왕성 너머에서 수백 개의 바윗덩어리와 얼음덩어리를 발견했는데 그중에는 명왕성과 비슷한 궤도를 공유하는 70개의 덩어리인 소위 명왕성 족族도 있었다.

헤이든 천문관의 관장인 타이슨 박사는 헤이든 전시회를 매우 민감하게 생각했지만 그렇다고 누구를 속일 생각은 없었다고 한다. 그래서 관람객들에게 따로 설명할 필요가 없는 그런 방식으로 정보를 제공하기로 했다고 말했다.

전시회에서는 수성, 금성, 지구, 화성 등 4개의 지구형 행성과 목성, 토성, 천왕성, 해왕성 등 거대 가스행성 4개를 다루었다. 바위와 얼음으로 이루어진 작은 공인 명왕성은 어느 쪽에도 속하지 못했다. 타이슨 박사는 "명왕성은 태양계 밖의 얼음덩어리 외에는 어디에도 속하지 못한다. 그래서 카이퍼 벨트에 속한다고 분류했다. 어떻게 보면 명왕성을 정의하는 문제를 완전히 피해 가고 있는 것"이라고 말했다. 태양계를 설명하는 전시물에는 다음과 같이 신중한 문구를 적어 놓았다.

> 태양계의 외행성 밖에는 혜성이 모여 있는 카이퍼 벨트가 있다. 카이퍼 벨트는 작은 원반 모양의 얼음 세상이며 그곳에 명왕성이 속해 있다.

태양계의 행성을 보여 주는 그림에는 태양 주위를 도는 행성이 8개 있다. 9개가 아니다.

다른 천문관들은 로즈센터의 행동을 따르지 않았다. 시카고의 아들러 천문관 입구에는 행성의 이름을 적어 놓은 명판이 8개밖에 없다. 하지만 그것은 천문관이 개관할 당시 명왕성에 아직 공식적인 이름이 정해지지 않았기 때문이다. 천문관에 들어가면 명왕성이 다른 행성과 함께 전시되어 있다.

4,500만 달러의 예산으로 2,800제곱미터의 공간에 건설 중인 덴버자연과학박물관은 2003년 개관 예정이다. 이곳 역시 태양계에 9개의 행성을 전시해 놓을 예정이다. 학예사인 로라 댄리Laura Danly 박사는 하나의 행성으로서 명왕성을 좋아하며, 명왕성과 함께할 것이라고 했다. 하지만 댄리 박사는 "이 문제는 옳고 그른 것을 따질 일이 아니라고 본다"며 "말장난하려는 게 아니라, 무엇이 행성이고 무엇이 행성이 아닌지는 구분하기 어렵기 때문이다"라고 덧붙였다.

'행성Planet'은 고대 그리스어로 '방랑자'를 뜻한다. 밤하늘을 가로지르는 점 같은 빛을 일컫는 것이다. 우주가 지구 주위를 도는 게 아니라는 사실을 16세기 천문학자 코페르니쿠스가 발견한 다음부터 지구는 태양 주위를 도는 또 하나의 행성이 되었다.

타이슨 박사는 명왕성을 재정의하는 문제에 역사적 전례가 있다고 본다. 1801년 천문학자들은 화성과 목성 사이의 넓은 공간을 샅샅이 뒤지다가 세레스Ceres를 발견했고, 세레스는 잠깐 행성이 되었다. 그런데 같은 지역에서 커다란 바윗덩어리가 발견되었고, 다른 바윗덩어리가 또 발견되었다. 이내 화성과 목성 사이에 바윗덩어리로 구성된 고리가 있다는 것이 명백해졌다. 그 이후로 천문학자들은 그 모두를 행성으로 부르면 안 된다는 생각에 '소행성asteroid'이라는 이름으로 바꿔 불렀다.

지름이 약 930킬로미터로 밝혀진 세레스가 행성에서 소행성으로 지위가 바뀐 것처럼 명왕성도 카이퍼 벨트에 속해야 한다는 것이 타이슨 박사의 말이었다. 그는 "이 문제는 소행성 벨트를 발견했을 때와 비슷하다. 다만 이번에는 첫 물체를 발견하고 두 번째 물체를 발견할 때까지 60년이 걸렸다는 것만 다를 뿐"이라고 말했다.

타이슨 박사는 명왕성에 대한 새로운 관점이 명왕성을 "가장 보잘것없는 행성에서 카이퍼 벨트의 왕으로 바꿔놓았다. 그게 더 잘된 일이라고 본다. 그리고 대세가 될 것으로 생각한다. 그게 과학적으로나 교육적으로 이치에 맞기 때문이다"라고 말했다.

화성의 단서를 찾는 큐리오시티 탐사 로봇

케네스 창

약 35억 년 전에 유성 하나가 화성의 적도 근처에 떨어져 현재 '게일 크레이터gale crater'로 불리는 지름 154킬로미터짜리 구덩이가 생겼다. 특별한 사건은 아니었다. 그 옛날 화성과 지구 같은 태양계의 내행성에는 우주를 떠다니는 바위가 주기적으로 충돌해서 크고 작은 크레이터(분화구) 자국을 남겼다. 특별했던 것은 그 충돌이 발생한 다음에 일어난 일이었다.

정확하게 어떤 일이 일어났는지는 행성학자들 간에 의견이 분분하지만, 결과는 명확하게 확인할 수 있다. 게일 크레이터 바닥에서 5킬로미터 높이로 솟아 있는 산이 바로 그것이다. 그런데 그보다 더 특별한 사실은 그 산이 퇴적암이 층층이 쌓여서 생성되었다는 점이다.

층이 있는 그 바위산에 주목한 과학자들은 NASA에서 만든 미니 쿠퍼 크기의 이동 실험실인 '큐리오시티Curiosity' 탐사 로봇의 도착지로 게일 크레이터를 선택했다. 그리고 지금 화성에 도착한 지 2년이 넘은 큐리오시티가 그 산을 오르고 있다.

퇴적암에서 각각의 층은 그 층이 생성될 당시의 지질학적 환경을 담고 있다. 층 하나가 화성이라는 역사책의 한 페이지에 해당하는 셈이다. 큐리오시티가 각 층을 가로지르는 동안, 과학자들은 25억 달러짜리 임무를 수행하면서 분명히 지금보다 훨씬 더 따뜻하고 습도가 높았던 젊은 화성에 어떤 사건이 일어나면서 건조하고 추운 곳으로 바뀌게 되었는지 원인을 찾고 있다.

큐리오시티 사업에 참여한 과학자 존 P. 그로징어John P. Grotzinger 박사는 그 사건을 '건조 대사건the great desiccation event'이라고 이름 붙였다. 그로징어 박사는 게일 크레이터에 관해 처음 들었던 순간을 떠올리며 이렇게 말했다. "그곳을 보자마자 이런 생각이 들었다. '환상적인 곳이군. 그런데 가운데 있는 산은 뭐지?'"

산의 공식적인 이름은 '이올리스 몬스Aeolis Mons'지만 임무를 수행 중인 과학자들은 '샤프산Mount Sharp'으로 부른다. 2004년 세상을 떠난 캘리포니아공과대학의 저명한 지질학자이자 화성 전문가인 로버트 P. 샤프Robert P. Sharp를 추모하는 의미다.

지구에서 산맥은 보통 화산이 분출하거나 판구조론에 따라 지각이 서로 충돌해서 위로 솟구치면서 생성된다. 그런데 화성에는 판구조론도 없고 화산도 퇴적암을 분출하지 않는다. 그렇다면 5,500미터 높이의 이 산은 어떻게 생겨났을까?

1990년 후반 NASA의 우주선인 '화성 전역 탐사선Mars Global Surveyor'은 이전 탐사 계획인 '마리너Mariner'나 '바이킹Viking' 때보다 화성 표면을 훨씬 선명하게 촬영해서 지구로 전송했다.

전역 탐사선의 카메라를 제작한 샌디에이고의 말린우주과학시스템의 케네스 S. 에제트Kenneth S. Edgett와 마이클 C. 말린Michael C. Malin은 게일 크레이터를 비롯한 화성 곳곳에서 아주 얇게 층층이 쌓인 퇴적층을 발견했다. 2000년, 두 사람은 그 퇴적층이 퇴적물이 굳어져서 바위가 된 것이라는 가설을 발표했다.

실제로 에제트 박사는 게일 크레이터가 퇴적물 속에 묻혀 있다가 나중에 바람이 불면서 크레이터 대부분이 겉으로 드러났으며 중앙에 있는 산도 그때 나타난 것이라고 말했다.

델라웨어주 1.5배 크기의 땅을 깎아 낸다고 상상해 보라. 바닥에서 꼭대기까지의 높이는 북미 최고봉이며 높이가 6,168미터에 달하는 알래스카주의 매킨리산과 비슷하다.

에제트 박사의 주장은 화성에서는 그런 일이 있을 수 있다는 것이다. 그러면서 게일 크레이터와 크기가 비슷하고 일부가 땅에 묻혀 있는 다른 크레이터를 거론한다. "이런 일이 다른 곳에서도 많이 일어났다. 그래서 게일 크레이터에서 이런 일이 일어났다는 생각이 마냥 터무니없는 것은 아니다."

2007년까지만 해도 게일 크레이터는 큐리오시티의 착륙 후보지 목록에 들어 있지 않았다. 화성 궤도에서 관측한 결과, 물이 존재하는 광물층이 있다는 확실한 근거가 없었기 때문이다. 지난 20여 년간 화성에서 NASA의 좌우명은 '물을 따라가라'였다. 물이 생명체의 기본 성분이기 때문이다.

그로징어 박사는 당시 캘리포니아공과대학에 있는 자신의 연구팀에서 박사후과정을 밟던 랠프 E. 밀리켄Ralph E. Milliken에게 게일 크레이터를 더 자세히 살펴보라고 말했다. 밀리켄 박사는 암석 지대 아래 광물층을 볼 수 있는 NASA의 화성 정찰 위성에서 받은 자료를 분석했고, 샤프산 아래에 점토층이 존재하며 물이 존재하는 곳에서 생성될 가능성이 높은 다른 광물층도 있다는 사실을 알아냈다.

지금은 브라운대학교의 지질학과 교수로 있는 밀리켄 박사는 "우리가 이 산을 발견했고, 산의 구성 물질이 모두 똑같지 않고 층마다 광물이 다른 것을 봤을 때 그런 광물층이 물과 대기, 바위의 상호작용을 고스란히 간직하고 있을 가능성이 있다"고 말했다.

그곳의 물 상태가 좀 더 산성 쪽으로 바뀐 걸까? 그 물속에 산소가 있었던 걸까? 밀리켄 박사는 "그런 것은 땅 위의 탐사 로봇으로 알아볼 수 있다"고 말했다.

큐리오시티는 2012년 8월 화성에 착륙한 뒤 '옐로나이프 베이Yellowknife Bay(큐리오시티가 착륙한 지점의 인근 지역—옮긴이)'로 명명된 구역을 우회하면서 탐사 활동을 벌였고, 게일 크레이터가 한때는 거주하기에 적당하고 깨끗한 물이 담긴 호수였다는 추정이 가능한 지질학적 흔적을 찾아냈다.

그런 다음 큐리오시티는 샤프산으로 갔다. 간간이 과학 연구 목적으로만 멈춰 섰을 뿐이었다. 캘리포니아주 패서디나에 있는 NASA의 제트추진연구소에서 조종하는 탐사 로봇 큐리오시티는 지금까지 9.6킬로미터 넘게 이동하면서 10만 4천 장이 넘는 사진을 찍었고, 바위와 흙을 기체로 바꿔 성분을 알아내기 위해 레이저 장비로 18만 8천 번 넘게 레이저를 쏘았다.

2012년 9월, 큐리오시티는 샤프산에서 광석이 노출된 부분에 처음으로 구멍을 뚫고 바위 속에서 철 성분이 함유된 광물질인 적철석赤鐵石을 발견했다. 궤도 위에서 먼저 발견했던 게일 크레이터의 광물질을 땅에서도 확인한 최초의 순간이었다.

큐리오시티가 pH값이 중성인 물에서 만들어지는 점토를 함유한 암석 지대를 발견한다면 그곳이 유기 분자, 즉 생명체의 구성단위인 탄소 화합물을 찾을 가능성이 가장 높은 곳이 될 것이다. 특히 방사선이 닿지 않는 곳이라면 더욱 가능성이 높을 것이다. (큐리오시티에는 생명체가 과거에 살았거나 현재 살고 있는지 확인하는 장비가 없다.)

궤도선에서 발견한 것 중에는 황산마그네슘염도 있는데, 밀리켄 박사는 사리염Epsom salts(천일염과는 조금 다른 소금으로 약제나 입욕제로 쓰인다.—옮긴이)과 비슷한 것 같다고 설명했다.

황산마그네슘염 층은 대략적으로 NASA의 구형 탐사 로봇 '오퍼튜니티'가 화성의 반대편에서 발견했던 황산염 층만큼이나 오래된 것으로 보인다. 샤프산의 황산염이 화성 반대편의 황산염과 같은 것으로 밝혀지면 화성에서 전체적으로 기후 변화가 있었다고 볼 수 있다. 아니면 두 황산염이 다를 수도 있는데, 그렇다면 화성의 환경에 지역적 편차가 있었다는 증거가 된다.

밀리켄 박사는 "드디어 샤프산에서 과학 탐사를 시작했다"며 "그게 목표였다"고 말했다. 그 과정에서 큐리오시티가 샤프산의 기원에 관한 단서를 찾게 될지도 모른다. 에제트 박사는 바람에 의해 샤프산이 겉으로 드러나기 전까지만 해도 게일 크레이터가 가장자리까지 무엇인가로 가득 채워져 있었을 것이라고 생각한다. 반면, 프린스턴대학교의 박사후과정 연구원이며 시카고대학교의 교수로 자리를 옮길 예정인 에드윈 S. 카이트Edwin S. Kite는 흙더미였던 샤프산에 바람이 불면서 모래층이 쌓였고 그 모래층이 일시적으로 흐르는 물에 굳어진 것이라고 생각한다. 카이트 교수는 "구덩이 전체가 물로 채워지지 않고서 저런 산 같은 것이 만들어질 수 있을까"라며 의문을 제기하고 "흙더미가 쌓이면서 약간의 눈이 녹기도 했을 것"이라고 본다.

카이트 교수는 샤프산의 각 층이 가장자리로 가면서 낮아지는 모습이 마치 흙더미가 쌓이는 모습과 비슷하다고 말했다. 그렇게 샤프산의 각 층은 평평하지 않다. 호수 침전물이 층층이 쌓인 다음 바람에 침식되었을 때 예상할 수 있는 모습 그대로인 것이다.

그로징어 박사는 두 가지 경우가 모두 발생했을 수도 있다고 생각했다. 게일 크레이터의 일부는 내부가 채워져 있었다가 비워지면서 샤프산의 하반부를 형성했고, 또 다른 과정이 진행되면서 상반부를 형성했다는 것이다. 산의 상반부와 하반부가 극명하게 나뉜다는 말이다.

월요일에 유선상으로 NASA의 기자회견이 진행되는 동안, 그로징어 박사와 다른 팀원들은 크레이터에 오랫동안 호수가 존재했음을 암시하는 새로운 자료를 발표했다. 옐로나이프 베이에 있는 침전물은 크레이터의 가장자리에서 흘러든 물줄기로 생성된 호수의 일부분일 가능성도 있었다. 샤프산 쪽으로 이동하던 큐리오시티는 마치 침전물이 쌓인 삼각주를 내려가는 듯하다가 다시 위로 올라가고 있었다. 시간이 가면서 수위가 점차 상승하고 샤프산이 아직 생성되지 않았을 때 생길 수 있는 지형이었다.

이는 게일 크레이터에 계속 물이 차 있던 것이 아니라 반복적으로 물이 찼다가 빠져나가곤 했다는 것을 의미한다. 그로징어 박사는 "하나의 호수가 수백만 년간 계속 존재했다고 생각하는 건 아니다. 그보다는 충적선상지와 삼각주, 호수, 건조한 사막이 아마도 수백만 년간 반복되는 방식이었을 것이다. 서로 연결되면서 수천만 년간 반복된 정도까지는 아니었다고 해도 말이다"라고 말했다.

큐리오시티 사업의 애시윈 바사바다Ashwin Vasavada 차석 과학자는 게일 크레이터에 호수처럼 물이 가득 찬 상황을 설명하면서 "물이 생기면서 화성의 기후 체계가 시작된 것이 틀림없다"고 말했다.

하지만 그런 답변에도 여전히 의심쩍은 부분이 남을 것이다. 에제트 박사는 "탐사 로봇과 궤도선에서 수집한 자료로는 이 문제가 풀리지는 않을 것"이라며 "인간을 화성에 보낼 수 없다면, 지금부터 백 년 동안은 머리를 싸매야 할 것"이라고 말했다.

NASA의 화성 탐사 로봇은 성공적이었지만, 그만큼 제약도 있고 느리다. 큐리오시티의 최고 속도는 시속 160미터에도 못 미친다. 순식간에 바위를 깨고 그 안의 광물질을 살펴볼 수 있는 인간 지질학자가 힐끗 보면 알 수 있는 일이 큐리오시티에게는 며칠에서 몇 주가 걸릴 수도 있다.

에제트 박사는 샤프산의 수수께끼에 관해 "몇 달이면 해결할 수 있을 것이다. 몇 사람이 화성 표면에 가서 일한다면 말이다"라고 했다.

하버드 천문학자의 계산 결과 우주의 크기가 1,000배로 커지다

최근 하버드대학교에 온 천문학자 할로 섀플리Harlow Shapley 박사는 캘리포니아주 마운트윌슨 천문대에서 우주의 크기가 그동안 과학자들이 상상했던 것보다 1,000배는 더 크다는 것을 입증하는 확실한 증거를 발견했다고 발표했다.

섀플리 박사의 연구 결과로 우주에서 지구가 차지하는 중요도는 종전보다 1,000분의 일로 줄었다. 그리고 지구는 지금까지 알고 있던 것처럼 '만물의 중심'이 아니라 우주의 중심에서 58경京 킬로미터 떨어져 있는 것으로 추정된다.

과거에는 태양과 지구의 거리를 측정 기준으로 삼는 삼각측량 방식으로 먼 거리를 측정했는데, 그 측정 기준을 연장해서 수백 광년까지 측정했으며 심지어 그런 측정 방식의 한계인 플레이아데스 성단(황소자리의 어깨 부분에 보이는 산개 성단. 지구에서 약 410광년 떨어져 있다.—편집자)까지의 거리를 측정하기도 했다.

섀플리 박사가 연구하는 은하에는 이런 플레이아데스 성단 같은 것이 거의 없다. 섀플리 박사의 은하는 측정해본 결과 끝에서 끝까지 거리가 약 30만 광년에 이른다. 초대형 은하인 것이다.

광선이 1년 동안 지나는 거리를 뜻하는 광년光年은 약 9조6천억 킬로미터에 해당한다. 태양에서 출발한 빛이 1억5천만 킬로미터 정도 떨어진 지구에 도착하는 데 걸리는 시간은 8분에 불과하다.

섀플리 박사는 다양한 계산을 통해 지구라는 작은 그림자가 둘레를 돌고 있는 이 작은 빛 알갱이인 태양이 우주의 중심에서 6만 광년 떨어져 있다는 것을 증명하고는 흡족해했다. 박사는 "개인적으로 인간이 그런 물리적인 무無의 상태로 빠지는 것을 보는 게 좋다. 우주와 비교해서 인류의 존재가 얼마나 보잘것없는지 깨닫는 것은 인류에게 도움이 되는 일"이라고 말했다.

섀플리 박사는 마운트윌슨 천문대에서 오랫동안 구상 성단(수십만 개에서 수백만 개의 별들이 공 모양으로 모여 있는 성단—편집자)을 연구했다. 그 성단은 보통 '허큘리스 대성단'으로 부르는데 지구에서 3만6천 광년 떨어져 있다. 섀플리 박사의 설명에 따르면, 그 성단의 작은 별들은 우리 은하의 태양보다 100배 정도 크며, 조금 더 크고 밝은 별은 태양보다 1,000배가 크다고 한다.

새로운 5미터짜리 눈으로 인류는 무엇을 보게 될까?

제임스 H. 진스

원시인들은 수십만 년 동안 매일 밤 별이 동쪽에서 떠서 북극을 중심으로 선회하다가 서쪽으로 지는 모습을 지켜보았다. 당시 원시인들은 제대로 이해할 수 없었겠지만, 그런 현상은 자신들이 살고 있는 지구보다 비교할 수 없을 정도로 큰 우주가 존재한다는 증거였다. 하지만 인간이 우주를 연구할 수단을 갖게 된 것은 아주 최근의 일이다.

인간의 눈에는 지름 약 0.5센티미터의 원에 쏟아지는 정도의 빛밖에 들어오지 않는다. 이 정도의 빛으로 뇌가 뚜렷한 인상을 받지 못하면 인간은 사물을 볼 수 없다. 태양 주위에는 대략 3백억 개의 별이 있지만, 맨눈으로 볼 수 있는 별은 기껏해야 6천 개 남짓에 불과하다. 5백만 개의 별 중에서 겨우 하나를 볼 정도로 눈이 좋지 않은 셈이다.

갈릴레오의 망원경

귀가 먹은 사람은 보청기로 청력을 향상시킬 수 있다. 보청기로 음파를 모아서 고막으로 보내는 것이다. 같은 방법으로 인간의 시력도 향상시킬 수 있다. 넓은 영역에 쏟아지는 광선을 모은 다음 동공을 지나 망막으로 보내는 것인데, 이것이 바로 망원경의 원리다. 13세기에 로저 베이컨Roger Bacon이 그 원리를 제시하면서 "만족스러울 정도로 별을 가까이 보이게 하려면" 유리 렌즈를 어떤 모양으로 만들어야 하는지 밝혔다. 하지만 최초의 실용적인 망원경은 1608년 마그데부르크의 안경업자 한스 리페르셰이Hans Lippershey가 만들었던 것으로 추정된다.

그리고 그 이듬해 갈릴레오는 작은 기구를 만들어 어떤 발견을 했고, 그 발견은 인간의 생각을 혁명적으로 바꿔 놓았다. 갈릴레오가 만든 기구에는 지름이 5.7센티미터인 조리개가 있었다. 즉, 지름 5.7센티미터의 원에 쏟아지는 광선을 모두 모아서 관측자의 망막으로 보낼 수 있었다는 말이다. 이렇게 해서 망막에 쏟아지는 빛의 양을 100배나 증가시켰다.

그렇게 인간의 시력을 향상시킨 결과는 말로 설명할 수 없을 정도였다. 1542년 코페르니쿠스는 하늘에 있는 행성들의 복잡한 경로를 설명할 때, 그 행성들이 (인간의 웅장한 거주지이며 우주의 중심으로 추정되는) 지구와 함께 마치 촛불 주변을 맴도는 나방처럼 태양의 주위를 돈다고 가정하는 방법으로 설명할 수 있다고 생각했다. 코페르니쿠스의 생각이 완전히 새로운 것은 아니었다. 사모스의 아리스타르코스Aristarchus of Samos(고대 그리스의 천문학자로 지동설의 선구자이다.—옮긴이)가 지동설을 주장한 것은 기원전 5세기였고, 그 뒤로 2,000년간 많은 사람이 같은 주장을 했다. 코페르니쿠스는 오래된 개념을 뒷받침하는 새로우면서도 강력한 주장을 펼쳤을 뿐이다. 하지만 이 오래된 개념의 영향력은 너무나 컸고 눈에 보이는 만물의 모습과 조화되기 어려워서 거의 모든 사람으로부터 비난받았다.

그때 갈릴레오는 망원경을 목성으로 돌려 거대한 목성 주위를 도는 4개의 작은 천체를 발견했다. 코페르니쿠스가 설명했던 태양계의 모습과 완벽하게 일치하는 모델이었다. 망원경을 금성으로 돌린 갈릴레오는 달에서 보았던 것처럼 겉모습이 반달 모양에서 완전한 원으로 바뀌는 '상변화' 현상을 금성에서도 발견했다. 이것은 대단히 중요한 의미가 있었다. 그런 상변화 현상이 관측되지 않기 때문에 지구와 금성이 태양 주위를 도는 것으로 볼 수 없다는 주장이 그동안 계속되었기 때문이다.

의심 많은 사람들까지 설득하지는 못했지만, 이 발견으로 지구가 우주의 중심이라는 인간의 자긍심을 비롯한 매우 많은 것이 허물어졌다. 그리고 오랜 세월이 흐른 뒤 하버드와 예일에서는 그 새로운 주장을 우주의 중심에 고정된 지구 주위를 태양과 행성이 돌고 있다는 오래된 천동설과 함께 가르쳤다. 결국 제멋대로 자신들이 우주의 중심에 있다고 믿었던 인간을 왕좌에서 쫓아낸 요인은 많지만, 가장 유력한 것은 갈릴레오가 만든 지름 5.7센티미터의 작은 망원경이었을 것이다.

허셜의 연구

그 뒤로 망원경의 성능이 계속 발전하면서 사람들은 새로 정복해야 할 세상을 보게 되었고 망원경은 그 세상을 정복하는 도구가 되었다. 그런 발전 과정 중에서도 가장 획기적인 것은 윌리엄 허셜William Herschel이

1789년에 제작한 지름 122센티미터짜리 조리개가 달린 망원경이었다. 이 망원경은 갈릴레오의 망원경보다 빛을 5백 배나 더 많이 모았고, 사람의 눈보다는 5만 배나 더 많이 모았다. 갈릴레오가 자신의 망원경으로 태양계를 관측했다면, 이 망원경으로는 태양이 속한 거대한 항성족恒星族, 그러니까 우리 은하가 속해 있는 은하계를 관측할 수 있었다. 우주의 탐험가인 인간은 그때 태양계를 뒤로한 채 지구에서 수천 광년 떨어진 아주 먼 우주로 여행을 떠나고 있었다. 망원경을 통해서 그 당시에 존재하는 세상을 보는 것이 아니라 예수가 탄생하기 전이나 트로이의 멸망 전 혹은 인류 문명이 시작되기 전에 존재했던 세상을 보고 있었던 것이다.

나선 성운

갈릴레오가 망원경으로 목성과 토성에서 비슷한 구조를 발견함으로써 태양이 중심이 되는 태양계의 구조가 확립된 것과 마찬가지로, 허셜도 다른 곳에서 비슷하게 생긴 구조를 발견함으로써 자신이 '섬우주island universe'라고 이름 붙인 은하계의 구조에 관해 자신만의 관점을 정립했다.

1845년에는 로스 경Sir Rosse이 지름 약 183센티미터짜리 조리개가 달린 거대한 망원경으로 수많은 은하계에서 나선 구조를 발견했다. 지금은 그것을 '나선 성운Spiral Nebulae'이라고 부른다.

망원경의 성능은 1920년 윌슨산에 254센티미터짜리 망원경이 설치되면서 정점에 달했다. 인간의 망막에 빛이 머무르는 시간은 불과 몇 분의 일 초에 불과하지만, 사진 건판은 몇 시간 혹은 며칠 밤에 걸쳐 들어오는 빛을 계속 누적해서 기록하여 사실상 인간의 눈을 대체했다. 254센티미터짜리 망원경은 인간의 눈보다 25만 배 더 많은 빛을 모은 다음 인간의 눈보다 훨씬 더 민감한 사진 건판으로 빛을 보낸다.

그 망원경의 엄청난 성능을 보여 주는 사례로 허블 박사가 나선 성운의 가장 희미한 부분을 연구했던 일을 들 수 있다. 허블 박사는 나선 성운이 희미하게 보이는 것은 단지 아주 멀리 떨어져 있기 때문이라고 생각했다. 너무 멀어서 초당 30만 킬로미터를 나아가는 빛도 성운에서 지구까지 오는 데 3억4천만 년이 걸리는 것이다. 우리가 보는 성운의 모습은 현재의 모습이 아니라 지구에 인류가 나타났을 때보다도 훨씬 더 오래된 과거의 모습인 셈이다. 무선 신호는 7분의 1초만에 지구를 한 바퀴 돈다. 무선 신호를 우주로 쏘면 몇 분 후 화성에서 답신을 받을 수 있다. 물론 지구로 신호를 보내줄 사람이 화성에 있다면 말이다. 하지만 나선 성운으로부터 답신을 받으려면 최소한 2억8천 년이 걸린다. 까마득히 먼 우리의 후손이 그 답신을 받을 때쯤이면 인류가 지구에 등장한 것도 아주 까마득하게 먼 옛날이 되어 처음에 무선 신호로 메시지를 보낸 사람은 아마도 인간 종족의 초기 조상으로 간주될 것이다. 254센티미터 망원경이 보여 주는 우주는 그 정도로 멀리 떨어져 있다. 가장 가까운 성운도 지구에서 1백만 광년이나 떨어져 있지만, 성운의 크기가 워낙 거대하기 때문에 세부 모습이 잘 보인다. 254센티미터 망원경으로는 성운의 바깥 영역에 있는 불빛을 명확하게 볼 수 있고, 그것이 항성이라는 것을 알아볼 수 있다. 훨씬 더 가까이 있는 항성에서 볼 수 있는 특성을 그렇게 멀리 있는 불빛에서도 확인할 수 있기 때문이다.

최근 뉴스에서는 패서디나 인근에서 윌슨산 정도로 높은 곳에 지름 508센티미터짜리 조리개가 달린 새로운 망원경이 설치될 예정이라고 한다. 254센티미터 망원경이 130년 앞서 제작된 허셜의 망원경보다 뛰어났듯, 이번에 제작될 508센티미터 망원경도 254센티미터 망원경보다 더 큰 발전을 가져올 것이다. 허셜이 조리개가 두 배 커진 자신의 망원경으로 어떤 새로운 발견을 하게 될지 궁금해했던 것처럼, 이제 조리개가 다시 두 배로 커진 망원경으로 어떤 결과가 나올지 자못 궁금하다. 새 망원경은 예전 망원경보다 네 배 더 많은 빛을 모을 수 있고 그 결과 두 배 더 멀리 있는 물체를 예전 망원경으로 볼 때와 비슷한 크기로 볼 수 있다.

새로운 망원경은 예전 망원경으로 탐사하던 영역보다 반경이 두 배 더 큰 영역을 탐사할 수 있다. 그 안에는 과연 무엇이 있을까? 그리고 예전 망원경으로 이미 탐사했던 곳도 네 배 더 강력한 망원경으로 새롭게 탐사하면 과연 무엇이 보일까?

허셜이 254센티미터 망원경을 사용해서 122센티미터 망원경으로 보지 못했던 새로운 종種의 물체를 찾아낸 경우는 거의 없다. 우주는 겉보기에 균일해 보인다. 그리고 먼 곳을 여행한다고 해서 새로운 종의 물체와 마주치는 것이 아니라, 가까운 곳에서 기존에 보았던 물체를 더 많이 만날 뿐이다. 예를 들어, 254센티미터 망원경으로 약 2백만 개의 성운을 보았으니 새로운 망원경으로는 1천6백만 개의 성운을 보게 될 것이다. 하지만 새로 보게 될 1천4백만 개의 성운은 아마도 예전에 보았던 2백만 개의 성운과 아주 비슷할 확률이 높다. 물론 단순히 표본을 늘리는 것이 전혀 가치 없는 일이라고 단언할 수는 없다. 다른 이유가 없다면 새로 보게 될 성운에는 특이한 것이나 희한한 것들이 기존 성운보다 여덟 배는 많을 것이고, 그중 몇 개는 수없이 많은 평범한 표본보다 종종 많은 정보를 제공하기 때문이다.

예를 하나 들어보면 요즘에는 태양계가 아주 특이한 사건의 결과로 생겼다고 추정한다. 추측하건대 항성 두 개가 제멋대로 움직이면서 우주를 지나다가 우연히 서로 가까워지는 바람에 항성에서 거대한 파도가 발생했고, 그 파도의 높이가 워낙 높아서 파도의 물마루가 스프레이 분말처럼 잘게 부서졌다가 나중에 한데 뭉쳐지면서 행성이 탄생했다고 추정할 수 있다. 그런 일이 일어나는 과정은 보고 싶다고 볼 수 있는 것이 아닐 뿐더러, 그런 일 자체가 아주 드물게 일어난다. 게다가 실제 일어난다고 해도 별들이 너무 작게 보이므로 자세한 연구는 불가능하다. 하지만 거대한 성운에서라면 가끔 그와 같은 현상이 훨씬 더 큰 규모로 일어날 수도 있다. 실제로 그런 현상이 진행 중인 것으로 보이는 대여섯 개의 천체가 254센티미터 망원경으로 관측된 적이 있다. 그렇다면 새로운 망원경으로는 그런 물체를 50개 정도 볼 수 있을 것이고 그 50가지 표본으로 체계적인 연구를 시작해서 정말 무엇인가 밝혀내겠다는 마음을 먹을 수도 있다. 따라서 우리가 지구와 비슷한 행성의 탄생을 한 번이라도 관측할 가능성은 거의 없지만, 새로운 망원경으로 성운을 연구하다 보면 성운이 일반적으로 어떻게 생겨나는지는 알게 될지도 모른다.

자 그럼, 반대편에서 생각해 보자. 태양계에서 가장 가까운 이웃으로 알려진 센타우루스 자리의 프록시마 행성이 발견된 것은 아주 최근이었다. 프록시마 행성의 밝기는 태양의 1만 분의 1에 불과하고 너무 희미해서 작은 망원경으로는 보이지도 않는다. 그보다 더 희미한 별도 있지만, 그런 별은 거리가 너무 멀기 때문에 지구에서 망원경으로는 보기 힘들다. 508센티미터짜리 새 망원경으로도 많은 것을 보기는 어려울 테지만, 최소한 체계적인 연구가 가능할 정도는 볼 수 있을 것이다. 지금까지는 밝은 별들만 연구할 수 있었지만, 새 망원경이 등장하면 전 우주에 있는 희미한 별들도 연구할 수 있게 될 것이다.

가루가 된 원자들의 별

왜 그런 죽어가는 잿더미에 골머리를 썩여야 하는지 의문이 들지도 모르겠다. 한 가지 이유는 그 잿더미의 최소한 일부 성분이 지구에서 재현할 수 없는 상태에 있기 때문이다. 설탕 덩어리는 가루를 내서 더 작은 크기로 압축할 수 있다. 가루를 낸 후에도 원자의 수는 변함없지만 부피는 줄어든다. 하지만 우리는 제대로 가루를 내는 과정을 아직 시작하지도 못했다. 원자의 구조는 양전하 주위를 음전하가 돌고 있는 형태이며, 그 개념은 지금까지 바뀐 것이 없다. 그런데 원자 자체를 가루로 만들면 그 성분을 거의 제한이 없을 정도로 빽빽하게 압축할 수 있다. 그렇게 되면 자유의 여신상을 찻잔 하나에 담을 수도 있다.

지금 보이는 아주 희미한 별 중에는 이런 식으로 완전하게 가루 상태가 된 원자로 구성된 별이 있다. 반마넨 별Van Maanen's star(네덜란드계 미국인 천문학자 반마넨이 발견한 백색왜성으로 물고기자리에 있으며 지구에서 13.9광년 떨어져 있다.—옮긴이)의 중심에 있는 덩어리는 무게가 자유의 여신상과 같고 부피는 아마 찻잔보다도 작을 것이다. 이런 상태에 있는 물질을 체계적으로 연구하면 원자의 궁극적인 구조를 밝히는 실마리를 얻을 수 있을지도 모른다. 금방 이야기했던 가루를 내는 과정은 수억 도의 온도에서만 가능하다. 그래서 물리학자들은 연구를 할 때 반드시 천문학자의 도움이 필요하다.

하지만 새 망원경의 주 임무가 새 망원경만 할 수 있는 일, 그러니까 아주 먼 우주를 관찰하거나 가까이 있는 희미한 물체를 관찰하는 것만은 아니다. 예언을 해보자면, 아마도 그 사이에 있는 광활한 중거리 영역을 관찰하는 일이 주 임무가 될 것 같다.

그 이면에 있는 모든 것

254센티미터 망원경으로 새로운 종의 천체를 발견하지 못했듯이, 508센티미터 망원경으로도 그럴 가능성이 높다. 하지만 현재 천문학의 중요한 문제는 새로운 종의 물체를 발견하는 것보다 이미 존재하는 종을 이해하는 것이다. 즉, 이해가 발견보다 더 중요해졌다. 이미 알려진 종의 물체에 진화의 과정이 존재한다는 것은 틀림없는 사실이다. 항성 같은 천체가 서로 다른 것은 무엇보다도 탄생에서 소멸에 이르는 긴 여정 속에서 서로 다른 단계에 있기 때문이다. 그리고 천문학이 안고 있는 한 가지 중요한 문제는 이 여정을 추적하는 것이다. 한마디로 구슬을 올바른 순서대로 줄에 꿰는 것이다.

인간은 이제 망원경을 통해 희귀한 광경을 바라보는 것만으로는 만족하지 못한다. 놀라운 광경을 보고 할 말을 잃던 시절이 지나고 이제는 그게 모두 무슨 의미인지 끊임없이 의문을 품는 단계로 접어들고 있다. 그 이면에 있는 모든 것을 통합하는 개념은 무엇일까? 특히 우리의 보잘것없는 지구와 인류의 하루살이 같은 인생이 저 밖에 있는 우주의 놀랍도록 장엄한 모습과 어떤 관계가 있을까? 수학자들이 최선의 해답을 내놓았지만 지금까지 사용했던 망원경의 성능으로는 그들의 해답을 확인할 수도 부정할 수도 없었다. 성능이 아주 약간만 향상되어도 그 가치는 엄청나게 클 것이며, 그런 성능을 지닌 망원경이 나오면 그 가치는 말로 표현할 수 없을 것이다.

크게 보면 문제의 해답은 이미 드러나고 있다. 한마디로 말해서 우주 전체에서 물질들이 방사선으로 바뀌고 있는 것이다. 지구에서 파괴할 수 없을 것 같은 물질이 별에서도 그런 것은 아니다. 별에서는 완전히 '연소'한 다음 재나 연기는 흔적도 없이 사라지고 오직 방사선만 남는다. 예전에 2톤의 물질이 있던 곳에 지금 1톤만 남아 있다면, 다른 1톤은 소멸하였거나 방사선으로 바뀌어 영원히 우주 공간을 정처 없이 돌고 도는 것이다. 최근의 연구를 보면, 패서디나의 밀리컨 교수가 동료들과 연구 중인 우주방사선에서 이런 물질 소멸의 직접적이며 물리적인 증거를 발견할지도 모른다. 하지만 물질이 방사선으로 바뀔 때, 그 모든 다양한 형태가 왜 망원경을 통해 차례로 관측되어야 한다고 가정하는지 설명해야만 한다. 이를 위해서 우리는 소멸과정이 회전속도의 변화, 온도나 밀도 변화 같은 것과 어떻게 상호작용하는지 연구해야 한다. 모든 단계에서 직접 눈으로 확인해야 할 것이며 (적어도 어느 한도 내에서는) 새 망원경으로 그 작업이 가능할 것이다.

인간의 운명을 비추는 빛

하지만 이런 관점에서 봤을 때, 새 망원경이 한 시대의 종말을 의미하지 않는다는 것은 분명한 사실이다. 오히려 시작이 아닐까? 인류가 지구에서 살았던 시간의 99.9퍼센트는 망원경이 없는 시간이었다. 그래서 인류는 자신들이 우주의 중심에 있는 존재라고 상상하는 어리숙한 실수를 저지르는 것으로 그 대가를 치렀다. 인류가 주변의 광대한 세계에 눈을 뜨기 시작한 것은 30만 년이라는 오랜 역사 중에서 최근 300년밖에 되지 않았다. 지금 인류가 깨달은 것은 인류의 시작과 존재 의미, 운명을 밝혀줄 물질이 있다는 것이다. 인류의 시작과 존재 의미, 그리고 운명이 인류의 내면 의식에서 시작되었다거나 인류의 갈망으로 창조되었다는 식의 설명은 믿지 않게 된 것이다.

정답을 얻는 데 필요한 첫 단계는 과학이 제공할 수 있는 객관적인 정보를 전부 모으는 것이다. 그리고 인류가 그런 정보 중에서 최고이거나 가장 확실한 것 말고는 받아들일 준비가 되어 있지 않다면, 천문학이 인간에게 주는 편익은 분명 기초적인 수준에 그칠 것이다. 우리는 아직 우주의 가장 먼 경계까지 조사해 본 적이 없다. 그런데 그런 경계가 있다는 생각은 충분히 타당하다. 그래서 망원경의 성능 향상은 언제나 우리를 우주의 새로운 영역으로 이끌 것이다. 비유하자면 현재 우리의 천문학 탐험가들은 미국을 발견했을지는 모르겠지만, 아직 지구 전체를 일주하지는 못했다. 그리고 우주 전체를 샅샅이 훑어볼 수 있는 도구를 갖췄을지라도, 그들의 작업은 시작에 불과하다. 해석이라는 큰 문제가 남아 있기 때문이다. 당장은 작업의 규모나 천문학이 인간에게 가져다줄 편익이 어느 정도일지 한계를 정할 수는 없다. 여기서 말하는 편익이란 갈릴레오의 태양계 탐사가 그 원형이다.

이론이 맞는다면, 우주 질량의 대부분은 여전히 '미지의 상태'다

윌리엄 J. 브로드

한때 곧 해결될 것처럼 보였던 엄청나게 많은 우주의 수수께끼가 더 어려워지는 바람에 천문학자와 천체물리학자들은 그 어느 때보다 당황하게 되었다. 그 수수께끼 중에서도 가장 어려운 것은 우주의 질량 대부분이 사라진 듯 보이지 않는다는 것이다. 좀 더 정확하게 말하자면, 땅이나 하늘에 있는 가장 강력한 망원경에도 보이지 않고 가까이 있는 은하계에 당연히 존재해야 할 질량마저도 감지되지 않는다는 말이다.

최근 영국의 과학 전문지 《네이처*Nature*》에 실린 기사를 보면 보이지 않는 질량(중성미자라는 눈에 보이지 않는 아원자 입자로 구성되어 있다)에 관한 유력한 해석들이 지금은 대부분 신뢰를 잃은 상태다.

프린스턴대학교의 천체물리학자 제러마이어 P. 오스트리커Jeremiah P. Ostriker 박사는 점점 더 사람들을 동요하게 만드는 뉴스가 보도되면서 우주론자들에게 위기가 닥쳤다고 말했다. "예상했던 것과 관측된 것의 차이가 오랫동안 계속 벌어졌다. 우리 우주론자들에게는 그 틈을 메워야 한다는 압박이 점점 더 커지고 있다."

천체물리학자들이 계산해보니 온갖 종류의 먼지와 행성, 혜성, 소행성, 항성, 펄서pulsar(눈에 보이지는 않지만 주기적으로 빠른 전파나 방사선을 방출하는 천체—옮긴이)와 퀘이사quasar(블랙홀이 주변 물질을 집어삼키는 에너지에 의해 형성되는 거대 발광체—옮긴이) 등을 다 합쳐도 우주를 구성하고 있는 물질 중에서 이론적으로 설명할 수 있는 것은 1퍼센트 정도에 불과하다. 우리가 현재 이해하고 있는 자연법칙에 결함이 없다면 말이다. 캘리포니아대학교 산타바바라 캠퍼스 이론 물리연구소의 천체물리학자 프랭크 윌첵Frank Wilczek 박사는 "그게 지금 남아 있는 커다란, 아주 커다란 문제"라고 말했다.

최근 그 보이지 않는 질량을 보여줌으로써 어려운 수수께끼를 해명하는 특이한 후보들이 등장하고 있다. 슬러시 볼slush ball(이제 막 녹기 시작한 공 모양의 눈 뭉치—옮긴이), 혹은 블랙홀 무리, 우주 암석, 그리고 포티노photino나 위노wino 같은 이론상의 아원자입자(원자보다 작은 입자 혹은 원자를 구성하는 기본 입자—옮긴이) 등이다. 《네이처》의 존 매덕스John Maddox 편집장은 최근 기사에서 "왜 지금 갈수록 믿음이 사라지고 있는 걸까? 우주론자들이 미지의 질량이 있다는 믿음을 포기하면 문제가 더 간단해지지 않을까?"라고 했다.

매덕스와 다른 과학자들이 제시한 해답은 거의 반세기 동안 '암흑 물질' 같은 것에 대한 증거가 꾸준히 늘어나고 있다는 것이다. 이제는 사실 그것에 주목하지 않을 수 없을 지경이어서 전 세계 과학자들이 암흑물질의 존재를 추적하는 데 노력을 배가하고 있다.

수수께끼 같은 힘의 영향

수수께끼의 첫 번째 실마리는 1930년대에 등장했다. 천문학자들이 조밀하게 모여 있는 은하 성단에서 예상보다 훨씬 빠르게 움직이고 있는 몇몇 은하를 발견했다. 그것은 보이지 않는 어떤 힘이 작용하고 있다는 것을 의미했다. 수십 년이 지나서 천문학자들은 훨씬 더 놀라운 것을 발견했다. 은하 가장자리에 있는 항성들이 은하 중심을 기준으로 회전운동하는 속도가 예상보다 훨씬 빨랐던 것이다.

그 두 가지 관측 결과는 보이지 않는 물질의 존재를 암시했다. 월첵 박사의 말에 따르면, 우리 태양계에서 찾아냈던 같은 종류의 발견을 시각화해보면 그 이유를 알 수 있다고 한다. 수 세기 동안 관측한 결과, 태양계 행성이 태양 주위를 도는 속도는 외행성들이 내행성들보다 더 느렸다. 그 이유는 행성이 태양에 가까울수록 태양의 중력이 더 강해지기 때문이다.

만일 명왕성 같은 외행성의 공전 속도가 실제보다 훨씬 빠른 것으로 관측되었다면, 천문학자들은 태양 외에 영향을 미치는 거대한 질량이 있으며 그것이 태양계 가장자리 너머 어딘가에서 강력한 중력으로 끌어당기고 있다고 추측할 수 있었을 것이다.

월첵 박사는 "마찬가지로 암흑 물질로 구성된 헤일로halo(은하 주위를 둘러싸고 있는 구 모양의 영역—옮긴이)가 모든 은하를 둘러싸고 있는 것 같다. 일관되게 밝혀지고 있는 사실은 중력을 고려해서 계산한 우주의 질량이 관측된 것보다 항상 크다는 것"이라고 말했다.

얼마나 더 클까? 중력을 기준으로 계산하면 우주의 질량은 관측된 것보다 열 배 정도 더 크게 나온다. 오스트리커 박사는 "문제는 누락된 질랑이 아니라 사라진 빛이다. 저 밖에 뭔가 있다. 그게 뭔지 모를 뿐"이라고 말한다.

천체물리학자들은 문제가 그보다 훨씬 더 심각하다고 말한다. 강력한 중력이 보이지 않는 물질의 존재를 암시한다고 해도, 이론적으로 계산했을 때 그 보이지 않는 물질은 알려진 우주의 전체 질량 중에서 지구 밖에 있다고 생각되는 질량의 10퍼센트에 불과하다. 90퍼센트가 넘는 질량은 여전히 미지의 상태인 것이다.

계속 팽창하는 우주

천체물리학자들은 이 유령 같은 물질에 대한 믿음이 일부는 철학에 근거한다고 말한다. 추가적인 물질이 존재하지 않는다면 우주는 (까마득히 먼 옛날에 우주가 눈부신 빛과 함께 고온으로 폭발하면서 탄생했던 순간인) 빅뱅에서 아직까지 남아 있는 힘 때문에 밖으로 계속 밀려 나가면서 영원히 팽창할 것이다. 하지만 반대로 어딘가에 막대한 양의 물질이 추가로 존재한다면, 우주 전체 중력으로 우주는 결국 한 점으로 모이게 될 것이다.

시카고대학교의 천체물리학자 데이비드 슈램David Schramm 박사는 실제로 이런 관점에 확고한 기반이 되는 새로운 학설이 등장하고 있다고 한다. 게다가 추가된 그 '미지의 질량'이 흔히 볼 수 있는 물질과는 분명 다를 것이라고 말했다.

이렇게 상황이 이상하게 꼬인 것은 별빛의 스펙트럼을 측정한 다음 우주에 있는 중수소 같은 원소의 총량을 계산해서 추정한 결과라고 슈램 박사는 말했다. 그런 원소들은 빅뱅이 일어나는 동안 합성될 수 있는 양이 정해져 있고, 우주에 존재하는 다른 일반적인 물질과의 비율도 일정하게 유지된다.

슈램 박사는 보이지 않는 질량의 나머지가 중입자baryon(일반적인 물질을 구성하는 광자와 중성자에 대한 통칭—옮긴이)의 형태는 아닐 것이라고 말했다. 그것은 무엇인가 다른 것, 그러니까 인간이 경험해 본 영역에서 완전히 벗어나 있는 것일 수도 있다.

후보 물질의 수가 증가하다

보이지 않는 질량이라는 수수께끼가 오랫동안 증폭되면서 그 수수께끼를 설명하는 수많은 이론이 등장했다.

오스트리커 박사가 보이지 않는 질량의 후보로 첫손에 꼽은 것은 질량이 작은 항성과 갈색 왜성, 은하계 사이 공간의 먼지와 가스라는 주장이었다. 문제는 천문학자들이 지난 수십 년간 광도가 낮은 그런 물질을 탐지하는 복잡한 방법을 개발했지만, 지금까지 전반적으로 문제 해결에 의미가 있을 만큼 충분하게 발견되지 않았다는 것이다.

보이지 않는 질량이 블랙홀 무리라고 설명하는 다른 이론도 있다. 블랙홀은 항성들의 밀도가 높아서 중력이 아주 강하기 때문에 빛도 빠져나가지 못하는 공간을 말한다. 오스트리커 박사는 이런 블랙홀을 찾으려는 노력이 갈수록 고조되고 있다고 말했다. 각 블랙홀의 질량은 태양의 몇백만 배가 되어야 하고 그런 블랙홀 수백만 개가 은하계 가장자리에 흩어져 있어야 한다.

오스트리커 박사는 이렇게 말했다. "우리는 블랙홀이 일으키는 중력렌즈(매우 멀리 떨어진 천체에서 나온 빛이 지구까지 오는 도중 은하 및 은하집단 같은 거대한 천체의 중력장의 영향을 받아 굴절되어 보이는 현상. 은하와 은하집단의 중력이 돋보기처럼 빛을 모으기 때문에 중력렌즈라고 한다.—옮긴이) 같은 다른 효과를 찾고 있다. 추측이긴 하지만, 어차피 이 세계에서는 모든 게 추측이니까."

중성미자에 대한 반론

1970년대 중반 이후부터 보이지 않는 질량의 유력 후보는 일반적인 물질과 반응하지 않는 유령 같은 아원자입자인 중성미자(기본 입자의 일종으로 전자기, 약한 중력 상호작용에 영향을 받는 경입자經粒子에 속하며 전기적으로 중성이다.—옮긴이)였다. 천체물리학자들은 정확하게 말하면 중성미자가 중입자가 아니기 때문에, 즉 일반적인 물질이 아니기 때문에 매력적인 후보라고 말한다. 중성미자의 또 다른 매력은 블랙홀이나 슬러시 볼과는 달리 분명히 우주에 존재하는 주요 물질 형태라는 점이다. 월첵 박사의 발로는 한 사람의 몸속에는 항상 수억 개의 중성미자가 존재한다.

그런데 중성미자의 문제는 질량이 없다는 것이다. 적어도 1970년대 중반 러시아 과학자들이 중성미자에 질량이 있다고 발표했을 때만 해도 중성미자에는 질량이 있었다. 그리고 그 발표로 인해 중성미자는 미지의 질량을 설명하는 유력 후보로 떠올랐었다. 하지만 유감스럽게도 그 외에 전 세계적으로 중성미자의 질량을 알아낸 과학자는 지금까지 아무도 없었다.

게다가 8월 23일자 《네이처》에 실린 글을 보면 중성미자에 질량이 존재하는 우주는 우리가 지금 보는 우주와 크게 다를 것이라는 주장이 있었다. 기고자인 사이먼 D. M. 화이트Simon D. M. White 박사는 애리조나 대학교의 스튜어드 천문대에 있는 사무실에서 전화 인터뷰를 통해 "표준 우주론에서 중성미자가 완전히 배제되었다고 볼 수 있을 것이다. 그 결과를 바꿔보려고 노력해봤지만, 유효한 방법을 찾기가 무척 어려웠다"고 밝혔다.

예를 들어 화이트 박사, 그리고 공동 기고자인 피트 헛Piet Hut 박사는 컴퓨터 모의실험을 통해 중성미자에 질량이 있다면, 우주의 모든 은하계 대부분은 형성이 끝나지 않았고 아직도 형성과정이 진행 중일 것이라고 밝혔다.

특이한 후보 물질들

그래서 지금까지 제기된 모든 유력한 후보는 대상에서 탈락했거나 아직 검토가 진행 중이다. 보이지 않는 물질에 관해 꼭 맞는 설명은 아직 나오지 않았다.

슈램 박사의 말로는 그래서 중력미자(중력을 매개하는 아원자입자—옮긴이)나 포티노, 액시온처럼 종류가 다르고 중입자가 아닌 이론적 입자로 연구 방향이 점차 바뀌고 있다고 한다.

이런 특이한 입자들을 세상으로 끄집어내는 일은 아마도 순수과학 역사상 가장 규모가 크고 돈이 많이 드는 프로젝트가 될지도 모른다. 미국 물리학자들이 1990년까지 제작하려는 수십억 달러짜리 입자 가속기가 바로 그것이다. 그 입자 가속기는 둘레가 96~190킬로미터에 달한다.

또한 앞으로 십여 년 내에 지구 궤도에 고성능 망원경을 올려서 최초로 우주의 가장자리를 관측할 수 있게 되면 하늘에서도 새로운 후보 물질을 찾게 될 것이다. 천문학자들 말로는 블랙홀보다 더 특이한 새로운 후보가 발견될지 모른다고 한다.

과학자들은 우주에 존재하는 여러 가지 힘을 설명하는 획기적인 방법을 알아내는 것이 미지의 질량이라는 어려운 수수께끼를 푸는 마지막 열쇠라고 말한다. 은하계의 가장자리에 있는 항성의 속도가 왜 그렇게 빠른지 설명하는 새로운 중력 이론을 발견하는 것이 한 가지 예가 될 수 있다. 하지만 다들 그 방법은 가장 극단적인 경우라고 말한다. 그보다는 지금까지 파악하지 못했던 항성이나 입자를 발견하는 것이 더 좋은 방법이라는 말이다.

허블 망원경의 성능이 개선되다

존 노블 윌포드

근시가 있어서 지난 3년 반 동안 하늘을 볼 때 초점이 맞지 않았던 허블 우주망원경이 오늘 값비싼 새로운 안경 두 세트를 처방받았다. 우주왕복선의 우주인들이 잇달아 성공적으로 수리를 마친 덕분에 앞으로 몇 년 동안 천문학 분야에서 아주 멋진 발견을 할 것이라는 기대가 높아졌다. 천문학자들은 오늘의 성과를 그동안의 임무 중 가장 중요한 것으로 평가했다.

월요일 밤과 오늘 아침 우주왕복선 '인데버호Endeavour'의 우주인들은 이번 임무에서 예정된 총 다섯 번의 우주 유영 중 세 번째 유영을 하면서 기존 카메라를 제거하고 성능이 향상된 280킬로그램, 1억 달러짜리 카메라를 새로 설치했다. 새 카메라에는 허블 망원경에 있는 시각적 결함을 보완해 주는 특수 반사경이 달려 있다. 이 카메라는 허블 망원경의 관측 기능 중에서 절반 정도를 책임지기 때문에 매우 중요한 장비로 취급된다.

오늘 밤늦게 또 다른 우주인들이 네 번째로 우주 유영을 하면서 다른 장치를 설치했다. 허블 망원경에 장착되어 있는, 희미한 물체를 찍는 카메라 한 대와 분광사진기 두 대의 시야를 또렷하게 만드는 장비였다.

오늘 아침 초기 기술 테스트를 시행한 결과 새 카메라는 이상 없이 설치된 것으로 평가되었다. 셔터와 전자 감지 장비, 나머지 다른 시스템이 정상적으로 작동한다는 신호를 확인했다. 하지만 개선 작업이 끝난 후에도 최소한 6주에 걸쳐 미세 조정을 해야 한다. 그런 다음에야 허블 망원경의 시야가 깨끗해졌는지를 최종 확인하는 사진 촬영 테스트 준비가 끝난다.

오늘 교체한 부품과 앞서 두 번의 우주 유영을 통해 설치했던 새로운 태양전지판과 자이로스코프 덕분에 한껏 의기양양해진 NASA의 관리들은 인데버호의 우주인들이 지난 목요일 발사 전부터 정의해 놓았던 최소한의 임무 성공 기준을 충족했다고 말했다.

전기를 생산하는 태양전지판과 우주에 있는 관측 목표 쪽으로 망원경 위치를 조정하는 자이로스코프는 허블 망원경을 장기간 운용하는 데 필수적인 장비다. 그리고 새로운 카메라는 천문학자들이 가장 멀리 떨어진 몇몇 천체를 연구해서 우주가 팽창하는 속도를 밝힐 수 있게 해줄 것이다.

오늘 일찌감치 우주 유영을 끝낸 다음 열린 기자회견에서 메릴랜드주 그린벨트에 있는 고더드우주비행센터의 조 로덴버그Joe Rothenberg 허블 프로젝트 책임자는 "이번 임무는 성공했다. 하지만 허블 망원경을 현재 상태 그대로 두는 것에 만족하는 사람은 아무도 없을 것"이라고 말했다.

허블 프로젝트의 수석 과학자인 에드워드 J. 와일러Edward J. Weiler 박사는 미세 조정이 완료되기도 전에 성공을 거론하는 것에 훨씬 더 신중한 모습을 보였다. 와일러 박사는 "오늘 우리는 큰일을 끝냈다. 하지만 우리가 정말 성공했는지 알려면 6주에서 8주 정도 기다려야 한다"고 말했다.

우주왕복선 선장인 리처드 O. 코비Richard O. Covey 공군대령은 동료 우주인들의 성과에 관해 지상관제센터와 무전으로 통신하면서 "지금까지 우리는 믿을 수 없을 만큼 운이 좋았다"고 말했다.

목요일로 예정된 마지막 우주 유영에서 끝내야 할 일은 태양전지판에 붙어 있는 전자제어판을 교체하고, 자외선 탐지기의 스위치를 설치하고, 자력 탐지장치의 부서진 외피에 보호 덮개를 붙이는 것이다. 부서진 외피는 우주인들이 전에 오동작을 보였던 장비를 교체하다가 발견한 것이었다. 그런 다음 우주왕복선 화물칸에서 16억 달러짜리 망원경을 꺼내서 다음번 우주왕복선의 우주인들이 방문하기로 예정된 날까지 최소한 3~4년 더 임무를 수행할 수 있도록 적당한 자리에 설치할 예정이다.

허블 망원경은 모듈 구조로 되어 있어 대부분의 핵심 부품에 쉽게 접근할 수 있으며, 최소 15년 정도인 수명이 다할 때까지 점검 업무를 수행하는 우주왕복선이 주기적으로 가서 유지보수를 하도록 설계된 최초의 우주선이다. 허블 망원경에 탑재된 모든 과학 기구와 상당수 운용 부품은 개선된 것으로 교체해서 다른 종류의 관측을 할 수 있도록 설계되었다.

시작부터 결함이 발견되다

허블 망원경은 길이 13미터, 폭 4.2미터로 크기가 버스만 하다. 1990년 4월 망원경을 발사한 직후, 천문학자들은 지름 240센티미터짜리 주경(광학 반사망원경이나 전파망원경의 반사경 가운데 가장 지름이 크고 별빛이나 전파를 가장 먼저 모으는 거울—옮긴이)의 가공 상태가 좋지 않아 초점을 맞추는 데 문제가 있다는 것을 발견했다. 거울로 빛을 모으면 작은 점으로 모이는 것이 아니라 흐릿하면서 넓게 퍼졌기 때문이다. 그 결과 사진도 흐릿하게 나와서 특히나 멀리 있는 물체를 관측하기가 불가능했다.

기능이 향상된 광역 행성wide-field planetary 카메라 개발이 이미 진행 중이었으므로, 캘리포니아주 패서디나의 제트추진연구소 공학자들은 10센트 동전만 한 크기로 정밀하게 가공된 네 개의 작은 거울을 망원경에 삽입할 방법을 궁리했다. 그 거울은 주경에서 모여 내부로 들어오는 빛을 가로챈 다음 초점을 맞춰줌으로써 물체가 흐릿하게 보이는 현상을 없애줄 것이다. 더불어 원래의 설계 목적대로 새 카메라에는 더욱 감도 높은 전자 탐지기가 장착되어 가시광선은 물론 자외선도 관측이 가능해질 것이다.

"저 아이를 좀 봐"

스토리 머스그레이브Story Musgrave 박사와 제프리 A. 호프먼Jeffrey A. Hoffman 박사가 우주 유영을 하면서 별문제 없이 기존 카메라를 제거하고 새로운 카메라를 끼워 넣었다. 호프먼 박사는 우주왕복선의 기계 팔 끝에 있는 받침대 위에 서서 망원경 옆면에 있는 모듈에서 기존 장비를 빼낸 다음, 우주왕복선 화물칸 속에 있는 보관함에서 새 카메라를 꺼냈다.

호프먼 박사가 소리쳤다. "와, 저 아이를 좀 봐! 아름다워. 새 와이픽wifpic이 정말 기가 막히는군. 저걸로 멋진 사진을 얻을 수 있을 거야." 와이픽은 프로젝트 팀원들이 광역 행성 카메라에 붙여준 애칭이었다.

호프먼 박사는 머스그레이브 박사의 도움을 받아 쐐기 모양의 카메라를 가이드 레일에 따라 망원경 내부로 부드럽게 밀어 넣었다. 카메라는 내부 칸에 딱 들어맞았다. 튀어나온 거울이 흔들거리지 않도록 조심해야 했다.

제트추진연구소 카메라 개발 책임자인 래리 사이먼스Larry Simmons는 초기 시험을 통해 카메라의 전자장비가 정상 작동하는 것을 확인했다고 말했다. 사이먼스에 따르면 예상치 못했던 주경의 결함에 노심초사했던 공학자들이 새 카메라의 각 부품을 최소한 두 가지의 독립된 방법으로 시험한 다음 전체 시스템을 반복해서 확인했다고 한다. 결함을 바로잡는 거울은 결함이 발견된 거울에서 나오는 것처럼 초점이 맞지 않는 빛을 가로챈 다음 적절하게 보완하여 또렷한 영상을 만들어내는 역할을 했다.

5천만 달러짜리 수리 작업

오늘 밤 진행된 수리 작업에서 캐스린 C. 손턴Kathryn C. Thornton 박사와 톰 애커스Tom Akers 대령이 설치한 것은 코스타Costar, Corrective Optics Space Telescope Axial Replacement라는 5천만 달러짜리 장비였다. 코스타는 300킬로그램이 넘고 크기가 냉장고만 하며 망원경의 꼬리 쪽에 있는 공간에 밀어 넣도록 설계되었다.

코스타는 허블 망원경에서 사용량이 가장 적은 고속 광도계 대신 설치되었다. 코스타에는 열 개의 교정용 거울 한 세트가 부착된 기계 팔이 있는데, 그 기계 팔이 길어지면서 희미한 천체를 찍는 카메라와 두 개의 분광사진기 쪽으로 가는 빛을 가로채서 교정 작업을 수행한다. 분광사진기는 천문학자들이 항성과 은하의 구성요소나 온도, 기타 물리적 성질을 파악하는 데 사용하는 장비다.

유영하면서 작업하던 머스그레이브 박사와 호프만 박사에게 문제가 하나 생겼다. 관측 목표 쪽으로 향하도록 거대한 망원경을 회전시키는 장치의 부품인 자기 탐지장치 두 개를 새로 장착할 때였다. 기존 장치의 기능이 심각하게 저하된 것 같았는데, 블랙박스처럼 생긴 기존 장치는 교체할 수 있게 제작된 것이 아니었다. 그래서 두 사람은 새로운 장치 두 개를 기존 장치에 덧붙여 설치했다.

호프먼 박사는 기존 장비 중 하나에서 알루미늄으로 된 옆면이 헐거워진 것을 발견했다. 공학자들이 내놓은 해결책은 우주인들이 마지막 우주 유영을 하면서 결함이 생긴 곳에 보호 주머니를 씌우는 것이었다. 보호 주머니는 비행 중에 교체 장비를 보호하는 데 사용하던 것이었다. 공학자들은 자력계 속의 발포 단열재가 망원경 본체 같은 다른 부품을 오염시키지 않을까 걱정했다.

천문학자들이 진귀한 초신성 폭발 장면을 보고 즐거워하다

맬컴 W. 브라운

수십 년 만에 북반구에서 관측할 수 있게 된 가장 밝은 항성의 폭발을 보기 위해 전 세계 천문대에서 저마다 망원경을 돌렸다. 항성 폭발은 생명체의 기본 원소를 만들어내는 우주의 용광로라고 할 수 있다.

새로운 초신성이 불타는 모습은 3월 28일에 발견되었는데, 초신성을 처음 발견한 사람은 작은 망원경을 사용하는 스페인의 아마추어 천문학자였다. 그의 관측 결과는 며칠이 지나서야 공식 인정을 받았고 세계 유수의 천문대에 있는 직업 천문학자들 사이에서 화제가 되었다.

매사추세츠주 윌리엄스타운에 있는 윌리엄스대학교의 제이 M. 파사초프Jay. M. Pasachoff 박사에 따르면 천문학자들은 노다지 같은 정보를 얻을 거라는 기대에 찬 듯하다. 북미와 유럽, 아시아의 천문학자들이 지상 망원경과 위성 망원경을 모두 동원해 앞다투어 그 폭발을 분석하고 있다고 한다.

초신성 폭발은 여러 가지 이유로 과학자들을 매혹시킨다. 초신성은 우주에서 볼 수 있는 중원소(질량수가 80 이상인 무거운 원소—옮긴이)의 원천으로 추정된다. 모든 생명체를 구성하는 탄소도 중원소에 속한다. 은하계 형성이 시작되는 데 중요한 역할을 할지도 모른다고 추정되는 커다란 충격파를 초신성이 일으킨다고 믿는 이론과학자들도 있다. 그리고 과학자들은 엄청난 질량을 가진 항성인 초신성이 스스로 붕괴하면서 중성자별이나 펄서, 블랙홀로 바뀔 때 생겨나는 중력파를 탐지하는 날이 오기를 손꼽아 기다리고 있다.

우리 은하와 비슷한 점

'SN1993J'로 명명된 새로운 초신성은 지구에서 약 1,200만 광년 떨어져 있으며 M-81이라는 은하의 소용돌이치는 팔 부분에 자리 잡고 있다. 크기나 모양이 우리 은하와 비슷한 M-81은하는 고성능 쌍안경으로 보면 북두칠성이란 이름으로 알려진 큰곰자리와 북극성 사이에서 관측된다. 북극성은 항상 하늘 높은 곳에 떠 있기 때문에 북반구 어느 곳에서든 볼 수 있다.

매사추세츠주 케임브리지에 있으며 천문학적 발견을 기록하는 정보센터인 스미스소니언 천체물리학관측소의 대니얼 그린Daniel Green은 SN1993J를 발견한 사람이 스페인 서북부 루고에 사는 프란치스코 가르시아 디에즈Francisco Garcia Diez이며 그가 사용한 망원경은 빛을 모으는 거울의 지름이 25센티미터에 불과한 작은 것이었다고 말했다. 가르시아 씨는 초신성을 찾아서 하늘을 구석구석 살피는 동호회에 소속되어 있다. 그가 초신성을 발견한 곳은 적어도 한 곳의 유력 천문대에서 초신성 자동추적기로도 발견에 실패했던 지점이었다.

SN1993J에서 나오는 빛은 이미 희미해졌지만, 아마추어 망원경으로도 아직 볼 수 있으며 다음 주부터 몇 주 안에 다시 밝아질 가능성도 있다.

거대한 항성의 폭발은 우주 곳곳에서 자주 일어나지만, 대부분 지구에서 아주 먼 곳에서 일어나거나 성간 먼지구름에 가려지기 일쑤라서 감지하기 어렵거나 아예 불가능하고 측정하기는 더더욱 어렵다. 반면 SN1993J는 비교적 가까운 곳에서 폭발한 덕분에 우주 공간에 분출되었던 빛과 방사선은 그 먼 거리를 여행했음에도 분석할 수 있을 만큼 여전히 강렬하게 남아 있다.

캘리포니아대학교 버클리 캠퍼스의 알렉스 필리펜코Alex Fillipenko 박사는 3월 29일부터 SN1993J의 관측 작업에 조정자 임무를 맡고 있다. 필리펜코 박사 팀은 릭 천문대에서 빛을 분석할 수 있는 분광기가 장착된 지름 3미터짜리 망원경으로 초신성의 존재를 확인했다.

SN1993J가 X선을 방출하고 있다는 보고서가 독일의 로자트Rosat X선 위성과 일본의 아스트로-DAstro-D 위성에서 도착하기도 했다. 천체물리학자들에게는 중요한 사실이었다. 새로 발견된 초신성은 거대한 먼지구름에 덮여 있는 것으로 보인다. 그 먼지구름은 초신성이 폭발할 때 나오는 강력한 방사선을 흡수한 다음 X선 형태로 다시 방출하고 있다.

필리펜코 박사는 "이번 폭발은 1937년 이후로 북반구에서 관측된 초신성 폭발 중에서 가장 밝았다. 조금 더 밝았던 1972년의 사례를 제외하고. 하지만 1972년에는 폭발 위치가 수평선 한참 아래여서 제대로 관찰할 수 없었다"고 말했다.

1987년 2월에 관측된 초신성 SN1987A는 지난 400년간 관측된 초신성 중에서 압도적으로 가장 밝았으며, 희미해진 현 상태로도 과학 연구에서 중요한 의미가 있다. 하지만 SN1987A는 남반구에서만 보인다. 게다가 매년 새로운 기술이 개발되면서 초신성 폭발에서 더 많은 정보를 얻고 있다.

캘리포니아대학교 산타크루즈 캠퍼스의 천체물리학자인 스탠 E. 우슬리Stan E. Woosley 박사는 "초신성 연구에 쓰이는 새로운 장비가 아주 많아졌다. 1980년대에는 없었던 것들"이라고 말했다.

하지만 1,200광년 거리에 있는 SN1993J는 SN1987A보다 지구에서 70배쯤 멀리 있으며, 그렇게 먼 거리에서는 사용할 수 없는 관측 방법도 있다. 특히 과학자들이 그동안 탐지하지 못했고 탐지할 엄두도 못내는 것이 있는데, 그것은 바로 새로운 초신성에서 쏟아져 나오는 중성미자다. 이론물리학자들과 천체물리학자들은 SN1987A가 관측된 순간 일본과 미국의 중성미자 탐지기에 중성미자의 폭발이 탐지되고, 그로 인해 초신성 물리학에 관한 선도적인 이론에서 추정했던 것들이 사실로 확인되자 다들 기뻐했다. 하지만 새로운 초신성까지의 거리는 너무나 멀었다.

초신성의 두 가지 유형

천문학자들은 초신성을 크게 두 가지 유형으로 나눈다. 첫 번째는 '백색왜성'이라고 하는 밀도가 극히 높은 작은 항성인데 가까이 있는 동반성(대부분의 별은 단독으로 존재하지 않고 두세 개가 한 쌍을 이루는데, 두 별이 무리를 짓고 있는 쌍성계雙星界에서 어두운 별을 동반성이라고 한다.—옮긴이)의 물질을 끌어당긴다. 그렇게 백색왜성의 질량이 증가하면서 태양 질량의 1.4배를 넘어가면 연쇄적인 핵융합 반응이 일어나 결국 폭발하면서 산산조각이 난다.

두 번째 유형은 가장 최근에 발견된 초신성이 여기에 해당하는 것으로 추정되는데, 초기에는 태양보다 질량이 8배 이상 큰 하나의 항성으로 시작한다. 이 항성은 일련의 핵융합 반응을 일으켜 연료를 소모한 끝에 결국 자체 중력에 의해 쪼그라든다. 그런 다음 폭발하여 산산이 흩어진다.

세상의 종말

데니스 오버바이

수십 년 동안 천문학자들은 팽창하는 우주의 운명에 관해 논쟁을 벌였다. '빅 크런치Big Crunch(대붕괴)'가 일어나 하루아침에 모든 것이 종말을 맞거나, 아니면 은하들이 서로 멀어지는 상태가 영원히 계속된다는 것이다. 우주가 영원히 팽창한다고 주장하는 사람들은 항상 겉보기에 우주가 영원히 발전하고 진화할 가능성이 있다는 것을 근거로 내세운다. "영원히 팽창한다는 생각을 믿는 편"이라고 말한 예일대학교의 우주론자 베아트리스 틴슬리Beatrice Tinsley 박사처럼 말이다.

프린스턴고등연구소의 물리학자 프리먼 다이슨Freeman Dyson 박사는 1979년 자신의 기념비적인 논문에서 항성이 빛을 잃고 은하가 블랙홀에 흡수되는 순간에도 생물체나 지적 존재는 그런 우주에서 영원히 자생할 수 있다고 주장했다. 다이슨 박사는 논문에서 "미래에 대한 내 관점이 옳다면, 물리학과 천문학의 세계도 영원히 계속된다는 뜻이다. 아무리 먼 미래에도 항상 새로운 일이 일어날 것이고, 새로운 정보가 밀려들어 올 것이며, 새로운 세계가 탐사될 것이고, 삶과 의식과 기억의 영역은 끊임없이 확장될 것이기 때문이다"라고 주장했다.

하지만 지금은 다이슨 박사마저도 그 추측이 틀렸다고 인정한다. 최근 천체를 관찰한 결과가 옳다면 생명체와 우주의 미래는 훨씬 더 절망적이다.

지난 4년간 천문학자들은 우주의 팽창이 그냥 진행 중인 정도가 아니라 신비한 '암흑 에너지'의 영향을 받아 더 가속되고 있다고 발표했다. 암흑 에너지는 우주에 내재하는 것으로 보이는 반反중력을 말한다. 그게 사실이고 우주가 서서히 죽음에 다가가는 대신 더 빠른 속도로 팽창하고 있다면, 먼 곳의 은하는 결국 더 빨리 멀어지면서 서로 교류할 수 없게 될 것이라고 천문학자들은 말한다. 사실상 갈수록 공동화되고 추워지는 블랙홀의 한가운데에서 사는 것이나 다름없는 상황이 되는 것이다.

그런 우주 속에서는 물리학을 체계적으로 표현하는 통상적인 방법이 통하지 않을지도 모른다고 말하는 물리학자들도 있다. 새로운 세상이 눈앞에 나타나는 대신 예전 세상은 계속해서 수평선 너머로 사라지고, 결국 영원히 모습을 감추게 될 것이다.

우주론에 관한 지식이 파편화되면서 서로 다른 관측자가 서로 다른 퍼즐 조각을 보게 되고, 우주 전체의 운명을 이해하거나 개략적인 수준을 뛰어넘는 물리학 이론에 도달하는 사람은 자취를 감출 것이다.

캘리포니아대학교 산타크루즈 캠퍼스의 물리학자 토머스 뱅크스 Thomas Banks 박사는 "우주에는 그야말로 우리가 추측할 수 없는 일들이 많아질 것"이라고 한다.

그리고 아마도 가장 중요한 것은, 결국 어떤 생각이나 계산을 완료할 에너지도 부족해져서 생물체와 지적 존재의 영역은 팽창하지 못하고 위축될 것이며 마침내 점점 작아지는 메아리처럼 영원의 침묵 속으로 사라질 것이라는 점이다. 프린스턴고등연구소의 이론학자인 에드워드 위튼Edward Witten 박사는 "더 빠른 속도로 영원히 팽창하는 게 우주의 운명이라는 말은 별로 흥미롭지 않다"고 말했다.

클리블랜드에 있는 케이스웨스턴리저브대학교의 천체물리학자인 로런스 M. 크라우스Lawrence M. Krauss 박사가 보기에 위튼 박사의 말은 팽창하는 우주를 과소평가한 것이다. 크라우스 박사는 동료인 글렌 D. 스타크먼Glenn D. Starkman 박사와 함께 최근 먼 미래의 가능성을 그려보고 있다. 크라우스 박사는 가속 팽창하는 우주는 "가능성 있는 것 중에서 최악의 우주가 될 것이다. 생명체의 질이나 양 모두에서 말이다"라고 하면서 이렇게 덧붙였다. "우리가 알고 있는 모든 지식, 문명, 문화는 잊히기 마련이다. 장기적으로 미래라는 것은 존재하지 않는다."

아인슈타인의 마지막 웃음

약 4년 전까지만 해도 우주의 팽창 속도가 느려지고 있는 것 같다는 관점에 동의하는 천문학자들이 압도적으로 많았다. 그 이유는 은하를 비롯해서 우주에 있는 다른 모든 것의 집단 중력 때문인데, 하늘로 한주먹의 돌을 던지면 갈수록 상승 속도가 느려지는 것에 비유할 수 있다. 여기서 유일한 의문은 우주에 충분한 중력이 존재해서 결국 팽창을 멈추고 거꾸로 수축하는 빅 크런치가 일어날지, 아니면 팽창 속도가 느려지더라도 은하가 영원히 바깥쪽으로 팽창할지 하는 것이다.

1990년대에 천문학자 두 팀이 먼 곳에서 폭발하는 항성과 초신성을 우주의 신호등으로 삼아 경쟁적으로 프로젝트를 시작했다. 은하가 바깥으로 팽창하면서 어느 정도로 느려지고 있는지 측정하고, 그래서 오랜 염원이며 이해하기 어려웠던 그 의문의 해답을 얻기 위함이었다. 1998년, 두 팀의 천문학자들은 은하의 속도가 예상했던 것처럼 느려지기는커녕 실제로는 지난 50~60억 년 동안 더 빨라졌다고 발표했다. 마치 '암흑 에너지' 같은 것이 있어서 은하를 바깥쪽으로 밀어내는 것 같았다.

위튼 박사는 "물리학에 몸담은 이래 실험을 통해 밝혀낸 것 중에서 가장 이상한 결과다. 다들 인정하기가 어렵다고 한다. 나는 그 발견이 틀린 것으로 밝혀지기를 바라지는 않지만 너무나 불편한 결과인 건 맞다"고 말했다.

천문학자들은 이 암흑 에너지를 보며 1917년 아인슈타인이 도입했다가 결국 포기하고 훗날 인생 최대의 실수라고 말했던 '우주 상수'를 떠올린다. 그해에 아인슈타인은 일반상대성이론의 방정식에 우주 상수로 알려지게 되는 수학 인자를 임의적으로 끼워 넣었다. 그래야 우주가 붕괴하지 않고 안정된 상태를 유지할 수 있었기 때문이다. 아인슈타인이 끼워 넣은 상수는 은하 간에 작용하는 중력과 균형을 이루는 일종의 우주 반발력 역할을 했다.

하지만 아인슈타인은 미국의 천문학자 에드윈 허블Edwin Hubble이 우주가 팽창하고 있다는 것을 발견하고, 그로 인해 우주를 따로 안정시킬 필요가 없다는 것을 알게 되자 우주 상수를 포기했다. 하지만 우주 상수는 사라지지 않았다. 그 상수를 부활시킨 것은 아원자 세계를 지배하는 법칙이며 이름이 다소 독특한 양자역학의 등장이었다. 양자역학에 따르면 빈 곳은 실제 비어 있는 것이 아니라 에너지가 거품처럼 차 있다고 한다. 이 에너지는 아인슈타인의 방정식에 삽입되면 우주 상수의 임무를 수행하고 우주를 산산이 흩어지게 할 것이다.

천문학자들은 최근 발견된 암흑 에너지로 현재 우주 질량의 약 3분의 2를 설명할 수 있다고 말한다. 그런데 우주가 영원히 가속 팽창하고 있다면 아인슈타인의 우주 상수가 드디어 안식처를 찾은 것일까? 아니면 당연하게 여겨지는 가속 팽창은 고에너지 물리학의 다양한 이론에서 인정한 수많은 신비로운 역장力場 중 하나에 의해 발생한 일시적인 현상에 불과한 것일까? 아니면 가속 팽창이 정말 사실인 걸까? 위튼 박사는 "우주 상수가 정말 상수인지 밝히는 것이 중요하다"고 말했다.

척력斥力은 우주 자체에 존재하는 힘이라서 우주가 커지면 암흑 에너지의 척력도 커진다. 볼티모어에 있는 우주망원경과학연구소의 애덤 리스Adam Riess 박사는 "암흑 에너지가 우주 상수라면 진공 상태의 한 가지 속성으로서 늘 우리 곁에 존재할 것이며 우주가 팽창함에 따라 더 강력해질 것이다. 그리고 우주는 영원히 팽창할 것"이라고 설명했다. 하지만 암흑 에너지가 우주를 구성하는 물질의 정수精髓 같은 형태라면 "미래에 그런 신비로운 역장이 더 생겨날 수 있고 그 힘의 방향은 역방향이 될 수도 있다. 그렇게 되면 우주의 미래에 대한 모든 추측은 빗나가게 될 것"이라고 덧붙였다.

크라우스 박사는 "그래도 희소식은 그게 우주가 맞을 수 있는 최악의 미래가 아닐 수도 있다는 것"이라고 말했다.

긴 이별

물리학자들은 아직도 '만물의 이론'을 찾아 헤매는 중인데, 천문학자들이 종말의 시간까지 일어나는 모든 사건을 설명하려고 애쓰는 것이 이상하거나 주제넘어 보일지도 모른다. 하지만 크라우스 박사에게는 그 이론이 통상적인 물리학의 위력을 보여 주는 증거다. 크라우스 박사는 "우리는 궁극적 이론을 몰라도 사물의 궁극적 한계를 정의할 수 있다. 통상적인 물리학에 근거해서 사물의 한계를 그을 수 있는 것"이라고 말했다.

다이슨 박사는 자신이 종말론에 뛰어들게 된 것은 J. N. 이슬람J. N. Islam 박사의 논문에서 일부 영향을 받은 것도 있다고 말했다. 그 논문은 현재 방글라데시의 치타공대학교에 재직 중인 이슬람 박사가 끝없이 팽창하는 우주의 미래에 관해 1977년《영국 왕립천문학회 계간지*Quarterly Journal of the Royal Astronomical Society*》에 발표한 것이었다. 또한 다이슨 박사는 스티븐 와인버그Steven Weinberg 박사가 『최초의 3분』(양문, 2005)에서 "우주를 점점 이해하면 할수록, 우주는 그만큼 또 무의미해 보인다"고 썼던, 유명하면서도 언짢은 말을 반박하고 싶었던 것도 종말론에 뛰어든 계기였다고 논문을 통해 밝힌 바 있다. 다이슨 박사는 그때 이렇게 썼다. "와인버그가 20세기를 대변하고 있는 것이라면, 나는 18세기가 더 좋다."

가속 팽창이라는 현재의 추세가 계속된다면, 전망은 다음과 같다.

대략 20억 년 내에 지구는 태양이 일으키는 제어 불가능한 온실효과로 점차 기온이 올라가 사람이 살 수 없게 될 것이다. 그리고 50억 년 내에 태양은 부풀어 오르면서 소멸하고 그 과정에서 지구는 숯덩이가 될 것이다. 동시에 우리 은하는 쌍둥이 은하이며 지금은 200만 광년 정도 떨어져 있지만 빠른 속도로 가까워지고 있는 안드로메다은하와 충돌하면서 은하 사이의 공간에 항성과 가스, 행성을 쏟아낼 것이다.

여기서 가까스로 살아남은 문명은 우주 팽창이 가속되면서 대부분의 우주가 우리에게서 멀어지기 때문에 점차 무지와 암흑만이 커지는 미래를 맞이할 것이다. 크라우스 박사는 "우주에 관한 우리의 이해력은 시간이 가면서 감소할 것이다. 더 오래 기다릴수록 보이는 건 더 줄어들 것이다. 우리가 늘 생각했던 것과는 반대다"라고 말했다.

크라우스 박사의 설명대로 우주가 소멸하는 과정은 서서히 일어난다. 어떤 은하가 우리에게서 더 빨리 멀어질수록 그 은하는 점점 어두워질 것이고, 은하의 빛은 낮은 주파수와 에너지 쪽으로 '적색편이'될 것이다. 경찰차가 멀어지면 사이렌 소리도 작아지는 것과 마찬가지다. 하버드대학교의 천문학자 에이브러햄 로브Abraham Loeb 박사는 아인슈타인의 상대성이론에 따르면, 은하의 멀어지는 속도가 광속에 이르면 마치 사진에서 공중에 멈춰 있는 것처럼 찍혀 있는 무용가의 모습처럼 '정지'된 상태에서 절대 나이를 먹지 않는 것처럼 보일 것이다. 다만 조금 더 어둡게 보일 뿐이다. 그러면서 "우주에서 우리가 수집할 수 있는 정보의 양은 한정되어 있다"고 말했다.

지금부터 약 1,500억 년 후에는 우주의 모든 은하가 빠른 속도로 멀어져 우리 은하에서는 보이지 않을 것이다. 서로 중력으로 묶여 있는 은하 성운, 그러니까 우리 은하가 속해 있는 소위 '국부 은하군Local Group(반지름 3백~4백만 광년 범위의 외부 은하로 이루어진 은하 집단으로 안드로메다은하, 마젤란은하 등 30여 개의 은하로 이루어져 있다.—옮긴이)'만 예외가 될 것이다. 국부 은하군 내에서 생명체는 최초의 모습과 별 차이가 없어 보이고 하늘에 은하수가 보일 것이다. 크라우스 박사는 "밤에 하늘을 보면 여전히 별이 보일 것이다. 하지만 그 너머를 보고 싶은 천문학자들에게는 슬프게도 빈 곳만 보일 것이다. 연인들에게는 상관없지만, 과학자들에게는 걱정거리가 될 것"이라고 했다.

하지만 지금부터 약 100조 년 후에는 마침내 성간 가스와 먼지가 바닥나 새로운 항성의 탄생도 멈출 것이다. 그때부터는 하늘이 갈수록 어두워지고, 천문학자들 말로는 은하 자체도 대략 10^{30}년 이내에 붕괴하여 블랙홀이 된다고 한다.

하지만 케임브리지대학교의 물리학자이자 베스트셀러 작가인 스티븐 호킹Stephen Hawking 박사가 1973년에 혁신적인 계산으로 증명했듯이 블랙홀조차도 영원불멸은 아니다. 호킹 박사는 꺼림칙해 보이는 이 블랙홀이라는 물체에 양자역학의 원리를 적용해서 소위 '사건의 지평선event horizon'으로 불리는 블랙홀의 표면이 요동치면서 불규칙하게 쏟아져 나오는 입자나 방사선 형태로 에너지를 방출한다는 것을 발견했다. 그러면서 계속 온도가 올라가 결국 폭발과 함께 사라진다는 것이다.

질량이 태양과 비슷한 블랙홀이 폭발하려면 10^{64}년이 지나야 한다. 질량이 은하와 비슷한 블랙홀의 경우에는 지금부터 10^{98}년 후 불꽃놀이를 일으키면서 우주 공간을 밝게 비출 것이다.

다가오는 암흑에 맞서다

그런데 그때쯤이면 그 무엇이, 혹은 누가 주변에 남아서 이런 양자 불꽃놀이를 보게 될까?

다이슨 박사는 논문에서 무한하게 팽창하며 암흑과 추위로 가득한 사막 같은 우주에서도 생명체와 지적 존재가 살아남을 수 있다고 주장했다. 다만 그 어느 때보다도 느리고 체온이 낮은 생존 방식을 선택해서 지금보다 훨씬 느린 속도로 살아갈 것이다. 예를 들어, 지난 8월 사망한 영국의 천문학자 프레드 호일Fred Hoyle이 『검은 구름*The Black Cloud*』(1957)에서 묘사한 것처럼, 지적 존재는 성간 구름 속에 있는 전하를 띤 먼지 알갱이 같은 것에서도 살 수 있다.

호일 박사는 검은 구름 같은 유기체가 차가워지면서 유기체의 생각하는 속도도 느려지지만, 신진대사 속도는 항상 그보다 훨씬 더 느려지기 때문에 에너지 소비량이 생산량보다 항상 적을 것이라고 말했다. 다이슨 박사는 생각 한 개에 소모되는 에너지양이 점점 작아져서, 검은 구름은 유한한 양의 에너지를 소모하면서도 무한한 수의 생각을 할 수 있다고 결론지었다.

하지만 한 가지 문제가 있었다. 생각하는 것만으로도 에너지가 필요하고 열이 발생한다는 것이다. 컴퓨터에 팬이 달린 이유가 바로 그것이다. 다이슨 박사는 검은 구름 같은 유기체가 생각을 멈추고 열을 발산하기 위해 주기적으로 겨울잠을 자야 할 것이라고 주장했다.

하지만 가속 팽창하는 우주에는 제거할 수 없는 또 다른 열원熱源이 있다. 블랙홀이 결국엔 폭발한다고 예측했던 계산 결과를 살펴보면, 가속 팽창하는 우주 공간은 소위 호킹 복사Hawking radiation(중력이 너무 강해 빛도 빠져나올 수 없다는 블랙홀에서 기존에 알려진 것과는 달리 무엇인가를 외부로 내보내는 현상으로 스티븐 호킹이 주장했다.—옮긴이)로 가득 차야 한다는 예측도 가능하다. 사실 우리가 볼 수 있는 가장 먼 곳인 지평선은 수학적으로 보면 블랙홀의 표면과 비슷하다. 호킹 복사의 에너지양은 너무나 작아서 절대영도보다 10억 곱하기 10억 곱하기 10억분의 1만큼 높은 정도지만, 감각이 있는 생명체를 충분히 죽음에 이르게 할 수 있다.

크라우스 박사는 "호킹 복사는 생명체를 죽인다. 계속 열을 발산하여 일정한 최저 온도를 유지하기 때문이다. 생명체는 그 최저 온도 밑으로 체온을 떨어뜨릴 수 없다"고 말했다. 유기체의 체온이 최저 온도까지 내려가면 체온이 더 내려가지 않으면서 에너지가 고정된 속도로 일정하게 방출된다는 것이 크라우스 박사의 설명이었다. "그 말은 유기체의 수명이 유한해진다는 뜻이다. 유기체가 가진 총 에너지는 유한한데 에너지가 계속 방출되기 때문이다."

우주의 영속성을 엿보다

다이슨 박사는 가속 팽창하는 우주에서 생명체의 운명이 비관적이라는 관점에 동의한다. 하지만 가속 없이 그냥 팽창하다가 팽창 속도가 감소하고 온도가 내려가는 우주에서도 비관적인지 크라우스 박사, 스타크먼 박사와 함께 논의하고 있다.

크라우스 박사나 스타크먼 박사의 말에 의하면 양자이론은 새로운 생각에 소비되는 에너지를 최대한 작게 줄일 수 있는 한계를 설정한다. 그리고 에너지가 '퀀타quanta'라는 더 나뉘지 않는 작은 덩어리 형태로 방출되고 흡수된다고 정의한다. 어떤 계산이든 한정된 비축량 중에서 최소한 1퀀타의 에너지를 소모한다. 에너지라는 사다리의 발판 개수는 유한한데, 새로운 생각을 할 때마다 정해진 숫자만큼 사다리 발판을 내려와야 하는 셈이다. 크라우스 박사는 "그래서 생각할 수 있는 횟수는 유한하다"고 말했다.

크라우스 박사는 "단지 배꼽을 보고 싶을 뿐 새로운 생각을 하려는 게 아니라면 에너지는 발산되지 않는다"고 설명했다. 하지만 그것은 영원히 살 수 있는 아주 따분한 방법이 될 것이다. 삶이라는 것이 똑같은 자료를 끝없이 다시 섞는 일에 불과하다면 그건 영원이 될 수 없다고 두 사람은 말한다.

하지만 다이슨 박사는 이 같은 주장이 양자 상태quantum state의 수가 정해져 있는 소위 '디지털 인생'에만 해당한다고 말한다. 우주와 함께 커질 수 있는 검은 구름 같은 생명체는 양자 상태의 수가 늘어나기 때문에 사다리에 더 내려갈 수 있는 발판이 사라지는 일은 없다는 것이 박사의 말이다. 그래서 바닥에 닿는 일 없이 생명체와 생각이 무한하게 계속될 수 있다. 하지만 크라우스 박사는 그런 생명체의 형태가 존재할 수 있는지는 아무도 알 수 없다고 말했다.

세계무역센터 건물이 무너지거나 병든 아이들이 비참한 상황에 처해 있는 모습과 비교하면 미래의 종말은 시간상으로 아주 멀리 있는 근심거리로 보일 수 있다. 캘리포니아주 패서디나에 있는 카네기 천문대의 천문학자이며 우주의 팽창과 운명을 연구하는 데 평생을 바친 앨런 샌디지Allan Sandage 박사는 "안 그래도 45억 년이 지나면 지구의 모든 생명체가 사라질 것이다. 300억 년 후에 우주에서 모든 빛이 사라진다는 건 별로 염려할 일이 아닌 셈"이라고 말했다.

다이슨 박사는 자신이 아직 낙관론자라고 말했다. 이메일을 통한 상담에서는 겁먹기에는 너무 이르다는 말을 건넸다. 관측 결과가 틀렸을 수도 있다. 다이슨 박사는 "현재로서는 모든 가능성이 열려 있다. 최근 관측 결과가 중요하다. 우주 역사에 관한 중대한 문제에 해답을 주기 때문이 아니라 역사를 탐험하는 새로운 도구가 되기 때문이다"라고 했다.

다이슨 박사는 인류와 그 후손들이 가속 팽창하고 있는 우주에 살고 있다 해도, 언젠가 은하의 배치를 바꿔서 더 많은 은하를 소멸에서 구해낼 수 있을 것이라고 말했다. 캘리포니아대학교 산타바버라 캠퍼스의 이론물리연구소 출신인 라파엘 부소Raphael Bousso 박사는 치명적이고 두려운 호킹 복사가 그 자체로 또 다른 한 줄기 희망이라고 말했다. 부소 박사에 따르면 그 복사가 예측할 수 없는 양자 요동으로 만들어지므로 오래 기다리면 그 안에서 어떤 것, 심지어 새로운 우주도 나타날 수 있다는 것이다. 그는 "조만간 그런 양자 요동 중 하나에서 빅뱅 같은 것이 일어날 수도 있을 것"이라고 말했다.

그렇다면 우리에게는 아닐지라도 최소한 어떤 것, 혹은 누군가에게는 미래에 대한 가능성이 존재하는 것이다. 일어날 것 같지 않거나 불가능해 보이는 일조차도 결국 때가 무르익으면 필연적인 일이 될 수 있다는 것이 물리학의 가르침이다. 다이슨 박사가 보여 주듯이 자연과 우리의 관계는 아직 끊어진 것이 아니며, 우리와 자연의 관계가 필연적으로 끊어져야 하는 것도 아니다.

우리는 모두 죽을 것이고 누구를 사랑하고 무엇을 사랑할지 결정하는 것은 우리에게 달렸다. 와인버그 박사가 최근 《뉴욕 리뷰 오브 북스*The New York Review of Books*》에 실린 기사에서 언급했듯이 그런 시각에는 인간이 고귀한 존재라는 관념이 들어 있다.

"우주에 인류의 존재 목적을 암시하는 것이 전혀 없다는 건 알지만, 그 목적을 찾을 수 있는 한 가지 방법은 과학적인 방법으로 우주를 연구하는 것이다. 그렇지 않고 우주의 미래나 우리의 미래에 관해 동화 같은 이야기로 위안을 삼으려고 하면 안 된다."

멀리 있는 '적당한' 행성을 추적하다

데니스 오버바이

골디락스Goldilocks(영국의 전래동화 『골디락스와 세 마리 곰』의 주인공인 금발 소녀의 이름으로 여러 분야에서 '너무 나쁘지도 좋지도 않은 딱 적당한 상태'를 의미하는 말로 쓰인다.—옮긴이)가 원한 것은 무엇일까?

천문학자들은 지난 4년간 최소 네 번에 걸쳐 '생명체 거주 가능 지역habitable zone'으로 알려진 최적의 위치에서 다른 항성의 주위를 도는 행성을 찾았다고 발표했다. 그 지역은 너무 덥지도 않고 너무 춥지도 않으며, 물이 존재하기 때문에 생명체가 존재할 수도 있는 곳이다. 한마디로 우리 같은 생화학적 생명체가 거주하기에 알맞은 소위 '골디락스' 행성을 발견했다는 말이다.

이런 발표에 논란이 없을 수 없다. 하지만 NASA의 우주선 케플러Kepler를 이용해서 이 골디락스 행성을 발견한 천문학자들은 사람들의 애를 태울 정도로 큰 수확을 얻은 이번 임무의 첫 2년간의 성과를 검토하기 위해 다음 주 캘리포니아에서 회의를 열기로 했다.

케플러가 찾아낸 후보 행성을 추적한 캘리포니아대학교 버클리 캠퍼스의 제프리 마시Geoffrey Marcy 박사는 "조만간 케플러가 지구와 비슷한 크기의 적당히 따뜻한 행성을 찾을 것"이라면서 그런 행성을 발견하는 데 "채 1년도 걸리지 않을 것"이라고 했다.

MIT의 행성 천문학자 사라 시거Sara Seager는 "우리는 곧 사람들의 기억에 남을 만한 유명인이 될 것"이라고 말했다.

이 모든 일로 인해 지질학자와 화학자, 고생물학자는 물론 우주생물학자가 되어버린 우주론자들이 오랫동안 토론했던 문제 하나가 대두했다. '생명체가 외계의 바위 같은 곳에서 적응하고 번성하고 진화하려면 무엇이 가장 필요할까?'

물론 대답은 그곳에 살 것으로 예상하는 생명체에 따라 달라진다. 눈이 왕방울만 한 녹색 인간이 산다고 생각할 수도 있고, 군집성이 있는 개미 혹은 우주에서 외로움을 달래기 위해 껴안고 싶을 정도로 귀여운 문어를 생각할 수도 있다. 하지만 시간이 갈수록 많은 과학자가 발견 가능성이 가장 높다고 입을 모으는 것은 바로 연못에서 볼 수 있는 괴상하게 생긴 끈적끈적한 점액이다.

천문학자들은 미생물이 축축하고 따뜻한 곳이면 어디서든 생겨난다고 말한다. 다만 생물학자들은 그렇게까지 장담하지는 않는다. 하지만 지구의 역사가 말해주듯, 지적인 존재는 물론이고 거대한 생명체의 등장은 (소행성 충돌에서 판구조론에 이르기까지) 아무 때나 반복될 것 같지 않은 일련의 사건이나 사고와 관련이 깊다. 워싱턴대학교의 천문학자인 도널드 브라운리Donald Brownlee는 지구 역사가 다시 시작된다면 더 많은 종류의 동물이 생길 것이라고 생각하냐고 물었다. 브라운리와 그의 동료인 고생물학자 피터 워드Peter Ward는 1999년 출판된 『지구의 삶과 죽음』(지식의 숲, 2006)에서 우리가 행운의 행성에 산다는 것을 증명했다.

마시 박사는 이메일 인터뷰에서 단순하지만 적절한 조건이 갖춰지면 단세포 생물이 많이 생긴다고 말했다. "하지만 장기간에 걸쳐 꾸준히 진화해서 색소폰 즉흥 연주를 하거나, 두운頭韻을 사용한 시를 쓰거나, 무거운 하중을 들어 올리는 로켓 추진기를 만들 정도의 생물체가 출현하려면 행성이 갖춰야 할 조건이 엄청나게 까다로울 것이다."

하지만 따뜻하고 축축한 것조차도 현재 우리 태양계의 공식 행성 여덟 개와 수십 개의 위성 중에서 단 한 곳에만 있는 보기 드문 조건이다. 화성에도 한때 물이 있었지만, 지금은 사막뿐이다. 그리고 수십억 달러를 들여 화성과 행성 주변에 떠 있는 탐사선 잔해를 탐색한 후에도 우리는 아직 그곳에 미생물이 단 하나라도 살았었는지 알지 못한다.

하지만 다들 지구 같은 행성이나 지구의 대표적 생물체 같은 것이 얼마나 드문지, 아니면 얼마나 흔한지는 전혀 모른다. (중략) 일부 과학자들은 우리 같은 동물이 있는지 없는지만 중요하게 본다고 개탄하면서 사람들이 지독하게 편협하고 상상력이 부족하다고 말한다. 마치 술 취한 사람이 자동차 키를 찾으면서 그저 환하다는 이유로 가로등 밑을 뒤지는 것 같은 상황이 과학계에서 벌어지고 있다는 것이다

럿거스대학교 출신의 생물 물리학자 겸 생물학자인 폴 팔코우스키Paul Falkowski는 "동물은 아주 크게 자란 미생물이다. 우리는 행성 전체로 미생물을 실어 나르는 존재이다. 미생물이 동식물보다 먼저 생겼다"고 말한다. 따라서 우리가 인근에서 찾은 것이 미생물이라고 해서 실망해서는 안 된다. 결국 미생물은 거의 40억 년 동안 지구 생물의 전부나

다름없었고, 지금도 모든 문손잡이는 물론 우리의 장 속에도 살고 있다는 것이 고생물학자들의 말이다.

하버드 스미스소니언 천체물리연구소에서 근무하며 천문학자에서 우주생물학자로 전향한 디미타르 사슬로프Dimitar Sasselov는 미생물 행성의 존재를 굳게 믿는다. 그는 미생물이 단순하다고 넘겨짚지 말라면서 우리 몸속 유전자의 99퍼센트는 우리 몸에 사는 미생물의 것이며 미생물 없이는 우리도 생존할 수 없다고 말한다.

골디락스 행성을 찾아서

미국 국립과학원이 개최한 화학자들의 블루리본위원회(학식과 경험이 풍부한 사람들로 구성된 위원회—옮긴이)에서는 에너지 외에 생명체가 탄생하는 데 꼭 필요한 단 하나의 조건에 관해 결론을 내렸다. 바로 화학 반응이 충분히 지속될 수 있는 따뜻한 장소였다. 따라서 가정이나 계산, 아니면 간단한 추측을 통해 행성의 대기가 얼마나 따뜻한지 밝히는 것은 그 행성에서 생명체가 존재할 수 있는지 판단할 때 아주 중요했다.

그래서 글리제 581Gliese581의 주위를 공전하는 행성이 골디락스 행성 후보로 선정된 것이다. 글리제 581은 천칭자리에 있으며 지구에서 약 20광년 떨어진 차가운 적색왜성(수소핵 융합반응으로 에너지를 안정적으로 발산하는 항성을 뜻하는 주계열성 가운데 질량이 작고 어두운 적색 빛을 내는 항성—옮긴이)으로, 지난 몇 년간 외계 행성에 관한 사람들의 환상과 추측의 중심에 있었다. 이야기하는 사람에 따라 달라지지만, 글리제 581에는 대여섯 개의 행성이 있는데 그중에서 세 개의 행성에 생명체가 존재할 수 있다는 주장이 잇달아 나왔다.

그 중에서 가장 처음 등장한 것은 2007년에 발견된 공 모양의 암석으로 추정되는 물체였는데, 질량이 지구의 약 다섯 배이고 글리제 518에서 불과 1,100만여 킬로미터 떨어진 채 공전하고 있었다. 작은 글리제 581의 쪼그라든 '생명체 거주 가능 지역'에서 가까웠으므로 표면 온도가 따뜻할 가능성이 있었다. 그 후보 행성을 공동으로 발견한 천문학자 새비어 델포스Xavier Delfosse는 "우주의 보물지도를 보았다면 누구라도 이 행성에 X자 표시를 하고 싶었을 것"이라고 말했다.

하지만 신출내기 성간星間 탐험가들이 글리제 581c라는 시적인 이름을 붙인 그 행성으로 갈 생각을 하기 전부터, 천문학자들은 이미 그 행성을 자세히 관찰한 다음 지질학적 특성과 대기가 지구와 비슷하다면 숨 막힐 듯한 온실효과로 너무 뜨거워 우주선으로 가볼 만한 곳이 아닐 것이라고 결론을 내린 상태였다. 사람들의 관심은 좀 더 멀리 있는 글리제 581d로 옮겨갔다. 그전까지만 해도 너무 차가울 것이라며 외면하던 곳이었다. 두 행성 모두 온실효과가 있는데 581c는 불타듯 뜨겁고 581d는 생물체가 살만큼 따뜻할 수 있을까? 대답은 '그렇다'이지만 581d에 '다량의 이산화탄소'가 존재하고 대기가 지구보다 일곱 배 두꺼울 때만 가능하다는 것이 리사 칼테네거Lisa Kaltenegger의 말이다. 하이델베르크에 있는 막스플랑크 천문연구소의 기후모형 전문가인 칼테네거는 그 두 조건을 충족하지 않으면 행성은 차갑게 얼어붙을 것이라고 했다.

한편에서는 두 팀이 새로운 후보 행성을 발견했다고 주장하며 계속 대립했다. 카네기연구소의 폴 버틀러Paul Butler 박사 팀과 캘리포니아대학교 산타크루즈 캠퍼스의 스티븐 S. 보그트Steven S. Vogt 박사 팀이었다. 버틀러 박사는 지난해 워싱턴의 국립과학재단이 주최한 기자회견에서 "이것이 진짜 최초의 골디락스 행성"이라고 발표했다.

하지만 일찍이 글리제 581 주변의 여러 행성을 발견했던 제네바 팀은 자신들의 자료에서 새로운 행성이 존재한다는 증거를 찾지 못했다. 결국 그 당시 대부분의 천문학자는 새로운 행성을 발견했다는 사람들의 말을 무시했다. 버틀러 박사는 많은 행성을 찾아낸 바 있는 제네바 팀의 새로운 연구 결과를 기다리면서, "연구를 중단한 상태"라고 말했다.

지난 9월, 제네바 팀은 천문학자들에게 지금까지 발견된 것 중 가장 훌륭하고 가장 작은 골디락스 행성이라고 평가받는 행성을 발표했다. 그 행성은 지구 질량의 약 3.6배로 돛자리(Vela, 봄철 남쪽 하늘에 보이는 돛 모양의 별자리—옮긴이)에 있으며 'HD 85512'로 명명된 희미한 주황색 항성 주위를 약 3,800만 킬로미터 떨어진 채 공전하고 있다. 그 거리는 태양에서 지구까지 거리의 약 4분의 1에 해당한다. 칼테네거 박사와 동료들은 이 행성의 지질학적 구조가 지구와 비슷하고 표면의 최소 50퍼센트가 구름으로 덮여 있다면 생물체가 존재할 수도 있다고 추정했다. 칼테네거 박사는 "따라서 지금까지 생물체가 살 수 있는 대기 특성을 찾을 때 중요한 조건은 딱 두 개뿐"이라고 말했다. 우주 생물학에서 그 미래 또한 두 가지 조건에 달렸다.

많은 천문학자가 지적하듯, 문제는 이런 행성들에 관한 정보가 갈수록 늘어나고 있다는 것이다. 시거 박사는 "천문학자들은 어떤 정보를 무시해야 하는지 배워야 한다"고 말했다.

글리제와 주변 행성 같은 일부 외계 행성을 발견할 때 사용했던 방법론은 '워블 방법론wobble method(외계 행성을 발견하는 간접적인 방법의 하나로 '도플러 분광법'이라고도 한다.—옮긴이)'이었다. 워블 방법론은 행성이 항성 주위를 공전할 때 보이는 움직임을 관찰하는 방법으로 행성이나 항성의 질량과 궤도를 측정할 수 있다. 케플러 우주선이 발견한 것 같은 다른 행성들은 항성 앞으로 지나갈 때 깜빡거리는 모습을 보고 찾아낸 것이다. 그 방법으로도 행성이나 항성의 크기도 파악할 수 있다.

만일, 만일, 만일

지금까지 골디락스 행성 후보 중 항성 앞으로 지나가는 모습이 관찰된 것은 없다. 따라서 행성과 항성의 질량이나 크기가 계산된 것도 없다. 그래서 과학자들이 질량이나 크기를 알아내서 밀도나 구조를 계산하고 그곳에 물이 있는지, 바위나 가스가 가득한지 밝혀낸 행성도 없다.

케플러 우주선은 수천 광년까지는 아니라도 수백 광년 정도 떨어진 백조자리에서 한 무더기의 항성을 관찰하고 있다. 너무 멀어서 워블 방법론으로는 그 은하계에 지구 같은 행성이 많은지 판단하거나 다른 집중적인 조사를 하기 어려운 곳이다. 그 행성들에 관해서는 아마도 지금 우리가 아는 것 외에 더 알아내기는 어려울 것이라고 천문학자들은 말한다. 천문학자들은 백조자리 은하에 생명체가 존재할 수 있는 행성이 수천 개에서 수백만 개가 있다고 해도 거리가 너무 멀기 때문에 가까운 미래에 제작될 망원경의 성능으로 볼 수 있는 것은 몇백 개에 불과하다는 것이 냉엄한 현실이라고 인정했다.

그런데 다행히도 가까운 행성에서 생명체를 발견할지 모른다는 새로운 희망이 생겼다. 하버드 스미스소니언 천체물리연구소의 데이비드 샤보노david Charbonneau 박사는 가까운 거리에 있는 항성, 그리고 그 주위를 공전하는 행성을 찾는 소위 '엠어스MEarth'라는 프로젝트를 진행 중이다. 샤보노 박사에 따르면 지구에서 25광년 안쪽에 있는 300개의 항성 중에서 260개는 글리제 581 같은 적색왜성이라고 한다.

그런 항성 주위를 돌며 생명체 거주 가능 지역에 있는 행성은 항성과 너무 가깝기 때문에 최근까지도 달처럼 항상 같은 면만 항성을 바라보면서 도는 동주기 자전同週期自轉을 한다고 생각했다. 그래서 항성을 보는 쪽은 타는 듯이 뜨겁고 반대쪽은 얼어 죽는다는 것이다. 하지만 새로운 연구를 통해 그런 행성에 적당한 대기가 있어서 열이 골고루 분산된다는 결론을 얻었다. 다행스러운 일이다. 샤보노 박사는 "이런 항성은 앞으로 수십 년간 우주 생명체를 연구할 우리에게 유일한 희망"이라고 말했다.

원래 계획대로라면 케플러 우주선은 '지구형 행성 탐사선Terrestrial Planet Finder'이라는 우주 관측선으로 대치될 예정이었다. 100광년 떨어진 행성을 탐색하고 연구할 수 있을 만큼 커다란 우주선이다. 하지만 지구형 행성 탐사선 계획은 NASA의 고질적인 재정 문제와 천문학자 간의 이견, 기술적인 문제로 취소되었다.

일부 천문학자들은 그 계획 중에서 일부 기능을 NASA 허블 우주망원경의 계승자이며, 이미 제작 완료 시기와 예산을 훌쩍 넘겨 이제는 2018년 발사 예정인 '제임스 웹 우주망원경James Webb Space Telescope'이 수행할 수 있을 것으로 본다.

항성에서 나오는 빛을 가려주는 '별빛가리개starshade'를 장착한 웹 우주망원경은 외계 행성에서 나오는 아주 적은 양의 빛을 탐지하고 연구할 수 있다. 하지만 별빛가리개는 NASA의 과학 사업을 약화시키려고 위협하는 정치적·재정적 압력에 볼모가 될 것이다. 과학자들은 아무리 좋게 봐도 외계에서 생명체를 찾는 연구가 지금까지 수십 년은 지연되었다고 말한다.

펜실베이니아주립대학교의 제임스 캐스팅James Kasting 박사는 "살아 있는 동안 외계 생명체를 볼 수 없을 것이라는 절망감이 들기 시작했다"고 말했다.

지질학적 구조라는 숙명

지구는 일찍부터 운이 좋았다. 화석을 보면 38억 년 전부터 이미 미생물이 살고 있었다. 탄생한 지 겨우 7억 년밖에 되지 않았을 때였고, 지질학적으로 봤을 때는 유성과 소행성이 비처럼 쏟아져 내린 직후였다. 유성과 소행성은 태양계 밖에서 적당한 양의 물을 얼음 형태로 지구에 전해주었다. 그러지 않았다면 지구는 건조한 행성이 되었을 것이라고 천문학자들은 말한다. 캐스팅 박사는 "물이 풍부해서 지구가 독특한 행성이 되었다는 문제는 아마도 『지구의 삶과 죽음』에서 주장하는 것 중에서 가장 흥미로울 것"이라고 말했다. 또한 계산을 해보니 지구에 물이 너무 많거나 너무 적은 상태가 되었을 가능성도 높았다고 한다.

그때부터 지구는 쾌적한 행성이 되었다. 날씨와 해양, 화산이 온도 조절 장치처럼 작동하는 지질학적 순환 과정 덕분이다. 이 순환 과정은 '탄소 순환carbonate silicate cycle'이라고 하며 대기 중 이산화탄소량을 조절한다. 대기 중의 이산화탄소는 온실효과를 일으켜 열을 가두고 행성의 기후를 온화하고 전반적으로 안정되게 유지한다. 비는 대기와 바다 밑에서 가스를 씻어 없애고 화산은 땅속에서 다시 가스를 토해낸다.

브라운리 박사가 "마법 같은 일"이라고 했던 이런 순환과 온실가스가 없었다면, 지구는 태양이 지금 밝기의 70퍼센트에 불과하던 초창기에 이미 얼어붙은 눈덩이가 되었을 것이다. 이 모든 마법 같은 일이 일어났는데도 지구에서 동물이 탄생할 때까지 40억 년이 걸렸다.

동물은 까마득히 먼 옛날의 어느 시점에서 박테리아의 한 종류가 태양 빛을 이용해서 물 분자를 쪼개 산소와 당분을 생산하는 과정, 즉 '광합성'을 알게 되면서 시작되었다. 그리고 24억 년 전에 지구 대기에서 산소의 양이 극적으로 증가하면서 그 효과가 나타나기 시작했다.

워싱턴 출신의 워드 박사는 지질학에서 '산소 급증사건Great Oxidation Event'이라고 하는 그 사건이 "생물권(생물이 살 수 있는 지구 표면과 대기권—옮긴이)의 역사에서 단연코 가장 큰 사건"이라고 말했다. 그 사건으로 약 5억5천만 년 전에 소위 '캄브리아 대폭발(고생대 캄브리아기에 오늘날 보이는 동물 문門이 갑자기 출현한 현상—옮긴이)'이 절정에 달하면서 갑자기 다세포 생물, 즉 동물이 화석에 대량으로 나타났다. 그리고 진화라는 경주가 시작되었다. 『지구의 삶과 죽음』의 저자들은 이렇게 종의 전성기를 가져온 사건이 그 무엇이었든 간에 지구를 특별한 곳으로 승격시키는 데 도움이 되었다고 말한다. 고생물학자들은 그 사건이 예전의 초대륙(고생대 말기까지 지구에 있었던 것으로 추정되는 하나의 거대한 단일 대륙—옮긴이)을 갈라지게 했던 소위 '눈덩이 지구Snowball Earth'라는 한동안의 악천후 때문이었는지 아니면 다른 원인이 있었는지 논쟁 중이다.

바꿔 말하면, 운 좋게도 먼저 생명체가 거주할 수 있는 조건을 갖추게 된 외계 행성은 그 행운을 다시 누릴 수도 있다. 다시 말하자면, 운 좋게 생물이 거주할 만한 조건을 갖추게 된 외계 행성에는 다시 한 번 행운이 찾아와야 할지도 모른다. 브라운리 박사는 그런 행성에 어떤 일련의 사건이 발생해서 자체적인 '캄브리아 대폭발'이 일어나야 하는데 그것이 그 행성이 극복해야 할 '큰 장애물'이라고 한다.

지금까지는 운이 좋았지만, 결국 지구의 행운도 바닥날 것이다. 천문학자들은 태양이 나이를 먹고 더 밝아지면서 풍화작용도 늘어나고 씻겨

나가는 이산화탄소의 양도 증가할 것이라고 말한다. 동시에 지구 내부가 식으면서 화산 활동이 차츰 줄어들고 온실가스를 보충하는 활동도 중단될 것이다.

브라운리 박사는 10억 년 후에는 이산화탄소의 양이 광합성을 하기에 부족해질 것이라고 말했다. 즉, 우리가 숨 쉬는 산소도 부족해진다는 뜻이다. 그리고 그만큼 인류도 줄어들 것이다.

브라운리 박사는 "지구는 대단하고 특별하지만, 동물이 생존할 수 있는 기간은 이제 10억 년밖에 남지 않았다"고 말했다.

Chapter 03

생물학

생명의 메커니즘

The New York Times

생명은 과학자의 시험관에서 태어난다

윌리엄 L. 로렌스

올더스 헉슬리는 『멋진 신세계』에서 먼 미래에는 아이들이 시험관에서 태어날 것이라고 예측했다. 헉슬리가 말했던 '병 속의 아기'가 하버드 생물학연구소의 그레고리 핀커스Gregory Pincus 박사에 의해 적어도 부분적으로는 현실이 되고 있다.

핀커스 박사는 오늘 이곳(워싱턴)에서 개최된 미국실험생물학회연합회 연례회의에서 연구 성과를 발표하면서 생명과학의 선구자들이 이룬 몇 가지 극적인 성과를 언급했다.

핀커스 박사는 토끼의 난자와 정자를 채취한 다음 시험관 속에서 수정시켰다. 그동안 불가능했던 일이었지만, 핀커스 박사는 중요한 한 걸음을 더 나아간 것이다. 핀커스 박사는 인공 수정한 난자를 시험관에서 초기발생 단계까지 성장시킨 다음 시험관에서 꺼내 살아 있는 암컷 토끼의 몸에 이식했다. 그렇게 이식된 배아는 성장해서 자연 수정된 것처럼 엄마 토끼의 몸에서 자랐다. 그리고 적절한 시간이 지나자 정상적인 토끼가 태어났다. 사상 최초의 '준準 체외발생 토끼'였다.

이론의 확장

토끼와 인간은 포유류군群에 속하므로 이 연구는 인간 아이가 혈연관계가 아닌 '대리모'의 몸에서 태어날 가능성이 있다는 것을 보여 준다. 그래서 추정해 보자면 결국 아이를 가질 수는 있지만 건강상 아이를 낳을 수 없는 여자가 다른 여자를 '고용'해서 아이, 그러니까 온전히 자신의 혈육인 아이를 낳을 수도 있다는 말이다.

이 문제에 관해 깊이 생각해 보려는 사람에게는 하버드대학교의 실험이 또 다른 가능성을 제시한다. 최소한 이론적으로는 한 여자가 열두 명의 대리모를 고용한 다음 시험관에서 수정된 아이를 낳게 해서 한 해에 열두 명의 아이를 갖는 일이 가능해질 수 있다. 우생학적 고려사항에 영향을 받는 나라에서는 더욱 그렇다. '인종 개량'을 옹호하는 사람들은 특정한 소질이나 신체 조건, 마음이나 정신을 갖는 남녀를 출산하는 절차를 마련하라고 촉구할지도 모른다.

수컷을 '제거'하다

핀커스 박사는 실험에서 나온 또 하나의 진척사항을 발표했다. 생식 과정에서 수컷을 '제거'하는 것이었다. 토끼의 난자를 시험관에 넣은 다음 농도가 진한 식염수를 사용해서 수정시켰다. 식염수 외에 다른 방법도 있다는 것을 알게 된 핀커스 박사는 난자를 섭씨 45도의 고온에 몇 분 동안 노출시켜 같은 결과를 얻었다.

고농도 식염수로 수정시키거나 고온에 노출한 난자는 곧바로 살아 있는 모체 토끼의 몸에 이식되었다. 이 배아는 정상적인 방법으로 초기 배아 단계까지 성장했다. 과학자들은 마지막 주에 실험을 중단하고 결과를 확인했다.

수정란에 '아버지' 같은 영향을 줄 수 있는 식염수나 고온 노출을 이용하여 사상 최초로 포유동물을 출산하기 위해 추가 실험이 진행될 예정이다.

'아빠 없이' 태어난 딸들

핀커스 박사는 인터뷰에서 식염수나 열을 써서 인공 수정된 난자에서 태어난 모든 토끼는 암컷이라고 밝혔다. 암컷만 태어난 이유는 그 과정에서 수컷이 제공하며 성별을 결정하는 'Y 염색체'가 없기 때문이라고 했다.

핀커스 박사는 토끼 난자의 활성화 초기 단계가 시작되도록 촉진하는 것도 이제는 실험을 통해 가능하다고 보고했다. 뇌하수체 전엽에서 분비되는 호르몬을 조절하거나 목 교감신경에 전기 자극을 가하는 방법을 사용하는 것이다.

전기 자극을 통해 난자를 활성화시키는 연구는 하버드연구소에서는 하버드 의대의 H. B. 프리드굿H. B. Friedgood 박사와 월터 B. 캐논Walter B. Cannon 교수가 성공을 거두었다.

뇌의 여러 영역에서 수행하는 기능

예일대학교 영장류 생물학연구소의 C. R. 제이콥슨C. R. Jacobsen 박사와 F. V. 테일러F. V. Taylor 박사, G. M. 해슬러러드G. M. Haslerud 박사가 실험을 통해 뇌의 서로 다른 영역에서 어떤 기능을 수행하는지 밝힐 수 있는 새로운 실마리를 찾았다고 미국생리학회의 중추신경계 부서 앞에서 발표했다.

세 명의 박사는 원숭이의 대뇌피질에서 전면부와 운동령(대뇌피질에서 골격근의 수의운동을 일으키는 중추가 모여 있는 곳—옮긴이)을 전부 제거했다. 성체 원숭이에게서 운동령을 제거하자 거의 전면적이고 영구적인 마비가 발생했다. 더 이상 수의운동(자신의 의지대로 할 수 있는 운동—옮긴이)은 불가능했다. 하지만 같은 수술을 받은 젖먹이 원숭이는 일시적인 마비에 그쳤을 뿐이었다. 얼마 못 가 다시 뛰거나 기어오르거나 물건을 다룰 수 있었다.

성체 원숭이의 전두연합영역(전두엽의 일부로 사고나 판단 등 가장 인간적인 작용을 담당하고 운동연합영역에게 행동으로 옮기도록 명령을 내린다.—옮긴이)을 적출한 결과 회상(주어진 단서 없이 기억에서 한 항목이나 다수의 항목을 끄집어내는 과정—옮긴이) 기억에 전면적인 장애가 왔다. 반면 재인(단서가 주어졌을 때 기억에서 그 단서와 연관된 정보를 끄집어내는 과정—옮긴이) 기억에는 거의 문제가 없었다. 그리고 이런 결과는 젖먹이 원숭이도 본질적으로 같았다.

보고서에는 "손상된 운동령과 전면부가 회복하면서 이런 차이를 보이는 이유는, 운동령은 동적 계통이 부분적으로 파괴된 반면 전면부는 완전히 제거되었기 때문으로 보인다"라고 쓰여 있었다.

역방향 운동

시카고대학교의 폴 와이스Paul Weiss 박사는 생리학 학회에서 샐러맨더 도롱뇽이 '역방향 운동'을 하게 만드는 실험에 관해 발표했다.

신경은 저마다 근육에 연결되어 있고 뇌에서 의도적으로 그 근육으로 보내는 특별한 신호에 선택적으로 반응한다. 와이스 박사는 도롱뇽의 앞다리 두 개를 서로 바꿔서 뇌에서 원래 왼쪽 다리와 연결되어 있던 곳에 신경섬유를 연결하고 나머지 다리도 그렇게 반대로 연결했다.

와이스 박사는 이렇게 설명했다. "다양한 운동 형태 중에서도 이식된 다리에서 볼 수 있는 움직임은 같은 순간 정상인 다리의 움직임과는 거울에 비친 듯 정확히 반대일 것으로 예상된다. 잘 발달된 앞다리를 서로 바꾼 도롱뇽 열한 마리로 실험한 결과 그 예상은 사실로 밝혀졌다. 앞다리들은 항상 정상과는 반대로 움직였다. 전진할 때도 전방이 아니라 후방을 향해 나아갔고 그래서 몸을 움직이는데 아주 지장이 많았지만, 주요 활동 패턴은 절대 바뀌지 않고 새로운 조건에 적응했다."

새로운 심장 소생술

웨스턴리저브대학교의 C. J. 위거스C. J. Wiggers 박사가 관상동맥이 막혀 거의 정지된 심장을 되살리는 새로운 수술기법을 생리학 학회의 분과회의에서 발표했다.

위거스 박사는 심장이 '잔떨림(근육의 조건에 이상이 있을 때나 근육을 지배하는 운동 신경에 손상이나 자극이 가해졌을 때, 근육의 섬유가 여기저기서 무질서하게 수축과 이완을 되풀이하는 상태—옮긴이)'으로 알려진 단계에 들어선 지 5~7분 정도 지난 개를 되살리는 데 성공했다며 그 방법을 설명했다. 보통 잔떨림이 발생한 후에는 심장이 정지한다. 위거스 박사에 따르면 수술 중에 잔떨림이 시작된 사람의 심장에 적용하면 유용할 것이라고 한다.

2~3년 전에는 패드를 붙인 전극으로 심장에 교류 전류를 주어 단시간에 잔떨림을 멎게 하고 다시 힘차게 뛰게 할 수 있다는 사실이 밝혀졌다. 하지만 이 방법은 관상동맥폐쇄가 해결되고 잔떨림이 시작된 지 2~3분이 넘지 않았을 때만 효과가 있었다. 그러나 위거스 박사는 전기 충격을 가하기 전에 즉시 심장 마사지를 하면 소생을 기대할 수 있는 시간이 서너 배까지 늘어날 수 있다는 것을 알아냈다.

롱아일랜드대학교의 R. H. 체니R. H. Cheney 박사는 여대생 집단을 대상으로 실험한 결과를 보고했다. 실험에서 카페인은 심박의 속도와 정확도 모두를 향상시켰지만, 커피 형태로 섭취하면 순수 알칼로이드(질소화합물에 속하는 염기성 식물 성분으로 식물 염기라고도 한다.—옮긴이)를 소량 투여하는 것보다 절반의 효과를 보였다.

미국 생화학자 학회에서 예일대학교의 R. J. 앤더슨R. J. Anderson 박사와 J. A. 크라우더J. A. Crowder 박사, M. S. 뉴먼M. S. Newman 박사, F. M. 스토돌라F. M. Stodola 박사가 지금까지 알려지지 않은 화학물질을 한센균에서 채취해 발표했다. '레프로신Leprosin'으로 명명된 물질로 새하얀 비정질 가루다. 레프로신이 녹으면 '레프로신 산'이라는 새로운 고분자 산酸이 된다.

인디애나주의 에번스빌에서 온 워런 H. 콕스 주니어Warren H. Cox Jr.와 아서 J. 뮐러Arthur J. Mueller는 쥐나 기니피그의 젖을 짜는 기계에 관해 설명했다. 쥐의 젖은 우유보다 지방과 단백질이 풍부한 반면 당분은 절반에 불과하다.

유전화학의 실마리

미국과 영국의 생화학자들이 케임브리지대학교 캐번디시 연구소에서 공동 연구를 진행한 결과, 핵물리학자에게 우라늄이 중요한 것만큼 생물학자에게 중요한 물질의 구조 형태가 밝혀졌다. 그 물질은 세포를 구성하는 데 없어서는 안 되는 핵산이다. 핵산은 유전 형질을 실어 나르는 매개체이며 생물과 무생물을 연결하는 유체流體이기도 하다.

연구가 진행 중인 핵산은 DNA desoxyribonucleic acid라는 종류로 1869년에 발견된 것이다. 하지만 DNA분자가 어떻게 여러 가닥의 굵은 밧줄처럼 연결되어 한 세대에서 다음 세대로 유전 형질을 전달하는지는 캐번디시 연구소에서 관심을 두기 전까지 아무도 이해하지 못했다.

추가 실험이 예정되다

시카고대학교의 대학원생이었던 제임스 D. 왓슨James D. Watson과 그의 영국인 동료 프랜시스 H. C. 크릭Frances H. C. Crick 등 두 명의 생화학자는 결국 DNA 속에서 유전화학의 단서를 찾아낼 것이라고 믿었다. 추가로 X선 실험을 해서 논문에서 충분히 설명했던 내용을 증명한다면 두 사람은 생화학 역사에 길이 남게 될 것이다.

왓슨 박사는 현재 미국으로 돌아가 캘리포니아 패서디나에 있는 라이너스 폴링Linus Pauling 박사와 협력할 생각이다. 폴링 박사는 이 문제에 관한 선구적인 연구 대부분을 수행했던 학자이다.(폴링 박사는 크릭과 왓슨의 새로운 해법이 캘리포니아공과대학 동료들과 함께 연구했던 핵산의 구조에 대한 제안보다 조금 더 좋아 보인다고 말했다. 캘리포니아 공과대학의 해법은 1953년 2월호《미국 국립과학원 회보》에 실렸다.)

크릭 박사도 그 문제에 대한 연구가 조금 더 진행되면 영국을 떠날 수도 있다. 하지만 당장은 "잘 진행되고 있다"면서 미국의 록펠러 재단과 런던 킹스칼리지 같은 여러 기관과 함께 연구하기로 했다.

크릭 박사는 DNA가 '고분자 화합물'이라고 설명했다. 꼬여 있는 화학성분이 풀어져서 다양한 방법으로 재조립될 수 있다는 뜻이다.

DNA는 줄에 꿰어져 있는 구슬처럼, 유전자가 들어 있는 '염색체'라는 생명줄을 구성하는 데 없어서는 안 되는 성분이다. DNA는 인간의 세포를 포함한 모든 생체 세포에서 눈동자 색이나 코의 모양, 특정 혈액형, 질병 등의 유전 형질을 전달하는 물질이다. 그런 유전 형질의 전달은 염색체가 들어 있는 DNA 다발이 두꺼워지면서 세포가 두 개의 딸세포로 분리되는 유사 분열, 혹은 세포 분열이라는 중요한 순간에 일어난다.

분자 사슬 형성

지금까지 DNA가 합성된 적은 한 번도 없지만, 왓슨 박사와 크릭 박사는 (당분이나 인산염 같은) 염기물이 수평으로 연결되고 그런 연결이 사슬 같은 형태로 차곡차곡 쌓여 DNA가 형성된다고 말했다. 문제는 이 거대한 분자가 어떻게 서로 잘 맞아서 서로를 정확하게 복제해내는지 밝히는 일이었다.

결합 규칙이 아주 엄격해서 다른 분자와 결합할 때 반드시 특정 각도로만 결합하는 분자가 있다. 두 사람은 그런 사실을 고려하면서 어떤 분자들이 결합할 수 있는지 직접 그림을 그려가면서 모델을 만들었다. 몇 달 후 분자들 사이에서 존재할 수 있는 유일한 관계가 이중 나선 구조로 된 두 개의 사슬 형태라는 것을 알게 되었다. 나선형 계단처럼 사슬의 위쪽은 계단의 손잡이를 닮았고, 사슬의 아래쪽은 계단의 바깥 모서리를 닮은 형태였다.

나선 형태의 이중 DNA 사슬에 대한 새로운 증거는 현재 런던의 킹스칼리지 생물물리학과에서 입수했다. 킹스칼리지 연구원들은 송아지의 흉선에서 결정질의 DNA를 추출한 다음 X선을 쬐었다. 그 결과로 얻은 X선 회절 사진에는 이중 나선의 구성 요소라고 분석할 수 있는 소용돌이 형태의 빛과 음영이 있었다.

크릭 박사는 생물체의 형질이 담긴 나선 모양의 매개체를 밝히려면 아직도 많은 연구가 필요하다고 강조했다. 하지만 왓슨 박사와 크릭 박사가 청사진 형태로 제공한 연구 모형은 앞으로 유전자 연구에 도움이 될 것이다(대부분의 생화학자들이 그렇게 생각한다).

폴링 박사가 훌륭한 것 같다고 말하다

어젯밤 패서디나에서 전화를 받은 폴링 박사는 핵산의 구조에 관한 크릭과 왓슨 박사의 제안이 "아주 훌륭한 것 같다"고 말했다. 폴링 박사는 캘리포니아공과대학 학생이었던 크릭 박사, 왓슨 박사와 런던에서 대화를 나누고 이제 막 돌아온 참이었다.

폴링 박사는 그래도 '분자 유전학'을 해석하는 문제가 궁극적으로 해결되었다고 생각하지는 않으며, 분자 구조는 복잡한 문제라고 했다. 그리고 유전을 통제하는 물질의 구조에 대한 캘리포니아공과대학과 크릭과 왓슨 박사의 설명이 너무 추측에 치우쳐 있다고 말했다.

50년 후, 로절린드 프랭클린이 찍은 X선 사진이 논란이 되다

데니스 그래디

50년 전, 런던의 한 연구소에서 있었던 별 뜻 없었던 행동이 과학사에 큰 획을 그었다. 1953년 1월 말의 어느 날, 오후 늦게 킹스칼리지를 방문 중이던 제임스 D. 왓슨에게 모리스 윌킨스Maurice Wilkins라는 연구원이 DNA 분자의 X선 사진을 보여 주었던 것이다. 왓슨은 몇 년 후 『이중 나선』(궁리, 2006)에서 "그 사진을 본 순간 입이 떡 벌어지고 심장이 쿵쾅거리기 시작했다"고 당시 상황을 설명했다.

그 사진은 다양한 연구자들이 얻었던, 나선 구조를 암시하는 수많은 사진 중 하나였지만 아주 선명해서 왓슨과 그의 동료 프랜시스 H. C. 크릭이 DNA 구조를 밝히는 데 도움이 되었다.

사진을 찍은 과학자는 로절린드 프랭클린Rosalind Franklin 박사였다. 왓슨과 크릭은 논문에 그녀의 다른 연구를 인용한 적이 있었지만, 그 사진은 물론 논문에 그녀의 다른 연구를 인용했다는 사실을 인정하지 않았다.

일부 역사가들은 두 사람이 프랭클린의 사진 없이도 DNA 구조를 알아냈을 것이라며 사진의 중요성을 깎아내린다. 게다가 프랭클린 본인도 그 사진의 중요성을 몰랐기 때문에 한쪽에 치워 놓았던 것이라고 말한다.

하지만 다른 역사가들에게 프랭클린은 오랫동안 과학계에서 여성 과학자가 겪는 역경을 상징하는 존재가 되었다. 남성들이 똘똘 뭉쳐 여성을 배척했기 때문이었다.

'51번 사진'이라는 딱지가 붙은 프랭클린의 X선 사진에는 X자 모양의 무늬가 뚜렷하게 보였다. 왓슨은 그날 밤 기차를 타고 케임브리지로 돌아가는 길에 그 사진에서 기억나는 세부적인 모습을 신문에 그렸다. 나선 속의 각도와 간격에 대한 단서가 될 터였다. 집에 도착할 무렵에는 그것이 이중 나선 구조와 가장 흡사하며, 그 단서들이 맞는지 확인하기 위해 크릭과 함께 모형을 제작해야겠다고 생각했다.

압박감이 점점 커지고 있었다. 미국에서는 라이너스 폴링도 그 문제를 연구 중이었으며 비밀을 풀기까지 얼마 남지 않은 상황이었기 때문이다. 한 달 후, 왓슨과 크릭은 그 경쟁에서 승리자가 되었다. 단서는 들어맞았고 두 사람은 곧 논문을 발표했다. 그리고 윌킨스와 함께 노벨 생리의학상을 받았다.

하지만 여전히 의문이 남는다. 두 사람은 프랭클린의 허락을 받지 않고 몰래 그녀의 자료를 사용했던 걸까? 프랭클린의 공로를 적절하게 인정하지도 않고?

'B형 DNA'로 알려진 51번 사진을 찍은 사람은 프랭클린이었다. 그녀의 동료 윌킨스가 아니었다. 프랭클린과 사이가 좋지 않았던 윌킨스는 그녀에게 말도 하지 않고 왓슨에게 그 사진을 보여 주었다. 왓슨과 크릭 모두 동료이자 연구감독위원회 회원인 맥스 페루츠Max Perutz가 건네준 프랭클린의 논문을 참고했다.

왓슨은 "물론 그녀가 자신의 자료를 직접 건네주지는 않았다. 그 점에 대해 말하자면, 킹스칼리지에서 우리 손에 그녀의 자료가 있다는 것을 아는 사람은 아무도 없었다"라고 책에서 언급했다.

하지만 크릭의 말은 다르다. 크릭은 한 인터뷰에서 프랭클린이 "자료 대부분이 우리 손에 있었다는 사실을 분명 알고 있었을 것"이라고 말했다. 그러면서 두 사람이 초청된 어떤 세미나에서 프랭클린이 자신의 자료를 공개했다는 말을 먼저 꺼냈다. 유감스럽게도 왓슨은 그때 그녀의 발표를 잘못 이해했고 크릭은 세미나에 참석하지 않았다.

크릭은 그 때문에 윌킨스가 왓슨에게 보여 주었던 사진이 "이런 일이 생긴 원인"이 되었다고 한 인터뷰에서 말했다. 하지만 크릭은 이런 말을 덧붙였다. "우리는 그 정보를 예전에 우리가 했던 연구에서 얻을 수도 있었다. 내가 그 세미나에 참석했더라면 상황이 크게 달라졌을 것이다."

크릭은 프랭클린에 관해 "그 뒤로 그녀와 이야기를 나눈 적은 없었다. 그녀가 문제 삼았던 적도 없었다"고 말했다.

왓슨과 크릭은 공동으로 작성한 논문에 윌킨스와 프랭클린의 다른 연구가 포함된 것을 인정했지만, 네 사람을 공동 저자로 할지는 윌킨스의 판단에 맡겼고 윌킨스는 그렇게 하지 않겠다고 말했다. 프랭클린과 윌킨스는 DNA에 관한 많은 자료를 발표했는데, 그중에는 《네이처》에 왓슨과 크릭의 논문과 함께 실렸던 그 유명한 사진도 있었다.

프랭클린은 1962년 노벨상 수상자 명단에 포함될 수 없었다. 1958년 난소암으로 세상을 떠났는데 노벨상은 사후에 수여되지 않기 때문이다. 그녀가 수상자에 포함되었어야 했는지는 딱 잘라 말할 수 없다. 수상자가 세 명을 초과하는 경우는 없기 때문이다. 어쨌든 왓슨이나 크릭은 수상 소감을 말하면서 프랭클린을 언급하지 않았지만, 윌킨스는 언급했다.

왓슨이 쓴 『이중 나선』은 오히려 프랭클린이 마땅히 인정받았어야 할 공로를 부당하게 빼앗겼다는 반응을 불러왔다. 왓슨은 책 곳곳에서 프랭클린의 외모를 노골적으로 헐뜯었다. 또한 프랭클린이 퉁명스럽고 사나워서 실력이 더 뛰어난 자신과 윌킨스가 그녀에게 맞을까봐 겁을 먹기도 했다고 썼다.

왓슨은 『이중 나선』 2장에서 "그녀는 연구소를 떠나거나 본인에게 맞는 자리를 찾았어야 했다"라고 썼으며 나중에 이렇게 덧붙였다. "페미니스트에게는 다른 실험실이 더 적합했을 것이라는 생각을 떨칠 수가 없다"라고.

지난 10월 출판된 프랭클린의 전기 『로잘린드 프랭클린과 DNA』(양문, 2004)에서 저자 브렌다 매덕스는 왓슨이 프랭클린의 자료를 말도 없이 사용했던 것을 변명하려는 목적에 그녀를 적대적이고 부당하게 묘사했다고 주장했다. 그리고 『이중 나선』의 초안을 읽은 수많은 동료가 프랭클린을 왜 그렇게 묘사했냐면서 분통을 터뜨리자, 그제야 프랭클린을 칭찬하는 위선적인 후기를 추가했다고 한다.

매덕스의 책을 보면, 왓슨과 크릭은 결국 프랭클린과 화해했다. 그녀가 세상을 떠난 뒤, 두 사람은 공개 토론회에서 그녀에게 아낌없는 찬사를 바쳤다.

크릭은 "지금까지 알려진 바로는, 우리가 DNA 구조를 푼 것에 관해 프랭클린은 어떤 억울함도 토로한 적이 없다"라고 말했다.

왓슨은 프랭클린을 언급한 최근 인터뷰에서 "그녀는 도둑맞았다고 생각한 적이 없다. 사람들은 우리가 B 사진을 봤다는 걸 프랭클린이 전혀 몰랐다고 말한다. 사진을 봤다는 건 윌킨스 박사와 그녀 사이의 문제였다"라고 말했다.

영국 과학자들, 사상 최초의 포유류 성체 복제에 성공

지나 콜라타

영국 과학자들이 성체 포유류 복제에 성공했다고 발표했다. 성체 포유류 복제는 유전공학 분야에서 그 무엇보다 기대를 모았지만 두려움의 대상이기도 했다.

에딘버러의 로슬린연구소에서 일하는 52세의 발생학자 이언 윌머트 Ian Wilmut 박사가 이끄는 연구팀은 성체性體 양의 몸에서 채취한 DNA로 어린 양을 탄생시켰다. 절대 불가능하다고 주장했던 세계 유수의 과학자들은 이번 성과에 크게 놀랐다. 그들은 성체 세포의 DNA가, 정자의 유전자가 난자와 처음 섞이면서 형성되는 DNA처럼 기능하지 않을 것으로 추정했었다.

과학자들은 이론적으로 볼 때 이 복제 기술을 사용하면 성인의 몸에서 세포를 떼어낸 다음 그 DNA를 사용해서 유전적으로 똑같은 인간을 만들 수 있다고 말한다. 나이 차이가 많이 나는 쌍둥이인 셈이다.

돌이켜 생각해 보면 윌머트 박사의 실험은 간단했다. 성체 양의 몸에서 유선 세포(유방에 있는 세포—옮긴이)를 채취한 다음 그 세포의 DNA를 다른 양에서 채취한 난자에 삽입할 수 있게 준비한다. 그런 다음 난자에서 원래의 DNA를 제거하고 유선 세포와 결합시켜 난자의 DNA를 유선 세포의 DNA로 대체한다. 그렇게 결합된 세포는 성체의 DNA를 보유한 상태로 성장하면서 분열하기 시작하여 완전히 정상적으로 수정된 난자처럼 배아로 자란다.

윌머트 박사는 그 배아를 다른 암컷 양의 몸에 이식했다. 그리고 암컷 양은 7월에 새끼 양을 낳았다. 새끼 양의 이름은 '돌리Dolly'였다. 돌리는 완벽하게 정상인 것처럼 보였지만, DNA 시험을 해보니 DNA를 제공했던 성체 암컷 양의 복제 동물이었다.

로이터 통신사는 윌머트 박사가 오늘 영국 통신사 프레스 어소시에이션과의 인터뷰에서 "주로 건강관리 제품의 생산량을 늘리는 데 이 기술이 사용될 것"이라고 말했다고 보도했다.

윌머트 박사는 "이 기술 덕분에 현재까지 치료제가 없는 유전 질환을 연구할 수 있고 그 질병과 관련된 메커니즘을 추적할 수 있게 될 것"이라며 "다음 단계는 실험실에서 배양 조직의 세포를 대상으로 그 조직 내에서 유전자 변이를 일으키는 것"이라고 말했다.

그 실험은 다가오는 목요일 영국 학술지 《네이처》에 실릴 예정인데, 얼핏 간단해 보일지 모르겠지만 생물학자와 윤리학자들을 경악하게 했다. 윌머트 박사는 지난주 전화 인터뷰에서 돌리를 내년 가을까지 길러서 새끼를 가질 수 있는지 확인할 계획이며, 무엇보다도 축산업에서 활용할 수 있는 기술에 관심이 많다고 했다. 하지만 다른 과학자들은 윌머트 박사의 실험이 인간도 복제될 수 있다는 불안한 전망에 대한 문을 활짝 열었다고 우려했다.

지난주, 프린스턴대학교의 생물학 교수인 리 실버Lee Silver 박사는 출간 예정인 책의 내용을 수정해야겠다고 말했다. 첫 장에서 포유류 복제가 불가능하다고 했는데 이제는 틀린 말이 된 것이다. 실버 박사는 "믿을 수 없다"며 "기본적으로 한계가 없다는 뜻이다. SF 소설이 전부 사실이라는 말이다. 다들 그게 불가능하다고 했는데 이제는 가능해졌다. 2000년이 오지도 않았는데"라고 했다.

소 복제를 연구했던 위스콘신대학교의 번식 생물학 및 동물 생물공학 교수인 닐 퍼스트Neal First 박사는 젖소 복제 기술이 1950년대에 도입되어 축산업에 혁명을 일으켰던 인공 수정 기술보다 더 큰 충격을 줄 수 있다고 말했다. 복제 기술은 동물 개체를 다량으로 늘리는 데 이용될 수 있는데, 특히 고기나 우유, 양털이 많이 나오는 개체의 수를 늘릴 수 있다.

실버 박사는 배아 성장의 아주 초기 단계에 과학자들이 배아를 쪼개서 유전적으로 동일한 동물을 탄생시킨 적은 있지만, 성체 동물을 복제한 경우는 지금까지 단 한 번도 없다고 했다. 과거에 개구리로 했던 실험은 이제 고등학교에서도 흔히 볼 수 있게 되었지만, 실험에서 성체 개구리 복제에 성공한 경우는 단 한 번도 없었다. 복제된 개구리는 올챙이 단계에서 모두 죽고 말았다.

포유류는 결과가 더 좋지 않았다. 과학자들은 수정된 난자의 DNA를 서로 바꾸는 데까지는 할 수 있었지만, 성장이 더 진행되지는 않았다. 실버 박사는 이렇게 말했다. "과학자들은 성장 후기 단계인 쥐의 배아에서 핵을 떼어내 성장 초기 단계인 쥐의 배아에 이식하는 것도 실패했다." 그렇게 이식한 배아는 성장하지 않고 죽고 말았다.

그 결과 과학자들은 세포가 성장하면서 DNA를 감싸고 있는 단백질이 어떤 방법으로든 배아 성장에 중요한 유전자를 차단한 것으로 결론지었다. 예를 들어, 피부 세포는 신체 기관으로 자라기 전까지는 수정란일 때 갖고 있던 모든 유전 정보가 그대로 남아 있을지도 모르지만, 그 뒤로는 모든 정보를 잃게 된다. 그러면 다른 세포는 될 수 없고 오직 피부 세포만 될 수 있다.

과학자들은 성체 세포의 DNA에서 그 단백질을 벗겨낸 다음 배아의 DNA에서 얻은 단백질로 대체할 엄두도 내지 못했다. 실버 박사에 따르면, DNA에서 단백질을 그냥 벗겨내려고 하면 DNA가 파괴되기 때문이라고 한다.

지난해 윌머트 박사는 양의 배아 세포에서 DNA를 복제할 수 있음을 증명했지만, 그마저도 동물이 복제될 수 있다는 증거로 인정받지는 못했다. 단지 그 배아 세포에 유별나게 복제가 잘되는 DNA가 있었다는 것이 사람들의 생각이었다. 하지만 윌머트 박사에게 좋은 방법이 떠올랐다. DNA를 감싸고 있는 단백질에 신경 쓰는 대신 성체 세포에서 얻은 DNA를 일반적인 복제 주기 중에서 난자 속에 자리 잡을 수 있는 단계에 집어넣는 데 초점을 맞춘 것이다.

성장하는 세포의 DNA는 소위 '세포 주기'를 거친다. 그 주기에 따라 DNA는 분열할 준비를 하고, 그런 다음 자기복제를 해서 둘로 나뉘고, 그에 따라 세포도 둘로 나뉘게 된다. 초기 복제 실험을 진행하면서 윌머트 박사가 부딪혔던 문제는 기증자의 DNA가 수증자 세포의 DNA와 세포 주기가 맞지 않는 것이었다. 그래서 찾아낸 효과적인 해결책은 성체 세포의 DNA를 잠들게 하는 것이었다. 성체 세포의 영양소를 제거해서 활동을 멈추게 한 다음 다른 양에서 채취한 후 DNA를 제거해 놓은 난자와 결합시키자 기증자의 DNA는 마치 원래 그곳에 있었던 것처럼 자리 잡았다.

월머트 박사는 지난주 전화 인터뷰에서 그 방법을 모든 동물에 적용할 수 있을 것이며 다음에는 같은 방법으로 소를 복제하고 싶다고 했다. 그리고 복제를 위해 성체에서 여러 종류의 세포를 사용해 봤지만, 사용하기 가장 쉬운 세포를 꼽자면 소위 '줄기 세포stem cell'일 것이라고 말했다. 줄기 세포는 다양한 종류의 다른 세포가 될 수 있으며 몸 전체에 존재한다.

월머트 박사가 양을 이용한 실험에서 유선 세포를 사용한 이유는 연구비를 지원했던 PPL 세라퓨틱스PPL Therapeutics 때문이었다. 당시 PPL에서는 약으로 쓰이는 단백질이 함유된 우유를 생산하는 양을 연구하고 있었다. 그래서 양의 유선 세포를 구하기 쉬웠던 것이다.

양을 이용한 복제 실험에서 월머트 박사의 주된 관심은 동물 연구를 발전시키는 것이다. 예를 들어, PPL은 약학적으로 유용한 단백질을 생산할 수 있는 동물을 복제하려 한다. 혈우병 환자에게 필요한 혈액 응고 인자 같은 것이 그 예가 될 수 있다. 과학자들이 실험실에서 세포를 성장시키고, 그 세포에 원하는 단백질을 생산하는 데 필요한 유전자를 삽입하고, 그렇게 만든 세포 중에서 원하는 단백질을 가장 활발하게 생산하는 세포를 선택하고, 그 세포를 이용해서 암컷 개체를 복제한다. 복제된 동물은 단백질이 엄청나게 많이 들어 있는 우유를 생산한다. 살아 있는 제약공장 역할을 하는 것이다.

하지만 그건 단지 시작일 뿐이라고 월머트 박사가 말했다. 과학자들은 똑같은 방법을 적용해서 낭포성 섬유증(염소 수송을 담당하는 유전자에 이상이 생겨 신체의 여러 기관에 문제를 일으키는 선천성 질병—옮긴이) 같은 인간의 질병을 가진 동물을 만들 수 있다. 그런 다음 복제 동물을 대상으로 치료법을 시험하는 것이다. 또는 돼지의 간이나 심장 같은 장기의 표면에 있는 단백질을 변형시켜 인간의 장기와 더 비슷하게 만들 수도 있다. 그 후 그런 돼지의 장기를 인간에게 이식한다.

퍼스트 박사는 그 "흥미진진하고 깜짝 놀랄 만한" 복제 결과가 축산업에 지각 변동을 가져올 수 있다고 말했다. 우유가 엄청나게 많이 나오는 암소를 복제해서 마리당 연간 13~18톤의 우유를 생산할 수 있다는 것이다. 퍼스트 박사는 평균적으로 암소가 생산하는 우유는 1년에 6톤이 채 안 된다고 했다.

지난주 퍼스트 박사는 "아주 커다란 가정이지만, 만일 복제가 매우 효율적으로 이루어진다면 축산업에는 인공 수정보다 더 중요한 혁명이 될 수 있을 것"이라고 말했다.

윌머트 박사는 본질적으로 인간도 복제하지 못할 이유가 없지만, 윤리적으로는 용납할 수 없는 생각이라서 염두에 두지 않는다고 말했다. 더욱이 영국에서는 인간 복제가 불법이다. 윌머트 박사는 인간을 복제하는 것에 "불쾌함을 느낄 것"이라면서 시도하는 사람이 없기를 간절히 바란다고 말했다.

하지만 복제가 더 효율적으로 발전하면 인간 복제를 강제로 금지하는 것이 어렵다고 말하는 사람들도 있다. 시카고-켄트 법과대학에서 생식 문제를 연구하는 로리 앤드루스Lori Andrews 교수는 "연구가 은밀하게 진행될 것으로 보인다"고 말했다. 지난주에 앤드루스 교수는 체외 수정 연구가 처음 등장했을 때 오스트레일리아에서 시술을 금지했던 사례를 거론했다. "그래서 과학자들은 싱가포르로 갔다." 그리고 그곳에서 체외 수정을 시도했다. 앤드루스 교수는 "범죄 항목이 새로 추가될 것 같다"고 덧붙였다.

자기도 모르게, 그리고 동의하지 않았는데 사람이 복제될 수도 있다. 그리고 앞으로 필요한 모든 것은 결국 세포 몇 개가 될 수도 있다. 노벨상 수상자의 정액을 파는 정자은행이 운영될 시장이 존재한다면, 그래서 위대한 사상가나 혹은 엄청난 미인이나 뛰어난 운동선수의 복제 인간이 될 아이를 낳게 된다면 세상은 얼마나 더 좋아질까?

세인트루이스에 있는 미주리대학교의 의학윤리학자인 로널드 먼슨 Ronald Munson 박사는 "램프의 요정 지니가 밖으로 나왔다고 해야 할까? 이론적으로 이 기술은 감시가 불가능하다"고 말했다.

먼슨 박사는 발전 가능성이 엄청나다고 말했다. 예를 들어, 과학자들이 두 개의 살아 있는 세포를 결합하지 않고 성체 세포의 DNA만 추가하는 방법을 개발한다면? 만일 그렇게 된다면 죽은 사람도 복제할 수 있게 될까? 먼슨 박사는 "그런 상황에 관해서 한때는 이렇게 생각했던 적도 있다"고 말했다. 과학자들이 예수가 못 박혔던 십자가에서 한 방울의 피를 손에 넣는다. 그런 다음 그 피로 예수 그리스도를 복제한다. 하지만 그가 예수 그리스도일 리는 없을 것이다.

좀 더 현실적인 면에서, 먼슨 박사는 과학자들이 이상한 방향으로 끌고 간 복제 연구에 관해 곰곰이 생각했다. 그리고 "아이러니하지 않은가. 기술적으로 놀라운 성과를 이루었는데 그 동기가 무엇이었는가? 특정 종류의 양젖을 더 많이 얻으려는 욕망 아니었는가? 그런데 지금은 과학자들이 비합리적인 부조리극을 펼치고 있다"고 말했다.

윌머트 박사는 오늘 프레스 어소시에이션과의 인터뷰에서 이렇게 말했다.

"우리는 포유류 복제 기술을 오용할 가능성이 있다는 것을 알고 그 정보를 윤리학자들과 인간배아위원회Human Embryology Authority에 제공했다. 우리는 사회적으로 이 기술을 어떻게 사용할지 결정하고 금지하고 싶은 것은 확실하게 금지하는 것이 중요하다고 본다. 사람들을 대상으로 이 기술을 사용한다면 정말 너무나 슬픈 일이 될 것이다."

두 개체의 성적 행위가 유전자에 각인되다

니콜라스 웨이드

욕망이라는 문제를 두고 볼 때 진화 과정에서 우연이란 없다. 생물학자들의 연구 결과, 인간의 성적 행위는 형식 없는 연기가 아니라 항상 유전자 프로그램에 따른다고 한다.

남녀 간의 욕망은 선택의 문제가 아니다. 이성애자 남성에게는 재빠르게 여성을 찾는 신경회로가 있고, 동성애자 남성에게는 재빠르게 다른 남성을 찾는 신경회로가 있다. 여성의 뇌는 자신과 아이를 부양할 것 같은 남성을 선택하도록 체계화되어 있다. 남녀 간의 그런 거래는 폭발하듯 낭만적 사랑을 일으킨 다음 장기간의 애착으로 이어지게 하는 다른 신경회로에 따라 이미 정해져 있다.

그렇게 한바탕 난리를 피우고 복잡한 춤을 추면서 소박하게나마 달성하려는 모든 것은 모든 진화에서 목표로 하는 것, 그러니까 최대한 많은 아이를 어른으로 길러내는 것이다. 욕망은 인간이 하는 성적 행위의 핵심 같아 보이지만, 그저 유전자에 기록된 엄청난 양의 대본에 따라 진행되는 드라마 속의 중요한 역할에 불과하다.

자궁 속에서 자라고 있는 태아는 기본적으로 여성이며 남성을 결정한다고 알려진 SRY라는 유전자가 존재하는 경우 남성으로 바뀐다. Y염색체가 가진 가장 자랑스럽고 유일한 재산인 이 지배적인 유전자는 난소가 될 예정인 생식세포를 빼돌려 고환으로 만든다. 고환에서 분비되는 호르몬은 테스토스테론이 대부분인데 태아의 신체를 남성의 모습으로 만든다.

사춘기가 되면 생식 체계가 뇌의 명령을 받아 활동할 준비를 시작한다. 뇌는 놀라운 전기 장치이기도 하지만, 작은 분비샘(땀샘, 침샘, 소화선처럼 동물 조직에서 분비 기능이 왕성한 상피세포—옮긴이) 역할도 한다. 뇌 중앙의 시상하부에 있는 약 2천 개의 신경세포가 생식샘자극호르몬방출호르몬 GnRH을 분비하기 시작하면 다른 호르몬들이 차례차례 분비되면서 사춘기가 시작된다.

무엇이 그 신경세포들을 자극하는지는 아직 밝혀지지 않았지만, 뇌에서 우리 몸이 번식할 준비가 되었는지 판단하는 체내 신호와 주변 환경이 번식 욕구를 따르기에 적당한지 판단하는 단서를 계속 찾고 있는 것 같다.

지난 십여 년간의 연구를 통해 뇌가 잘 준비된 생식기관이라는 다소 이상한 사실이 명백하게 확인되었다. 그런 측면에서 남성과 여성의 뇌는 아주 큰 차이를 보인다. 그 차이는 남성 호르몬인 테스토스테론의 작용 때문인데, 테스토스테론은 신체의 다른 부분을 남성화하는 것만큼이나 철저하게 뇌도 남성화한다.

캘리포니아대학교 어바인 캠퍼스의 래리 케이힐Larry Cahill 박사는 지난해 《네이처 리뷰 뉴로사이언스*Nature Reviews Neuroscience*》에 기고한 글에서 남성과 여성의 뇌에 존재하는 차이가 작다거나 상황에 따라 달라진다거나 몇몇 극단적인 경우에만 차이가 난다는 생각은 오해라고 밝혔다. 대뇌피질의 광범위한 영역, 그러니까 고차원적인 작업의 상당 부분을 수행하는 뇌의 외피는 여성이 더 두껍다. 초기 기억이 생성되는 해마의 크기도 여성이 더 큰 것으로 밝혀졌다.

같은 일을 할 때 남성과 여성이 뇌를 이용하는 방법이 서로 다르다는 것이 뇌 이미지 촬영 기술을 통해 밝혀지기 시작했다. 뇌에서 감정의 강도에 따라 기억의 우선순위를 결정할 때 도움을 주는 기관인 편도체는 한 쌍으로 되어 있는데, 여성은 왼쪽 편도체를 쓰지만 남성은 오른쪽 편도체를 많이 쓴다.

비록 문화에 큰 영향을 받긴 하지만, 남성과 여성의 뇌가 활동하는 양식에 뚜렷한 차이를 보인다는 것은 그리 놀라운 일이 아니다. 남성의 뇌는 성적 취향에 따라 여성을 욕망의 대상으로 간주한다. 가장 직접적인 근거는 소수의 사례, 그중에서도 할례를 치르면서 돌발 사고를 당한 아이들의 사례에서 찾아볼 수 있다. 할례를 치르다가 사고로 음경을 잃은 아이들은 여성으로 키워진다. 그런 경우 어느 사회나 여성으로 자라기를 바라지만, 정작 그 아이들은 자라서 배우자로 남성이 아니라 여성을 원한다.

노스웨스턴대학교의 성적 취향 전문가인 J. 마이클 베일리J. Michael Bailey 박사는 "남성의 성기를 잘랐는데도 다른 남성에게 매력을 느끼지 못할 정도라면, 다른 심리사회적 효과는 얼마나 크게 작용하겠는가?"라고 말했다.

추정컨대 뇌가 남성화되면 일부 신경회로가 여성을 갈구하도록 조직되는 것 같다. 만일 그렇다면, 이 회로는 동성애자 남성의 그것과는 다른 형태가 된다. 피실험자에게 성적 매력이 있는 남성과 여성 사진을 보여 주는 실험에서, 이성애자 남성은 여성에게 자극을 느꼈고 동성애자 남성은 남성에게 자극을 느꼈다.

여성은 실험의 결과가 그다지 명확하게 나뉘지 않았다. 베일리 박사에 따르면, 여성은 스스로 밝힌 성적 지향과 상관없이 "남성과는 달리 확실하게 구분되지 않는 것 같았다. 남성이나 여성의 사진에 모두 자극을 느꼈다. 여성들에게 과연 성적 취향이 있는지도 잘 모르겠다. 하지만 성적으로 선호하는 것은 있다. 여성들은 아주 까다롭게 고를 뿐더러 섹스 상대로는 대부분 남성을 선택한다."

성적 취향과 성적 흥분에 관여하는 신체 기관이 남성으로 하여금 밖에 나가서 섹스 상대를 찾게 만든다는 게 베일리 박사의 생각이다. 반면, 여성은 섹스 상대를 찾는 남성을 받아들이거나 거절하는 일에 더 집중한다.

미시간주립대학교의 신경학자 마크 브리드러브Marc Breedlove 박사의 연구에서도 남성과 여성 사이에 그와 비슷한 차이가 있다는 것을 볼 수 있다. 브리드러브 박사는 "대부분의 남성은 어떤 섹스를 하고 싶은지 아주 확고한 자기만의 생각"이 있지만 "반대로 여성은 좀 더 유연"하다고 한다.

최소한 남성은 태어나기 전부터 성적 취향이 정해지는 듯하다. 브리드러브 박사는 "이 문제를 연구하는 과학자 대부분은 남성의 성적 취향이 인생 초기에 형성된다고 확신한다. 아마도 출생 전에 형성되는 것 같다. 반면, 여성은 동성애자로 태어나는 사람도 있지만 인생에서 아주 늦은 시기에 동성애자가 되는 사람도 분명히 있다"고 말했다.

성적인 행위에는 섹스보다 더 많은 것이 포함된다. 럿거스대학교의 인류학자 헬렌 피셔Helen Fisher 박사는 생식 행위를 유도하기 위해 뇌에서 세 가지 중요한 시스템이 진화했다고 주장했다. 첫 번째는 애인을 찾도록 부추기는 성 충동이고, 두 번째는 특정 상대에 집착하도록 낭만적인 매력을 부여하는 프로그램이다. 세 번째는 두 사람이 오랫동안 함께 하면서 부모로서의 의무를 완수할 수 있도록 장기적인 애착을 갖게 하는 메커니즘이다.

피셔 박사는 지난해《영국 왕립학회 회보 *The Proceedings of the Royal Society*》에 낭만적인 사랑은 감정이 아주 격렬한 초반에 "12~18개월간 지속"될 수 있으며 보편적인 인간 현상으로 뇌에 내장되어 있는 특성일 가능성이 높다고 밝혔다. 뇌 영상을 연구한 결과를 보면, 피실험자가 연인의 사진을 오래 바라볼 때 뇌의 보상 체계와 관련된 특정 영역이 활성화된다고 한다.

포유류가 장기적인 애착 과정을 겪는다는 가장 대표적인 증거는 작은 설치류인 들쥐를 대상으로 한 연구를 들 수 있다. 뇌에서 활성화되는 바소프레신vasopressin(시상하부에서 만들어져서 뇌하수체 후엽에 저장되고 분비되는 펩티드 호르몬으로 혈압 상승을 촉진한다.—옮긴이)이라는 호르몬이 분비되면, 암수 한 쌍의 들쥐 중 일부는 평생을 함께한다. 아직 명확하게 증명된 것은 아니지만, 인간에게도 같은 호르몬이 분비되므로 비슷한 작용을 하는 메커니즘이 있을 것으로 추정된다.

과학자들은 남성과 여성에게 있는 동성애를 밝히기 위해 많은 노력을 기울였다. 동성애를 향한 본질적인 흥미가 있기도 했고, 한편으로는 동성애를 통해 더 일반적인 욕망의 전달 경로를 밝히기 위해서였다. 과학자들은 쌍둥이를 연구한 결과 동성애, 특히 남성 간의 동성애는 유전적 특징이 강하다는 것을 알게 되었다. 동성애에 유전적 요인이 있다는 뜻이다. 하지만 동성애자 남성의 자녀 수는 이성애자 남성의 5분의 1에 불과하므로, 동성애를 선호하는 유전자가 사람들 사이에서 빠르게 자취를 감추었어야 하는데 실제로는 그렇지 않았다.

동성애자 남성이 유별날 정도로 조카들을 잘 보호한다면, 그래서 자신의 유전자를 미래 세대에게 더 잘 전달한다면, 동성애 유전자가 오래 유지될 수도 있을 것이다. 하지만 베일리 박사의 연구에 따르면, 동성애자 남성은 이성애자 남성보다 삼촌으로서 더 나은 점이 없다. 그래서 남아 있는 가능성은 유전자가 오래 지속될 때 생기는 부산물이 동성애자라는 것이다. 동성애자가 있으면 나머지 가족 구성원의 생식력이 향상되기 때문이다. 일부 연구에서는 동성애자 남성이 이성애자 남성보다 친척이 더 많은 것으로 밝혀졌다. 특히 모계 쪽 친척이 많았다.

하지만 베일리 박사는 그게 사실이라면 그 효과가 더 뚜렷했을 것이라고 생각한다. "남성 동성애는 진화론적으로 적응성이 좋지 않다"면서 동성애를 선호하는 유전자가 진화과정에서 선호되지 않는다면, 다음 단계로 전달되는 그런 유전자의 수가 줄어든다는 의미라고 말했다.

동성애의 기원에 대한 좀 더 직접적인 단서로 '형제 출생 순서 효과fraternal birth order effect'가 있다. 캐나다 과학자인 레이 블랜차드Ray Blanchard와 앤서니 F. 보개르트Anthony F. Bogaert는 형이 많은 남성일수록 동성애자가 될 가능성이 높다는 사실을 밝혔다. 누나가 많은 것은 중요하지 않으며 성장기 때 형들과 한집에서 살든 안 살든 별 상관이 없다.

보개르트 박사는 지난해 《미국 국립과학원 회보》에 실은 글에서, 그런 결과를 보면 남성 동성애는 자궁에서 "연달아 남자아이를 임신한 것에 대해 모계로 이어지는 면역체계가 반응을 일으키는 것"이 원인임을 알 수 있다고 했다. 존재가 밝혀지지는 않았지만 '반反 남성 항체' 같은 것이 있어서 출산 전에 발생하는 전반적인 뇌의 남성화를 방해할 수도 있다는 것이다.

형제 출생 순서 효과는 아주 뚜렷하다. 동성애자 남성의 약 15퍼센트 정도가 그 효과에 영향을 받는다. 남성의 1~4퍼센트 정도가 동성애자라는 가정에 기반하면, 형이 한 명 늘어날 때마다 남자아이가 남성에 매력을 느낄 확률이 33퍼센트씩 증가한다. 출생 전의 테스토스테론 수치가 성적 취향을 결정하는 데 아주 중요하다는 개념을 뒷받침한다. 하지만 태아의 테스토스테론은 측정할 수 없고, 성인이 된 후에는 동성애자와 이성애자 남성의 테스토스테론 수치가 같기 때문에 자궁 속에서 테스토스테론에 노출된 정도를 가늠해 볼 수는 없다. 따라서 그럴듯해 보이긴 하지만 이 이론을 증명할 방법은 없다.

최근 성적 취향과 욕망의 근거에 관한 연구가 급격하게 진행되면서 유전자가 뇌의 성분화性分化(생물의 성 형질이 발달하면서 암수 구별이 되어가는 과정—옮긴이)에 직접적인 영향을 줄 수 있다는 사실이 밝혀졌다. 과학자들은 오랫동안 테스토스테론이나 에스트로겐 같은 스테로이드 호르몬이 남성과 여성의 뇌를 형성하는 일을 전담한다고 추정했다. 하지만 캘리포니아대학교 로스앤젤레스 캠퍼스의 아서 아놀드Arthur Arnold 박사는 연구실의 유리관에 담아 놓은 남성과 여성의 신경세포가 약간 다르게 작용한다는 것을 알게 되었다. 그리고 지난해에는 같은 대학의 에릭 빌레인Eric Vilain 박사가 최소한 쥐는 SRY 유전자가 뇌의 특정 세포에서 활성 상태에 있다는 놀라운 발견을 했다. SRY 유전자가 뇌에서 하는 역할은 테스토스테론과 관련해서 수행하는 역할과는 매우 다르다. 그리고 추정컨대 여성의 신경세포는 SRY 유전자가 남성의 뇌에서 하는 역할을 다른 방법으로 수행한다.

그런데 X염색체에는 특이할 정도로 많은 뇌 관련 유전자가 존재한다. 뇌기능 연구에서 X염색체와 Y염색체의 갑작스런 등장은 진화생물학자들의 눈길을 끌었다. 남성은 X염색체를 딱 하나만 갖고 있으므로 X염색체의 유전자에 어떤 유리한 돌연변이가 발생하더라도 자연 선택(부모의 형질이 후대로 전해질 때 주위 환경에 더 잘 적응하는 형질이 선택된다는 것으로 이를 통해 진화가 일어난다.—옮긴이)을 통해 그 돌연변이를 빠르게 활성화시킬 수 있다. 그래서 남성을 선택할 때 까다롭게 따지는 여성이 지능을 보고 장래의 남성 배우자를 선택한다고 가정하면, X염색체에 왜 그렇게 뇌 관련 유전자가 많은지 설명이 될 수 있다.

아놀드 박사는 "남성학자들 사이에서는 여성이 더 똑똑한 남성을 선호한다는 말이 널리 퍼져 있다. 그러면 남성의 몸에서는 재빠르게 그런 유전자가 선택될 것이다. 새로 등장한 유익한 돌연변이는 금방 눈에 띄기 때문이다"라고 말했다.

수많은 X염색체 관련 뇌 유전자의 복사본이 여성에게는 두 개가 있지만 남성에게는 한 개밖에 없다는 사실에서 몇 가지 의미심장한 결론을 얻을 수 있다. 그중 하나는 많은 신경질환이 남성에게 더 흔하다는 것이다. 그 이유는 여성은 유전자의 복사본 두 개가 모두 돌연변이를 일으켜서 문제가 생길 확률이 적기 때문이다.

또 하나는 집단적으로 남성의 "뇌 표현형(유전자와 환경의 영향에 의해 형성된 생물의 형질—옮긴이)이 여성보다 더 변동이 심하다는 것"이라고 아놀드 박사는 말했다. 여성은 모든 유전자의 두 번째 복사본이 첫 번째 복사본에서 발생하는 돌연변이를 보완하기 때문이다.

남성 뇌의 표현형이 더 변동이 심하다는 말은 비록 남녀의 지능지수가 같긴 하지만 남성의 경우 지능지수가 평균인 사람이 상대적으로 적고 양극단에 있는 사람이 더 많다는 뜻이다. 남성과 여성의 뇌가 차이를 보이게 된 것은 여성은 배우자를 선택할 때 주의를 기울이고, 남성은 X 염색체와 관련된 유전자의 복사본이 부족한 탓에 배우자를 빠르게 선택한 것에서 비롯되었을 수도 있다. 그리고 그것이 인간의 뇌가 불과 250만 년 동안 세 배나 커진 원인을 설명할 수 있다고 말하는 학자도 있다.

과연 누가 의심할 수 있을까? 사실 세상을 움직이는 원동력이 그런 남녀 간의 욕망인 것을.

나의 유전체, 그리고 나 자신: DNA 속 단서를 찾아서

에이미 하먼

인간 유전체 연구는 오랫동안 최정예 과학자들의 전유물이었다. 하지만 변화가 일어나고 있다. 유전자 검사 비용이 급락하자, 신생 기업들이 누구나 자신의 DNA를 직접 볼 수 있는 전례 없는 기회를 제공하고 있는 것이다.

1,000달러 정도의 비용과 타액 샘플만 있으면, 생물학적 코드 속에 있는 수십억 개의 조각이 어떻게 현재 자신의 몸을 구성하고 있는지에 관해 지금까지 밝혀진 내용을 알 수 있다. 어제, 세 곳의 회사에서 그런 서비스를 시장에 제공하겠다는 계획을 발표했다.

나는 선도적인 검사업체에서 검사 제의를 받고 수락했지만, 의구심이 드는 것은 어쩔 수 없었다. 내가 젊은 나이에 죽을 가능성이 높다는 걸 미리 안다면 어떻게 될까? 혹은 딸에게 악성 유전자를 물려줄 수도 있다는 것을 알게 된다면? 좀 더 현실적으로 보자면, 장래에 보험사나 고용주가 그런 정보로 대응한다면?

하지만 3주가 지난 후, 나는 매일 내 유전자와 교감하는 일에 푹 빠지고 말았다. (스스로 되풀이해서 물어본다. 이렇게 빠지는 것도 유전적인 것일까?) 예를 들어, 예전에 손이 아팠을 때가 있었다. 그래서 자연스럽게 내 DNA를 살펴보았다. 그것이 과연 부지런한 친할머니의 손가락을 구부려 놓았던 관절염이 유전되었음을 알리는 첫 신호였을까?

현재 내 유전자를 관리하고 있는 스타트업인 23앤드미23andMe에 로그인한 다음, '유전자 탐색기'에 검색어를 입력하고 엔터키를 눌렀다. 한마디로 구글에서 검색을 하듯 내 DNA를 검색하고 있었던 것이다.

DNA를 질병이나 외모의 일부분, 성격, 행동에 연계시키는 새로운 연구가 하루도 빠짐없이 발표되는 것마냥 매일 몇 시간씩 유전자를 검색했다. 가끔은 그렇게 유전자를 검색하다가 어떤 것을 알게 되고는, 무심코 거울에 비친 내 모습을 보았을 때처럼 놀란 적도 있었다.

나는 성장기에 우유를 마시지 않았다. 그런데 지금 보니 내 DNA는 유아기 이후로 우유를 쉽게 소화하도록 변형되지 않았다. 소가 가축이 된 뒤로 유럽인에게는 그런 DNA 변형이 아주 흔한 일이 되었는데 말이다.

그런데 내 DNA 정보를 보다 보면 내가 그런 사람인지 의문이 들 때도 있다. 누군가의 말을 잘 기억하는 유전적 소인이 내게 부족하다고 나오기 때문이다. 인용문을 많이 기억하고 있어서 나 스스로도 뿌듯해 하고 있었는데 말이다. 앞으로는 인터뷰할 때 더 많이 받아써야 할까? 난 아니라고 생각했다. DNA의 영향이 결정적인 것은 아니라는 사람들의 말이 떠올랐기 때문이다.

나는 방울 양배추를 좋아하지 않는다. 혹시 그것도 유전적인 이유였을까? 하지만 내 DNA에는 수많은 채소에서 쓴맛이 나게 하는 화합물을 감지하는 능력이 있다. 쓴맛을 느끼지 못하는, 그래서 방울 양배추를 좋아하는 사람들과 내가 다른 것은 유전자를 표기하는 알파벳 네 개 중에서 하나가 다르기 때문이다. 인간의 7번 염색체 어딘가가 그 사람들은 C이지만 나는 G인 것이다.

이는 '단일염기다형성single nucleotide polymorphisms(SNPs라고도 하며 '스닙스Snips'라고 읽는다)'으로 알려진 대략 1천만 가지의 작은 차이점 가운데 하나이다. SNPs는 23앤드미에서 이름을 찾아볼 수 있는 23쌍의 인간 염색체 속에 있다. 23앤드미에서는 내 '유전자형' 목록을 ACs, CCs, CTs…처럼 만들어 놓았다. 그것의 근거는 내 전체 염색체 쌍에 있는 모든 SNP의 형태이다.

예를 들어, 슬프게도 나는 지방이 많은 음식을 먹어도 살이 찌지 않는 유전적 소인이 없다. 하지만 유전자에서 유전학자들이 rs3751812라고 부르는 위치의 SNP가 GG인 나 같은 사람들은 그 값이 AA인 사람들보다 몸무게가 평균 2.8킬로그램 정도 가볍다. 고마워, rs3751812!

그리고 조기 발견이라는 것이 의미가 있다면, 내 유전자에서 rs6602024 위치의 값이 GG라는 것은 추가로 다른 사람들보다 4.5킬로그램 더 가볍다는 뜻이다. 좋은 소식이다. 예전에 입던 청바지가 작아져서 비난받아도 할 말 없는 나의 나태한 생활만 빼면 말이다.

지능 형성에 유전자가 어떤 역할을 하는지 많은 논란이 있지만, 정도의 차이는 있을지 몰라도 지능지수와 관련된 SNPs를 찾아보고 싶다는 생각을 떨치기가 어려운 게 사실이다. 나한테는 관련 SNP 중에서 세 가지가 유리했고 세 가지는 불리했다. 하지만 지난주에 어떤 연구에서 모유를 먹고 자란 아이의 IQ가 높다는 사실과 밀접한 SNP가 있다고 설명하는 것을 보고 희망이 생겼다.

SNP가 CC나 CG인 아기들은 모유에서만 발견되는 지방산의 혜택을 받는 것이 분명하지만, GG인 아기들은 그렇지 않았다. 나는 CC인데, 그 말은 어머니가 내게 모유를 먹여서 지능지수가 6점 더 높아졌다는 뜻이다. 그리고 내 딸도 유전법칙에 따라 C로 시작하는 유전자를 물려받았을 테니, 내가 젖을 먹인 것이 도움이 되었을 것이다. 가만, 내가 딸을 어느 유치원에 보냈더라?

내 유전체가 항상 만족스러웠던 것은 아니다. 나는 작은 검사용 병에 침을 뱉기 전에 대형 보험사 몇 곳에 전화를 걸어 이 검사 때문에 내 보험의 보장범위가 축소될 수도 있는지 물었다. 그때는 자신의 유전자 구조 정보를 갖고 있는 사람이 거의 없었기 때문에 보험회사에서는 아니라고 대답했다. 하지만 지금은 영향이 있다. 향후 5년 동안 23앤드미 같은 회사들이 성공한다면 아마도 더 많은 사람들의 보험에 영향을 끼칠 것이다. 보험회사에서 알고 싶어 하는 것이 질병에 대한 개인의 상대위험도가 아니면 무엇이겠는가?

지난 달, 캘리포니아주 마운틴뷰에 있는 23앤드미 본사 건물에서 난생처음 나만의 패스워드를 입력하고 들어간 어떤 방에 혼자 있다가 점심을 먹으려고 비틀거리면서(이것도 유전인가?) 복도를 걸어 내려왔다.

일단 결과를 보면 절대 예전으로 돌아갈 수 없었다. 나는 그날 알게 될 것에 관해 최악의 경우를 각오했다. 하지만 다음날 그보다 훨씬 더 나쁜 일이 생기면 어쩌지?

어떤 의료인들은 대중이 자신의 유전자 정보를 받아들일 준비가 되어 있지 않은데, 전문가의 전반적인 설명 없이 그런 정보를 주는 것은 무책임한 처사라고 말한다. 나도 가끔 내가 유방암이나 알츠하이머병에 걸릴 위험이 얼마나 되는지 알고 싶을 때가 있어서 그들의 생각이 이해가 간다.

개인의 DNA 정보를 판매하려는 회사들 중 하나인 네비제닉스 Navigenics는 유전자 상담가를 고용해서 DNA 분석 결과를 전화로 상담해줄 계획이다. 상담 비용은 2천5백 달러가 될 것이며 처음에는 스무 가지 건강 상태에 관한 자료를 제공할 예정이다. 디코드DeCODE와 23앤드미는 상담 업무를 외부에 위탁할 예정이다. 지금 당장은 고객에게 제공할 수 있는 정보가 많지 않지만, 세 회사 모두 앞으로는 새로운 정보가 쏟아질 것이고 그 정보를 바로바로 제공하면 고객을 유치할 수 있다고 본다.

나는 내 유전적 퍼즐 조각을 맞출 더 많은 기회를 절대 포기할 수 없다. 하지만 딸의 DNA를 시험용으로 보내지는 않을 것이다. 최소한 지금까지는 그렇다. 딸에 관한 그 어떤 것이든 운명이 이미 정해져 있다고 생각하고 싶지 않아서다. 딸이 피아노를 치고 싶어 하는데 절대 음감이 없다는 것이 무슨 상관인가? 100미터 달리기를 하는데 달리기 유전자가 없다는 것이 무슨 상관인가? 나는 내 딸이 부모나 조부모에게 어떤 유전자를 물려받았는지 정말 알고 싶은 걸까? 딸아이는 언젠가 그것을 정말 알고 싶어 할까?

하지만 난 세 살배기 딸아이와 다르다. 내 유전자에 어떤 것이 숨어 있든 평생 갈 텐데 그걸 못 본 척하는 것은 나 자신의 중요한 일부를 부정하는 것이나 다름없다.

꼭 알아야 한다는 생각에(이것도 유전인가?) 홈페이지를 넘겨보다가 경고 화면과 마주쳤다. 경고 화면에는 이것이 확정적인 정보는 아니며 그동안 알던 것과는 딴판인 새로운 정보가 있을 수도 있다, 설사 어떤 질병에 걸리기 쉽다는 것을 알게 되어도 조치 방법이 전혀 없을 수 있으며 본 내용을 의학적 진단으로 여기면 안 된다고 나와 있었다. 그리고 "이 점을 감안한 뒤에도 유전자 시험 결과를 보고 싶다면 여기를 클릭하세요"라는 문장이 보였다.

나는 클릭했다. 23앤드미가 제공하는 시험 결과를 본 다른 사람들처럼, 가장 두려워하는 질병에 관한 유전자 코드가 있는지부터 확인하고 싶었다. 그런데 좋은 유전자는 녹색으로, 나쁜 유전자는 적색으로 보여주는 막대 차트를 보고 통제하기 어려운 성취감을 느꼈다. 유방암에 걸릴 위험은 평균보다 높지 않았고, 알츠하이머병도 마찬가지였다. 2형 당뇨병에 걸릴 위험도 대부분의 사람보다 23퍼센트 낮았다. 게다가 다발성 경화증으로 마비가 올 가능성도 거의 없었다. 비록 크론병(입에서 항문까지 소화관 전체에 걸쳐 어느 부위에서든지 발생할 수 있는 만성 염증성 장질환—옮긴이)에 걸릴 확률이 보통 사람보다 세 배 높았지만, 그래도 그 확률은 백 명 중 한 명꼴이었다. 나는 유전적으로 아주 건강했다. 최근 몇 달 동안 헬스클럽에 가 본 적도 없는데!

그런데도 DNA를 공부하는 것만으로 우리 모두에게 있는 기본적인 건강상의 위험을 더 정확하게 알게 되었다. 그리고 오후 중반이 되면 먹곤 했던 초콜릿도 끊겠다고 마음먹었다. 그런 다음 심장병에 관한 《유전자 저널*Gene Journal*》을 읽어보고는 내게 심장마비가 올 확률이 평균보다 23퍼센트 높다는 사실을 알았다. 저널에는 "건강한 생활습관이 심장마비를 일으키는 혈관 막힘을 예방하는 데 중요한 역할을 한다"고 쓰여 있었다. 고마워요, 《유전자 저널》. 《유전자 저널》의 이런 조언이 다소 진부하지만, 내 DNA가 경고하니 영향력이 커진다.

뉴욕에 있을 때 원고 마감이 임박하고 딸아이의 유치원 지원서 작성을 끝내지 못했어도 헬스클럽을 찾았다. 적어도 내게는 아직 시간이 남아 있었다. 그리고 내 수명을 늘려줄 것 같은 SNP도 발견했다.

하지만 일반적인 유전자 법칙으로 알게 된 것 중에서 그렇게 늘어난 수명만큼 더 살면서 시력에 문제가 생길 수도 있다는 것을 얼마 못 가 알게 되었다. 유전자 탐색기에 시력 저하에 관련된 다섯 가지 SNP를 입력한 결과, 가장 유리한 A-C-G-T 조합의 유전자를 가진 사람에 비해 시력 감퇴 확률이 거의 100배 정도 높았다.

그리고 보통 심장 건강을 지키려면 올바르게 먹고 운동하라는 식으로 조언하지만, 내 문제에 관해 내가 할 수 있는 것은 거의 없었다. 그런데도 내 미래를 알고 나니 이상하게 마음이 편해졌다. 내가 바랐던 결과가 아니었는데도 말이다. 하지만 적어도 나이를 먹어서 손놀림이 느려지지 않았으면 좋겠다는 바람만큼은 전망이 밝아 보인다. 관절염과 관련된 SNP에 나쁜 구석이 없었기 때문이다. 어쩌면 손이 아픈 건 그냥 키보드를 너무 많이 두드린 탓일지도 모르겠다.

새로운 생식 기술 논란

사브리나 태버나이즈

대다수의 사람들에게 '미토콘드리아'라는 단어는 과거 학창시절에 보았던 생물학 시험문제의 답이었다는 정도로 어렴풋한 기억만 남아 있을 것이다. 하지만 슈크라트 미탈리포프Shoukhrat Mitalipov에게 에너지 생산 공장이며 모든 인간 세포 속에 들어 있는 미토콘드리아는 평생에 걸친 관심사였다.

최근 오리건보건과학대학교에 있는 수수하고 깔끔한 사무실에서 만난 미탈리포프는 "동료들은 나를 '미토콘드리아 광狂'이라고 부른다. 그거 하나만 쳐다보고 있다고 말이다"라고 말했다. 그는 "그 말이 맞을지도 모른다"라며 웃었다.

대다수 미국인이 제대로 발음하지도 못하는 이름에, 제임스 본드가 나오는 영화 속 악당 같은 말투를 사용하는 52세의 미탈리포프 박사는 세계에서 가장 미세한 수술을 완벽하게 수행함으로써 유전학계에 파란을 일으켰다. 바로 난자에서 핵을 제거하고 다른 세포에서 떼어낸 핵을 삽입하는 수술이었다. 소련 태생의 미탈리포프 박사는 그 수술 때문에 생명윤리학자들의 분노를 사고 연방 규제기관의 정밀 조사를 받았다.

수술의 목적은 여성이 세포 속 미토콘드리아에 존재하는 유전적 결함을 물려주지 않으면서 임신할 수 있게 돕는 것이었다. 미토콘드리아에 유전적 결함이 생기는 유전적 돌연변이는 흔하지는 않지만 일단 생기면 신경 손상이나 심부전, 실명 등 심각한 문제를 낳을 수 있다. 미국에서는 유전적인 미토콘드리아 질환이 있는 아기가 대략 4천 명 중 한 명꼴로 태어난다. 치료법은 없으며 이 질환이 있는 아기는 대부분 성인이 되기 전에 사망한다.

미토콘드리아에는 유전자 쌍이 있는데 오직 모계 쪽으로만 유전된다. 미토콘드리아 돌연변이가 있는 여성은 당연히 아이들에게 그 문제가 유전되지 않기를 바란다. 미탈리포프 박사의 수술은 그런 돌연변이가 있는 엄마의 난자에서 핵을 떼어낸 다음, 미리 핵을 제거한 다른 여성의 난자에 삽입하는 것이다. 결함이 있는 미토콘드리아는 핵의 외부, 그러니까 난자의 세포질에 떠다니므로 엄마의 난자와 함께 남겨진다.

펜실베이니아대학교의 병리학·진단검사의학과 교수 더글러스 C. 월러스Douglas C. Wallace는 미탈리포프 박사의 수술을 두고 "아주 획기적인 방법이었다. 미탈리포프 박사는 정말 탁월한 재능을 타고난 사람"이라고 말했다.

하지만 이 수술로 태어난 아기는 부모 세 명, 그러니까 엄마, 난자 증여자, 아빠의 유전 형질을 물려받게 된다. 윤리학자들이 비난하는 것이 바로 그 때문이다. 그리고 이 문제 때문에 지난달 말 메릴랜드주 교외의 한 호텔에 미탈리포프 박사의 수술을 비난하는 사람들이 모였다. 그곳에서 미탈리포프 박사는 미국 식품의약국FDA에서 소집한 전문가들에게 원숭이를 대상으로 처음 시험했던 그 수술법을 이제는 사람에게도 적용할 준비가 되었다는 것을 납득시키려고 애썼다.

FDA 관리에게 그 수술 기법으로 새로운 유전적 돌연변이를 인간 유전자풀에 추가할 수 있게 되었다고 말하는 사람도 있었다. 또 어떤 사람들은 훗날 윤리적으로 정당하지 못한 곳에 활용될 수 있다고 경고했다. '유전학과 사회를 위한 모임'의 사무총장 마시 다르노프스키Marcy Darnovsky는 "아마도 특정 성격의 아이를 낳으려고 유전자를 조작하는 날이 올지도 모른다"고 경고했다.

사무실로 돌아간 미탈리포프 박사는 그런 경고에 손사래를 쳤다. 그는 미토콘드리아 DNA를 구성하는 유전자는 37개에 불과한데, 그 유전자들이 내리는 명령은 에너지를 생산하기 위해 세포가 필요로 하는 효소나 분자를 만들라는 것뿐이라고 설명했다. 또한 그 유전자들은 핵 속에 숨겨져 있는 눈이나 머리카락 색깔 같은 특징과는 아무 상관도 없다.

지금은 카자흐스탄에 속하는 지역에서 자란 미국 시민인 미탈리포프 박사는 "항상 무엇인가를 선동하는 사람들이 있다. 그런 사람들 상당수가 나를 비판하는 일로 경력을 쌓았다"고 토로했다.

미토콘드리아를 대체하는 기술에 중점을 두고 있는 나라는 미국뿐만이 아니다. 영국 정부는 사람에 대한 의학적 시험을 주관하는 규정을 내놓았다. 그 규정이 의회에서 법안으로 채택되면 지금은 금지되어 있는 의학적 시험이 허용될 것이다. 다만 임상에 적용하려면 반드시 규제기관에서 허가를 받아야 할 것이다.

미토콘드리아에 대한 미탈리포프 박사의 집착은 1990년대 러시아에서 대학을 다닐 때부터 시작되었다. 농업연구소를 졸업하고 잠시 집단 농장에서 관리자로 일하며 달갑지 않은 시간을 보낸 후, 모스크바에 있는 일류 공공연구기관인 의학유전학연구소에서 박사학위 논문을 쓰기 시작했다. 미탈리포프 박사의 관심은 배아줄기세포였다. 배아줄기세포는 실험실에서 성장시킬 수 있고 사람의 몸에 있는 어떤 세포로도 바뀔 수 있었다.

미탈리포프 박사는 이상한 점을 발견했다. 쥐의 배아에서 추출한 줄기세포를 페트리 접시(세균 배양 따위에 쓰이는 둥글넓적한 접시—옮긴이)에 옮겨 놓았더니 노화는 멈췄지만 여전히 건강하게 계속 성장하는 것이 아닌가. 마치 시간이 멈춘 것 같았다. 세포 속 어딘가에 수명을 결정하는 시계가 있는 것 같았다.

그 시계를 찾던 미탈리포프 박사는 박사후과정 연구를 위해 1990년대 중반 유타주립대학으로 갔다. 그 당시에는 복제에 관심이 많았다. 복제는 세포의 시계가 멈출 뿐 아니라 초기화되는 과정이다. 그가 궁금해 했던 것은 '복제된 동물의 수명이 왜 일반 동물과 같은가?'라는 문제였다.

미탈리포프 박사는 세포의 노화에 관한 수수께끼의 해답이 세포의 핵에 있는 것이 아니라 주변의 세포질에 있다고 결론지었다. 미토콘드리아 속이었다. 미탈리포프 박사는 "머릿속에서 모든 퍼즐 조각이 맞춰지고 있었다"고 말했다. 과학자로서 결함 있는 미토콘드리아가 생각보다 더 많은 병의 원인이라고 의심했기 때문에 그는 미토콘드리아를 교체할 수 있을지 궁금해 했다.

과학자들은 이미 세 사람의 유전 형질을 결합하여 아기를 출산하는 실험을 마친 상태였다. 15년쯤 전에 뉴저지의 과학자들이 기증자의 난자에서 추출한 소량의 세포액을 불임 문제가 있는 여성의 난자에 주입했다. 복제양 돌리가 탄생한 직후 시행된 그 실험은 엄청난 논란을 불러 일으켰고, 마침내 FDA는 특별 허가를 받지 않으면 같은 실험을 할 수 없다고 통보했다.

미탈리포프 박사는 그 조치에 굴복하지 않았다. 오리건보건과학대학교에 있는, 미국에서 여덟 곳밖에 없는 국립영장류센터에서 수년간의 연구 끝에 기증받은 미토콘드리아를 원숭이 난자에 삽입하는 기술을 완성했다. 그리고 소프트웨어 개발자를 설득해서 꼭 필요한 미세 수술을 실시간으로 볼 수 있도록 프로그램을 수정했다. 또한 특수 현미경을 만든 덕분에 아주 무딘 인간의 손으로도 거꾸로 놓인 손전등처럼 생긴 조이스틱을 조종해서 수술을 진행할 수 있게 되었다.

오리건보건과학대학교의 대니얼 M. 도사Daniel M. Dorsa 연구부문 수석 부총장은 미탈리포프 박사가 "정말 노련한 사람"이라며 "한시도 쉬지 않고 열심히 일해서 필요한 방법을 알아낸다"고 말했다.

어두침침하고 몹시 더운 실험실에 성공이 찾아온 것은 2008년이었다. 2009년 4월 24일, 미토콘드리아를 교체하는 기술로 붉은털원숭이 미토와 트래커가 태어났다. 수컷 쌍둥이였다. 미탈리포프 박사는 훗날 그 기술을 약간 보완해서 인간의 난자에도 똑같이 적용했다. 하지만 유전자 복제를 금지하는 연방법 때문에 난자를 성장시키지는 못했다.

미탈리포프 박사의 연구에는 비난이 끊이지 않았다. '유전학과 사회를 위한 모임'의 다르노프스키 박사는 "이런 기술을 실행에 옮긴다면 아주 명백하게 선을 넘는 것"이라고 말했다.

다르노프스키 박사는 미토콘드리아 교체라는 목표가 지금은 제한적일지 모르지만 미탈리포프 박사의 유전 기술은 더 폭넓게 응용될 수 있고, 궁극적으로 과학자나 정부에서 "후손들의 능력을 강화하기 위해 경쟁하는" 상황이 올 수도 있다고 말했다. 잠을 잘 필요가 없는 군인을 만드는 것처럼 말이다.

'책임감 있는 유전학을 위한 위원회'를 대표해서 FDA 회의에 참석했던 생명윤리학자 셸던 크림스키Sheldon Krimsky는 미토콘드리아 교체가 불필요한 기술이라고 딱 잘라 말했다. 미토콘드리아 결함이 있는 여성이 건강한 아이를 출산하기 위해 선택할 수 있는 다른 방법이 있다는 말이다. 그는 기증자로부터 난자를 받거나 산전 유전자 검사를 통해 돌연변이가 적게 일어날 난자를 찾는 것을 예로 들었다. 크림스키는 "사람들에게는 아이의 몸에 내 DNA가 없으면 진짜 내 아이가 아니라고 생각하는 맹목적인 유전자 우월주의가 있다"고 불평했다.

반면, 부모가 되고 싶은 사람들은 마치 굶주린 사람들이 음식을 찾듯 미탈리포프 박사의 연구를 추종하고 있다. 메릴랜드주에서 열린 회의에 참석했다. 돌아온 그의 메일함은 미토콘드리아 돌연변이나 다른 불임 문제가 있는 여성들이 보낸 엄청난 양의 메일로 가득했다.

오리건보건과학대학교의 부총장 도사 박사는 공식적으로 FDA에 임상실험을 허용해 달라고 요청할지 아직 결정하지 못했다고 말했다.

미탈리포프 박사는 결정을 내렸다. "우리는 다음 단계로 나갈 준비가 되었다. 앞으로 10년이 아니라 몇 년 안에 그렇게 될 것이다."

Chapter 04

지구과학

판, 극지방, 그리고 바다

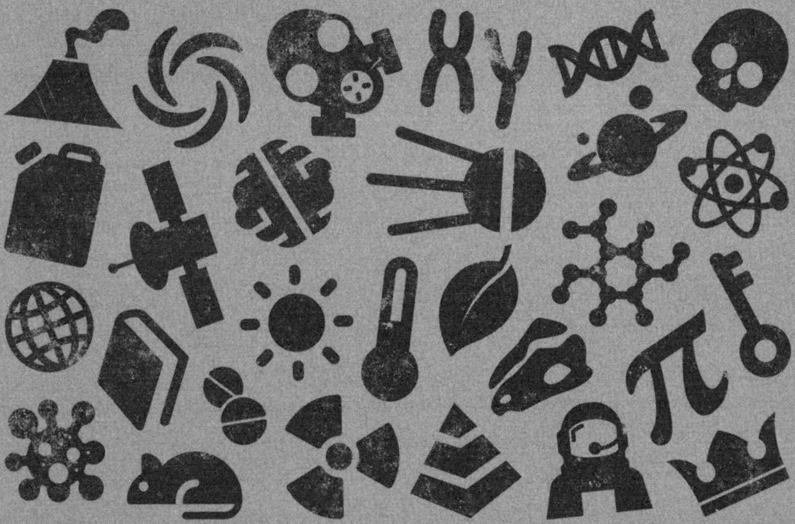

The New York Times

얼음에 덮인 그린란드에서 대륙 이동설을 시험하다

쿠르트 베게너

독일 과학위원회가 처음 시작하고 내 동생 알프레드가 팀을 꾸리고 이끌었으며, 알프레드가 죽은 뒤에는 내가 매듭을 지었던 그 탐험은 공간적으로나 정신적으로 아주 먼 곳까지 가는 아주 규모가 큰 모험이었다. 그리고 무엇보다도 지구에서 가장 거대한 동토지대인 이곳에서 처음으로 추운 겨울에 머물러야 한다는 것을 의미했다. 그린란드를 가로지른 피어리와 난센, 퀘르뱅의 유명한 탐험은 여름에 감행되었고, 겨울철 탐험에 관해서는 그들도 그저 막연하게 생각만 했을 뿐이었다. 여름철 그린란드의 얼어붙은 평원에는 대개 눈부신 햇살이 쏟아지고 구름은 거의 없다. 태양의 복사열이 매우 강하기 때문에 탐험대원들은 작업을 하기 위해 한밤중까지 기다려야 할 때가 많았다. 그러지 않으면 눈에 반사된 빛으로 심한 화상을 입을 수도 있었다.

우리는 그린란드 동부 스코스비 협만(빙하의 침식으로 만들어진 골짜기에 빙하가 사라진 후 바닷물이 들어와서 생긴 좁고 긴 만으로 피오르라고도 한다.—옮긴이)에 있는 동부 관측소와 서해안에 있는 탐사 본부, 내륙의 빙하지대에 있는 중부 관측소에서 날씨를 관측했다. 게오르기 박사와 조르게 박사, 뢰베 박사는 겨우내 그곳에서 세상과 단절된 채로 지냈다. 그리고 서부 관측소와 중부 관측소 사이, 해안에서 200킬로미터 떨어진 지점에는 자동 기록장치가 설치된 간이 기상관측소가 있었다. 기록장치에 달린 시계는 3개월간 작동시켰는데 썰매 탐험대가 그곳을 지날 때마다 시계의 작동 상태를 확인했다.

연중 계속되는 관측

우리가 달성했던 중요한 성과 중에서도 가장 자랑스러웠던 것은 우리 원정대가 그린란드 전역에서 1년 내내 기상 관측을 할 수 있었다는 점이 아닐까 싶다. 이것은 전례가 없는 일이었다. 연과 풍선을 띄운 것만 수백 번에 달했고, 바람을 측정하는 풍선을 17킬로미터 상공까지 띄우기도 했다.

그런 작업을 하면서 때로는 큰 어려움도 있었다. 예를 들어, 여름철에 게오르기 박사는 풍선에 주입하는 가스가 담긴 병을 얼음 몇 미터 속에 보관해야 했다. 그래야 어느 정도 온도를 일정하게 유지할 수 있었기 때문이다. 겨울철에는 수시로 눈보라가 몰아쳤으므로 측정기구의 측정치를 매일 확인하는 것은 무척 위험한 일이었다. 조르게 박사와 게오르기 박사 모두 몇 번이나 죽을 고비를 넘긴 적이 있었다.

중요한 결과를 손에 넣다

기상 관측 결과는 아주 중요하다. 지금 이 순간 측정하고 있는 것도 예외는 아니다. 전반적으로 그린란드의 기상 상태는 예상했던 것보다 훨씬 더 복잡해 보인다. 과학자들이 대서양과 중부 유럽의 날씨에 큰 영향을 미친다고 보는 '그린란드 고기압(기압이 높은 지역)'은 구조적인 면에서 예상과는 매우 다르다. 고기압의 높이가 2.8킬로미터가 안 된다고 생각했지만, 실제로는 14킬로미터에 달했고 그보다 더 높이 성층권 경계까지 갈 때도 있다. 이것은 엄청나게 중요한 발견이다. 게다가 여름에 내륙 빙하지대에서 경험했던 지속적인 맑은 날씨도 일반적인 것은 아니다. 중부 관측소와 서부 관측소 두 곳에 기록된 날씨를 보면 기온 변화가 매우 심하고 안개와 구름이 많았다.

중부 관측소와 서부 관측소(이곳에 있는 동절기 가옥은 해발고도 950미터 지점에 있다)에서 얻은 자료를 해수면에서 측정한 기후 요소와 비교할 수 있도록 서해안의 우마낙섬에 기상관측소가 추가로 설치되었다. 그 결과 그린란드의 완벽한 기후 특성을 얻을 수 있게 되었다. 이 모든 자료를 자세히 검토하고 해석하면, 그린란드가 우리나라의 날씨에 어떤 영향을 미치는지 설명하고 그린란드를 경유하는 대서양 횡단 비행이 실용적인지 판단할 수 있을 것이다.

빙하의 구조

겨울철 작업 중에서 가장 중요한 것은 빙하 속에 수직 통로를 만들어서 온도를 재고 내륙에 있는 빙하의 구조를 조사하는 일이다. 조르게 박사는 북극의 밤에 얼음도끼와 양동이 같은 가장 기본적인 도구로 16미터는 족히 될 만한 깊이로 구덩이를 팠다. 한편 서부 관측소에 파놓은 수직 통로는 깊이가 20미터에 달했다. 서부 관측소의 수직 통로를 파면서 땅 위로 퍼 올린 얼음만 해도 양동이 3,500개 분량이었다. 통로 바닥에 있는 사람이 얼음을 잘게 부숴서 양동이에 가득 담으면, 다른 사람이 양동이를 땅 위로 끌어 올리고 또 다른 사람이 양동이의 얼음을 비운다. 극지방의 암흑에 모든 것이 묻힌 채 희미한 조명만 비추고 있을 뿐이었고 온도계는 영하 48도를 가리켰다. 빙하 속 수직 통로에는 온도계가 1미터마다 설치되었고 정기적으로 온도를 기록했다.

조르게 박사는 서부 관측소에서 빙하의 윗부분에 두께가 50센티미터 정도 되는 일종의 '나이테' 같은 것이 있다는 것을 확인했다. 그린란드를 덮고 있는 빙하는 매년 그 정도 두께만큼 자라는데, 만년설이 없다면 더 깊은 곳까지 얼어붙은 채 무수한 빙하 사이를 지나 바다로 흘러갈 것이다.

1929년 내 동생 알프레드는 정찰을 나가서 눈이 얼마나 녹고 얼마나 새로 쌓이는지 측정하려고 얼음 속으로 측정 막대를 찔러 넣었다. 대규모 탐사를 나갔을 때도 서부 관측소로 가는 길 전체에 20킬로미터 간격으로 설치했고, 썰매를 탄 탐험대가 그 길을 지날 때마다 수치를 측정했다. 그 결과 해수면 높이에서 녹는 눈의 높이는 매년 2.5미터였고 (서부 관측소에 있는 동절기 가옥의 해발고도와 같은) 해수면 위 950미터 높이에서는 1미터에 불과했다. 해발고도 1,500미터에서는 녹는 눈의 높이와 새로 쌓이는 눈의 높이가 같았고, 해발고도 2,000미터에서는 녹는 눈보다 새로 쌓이는 눈이 1미터 높았다.

우리 탐험대는 그린란드에서 사상 최초로 삼각법을 이용해서 고도를 측정하기도 했다. 지형조사를 할 때 널리 쓰이는 삼각 측량법으로 가장 믿을 만한 결과를 얻을 수 있지만, 우리가 그린란드의 고지를 탐험하기 전까지만 해도 삼각 측량법이 아니라 기압계를 이용하는 방법만 사용되었다. 하지만 기압계를 이용하는 방법은 그린란드의 전반적인 기압 상태에 관한 조사가 부족했으므로 적용할 수 없었다. 그런데 이제 서부 관측소까지 포함하는 수천 제곱미터의 면적을 삼각 측량법으로 측량했으므로, 마침내 얼음에 뒤덮인 불모지 그린란드의 실제 기압 상태를 파악하게 된 것이다.

우리 탐험에서 깜짝 놀랄 만한 것은 얼음 두께와 중력을 측정한다는 점이다. 알프레드는 특히 그 작업에 열중했다. 잘 알려져 있듯이, 그린란드는 지구에서 가장 큰 섬인 동시에 대륙에서 가장 오래전에 떨어져 나온 조각이기도 하다. 그린란드는 매년 3.6미터를 조금 넘는 속도로 유럽에서 서쪽 방향으로 멀어지고 있다. 이 말은 도무지 믿을 수가 없는데, 왜냐하면 몇십 년 전만 해도 지구의 겉껍질이 딱딱해서 영원히 움직이지 않는다는 것이 과학계의 일반적인 생각이었기 때문이다. 그런데 영국의 천문학자이자 수학자인 G. B. 에어리G. B. Airy의 '시알Sial(지각의 표층부) 이론'에 따르면, 지구의 겉껍질은 딱딱하지 않으며 맨 위에 있는 딱딱한 층 밑에 물렁물렁한 층이 있어서 말하자면 그 위에 딱딱한 층이 떠 있는 것으로 추정된다.

내 동생 알프레드 베게너Alfred Wegener는 대륙 구조에 관한 그의 유명한 이론에서 지구에 있는 여러 대륙이 원래 거대한 하나의 덩어리였다가 나중에 갈라졌으며 그때부터 끊임없이 움직이고 있다는 의견을 제시했다. 그리고 가장 큰 포부였던 그린란드 탐험의 목적은 그 위대한 이론의 최종적인 증거를 찾는 것이었다.

얼음이 가득한 구덩이

그린란드 내륙은 고원과 비슷해 보인다. 해안에 솟아 있는 산들은 높이가 2,000미터인데 얼음에 덮여 있는 내륙의 땅은 고도가 3,000미터에 이른다. 그린란드는 과거 지표면을 관찰한 결과 얼음에 덮인 쓸모없는 암석지대로 취급됐다. 하지만 알프레드는 처음에 그린란드에 어떤 환상 같은 것이 있었다. 그린란드 내륙의 바닥은 아주 깊이 내려앉아 있다고 굳게 믿었던 것이다. 실제로 그린란드의 구조는 얼음이 담긴 컵이나 사발 모양이었다. 알프레드는 탐사를 시작하기 전부터 그린란드 내륙의 얼음 높이가 2,500~3,000미터 정도 될 것으로 확신했다. 따라서 그린란드 내륙에 그런 얼음덩어리가 몰려 있다고 생각했다.

지질학 역사에서 그린란드의 얼음 두께가 중요해진 이유가 바로 여기에 있다. 왜냐하면 그린란드의 실제 구조가 알프레드의 추정과 같은 것으로 밝혀지고, 중력 측정을 통해 그린란드가 대륙에서 떨어져 나온 조각으로서 주변 환경에 따라 가라앉거나 솟아오르고 있다면(이것도 탐험대가 밝혀야 할 임무 중 하나이다), 그것이 바로 대륙 이동설의 새로우면서도 결정적인 증거이기 때문이었다.

탐험대가 측정한 그린란드의 얼음 두께는 놀라울 정도로 알프레드가 추정했던 수치가 사실이었음을 확인시켜 주었다. 서부 관측소에 있는 동절기 가옥의 바닥을 측정해본 결과 그곳의 얼음 두께는 140미터였다. 내륙으로 62킬로미터 들어간 지점에서는 이미 880미터~1,500미터에 달했으며 해안에서 120킬로미터 떨어진 곳에서는 1,800미터에 이르렀다. 같은 지점에서 암반의 두께는 900미터에서 300미터로 줄어들었다. 서부 관측소에서 측정한 얼음 두께는 그보다 훨씬 더 두꺼운 것으로 확인되었고, 가장 두꺼운 곳은 놀랍게도 2,700미터로 측정되었다. 알프레드는 이미 세상을 떠나서 자신이 주장했던 가설을 입증한 놀라운 정보를 보지 못했다.

얼음 두께 측정법

얼음 두께를 측정한 방법은 괴팅겐대학교 지구물리학연구소의 H. 모테스H. Mothes 박사가 일종의 음향 측심법을 기반으로 이번 탐험에 맞게 특별히 개발한 아주 새로운 방법이었다. 측정하려는 지점에서 다이너마이트를 터뜨리면, 실제 지진과 비슷하게 인공 얼음 지진이 발생하고 그 충격파가 얼음 표면과 얼음 속 깊은 곳으로 동시에 전달된다. 이 충격파는 폭발 지점에서 조금 떨어진 지진계에 기록된다. 얼음 표면을 따라 전달되는 충격파가 지진계에 먼저 기록되고 얼음 속 깊은 곳으로 전달되는 충격파는 암반층에 도달할 때까지 진행하다가 암반층에 반사되어 다시 위로 올라간 다음 마침내 지진계에 기록된다. 두 충격파가 지진계에 기록되는 시간의 차이, 그리고 충격파가 반사되는 암반층과 폭발 지점 간의 거리를 고려하면 얼음의 두께를 계산할 수 있다.

우리 탐험대는 인류학과 동물학 분야에서도 많은 전리품을 갖고 귀국했다. 스코스비 협만의 서부 관측소에서 일했던 피터스 박사가 수집한 표본 수는 수천 개에 달했고 대충 살펴봐도 아주 중요한 성과가 나올 것 같았다.

그린란드 동부에 있는 스코스비 협만은 오랫동안 동물의 낙원이었다. 엄청난 수의 사향소 떼와 눈토끼, 북극여우가 해안가의 초원지대와 황야에 몰려 살았다.

셀 수 없이 많은 유골과 각종 도구도 발굴해서 귀국길에 가져왔다. 스코스비 협만을 발견했을 때만 해도 그곳에는 에스키모의 흔적이 전혀 없었다. 덴마크 정부가 협만 지역에 서西그린란드 에스키모들을 정착하게 한 것은 불과 몇 년밖에 되지 않았고, 현재 그곳에 살고 있는 에스키모는 710여 명이다. 따라서 피터스 박사가 발견한 유골의 주인인 에스키모는 생전에 백인을 한 번도 보지 못했을 것으로 추정된다.

케이프 토빈에 있으며 수온이 섭씨 62도인 유명한 온천 근처에서도 많은 유물이 나왔다. 다른 유물도 많지만 피터스 박사는 그곳에서 파리와 거미의 작은 군집을 발견했다. 기온이 따뜻했던 마지막 간빙기가 남긴 유물로 추정되는데, 파리와 거미들이 그런 더운 환경에 잘 적응했음이 분명하다.

미국 위성, 방사선 장벽 발견

존 W. 피니

미국 위성들이 우주에서 960여 킬로미터에 이르는 매우 강력한 방사선대帶를 발견했다. 과학자들의 예상보다 1,000배나 더 강력한 이 방사선대는 인간의 우주비행에 새로운 장애물로 떠올랐다. 이제는 과학자들이 미래의 우주선을 설계할 때 그 방사선으로부터 인간 탑승자를 보호할 수 있도록 설계해야 한다.

방사선은 매우 강력해서 우주인들이 일주일간 노출되어도 괜찮다고 정의된 방사능 허용치를 1.5시간 만에 넘어선다. 하지만 과학자들은 납으로 만든 얇은 보호층으로 우주인을 감싸면 방사선을 허용치 이하로 줄일 수 있다고 본다.

우주에서 수천 킬로미터까지 뻗어 있는 그 강력한 방사선대는 올해 초 군에서 발사한 두 대의 익스플로러Explorer 위성이 발견했다. 두 위성 모두 가이거 계수기가 장착되어 방사선, 특히 우주방사선 속의 방사선을 측정할 수 있다.

두 위성에서 발견한 것의 상세한 내용은 오늘 전미 과학아카데미와 미국 물리학협회 소속 과학자들 앞에서 처음 공개되었다. 그런 다음 국제지구관측년IGY, International Geophysical Year(1957년 7월부터 1958년 12월까지 태양 현상, 전리층, 우주선 등 지구물리학 현상에 관한 국제적인 협동 관측을 행한 시기. —편집자) 위성 프로그램에 참여하고 있는 과학자들이 기자회견을 열어 그 결과를 논의했다.

두 위성에서 얻은 정보 가운데 우주인이 감당할 수 있는 온도가 유지되는 우주선을 제작할 수 있으며, '유성진流星塵, micrometeorites'이라고도 하는 우주 먼지의 밀도가 위험할 정도로 높지는 않다는 것을 확인한 점은 고무적이었다. 두 위성은 수백 킬로미터에 이르는 우주 공간의 밀도가 예상보다 몇 배 더 높다는 사실도 알아냈다. 이런 사실이 밝혀질 때쯤 우연하게도 소련의 두 위성에서 수행한 실험의 상세 정보가 처음으로 공개되었다.

소련 위성에서 알아낸 정보는 미국의 위성과 로켓 프로그램에서 얻었던, 우주의 온도와 밀도가 예상보다 높다는 사실에 정확하게 부합하는 듯했다. 소련의 보고서에서 완전히 새로운 부분은 장기간 무중력 상태에 있을 때 동물이 받는 영향이었다. 미국에서는 그때까지 수행한 적 없는 실험이었다.

우주방사선 실험 장비를 탑재한 소련의 두 번째 위성도 미국이 발견했던 이상한 방사선대와 마주쳤던 것이 분명했다. 하지만 소련은 "당혹스러운" 이 방사선의 증가량이 미국 위성이 밝힌 것만큼 엄청나지는 않았다고 보도했다. 그리고 소련 과학자들은 방사선대의 개념적인 특성과 예상 가능한 생성 원인을 완벽하게 이해하지 못한 것 같았다.

'비상 계획'이 시작되다

미국 위성들이 강력한 방사선대와 마주친 것은 궤도에서 고도가 가장 높은 곳에 이르렀을 때였다. 방사선 장벽 발견은 우주여행에 영향을 미친다는 것 외에도, 우주의 대기가 어떻게 데워지고 북극광(오로라)이 어떻게 생겨나는지에 관해 과학적으로 새로운 관점을 제공할지도 모른다.

위성에 있던 과학자들은 그 발견이 어찌나 놀랍고 인상 깊었던지, 현재 '비상 계획'을 수립하고 있다. 이 계획에 따르면 향후 8개월 내에 방사선대의 속성과 강도를 측정할 수 있게 설계된 우주선을 발사할 예정이다.

고강도 방사선대 발견을 설명한 사람은 아이오와주립대학교 물리학과 학과장인 제임스 A. 밴 앨런James A. Van Allen 박사였다. 밴 앨런 박사는 두 대의 익스플로러 위성에서 수행한 우주방사선 실험을 만든 당사자였다.

밴 앨런 박사는 960킬로미터 이상의 고도에서 위성이 예기치 못한 방사선과 마주쳤고 그 방사선이 "우주방사선의 특성이라고 할 수 있는 수준보다 1,000배나 더 강했다"고 말했다. 또한 방사선의 강도가 어찌나 강한지 가이거 계수기가 가끔 멈춰서 측정치가 표시되지 않을 때도 있었다고 한다. 밴 앨런 박사는 강력한 방사선대의 근원은 태양에서 쏟아내는, 수소로 추정되는 이온화 가스인 것 같다고 말했다. 이온화된 가스에는 꽤 강력한 에너지를 가진 전자가 있어서 X선을 방출하고 그 X선이 위성의 겉 표면에 대량으로 쏟아진다.

밴 앨런 박사는 이런 설명이 아직은 그 방사선대에 관한 임시적인 이론일 뿐이라고 말했다. 설명에 따르면 이온화된 가스, 즉 플라즈마의 저장고가 965킬로미터에서 12,800킬로미터에 이르는 우주 상공에 뻗어 있는 것으로 보인다. 지구의 자기장이 965킬로미터 상공까지 그런 방사선을 밀어내는 '우산' 역할을 하고 있는 셈이다.

이슬비처럼 떨어져 내리는 가스

이온화 가스는 저장고에서 나와 조금씩 지구의 대기 속으로 부슬부슬 떨어지고 있다. 특히 북극과 남극 주변에 집중되고 있는데, 그렇게 떨어지면서 전자는 에너지를 잃는다. 이온화 가스의 저장고는 가끔씩 태양에서 새롭게 폭발하는 이온화 가스로 다시 채워진다.

플라즈마 빗속의 전자들은 마치 양철 지붕에 떨어지는 비처럼 위성으로 떨어지면서 X선을 생성하고, X선은 위성 내부에서 이리저리 반사된다. 이 X선은 X선관(X선을 발생시키기 위한 진공관—편집자) 내부에서 X선이 생성되는 것과 동일한 방식으로 생성되며 에너지양이 의료용 X선과 비슷한 것으로 보인다.

위성이 발견한 정보로 우주의 나이를 추정할 수 있을지 논의하면서, 밴 앨런 박사는 "우주방사선 자체는 심각한 생물학적 위험이 아닌 것 같지만, 이번에 새로 발견한 방사선은 염려스러운 수준"이라고 말했다.

우주선 안에 있으면 1밀리미터 두께의 납 보호막 덕분에 방사선 강도가 10분의 1로 줄어든다고 한다. 다시 말하면 우주인마다 45킬로그램 정도의 납 보호막이 필요하다는 뜻이다.

공군 케임브리지연구소의 에드워드 맨링Edward Manring 박사는 두 위성에서 수행한 우주 먼지 실험을 보면 앞으로는 우주여행에서 우주 먼지가 "크지 않은 위험요소"라는 것이 밝혀졌으며, 그럼에도 오랜 시간이 지나면 우주 먼지가 우주선 표면을 일부 침식할 수 있다고 발표했다. 그리고 위성에서 발견한 우주 먼지의 밀도가 지금까지의 예측과 "상당히 유사"했다고 말했다.

스미스소니언 천체물리학 관측소의 G. F. 실링G. F. Schilling 박사와 시어도어 E. 스턴Theodore E. Sterne 박사는 위성 궤도에서 육안 및 전파로 관측한 다음 350킬로미터 고도에서 대기의 밀도가 4.16세제곱킬로미터당 57그램 정도라고 결론지었다. 지금까지의 예상보다 14배 높은 수치다. 다시 말해 350킬로미터 고도에서는 대기가 해수면보다 1천억 배 희박하다는 뜻이다.

산의 생성이 바다와 연관된 것으로 밝혀지다

월터 설리번

과학자들은 최근 대양의 바닥에서 알아낸 정보로 전 세계의 광대한 산맥이 어떻게 생성되었는지 설명하는 포괄적인 이론을 세우고 있다. 그 이론에서는 왜 산맥이 대륙의 가장자리에 있는지 설명한다. 또한 수억 년 전 생성된 애팔래치아 산맥의 주름부터 오늘날 생겨나는 산맥에 이르기까지, 시간대별로 산맥의 생성과정을 설명하고 있다. 그리고 세계에서 가장 높은 히말라야 산맥이 해저 물질로 만들어졌다는 사실도 보여 준다.

'판구조론global plate tectonics'으로 알려진 그 이론은 지구과학에서 100년 전 다윈의 진화론만큼이나 중요하게 생각하는 혁명적인 이론의 일부다.

지질학자들이 수백 년에 걸쳐 유럽의 알프스에서 미국 북서부의 캐스

케이드에 이르는 여러 산맥에서 습곡(지층이 물결 모양으로 주름이 짐—옮긴이) 현상과 융기(땅이 기준면에 대하여 상대적으로 높아짐—옮긴이) 현상을 연구하는 동안, 각 사건마다 융기를 일으킨 주체와 융기가 일어난 이유, 언제 어디서 융기가 일어났는지 설명하는 공인된 이론은 없었다. 그런데 이번에 나온 이론은 그런 요구를 충족한다. 또한 지각이 대륙이든 해양이든 상관없이 모두 거대한 판으로 구성되어 있으며, 그 판이 독립적으로 움직이면서 서로 충돌하거나 하나의 판이 다른 판의 위로 올라간다는 사실을 알게 된 후 나온 것이다.

구조 지질학

구조 지질학은 산맥 같은 지구 표면의 지형이 형성되는 과정을 연구하는 학문이다.

이번 주 초에 일반에 공개된 지도를 보면 2억 년 전의 고대 초대륙이 갈라지면서 그 조각들이 현재의 각 대륙으로 자리 잡기까지 지구 표면에서 여러 개의 판이 움직인 경로를 알 수 있다.

새로운 이론에 따르면 그렇게 여러 판이 떠다니다가 충돌하면서 지금 전 세계에 있는 거대한 산맥들이 만들어졌다고 한다. 이 이론은 수많은 과학자들에 의해 단계별로 발전했지만, 현재 두 명의 지질학자가 상세한 이론을 제시하고 있다. 올버니에 있는 뉴욕주립대학교 지질학과 학과장 존 M. 버드John M. Bird 박사와 영국 케임브리지대학교의 존 F. 듀이John F. Dewey 박사이다. 두 사람의 설명은 《지구물리학회 저널*Journal of Geophysical Research*》과 《미국지질학회지*Geological Society of America Bulletin*》 최신호에서 볼 수 있다.

이론의 기본 원리는 여전히 논쟁 중이다. '애팔래치아 대서양'이라는 고대의 바다가 축소되면서 애팔래치아 산맥이 형성되었다는 두 사람의 이론에 모든 전문가가 동의하는 것은 아니다.

두 학자의 생각에 관한 의문점

버드 박사는 어떤 물질이 솟아올라 중앙 해령(대양의 바닥에 산맥 모양으로 솟은 지형—옮긴이)이 되면서 바다 밑 해양판이 분리되었다는 널리 알려진 개념을 인정하지 않는다. 대신, 판이 160킬로미터 두께의 암석층 가장자리를 따라 움직인다고 추정한다. 암석층은 지구 내부에서 격렬하게 일어나는 교반(휘저어 섞음—옮긴이) 활동에 영향을 받아 이리저리 떠다닌다.

두 사람은 그런 판의 충돌을 상세하게 분석해서 다양한 산맥들의 복잡한 암석 구조를 설명하려 했다. 비교적 단순한 남아메리카판과 태평양 해저판의 충돌에서도 그 결과는 아주 다양하다. 그런 과정 속에서 해양판은 대륙의 해안과 만나면서 대륙판 밑으로 들어간다. 해양판이 그렇게 대륙판 밑으로 들어가면서 베니오프대Benioff Zone라는 경사면이 생긴다. 베니오프대는 지진이 자주 발생하는 지역이다.

판이 처음 구부러져 들어가는 곳의 해저에는 해구가 존재하며, 해구 근처에서 발생하는 지진의 진앙은 해저에서 그리 깊지 않은 곳에 있다. 하지만 베니오프대는 대륙판 밑으로 들어가면서 수백 킬로미터에 이르는 경사면을 이루는데, 바로 그 경사면에서 지진이 발생하는 것이다.

그 정도 깊이에서는 압력과 온도가 매우 높기 때문에 해양판의 일부가 녹아서 화산 폭발과 함께 지표면으로 분출된다. 그렇게 분출된 해양 물질은 대륙의 가장자리에 산맥을 형성한다.

광활한 해양판

버드 박사는 지표면으로 분출된 용암이 쌓여 해저 한복판에 해령을 만들지만, 그때의 에너지가 판을 움직일 정도는 아니라고 한다.

해양판(대서양 동쪽은 전체가 하나의 판으로 되어 있다)은 대륙 가장자리와 만나는 곳에서 두꺼워지고 차갑게 식어 무거워지면서 자체 무게로 가라앉았고, 그러면서 판의 나머지 부분까지 천천히 끌려들어갔을 수 있다는 것이 버드 박사의 의견이다. 최근 전화 인터뷰에서 물 위에 떠 있는 수건의 한쪽 끝이 가라앉으면 나머지 한쪽도 따라서 가라앉는 것과 같은 이치라고 설명했다.

버드 박사와 듀이 박사는 산의 생성 과정을 다음과 같은 네 가지 기본 유형으로 분류했다.

첫째, 대륙 간의 충돌이다. 인디아판이 아시아 판쪽으로 이동하면서 히말라야 산맥이 생긴 것을 예로 들 수 있다.

둘째, 해양의 바닥에 있는 판이 대륙 밑으로 들어가는 것으로 남아메리카 서부 해안을 예로 들 수 있다.

셋째, 해양 바닥에 있는 판이 다른 해양 바닥의 판을 위로 밀어 올리는 것으로 서태평양에 있는 통가와 마리아나제도 같은 호상열도가 그렇게 생성되었다.

넷째, 호상열도가 대륙을 침범하는 경우로 오스트레일리아 북쪽의 뉴기니섬을 예로 들 수 있다.

화산 활동의 영향

요즘에는 세계에서 두 번째로 높은 산맥이 그런 식으로 판이 밀어 올려지거나, 아니면 화산 활동의 결과로 생성되었다는 것이 일반적인 생각이다. 그리고 그와 비슷한 화산 활동이 서부 멕시코와 알래스카반도에서도 확인된다. 듀이 박사와 버드 박사는 고대 애팔래치아 대서양이 축소되면서 북아메리카 동부 해안에서도 비슷한 화산 활동이 일어났다고 한다.

해양판이 대륙의 연장선인 대륙붕 밑을 뚫고 들어가는 캐나다 동부 뉴펀들랜드 인근에서는 화산 활동으로 분출된 용암이 바닷물을 밀어내면서 대륙 쪽에 호상열도를 형성했다. 약 3억 5천만 년 전의 애팔래치아 산맥은 히말라야산맥처럼 대륙 간 충돌로 생성되었고 전 세계에서 가장 높은 산맥이었을 것이다. 그리고 최소한 1억 5천만 년이 지나 아메리카 대륙은 뜨거운 용암이 녹아 갈라지면서 유럽 및 아프리카 대륙과 다시 한 번 분리되었다. 이런 대양의 탄생 과정이 현재 홍해에서 진행 중인 것으로 추정된다. 지금의 대서양을 탄생시킨 그 과정은 아프리카와 북아메리카의 대지를 구겨서 블루리지산맥과 포코노산맥처럼 서로 대칭인 습곡을 탄생시켰다.

일본 같은 호상열도가 대륙의 해안에서 내륙 해를 둘러싼 형태로 형성되면 내륙 해에 바다의 퇴적물이 쌓인다. 그런 다음 호상열도가 대륙 쪽으로 이동하면 내륙 해에 쌓인 퇴적물이 구겨지면서 산맥이 생긴다. 혹은 두 개의 대륙이 충돌하면 대륙 사이의 대륙붕에 쌓인 퇴적물이 구겨지고 접히면서 산맥이 생긴다.

히말라야산맥의 형성

현지 전문가는 히말라야산맥을 생성한 퇴적물은 바다 밑에서 5억 년간 쌓인 것이라고 말한다. 해저 지진이 발생하면서 해양판이 인디아판을 아시아판 쪽으로 밀어붙이다가 충돌하면서 인디아판의 남쪽 부분 아래로 파고들었다고 추정할 수 있다. 아프리카와 유라시아는 엄청난 자연의 힘이 서로 맞서고 있는 또 다른 경계이다. 판의 움직임을 보면 아프리카판이 북쪽으로 올라가면서 알프스산맥이 생성된 것으로 보인다.

듀이 박사와 버드 박사에 따르면 그런 활동이 가장 활발한 곳은 동지중해라고 한다. 그곳에서 "북아프리카와 그리스, 터키의 충돌은 불가피해 보인다"는 것이 두 사람의 의견이다. 충돌 시기가 눈앞에 닥친 것은 아니다. 판의 이동은 매년 수 센티미터 정도에 불과하다. 하지만 그로 인해 발생하는 압축력은 이미 터키와 발칸반도에서 일어나는 파괴적인 지진의 원인으로 간주된다. 비슷하게 최근 몇 년간 칠레와 페루에서 수천 명의 목숨을 앗아간 지진도 태평양판이 남아메리카판 밑으로 들어가면서 발생한 것이다.

워싱턴에 저장된 샌프란시스코 지진 기록

샌프란시스코 지진이 가장 정확하게 기록된 것은 시내의 기상청에 있는 지진계였다. 지진파를 측정할 수 있는 지진계가 발명된 이후 기상청 전문가들은 처음으로 지진계에 기록되는 지진파를 보고 진동을 확인할 수 있었다.

기상청에 지진계에 주의를 집중하라는 전화 연락이 가자 사람들은 즉시 기록지 한쪽에서 다른 쪽으로 격렬하게 움직이면서 수치를 기록하는 지진계의 바늘에 주목했다. 지진계 책임자인 찰스 F. 마빈Charles F. Marvin 교수와 조교들은 곧바로 지진 연구에 집중했다.

지진계는 원통 표면에 파라핀과 검댕으로 코팅된 폭 15센티미터, 길이 90센티미터짜리 종이가 덮여 있고 그 위에 바늘 같은 펜이 놓여 있다. 실린더가 움직이는 동안 이 바늘이 아주 정교하게 선을 긋는데, 그

선은 땅속에서 나오는 지진파earth wave와 과학계에서는 절대 흔들리지 않게 설치되었다고 간주하는 무거운 물체 사이의 차이에서 생긴다.

비슷한 측정 기구가 전 세계에서 십여 가지 정도 사용되고 있으며 세계 각국의 과학자들이 측정 결과를 제공한다. 그리고 독일 스트라스부르에 있는 국제기구에서 모든 기록을 모아서 비교한 다음 그 결과를 세계 곳곳에 있는 다양한 관련 기관에 보낸다.

태평양 연안에는 여기서 말한 것과 비슷한 지진계는 없지만, 또 다른 형태의 지진계가 릭 천문대에 있고 밴쿠버의 캐나다 정부청사에 또 다른 지진계가 있다. 캔자스주 볼드윈에도 해양 측량단 소유의 지진계가 하나 있고, 존스홉킨스대학교에도 구형 지진계가 있으며 최근 올바니에도 현대적인 지진계가 설치되었다.

이곳의 지진계에 지각 변동이 처음 기록된 것은 8시 19분 20초였다. 거무스름한 종이에 미세하게 흔들리는 선이 기록된 것이다. 흔들림은 거의 알아채지 못할 정도로 미세하게 계속되었고 몇 분 만에 크기가 커져서 8시 25분에는 6~7밀리미터가 넘는 길이로 뚜렷한 파장이 기록되었다. 그리고 매순간 파장이 커지면서 원통이 회전하는 동안 펜이 움직이는 거리가 2.5센티미터에서 거의 4센티미터 정도로 점차 커졌다. 8시 32분에는 파장이 거의 7.6센티미터 정도로 커졌고 펜의 움직임이 원통을 덮고 있는 종이를 벗어났다. 그렇게 펜이 종이를 벗어난 상태가 3분간 이어지다가 8시 35분에 원통의 안쪽으로 펜이 다시 들어와서 지진의 흔들림을 기록하기 시작했다. 펜이 종이를 벗어나 있는 동안 지진계의 움직임은 상상에 맡길 수밖에 없다. 그 시간 동안의 파장이 실제 기록된 것보다 더 컸을 수도 있다. 기록된 가장 긴 진동, 혹은 파장은 10센티미터였다.

옛날 측정 방법에서는 고정 물체로 진자를 사용했다. 때로는 수십 미터 길이의 진자가 제작되기도 했다. 지렛대가 등장함으로써 진자는 자취를 감추었고, 가장 예민하고 정확한 측정기구가 제작되었다. 진동이 없으면 측정기구의 펜은 가는 직선을 그리게 된다.

지진파 기록은 세 시간동안 계속되었다. 다만 파장의 길이는 다시 아주 미세해졌다.

기상청에는 평소와 달리 매일 아침 전달되는 5시 관측 결과가 아직 도착하지 않았다. 따라서 관측은 분명 지진이 발생하기 전부터 하고 있었지만, 지진을 알리는 긴급 보고를 보낼 수 없었다. 정오 무렵에 샌프란시스코 기상관측소의 책임자인 매카디 교수로부터 긴급 보고가 도착했다. 매카디 교수와 조교 세 명은 안전하게 잘 있다는 내용이었다. 샌프란시스코 기상관측소가 있는 밀즈 빌딩은 지진으로 파괴된 구역의 한가운데에 있었고 다른 건물과 마찬가지로 무너져버렸다.

과학자들은 역사에 기록될 이번 지진의 관측 기록을 릭 천문대의 직원들이 남길 것으로 기대한다.

기상청의 윌리스 무어Willis Moore 박사는 마운트 웨더Mount Weather 연구소에 있는 자기 장치에 이탈리아 베수비오 화산에서 일어난 폭발이 처음부터 끝까지 모두 기록되었다고 말했다. 하지만 무어 박사는 그것이 지진을 기록한 것은 아니며, 베수비오 화산이 마치 강력한 무선 전송기 역할을 했고 마운트 웨더는 수신기 역할을 했다고 말했다. 베수비오 화산의 폭발이 지구 전위에 교란을 일으키면서 지구를 둘러싸는 전자기파를 방출했던 것이다. 마운트 웨더 연구소의 기록은 아주 명확했다.

세인트헬렌스산 폭발
과학자들이 마침내 원인을 명확히 밝히다

월터 설리번

북미에서 가장 큰 화산 폭발로 기록되었던 세인트헬렌스산 폭발 1년을 앞두고, 과학자들이 폭발에 관한 여러 단서를 찾아냈다. 세인트헬렌스산 폭발은 짧은 시간 동안 연달아 일어나다가 결국 뜨거운 가스와 재를 분출하는 대폭발로 막을 내렸다. 과학자들은 이번에 찾아낸 단서를 통해 이런 폭발 원인을 정확하게 밝힐 수 있을 것이라고 기대하고 있다.

단서에는 정확한 시간에 기록된 지진계의 측정 결과도 포함되는데, 지난 5월 18일에 일어났던 화산 폭발로 파괴되면서 작동이 멈춘 세인트헬렌스산 북동쪽 9.7킬로미터 거리에 있는 관측소의 기록도 있다.

화산이 폭발하는 동안 출입이 금지된 위험지역을 지나간 (그리고 살아남은) 여행객들이 다양한 각도와 서로 다른 거리에서 찍은 사진의 일부도 한데 모였다. 산사태 전문가들은 이 사진들을 토대로 수학적 방법으로

산 정상까지 산사태를 역추적해 화산 폭발이 처음 시작된 시간을 알아냈다.

과학자들은 이런 단서를 통해 지난해 5월 18일 산사태를 일으킨 결정적인 원인이 진도 5의 아주 강력한 지진이라고 추정했다. 그 지진으로 인해 화산 폭발 몇 주 전부터 산의 남쪽 면에 형성되었던 거대한 돌출부가 떨어져 나갔다. 돌출부는 마치 거대한 미닫이문이 열리는 것처럼 산의 경사면을 타고 내려갔고 그로 인해 산사태가 발생했다. 미국 지질학자가 기록했던 것 중에서 가장 큰 규모의 산사태였다.

그렇게 '문'이 열리고 고압으로 압축된 가스가 터져 나오면서 엄청난 폭발을 일으켜 바위가 북쪽 수평 방향으로 튀어나갔다. 이런 재구성 작업을 통해 지진이 화산 폭발을 일으켰는지 아니면 그 반대인지 명확하게 밝혀졌다.

폭발의 범위와 강도가 어땠는지는 피해 정도를 보면 알 수 있다. 화산 폭발로 260제곱킬로미터가 넘는 숲의 나무가 땅속에 묻히거나 쓰러졌고 사람 61명, 엘크 7,000마리, 사슴 12,000마리, 곰 300마리, 코요테 5,000마리가 죽거나 실종된 것으로 추산되었다.

폭발이 다시 일어날 조짐이 있는지 알아내기 위해 집중적인 관찰이 계속되고 있다. 더 작은 규모의 폭발이 일어날 것이라는 추정이 적중하는 횟수도 점점 늘고 있다. 산에서는 최근 며칠 동안 가스나 증기가 끊임없이 분출됐다. 가스 분출은 앞으로도 10~20년쯤 계속되겠지만, 치명적인 폭발은 없을 듯하다.

태평양 너머 캄차카반도에서 세인트헬렌스의 쌍둥이라고 할 수 있는 베지미아니산이 발견되었다. 베지미아니산은 1955년에 폭발했고, 그 이후의 진행 모습은 세인트헬렌스의 최근 발자취와 놀라울 정도로 흡사했다.

소련측 설명에 따르면, 산의 한쪽 면이 엄청난 폭발과 함께 날아가 버렸고 곧이어 산에서 쏟아져 내린 진흙더미가 계곡을 덮쳤다. 세인트헬렌스산과 마찬가지로 폭발의 원인은 거대한 산사태로 추정되었다. 다만 폭발이 일어난 시간이 아침이라 목격자는 없었다.

폭발이 일어난 후 깊게 파인 분화구 안에서 점차 돔 같은 형태가 생겼다. 지난 5월 세인트헬렌스산에 생겼던 것과 똑같았다. 베지미아니산의 돔은 지금 세인트헬렌스산에 있는 돔보다 훨씬 더 커졌다. 베지미아니산의 엄청난 분화는 1955년 이후에도 최근 2~3년 전까지 간헐적으로 이어지고 있다.

워싱턴대학교의 지진학자 스티븐 D. 말론Stephen C. Malone 박사는 베지미아니산을 보면 세인트헬렌스산 역시 20년 넘게 폭발이 계속될 가능성이 있다고 말했다. 말론 박사, 그리고 캘리포니아대학교 산타바바라 캠퍼스의 산사태 전문가인 배리 보이트Barry Voight 박사는 작년 5월에 발생했던 사건들을 시간순으로 한데 모았다.

5월 18일에 일어난 폭발의 전조 같은 것을 찾으려는 노력은 모두 실패했다. 지진으로 시작되었던 진행 방식이 특별했기 때문이었던 것 같았다. 몇 주 전부터 지진이 반복해서 발생했기 때문에 소규모 폭발이 일어날 것으로 예상은 했지만, 대폭발이 언제 일어날지 말해주는 단서는 없었다. 그리고 이전 폭발 사례의 증거를 살펴보니 폭발이 일어나더라도 위쪽 방향으로 일어나서 피해가 없을 것으로 추정되었다.

화산이 폭발하기 직전에 일어났던 지진은 유별나게 강력하긴 했지만, 그래도 화산 폭발 몇 주 전부터 발생했던 수많은 지진과 다를 바가 없었다. 말론 박사의 말에 따르면, 한 가지 새로운 특징은 지진 뒤에 약 8분 정도 이어진 미진, 그러니까 작은 진동이었다. 지진으로 발생한 산사태가 그 원인이었다.

진동과 융기를 측정하다

미국 지질조사국 산맥 연구 책임자인 도널드 W. 피터슨Donald W. Peterson 박사는 이번 사례를 통해 눈앞에 닥친 화산 폭발을 감지하는 가장 효과적인 지표가 지진이라는 것이 증명되었다고 말한다. 그렇긴 하지만 분화구 내부의 돔에서 여러 지점의 거리를 정확하게 측정하면 폭발 전에 돔이 확장하는 과정을 추적 관찰하는 것도 가능하다.

최적의 측정 장소는 '해리의 산등성이Harry's Ridge'이다. 스피릿 호숫가에 있는 오두막의 주인인 해리 트루먼의 이름을 딴 곳으로, 예전에는 산기슭에 있는 경치 좋은 곳이었다. 그런데 화산 폭발로 스피릿 호수는 파편과 진흙, 화산재 같은 잔해로 메워지고 트루먼 씨와 오두막도 그 잔해에 파묻히고 말았다.

호수에는 다시 물이 가득 고였는데, 수위는 예전보다 더 높아졌다. 주변 산비탈에서 씻겨 내려온 통나무와 벗겨진 나무껍질, 나뭇가지가 바닥에 쌓였기 때문이다.

미국 지질조사국의 도널드 A. 스완슨Donald A. Swanson 박사는 날씨가 허락할 때마다 해리의 산등성이에 가서 그곳에서부터 분화구 안팎의 아홉 곳에서 측정을 했다. 우선 각 지점에 설치한 반사경에 레이저 펄스를 조준한 다음 발사한다. 반사된 레이저 펄스가 다시 돌아올 때까지 걸리는 시간을 전자적인 방식으로 기록하는데, 펄스의 이동 거리를 몇 분의 1센티미터 단위로 표시한다.

스완슨 박사는 최근에도 측정을 했는데, 그동안 피터슨 박사는 측정치를 기록하고 보정 작업을 위해 기온과 기압을 기록했다. 반사경은 분화구에서 나오는 연기 속의 불화수소산에 부식되기 때문에 그곳에 그냥 놔둘 수 없다. 그래서 측정할 때마다 헬리콥터가 분화구 바닥의 기준점에 반사경을 잡고 있는 사람을 내려놓는다.

거대한 가마솥 속으로

이때 분화구 안은 자욱한 증기가 소용돌이치고 있으므로, 스완슨 박사는 헬리콥터 조종사에게 반사경을 잡고 있는 사람이 증기에 닿지 않도록 바로 머리 위에 계속 머물러 달라고 요청했다. 증기로 가득한 그 가마솥 같은 분화구에서 나온 깜빡거리는 미세한 빨간 불빛이 어느 순간 해리의 산등성이에 도착하면서 측정이 이루어졌다.

측정을 해보니 분화구 안쪽이 돔 같은 형태로 부풀어 오르면서 분화구 바닥이 바깥쪽으로 확장되고 있었다. 폭발이 있었던 12월 25일까지 5일 동안, 분화구의 북쪽 면이 북쪽으로 120센티미터 확장되었다.

경사면의 기울기 변화를 측정하기 위해 화산의 세 지점에 측정기기를 설치했다. 하지만 가장 움직임이 활발한 돔의 표면이나 그 주변에서 측정하기는 현실적으로 어려웠다. 그랬다가는 2천 달러나 하는 경사계가 밀려드는 용암에 금방 덮여버리기 때문이었다.

지질조사국에서 지반 변형을 연구하고 있는 대니얼 주리신Daniel Dzurisin 박사에 의하면 캘리포니아공과대학교에서 100달러 정도 하는 일회용 경사계를 개발했다고 한다. 그래서 활동이 일어나는 현장 가까이에 그 일회용 경사계 두 대를 설치하고 밴쿠버에 있는 프로젝트 본부에서 무선으로 측정치를 전송받을 계획이라고 한다.

점도가 높은 경우의 위험성

지난해 5월 18일의 폭발에서 보았듯, 태평양 가장자리의 다른 화산들처럼 세인트헬렌스산은 활동기에 폭발 위험이 있기 때문에 특히 조심해야 한다. 용암에 이산화규소 성분이 있을 때는 더욱 그렇다. 이산화규소 성분이 많은 용암은 점도가 아주 높아서 화산 분화구를 막아버리기 때문에 내부 가스의 압력이 엄청나게 높아진다. 세인트헬렌스산에서 분출된 용암을 반복해서 분석해보니 용암 속 이산화규소 성분이 줄어들고 있어서 추가 폭발 가능성은 낮았다.

이런 화산들의 경사가 매우 급한 것은 용암이 아주 천천히 흐르기 때문이라고 설명할 수 있다. 그리고 모두 상승하는 대륙판이 해저판 위를 덮는 과정에서 솟아오르며 생성된 것이다.

폭발 위험이 높은 또 다른 경우로, 화산의 '안전밸브'가 막혀서 가스 분출이 줄어들 때를 들 수 있다. 가스 분출량을 측정해온 토머스 카사데벌Thomas Casadevall 박사의 설명을 보면, 가스 분출이 줄어드는 것이 완전히 반대의 의미로 문제일 수도 있다. 지구 내부에서 솟구쳐 오른 녹은 암석, 혹은 마그마가 대부분의 가스를 배출하고 나면 그렇게 될 수 있다는 것이다. 세인트헬렌스산의 가스 분출은 지난 7월부터 꾸준히 감소했다.

측정 활동은 쾌청한 날 화산에서 피어오르는 연기 기둥을 뚫고 비행하면서 진행되었다. 인정하건대, 크게 오류가 생길 수도 있는 방법이다. 그리고 땅에서는 분광기를 이용해서 조사했다. 분광기는 높은 공장 굴뚝에서 나오는 오염물질을 기록하기 위해 설계된 장치였다.

안전한 곳은 없었다

세인트헬렌스산이 폭발하기 전날, 지질조사국의 데이비드 존스턴David Johnston 박사는 산기슭의 수목 한계선에 있는 주차장에서 여러 측정 작업을 했다. 아황산가스 배출량이 예상치인 하루 40톤에서 15톤까지 감소했다. 존스턴 박사는 다음날 해리의 산등성이 부근의 고지대, 그러니까 '안전한' 거리만큼 떨어진 곳에서 관찰 작업을 했다. 하지만 화산 폭발과 함께 존스턴 박사는 완전히 실종된 것으로 추정되며 시신은 발견되지 않았다.

분화구 바닥에 설치한 두 개의 탐지기가 새어나오는 수소를 감지했다. 녹은 암석이 굳으면서 배출된 수소라는 것이 과학자들의 생각이다. 과학자들은 또한 화산 폭발의 전조를 알리듯 녹은 물질의 표면에 있는 단단한 암석껍질이 파열되었다면, 수소가 폭발적으로 배출되었을 것이라고 추정한다.

폭발 전 화산 주위에는 자기장이나 지진, 경사도, 중력을 측정하는 여러 관측소가 설치되었다. 추정컨대, 중력을 측정하면 지하 물질의 고도 변화나 대규모 움직임을 알아낼 수 있을 터였다. 하지만 관측소에는 아주 작은 변화만 기록되었고 다른 수치와 비교하기 위해 산의 서쪽 19킬로미터 거리에 설치되었던 관측소는 화산 분출물에 묻히고 말았다.

매일 변화하는 세인트헬렌스산을 자세히 조사하기 위한 관측 노력은 악천후와 폭발 위험 탓에 어려움이 많았고 특별한 주의가 필요했다. 반면 하와이에 있는 활화산인 킬라우에아산은 비폭발성이고, 바다 한가운데 있으며, 주변 날씨도 아주 좋다. 연구자들은 밤낮 상관없이 차를 몰고 가서 주변에 빽빽하게 설치해놓은 측정기기의 수치를 읽거나 측정기기를 새로 설치할 수 있다.

측정 자료를 무선으로 전송하는 몇몇 관측소를 제외하면, 세인트헬렌스산의 측정 자료는 오직 낮에, 그것도 날씨가 좋을 때만 읽을 수 있다. 따라서 지난 1년간 측정치를 기록하지 못한 날도 많았다. 그런데도 폭발성 미국 화산에 과학자들의 연구가 이렇게 집중되는 것은 처음 보는 일이다.

첩첩산중인 뉴올리언스 홍수 대책 문제

존 노드하이머

미시시피강과 길게 뻗은 폰차트레인 호숫가 사이에 위치한 뉴올리언스는 오랫동안 제방과 행운에 의존했다. 최근 공학자들은 그것만으로는 해수면보다 훨씬 밑에 있는 이 저지대 도시를 지킬 수 없다고 말한다. 멕시코만을 벗어난 강력한 허리케인으로 말미암아 발생한 폭풍해일이 호수와 도시에 엄청난 양의 물을 밀어 넣으면 홍수가 일어나 큰 피해를 당할 수 있다는 것이다. 공학자나 과학자들 말로는 수면보다 6미터 이상 낮은 넓은 지역에서 그런 피해를 당할 수 있으며, 컴퓨터로 예측한 결과 최악의 경우 자연적으로 배수가 되지 않는 깊은 물에 빠져 수만 명이 넘는 사상자가 나올 수 있다고 한다.

뉴올리언스 남서부 교외 지역으로 4억 5만5천 명이 거주하는 제퍼슨 패리시의 월터 S. 마이스트리Walter S. Maestri 재해관리국장은 "그런 환경에서 발생할 수 있는 엄청난 재앙을 최소화할 방법은 없다"고 경고했다.

순식간에 바닷물이 밀려드는 뉴올리언스에서 강구할 수 있는 가장 확실한 방책은 신속하게 폭풍해일을 약화시킬 해안 습지를 도시와 바다 사이에 조성하는 것이다. 하지만 해안 습지를 복원하려면 시간과 엄청난 인력, 그리고 엄두도 내지 못할 만큼 많은 돈이 든다. 연방 정부와 주 정부, 대학, 기업에서 온 전문가들의 연구에 따르면 140억 달러가 소요될 수도 있다고 한다.

공학자들은 뉴올리언스 도심을 보호하고 구시가지인 프렌치 쿼터와 정부청사에 대피소를 제공하는 다른 방법을 찾고 있다. 이 방법은 비용은 적게 들지만, 그 나름의 문제가 있다. 해당 지역에 차단벽을 설치해서 물이 흘러들지 못하게 막는 것도 한 가지 방법이다. 하지만 벽을 어디에 설치해야 하고 그렇게 하면 누가 수혜를 볼지 따져봐야 한다. 주민들은 대개 그런 문제에 관심을 두지 않고 과거 뉴올리언스가 허리케인을 무사히 모면했던 방법에만 의지했다.

가장 초조한 사람들은 루이지애나주립대학교 루이지애나수자원연구소 소장인 조셉 N. 수헤이다Joseph N. Suhayda 박사처럼 대책을 세우는 것이 직업인 사람들이다. 수헤이다 박사도 다른 해안 연구자들처럼 최신 지질학, 기상학 자료를 활용해서 각기 다른 허리케인이 어떻게 도시에 피해를 입히는지 계산하는 컴퓨터 모델을 만들고 있다.

앞으로 몇 달 동안은 후텁지근할 것 같지 않은 어느 쾌청한 여름날, 수헤이다 박사는 동료 몇 사람과 함께 자동차로 폰차트레인 호수를 둘러싼 제방에서 900여 미터 떨어진 시내를 달렸다.

차는 호숫가에 있는 뉴올리언스대학교 캠퍼스에서 가까운 뉴욕 거리에서 멈췄다. 수헤이다 박사는 차에서 내려 걸어가면서 나무로 된 7.6미터짜리 측정자를 펼쳤다. 그러고는 한쪽 끝을 인도에 대고 자를 수직으로 세웠다. 하늘로 향해 있는 측정자의 한쪽 끝은 길모퉁이에 서 있는 신호등 기둥보다 더 높았다. 하지만 30미터 거리에 있는 풀이 무성한 언덕 위 콘크리트 장벽보다는 한참 낮았다.

수헤이다 박사는 장벽을 가리키면서 "저 벽 너머는 폰차트레인 호수로 흘러가는 수로"라면서 수로의 수면 높이가 대략 호수의 수면 높이와 비슷하다고 말했다. 박사의 컴퓨터에서 이론적으로 예측한 상황을 보면, 풍속이 시속 250킬로미터에 이르며 천천히 움직이는 4등급(위력에 따라 허리케인을 1~5등급으로 구분하는데, 4등급은 일반 주택을 심하게 파괴하거나 무너뜨리고 나무를 뿌리째 뽑아 날려버리는 위력이다.—옮긴이) 허리케인이나 풍속이 그보다 훨씬 강한 5등급 허리케인은 해수면보다 1.5미터 낮은 인접 도로를 9미터 높이로 침수시킬 수 있다. 5등급 허리케인은 매우 드물지만, 1969년 허리케인 카미유Camille가 뉴올리언스에서 동쪽으로 불과 80킬로미터 떨어진 패스크리스천을 휩쓰는 동안 초속 320킬로미터가 넘는 바람과 10.7미터 높이의 폭풍해일로 주민 수십 명이 목숨을 잃었다.

허리케인에 취약한 대부분의 지역에서 고인 물은 보통 빠른 속도로 빠져나간다. 그런데 뉴올리언스에서는 그렇지 않다. 그래서 도시 계획자와 공학자들은 대도시 지역 130만 주민의 탈출 계획을 개선하고 폭풍의 타격을 줄이는 방법을 끊임없이 연구하고 있다. 장기적으로 허리케인의 위력을 약화시키려는 대책에는 보통 습지대가 축소되는 속도를 늦추는 방법이 포함된다. 조절이 가능한 수문을 추가로 설치해서 퇴적물이 풍부한 미시시피 강물을 주변 땅에 쏟아붓는 것도 한 가지 방법이다. 그러면 결국 주변 땅을 높이거나 최소한 낮아지지 않게 유지할 수 있다.

또 다른 방법은 유실된 해안 보초도(해안을 따라 형성되어 일종의 방파제 역할을 하는 섬—옮긴이)를 복원하고, 저지대 삼각주 대부분의 지역에 제방을 쌓으며, 준설된 컨테이너선 수로를 막아 멕시코만의 물이 무방비 상태의 폰차트레인 호수로 쉽게 밀려들지 않게 하고, 수문을 높여 해안을 방어하는 것이다.

그중에서도 가장 특이한 방법은 아마도 '주민 피난처'라는 개념일 것이다. 주민 피난처는 수헤이다 박사와 몇몇 사람들이 자연의 치명적인 타격을 완화하는 데 필요할 수도 있다며 제안한 것이다. 설명하자면 잘 만들어진 실제 계획이라기보다 이론에 가까운데, 주요 교차로에 수문이 있는 2층 높이의 방벽을 세워 구시가지인 프렌치 쿼터에 있는 강의 굽이에서부터 서쪽으로 13킬로미터 지점에 있는 또 다른 굽이에 이르는 시의 남쪽 지역을 완전히 막아버리는 것이다.

도시의 나머지 지역이 침수되면 집을 버리고 나온 수천 명의 주민에게는 방벽과 강의 제방 사이에 형성되는 그 '섬'이 피난처가 되며 문화시설 및 정부기관도 지킬 수 있다.

하지만 그 정도 규모의 공사는 계획 수립보다 필요한 비용을 조달하는 일이 훨씬 더 어렵다. 특히 일부 회의론자들이 대학에서 연구비를 조달하거나 해안 환경이 더 침해되지 않게 하려고 겁을 주기 위해 최악의 경우를 상정한다며 묵살할 때는 더욱 그렇다.

그렇지만 연구자들은 지질 구조나 역사 측면에서 도시에 잠재적인 위험이 있다는 말을 지어내는 것이 아니라고 말한다. 뉴올리언스는 올리브 속에 가득 채워 넣은 피멘토 고추처럼 대부분 미시시피강과 폰차트레인 호수 사이에 몰려 있으며, 다른 미시시피 델타 지역 이상으로 빠르게 가라앉고 있다는 것이 루이지애나주립대학교의 지질학자인 로이 도카Roy Dokka 박사의 말이었다.

뉴올리언스가 항구이자 석유화학의 중심지, 관광지, 문화의 중심지로 성장하면서 주변 습지가 사라지고 땅을 개척해서 교외 주거지와 산업단지를 새로 만드느라 제방 시스템은 더욱 확대되었다. 그러는 과정에서 마른땅이 내려앉는 일이 잦아졌고 그런 좋지 않은 상황은 갈수록 악화되었다.

최근 루이지애나주립대의 과학자와 공학자들이 컴퓨터로 도시의 지형을 잘라낸 단면도를 보면 뉴올리언스는 마치 깊이가 얕은 그릇 모양이다. 뉴올리언스에서 미시시피강을 따라가다 보면 강의 북쪽에 자연적으로 쌓인 흙둑이 만든 800미터 너비의 경사지가 나온다. 그곳이 바로 프렌치 쿼터인데 이 지역 대부분은 고도가 강둑보다 1.5미터 정도 낮다. 미시시피강(평상시에는 강물이 27미터 깊이로 초당 8,500세제곱미터, 그러니까 8,500톤 정도가 흐른다)의 범람을 막으려고 육군 공병대가 홍수 방지벽을 쌓았는데, 그 결과 강둑의 높이가 전반적으로 해수면보다 7.6미터 정도 높아졌고, 수량이 초당 28,300세제곱미터가 넘게 흐르면서 연평균 최고 수위보다 3미터 정도 더 높아졌다.

프렌치 쿼터 북쪽에 있는 도시는 대부분 수렁 같은 늪지대를 매립한 곳이다. 호수의 남쪽 기슭 인근에는 가장 낮은 지역(해수면보다 1.5~3미터 낮은 물 빠진 습지대로 주거지와 상가가 있다)이 띠 모양으로 넓게 펴져 있다. 뉴올리언스 국제공항 서쪽과 산업단지, 주거 지역 동쪽은 고도가 해수면과 비슷하거나 낮다.

거미줄처럼 뻗어 있으며 길이가 300여 킬로미터에 이르는 도시의 수로와 널따란 도랑에서 흐르는 물은 22곳의 펌프장을 지나면서 위로 퍼올려진 다음, 지은 지 50년이 넘고 해수면보다 4.5~5.1미터 높은 제방을 지나 호수로 흘러간다.

전문가들은 호수의 동쪽과 서쪽 끝에서 물이 제방 벽을 넘어 쏟아지거나, 부풀어 오른 습지에서 물이 솟구치는 것은 악몽의 일부일 뿐이라고 말한다. 폭풍이 지나간 뒤 도시에서 물이 빠지려면 몇 주가 걸릴 수도 있다는 말도 한다. 도시는 제방 안에 갇혀서 오물과 폐기물 쓰레기, 화학약품, 익사한 사람이나 동물의 시체 같은 오염물질이 뒤섞여 혼란한 상태가 더욱 악화될 것이다. '재즈 거리'로 유명한 버번 거리는 3미터 깊이의 물에 잠기고, 호수에 가까운 인근 지역에서는 소용돌이치는 물이 2층 건물을 집어삼킬 수도 있다.

루이지애나주립대 허리케인연구소의 부소장인 아이버 반 히어덴Ivor van Heerden 박사는 주민들이 완전히 대피하지 못한 최악의 상황에서는 "45,000명이 사망하고 40만 명이 지붕위에 고립되며 집을 잃은 이재민이 70만 명에 달할 수도 있다"고 말했다.

히어덴 박사는 도시에서 물을 퍼내는 데 최소한 9주가 걸릴 수도 있다는 말도 했다. 그런 상황에서 1년 강수량이 1.5미터쯤 되는 뉴올리언스에서 계절에 따라 가끔 쏟아지는 폭우조차 감당 못할 때가 있는 배수장은 몇 주까지는 아니라도 며칠 정도는 마비 상태가 계속될 것이라고 한다. 히어덴 박사는 호수와 주변 습지대로 쏟아져 들어갈 온갖 화학물질은 그 자체로 환경재난이 될 것이라고 덧붙였다. 그로 인한 사람들의 고통은 계산할 수 없겠지만, 보험으로 보상이 되는 피해와 공공 복구 사업, 경제적 효과에 대한 계산서는 모두 합해서 500억 달러쯤은 될 것이다.

주정부의 천연자원부서 책임자인 잭 C. 캘드웰Jack C. Caldwell은 그렇게 엄청난 피해가 예상되는데도 도시를 보호하는 습지대 조성 사업에 필요한 자금을 마련하기 어렵다고 말했다. 또한 워싱턴은 습지 보호 예산에 수십억 달러를 배정하는 것에 난색을 표했고, 해상 석유 생산에서 나오는 수익을 그런 목적으로 나누어 쓰자는 배턴루지(루이지애나주의 주도—옮긴이)의 요청도 거절했다고 한다.

그러는 사이 주민들은 매년 6월 1일에 시작하는 허리케인 철마다 모든 것을 운에 맡긴다. 수헤이다 박사는 자신이 개발한 컴퓨터 모델의 계산에 따르면 언제라도 천지개벽 수준의 허리케인이 도시를 강타할 확률이 최대 100분의 1정도라고 말했다.

미국 적십자는 그 위협을 심각하게 생각하고 있다. 그래서 뉴올리언스 지역에 허리케인 대피소를 더는 제공하지 않기로 했다. 살인적인 허리케인이 발생했을 때 직원이나 자원 봉사자, 일반인들을 배치하는 것이 너무 위험하기 때문이라고 한다.

전혀 예측할 수 없는 지진에 좌절한 지진학자들

샌드라 블레이크슬리

일요일 아침, 수마트라섬 앞바다에서 발생한 재앙 같은 지진은 어떻게 보면 별로 놀라울 것이 없었다. 과학자들은 수십 년간 인도양 바닥에 있는 지질구조판 사이의 기다란 경계선을 비롯한 지질 단층 지역을 분석한 다음 대규모 지진이 발생하기 쉬운 곳을 능숙하게 설명할 정도가 되었기 때문이다.

하지만 사람들이 정말 알고 싶은 '정확히 언제 어디서 다음 대규모 지진이 발생할 것인가'라는 문제는 아직도 전혀 예측할 수 없다. 과학자들은 최고의 이론을 갖고 있고, 캘리포니아주와 일본에서 단층을 측정하는 데 10억 달러 넘는 돈을 썼음에도 지진으로 위험에 처한 사람들에게 제때 경고를 전달하지 못한다.

현재 지진학자들이 할 수 있는 최고의 방법은 예전에 지진이 일어났던 지역에 다시 지진이 일어날 가능성을 예측하는 것이다. 그리고 그 예측값은 10년에서 30년 단위로 제시된다.

뉴욕 팰리세이즈의 라몽도허티 지표관측소에서 일하는 지구물리학자 린 사이크스Lynn Sykes 박사는 지진이 일어나는 지역에 댐이나 발전소, 도로, 파이프라인을 건설할 위치를 선정할 때는 그런 예측값이 유용하다고 말했다. 하지만 그런 지역에 사는 일반 주민들에게는 도움이 되지 않는다.

지진 예측학의 역사는 길고도 아쉬운 역사이다. 그 역사에는 좋지만 실패한 아이디어, 실망스러운 실험, 계속해서 늘어나는 얼빠진 주장 등이 존재한다.

1970년대에는 소위 '지진정지기 가설seismic gap hypothesis'이 정확하게 지진 발생을 예측할 것이라는 기대가 높았다. 지진학자들은 길게 이어지는 단층대를 파열이 발생하는 주기에 따라 더 작은 구획으로 나누었다. 그리고 그런 작은 구획마다 땅을 파서 과거에 일어났던 사건들의 발생 시기를 알아내고 앞으로 지진이 언제 발생할지 예측했다.

하지만 캘리포니아공과대학교의 지진학자이며 지진정지기 가설의 창안자인 케리 시Kerry Sieh 박사는 그 예측 방법이 캘리포니아주의 샌안드레아스 단층에서는 잘 맞지 않았다고 말했다. 구획에 따라서는 50~350년마다 파열이 일어나는 곳도 있었다. 시 박사는 "그 이유를 도무지 알 수 없었다. 수많은 다른 단층이 상호작용하기 때문일지도 모른다. 아니면 각 단층의 어떤 기본 속성 때문에 그럴 수도 있다"고 말했다.

캘리포니아주에서는 지진 예측 문제를 절대 풀 수 없다고 생각한 시 박사는 10여 년 전에 수마트라섬 앞바다의 단층으로 눈길을 돌렸다. 일요일에 시 박사는 지진이 발생했던 곳에서 남쪽으로 수백 킬로미터 떨어진 해저의 한 지역을 주목했다. 그 지역에 있는 두 곳의 지점 모두 거대한 지표 덩어리가 인도네시아 군도 밑으로 미끄러져 들어가는 거대한 섭입대(해양판과 대륙판이 충돌할 때 상대적으로 무거운 해양판이 가벼운 대륙판 밑으로 밀려들어가는 곳—옮긴이)의 일부다.

시 박사는 산호초가 단층의 움직임과 지진해일의 영향으로 폐사하는 형태를 보고 연대를 측정해서, 국지적으로 대략 230년마다 대규모 지진이 둘씩 짝지어 발생한다는 것을 밝혔다. 1797년에는 진도 8.2 규모의 지진이 발생했고, 1833년에는 8.7 이상의 지진이 발생했다. 그리고 1500년대와 1300년대에는 지진이 무리를 지어 발생했다.

시 박사는 "이제 곧 다음 사이클이 시작할 것이다. 움직임이 없었던 이 넓은 지역에서 지난 4년간 소규모 지진이 수없이 일어났다"고 말했다. 예를 들어, 2000년 6월 싱가포르에 진도 7.0의 지진이 발생했다. 2002년 수마트라섬 북서쪽 해안 앞바다의 시메울루에섬 지하에서 발생한 진도 7.4의 지진은 일요일에 발생했던 지진의 전진前震(큰 지진에 앞서 일어나는 작은 지진—옮긴이)이었는지도 모른다. 시 박사는 그곳에서 큰 지진이 다시 발생한다고 해도 놀랄 일은 아니라고 말했다. 다만, 그 발생 시기는 첫 번째 지진이 발생한 다음 수십 년 후가 될 수도 있다.

땅 위에서는 믿을 만한 지진 예측이 한 번도 없었다. 1975년 2월 4일, 중국 정부는 랴오닝성 하이청에서 지표면의 높이와 지하수 수위가 변하고 소규모 지진이 다발로 발생했으며, 말이나 개와 닭들이 날뛰는 등 지진의 전조현상이 일어나 주민들을 대피시켰다고 발표했다. 이틀 뒤 진도 7.3의 지진이 발생했고 수만 명이 목숨을 건질 수 있었다.

하지만 나중에 조사를 해보니 그런 이야기는 과학적인 것이 아니라 관념적인 것이었다. 지진이 아주 명확하게 예측된 것이 아니었고 지진으로 죽거나 부상을 입은 사람이 수만 명에 달했다. 다음 해 허베이성 탕산에서 진도 7.6의 지진이 사전 경고도 없이 발생했다. 25만 명이 목숨을 잃은 것으로 추정되었다.

1994년 1월에는 로스앤젤레스에서 진도 6.7의 지진이 발생하여 그 전까지만 해도 잘 알려지지 않았던 '은닉 충상단층(한 지각 덩어리가 다른 지각 덩어리 위로 올라타서 생성된 형태의 단층—옮긴이)'이 갈라지면서 61명이 죽고 수십억 달러의 재산 피해가 발생했다. 그리고 정확하게 1년 뒤 일본 고베에서 진도 6.9의 규모가 비슷한 지진이 발생해 5천 명이 넘게 사망했다.

캘리포니아주 중부 파크필드 인근에 있는 샌안드레아스 단층의 일부 지역을 따라 실험한 결과, 최소한 1993년까지 중간 정도 규모의 지진이 발생할 것으로 예측되었다. 그런데 십여 년이 지난 2004년 9월 28일 엉뚱한 방향에서 단층이 갈라졌다.

캘리포니아대학교 로스앤젤레스 캠퍼스의 블라디미르 I. 케일리스버록Vladimir I. Keilis-Borok 박사는 남캘리포니아에서 올해 1월 5일에서 9월 5일 사이에 진도 6.4의 지진이 발생할 것으로 예측했다. 하지만 지진은 없었다.

이런 실패 사례는 초능력자나 점쟁이가 지진이 정말 일어날 것이라고 설명할 여지를 제공한다. 하지만 그들이 동물의 이상 행동이나 하늘에서 보이는 이상한 빛, 조수 간만의 힘 같은 지진의 징조를 언급하는 것은 보통 실제 그런 일이 일어난 다음이다.

요즘 다수의 지진학자는 지각이 너무나 많은 물질로 구성되어 있기 때문에 지진 예측은 절대 불가능하다고 주장한다. 그 어떤 작은 지진이라도 연쇄적으로 더 큰 지진으로 확대될 가능성이 있다. 작은 지진이 큰 지진으로 진행할지, 아니면 소멸할지는 균열이 발생한 지표면에 있는 아주 다양하고 세부적인 물리 조건에 따라 달라진다.

캘리포니아대학교 데이비스 캠퍼스의 지진학자 존 런들John Rundle 박사는 가까운 미래를 예측하는 가장 좋은 방법은 통계적으로 지진이 활발한 곳의 위치를 알아내는 것이라고 말한다.

관심 지역에는 한 변의 길이가 6.9킬로미터인 격자를 사용해서 표시한다. 그리고 진도 3정도의 소규모 지진이 자주 발생하는 지역에 측정 기기를 설치한다. 그 정도 규모의 지진이 많이 발생할수록 5년 내에 지진이 일어날 확률도 높아진다.

런들 박사는 이 방법으로 지난 5년간 캘리포니아주에서 발생한 중간 규모의 지진 14건 중에서 12건의 발생 위치를 예측했다고 한다. 그는 "장소만 알려줄 뿐이지 정확한 발생 시간은 알 수 없다"고 덧붙였다.

땅이 흔들리기 시작하면 파이프라인이나 발전소처럼 주요시설에 운영을 중단하라는 신호를 보낼 수 있다. 일본에는 그런 시스템이 갖춰져 있는데, 그중에는 지진해일이 일어나기 쉬운 해안에 있는 사람들에게 경보를 울리는 사이렌도 있다.

일요일에 지진해일로 큰 피해를 입은 여러 나라에는 그런 경보 시스템이 없었다. 경보 시스템이 제대로 자리 잡기까지는 어느 정도 시간이 걸릴 것이라고 전문가들은 말했다.

하와이 힐로에 있는 하와이대학교의 지진해일 전문가 조지 D. 커티스George D. Curtis 박사는 경보 시스템을 구축하려면 통합된 지진, 밀물, 썰물, 파도 측정기와 지진해일이 어느 곳으로 진행하는지 신속하게 예측할 수 있는 컴퓨터 모델이 필요하다고 말했다. 그런데 그보다 훨씬 더 어려운 일은 수백 곳의 해안 마을에 경보를 울리고 마을 주민들이 반드시 경보에 귀를 기울일 수 있도록 교육하는 효과적인 방안을 수립하는 것이라고 덧붙였다.

그런 대피 훈련은 개발도상국보다 미국이나 일본 같은 부유한 선진국에서 체계적으로 실행되고 있다. 개발도상국은 지진에 훨씬 더 취약하고 가용 자원이 한정되어 있다.

커티스 박사는 "기술적으로 시스템이 갖춰져 있다고 해도 경보를 듣는 사람들이 즉시 반응할 수 있게 해야 한다"고 말했다.

지진이 일어났을 때 흔들리는 다리를 건설하다

헨리 파운틴

샌프란시스코와 오클랜드를 연결하는 샌프란시스코 오클랜드 베이브리지에 새로 추가된 고가도로를 아주 깊숙이 들여다보면, 다리를 설계한 공학자들이 미래를 내다보고 계획했다는 것을 명확하게 알 수 있다.

높은 고가도로에 일정한 간격으로 설치된 상자형 대들보(사방이 밀폐되어 있는 잠수함 같은 느낌이 든다. 콘크리트로 만든 잠수함이 있다면.) 속에는 '데드맨 deadman'이라고 부르는 고정대(외부 압력을 받아 변형될 가능성이 있는 물체가 변형되지 않도록 고정하기 위해 설치하는 구조물—옮긴이)가 들어 있다. 지금부터 수십 년 후, 어쩌면 다음 세기 들어 콘크리트 대들보가 낡아 아래로 처지는 것에 대비해 설치한 것이다. 작업자들은 데드맨 사이를 케이블로 연결한 다음 팽팽하게 당기는 방법으로, 대들보의 배열을 처음 설치했을 때처럼 다시 복원할 수 있을 것이다.

데드맨은 고가도로와 특별한 유형의 현수교를 포함해서 새롭게 건설된 베이브리지의 동쪽 부분(베이브리지는 중간에 있는 예르바부에나섬을 기준으로 오클랜드와 연결된 동쪽과 샌프란시스코와 연결된 서쪽으로 양분되어 있다.—옮긴이)이 예상대로 2013년에 개통된 후 앞으로 최소한 150년간 유지된다는 것을 의미하는 하나의 상징이다. (새로운 다리가 건설되면 현재 사용 중인 기존 다리는 해체될 것이다.)

하지만 새로운 다리를 22세기까지 사용하려면 샌프란시스코에 큰 피해를 입혔던 1906년의 지진이나 베이브리지 일부 지역을 강타했던 1989년의 지진처럼 갑자기 발생할 거대한 지진을 버텨내야 한다. 이 지역은 두 개의 단층이 가까이 있어서 그런 대규모 지진이 발생할 수 있기 때문에 지진을 버티는 것이 쉽지만은 않다.

건설 기간이 10년 넘게 지연되고 건설 비용이 60억 달러 넘게 치솟으면서 사람들이 다리에 바라는 것이 많아졌지만, 언제나 기술자들의 주된 목표는 지진이 발생해도 다리가 그대로 유지되는 것이다. 그리고 그 목표를 달성하기 위해 어떤 손상이 발생해도 그 영향이 다리의 특정 부위에 국한되도록 구조를 유연하게 설계하고 있다.

엔지니어링 회사인 T. Y. 린 인터내셔널의 부사장이며 다리 건설 사업의 수석 설계자인 마르완 네이더Marwan Nader 박사는 "이 다리를 유연한 구조로 만들고 싶다. 지진이 발생하면 다리가 유연하게 움직이도록 말이다. 근본적으로 다리가 지진에 올라타는 것"이라고 말했다.

다리 구조를 아주 거대하고 튼튼하게 만들어 지진의 움직임에 저항하는 다른 방법과는 완전히 반대인 것이다. 캘리포니아대학교 샌디에이고 캠퍼스에 있는 제이콥공학대학의 학과장이며 다리를 설계하면서 다양한 요소를 시험했던 프리더 세이블Frieder Seible 박사는 "거대하고 튼튼한 구조물은 틀림없이 모양도 흉측하고 비용도 아주 많이 들 것"이라고 말했다.

유연한 다리의 설계서에는 네 개의 강철 축으로 된 160미터 높이의 현수교 교탑橋塔이 있다. 교탑은 거대한 지진이 오면 흔들리게 되는데 맨 꼭대기에서는 그 진폭이 최대 1.5미터에 이른다. 하지만 지진의 맹렬한 힘은 '전단 링크shear link'라는 금속판으로 강철 축을 연결하는 방법으로 흡수할 수 있다.

다리의 콘크리트 교각도 지진에 흔들리게 설계하지만, 강철로 보강하여 손상되지 않게 한다. 다리 전체에 있는 많은 접합부에는 '접합부 강관hinge pipe beam'이라는 18미터 길이의 슬라이딩 강관sliding steel tube이 들어간다. 이 강관은 지진으로 다리가 움직일 때 충격을 흡수하면서 다리의 나머지 구조물을 보호한다.

네이더 박사는 "우리가 예상했던 규모의 지진에도 다리가 손상될 수 있다. 하지만 그 손상은 수리가 가능하고 다리를 이용하는 데 아무런 문제가 없다"고 말했다.

대규모 지진이 발생한 뒤 최소한 몇 시간 내에 직원들이나 긴급 차량이 다리를 이용할 수 있어야 하고, 그보다 먼저 다리 구조물을 검사하고 특정 접합부에 강판을 덧대는 등의 임시 조치가 이루어져야 한다. 캘리포니아주 교통부의 바트 네이Bart Ney 대변인은 베이 지역에 있는 두 곳의 주요 공항은 지진 발생 시 운영이 중단될 것으로 예상되기 때문에, 이 다리에서 북동쪽으로 32킬로미터쯤 떨어진 또 다른 지진 안전지대에 있는 베니시아-마르티네스 다리가 내륙의 공군기지에서 지진 피해지역으로 지원 인력이나 물자가 전달되는 '생명줄'이 될 것이라고 말했다.

샌프란시스코만 중앙에 있는 예르바부에나섬과 오클랜드 사이에 3.2킬로미터에 이르는 새로운 다리를 건설해야 하는 이유도 지진 때문이다. 샌안드레아스 단층지역에서 1906년 이후 발생한 첫 지진이었던 1989년의 로마프리에타 지진은 강철 구조물로 만들어진 현재의 다리 일부를 붕괴시켰고 그 바람에 운전자 한 명이 사망했다. 다리는 한 달 동안 폐쇄되었다. 진도 6.9로 발생했던 지진은 약 15분간 강력한 진동을 일으켰는데 1930년대에 설계된 다리가 버틸 수 있는 한계보다 훨씬 더 강력했다.

네이더 박사는 "1989년에 일어났던 지진의 진동에 노출되자, 말 그대로 다리가 늘어나면서 교각 사이의 한 부분이 무너져 내렸다"고 말했다. 대부분의 전문가들은 샌안드레아스 단층이나 헤이워드 단층을 따라 더 강력한 지진이 발생한다면, 오래된 다리가 완전히 무너질 수 있다고 입을 모았다.

지질 조사국을 비롯한 여러 기관에 따르면 베이 지역에서 강력한 지진이 발생할 가능성이 매우 높으며, 2036년 이전에 진도 6.7 이상의 지진이 발생할 확률이 세 번 중 두 번이라고 한다. 하지만 네이더 박사와 동료들은 다리에서 일어나는 진동에 관심이 있을 뿐 진원지에서 측정된 진도에는 별로 관심이 없었다. 그리고 향후 1,500년 내에 발생할 것으로 예상되는 사상 최대의 지진을 대상으로 계획을 수립했다.

1989년 지진 이후 기술자들은 베이브리지 중에서 샌프란시스코와 예르바부에나섬을 잇는 이중 현수교인 서쪽 다리는 약간 보완 작업을 하면 지진에서 안전할 것으로 판단했다. 하지만 트러스교(강철로 만든 트러스를 삼각형 형태로 배치해서 만든 다리—옮긴이)인 동쪽 다리와 제방길은 결국 무너질 것으로 보았다. (금문교는 비록 지진에 손상되지 않았지만, 더 큰 지진에 대비해서 보강 공사를 했다.)

동쪽 다리의 문제 중에서도 교각이 바위가 아닌 진흙 위에 세워져서 지진이 발생하면 다리가 젤리처럼 흔들리면서 진동이 커질 수 있다는 것이 문제였다.

동쪽 다리를 대체할 새로운 다리를 건설하는 계획은 새로운 다리의 경로가 만灣을 가로질러 간다는 것, 그리고 다리의 '외관'을 두고 벌어진 논란 탓에 지연되었다. 특히 이스트베이 주민들이 자신들의 요구에 목소리를 높였다.

캘리포니아대학교 버클리 캠퍼스에서 박사학위를 받고 1989년 지진을 직접 경험했던 네이더 박사는 "주민들은 샌프란시스코 쪽에는 지역을 대표할 만큼 화려한 다리가 세워질 것 같고, 이스트베이 쪽에는 단순하고 실용적인 형태의 다리가 세워질 것 같다는 말을 하곤 했다. 그래서 이스트베이 주민들도 화려한 다리를 원했었다"고 말했다.

이스트베이 주민들은 소원을 이루었다. 전통적인 현수교는 평행을 이루는 두 개의 케이블이 여러 개의 교탑을 지나고 양쪽 끝이 다리 양쪽 끝에 있는 바위나 콘크리트에 단단히 연결된 형태이다. 하지만 새로 건설되는 620미터 길이의 현수교는 교탑이 하나뿐이고 다리 상판에 연결된 케이블 한 개가 다리 동쪽 끝에서 서쪽 끝까지 갔다가 다시 시작 위치까지 고리처럼 연결되었다. (전통적인 설계 방법으로는 만의 한가운데에 있는 다리의 동쪽 끝에 케이블을 고정하기가 너무나 어려울 것이다.)

새로운 다리는 '자체 정착식(앞 문단에서 설명했듯, 다리의 주탑을 지난 케이블이 전통적인 방식대로 다리 끝의 암석이나 콘크리트에 고정되는 대신 다리 상판에 고정되는 방식—옮긴이) 현수교'로는 세계에서 가장 길고 두 개로 구성된 다리의 한쪽이 다른 쪽보다 긴 비대칭 형태이다. (네이더 박사는 전통적인 현수교와 반 정도만 비슷하다고 말한다.) 그런 설계 방법을 선택한 탓에 다리 건설 비용은 크게 늘어났다. 전통적인 현수교에서는 다리 상판을 가장 나중에 건설하면서 주 케이블에 연결된 2차 현수선(주 케이블과 다리 상판을 연결하는 케이블—옮긴이)을 상판과 연결한다. 그런데 자체 정착식 설계에서는 다리 상판이 가장 먼저 건설된다.

네이더 박사는 "닭이 먼저냐 달걀이 먼저냐의 문제가 될 수 있다. 자체 정착식 현수교에서는 다리 상판이 무게를 지탱하게 해야 한다. 그래야 케이블을 연결할 수 있기 때문이다. 그런데 다리 상판은 케이블이 연결돼야 무게를 지탱할 수 있다. 그전까지는 지탱하지 못한다. 그래서 임시 구조물을 만들어야 한다"고 말했다.

임시 구조물은 기본적으로 케이블이 연결될 때까지 다리 상판을 잡아주는 가교 역할을 한다. 임시 구조물을 놓는 작업은 지난 12월에 시작했는데 6개월이 걸릴 것으로 예상하고 있다. 임시 구조물도 지진에 안전해야 하기 때문에 비용이 추가로 든다.

네이더 박사는 지역을 대표하는 다리와 관련한 모든 토론에서 사람들의 관심은 주탑을 하나만 세우는 것에 집중되었다고 말했다. 하지만 그렇게 하면서 설계상에 문제가 있을 수밖에 없었다. 네이더 박사는 "주탑이 하나면 여분이 없다. 막대가 하나 있는 것과 같다. 막대가 하나뿐인데 흔들리기 시작하면 모든 피해는 막대 아랫부분에 집중될 것"이라고 말했다.

다리 설계자들과 대화하면서 구체화된 해결책은 하나뿐인 주탑을 세울 때 기둥을 네 개 세우고 그 네 개의 기둥을 진단 링크로 한데 묶는 것이었다. 네이더 박사가 버클리 캠퍼스에서 공부할 때 어떤 교수가 특정 건물골조를 시험할 때 사용했던 방법이라 이미 잘 알고 있었다.

네 개의 기둥을 묶는 전단 링크는 다른 등급의 강철보다 쉽게 변형되는 특수 강철로 제작되었다. 그리고 주탑을 따라 특정 위치에 설치되어 지진 발생 시 주탑을 구성하는 네 기둥의 움직임에 영향을 미친다. 캘리포니아대학교 샌디에이고 캠퍼스의 세이블 박사는 "전단 링크를 어디에 설치하느냐에 따라 주탑이 지진에 반응해서 어떻게 움직일지 조절할 수 있다"고 말했다.

일반적인 조건에서 전단 링크는 바람이나 다른 하중이 걸렸을 때 네 기둥을 묶어 더 단단하게 만든다. 네이더 박사는 "하지만 그보다 더 큰 지진이 발생하면 전단 링크가 부서지기 시작한다. 주탑에 가해지는 힘을 대신 감당하는 것"이라고 말했다.

네이더 박사는 강력한 지진이 올 때 어느 전단 링크가 손상을 가장 많이 입을지는 이미 안다고 말했다. 그것은 대략 3분의 2정도 되는 높이에 있는 전단 링크였다. 하지만 전단 링크가 부서져도 주탑은 구조적으로 여전히 안전하며 전단 링크를 바로 교체하지 않아도 된다는 것이 그의 말이었다.

네이더 박사는 운전 중에 접촉사고가 발생했을 때와 비슷하다고 말했다. "접촉사고가 나도 차를 운행하는 데는 전혀 문제가 없다. 그걸 고려해서 설계했다. 범퍼가 충격을 흡수하게 말이다. 그러니 그냥 차를 세우고 확인하면 된다. 모든 게 아무 이상이 없다. 그냥 운전하고 다니다가 범퍼를 고치고 싶으면 아무 때나 정비소에 가면 되는 것이다."

허리케인 '샌디'의 여파: 해안 마을 지원에 필요한 비용

코넬리아 딘

뉴저지주는 좋든 나쁘든 100년 넘게 해안 개발 분야에서 미국을 선도했다. 뉴저지주 해안을 따라 늘어선 수많은 보초도(방파제 구실을 하는 섬—옮긴이)에는 오래전부터 돌로 만든 제방, 콘크리트 방파제 같은 방벽이 줄지어 서 있다. 뉴저지주의 해안 마을에 대부분 해변이 있는 이유는 공학자들이 주기적으로 앞바다에서 모래를 채워 넣기 때문이다.

그런데 그 모래가 지금은 대부분 사라졌다. 아직은 보고서를 준비하고 있는 단계지만, 해안 연구자들은 허리케인 '샌디'가 상륙했을 때 해안에 있는 엄청난 양의 모래가 시내로 밀려들었으며 일부는 보초도 너머로 쓸려 나갔다고 한다.

해안에서 모래가 사라진 이 마을들에서 모래를 달라고 아우성치는 동안, 과학자들은 해수면이 상승했기 때문에 인공적으로 해변을 유지하려면 엄두도 못 낼 만큼 비용이 많이 들거나 아니면 아예 불가능해질 것이라고 경고하고 있다. 인공 해변 조성을 옹호하는 일부 사람들도 그 문제를 새로운 관점에서 접근해야 한다고 주장하고 있는데, 뉴저지주에 사는 사람들이 특히 그렇다.

실행에 옮길 방법에 관해 오랫동안 논란이 이어졌다.

인공적인 해변 조성을 반대하는 사람들은 개발되지 않은 해변이 폭풍에 더 잘 대처한다고 주장한다. 개발되지 않은 해변의 모래는 움직인다. 심지어 보초도도 내륙 쪽으로 움직일 수 있다. 하지만 해변 자체는 사라지지 않는다. 건물이나 도로가 해변을 못 움직이게 잡아놓지는 않기 때문이다.

반면, 인공적으로 보충된 모래는 물에 씻겨서 예상보다 훨씬 빨리 사라진다. 비평가들은 해안 폭풍에 대처하는 가장 좋은 방법이 사람과 건물을 해안에서 먼 곳으로 옮기는 것이라고 말한다. 소위 '전략적 후퇴'라는 방법이다.

인위적인 모래 보충을 옹호하는 사람들은 이에 반박하면서 해변이 도로나 다리, 하수도처럼 반드시 유지되어야 하는 사회 기반시설이라고 말한다. 해변이 관광객이나 피서객을 끌어들이면서 모래를 보충하는 비용보다 훨씬 더 막대한 경제적 이득을 가져다준다는 것이다. 또한 이런 해변이 폭풍의 에너지를 흡수하고 육지의 건물을 보호한다고 주장한다.

뉴저지주에서는 그들의 주장에 수긍했다. 뉴저지주 스탁턴대학교 해양학과의 스튜어트 C. 패럴Stewart C. Farrell 교수는 1985년부터 뉴저지주에 조성된 156킬로미터에 이르는 해안 중에서 54곳에 6천1백만 세제곱미터의 모래를 보충했다고 말했다. 해안을 따라 30센티미터마다 트럭 한 대 분량의 모래를 쏟아 놓은 셈이다.

패럴 박사가 동료들과 함께 계산한 결과를 보면 작업에 소요된 비용은 8억 달러가 넘었다. 인플레이션은 감안하지 않은 수치다. 여느 때처럼 연방정부에서 비용의 65퍼센트를 부담하고 주와 마을에서 나머지를 분담했다.

호보켄에 있는 스티븐스공과대학교 해양공학과의 토머스 헤링턴 Thomas Herrington 교수는 지금 뉴저지주에 있는 해변은 대부분 계획적으로 조성된 방벽이라고 했다. 헤링턴 교수는 뉴저지 주정부와 함께 연구를 진행하면서 방벽으로서 해변의 역할이 어떤지 평가했다. 뉴저지주 해변 마을 중 거의 절반에 이르는 곳에서 지금도 그 연구가 진행 중이며, 그런 마을에서는 적어도 원칙적으로는 필요한 만큼 해변에 모래를 가득 채우도록 이미 승인을 받았다.

하지만 모래를 채울 수 있는 예산이 있다고 해도 공학자들이 모래를 찾아나서야 하는데 전국적으로 모래를 찾는 일이 갈수록 어려워지고 있다. 뉴저지주에서는 특히나 어렵다.

미국 지질조사국과 하와이대학교에서 일하는 과학자 S. 제프리스 윌리엄스S. Jeffress Williams는 "지질학 조사를 통해 연안의 모래, 즉 품질 좋은 모래가 극히 한정된 자원이라는 것을 알게 되었다. 뉴저지주는 그 증거로 삼을 수 있는 대표적인 사례"라고 말했다.

윌리엄스는 연안의 해저에 모래로 된 산마루가 있지만, 그것을 찾으려면 기술자들이 더 멀리 나가야 하고 더 많은 비용이 든다면서 결국 "모래가 자취를 감추게 될 것"이라고 덧붙였다.

웨스턴캐롤라이나대학교에서 개발한 해안선에 관한 연구 프로그램을 주도하고 있는 해안 지질학자 로버트 영Robert Young은 이론적으로는 내륙에서 캐낸 모래로 해변을 다시 채울 수는 있지만, 그랬다가는 다른 문제가 생길 수 있다고 한다. 영은 "모래를 가득 실은 트럭은 무게가 많이 나가고 고속도로에는 엄청난 통행료가 부과된다"고 하면서 내륙에서 모래를 캐면 "지름이 수 킬로미터에 달하는 커다란 구멍이 생길 것"이라고 말했다.

해안 재생 사업을 옹호하는 주요 인사인 하워드 말로Howard Marlowe는 국가적으로 "퇴적물의 공급이 부족해지는 상황을 관리하기 위해 더 좋은 방법"을 강구해야 한다고 말했다.

말로 씨는 말로앤컴퍼니의 대표이며 대서양과 태평양 연안에 사는 많은 주민의 주요 관심사를 정치권에 청원하는 활동을 하고 있다. 그는 인터뷰에서 모래 공급이 '전체론(생명 현상의 전체성을 강조하면서 전체는 단순히 부분의 총합으로 설명할 수 없다는 이론—옮긴이)적'으로, 또한 요즘 흔히 볼 수 있듯이 마을 단위가 아니라 지역 단위로 관리되어야 한다고 말했다.

또한 관리자들이 해안의 유입구(바닷가나 호숫가, 강가 등에서 물이 육지 쪽으로 흘러드는 입구—옮긴이)나 항구, 대서양 연안 내륙대수로(미국 남부와 동부의 대서양과 멕시코만을 따라서 4,800킬로미터 정도 뻗어 있는 뱃길—옮긴이)를 비롯해서 해안 앞바다의 모래 자원을 관리해야 한다면서 "각 주들이 공동 대처하는 방법을 강구해야 한다"고 덧붙였다.

그는 특히나 뉴저지주에서는 더욱 그래야 한다고 주장한다. 뉴욕과 델라웨어의 소도시에서도 단독으로 모래를 찾아나서는 일이 흔하기 때문이다. 나머지 다른 지역에서는 앞바다의 모래 소유권을 두고 도시 간에 다툼이 벌어진다. 플로리다의 여러 도시에서는 법정 소송으로 번지기도 했다.

2008년 케이프메이에서 북쪽으로 32킬로미터쯤 떨어진 뉴저지주 아발론시에서 공공사업 책임자로 은퇴했으며, 지금은 시간제로 비상사태 관련 업무를 하고 있는 해리 드버츠Harry deButts의 말로는 아발론시 북쪽에 있는 타운센즈 유입구가 모래가 있을 것 같은 곳으로 기대를 모으고 있다고 한다. 그는 아발론시가 유입구 건너편에 있는 시아일Sea Isle 시와 모래를 공유한다고 말했다.

드버츠 씨는 2003년 육군공병이 유입구에서 약 34만4천 세제곱미터의 퇴적물을 퍼 올린 다음 약 5년 후에 10~20만 세제곱미터 정도를 더 퍼 올려 달라고 신청했다고 말했다. 시에서는 지난해 허리케인 '아이린'으로 입은 피해를 복구하기 위해 12월에 모래를 더 받을 예정이다.

드버츠 씨는 허리케인 샌디가 몰아치는 동안 "해변이 제 역할을 해서" 아발론시의 여러 건물이 수해를 겪지 않았다고 말했다. 시에서 6미터 넘게 모래언덕을 쌓았고 그 탓에 전망이 가로막힌 주민들에게 드버츠 씨가 '교육 프로그램'이라고 부르는, 거실을 2층에 두면 어떤 장점이 있는지 설명하는 프로그램을 시행했다.

그렇게 주민을 설득하는 일이 아주 어려울 수도 있다. 롱비치섬의 하비 세다에서는 모래언덕 사업 탓에 바다 전망이 가로막히자 집주인들이 보상을 요구하면서 소송을 걸었다. 사건의 심리는 뉴저지 대법원에서 진행되었다.

인공적으로 조성된 해변이 마을을 지키는 데 실패했던 곳은 아마도 "폭풍의 규모가 해변의 설계 조건을 넘어섰기 때문"이라는 것이 스티븐스공과대학 헤링턴 박사의 의견이다. 그는 주정부와 함께 해안에 폭풍에 대한 대비상황을 평가하고 있다. 뉴저지주에서 진행 중인 해안 조성 사업은 평균 75년에 한 번 발생하는 규모의 폭풍을 견디도록 설계되었다.

약 1만5천 년 전에 빙하가 녹으면서 빙하 후퇴 현상이 일어났을 때는 이 지역의 땅 면적이 늘어났지만, 지금은 다시 물속으로 가라앉고 있다. 반면, 해류 순환 양상은 미국 동부 연안으로 물을 밀어 올리는 쪽으로 바뀌었다.

지질조사국의 윌리엄스 씨는 "과거의 해안선을 미래에도 유지할 수는 없다. 해안에 인공적으로 모래를 공급하려는 관점에서 보면 더욱 그렇다"라고 말했다.

Chapter 05

환경

삶에 대한 도전

The New York Times

1,300년에 걸친 나무의 인생

지리학자나 뉴스, 책을 통해 캘리포니아주에서 자라는 '빅 트리Big Tree(자이언트 세쿼이아 나무를 일컫는 말—옮긴이)'를 접해보지 못한 사람은 거의 없다. 하지만 그런 식으로는 피상적인 면만 알게 되기 쉽고, 그 나무가 다른 나무보다 월등하게 크고 동식물계를 통틀어 가장 오래된 생명체라는 정도밖에 알 수 없다.

기억력이 좋은 사람들은 빅 트리의 외관을 다음과 같이 설명할 수도 있을 것이다. '두 파수꾼'이라고 불리는 유명한 세쿼이아 나무 두 그루는 키가 91미티, 줄기의 지름이 7미터가 넘으며 둘 다 수백 년이 넘은 고목으로 캘리포니아주 캘러배러스 주립공원에 있다는 식으로 말이다.

하지만 그런 평범한 설명만으로는 빅 트리를 머릿속에 그려 보기엔 턱없이 부족하다. 키가 91미터인 나무라니! 실감이 나지 않는다. 하지만 나무 아래에 사람을 세워놓고 비교해서 사람이 장미 덤불에 붙어 있는 무당벌레로 보일 때면 비로소 탄성을 지르게 된다. "이런 세상에! 정말 엄청나게 크네!"

그런데 수백 년에 또 수백 년을 더 살았다는 것은 어떤 의미가 있을까? 그 오랜 시간을 다시 그려보려면 어떻게 상상해야 할까?

'마크 트웨인'의 인생 이야기

뉴욕 센트럴파크 서쪽에 있는 미국 자연사박물관의 조지 H. 셔우드 George H. Sherwood 부관장은 이 문제에 관해 눈으로 확인할 수 있는 생생한 해법을 내놓았다. 그는 캘리포니아 숲에 있었던 거대한 나무인 '마크 트웨인'의 이야기를 펼쳐놓았다. 박물관에 전시해놓은 마크 트웨인의 줄기 단면 지름은 4.9미터에 달한다. 셔우드 부관장은 그 줄기 단면에서 나무의 나이를 나타내는 나이테에 작은 깃발이나 꼬리표를 달아 그 나이테가 생성될 당시에 일어났던 역사적 사건을 표시해놓았다.

마크 트웨인의 생애는 동로마제국 황제인 유스티니아누스 1세 시절(재위 527~565—편집자)부터 벤저민 해리슨 미국 대통령 시절(재임 1889~1893—편집자)까지 이어졌다. 마크 트웨인이 어린 나무였을 때는 동로마제국 황제들이 로마가 멸망한 다음 파도처럼 밀려드는 이민족에 맞서 위태롭게 버티고 있던 시기였다. 이민족들이 함락시키려고 끊임없이 몰려들었던 콘스탄티노플은 이미 함락된 서로마제국의 수도 로마처럼 끔찍한 재앙을 겪고 있었다. 마크 트웨인은 전보와 전신 기술의 시대가 되자 폭력적인 방법으로 때 이른 최후를 맞았다. 이런 역사적 명암을 듣기 전에, 우리는 므두셀라(구약성서에 나오는 유대인 족장으로 969세까지 살았다고 한다.—옮긴이)에 비견할 만한 이 강인한 나무가 어떤 삶을 살았는지 상상력을 동원해서 그려볼 수 있다.

빅 트리에는 장수 유전자가 있다. 빅 트리가 속하는 세쿼이아과科의 나무는 모두 수명이 긴 것으로 유명할 뿐 아니라 족보 측면에서도 모든 인간의 코를 납작하게 만든다. 중국인들도 예외는 아니다. 세쿼이아과 나무의 수액은 다른 과 나무의 수액과 섞이지 않았다면 빙하기보다 더 오래된 시기까지 추적할 수 있다. 세쿼이아과의 나무는 빙하기 전에 세 개 대륙의 온대지역에서 널리 번성했다. 종種도 다양해서 유럽과 아시아, 아메리카 대륙에 고루 퍼져 있었다. 미국의 삼림 전문가 기퍼드 핀쇼Gifford Pinchot는 세쿼이아과 나무 중에서도 빅 트리 계열에 이런 추천사를 남겼다.

"빅 트리는 이 세상에서 아주 독특한 존재이다. 가장 웅장하고 크고 오래되고 그 무엇보다도 당당하고 우아한 나무이다. 설사 이 모든 표현이 너무 과하다 해도, 빅 트리는 세상에 알려진 나무 종류 중에서 가장 희귀하고, 과거 이곳이 열대지방이었던 시절을 겪었던 살아 있는 증거이므로 과학적으로 엄청난 가치가 있다.

빅 트리가 수세기 동안 우여곡절을 겪으며 지금까지 살아남은 것은 전적으로 나무의 우수한 성질 덕분이다. 두께가 60센티미터를 넘을 때도 많은 나무껍질은 불에 거의 타지 않는다. 가장 오래된 나무 견본에 있는 균류가 이 나무에게는 알려지지 않은 천적이다. 그런데 이 모든 생명 유시 수단에도 불구하고, 빅 트리는 빙하기 이후로 서식지 범위를 넓히지 못한 것으로 보인다. 국지적으로 기후가 알맞은 이 나라의 작은 지역에 가까스로 자리를 잡았을 뿐이다."

견본 선택 과정

1891년 여름에 S. D. 딜S. D. Dill은 미국 자연사박물관에 전시할 이 놀라운 나무의 견본을 구하기 위해 캘리포니아로 갔다. 빅 트리가 모여 있는 가장 큰 숲의 주인인 A. D. 무어A. D. Moore 씨와 (킹스 강 목재회사의 경영자인) 그의 아들이 호의를 베풀어 선택권을 준 덕분에 견본으로 쓸 나무를 마음대로 고를 수 있었다. 딜은 부지런히 나무를 찾아다닌 끝에 2천에서 3천 미터 정도의 고지대에서 '마크 트웨인'이라는 멋진 세쿼이아 나무를 발견했다. 당시 거대한 나무에는 사냥꾼이나 관광객이 붙여준 이름이 있었고 대리석 명판이 붙어 있는 나무도 있었다. 보통 '베이 스테이트(Bay State, 메사추세츠주의 속칭—옮긴이)'나 '조셉 후커 경', '숲의 자랑', '회색 거인'처럼 사람들에게 친숙한 이름이었다.

마크 트웨인은 비율이 정말 멋진 나무였고 숲에서 가장 완벽한 나무였다. 좌우 대칭이었고 키가 무려 91미터를 넘었으며 가지를 완전히 제외해도 거의 61미터에 달했다. 땅 위 2.5미터 높이에서 잰 줄기 둘레가 19미터였고 지면과 닿은 곳에서는 27미터에 달했다. 무어 씨는 이 나무를 벤 다음 전시하기에 알맞게 일부를 잘라 박물관에 보내겠다는 계약을 체결했다.

나무줄기에 있는 동심원 모양의 나이테가 무엇인지 모르는 사람은 없을 것이다. 식물원에 있는 외래종 나무의 단면에서 볼 수 있는 나이테는 온대 기후에서 자라는 거의 모든 나무에 있다. 나이테의 줄과 줄 사이는 봄과 여름에 식물이 성장한 기간을 나타낸다. 그리고 나이테의 진하고 가는 줄은 겨울과 가을에 식물의 성장이 거의 멈췄던 기간을 나타낸다. 각각의 나이테는 한 해 동안 나무가 성장했다는 사실을 의미한다. 따라서 나무에는 저마다 성장을 기록한 자서전이 있는 셈이다.

셔우드 부관장은 과학자 특유의 인내심으로 4.9미터가 넘는 마크 트웨인의 자서전을 해독했다. 여러 곳을 살펴본 결과 나이테의 간격은 가장 넓은 곳도 1.6밀리미터를 넘지 않았다.

그는 나무의 인생에서 마지막 해를 나타내는 가장 바깥쪽 나이테에 '1891년'이라고 쓰인 검은 종이가 달린 핀을 꽂았다. 그리고 줄기 중심 쪽으로 91개의 나이테를 꼼꼼하게 센 다음 '1800년'이라고 쓰여 있는 핀을 꽂았다. 계속해서 나이테를 센 다음 '1700년'이라고 쓰여 있는 핀을 꽂았고 계속해서 한 세기마다 반복해서 핀을 꽂았다. 마치 셔우드 부관장이 자연의 순리를 거꾸로 돌려, 거대한 나무가 축소 과정을 거치면서 어린 나무였던 시절을 향해 점점 작아지고 있는 것 같았다. 셔우드 부관장은 나무의 인생에서 첫 해를 나타내는 가장 안쪽 나이테에 '서기 550년'이라고 쓰인 핀을 꽂았다.

마크 트웨인의 탄생기

서기 550년은 '신이 내린 천벌'로 불린 훈족의 아틸라 왕이 수많은 군사를 이끌고 샬롱 전투를 치른 다음, 라인강을 건너 후퇴했던 해로부터 정확하게 99년이 흐른 해였다. 샬롱 전투 결과, 이교도인 스키타이 훈족이 아니라 기독교도인 게르만족이 기울어가는 로마제국의 통치권을 물려받고 유럽의 운명을 지배하게 되었다. 그리고 같은 해에 길이가 6밀리미터도 안 되는 작은 씨앗이 시에라산맥의 토양에서 작은 싹을 틔우고 빅 트리의 일원이 되었다.

어린 나무였던 마크 트웨인이 햇볕과 공기를 차지하기 위해 주변 덤 불과 경쟁하는 동안, 유럽은 고트족과 반달족, 프랑크족의 발밑에 짓밟혔고 거의 모든 지역에서 전쟁이 벌어지고 있었다.

그로부터 15년이 흘러 마크 트웨인의 줄기 둘레가 30센티미터를 넘었을 때, 인간의 문명 발전에 영향을 미친 대사건이 일어났다. 셔우드 부관장은 나무 중심에서 15번째 나이테에 그 대사건을 알리는 핀을 꽂았는데, 핀에 붙은 종이에는 "누에가 중국에서 유럽으로 전해지다"라고 쓰여 있었다.

열다섯 살이 된 마크 트웨인

싹이 트고 15년이 지나자 마크 트웨인의 줄기 지름은 53센티미터를 넘어섰고 그 다음 100년 동안에는 추가로 71센티미터나 더 굵어졌다. 그리고 '서기 732년, 투르-푸아티에 전투(카를 마르텔이 피레네산맥을 넘어 북상하는 이슬람군을 프랑스의 투르와 푸아티에 사이에서 격파해 서유럽 기독교 세계를 이슬람교도의 손에서 구한 전투—옮긴이)'라고 쓰인 핀에 이르렀을 때는 거대한 나무가 되었다. 서기 732년은 이슬람교도가 스페인을 정복한 지 5년째가 되는 해였다. 사라센Saracen(중세의 유럽인들이 서아시아의 이슬람교도를 부르던 호칭—옮긴이)인들은 피레네산맥을 넘어 갈리아 평원에 자리 잡았고 (중략) 드레이퍼가 그렸던 것처럼 초승달 지대, 그러니까 아프리카 북부 해안에서 아시아의 해안으로 구부러지며 한쪽 끝은 보스포러스 해협에 이르고 반대쪽은 지브롤터 해협에 이르는 지역은 당시 전 유럽을 뒤덮으면서 완전한 원형을 이루게 될 것만 같았다. 하지만 프랑크족과 동맹군은 투르 평원에서 이슬람교도와 싸워 치명적인 타격을 입히고 피레네산맥 너머로 쫓아버렸다.

서기 800년과 그 전해에 캘리포니아주의 기후 조건은 마크 트웨인이 성장하는 데 더할 나위 없이 좋았던 것이 분명하다. 그 당시 마크 트웨인은 이미 사람들이 숭배할 만큼 아주 거대한 나무로 자랐다. 커다란 나이테를 통해 알 수 있는 그 두 해 동안의 성장은 무척 경이로운 것이었다.

서기 800년은 프랑크 왕국의 샤를마뉴 대제가 제위에 오른 것으로 유명한 해이기도 하다. 위대한 전사이기도 했던 샤를마뉴 대제는 궁정에 학교를 설치하고, 당시 수가 많지 않았던 학자들을 초청해서 중세 문명에 고귀하고 아름다우며 쓸모 있는 모든 기반을 닦았다.

서기 800년대에는 영국에서도 알프레드 대왕이 학교를 설립하는 데 힘을 쏟았다. 강인한 고대 스칸디나비아인들은 보물과 모험을 찾아 대담하게 바다를 항해하기 시작했고 874년 아이슬란드를 정복한 데 이어 981년에는 그린란드를 발견하고 서쪽으로 더 나아가 북아메리카 동부 해안을 따라 항해했던 것으로 보인다.

싹을 틔운 후 여섯 번째로 맞았던 또 한 세기가 그늘진 끝자락을 향하던 시기에 마크 트웨인이 본 것은 십자군 원정의 시작이었다. 이슬람교도를 몰아내기 위해 1096년에 시작되어 약 200년간 계속되었던 이 대규모 원정은 다양한 유럽인들의 소통을 촉진하였고, 그 결과 사람들은 다양한 생각을 교환하고 곧 다가올 발견에 대비할 수 있게 되었다.

13세기 전반에는 대학이 설립되었다. 1200년에 최초로 설립된 파리대학은 신학의 중심지가 되었다. 몇 년 후에는 볼로냐대학이 설립되어 법학으로 이름을 떨쳤으며, 파두아대학에는 의학 분야에 뛰어난 인재들이 모였다. 영국에서는 1249년에 옥스퍼드대학이 설립되었다.

1,000살에 가까워지다

15세기에는 문명 발전에 매우 중요한 의미가 있고 과학 발전에도 기여한 놀라운 발견이 등장했다. 1438년 구텐베르크가 나무활자 인쇄술을 발명한 것이다. 뒤이어 1450년에는 금속활자가 등장하여 지식을 대량으로 보급할 수 있게 되었다.

마크 트웨인이 천 번째 생일을 앞두고 무럭무럭 자라고 있을 무렵, 콜럼버스가 아메리카 대륙을 발견했다. 우리 현대인에게는 고대의 일처럼 들리는 많은 일들이 반백半白의 이 나무에게는 동시대의 일이었다. 핀에 붙은 종이에는 이렇게 쓰여 있었다. "1543년 코페르니쿠스가 독자적인 천문학 체계를 발표하다", "1609년 케플러가 행성 운동 법칙을 발표하다", "1685년 뉴턴이 만유인력의 법칙을 발견하다", "1775년 미국 독립혁명", "1815년 워털루 전투", 그리고 가장 마지막이자 가장 최근의 역사적 사건은 "1866년 대서양에 해저 케이블이 가설되다"였다.

시에라산맥의 산비탈에 그냥 내버려 두었다면, 마크 트웨인은 세계 역사에서 또 어떤 위인을 보고 어떤 사건을 겪었을까?

환경보호에 평생을 바친 존 뮤어John Muir는 이렇게 말했다.

"나는 빅 트리가 천수를 다하는 모습을 보지 못했다. 빅 트리는 사고만 당하지 않으면 죽지 않을 것이다. 다른 나무를 괴롭히거나 죽게 만드는 갖가지 병에도 끄떡없다. 인간이 죽이지만 않는다면 영원히 살 것이다. 산불에 타거나 번개에 맞거나 폭풍에 쓰러지거나 나무가 서 있는 땅이 푹 꺼지지만 않는다면. 킹스리버 숲에 있는 상처투성이의 거대한 기념비적인 나무는 반쯤 불에 탄 상태다. 나무의 나이를 알아보느라 까맣게 탄 껍질을 도끼로 한나절 동안 잘라낸 다음 휴대용 돋보기로 나이테를 주의 깊게 살폈다. 내가 껍질을 벗긴 부분의 나이테가 또렷하지 않고 일부는 뒤틀려 있어서 정확한 나이를 알 수는 없었지만, 내가 센 나이테 숫자만 4,000개가 넘었다. 이 나무가 시에라산맥의 바람에 흔들리면서 한창 전성기를 누리고 있을 때 지구에는 예수가 살았다는 뜻이다."

유독물질이 우리를 둘러싸고 있다 : 레이첼 카슨의『침묵의 봄』서평

로러스 밀른·마저리 밀른

사람을 독살하는 것은 나쁜 짓이다. 하지만 온갖 종류의 곤충이나 곰팡이, 잡초를 억제하는 대가로 요즘 사람들은 악명 높은 보르자 가문(스페인 발렌시아 출신의 귀족가문으로 2명의 교황을 배출했으며 이탈리아를 지배하기 위해 독극물은 물론 온갖 수단과 방법을 가리지 않았던 것으로 유명하다.—옮긴이) 사람들조차 상상하지 못할 수준으로 독성물질에 중독되고 있다. 발암물질은 잔류물 형태로 사실상 우리가 먹고 마시는 모든 것에 들어 있다. 독성 화학물질을 사용하는 현 상황이 계속되면 조만간 대다수 야생 생물은 물론 인간마저도 사라질 것이다. 이것이 레이첼 카슨이 도발적인 내용을 담은 신작『침묵의 봄』(에코리브르, 2011)에서 주장하는 바이다.

『침묵의 봄』과 카슨의 예전 책들—『바닷바람을 맞으며』(에코리브르, 2017),『우리를 둘러싼 바다』(에코리브르, 2018),『바다의 가장자리』(에코리브르, 2018)—사이의 비슷한 점은 단 한 가지다. 카슨은 인간의 삶과 환경의 관계를 한 번 더 정확하게, 하지만 대중적인 필치로 그려낸다. 카슨의 책은 일반 대중에게 유독물질을 사용함으로써 지구의 생명체를 파멸로 몰고 갈 사적·공적 프로그램을 제한하라는 외침이다.

카슨은 사실을 인식하고 현 상황에 무엇인가 조치를 취하라고 강력하게 촉구한다. 그리고 알려져 있는 사실을 확인하기 위해, 그 사실을 열거하고 기록해서 55쪽짜리 참고자료를 만들었다. 사람들을 놀라게 해서 행동하게 만들려는 의도다. 그녀는 스프레이나 먼지처럼 퍼지거나 음식에 들어가는 식으로 서서히 퍼져나가는 독성물질이 핵전쟁으로 생기는 방사능 재보다 훨씬 더 두렵다고 한다. 그리고 구약성서에 나오는 선지자 에스겔 같은 열정으로, 1958년 (당시 자연보호 단체인 국립오듀본협회의 회장이었던) 존 H. 베이커John H. Baker가 "지구 생명체에 가장 큰 위협"으로 꼽았던 화학 살생물제biocides(제초제, 살균제 등 생물을 죽이는 물질의 총칭—옮긴이)로부터 자연과 인류를 구하기 위해 애쓰고 있다.

카슨이 설명하는 현실은 암울하다. 그런데 희망이 없지는 않다. 최소한 아직까지는 그렇다. 하지만 카슨은 "우리의 왜곡된 균형감"을 하루빨리 바꿔야 한다고 주장한다. 지적 존재인 우리가 어떻게 몇몇 불필요한 생물을 억제하려고 전체 환경을 오염시키고, 우리 자신마저 병들게 할뿐 아니라 목숨까지 앗아갈 수도 있는 방법을 사용한다는 말인가? 카슨은 『침묵의 봄』에서 "모든 인간이 수정되는 순간부터 죽을 때까지 위험한 화학물질에 접촉하게 된 것은 역사상 처음이다. 이 화학물질은 나이와 상관없이 대다수 사람들의 몸속에 쌓여 있다. 엄마의 모유 속에도 있고 아직 세상에 나오지 않은 태아의 몸속에도 쌓여 있다"고 썼다.

슈바이처는 "인간은 스스로 만들어낸 악마를 알아보지 못한다"는 말을 남겼다. 하지만 『침묵의 봄』을 읽고 몇 년 전 크랜베리 소스 없이 추수감사절을 보냈던 기억을 떠올리는 사람도 있을 것이다. 일부 크랜베리 재배업자가 밭에 난 잡초를 없애려고 발암물질을 남용하는 바람에 크랜베리가 오염되었기 때문이다. 정부에서 크랜베리 재배업자뿐 아니라 (한 1년 정도 전에) 양계업자에게도 세금을 지원했던 일을 떠올리는 사람도 있을 것이다. 양계업자들이 생산한 닭에 정부가 권장했던 가축 사료에 함유된 화학약품이 위험할 정도로 많이 남아 있었고, 양계업자들은 그 일로 비난을 받아야 했다.

카슨은 수많은 다른 사례를 추가해서 목록을 작성했다. 수백만 달러의 세금이 들어갔지만 시작부터 실패가 예정되어 있었던 여러 대책도 거론했다. 그리고 매미나방뿐 아니라 물고기와 게, 새까지 죽이는 매미나방 퇴치 활동, 불개미가 아니라 소를 죽이고 꿩의 씨를 말리는 불개미 퇴치 활동, 자연의 조절 능력을 파괴해서 더 많은 해충(혹은 새로운 해충)을 불러오는 십여 가지 다른 퇴치 활동에 관해 자세히 설명했다.

카슨이 가장 큰 관심을 보이는 것은 살충제와 제초제, 살균제이다. 가장 위험한 독극물이기 때문이다. 카슨은 화학 약제에 신속하게 면역력을 갖추는 곤충이나 곰팡이에 대응하기 위해, 앞서 말한 살생물제나 새로운 대체물질에 의존하는 것이 얼마나 무의미한지 보여 준다. 그러면서 암 치료 권위자인 국립암연구소의 W. C. 휴퍼W. C. Hueper 박사가 "DDT는 암을 일으키는 화학물질이 분명하다"라고 했던 말을 인용했다. DDT가 암 유도물질이라는 말이다. 카슨은 "DDT의 [체내] 축적은 상상할 수 있는 가장 작은 양의 화학물질(대부분의 음식에 잔류물 형태로 존재)을 섭취하는 것으로 시작해서 아주 높은 수준에 도달할 때까지 계속된다. 게다가 체내의 지방 저장소는 생물학적 증폭기 역할을 하기 때문에 음식에서 0.1피피엠(ppm, 백만분의 일—옮긴이)도 안 되는 작은 양을 섭취해도 저장소에서는 10~15피피엠으로 늘어난다. 100배 이상 증가하는 것이다. 동물 실험에서는 3피피엠 정도의 양만 있어도 심장 근육에서 필수 효소의 작용이 억제되었고, 불과 5피피엠 정도의 양으로도 간세포가 괴사하거나 파괴되었으며, DDT와 아주 비슷한 화학물질인 딜드린과 클로데인은 2.5피피엠 정도의 양으로 같은 현상이 일어났다"고 말했다. 다른 최신 살충제는 그보다 더 치명적이다. 살충제의 유독성은 "우연히 알게 된 것이 아니었다. [2차 대전 중에] 화학물질을 인간 살상용으로 사용하기 위해 곤충을 이용한 광범위한 실험이 진행된 적이 있었다."

『침묵의 봄』에서 카슨은 널리 사용하고 있는 유독성 화학물질 대신 사용할 만한 대체물질을 제안한다. 개각충(몸이 밀랍 같은 껍질로 싸여 있고 크기가 아주 작으며 보통 식물에 달라붙어 기생하는 곤충을 가리키는 통칭으로 깍지벌레라고도 한다.—옮긴이)은 무당벌레로 퇴치하고 일본 알풍뎅이는 유화병(乳化病, 풍뎅이 유충이 잘 걸리는 세균병의 일종으로 체액에서 세균이 증식하면서 유충이 우윳빛을 띄게 되어 그런 이름이 붙었다.—옮긴이)으로 퇴치할 수 있다는 것이다. 특정 지역에 해로운 종이 새로 생겨났을 때, 천적이나 맞수가 되는 종이 자연스럽게 나타나거나 그런 종을 인위적으로 투입하면 큰 문제로 번지지 않는다. 자연은 생존을 위해서 그 해충의 숫자를 아주 낮은 수준으로 유지할 수 있다. 카슨이 강조하듯이 이런 방법을 쓰면 새로운 해충이 생기는 일이 거의 없다. 반면, 인위적인 구제 활동은 새로운 해충이 생기는 경우가 많다.

해충 피해를 입을 수 있는 상품이나 식품을 생산하고 보관하는 사람들은 『침묵의 봄』에서 전체가 아니라 일부만 이야기한다고 비난할 것이 틀림없다. 요즘에는 식량이나 목재를 효율적으로 생산하거나 유통하려면 독성물질을 사용해야 한다. 그리고 이런 식량이나 목재의 겉이나 속에 남아 있는 극소량의 화합물은 그런 효율을 얻기 위해 치러야 하는 대가이다. 만일 생물학적 관리 방법이나 수작업에만 의존한다면, 생산량은 줄어들고 시장 가격은 올라갈 것이다. 그러면 생산자들은 이렇게 물을지도 모른다. "사과에 애벌레가 있거나 밀가루에 작은 곤충이 들어 있는 게 좋습니까? 아니면 아직까지 유해성이 밝혀지지 않은 극소량의 농약을 쓰는 게 좋습니까?" 카슨은 많은 농약 제조사와 농약 사용자들의 거센 반발이 있을 것으로 본다. 독성물질의 사용을 부추기는 정부기관은 입을 다문 채, 이제 와서 생각해보면 무의미하고 부주의해 보이는 정책을 광범위하게 시행했으면서도 책임지지 않으려고 할 가능성이 높다. 카슨이 신중하게 쓴 표현에 반박 의견이 나온 경우는 거의 없었지만, 『침묵의 봄』은 너무 한쪽 측면만 보기 때문에 논란을 불러일으킨다. 살생물제 사용자들은 그 화학물질을 사용하는 동기와 방법을 옹호하기 위해 틀림없이 용기를 낼 것이다. 그리고 논쟁 결과 화학물질이 위험할 수도 있지만, 올바르게 사용하면 도움이 될 수도 있다고 인정받게 될 것이다. 그때 살생물제 사용자들이 독성물질을 사용했을 때 따르는 재앙을 거론하지는 않을 것이다. 『침묵의 봄』에서는 언급하지만 말이다.

『침묵의 봄』에 따르면, 1960년 미국 시민들이 해충과 들쥐, 필요 없는 물고기, 잡초, 기타 해충을 죽이기 위해 개인적으로 독성물질을 사는 데 들어간 총비용이 7억5천만 달러를 넘었다고 한다. 연방정부와 주정부, 지방정부에서는 그보다 훨씬 많은 돈을 써서 (국유림이나 국립공원, 도로변 같은) 국유지와 (소유주 대부분이 독성물질 사용을 극렬하게 반대한) 사유지에 독성물질을 뿌렸다. 그 엄청난 양의 화학물질을 제조하고 유통하고 살포한 사람들은 당연히 살충제의 수요가 늘어나기를 바란다. 그리고 사업을 키우기 위해 연구 개발과 홍보에 막대한 돈을 아낌없이 투자할 용의가 있다. 그들은 현재 정책의 유지 여부에 막대한 금전적 이해관계가 있기 때문에, 대중에게 사실과 다른 이야기를 하는 데 훨씬 더 많은 돈을 쓸 수도 있다.

헌법 수정안도 이 새로운 위험에서 우리를 보호하지 않는다. 카슨은 "권리장전(연방 중앙정부의 과도한 권력 남용을 경계해서 제정된 미국 수정헌법 1조부터 10조까지를 일컫는 말—옮긴이)에 일반 개인이나 공무원이 살포하는 치명적인 독성물질로부터 시민의 안전을 보장하는 내용이 없는 것은, 우리의 선조가 매우 지혜롭고 선견지명이 있었지만 단지 그런 문제를 미처 생각하지 못했기 때문이다"라고 말한다.

더 많은 사람들이 요구하지 않으면, 의원들도 식품의약국이 식품에 남아 있는 독성 잔류물을 더 적절하게 감시하게 하는 법안을 통과시키지 않을 것이다. 의원들이 가장 중요하게 생각하는 두 가지는 유권자의 표와 세금이다. 국립오듀본협회 같은 원외조직에서 나오는 표와 세금은 그리 많지 않다. 그런 조직과 그 조직의 소식지를 만드는 소규모 잡지사는 자금이 많지 않아서 의원들을 일깨우고 그들에게 영향력을 행사하기가 어렵다.

『침묵의 봄』의 내용 중 3분의 1 정도가 《뉴요커*The New Yorker*》에 실렸다. 책의 내용을 자세히 설명하였고 근거도 제시했다. 화학업계 사람들 중 일부는 자연의 균형을 무너뜨린 책임에 관해 대답하면서, 현재 사용되는 약에도 똑같은 문제가 있다고 지적했다. 하지만 이런 방어 논리는 살생물제 업계나 의약품 업계 모두에 사람들의 혐오를 불러올 뿐이다. 『침묵의 봄』은 다음과 같은 측면에서도 경고를 보낸다. 소량의 어떤 독성물질 때문에 소량의 다른 독성물질이 갑자기 큰 문제를 일으키거나,

체내에 축적된 독성물질이 건강할 때는 별 문제 없지만 병에 걸려서 면역이 떨어지는 순간 극적인 영향을 미치는 경우가 종종 있다는 것이다. 바로 지금이 주위 환경에서 일어나는 그런 급격한 변화를 깨닫고, 모든 지구 생명체의 미래를 결정할 수도 있는 전투에서 맡은 역할을 효과적으로 수행할 수 있는 가장 좋은 시점이다.

실험을 통해 분무제가 지구에 위협이 될 수 있음이 밝혀지다

월터 설리번

분무기 캔에서 나오는 분무제가 대기권 상층부에 이미 많이 축적되어, 치명적인 자외선으로부터 지구를 보호하는 오존의 양이 감소하기 시작했다는 추정안이 나왔다. 하버드대학교 소속의 두 과학자가 발표한 추정안은 최근 헤어스프레이나 살충제 등에 분사제로 사용하는 이런 분무제가 불활성이기는 하지만 매우 빠른 속도로 오존층을 파괴한다는 연구 발표에 뒤이어 나온 것이다.

두 사람의 발견은 대부분 지상에서 16~48킬로미터 높이에 존재하는 오존층의 안정성에 우려를 자아내는 새로운 위협으로 등장했다. 수없이 오가는 초음속 수송기의 배기가스나 무수한 핵무기 폭발로 인해 오존층이 줄어들 것이라는 우려도 있었다.

9월 5일, 미국 군축청(군비 규제나 군축 정책을 위한 조사 및 국제 교섭을 담당하는 미국의 연방정부기관—옮긴이)의 프레드 C. 이클레Fred C. Ikle 박사는 핵전쟁이 일어나서 성층권에 산화질소가 침투하게 되면 오존층이 완전히 소멸될 수 있다고 말했다.

태양에서 나오는 자외선의 특정 파장이 생명체에 필수적인 분자를 파괴하기 때문에, 지구 역사에서 땅 위에 생명체가 등장한 시기는 오존층이 생겨난 이후로 알려져 있다. 다만 그 치명적인 파장은 물을 뚫고 지나가지는 못한다.

하지만 가장 우려스러운 점은 오존층이 완전히 소멸된다는 문제가 아니다. 오존은 끊임없이 일어나는 복잡한 화학반응에 의해 분해되고 다시 복원되기 때문이다. 그보다 두려운 것은 많은 양의 오존이 사라지면 피부암이 증가하는 등의 문제가 광범위하게 일어날 수 있다는 점이다. 더욱이 오존은 자외선을 흡수해서 대기 상층부의 온도를 높이는 데 중요한 역할을 하기 때문에 그런 난방 효과가 급격하게 감소하면 기후가 변할 수도 있다.

일반 산소 분자에는 산소 원자가 두 개인데 비해, 오존은 산소 원자가 세 개인 분자들로 구성된 기체이다. 산소 원자가 두 개인 산소 분자에 산소 원자 한 개가 달라붙어 오존 분자로 바뀌기도 하는데, 오존은 이때 달라붙는 각각의 산소 원자를 공급하는 공급원이기도 하다.

글 첫머리에서 오존 양이 감소하기 시작했다고 추정했던 하버드대학교의 과학자들은 대기과학 교수인 마이클 매켈로이Michael McElroy 박사와 대기 물리학자인 스티븐 C. 웝시Steven C. Wofsy 박사였다. 두 사람은 '프레온'이라는 상품명으로 유명한 분사제 가스 사용을 최대한 빨리 중단해도 1990년이 되면 오존층의 감소량이 5퍼센트에 이를 수 있다고 밝혔다.

두 사람은 정치적·상업적 측면을 고려할 때 분사제 가스 사용을 중지할 수 있는 시기는 빨라야 1970년대 말쯤일 것으로 추정했다. 또 다른 사람들이 최근 수많은 토론을 거친 다음 언급했듯이, 분사제 가스의 사용을 멈춘 다음에도 그 가스의 영향은 한동안 계속될 것이다. 이미 방출되어 해수면에 있는 가스가 성층권까지 올라가면서 계속 영향을 미칠 것이 분명하기 때문이다.

하버드대 과학자들 말대로 분사제 가스의 사용을 중지한 뒤에도 오존층에 효과가 나타날 때까지 시간이 걸려서 오존층의 감소가 10퍼센트에 이르는 상황을 막을 수 없다면 그 결과는 더욱 심각해질 수 있다.

비교적 보수적으로 가정해서 분사제 가스의 방출량이 매년 10퍼센트 증가한다고 계산한 과학자들은 2000년까지 오존층의 감소 추세가 바뀌지 않을 것으로 추정했다. 그리고 그때쯤이면 오존층 감소량이 14~15퍼센트에 이르게 될 것이다.

느리게 복구될 것으로 예상됨

최근 분사제의 경우처럼 프레온 가스 방출량이 매년 21퍼센트씩 계속 늘어난다면, 오존의 양은 1984년에는 7퍼센트, 1994년에는 30퍼센트 감소할 것이다. 하지만 1987년에 프레온 가스의 사용을 중지한다면 최대 감소량이 달라져서 1995년에 21퍼센트 감소하는 것으로 바뀌게 된다.

어떤 경우라도 회복은 더딜 것이다. 화학반응을 통해 공기 중의 분사제 가스를 없애는 방법은 존재하지 않기 때문이다.

미시간대학교의 과학자들이 각자 이 문제를 분석한 다음 내린 결론은

1985년이나 1990년쯤에는 프레온 가스에서 나온 염소가 오존층을 파괴하는 주된 요인이 된다는 것이었다. 랠프 J. 시서론Ralph J. Cicerone 박사와 리처드 S. 스톨라스키Richard S. Stolarski 박사, 스테이시 월터스Stacy Walters 박사 등 세 사람의 과학자가 쓴 논문은 내일 발행되는《사이언스 *Science*》에서 볼 수 있다.

문제가 되고 있는 프레온 가스는 정식 명칭이 클로로플루오로메탄 chlorofluoromethanes이다. 여러 종류가 있는데, 프레온 11로 광고하는 가스는 화학적으로 불활성(다른 화합물과 쉽게 반응하지 않는 성질—옮긴이)이고 분사되는 재료와 반응하지 않아 분무기 캔에 들어가는 분사제로 사용한다. 또 다른 종류인 프레온 12는 냉매로 사용한다.

바로 작년까지만 해도 사람들은 프레온 가스를 대기 중으로 배출하는 것이 위험하기는커녕 유익하다고 생각했다. 1973년 1월 19일자 영국 학술지《네이처》에는 대기 중으로 배출되는 속도가 갈수록 빨라지고 있는 프레온 가스가 공기의 흐름을 추적하는 무해한 도구로 사용될 수 있다는 기사가 실리기도 했다.

1971년 현재, 대기로 배출되는 프레온 가스는 각 종류별로 매년 1백만 톤에 달하는 것으로 추정된다. 더욱이《네이처》의 기사에는 세계적으로 지금까지 배출된 모든 프레온 가스가 여전히 공기 중에 남아 있다고 쓰여 있었다. 하지만 기사를 작성한 사람들은 "이런 화합물의 존재가 위험해 보이지는 않는다"라고 썼다.

그런데 지난 6월 캘리포니아대학교 어바인 캠퍼스의 마리오 J. 몰리나Mario J. Molina 박사와 F. S. 롤런드F. S. Rowland 박사는《네이처》에 프레온이 결코 무해한 성분이 아니며 과거에 큰 관심을 모았던 질소산화물보다 6배나 더 효과적으로 오존을 분해한다고 발표했다.

초음속 수송기와 핵폭발은 대기 상층부에 질소산화물을 배출하고 질소산화물이 오존 분해를 촉진하면서, 그냥 두었다면 산소와 결합해서 새롭게 오존을 생성했을 자유 산소 원자를 빼앗는 촉매 역할을 한다. 이런 이유로 수송기와 핵폭발이 오존층에 미치는 영향에 관해 우려하는 사람들이 있다. 하버드 연구팀은 4백여 대의 콩코드형 초음속 여객기가 하루에 일곱 시간씩 비행할 때 나오는 배기가스가 오존층의 약 1퍼센트를 분해해서 없앨 것으로 추정했다.

요즘에는 햇빛이 프레온 가스를 분해하면서 방출되는 염소가 오존을 분해하는 훨씬 강력한 촉매 역할을 하는 것으로 보인다. 1년 전부터 하버드대학교의 과학자들은 지상에서 발사된 우주왕복선이 성층권을 지나면서 배출한 염소가 어떤 작용을 하는지 조사하기 시작했다. 우주왕복선이 내뿜는 배기가스에는 염화수소가 들어 있기 때문이다. 과학자들은 이 연구에서 사용했던 계산을 프레온 문제에도 똑같이 적용했다.

이달 초에는 미국화학학회 회의에서 해군연구소의 존 W. 스위너턴John W. Swinnerton 박사가 전 세계의 대기에 축적된 프레온 가스의 양이 빠르게 증가하고 있다는 사실을 확인시켜 주었다. 1972년, 로스앤젤레스에서 남극으로 가는 유람선에서 프레온 가스의 평균 수치를 측정해보니 61피피티(ppt, 1조 분의 1—옮긴이)가 나왔다. 1년 후에 대서양에서 측정한 결과는 85피피티였고 올해 1월 북극에서 측정한 결과는 120피피티였다.

올해 6월 14일 오스트레일리아 정부 소속 대기 물리학자인 A. B. 피톡A. B. Pittock의 발표를 보면, 오스트레일리아 상공의 오존층에 풍선을 띄워 측정해 본 결과 1973년 이전 8년 동안 프레온 가스의 양이 대체적으로 감소했다. 하지만 전 세계적인 추세도 그런지는 명확하게 규명되지 않았다.

어제 하버드대학교의 매켈로이 박사의 말로는, 오존 함량에 1퍼센트 정도 편차가 있는데, 그 편차는 11년인 태양의 흑점주기와 관련이 있는 듯 하고 20년인 원인 불명의 어떤 주기와도 관련이 있다고 한다.

프레온은 듀폰 드 느무르 앤 컴퍼니du Pont de Nemours & Co.에서 생산하는 제품의 상표명이며, 미국 내에서 얼라이드 케미컬Allied Chemical, 유니언 카바이드Union Carbide, 펜월트Pennwalt, 카이저 케미컬Kaiser Chemical, 레이콘Racon 같은 업체에서도 비슷한 가스를 제조한다.

최근 오존 감소로 생길 수 있는 일을 기록한 보고서가 나오자, 화학제조업자협회에서는 전 세계 프레온 가스 제조자들을 대표해서 보고서에 대응하기 위한 자체 연구 프로그램을 시작했다.

델라웨어주 윌밍턴에 있는 듀폰 프레온 제품본부의 찰스 S. 부즈 대변인은 어젯밤 오존 효과에 대한 평가가 "대체적으로 추측"일 뿐이라고 말했다. 그리고 대기 상층부의 특수한 환경에서 일어나는 화학 반응은 "알려진 것이 거의 없다"는 말도 덧붙였다.

매켈로이 박사는 전화 인터뷰에서 《사이언스》에 제출할 예정인 분석 결과는 어디까지나 이론일 뿐이라는 점을 강조했다. 또한 이제는 프레온 가스의 양과 대기 상층부에서 염화수소의 오염도를 광범위하게 측정해야 한다는 희망을 피력했다. 매켈로이 박사는 다른 사람들도 당연히 하버드대에서 내놓은 추정을 면밀하게 살펴보게 될 것이라고 말했다. 그리고 그 추정을 평가하는 가장 확실한 방법은 기다리면서 어떤 일이 생기는지 지켜보는 것이지만, "과학계에서 기다리면서 지켜본다는 건 아주 드문 일"이라며 그 방법이 받아들여지기는 어렵다고 말했다.

위험에 빠진 서부

최근 '구 서부Old West' 지역의 뉴스 단신에 이런 내용이 등장하고 있다. 몬태나주에서는 국내에서 가장 엄격한 수질오염 방지법을 광산업계에 유리한 쪽으로 개정하고 있다. 아이다호주 의원들은 공해 유발 가능성이 있는 기업을 대상으로 수질오염 방지 기준을 세우라고 목소리를 높이고 있다. 유타 주정부는 2만3천 제곱킬로미터에 이르는 국유지를 자연보호구역에서 해제하라는 유타 주민들의 청원을 거부하고 있다. 워싱턴주 의원들이 전국에 지대한 영향을 미칠 '토지 수용법'을 통과시킴으로써, 아주 중요한 '토지 이용 규제권'의 영향력이 약화되었다. 와이오밍주 의원들은 최근 옐로스톤 국립공원에 다시 방사해서 연방 '멸종위기동물 보호법'으로 보호하던 늑대에 현상금을 걸 수 있도록 허가했다.

분명한 점은 이런 식으로 환경보호법안에 집중 포화가 쏟아지고 있는 곳이 미국 의회뿐만이 아니라는 것이다. 미국 서부 모든 지역, 특히 로키산맥에서 주 의원과 주지사들은 사업적인 이익이나 사유재산을 옹호하는 작지만 목청이 큰 이익집단의 선동에 시달리고 있으며, 미국의 천연자원을 보호하려는 연방 및 주정부의 규제에 반대하는 사람들의 전면적인 저항에 직면하고 있다.

지금 벌어지고 있는 사태는 레이건 정권 초기에 등장했던 소위 '산쑥지대 반란Sagebrush Rebellion(1970~80년대에 서부 13개 주에서 연방정부 소유의 국유지를 주정부나 지방정부에 불하해서 지역 개발을 확대하라고 요구하면서 일어난 운동으로, 서부의 건조지역에 많이 자라는 산쑥이라는 식물에서 이름을 따왔다.—옮긴이)'의 최신판이지만 한층 더 조짐이 좋지 않다. 산쑥지대 반란은 국유지에 관한 연방법에 반대하는 대규모 목장의 이익을 대변했다. 반면 현재의 사태는 환경을 파괴하는 그런 대규모 목장들은 물론 광업회사나 거대 목재회사, 토지개발업자, 상업화된 대형 농장주를 포함해서 환경 규제 완화로 이익을 보는 거의 모든 사람이 참여하고 있다.

기본적인 환경보호법에 맞서서 서부 지역과 의회에서 벌어지고 있는 투쟁은 공통점이 많다. 첫째, 대기업이 주도하며 비용을 대는 경우도 있다. 둘째, 연방의 폭압에서 보통 사람을 구한다는 구실을 내세우고 있다. 셋째, 심하게 훼손된 법 초안을 작성할 때가 되면 이 '보통 사람'들의 모습은 찾아볼 수 없다. 사실 지금까지 보통 사람들의 바람은 거의 무시되었다. 여론조사를 보면 일반 시민들은 환경 보호 강화가 더 깨끗한 환경과 건전한 사회를 의미한다면 더욱 강화하기를 바란다. 하지만 이 나라의 의회와 서방 국가에서 시민들에게 주려는 것은 그것이 아니다.

몬태나주와 아이다호주는 특히 안타까운 사례이다. 몬태나주에서는 시민들이 항의하고 언론에서 거의 만장일치로 반대했지만, 더 많은 독성 쓰레기가 강과 호수에 배출되는 결과를 가져올 두 가지 법안이 의회를 통과했다. 주지사는 못마땅해하면서도 두 법안에 서명했다. 의회에서 법안을 논의하는 동안, 크라운뷰트Crown Butte와 모회사인 캐나다의 노란다Noranda Inc. 같은 광업회사의 로비스트가 사람들의 눈에 띄었다. 이런 회사들은 지질학적으로 아주 불안정한 지역에 금광 개설 허가를 받기 위해 수단과 방법을 가리지 않았다. 금광이 생기면 몬태나주에서도 가장 중요한 천연 개울이 흐르는 분수령에 영구적인 오염물질 웅덩이가 생길 수 있다.

아이다호 주민들은 위험에 처한 스네이크강 연어와 함께 이중으로 위협에 직면하고 있다. 새로운 법령에서는 분수령을 관리하는 위원회에서 수질 허용 기준을 정하게 되는데, 이 위원회는 대부분 규제를 완화해서 법안을 새로 제정할 것이 뻔한 대지주와 목재회사, 광산회사, 대규모 영농기업에서 온 대표들로 채워지게 될 것이다. 한편 워싱턴에서는 아이다호주의 더크 켐프손Dirk Kempthorne 공화당 상원의원이 연어를 보호할 수 없을 정도로 '멸종 위기종 보호법'을 훼손하려는 활동을 상원에서 주도하고 있다. 그런 식으로 켐프손 상원의원이 멸종 위기종의 보호권을 워싱턴에서 아이다호주로 이관하는데 성공한다면, 연어에게는 마지막 작별인사가 될 것이고 회색곰이나 늑대도 같은 신세가 될 것이다.

물론 훌륭한 예외 사례도 있다. 예를 들어, 콜로라도주에서는 목장주와 환경운동가, 주 공무원들이 자연을 덜 파괴하는 방목법에 합의했다. 합의에 이르기까지 내무부의 브루스 배빗Bruce Babbitt이 여섯 차례 정도 힘들게 콜로라도를 방문해야 했다. 그럼에도 거의 미국 전역에서 연방정부에 대항하는 관념론자들이 우위를 점하고 있는 상황이다. 가장 극명한 사례로 네바다주를 들 수 있다. 네바다주 나이 카운티의 공무원들은 국유지 소유권이 주정부에 있다고 주장하는 일련의 조례를 통과시킨 다음, 연방 산림청과 토지 관리국 직원들에게 물리적인 위협을 가하기 시작했다. 법무부에서 현재 국유지의 관할권이 연방정부에 있음을 재확인하는 소송을 진행하고 있지만, 많은 사람들이 나이 카운티 반란자들의 뒤를 따르고 있다. 서부의 시골 카운티 중에서 국유지를 반환받기 위한 조례를 통과시켰거나 새롭게 발의한 곳이 70여 곳을 넘었다.

여기서 개인주의와 각 주의 권한에 관한 모든 미사여구에 묻혀버린 기본적인 법적 사실이 하나 있다. 서부의 국유지가 주정부 소유였던 적은 지금까지 단 한 번도 없었다는 점이다. 국유지는 연방정부가 모든 미국 시민을 대표해서 조약을 맺거나 정복하거나 사들이는 방법으로 취득한 것이기 때문이다. 게다가 이와 함께 묻혔던 엄청난 아이러니도 있다. 서부 목장주들은 전통적으로 연방정부의 혜택을 받으며 성장했다. 그런데 지금은 워싱턴에 반대 투쟁을 벌이면서, 그동안 두둑한 장려금을 주고 자연재해나 시장의 괴팍한 변덕에서 보호해주던 연방정부의 손을 물어뜯고 있는 것이다.

하지만 산쑥지대 반란자의 후손들은 이 모든 것을 인식하지 못한다. 국유지와 숲을 개발로부터 보호하는 것이 중요한 국가적 이익이 될 수도 있다는 생각을 쉽게 납득하지 못하는 것이다. 주 의회에 있는 새로운 반란자들도 그런 면에서는 다를 바가 없는 듯하다. 그들은 미국의 수로를 정화하고 습지를 보존하며, 보호하지 않으면 점점 줄어들 자연유산을 지키기 위해 20년 이상 지속된 투쟁을 무력화시킬지도 모른다.

이런 문제에 만족이란 있을 수 없다. 그런 일은 국가가 응당 수행해야 하는 책무가 아니라고 그럴듯하게 포장하고 있는, 의회에 있는 환경의 적들은 생각이 다를지도 모르겠지만.

세상의 모든 낙엽 밑에 있는 무시무시한 야생의 세계

제임스 고먼

두 차례 퓰리처상을 받고 셀 수 없이 많은 과학상을 받은 펠레그리노대학교의 연구 전문 교수이자 하버드대학교 비교동물박물관의 곤충학 분야 명예 학예사인 에드워드 O. 윌슨Edward O. Wilson 박사는 지금 월든 호수 근처 바닥에 엎드린 채 어지럽게 흩어져 있는 낙엽을 손으로 헤집고 있다. 반쯤 누운 편한 자세로, 윌슨 박사는 한 움큼의 부엽토와 흙을 내밀면서 "여기는 자연 그대로의 땅"이라고 말했다.

미국 시인이자 사상가인 헨리 데이비드 소로Henry David Thoreau의 오두막에서 십여 미터 떨어진 이곳에서, 윌슨 박사는 분명한 목적이 있지만 열 살배기 아이라면 당장이라도 함께 놀고 싶어 할 만한 즐거운 모습으로 땅 위를 샅샅이 훑었다. 일흔셋의 나이를 짐작하게 만드는 미소를 띤 채 왼쪽 무릎이 다소 불편해 보이는 모습으로, 윌슨 박사는 교수실의 책상만큼이나 좋아하는 숲의 바닥을 계속 찾아다니는 중이다.

이 숲은 야생의 숲이 아니다. 사실 소로가 살던 시절에도 야생의 숲은 아니었다. 요즘 '월든 호수 주립 보호구역'의 호숫가와 오솔길을 다녀가는 사람은 매년 50만 명에 이른다. 하지만 그중에서 개미를 사냥하는 사람은 거의 없다. 발밑이나 땅에 떨어진 낙엽 밑에는 인간이 북아메리카의 이곳에 발을 디디기 전의 모습과 같은 야생 그대로의 세상이 펼쳐져 있다.

윌슨 박사는 이 작은 야생의 세계로 인도하는 안내자 역할을 하고 있었다. 버섯류의 균사와 식물 유기분해물이 가득한 이 작은 숲에 사는 개미와 진드기, 다족류 곤충, 톡토기를 설명하면서 작은 생물과 작은 공간의 가치에 관해 알려주고 싶은 것이다. 윌슨 박사가 책이 아니라 자동차 범퍼에 붙이는 스티커에 들어갈 문구를 쓴다면, 아마도 '미세동물을 살리자', 혹은 '사소한 생물에 목숨을 겁시다'가 될지도 모르겠다.

윌슨 박사가 가장 최근에 쓴 『생명의 미래』(사이언스북스, 2005)를 보면 소로에게 쓴 편지글이 있다. 소로에게 이 세상과 월든 호숫가의 숲에 관해 이야기하는 글이다. 윌슨 박사는 책에서 이렇게 말했다.

"우리 발밑에 있는 흙과 부패 중인 식물 속에는 자연 그대로의 자연이 있다. 흔하게 볼 수 있는 황무지가 사라질 수도 있고 사람의 손이 닿은 매사추세츠주의 숲에서 이제 늑대나 퓨마, 오소리는 보이지 않는다. 하지만 그보다 훨씬 더 오래된 다른 자연 세계는 계속 살아 있다."

다족류 곤충은 그들만의 세상에서는 검치호(4천만 년~1만 년 전까지 살았던 고양잇과의 육식동물로 길이가 20센티미터나 되고 구부러진 칼같이 생긴 송곳니가 있었다.—옮긴이)만큼이나 무시무시한 포식자이고, 개미는 아프리카 평원에 있는 유제류(소나 말처럼 발굽이 있는 동물—옮긴이) 동물보다 그 수가 훨씬 더 많다. 회색곰이나 코끼리, 재규어, 콘도르처럼 세상에서 가장 대접받는 거대동물에게 광대한 보호지역이 필요한 것과는 달리, 전 세계에서 아직 밝혀지지 않은 습성과 생리가 놀라우리만치 다양한 작은 생물들의 다양성을 보존하는 일은 수천 제곱미터의 비교적 좁은 지역에서 적은 비용으로도 할 수 있다.

그렇다고 윌슨 박사가 자연환경 보존을 위한 대규모 계획을 포기한 것은 결코 아니다. 사실 그는 인간 이외의 자연을 위해 지구 면적의 절반을 보존해야 한다는 주장도 한다. 하지만 윌슨 박사는 현실주의자이며 자칭 "작은 것들을 사랑하는 사람"이다.

윌슨 박사는 앨라배마주와 플로리다주에서 살던 어린 시절부터 통나무나 돌멩이를 뒤집어서 곤충과 작은 생물의 세계를 관찰했으며 한시도 멈추지 않았다. 윌슨 박사는 함께 걸으면서도 곧 개미를 관찰하러 도미니카공화국으로 가게 될 현장학습에 관해 열정적으로 이야기했다. 또한 올가을에는 혹개미속屬(과와 종 사이에 있는 생물의 분류 단위—옮긴이)에 속하는 총 625종의 개미를 설명하는 책 한 권 분량의 논문을 발표한다고 했다. 그중에서 341종은 과학계에 처음 소개되는 것이었다.

연구자들에게는 대개 세상을 보고, 만지고, 완전히 파악해서 내 것으로 만들려는 강한 열정이 있다. 무엇이든 논평을 하지 않고 넘기는 법이 없다. 숲으로 가는 길을 따라 월든 호숫가를 걷던 윌슨 박사는 나비 한 마리를 발견하자 하던 말을 멈췄다. 조금 전까지만 해도 과학 연구를 참조하고 인용해가면서 포유류와 파충류, 양서류에게 필요한 보호지역의 면적에 관해 이야기하고 있었는데 말이다.

나비가 호숫가에 내려앉자, 윌슨 박사는 걸음을 멈추고는 마치 사냥 중인 왜가리처럼 몸을 앞으로 숙이면서 나비를 계속 응시했다. "어떤 종류의 나비인지 모르겠네요. 작고 나이 많은 나비예요." 날개에 있는 문양 때문에 '물음표'라고 불리는 나비 종류 같았다.

윌슨 박사는 숲에 이르자 숲의 바닥 바로 밑에 무엇이 있는지 이야기하면서, 잘게 부서진 낙엽과 부엽토를 한 움큼 손에 쥐었다. 마치 와인 애호가들이 '토양의 맛'이라고 부르는 것을 음미하는 것 같았다. 토양의 맛이란 와인을 만든 포도 그 자체가 아니라 포도가 자란 흙의 특성을 의미한다.

윌슨 박사가 말했다. "현장학습을 가면 사람들이 제게 주변의 자연환경을 구석구석 보여 주려고 합니다. 그런데 저는 보통 100미터 이상을 가지 않아요. 어디를 가든 가자마자 흥미로운 것들이 눈에 들어오거든요. 여기도 말이죠, 우리는 고지라(1954년 제작된 일본 괴수영화에 등장하는 거대한 괴물로 생김새가 공룡과 비슷하다.—옮긴이)처럼 키가 크기 때문에 주변이 2차원으로 보입니다. 하지만 불과 몇 센티미터만 눈을 낮춰도 3차원 세계가 눈에 들어오죠. 거기서는 거의 밀리미터 단위로 환경이 크게 달라집니다. 숲의 바닥에서 가로세로 30센티미터 정도의 면적에 작은 생물이 수만 마리가 있어요. 그냥 맨눈으로도 볼 수 있죠."

땅은 평소보다 말라 있었다. 윌슨 박사는 가뭄이 곤충의 숫자에 영향을 미쳤을 것이라고 말했다. 윌슨 박사가 보고 싶었던 것 중에서 일부는 그곳에 없었다. 윌슨 박사는 썩어가는 도토리 몇 개를 까면서 "여유를 갖고 살펴보면 도토리에 사는 아주 작은 개미의 군집 전체를 볼 수 있다"고 말했다.

윌슨 박사는 통나무와 통나무 사이를 옮겨 다니면서 꼽등잇과 곤충, 포식성의 반날갯과 곤충(딱정벌레목에 속하는 곤충으로 전 세계에 4만3천여 종이 분포하며 지상의 곤충 중에서 바구미 다음으로 크다.—옮긴이), 흰개미, 다양한 종류의 개미, 새끼 거미, 딱정벌레의 애벌레를 찾아냈다. 기대했던 것만큼 종류가 많지는 않았다. 그래도 작은 야생의 세계는 곤충으로 가득했다.

윌슨 박사는 『생명의 미래』에서 "자연 세계를 정확하게 알려면 상대적인 규모를 이해해야 한다"고 썼다. 그리고 "작은 세상의 아름다움"이 "창의적인 사람들에게는 아직 탐사되지 않은 야생의 세계"라고 말했다. 하지만 미세동물 보호구역을 만드는 것은 "전혀 없는 것보다 훨씬 바람직한 일이며 대형 동물 및 초대형 동물 보호구역이 그것을 대신할 수는 없다"라는 말도 했다. 그리고 "연못의 물 한 방울에 들어 있는 사나운 육식성 섬충과 형태가 바뀌는 윤형동물(물속에 둥둥 떠서 생활하는 동물성 플랑크톤의 한 분류군—옮긴이)을 이해하는 것도 좋지만, 아무래도 인간은 지능과 감정이 가장 자연스럽게 반응하는 더 큰 규모의 삶을 살아야 한다"고 말했다.

윌슨 박사는 섬충이나 인간에 관해 감상적인 사람은 아니다. 미세동물 보호구역에 관한 그의 제안은 현실적이며 실리적이고 아주 간단하다. 몸집이 가장 큰 동물을 보호하려면 100제곱킬로미터가 넘는 땅이 필요하지만, 식물이나 곤충은 보통 0.1제곱킬로미터나 0.01제곱킬로미터의 땅으로도 충분하다.

윌슨 박사는 예를 들어 개발되지 않은 아마존 밀림에는 "산골짜기 한쪽 어딘가에 농부가 경작하지 않은 작은 땅이 있을 것이다. 0.01제곱킬로미터나 0.1제곱킬로미터 정도의 땅 말이다"라면서 환경 보호론자들에게는 그런 작은 땅이 눈에 들어오지 않을 수도 있지만 "곤충학자와 식물학자라면 '어라, 저기 봐요!'라고 말할 가능성이 높다"고 덧붙였다.

윌슨 박사는 연구자들이 다른 곳에서 발견된 적이 없는 종을 그 땅에서 찾을 수도 있고, 조심스럽게 주변 땅에 씨를 뿌림으로써 그런 땅을 확장할 수도 있다고 했다. "전 세계 대부분의 지역, 대부분의 개발도상국에서 그렇게 할 수 있습니다. 그곳의 농부나 마을 원로들에게 1,000달러를 주면 기꺼이 0.1제곱킬로미터나 1제곱킬로미터 정도의 땅을 떼어주고 마을 사람들을 고용해서 씨를 뿌릴 수 있게 해줄 겁니다."

하지만 그렇게 작은 규모로 생물학적 다양성을 보존해 나갈 수 있는 곳이 단지 개발도상국에만 있는 것은 아니다. 도시 공원에도 경이로운 작은 세계를 조성할 수 있다. 매사추세츠주 교외 지역 한가운데에 있는 월든 호수도 마찬가지다. 윌슨 박사는 "이곳에서 볼 수 있는 수많은 종의 생물은 과학계에 알려지지 않은 것들입니다. 그 생물들의 기본적인 생명 활동은 대부분 잘 알려지지 않았거나 전혀 알려지지 않았다"고 말했다.

월든 숲에는 비교적 알려지지 않은 뿔개미속의 개미 두 종이 서식한다. 윌슨 박사는 "그 개미가 있다는 건 알지만, 이름도 없고 생태를 설명한 사람도 없었다"고 말했다. 선충이나 진드기에 관해서라면, 평생을 바쳐 연구할 만하다는 것이 윌슨 박사의 말이었다.

물론 숲 바닥의 풍요로움을 사람들에게 납득시키는 것은 곤충학자나 주말 자연주의자가 해야 하는 일은 아니다. 그리고 현미경으로 봐야 하는 미시微示 이하의 세계에서 생물학적 다양성을 보존해야 하는 많은 이유가 있다. 생화학 분야의 새로운 발견에는 항상 경제적인 가치가 잠재해 있다. 깨끗한 공기와 물에는 실제로 경제적인 가치가 있으며 식물과 곤충, 미생물들은 공기와 물을 깨끗이 정화하는 데 기여한다. 윌슨 박사가 말했듯이, 지구에 있는 모든 생물의 기반이 되는 것은 사실 작은 생물체들이다. 생태계에서는 거인이 진드기의 어깨 위에 서 있는 것이다.

마지막으로 가장 단순한 논거가 하나 있다. 생명 자체는 종류를 불문하고 아주 놀랍고 신비로우며 인간은 그 생명을 보존할 책임이 있다는 것이다.

산책 중에 뒤집어 본 어떤 통나무의 밑은 축축해서 아주 다양한 곤충이 살 수 있는 환경이었다. 윌슨 박사는 불쾌한 기색도 없이 부드럽고 끈적이는 흰 벌레 한 마리를 집어 올렸다. "이건 파리 유충입니다. 보통 구더기라고 하죠. 어떤 종류의 파리인지는 모르겠어요. 많이 끈적거리네요."

사람들이 왜 통나무를 뒤집거나 낙엽 밑을 파는 것을 좋아하지 않는지 설명할 수 있겠냐고 묻자 윌슨 박사는 웃었다. "솔직히 저도 처음부터 그런 일을 좋아했던 것은 아닙니다. 오해하지 마세요. 저는 많은 사람들, 특히 미국 사람들이 수많은 종류의 날개 응애나 구더기를 보러 밖에 나갈 것이라는 기대는 안 합니다. 하지만 사람들이 어떤 식으로든 발밑에 있는 것이 죽은 낙엽이나 흙이 아니라 다양한 생명체가 사는 살아 있는 세상이라는 걸 느낄 수 있을 겁니다. 그리고 그 생명체 중에는 〈스타워즈〉에 나오는 대부분의 외계생물보다 훨씬 이상한 것도 있을 겁니다."

상상하기 그리 어려운 일은 아니다. 나비를 좋아하는 사람들은 많다. 잠자리는 요즘 쌍안경이 있는 사람들에게 인기가 있다.

"하지만 이 지역에서는 무엇보다도 아름다움과 온전히 보전된 상태, 그리고 매우 오래된 곳이라는 것이 느껴질 겁니다."

윌슨 박사는 그 다음번이자 마지막 통나무에서 육식성 반날개와 노래기, 새끼 거미, 얼핏 보기만 했을 뿐인 아주 작은 은색 실 같은 신충, 그보다 더 많은 수의 개미와 나무 바퀴벌레를 가리켰다. 그리고 전 세계에 서식하는 수천 종의 해롭지 않은 바퀴벌레를 설명하려던 참에 인근 도로에서 사이렌이 울렸다. 그제서야 윌슨 박사는 지금 어디에 와 있는지 정신이 퍼뜩 든 것 같았다.

윌슨 박사는 통나무 밑의 영원한 세계에서 시선을 거두며 말했다.

"소로는 분명 저 소리를 한 번도 들어보지 못했을 겁니다."

점점 커지고 있는 바다의 쓰레기 섬

린지 호쇼

앨기타Alguita호를 타고 하와이에서 북동쪽으로 1,600킬로미터 떨어진 곳에 이르렀다. 사방 어느 나라에서든 수백 킬로미터 떨어진 태평양의 이 외진 곳의 소용돌이치는 환류 속에 사람들이 버린 생활 쓰레기가 그 양을 가늠하기조차 어려울 만큼 많이 모여 있었다.

전구나 병뚜껑, 칫솔, 사탕 막대, 그리고 쌀알만큼 작은 플라스틱 조각 같은 것이 모여 있는 태평양의 쓰레기 지대는, 쓰레기가 넓게 펼쳐져 있는 면적이 10년마다 두 배씩 증가해서 지금은 미국 텍사스주의 두 배에 달한다고 한다. 하지만 어떤 연구기관에서는 실제로는 쓰레기가 태평양 전역에 퍼져 있을 것으로 추정한다. 다만 쓰레기 대부분은 해양학자들이 '자이어gyre'라고 부르는 곳에 갇혀 있다. 자이어는 지금 이곳처럼 거대한 소용돌이 속에서 쓰레기를 빙빙 돌게 하는 거센 해류와 순한 바람이 있는 지역을 말한다.

과학자들은 거대한 자이어 속에 형성된 쓰레기 지대가 전 세계 바다에 다섯 군데가 있는데, 태평양 쓰레기 지대도 그중 하나라고 말한다. 쓰레기 중에는 부표나 낚싯줄, 그물 같은 버려진 어구도 있지만, 빗물 배수관을 통해 땅에서 바다로 흘러나온 것도 있다.

쓰레기 지대에서 가장 흔한 것은 플라스틱이다. 가볍고 튼튼하며 널리 사용되는 일회용품의 재료이자 선진국이나 개발도상국에서 모두 생산되기 때문이다. 플라스틱 제품은 수백 킬로미터를 떠다니다가 자이어에 갇힌 다음 시간이 지나면서 잘게 부서진다.

그렇게 잘게 부서진 플라스틱은 물 위에 떠 있는 색종이 조각처럼 보인다. 수백만, 수십억, 수조 개가 넘는 이런 조각들이 쓰레기로 가득한 세상 곳곳의 자이어에서 떠다닌다.

폴리염화바이페닐PCB(전기절연 용도로 많이 쓰이는 물질로 독성은 낮은 편이지만 생물체 내에 축적되어 암을 비롯한 갖가지 만성질환을 일으킨다.—옮긴이)이나 DDT 같은 독성 화학물질은 물에 녹지 않지만, 플라스틱이 이런 화학물질을 스펀지마냥 빨아들인다. 그리고 플랑크톤을 먹고 사는 물고기들이 이 작은 플라스틱을 삼킨다. 앨갤리타 해양연구재단Algalita Marine Research Foundation의 과학자들은 물고기의 체세포에 플라스틱 같은 화학물질이 들어 있다고 말한다. 그리고 물고기가 삼킨 플라스틱에서 독성 화학물질이 물고기 체세포로 침투하는 것으로 추정한다.

과학자들은 플라스틱을 삼킨 물고기를 더 큰 물고기나 사람 같은 포식자가 잡아먹으면, 포식자의 체세포로 독성물질이 옮겨질 수 있으며 그런 식으로 다양한 경로를 통해 섭취한 음식 속의 독성물질이 포식자의 몸에 축적된다고 본다.

미국의 해양학자이며 요트 선수이기도 한 찰스 무어Charles Moore는 12년 전에 우연히 태평양 쓰레기 지대를 발견했다. 하와이에서 열린 요트 경주대회에 참가했다가 돌아오는 길이었다. 무어 씨는 선장이 되어 과학자 세 사람과 일등 항해사, 기자를 태우고 올 여름에 그 쓰레기 지대를 열 번째로 방문했다. 그는 아직 발견하지 못했지만, 비슷한 쓰레기 지대가 몇 군데 더 있을 것으로 확신하며 "그게 어디에 있든, 정말 찾으려고 하면 찾을 수 있을 것"이라고 말했다. 그 쓰레기 지대가 일본의 어느 해안이나 대서양 한가운데 사르가소해海에 있을 것으로 추정하는 과학자가 많다.

윌밍턴에 있는 노스캐롤라이나대학교에서 바다에 축적되는 플라스틱을 주제로 석사 학위논문을 쓰고 있는 대학원생 보니 몬텔레온Bonnie Monteleone은 늦봄에 사르가소해를 답사했고, 올여름에는 무어 씨와 함께 태평양 쓰레기 지대에도 갔다. 몬텔레온은 "태평양 쓰레기 지대에 가보니 사르가소해보다 쓰레기가 훨씬 더 많았다"고 했다. 그리고 쓰레기가 그보다 더 많이 모여 있는 다른 쓰레기 지대가 있을 수 있다는 말에도 동의했다.

자원해서 무어 씨에 배에 탄 몬텔레온은 태평양 쓰레기 지대에서 채취한 샘플 속에 쓰레기가 들어 있지 않은 경우를 단 한 번만이라도 보고 싶다고 말했다. "딱 한 번이면 충분하다. 딱 한 번, 그게 내가 원하는 전부다. 하지만 어디나 플라스틱 쓰레기 천지였다."

태평양 쓰레기 지대가 유명해진 것은 올여름 각기 다른 해양연구기관이 방문한 다음이었다. 그 기관 중 하나이며 샌프란시스코에 있는 카이세이 프로젝트Project Kaisei는 플라스틱을 디젤 연료로 바꿔서 쓰레기 지대를 정화할 방법을 찾으려 애썼다.

환경 운동가와 유명 인사들은 쓰레기 지대를 널리 알려서 자신들의 주장을 관철시키려 하고 있다. 배우인 테드 댄슨Ted Danson의 비영리 단체인 '오시애나Oceana'는 쓰레기 지대에 관한 업적을 거론하면서 무어 씨를 영웅으로 치켜세웠다. 또 다른 할리우드 배우인 에드워드 노튼Edward Norton은 쓰레기 지대로 흘러가는 비닐 봉투를 다룬 공익광고에 목소리 출연을 했다. 하지만 처음으로 쓰레기 지대에서 시료를 채취하여 본격적인 과학연구를 계속했던 사람은 무어 씨였다. 그는 1999년 연구를 위해 앨갤리타재단을 설립했다. 재단은 현재 플라스틱 잔해를 조사하고 캘리포니아 해안과 태평양 전역에서 오염된 물의 시료를 채취하고 있다. 그는 앨기타라는 15미터 길이의 알루미늄 쌍동선(선체를 두 개 연결한 빠른 범선—옮긴이) 뒤에 촘촘한 그물망을 달아서 작은 플라스틱 조각을 모은다.

과학자들은 각 플라스틱 시료의 양을 측정해서 조각 하나하나의 무게를 추정한다. 그리고 그물에 걸린 물고기의 세포에 독성 화학물질이 있는지 측정한다. 지난번에 쓰레기 지대에 가서 잡았던 참치방어 한 마리의 뱃속에서는 84조각의 플라스틱이 나오기도 했다.

연구팀에서 가장 최근에 채취한 샘플은 아직 독성 화학물질 시험을 하지 않았지만, 그동안 채취했던 해수 샘플을 보면 자이어는 물론 그보다 더 넓은 태평양에 존재하는 플라스틱의 양이 증가하고 있다는 것을 알 수 있다. 2월에 채취한 해수 샘플에 있는 플라스틱의 양은 10년 전보다 두 배나 많았다. 무어 씨는 "이건 내가 1999년에 알던 쓰레기 지대가 아니다. 완전히 달라졌다"고 말했다.

일등 항해사인 제프리 언스트에게 쓰레기 지대는 "인간의 영향이 미치지 않는 곳이 없다는 사실을 상기시켜주는 곳"이었다.

얼음이 녹아내리는 북극

월데머 캠퍼트

언젠가 북극의 얼음이 모두 사라지고 북극을 항해하는 선박들이 유빙 때문에 위험에 처하게 될 것이라는 대다수 지질학자의 관점이 사실임을 입증하는 두 가지 증거가 최근 모습을 드러냈다. 그중 한 가지는 그린란드에서, 나머지 하나는 알래스카에서 나왔다.

랠프 I. 벨크냅Ralph I. Belknap 박사의 미시간대학교 연구팀은 그린란드에서 인공적인 느낌이 물씬 풍기는 돌무더기를 발견했다. 돌무더기 밑에는 노트에서 찢어낸 종이가 있었는데, 종이에는 작고한 코넬대학교의 R. S. 타르R.S. Tarr 교수의 서명이 있었다. 서명 연도는 1896년이었다. 타르 교수는 옛날에 거대한 코넬 빙하를 탐사하러 그린란드에 갔었다. 타르 교수의 노트는 당시만 해도 빙하의 가장자리였던 북극권 한계선의 북쪽 664킬로미터 지점에 있었다. 하지만 미시간대학 탐험대가 찾아낸 돌무더기는 그보다 약 1킬로미터 앞에 있었다. 결론은 한 가지였다. 빙하가 서서히 뒤로 물러나면서 돌무더기와 노트의 거리가 멀어진 것이다.

이번에는 알래스카로 눈을 돌려 워싱턴대학교의 로버트 F. 그릭스 Robert F. Griggs 교수의 눈으로 살펴보자. 툰드라나 나무가 없는 평평한 지역에서 삼림한계선은 100년에 1.6킬로미터 정도의 속도로 북쪽으로 올라가고 있다. 알래스카는 확실히 따뜻해지고 있다. 그리고 나무가 2만 년 만에 처음으로 성장했다.

점점 따뜻해지는 그린란드

그릭스 교수에게는 미시간의 과학자들과 다른 의견이 하나 있는 것 같다. 그는 그린란드의 기후가 수 세기 동안 계속 추워지고 있다고 생각한다. 콜럼버스가 아메리카 대륙을 발견하기 400년 전부터 그린란드에 살았던 수많은 스칸디나비아 이주민들이 묻힌 곳은 지금 꽁꽁 얼었다. 그리고 오래전에 얼어 죽은 나무의 뿌리가 박혀 있는 무덤이 아주 많다. 1,000년 전 그린란드의 기후가 틀림없이 지금보다 훨씬 더 온화했다는 것은 의심할 여지가 없어 보인다.

그런데 알고 보면 그릭스 교수와 벨크냅 교수의 발견이 서로 대립되는 것은 아니다. 두 과학자의 연구 기간은 모두 비교적 짧다. 타르 교수가 노트를 남겨두었던 지점을 얼음이 다시 슬금슬금 덮어버릴 수도 있고, 아니면 눈에 띄게 계속 얼음이 줄어들면서 그린란드가 과거 스칸디나비아인들이 거주했을 때처럼 쾌적한 곳으로 바뀔 수도 있는 것이다.

지금도 여전히 빙하시대일 수 있다

지질학자들은 우리가 약 60~70만 년 전에 시작해서 앞으로 수천 년 동안 계속될 제4기 빙하시대에 살고 있다고 확신한다. 남극과 북극의 얼음이 언젠가는 결국 녹을 것이라는 사실은 의심의 여지가 없지만, 완전히 사라지기 전에 얼음의 두께나 면적이 일시적으로 늘어날 수도 있다. 그러면 얼마나 많은 양의 얼음이 녹는 걸까? 얼음의 면적이 남극에서는 1천만 제곱킬로미터, 북극에서는 250만 제곱킬로미터에 달한다.

사실 지구에는 몇 차례의 빙하기가 있었다. 그리고 과거의 빙하기는 현재 지구의 상황과 아주 비슷했을 수도 있다. 즉, 상대적으로 춥거나 온화한 기간이 있었다는 말이다. 빙하시대는 70~100만 년간 지속되기도 하지만, 지구 역사에서 보면 일시적인 현상에 지나지 않는다. 빙하시대 사이의 온화한 기간은 1천만~1억 년간 지속된 것으로 추정된다.

지구의 얼음이 모두 녹으면 어떻게 될까? 미국 기상국의 W. J. 험프리스W. J. Humphreys 박사 말로는 해수면의 높이가 46미터 정도 올라갈 것이라고 한다. 이 말은 맨해튼 섬이 완전히 잠기고 전 세계에서 가장 비옥한 지역의 일부가 파괴된다는 뜻이다.

따뜻해지는 북극, 녹아내리는 빙하, 상승하는 해수면

글래드윈 힐

수수께끼 같은 지구 온난화가 북극에서 그 모습을 서서히 드러내면서 "심각한 국제 문제"를 일으키고 있다고 스웨덴의 저명한 지구물리학자 한스 알만Hans Ahlmann 박사가 말했다.

스톡홀름대학교의 지리학 교수이자 스웨덴 지리학연구소 소장인 알만 박사는 캘리포니아대학교 지구물리학연구소에서 열린 한 세미나에서 지난 20여 년간의 개인적 연구를 기반으로 지구 온난화 현상을 거론했다.

알만 박사는 1900년 이후로 북극의 기온이 섭씨 5.6도 정도 상승했는데 과학적인 관점에서 보면 '엄청난' 상승이라고 말했다. 같은 기간 바닷물의 온도는 군사 전략지역인 노르웨이 북쪽 스피츠베르겐 제도에서 섭씨 1.7~2.8도 상승했는데, 빙하가 녹는 속도가 빨라졌기 때문으로 보이며 그로 인해 해수면의 높이가 매년 1~1.5밀리미터씩 상승했다고 말했다.

알만 박사는 "우리는 최근의 기후 변화가 발생하게 된 원인조차 파악하지 못했다"고 말했다. 하지만 그 원인이 전 세계적인 특징이고 "만약 남극의 빙하지대와 그린란드의 주요 빙하가 지금과 같은 속도로 줄어든다면 바닷물의 높이는 대재앙을 몰고 올 정도로 상승할 것"이며 "해안가 저지대에 사는 사람들은 물에 잠기게 될 것"이라고 한다.

알만 박사는 기후 변화는 믿기 어려운 이야기가 아니라면서 "열대지방에서 지난 15~20년 동안 뚜렷한 기후 변화가 체감되었으며 특히 서아프리카 인근에서 뚜렷하게 나타났다. 실제로 무수하게 많았던 작은 호수가 자취를 감췄고 큰 호수는 말라붙었다. 거대한 빅토리아 호수의 수위도 지난 10여 년 동안 18센티미터가 낮아졌다"는 근거를 제시했다.

또한 북극의 변화가 "국제기구를 조직해서 전 세계적인 규모로 환경을 연구해야 할 정도로 심각하다"고 단언했다. 그리고 기후 변화로 인한 영향 중에 유럽 북쪽 해안을 따라가는 항해 환경이 좋아진 것을 들었다. 러시아에게는 가장 중요한 문제가 개선된 것이다.

알만 박사는 "1910년에는 스피츠베르겐 제도 서쪽을 따라 항해할 수 있는 기간이 1년에 고작 3개월이었다. 그런데 지금은 8개월에 이른다. 전략적으로 아주 중요한 변화"라고 말했다.

실제 변하고 있는 기후

레너드 엥겔

일기예보관들은 흔히 "특이한 날씨는 없다"라고 말한다. 날씨는 매일매일 장소에 따라 다르기 때문에 "특이할" 수밖에 없다는 것이다.

그렇다고 해도 올해 날씨는 조금 특이하다. 올해 뉴욕의 봄 날씨는 1826년 날씨를 기록하기 시작한 이래 세 번째로 가장 습했다. 1월 1일부터 3월 31일까지 내린 비가 평균 강수량보다 23센티미터 많은 66센티미터에 달했다. 동부의 다른 지역에는 그와 비슷하거나 더 많은 비가 내렸다. 반면, 서부 전역에 내린 비는 평균 강수량을 밑돌았다. 텍사스주에서는 아무리 텍사스주라는 것을 감안해도 때 이르게 찾아온 봄 가뭄이 아주 극심했다.

올해는 토네이도의 해이기도 하다. 기상국에서 자원봉사로 폭풍을 감시하는 사람의 수가 최근 부쩍 늘어난 탓에 토네이도 보고 건수가 덩달아 늘어난 것을 감안해도 그렇다. 6월 19일까지 266건의 토네이도가 집계되었는데, 비슷한 기간에 보고되었던 건수보다 50건이 더 많고 평소보다 3배 정도 많은 건수이다. 올 봄에는 유타주와 캐나다 국경 근처, 그리고 매사추세츠주에서도 토네이도가 발생했는데 최근 몇 년간 처음 있는 일이었다.

특이한 날씨가 발생하면 사람들은 그 원인을 추정하려 든다. 그만큼 사람들이 날씨 이야기를 좋아하기 때문이다. 중요한 행사에 특이한 날씨가 겹치면 으레 사람들의 비난이 뒤따른다. 프랑스에서는 1차 세계대전 중에 내린 폭우의 원인을 포병의 포격으로 돌리는 일이 많았다. 1920년대와 1930년대에는 이상 기후(더불어 이상한 사건까지도)의 원인을 태양 흑점의 변화 탓으로 돌리는 것이 유행이었다. 요즘에는 이상 기후의 주범으로 원자폭탄 시험과 인공강우 실험이 많이 거론된다.

하지만 기상학자들은 그런 것들을 이상 기후의 원인으로 보지 않는다. 포격을 하든 말든 전장에는 비가 내린다. 마찬가지로 수많은 과학자가 지구의 날씨와 태양의 표면 전반에서 주기적으로 일어나는 '태양 폭풍' 사이의 연관성을 밝히려 애썼지만 성과는 없었다. 태양의 흑점은 실제로 지구 자기장에 장애를 일으켜 무선 통신과 한 종류의 전신선을 마비시키지만, 이런 '자기 폭풍'은 통신을 하는 사람들에게만 의미가 있다.

원자폭탄의 경우를 보면, 인간의 기준에서 핵폭발은 거대한 에너지를 방출하고 엄청난 먼지구름을 일으킨다. 하지만 폭풍우는 중급 정도의 규모일지라도 에너지 방출량이 분당 수백 개의 원자폭탄이 폭발할 때와 맞먹는다. 1930년대에 빈발했던 거대한 먼지 폭풍은 먼지의 농도가 원자폭탄이 일으키는 구름보다 10억 배나 높았다. 그러면서도 강우량에는 별다른 영향을 주지 않았다. 대도시에서 갑작스럽게 큰 화재가 발생하면 비가 내릴 때가 종종 있다. 큰 산불이 발생하면 비가 내릴 때도 있다. 하지만 그런 경우에도 화재로 인해 발산되는 에너지는 원자폭탄보다 훨씬 더 크고 에너지가 발산되는 기간도 며칠 혹은 몇 주에 이른다. 핵폭발은 엄청나게 강력하지만, 비를 쏟아지게 할 만큼 강력하지는 않다. 핵폭발 시험을 면밀하게 연구한 결과를 보면 폭발이 국소적인 폭풍을 일으킬 정도의 힘도 되지 않는 것으로 보인다.

그렇다면 인공강우 실험은 어떨까? 일기예보관들은 지금도 드라이아이스나 아이오딘화은AgI 조각을 구름 씨앗으로 사용하는 인공강우의 효과를 믿는다. 다만 구름 씨앗을 뿌리면 기껏해야 지역적인 효과만 볼 수 있다는 것이 절대 다수의 생각이다. 노벨상을 받은 물리학자이며 인공강우의 선구자인 어빙 랭뮤어Irving Langmuir 박사는 3년 전 뉴멕시코주 소코로에서 주 1회씩 84주간 인공강우용 연기 발생기를 가동했다. 그리고 동부의 여러 지역에서 몇 달 동안 매주 비가 내린 것이 그 실험 덕분이라고 생각했다. 그런데 다음해에 실시한 비슷한 실험에서는 그런 결론을 내지 못했다. 아무튼 이런 식으로 넓은 지역에 미치는 인공강우 효과가 올해에는 나타나지 않은 것 같다. 올봄 동부에서는 폭우가 쏟아져서 5월 말에야 그쳤는데, 정작 인공강우 전문가들이 바쁘게 작업한 곳은 서부였으니 말이다.

그런데 이런 대중적인 이론으로 올해의 변화무쌍한 날씨를 설명할 수 없다면, 전문가들이 제시할 만한 이론은 이제 남은 것이 없다. 특이한 날씨를 매일같이 변하는 날씨의 변덕 탓으로 치부할 수밖에 없는 것이다. 전문가들은 그보다 매일, 혹은 장기적인 추세에서 날씨를 형성하는 근본적인 힘에 더 관심을 기울이고 있다.

현재 전 세계의 기후가 장기적으로 변화하고 있다는 증거는 아주 많다. 지난 세기 중반부터 북반구의 중위도, 고위도 지역에서는 연평균 기온이 섭씨 0.5~2도 정도 상승했다. 필라델피아에서는 2도 상승했고, 몬트리올에서는 70년간의 기록을 보면 거의 1.4도 상승했으며, 영국과 스칸디나비아에서는 1850년 이후로 0.5~1도 상승했다.

여름이 점점 더워졌지만, 가장 두드러진 변화는 대부분 겨울에 발생했다. 50년 전에는 매년 겨울에 말과 마차가 나이액Nyack과 태리타운Tarrytown 사이의 허드슨강을 건너다닐 수 있는 기간이 2~3주 정도였고 빙상 요트 경기가 인기 스포츠였다. 하지만 마지막 빙상 요트 경기 클럽은 이미 사라진 지 오래되었다. 이제 알프스산맥과 그린란드, 알래스카에서도 겨울은 여름에 녹아내린 빙하를 보충할 만큼 길지 않고 춥지도 않다. 그리고 거의 모든 대륙 빙하가 줄어들고 있다. 스피츠베르겐 제도에서는 1910년 이후로 겨울철 평균 기온이 섭씨 10도 상승했고 항구에서는 1년에 200일 동안 배가 오간다.

지구에서 이렇게 중요한 기후 변화가 일어난 것은 이번이 처음은 아니다. 빙하시대 전에는 북유럽에서 열대 야자나무가 자랐다. 빙하의 확장이 절정에 이르렀던 시기에, 북회귀선 인근 지역의 기온은 지금의 뉴욕과 비슷했다. 유사 이래로 포도가 영국에서 재배되기도 했고 그린란드와 아이슬란드에서는 우리가 그 수준을 이제 막 실감하기 시작한 바이킹 문화가 번성했다.

기후 전문가들은 이런 기후 변화를 일으키는 원인으로 지구 자전축의 기울기 변화에서부터 태양에서 나오는 에너지의 변화에 이르기까지 여러 의견을 제시한다. 하지만 여러 해 동안 신중하게 측정한 결과, 지구 자전축이 조금이라도 의미가 있을 정도로 움직인 적은 없었고 태양에도 중요한 변화는 없었다. 중세 영국에서 일어난 적이 있고 지금도 일어나고 있는 기후 변화를 설명하기 위해, 다수의 기후학자들은 이 세상의 거대한 기후 엔진이라고 할 수 있는 지구의 대기 속에서 작용하는 힘을 살펴보고 있다.

공기의 바다는 우리가 다루는 높이까지는 마치 진짜 바다와 비슷하게 끊임없이 움직인다. 북반구에서는 따뜻하고 습한 기단이 적도에서 위로 올라가고 차갑고 건조한 기단이 북극 상공에서 아래로 내려간다. 바람은 적도 이북의 고기압 지대 주변에서는 시계 방향으로 불고 적도 이남의 고기압 지대에서는 반시계 방향으로 분다.

공기 흐름에 관한 메커니즘은 아직 완전히 밝혀지지 않았다. 지구 표면의 변화무쌍한 지형 탓에 국소적으로 발생하는 온갖 불규칙한 움직임이 있는데, 앞바다에서 해안을 따라 불거나 빙하에서 좀 더 따뜻한 주변으로 부는 바람을 예로 들 수 있다. 하지만 일부 기본적인 대기의 움직임은 구별할 수 있다. 지구가 자전축을 중심으로 회전하면서 생기는 공기의 움직임도 있다. 또한 대기 상층부는 아주 차갑고 지표면 대부분의 지역은 아주 덥기 때문에 그 온도 차이로 공기의 흐름이 생기기도 한다. 난로 위에 올려놓은 주전자 속에서 물이 움직이듯이, 따뜻한 공기는 상승하고 차가운 공기는 하강하는 것이다. 또한 극지방(일 년 동안 태양으로부터 받는 에너지가 적도지방보다 훨씬 적다)과 적도지방 간의 기온 차로 발생하는 움직임도 있다.

이런 대기의 움직임은 열에너지를 지구의 한 지역에서 다른 지역으로 실어 나르는 거대한 엔진 역할을 한다. 폭풍이나 더운 바람, 찬바람, 맑은 하늘, 악천후 등 우리가 '날씨'라고 부르는 것은 이렇게 대기의 열을 실어 나르는 거대한 엔진이 작동하면서 생기는 부산물에 불과하다.

영국 기상학자 C. E. P. 브룩스C. E. P. Brooks는 대기 엔진이 아주 강력하지만 동시에 섬세하게 균형을 유지한다고 말했다. 예를 들어, 어떤 일이 생겨서 한 대륙에 쏟아지는 햇빛의 양이 감소한다고 가정하자. 그러면 그 지역과 북극에서 그 지역과 가까운 부분 간의 온도 차이가 줄어들게 되고, 그로 인해 두 지역 간의 공기 순환과 열전달 속도가 느려진다. 브룩스 박사가 컴퓨터로 계산해보니 이런 상황이 벌어지면 불과 2~3년도 안 되어 북극의 얼음이 눈에 띄게 증가한다는 결과가 나왔다. 그런 다음 증가하는 빙하에서 불어오는 차가운 바람이 '따뜻한' 대륙 지역을 냉각시키고, 그에 따라 두 지역의 온도 차이와 열전달 속도는 더 줄어들게 된다. 그리고 얼마 못 가 대륙 빙하가 급격하게 확장되면서 대륙 지역은 전반적으로 예전보다 추워질 것이다. 반대로, 어떤 일이 생겨서 단시간에 대륙의 온도가 몇 도 정도 올라간다면, 열전달이 빨라지면서 빙하가 극지방으로 완전히 후퇴하게 된다.

브룩스 박사 본인도 지금 우리가 살고 있는 이 간빙기가 어떤 사건으로 시작되었는지 명쾌하게 설명하지 못한다. 하지만 기상국 과학서비스 부서의 부서장인 해리 웩슬러Harry Wexler 박사는 간빙기를 아주 쉽게 촉발할 수 있는 새로운 사건 하나를 제시했다. 바로 최근 들어 나타난 화산 활동의 쇠퇴이다. 특히 북반구에서 뚜렷하게 나타났다.

웩슬러 박사의 화산 이야기가 처음 시작된 것은 1883년 8월 27일이었다. 바로 그날, 인도네시아 크라카토아섬에서 역사상 가장 강력한 화산 폭발이 일어났다. 수천 킬로미터 밖에서도 소리를 들을 수 있었던 그 폭발로 54세제곱킬로미터의 바위와 먼지, 화산재가 대기 중으로 분출되었다. 엄청난 양의 미세한 화산재 구름이 36킬로미터가 넘는 상공까지 솟구치면서 북반구 전체로 퍼져나갔다. 화산재 구름이 떠다니는 곳마다 햇빛과 달빛이 보라색이나 파란색, 초록색으로 변했고 지금까지

볼 수 없었던 아주 화려한 노을이 펼쳐졌다. 더욱 놀라운 것은 화산재 구름이 유럽 하늘에 도달했을 때였다. 프랑스 몽펠리에 천문대의 천문학자들은 땅을 비추던 햇빛이 순식간에 줄어들었다고 기록했다. 당시 몽펠리에의 일조량은 최근 3년 평균치의 10퍼센트에도 미치지 못했다.

그 뒤로 천문학자들은 화산이 폭발할 때마다 일조량을 체계적으로 측정했다. 이후 30년간 대기 중으로 상당량의 화산재를 분출한 화산 폭발이 여러 차례 있었다. 그때마다 전 세계의 많은 지역에서 지면에 도달하는 태양 에너지의 감소량을 발표했다. 웩슬러 박사는 1912년 알래스카 남서부 알류샨 열도의 카트마이산이 폭발했을 때 11,000킬로미터 넘게 떨어진 알제리에서 일조량이 20퍼센트 감소했던 사례를 언급했다.

스위스와 미국 기상학자들은 이렇게 지상에 닿는 태양 에너지량의 변화가 세계 기후가 형성되는 데 중요한 역할을 하는 것이 분명하다고 생각했다. 하지만 그들의 이론은 시기상조였다. 당시 작성된 세계 기상지도로는 그런 결론을 내리기에 부족한 점이 너무 많았다. 게다가 대기의 기상 엔진에 관해 알려진 것이 너무 없어서, 지구의 일부 지역에서 발생한 일조량의 변화가 어떻게 지구 전체의 기후에 영향을 주는지 설명할 길이 없었다.

웩슬러 박사는 이제는 바람과 대기의 순환에 관해 충분히 파악했으므로, 화산 폭발의 결과로 일조량이 감소하면 대기 순환과 열전달이 감소하고, 그로 인해 반구 전체의 기온이 떨어지는 것으로 단언할 수 있다고 말한다. 물론 화산 활동이 줄어들어서 일조량이 늘어나면 반대의 효과가 발생하고 지구 여러 지역에서 기온이 올라가게 된다.

공교롭게도 지금까지 화산 활동은 계속 감소하는 추세이다. 카트마이 화산 폭발은 북반구에서 대량의 화산재를 공기 중으로 분출한 폭발로는 마지막이었다. 1912년 이후로 대규모 화산 폭발은 남반구에서 딱 한 번 있었는데, 그로 인해 기온 변화가 있었다고 해도 아주 조금 올라간 정도였다. 반면, 북반구에서는 (도시의 공기오염에도 불구하고) 오히려 대기가 갈수록 깨끗해졌고 일조량이 대폭 늘어나면서 대기 순환도 더 빨라졌다. 그 결과 북극 빙하가 줄어들었고 여름은 점점 따뜻해졌으며 겨울은 짧아지고 온화해졌다.

일부 기상학자들이 발전시킨 또 다른 이론을 보면 기온 상승의 원인 중에서 최소한 일부는 지난 세기에 대기 중 이산화탄소 함량이 적지만 지속적으로 증가한 탓이라고 주장한다. 연소의 결과물인 이산화탄소의 대기 중 함량은 중요한 의미가 있다. 이산화탄소에 온실 유리처럼 열을 붙잡아두는 성질이 있기 때문이다.

1850년에는 대기 중 이산화탄소 함량이 1,000분의 30 이하였다. 그 뒤로 100여 년간 산업화, 도시화가 진행되면서 인간은 집과 공장 굴뚝에서 전례 없이 많은 양의 이산화탄소를 쏟아냈다. (굴뚝으로 이산화탄소와 함께 배출된 열은 도시 상공의 대기를 제외하면 지구 전반적인 기온 상승에는 거의 영향을 미치지 않았다.) 그와 동시에 삼림 파괴로 인해 광합성으로 당질을 만드는 과정에서 이산화탄소를 흡수하는 나무의 숫자가 크게 줄었다. 그 결과 대기 중 이산화탄소 함량이 과거 1,000분의 30에서 지금은 1,000분의 33이 되었다. 물리학자들이 계산한 결과, 그 정도의 증가량은 장비로 측정될 만큼 지구 표면 온도에 차이를 발생시키는 수준이었다.

기상학자들은 화산 활동이 줄어들고 공기 중 이산화탄소 함량이 증가하면서 대기 순환에 변화가 일어난 것이 기후 변화의 유일한, 혹은 주된 이유라고 확신하지는 않는다. 분명히 다른 영향도 있을 수 있다. 날씨에 관해서 우리가 알고 있는 것은 여전히 부족한데다가, 중요한 기후변화에 관해 직접 조사해본 것이 이번이 처음이었기 때문이다. 확실한 점은 기후가 변하고 있으며 장차 그 변화가 우리에게 큰 영향을 준다는 것이다.

기후가 변하고 있다는 조짐은 이미 뚜렷하게 나타나고 있다. 대구가 처음 나타난 것은 1919년 그린란드 서해안의 고드호프 앞바다로, 북위 64도 지역이었다. 그런데 1948년에는 북위 73도 지역에서 잡히면서 에스키모인의 주식이 되고 그린란드는 주요 대구 어장이 되었다. 해덕 대구, 넙치, 청어 같은 상업적 식용 물고기들은 더 북쪽으로 이동했다. 캐나다와 시베리아에서는 영구동토층이 매년 10여 미터에서 수 킬로미터까지 북극 방향으로 후퇴하고 있다. 핀란드와 스칸디나비아에서는 과거 600년간 빙하에 덮여 있던 땅에서 농사를 짓고 있다. 한편 관측 횟수가 너무 적어서 확신할 수는 없지만, 열대지방에서도 아주 미미하게나마 온도가 내려가고 있는 것으로 보인다.

이처럼 현재의 기후 변동은 인류에게 새로운 기회가 될 수도 있다. 하지만 기온이 상승하면 여러 가지 문제가 생긴다. 한 예로 기온 상승으로 현재까지 전 세계 여러 지역에서 강수량이 현저하게 줄어든 것으로 보인다. 또 기후 온난화가 앞으로 수십 년간 계속되면 북극 빙하가 녹으면서 해수면이 상승하는 문제가 생길 수 있다. 비관론자들의 말과는 달리 해수면이 높아진다고 해서 항구도시가 전부 잠기지는 않을 것이다. 하지만 인간이 만든 난방장치나 에어컨을 생각해보면, 인간이 기후에 영향을 주는 것이 아니고 여전히 기후가 인간에게 영향을 주는 것이라는 말이 지금도 옳다고 할 수만은 없는 노릇이다.

지구 온난화는 공기 중 이산화탄소 농도가 증가한 탓일지도 모른다

월데머 캠퍼트

지난 60여 년간 전반적으로 계속된 지구 온난화를 두고 다양한 설명이 나왔다. 그중에는 태양에서 받는 에너지의 변동, 대기 중에 있는 화산재의 변화, 각 대륙에서 평균 고도의 변화 같은 것이 있다.

50여 년 전에 나왔던 한 이론은 기후 변화가 대기 중 이산화탄소의 변화 탓이라고 주장했다. 하지만 전반적으로 근거가 부족하다며 묵살되었다. 그런데 길버트 플래스Gilbert Plass 박사가 그 이론을 다시 시험한 다음 《아메리칸 사이언티스트*American Scientist*》에 논문을 발표했다. 플래스 박사는 해군연구소의 지원을 받아 진행한 연구에서 얻은 결론을 논문에 요약했다. 사실을 확인하려면 한 세기 동안 기온을 관찰하고 측정해야 할지도 모르지만, 어쨌든 그 이산화탄소 이론이 타당하다는 것이 플래스 박사의 입장이었다.

풍부한 가스

플래스 박사는 자신의 이론을 설명하면서 우리에게 대기 중에 가장 풍부한 가스가 질소와 산소라는 점을 환기시켰다. 그 외에 아르곤도 소량 들어 있다. 이런 가스들은 지구가 태양의 열로 데워진 다음 다시 대기로 발산하는 열 상당수를 흡수하지 못한다. 만일 흡수한다면 지구의 기온은 지금보다 훨씬 더 낮을 것이다. 열이 가스를 통해 지구 밖으로 끊임없이 빠져나갈 것이기 때문이다.

지구의 복사열을 잡아둘 수 있는 가스도 세 가지가 있다. (탄산음료 거품에 들어 있는) 이산화탄소를 비롯해서 수증기와 오존이 그렇다. 이 세 가지는 다른 가스보다 상대적으로 양이 적다.

플래스 박사는 상황을 설명하기 위해 사람들에게 친숙한 온실을 예로 들었다. 태양 광선은 투명한 유리를 뚫고 들어가지만, 온실 속 식물이 발산하는 에너지(열)는 유리를 뚫고 나가지 못한다. 따라서 열은 온실 속에 갇히고 온실 내부 온도는 외부보다 올라간다. 지구 대기도 온실 유리 같은 역할을 한다. 태양 복사선은 지구 대기를 뚫고 들어가지만, 지구가 발산하는 열은 일부만 대기 밖으로 나간다. 그래서 지구 표면은 상대적으로 따뜻하다. 이산화탄소와 수증기, 오존이 항상 복사열을 잡아두는 것이다.

복사열을 잡아두는 세 가지 가스 중에서도 이산화탄소는 부피 기준으로 대기 중에 0.03퍼센트밖에 없지만 매우 중요한 역할을 한다. 이산화탄소의 양이 증가하면 지구의 열을 더 효과적으로 가두기 때문에 기온이 상승한다.

1861년, 존 틴들John Tyndall이라는 과학자가 처음으로 이런 현상에 주목했다. 틴들이 살던 시절에는 대기를 연구하고 기온을 측정하는 장비가 보잘것없었다. 그때에 비하면 지금 우리가 사용하는 장비는 고도로 개선된 것이다. 플래스 박사의 말로는 가장 최근에 계산한 결과, 지구 대기의 이산화탄소량이 두 배가 되면 지표면 온도가 섭씨 3.6도 상승하고 절반으로 줄면 섭씨 3.8도 떨어진다고 한다.

커다란 변화

그 정도 온도 변화는 상대적으로 작아서 얼핏 대수롭지 않아 보인다. 그런데도 기후 측면에서는 그 작은 변동이 커다란 변화를 일으킬 수 있다. 평균 기온이 불과 섭씨 몇 도만 떨어져도 빙하가 지구 표면의 아주 넓은 지역을 덮는다. 마찬가지로 평균 기온이 섭씨 4도만 올라가도 극지방은 열대의 사막이나 밀림으로 바뀌어 호랑이가 어슬렁거리며 돌아다니고 화려한 색깔의 앵무새가 나무에서 시끄럽게 울 것이다.

플래스 박사는 바다와 대기 사이의 이산화탄소 교환을 포함하는 소위 '이산화탄소 균형'에 관한 다양한 요인을 조사하고 있다. 그 균형은 반드시 유지되어야 하는 것이다. 이산화탄소는 식물의 광합성(식물이 햇빛을 받아 이산화탄소를 흡수한 다음 당분과 탄수화물을 생산하는 과정)으로 많은 양이 사라지지만, 식물과 동물이 호흡하고 부패하는 과정에서 균형이 회복된다.

대기에 들어 있는 주요 가스들의 균형이 자연적으로 유지되는 반면, 이산화탄소의 양은 인간이 산업적인 목적으로 석탄이나 석유, 목재를 태우면서 인위적으로 증가하고 있다. 약 7년 전에 G. S. 캘런더G.S. Callendar 박사가 이 문제를 처음 지적했다. 그리고 플래스 박사가 이산화탄소의 인위적인 증가가 미치는 영향을 규명했다.

인간이 초래한 결과

최근에는 화산이나 간헐천, 온천보다 인간이 만든 기술적 생산과정에서 발생하는 이산화탄소의 양이 더 많다. 인간은 매 세기마다 대기 중 이산화탄소량을 30퍼센트씩 증가시켰다. 환산해보면 매 세기마다 기온이 섭씨 1.1도씩 올라가고 있는 셈이다. 이 수치가 1900년부터 전 세계 평균온도의 상승 속도와 맞아 떨어지는 것이 어쩌면 우연의 일치일 수도 있다. 하지만 인간이 기온 상승에 일조했다는 것은 무시할 수 없다.

지구 온난화의 원인이 무엇이든 간에, 산업적으로 점점 더 많이 배출되는 이산화탄소의 처리 방안이 있어야 한다는 플래스 박사의 생각은 확고하다. 플래스 박사는 "몇 세기 안에 대기로 배출되는 이산화탄소가 너무 많아서 지구의 기후에 중대한 영향을 미치게 될 것"이라고 경고했다.

석탄이나 석유 매장량은 1,000년이면 바닥나겠지만, 그때 가서 지금보다 17배나 많아질 대기 중 이산화탄소의 처리 방안은 반드시 마련되어야 한다. 그 대신 핵에너지를 도입해도 상황은 별반 달라지지 않을 것이다. 석탄과 석유는 세계 곳곳에서 여전히 풍부하고 값이 싼 에너지원이며, 그런 상황이 계속되는 한 산업계에서는 계속해서 두 광물을 소비할 것이 당연하기 때문이다.

교토에서 온실가스 감축에 합의

윌리엄 K. 스티븐스

세계 각국에서 온 협상가들이 오늘 〔일본 교토에서〕 사상 처음으로 발의된 일련의 정책에 합의했다. 과학자들이 지구 온난화의 주범이라고 지목하는 산업 폐기가스 배출을 각 산업국이 법률로 강제하는 정책이다.

하지만 국가 간에 배출 허가권을 거래하거나 판매하는 문제를 두고 이견이 분분해서 세부 항목이 아직 합의에 이르지 못했으며, 앞으로도 몇 달 동안 지지부진할 수도 있다. 미국에서는 조약에 서명하기 전까지 이 문제가 해결되기를 바란다고 말했다. 어떤 조약이든 미국에서는 상원의 승인을 받아야 한다.

150여 개가 넘는 나라의 대표들이 승인한 합의안은 지구 온난화를 다루는 환경 정책의 기준을 세우고 그 정책을 시행하는 혁신적이고 새로운 절차가 될 것이다.

세계 각국에서는 내년 3월부터 1년 내에 합의된 조약을 비준하게 된다. 가스 배출권 '거래'에 관한 회담은 내년 11월에 진행할 예정이다.

불확실한 면이 있긴 하지만, 일부 환경운동가들은 이번 합의가 정치 경제적으로 아주 놀라운 혁신이라며 환호했다. 환경 문제에서 과학자들이 중요하게 생각하는 것들을 처리하는 전 세계적인 시스템이 수립될 것으로 보았기 때문이다. 반면, 반대하는 사람들은 경제적으로 이번 조약 내용을 감당하기 어렵다고 비난했다.

'교토의정서'로 알려진 이번 합의에서는 각 산업국에 이산화탄소를 비롯해서 열을 붙잡아두는 다섯 가지 온실가스 배출을 1990년 대비 5.2퍼센트 줄이도록 강제할 예정이다. 미국에서는 2008년부터 2012년까지 온실가스 배출을 1990년 대비 평균 7퍼센트 줄여야 한다.

이번 합의에서는 미국이 아주 중요한 양보를 한 것으로 보인다. 이전까지만 해도 가스 배출을 1990년 수준에서 더 줄이지 않고 같은 정도로 유지하겠다며 다소 느슨한 기준을 고집했기 때문이다. 월요일에 교토를 방문했던 앨 고어Al Gore 부통령이 협상가들에게 얼마나 유연한 태도로 협상하라고 주문했는지 알 수 있다. 하지만 백악관이 상원을 설득해서 합의안을 수용하게 할 수 있을지, 미국이 합의안에 서명하게 될지 조차 아직은 알 수 없다.

다소 느슨했던 정부의 제안에 예전부터 의구심을 보인 상원의원이 많았다. 2000년이 되면 미국에서 배출하는 온실가스가 1990년보다 약 13퍼센트 정도 더 증가할 것이다. 그리고 에너지 소비 성향이 바뀌지 않고 다른 조치가 강구되지 않는다면, 2010년에는 30퍼센트 정도 더 증가할 것으로 예상된다.

회담을 지켜보던 네브래스카주의 척 헤이글Chuck Hagel 공화당 상원의원은 오늘 "어떻게 평가하든 이번 협약은 미국에 아주 좋지 않다"라면서 상원에서 승인하지 않을 것이라고 말했다.

스튜어트 아이젠슈태트Stuart Eizenstat 수석 협상가는 미국이 가스 배출권 거래 문제에 관해 여전히 개발도상국들로부터 좀 더 유연한 입장을 기대하는 중이라고 의견을 피력했다. 그는 "우리는 교토에서 아직 의미 있는 약속을 얻지 못했다"고 말했다. 하지만 그런 약속을 받아낼 가능성이 "아주 높다"는 말을 덧붙였다.

뉴욕을 방문 중인 클린턴 대통령은 협의안에 "매우 만족한다"는 성명을 발표했다. "환경 측면에서 아주 강력하고 경제적으로 타당한 조치"라는 것이 그의 말이었다. 하지만 개발도상국에서 더 많은 것을 해야 한다는 말도 했다.

앨 고어 부통령은 워싱턴에서 그 합의를 "아주 중요한 전환점"이라고 말했다. 그리고 "분명히 더 많은 조치가 필요하다. 특히 주요 개발도상국들이 제대로 참여하도록 계속 압박할 것이다. 우리는 그렇게 될 것으로 확신한다"라고 덧붙였다.

합의에 따라 세계 각국은 각자의 환경과 경제 정책에 따라 서로 다른 목표를 할당받을 것이다. 유럽연합의 목표는 가스 배출을 1990년 수준보다 8퍼센트 줄이는 것이고, 일본은 6퍼센트가 목표였다. 그보다 낮은 수준이지만 다른 선진국에도 목표가 설정되었다. 가스 배출량을 늘려도 된다고 승인받은 나라도 있었지만, 전체적으로 보면 기존 추세대로 갔을 때 2010년에 예상되는 가스 배출량보다 30퍼센트를 감축하는 것이 목표였다.

예정에 없었던 열한 번째 날에 밤샘 토론을 진행한 다음, 150여 개가 넘는 나라에서 온 대표들이 의정서에 합의했다.

세계 각국은 온실가스 배출을 자발적으로 제한하기로 했던 1992년 리우데자네이루 협상의 합의서를 수정하고 있었다. 영향력이 가장 큰 온실가스인 이산화탄소를 배출하는 주범은 석탄이나 석유 같은 화석연료를 태우는 것이다.

개발도상국에서 온실가스 감축을 촉진하기 위한 방법으로, 각국 대표들은 부유한 나라에서 가난한 나라로 에너지 효율을 높이는 기술과 무공해 에너지 생산 기술을 이전하는 특별한 절차를 수립했다. 에너지 효율이 높으면 온실가스 배출이 적어지고, 태양에너지나 풍력에너지 같은 대체 에너지원은 온실가스를 아예 배출하지 않는다.

그렇게 새로 합의된 '청정개발체제CDM'는 산업국의 기업들이 개발도상국에서 고효율의 현대식 발전소처럼 온실가스 배출을 줄이는 사업에 투자하고 그렇게 자체적으로 가스 배출을 줄인 공로를 인정받게 하는 것이 목적이었다.

하지만 그 합의안은 어젯밤부터 오늘 아침까지 한동안 채택되지 못했다. 선진국에서 온실가스 배출권을 거래하거나 구매할 수 있게 하는 조항이 포함된 것을 두고 중국과 인도, 사우디아라비아 같은 일부 개발도상국에서 반대했기 때문이다. 미국은 배출권 거래 조항이 가장 비용이 적게 들고 효율적인 방법이라고 봤다. 그래서 미국 협상단은 그 조항을 넣지 않으면 미국이 온실가스 배출 목표를 맞출 수 없게 될 것이라고 말했다.

배출권 거래에 관해서는, 한 국가나 산업체에서 가스 배출을 줄이기 위해 배출량 자체를 일부 줄일 수도 있고, 그와 동시에 감축량을 목표보다 훨씬 더 초과달성한 다른 국가나 산업체에서 필요한 감축량을 구매할 수도 있게 될 것이다.

미국은 과거 산성비의 주된 요인이었던 이산화황의 배출권 거래가 성공적이었다는 것을 근거로 들면서, 배출권 거래라는 방법을 사용하면 더 적은 비용으로 더 많은 온실가스를 줄일 수 있다고 주장했다.

반면, 미국의 주장에 반대하는 측에서는 온실가스 감축에 따르는 부담을 개발도상국으로 떠넘길 수 있고, 국가나 기업 들이 의무를 이행하는 대신 배출권을 매입하게 될 것이라고 했다.

한참을 논의한 끝에, 각국 대표들은 1992년 리우데자네이루에서 합의했던 가스 배출권 거래제도의 원칙과 규칙, 지침, 시행 등을 11월까지 연기하기로 합의했다.

전문가들은 각국 대표에게 온실가스 배출이 줄어들지 않으면 지구의 평균 표면온도가 다음 세기까지 섭씨 1~3도 정도 상승해서 기후와 환경, 경제적으로 광범위하게 재난이 발생할 것이라고 조언했다.

워싱턴에 있는 국립환경신탁National Environmental Trust의 대표로 회의를 참관하고 있는 필립 E. 클랩Philip E. Clapp 씨는 교토의정서가 "환경보호에 있어서 역사적인 사건"이라면서 "클린턴-고어 행정부의 가장 중요한 업적"으로 기억될 것이라고 말했다.

하지만 미국 화석연료 및 중공업 업계 대표들은 엄청난 재앙으로 받아들였다. 산업단체인 국제기후연합Global Climate Coalition의 윌리엄 K. 오키프William K. O'Keefe 회장은 "아주 끔찍한 협상이다. 대통령은 거부권을 행사해야 한다"면서 합의안이 비준을 위해 상원에 제출된다면 "사업가와 노동자, 농부 들이 극렬하게 반대할 것"이라고 말했다.

교토의정서는 대체적으로 기후 변화 문제를 해결하려는 끊임없는 시도 중에서도 시작 단계로 간주된다. 그리고 그 문제를 해결하려면 모든 나라들이 참여하는 국제적인 해결책이 필요하다는 것이 일반적인 시각이다.

Chapter 06

탐험

여기, 그리고 저 밖에 있는 신세계

The New York Times

나일강의 수원을 찾은 탐험가

미국이나 영국 언론은 헨리 M. 스탠리Henry M. Stanley 씨가 나일강의 진짜 수원水源을 발견한 사람으로 인정받아 아프리카 탐험사에서 큰 영예를 안게 되었다는 사실을 모르는 것 같다. 나일강은 앨버트호(빅토리아호 북서쪽에 있는 호수로 여기서 북서쪽으로 백나일강의 상류를 지칭하는 앨버트나일강이 흐른다.—옮긴이)에서도 흘러나오지만, 그 호수를 나일강의 수원으로 보는 사람은 없다. 앨버트호보다 지대가 더 높고 더 멀리 떨어진 드넓은 빅토리아호에서도 나일강의 강물이 흘러나오기 때문이다. 하지만 빅토리아호를 최종적인 수원으로 판단할 수도 없다. 빅토리아호에서 나일강으로 물이 흘러나가는 곳의 반대편에서 시미인강이 흘러들기 때문이다. 그렇게 시미인강의 강물은 나일강에 합류되어 지중해로 흘러간다. 스탠리 씨의 추정에 따르면 시미인강의 길이는 최소 560킬로미터에 달한다.

시미인강은 빅토리아호의 최대 지류이므로, 나일강의 최상류이며 거대한 아프리카 나일강이 시작되는 수원으로 봐야 한다. 이제 시미인강을 발견한 영예를 스탠리 씨가 독차지하게 되었으므로, 스탠리 씨는 나일강 탐험에 관해서는 새뮤얼 W. 베이커Samuel W. Baker 씨나 존 H. 스피크John H. Speke 씨보다 높게 평가받고, 마침내 지리학에서 가장 유명한 문제를 해결한 행운의 사나이로 불릴 만한 자격을 갖추게 되었다.

물론 데이비드 리빙스턴David Livingstone 박사의 주장대로 남위 10도선 부근에서 시작되는 루알라바강이 나일강 수계水系에 속한다면, 그가(혹은 그보다 앞 세대에 살았던 포르투갈 탐험가 라세다Francisco de Lacerda가) 나일강에서 가장 먼 수원을 발견한 사람이 된다. 하지만 루알라바강이 나일강과 관계가 있다는 말은 그럴 가능성도 없고, 실제로도 불가능하다. 리빙스턴 박사는 루알라바강이 앨버트호로 흘러든다고 추정했다. 마지막 탐험 길에 지났던 최북단 지점은 앨버트호에서 최소한 640킬로미터 정도 떨어져 있었는데, 리빙스턴 박사는 그곳에서 아주 빠르게 흐르는 루알라바강을 발견했다. 물론 앨버트호의 지류가 적도 아래에서 남서쪽으로 광대하게 펼쳐져 있고 경계가 명확하지 않다고 주장한다면, 호수의 지류가 리빙스턴 박사가 지나갔던 최북단 지점과 닿아 있다고 주장하는 것도 무리가 없다. 하지만 그 말이 사실이라면 콩고 북부를 탐험했던 독일 탐험가 게오르그 슈바인푸르트Georg Schweinfurt의 업적은 무시될 수밖에 없다. 그가 앨버트호 서쪽의 산맥과 적도 인근에서 시작해서 동쪽에서 서쪽으로 흐르는 우엘레강을 발견했다는 것은 그가 나일강 수계와는 다른 분수령에 있었으며, 앨버트호의 지류가 남서쪽으로 그렇게 먼 곳까지 뻗어 있다고 보기가 극히 어렵기 때문이다. 더욱이 탕가니카호에서 흘러나온 물줄기가 루알라바강으로 흘러들어가는 것이 확인되었다.

몇 달 전 영국 탐험가 버니 캐머런Verney L. Cameron이 배를 타고 그 물줄기 탐사에 나섰는데 거의 알아보기 어려울 정도로 느리게 흘렀다. 따라서 그 느린 물줄기가 루알라바강과 합류하는 지점의 고도는 탕가니카호보다 아주 약간 낮은 것이다. 그런데 앨버트호는 탕가니카호보다 3미터 정도 낮다. 만일 리빙스턴 박사의 말대로 루알라바강이 앨버트호로 흘러간다면 최소 800킬로미터 거리를 흐르면서 고도가 3미터밖에 낮아지지 않는다는 말이 된다. 하지만 리빙스턴 박사가 발견했던 (루알라바강으로 생각했지만 실제로는 탕가니카호에서 나와 루알라바강으로 흘러드는) 물줄기는 유속이 아주 빨라서 건너기가 어렵고 위험할 정도였다. 유속이 빠르다는 것은 물줄기를 본 지점의 고도가, 탕가니카 호수에서 흘러나온 물이 루알라바강과 합류하는 지점(이 지점은 리빙스턴 박사가 마지막으로 강을 보았다는 곳에서 남쪽으로 80~160킬로미터는 족히 떨어져 있다)보다 훨씬 낮을 뿐 아니라, 그 물줄기가 앨버트호로 가는 것이 아니고 고도가 더 낮은, 그러니까 리빙스턴 박사가 갔던 최북단 지점보다도 더 북쪽으로 흘러간다는 말이 된다. 리빙스턴 박사가 마지막으로 루알라바강을 보았던 곳의 고도는 분명 앨버트호보다 몇 미터 낮았던 것이 분명하다. 어쨌든 물줄기의 속도가 빨랐다는 것은 루알라바강이 800~960킬로미터를 흘러가면서 고도가 불과 3미터 낮아진다는 리빙스턴 박사의 주장과는 전혀 일치하지 않는다. 그 물줄기가 탕가니카호에서 흘러나오고 탕가니카호가 앨버트호보다 3미터밖에 높지 않다는 것을 연계해서 생각하면, 그 빠른 물줄기가 앨버트호로 흘러가지 않으며 따라서 나일강과는 아무 관련이 없다는 것을 알 수 있다.

스탠리 씨의 명성은 확고하다. 그는 시미인강에서 나일강의 진짜 수원을 찾았다. 리빙스턴 박사는 나일강에 속하는 강물을 단 한 방울도 보지 못했고, 용감한 미국인 스탠리 씨가 나름대로 아주 중요했던 스피크 씨와 베이커 씨의 발견을 해석하고 마무리해서 마침내 영예를 획득했다. 수많은 귀한 생명이 스러지고, 용기와 인내를 갖고 도전했던 수많은 노력이 허사로 돌아간 뒤에 얻게 된 영예였다.

피어리, 23년에 걸친 여덟 번의 도전 끝에 북극점에 도달하다

미 해군의 로버트 E. 피어리Robert E. Peary 중령이 북극점을 정복했다. 세상의 꼭대기에 도달했다는 프레더릭 A. 쿡Frederick A. Cook 박사의 발표에 이어, 23년에 걸쳐 북극을 여덟 차례 탐험했던 영웅 피어리로부터 마침내 야망이 실현되었다는 확실한 소식이 전해지자 그 업적을 전적으로 인정하며 성공을 축하한다는 말이 전 세계에서 날아들었다.

《뉴욕타임스》에 전해진 피어리의 탐험에 관한 최초의 발표 내용은 다음과 같았다.

발신: 9월 6일, 캐나다 뉴펀들랜드주, 케이프 베이 경유, 래브라도, 인디언 하버.

수신: 뉴욕, 《뉴욕타임스》

4월 6일 북극점 도착. 9월 7일, 샤토 베이 도착 예정.

그곳의 보안 통신망을 통해 엄청난 소식을 신속하게 전송하겠음. 피어리.

피어리 중령이 《뉴욕타임스》에 보낸 메시지가 도착한 후, 다른 탐험가들이 보낸 같은 내용의 메시지가 뉴욕에 도착했다.

얼마 지나지 않아 〈AP통신〉에 다음과 같은 메시지가 도착했다.

발신: 9월 6일, 캐나다 뉴펀들랜드주, 케이프 레이 경유, 인디언 하버

수신: 뉴욕, 〈AP통신〉

성조기를 북극점에 게양했다.

피어리.

피어리 중령이 '피어리 북극클럽'의 허버트 L. 브리지먼 총무에게 보낸 전보의 내용은 다음과 같았다.

수신: 뉴욕, 브루클린, 허버트 L. 브리지먼

북극 도착. '루스벨트호'는 무사함.

피어리.

웨스트 44번가에 있는 '뉴욕 요트클럽'에서 받은 메시지는 다음과 같았다.

발신: 9월 6일, 뉴펀들랜드, 케이프 레이 경유, 인디언 하버

수신: 뉴욕 요트클럽 총무, 조지 A. 카맥

클럽 깃발을 단 증기선 '루스벨트호'를 타고 클럽의 탐험 이력에 북극점을 추가

할 수 있게 되었음.

(서명) 피어리.

암호가 사실을 증명하다

브리지먼 총무에게 보낸 전보는 암호문으로 전송되었다. 사용된 암호는 피어리 중령이 개인적으로 쓰는 것이어서 그가 보낸 전보라는 것은 의심의 여지가 없었다. 피어리 중령은 메인주 사우스하프스웰에서 여름을 보내고 있던 아내에게도 메시지를 보냈다.

메시지 내용은 "마침내 목표를 달성했소. 극점에 도착했다오. 난 잘 있소. 사랑하오. 샤토에 가면 다시 연락하리다"였다.

메시지에는 'Bert'라는 서명만 있었다. 피어리 중령의 이름인 로버트의 줄임말이었다. 피어리 부인은 한 사람의 아내답게 사랑과 축복을 담아 어서 집으로 돌아오라는 말과 함께 답장을 보냈다.

이상한 우연이었는지 몰라도, 프레더릭 A. 쿡 부인도 남편에게 첫 소식을 들었을 때 사우스하프스웰에 있었다.

피어리 동료의 보고

피어리 중령과 동행했던 도널드 B. 맥밀런Donald B. McMillan이 보낸 메시지 두 개도 국내에 도착했다. 맥밀런 씨는 메사추세츠주 우스터에 있는 사립학교에서 수학과 과학을 가르치는 강사였는데, 지난해 학기가 끝난 후 2년간 휴가를 얻어 피어리의 탐험에 참여했다.

그는 학교 총장인 D. L. 애버크롬비D. L. Abercrombie 박사에게 보내는 메시지 외에도 메인주 프리포트의 우체국장인 여동생 W. C. 포그W. C. Fogg 씨에게도 다음과 같은 메시지를 보냈다.

발신: 1909년, 9월 6일, 인디언 하버.

수신: 메인주, 프리포트, W. C. 포그

잘 도착했음. 배를 타고 극점에 도달함. 인생 최고의 해임. 벤.

곧이어 쿡 박사의 보고가 전해지다

이 메시지들이 래브라도 해안에서 뉴욕으로 급송된 다음 전 세계 네 곳으로 보내지면서 쿡 박사는 유럽과 전 세계 군주들로부터 북극점을 정복한 사람으로 인정받게 되었다. 또한 쿡 박사가 9월 1일 스코틀랜드 북동쪽 셰틀랜드섬에서 전보를 통해 "세상의 꼭대기"에 도달했다는 말을 처음 전송한 뒤로 세상 사람들에게 초미의 관심사가 된 그의 성공 이야기에, 이 메시지들은 놀랍고도 새로운 이야기로 추가되었다.

둘 다 미국인 탐험가인 프레더릭 A. 쿡 박사와 로버트 E. 피어리 중령은 북극점 정복이라는 불가능에 가까운 세기의 목표를 달성하기 위해 예전부터 북극을 탐험 중이었다. 인간이 성취할 수 없는 목표라고 생각될 때도 많았다. 하지만 두 사람 모두 단호하고 용감했으며 그동안의 노력으로 언젠가는 성공할 것이라는 믿음을 드러내기 시작했다.

피어리 중령이 더 많이 알려지다

피어리 중령은 과학자나 일반 대중에게 '가장 먼 북쪽'에 도달했다는 명예를 얻기 위해 끊임없이 노력한 사람으로 잘 알려졌다. 반면, 쿡 박사는 피어리 중령보다 덜 알려졌다. 말없이 탐험을 시작했고 그의 목표도 극지방 연구에 관심이 아주 많은 사람 외에는 잘 몰랐기 때문이었다.

그러다가 갑자기 증기선 한 척이 아무런 예고도 없이 셰틀랜드섬의 러윅 항구에 들어왔고, 세상에서 가장 용감한 탐험가들이 실패했던 탐험을 성공적으로 완수했다는 쿡 박사의 말이 알려졌다. 쿡 박사가 북극점에 도달했다고 주장하는 날짜는 1908년 4월 21일이었다.

사흘 후 쿡 박사는 코펜하겐에 도착하여 지금까지 그 어떤 탐험가보다 열렬한 환영을 받았다.

피어리 중령이 탐사 성공을 발표하다

쿡 박사가 러윅에서 북극점을 정복했다고 발표한 날로부터 5일이 지난 후, 그것도 쿡 박사의 발표 시각과 거의 비슷한 시각에, 래브라도의 인디언 하버에서 놀라운 소식이 들려왔다. 피어리 중령도 세 번째 탐사에서 그동안 열망했던 북극점 정복이라는 목표를 달성했다는 소식이었다. 정확한 날짜는 1909년 4월 6일이었다.

피어리 중령은 간단하게 메시지를 작성해서 전송한 후 계속해서 남쪽으로 내려갔다. 그러는 동안 전 세계 사람들은 좀처럼 보기 힘든 아주 극적인 상황에 깜짝 놀랐다. 그동안 많은 사람들이 노력했지만 성공하지 못했고, 얼어붙은 북극에서 수많은 탐험가의 목숨을 빼앗아 갔던 목표를 달성한 사람이 둘이나 나왔던 것이다.

인디언 하버에서 메시지를 보낼 때만 해도 피어리 중령은 쿡 박사의 소식을 몰랐던 것이 거의 확실하다. 평소라면 피어리 중령의 발표가 전 세계 사람들의 관심을 불러 모았겠지만, 현재 상황은 그가 전했던 말이 사실인지 몇 번이고 확인하려는 분위기였다.

쿡 박사는 탐사를 하면서 성조기를 금속 파이프 속에 넣어 북극점에 묻었다고 말한 반면, 피어리 중령은 북극점에 성조기를 게양한 다음 그대로 세워놓은 채 돌아왔다고 말했다.

뉴스 보도 내용

피어리 중령이 《뉴욕타임스》에 보낸 메시지는 어제 12시 39분 우편전신회사를 통해 뉴욕에 도착했다. 그 메시지는 래브라도의 인디언 하버에서 전달받아 무선 전신을 통해 뉴펀들랜드의 케이프 레이로 전송되었고, 케이프 레이에서 포트 오 바스크까지는 뉴펀들랜드 주정부의 지상 통신선을 통해 전송되었다. 다시 노바스코샤주의 칸소까지는 전화선을 통해 전송되었고, 그곳에서 뉴욕까지는 상업 통신선 회사의 통신선을 통해 전송되었다.

쿡 박사가 북극 탐험에 관한 《뉴욕타임스》의 질문에 답하다

프레더릭 A. 쿡 박사가 어제 오후 월도프-아스토리아 호텔 라운지에서 두 시간에 걸쳐 뉴욕의 모든 신문사를 대표해서 나온 기자들의 질문에 답했다. 기자들은 북극 탐험과 북극점에 도달했다는 그의 주장에 관해 질문을 던졌다.

쿡 박사는 모든 질문에 답했지만, 본인 주장대로 북극점에 도달했다면 그곳에서 확실하게 본 것을 이야기해달라는 말에는 입을 다물었다. 쿡 박사는 그 점에 관해서는 대답 대신 예전에 말했던 것처럼 코펜하겐에 있는 덴마크대학교에 증거를 제공할 것이며, 그곳의 과학자들이 결과를 발표하기 전까지는 사람들이 원하는 정보를 주어야 할 필요성을 느끼지 못한다고 말했다.

쿡 박사의 입에서 나온 가장 중요하고 확실한 정보는 《뉴욕타임스》가 연달아 했던 스물여섯 개의 질문에 대한 답변이었다. 쿡 박사는 이미 화요일부터 그 답변을 준비하고 있었다. 여기서 오갔던 질문과 답변은 컬럼비아대학교의 천문학과장 해럴드 재코비Harold Jacoby 교수의 논평과 함께 이번 호 2페이지에 전문이 실려 있다. 재코비 교수는 쿡 박사의 대답으로는, 특히 북극점에서 본 것에 관해 자세한 설명을 전혀 하지 않은 점을 봤을 때, 현 시점에서 그가 정말 북극점에 도달했는지 아닌지 판단할 수 없다고 말했다.

화요일에 '오스카 II'를 타고 도착했을 때 의견을 피력했던 대로, 쿡 박사는 인터뷰에서 피어리 중령에 관해 어떤 논평도 하지 않을 것이라고 말했다. 그리고 북극점에 도달했다는 자신의 주장이 거짓이라며 맹렬하게 비난하는 피어리 중령에 관해 일체 언급하지 않았고, 피어리 중령이 뉴욕에 도착하면 그와 대면할 것이며 그 자리에서 자신의 주장을 고수할 것이라고 화요일에 했던 말을 되풀이했다. 자신이 아는 바로는 피어리 중령과의 사이에 나쁜 감정이 있을 이유가 없다는 것이 쿡 박사의 주장이었다.

뉴헤이븐의 사냥꾼 해리 휘트니Harry Whitney와 루스벨트호(피어리가 북극에 갈 때 타고 갔던 증기선—옮긴이)의 객실 급사였던 프리처드Pritchard, 그리고 북극점으로 향할 때 일행이었던 두 명의 에스키모에게 비밀을 지키라고 강요했던 일과 관련해서는 북극점 정복에 성공했다는 소식을 자신이 처음 세상에 알리고 싶어서 그랬다고 분명하게 말했다. 또한 북극점 정복을 문명 세계에 직접 알리기 전에는 무조건 피어리 중령이 그 사실을 모르기를 바랐다고 덧붙였다.

왜 피어리 중령에게 비밀로 하고 싶었는지 문자, 쿡 박사는 자신이 북극점을 정복했다는 소식을 피어리 중령이 듣는다면 그도 북극점을 발견했다고 발표하면서 자신을 "이기려"들 것 같았기 때문이라고 대답했다. 하지만 쿡 박사는 피어리 중령이 거짓 주장을 했다는 뜻으로 말한 것은 아니라고 설명했다.

쿡 박사가 기자들을 만나다

쿡 박사를 만나기 위해 월도프-아스토리아 호텔에 모인 기자는 40명이었다. 박사가 정했던 인터뷰 시간은 오후 4시였지만, 준비된 방에 모습을 드러낸 것은 30분이 지나서였다. 딸인 로즈가 동행했다. 로즈는 정중하고 우아한 모습으로 기자들에게 인사한 다음 쿡 박사가 가족과 함께 머물고 있는 위층의 스위트룸으로 사라졌다.

쿡 박사는 쾌활한 모습으로 기자들에게 인사했다. 그리고 잠시 서서 기자들을 훑어본 다음 "자, 그럼 시작할까요"라고 말했다. 기자 한 명이 "쿡 박사님, 여쭤보고 싶은 것이 아주 많습니다"라고 대답했다. 박사는 "그럼 질문하세요"라고 말하며 의자를 방의 한가운데로 끌고 가서 편한 자세로 앉았다.

쿡 박사는 인터뷰 내내 다리를 꼰 채 앉아 있었다. 그리고 질문자를 똑바로 쳐다보았다. 가끔 질문이 재미있다는 듯 눈이 반짝반짝 빛나기도 했다. 쿡 박사의 대답은 거침없었다. 대화하기에 좋은 상냥한 목소리였다. 대답은 대체적으로 느렸다. 분명히 단어 하나하나를 입 밖으로 내기 진에 신중하게 따지고 있었다. 하지만 거리낄 것 없는 모습으로 공정하고 충분하게 답변하려는 듯했다.

쿡 박사가 받은 첫 질문은 탐험에서 돌아올 때 북극점 정복의 증거로 가져왔다고 지난 화요일에 언급했던 증거물에 관한 것이었다.

"전에 말씀하셨던 증거물을 보여 주시겠습니까?"

"아니오, 그러지 않을 겁니다. 전에도 이야기했지만, 그 이유를 명확하게 말씀드리겠습니다. 저는 그 증거물을 코펜하겐대학에 보내려고 준비하고 있습니다. 그곳의 과학자들이 증거물을 조사할 겁니다. 그리고 판정을 내릴 겁니다. 틀림없이 제 증거가 정확하다고 발표할 겁니다."

피어리 중령에게 소식을 알리지 못하게 하다

쿡 박사는 탐험대 일원이었던 휘트니가 그린란드 서부의 에타Etah에서 박사를 만난 직후, 어머니에게 편지를 써서 박사의 북극점 정복을 알렸던 사실을 알고 있느냐는 질문을 받았다. 박사가 대답했다.

"아니오, 그런 말은 전혀 듣지 못했습니다. 그런데 휘트니 씨가 그런 편지를 쓸 수도 있다고 봅니다. 제가 비밀 유지를 부탁했던 말을 저보다 먼저 문명 세계에 알리지 않았다면 말이죠. 피어리 중령에게 제 소식을 알리고 싶지 않았거든요."

"왜 피어리 중령에게 알리고 싶지 않았던 겁니까?"

"왜 알려야 합니까? 북극점을 정복했다고 발표하는 유일무이한 사람이 되고 싶은 게 당연하지 않았을까요?"

"피어리 중령이 그 소식을 듣고 나쁜 쪽으로 써먹을 것이라고 생각하셨나요? 그러니까 북극점에 가지도 않았으면서 북극점에 갔다고 애써 포장할 수도 있다고 보셨는지요?"

"아니오, 그런 뜻이 아닙니다. 무슨 수를 써서라도 그가 제 성공을 모르게 하는 것이 현명한 대처라고 생각했을 뿐입니다."

"예전에 박사님과 피어리 중령 사이에서 냉소나 원한을 불러일으킬 만한 사건이 있었나요?"

"제가 알기로는 없었습니다."

"두 분 사이에는 아무 문제가 없었습니까?"

"전혀 없었습니다."

"박사님께 피어리 중령은 동지입니까, 경쟁자입니까?"

"모르겠습니다. 저는 피어리 중령을 늘 동지로 생각했습니다. 그리고 특별한 일이 생기지 않는 한 계속 그럴 겁니다."

"피어리 중령에게 폭행을 당할까 봐 겁난다거나, 에타에 머물러 있기가 무섭다거나 하는 말을 은연중에라도 하신 적이 있나요?"

"아니오, 전혀 없습니다."

"피어리 중령과 만나 이 문제에 관해 이야기하실 건가요?"

쿡 박사가 넌더리가 난다는 듯 웃었다.

"피어리 중령이 여기에 온다면 기꺼이 만날 겁니다. 하지만 제 입장에서 지금 이 논란은 이미 끝난 일입니다. 피어리 중령도 제 일에 관해 잘 모르고, 저도 피어리 중령의 일에 관해 잘 모릅니다."

"피어리 중령은 북극점을 정복했다는 박사님의 주장을 반박할 수 있다고 하던데요."

쿡 박사는 몸을 앞으로 기울인 채 눈을 부릅뜨면서 대답했다.

"그런 논의는 이제 그만하겠습니다. 피어리 중령에 관해서는 더 할 말이 없습니다."

《뉴욕타임스》가 준비한 질문을 쿡 박사에게 던진 것이 바로 이 무렵이었다. 쿡 박사는 질문을 듣는 족족 대답했다. 질문이 가지를 치면서 쿡 박사는 한 시간 내내 대답하느라 정신이 없었다. 마지막으로 물자 보급을 받은 다음 북극점까지 남은 760킬로미터를 전진하는 동안 갖고 있던 보급품에 관한 질문을 받고 이렇게 대답했다.

"저와 에스키모 두 명, 그리고 개 스물여섯 마리가 80일 동안 사용할 수 있는 물자가 있었습니다. 80일 중에서 일부 며칠 동안은 정말 악전고투를 했습니다. 썰매 무게가 270킬로그램 정도 나가는데 그런 썰매가 두 개였어요."

"식량 저장고 같은 것을 만드셨나요?"

"그곳에는 얼음밖에 없었어요. 식량을 얼음 속에 넣어둘 수는 없는 노릇이죠."

"박사님이 매사추세츠주 글로스터를 떠날 때만 해도 다들 사냥하러 가는 줄 알았는데, 북극점으로 맹렬하게 돌진하게 된 계기는 무엇인가요?"

"저희는 글로스터를 떠날 때 이미 북극점으로 가는 데 필요한 모든 준비를 마친 상태였습니다. 목표를 공개적으로 발표하지는 않았지만 말이죠. 저희는 정부 지원이나 민간의 자금 지원을 전혀 받지 않았습니다. 따라서 무엇을 하려는지 공개적으로 밝혀야 할 아무런 이유가 없었죠."

북극점으로의 여행을 준비하다

"우리는 항해를 하면서 북극 탐험을 준비했습니다. 그린란드의 에타에 도착해서 보니 모든 여건이 탐험하기에 적합했어요. 에스키모들은 몇 년 만에 최고의 사냥철을 보내고 있었습니다. 그들은 우리와 함께 떠날 준비가 되어 있었고 우리를 위해 곰을 사냥할 준비가 되어 있었죠. 계획대로 탐험을 시작하기에 더할 나위 없이 좋은 여건이었습니다. 그 기회를 잡고 싶은 마음뿐이었어요. 그래서 탐험을 시작했고 저희 생각이 옳았던 것 같았어요. 북극을 탐험하기에 주변 환경이 그보다 더 좋을 수는 없었습니다."

북극점에서 돌아오는 길에 식량을 어떻게 구했는지 이야기하면서, 쿡 박사는 자신과 에스키모 일행의 운명을 결코 운에 맡긴 적은 없었다고 말했다. 가능한 한 보급품을 오래 사용했고 결국 모두 바닥이 났을 때는 죽을 수도 있겠다는 두려움에 사로잡히기도 했다.

쿡 박사는 피어리 중령과 함께 북극에 갔던 핸슨이라는 흑인이 예전에 시드니에서 이런 말을 했다면서 웃었다. 당시는 피어리 중령이 북극점에서 돌아와 쿡 박사가 북극점에 가지 못했다고 말한 이후였는데, 핸슨이 쿡 박사의 일행이었던 에스키모 두 명과 그린란드 에타에서 만나 대화를 나누는데 둘 다 피어리 중령의 말에 제대로 반박을 못하고 쩔쩔매더라는 것이었다. 인터뷰 시점은 피어리 중령이 북극에서 돌아와 쿡 박사가 북극점에 가지 못했다고 말한 이후였다.

쿡 박사가 대답했다.

"그 에스키모 두 사람이 여기에 와서 모든 질문에 대답할 겁니다. 그리고 제가 다른 곳이 아니라 바로 북극점에 갔다고 이야기할 겁니다. 둘 다 믿을 만한 사람입니다. 두 사람은 북극점에 갔을 때 저와 함께 있었고 사실 그대로 말해줄 겁니다."

"핸슨 씨 말로는 박사님이 처음부터 두 사람에게 북극점에 도달한 것으로 말하라고 시켰다던데요?"

"그래요? 핸슨이 돌아오면 물어봐야겠군요. 딴소리를 할 수도 있을 겁니다."

"무슨 말씀이죠?"

"그냥 기다리시라는 것 말고는 드릴 말씀이 없네요."

쿡 박사가 씨익 웃으며 대답했다.

인터뷰가 막바지에 다다르면서 누군가 물었다.

"박사님이 갖고 있는 기록이 과연 북극점 정복에 관한 모든 의혹을 잠재울 수 있을까요?"

"그럴 것이라고 확신합니다. 전에도 말씀드렸지만 저는 모든 것을 아주 신중하게 관찰했습니다. 제 기록은 제가 북극에서 본 것들을 알려줄 겁니다."

북극 사기꾼과 그 추종자들

존 티어니

1909년 9월, 프레더릭 A. 쿡과 로버트 E. 피어리는 각자 북극에서 돌아와 북극점을 정복했다고 말했다. 하지만 둘 다 확실한 증거를 제시하거나 그 사실을 뒷받침하는 진술을 하지 못했다. 두 사람의 이야기는 막연하고 서로 차이가 많았으며, 북극 빙하를 지나는 탐사 경로를 어떻게 계획했는지조차 제대로 설명하지 못했다. 하지만 두 사람에게는 이내 추종자들이 생겼고, 그들은 이후 오랫동안 두 사람의 주장과 상반되는 증거가 나왔는데도 믿음을 거두지 않았다.

한 세기가 지난 후, 북극점 '정복'은 현대 과학에서 가장 성공적인 사기이자 가장 오래 지속되었던 '의도적 합리화(무의식적으로 자신이 알고 있거나 믿고 있는 것이 가장 객관적이며 사실에 부합한다고 믿는 것—옮긴이)'라는 심리학적 현상이 된 듯하다.

쿡과 피어리가 옳다는 것을 증명하기 위해 계속해서 책을 쓰거나 탐험을 떠났던 추종자들은 최근 심리학자나 사회학자들의 연구 대상인 편파적인 정치 선동가들과 유사하다. 우리의 뇌는 알려진 사실이 우리의 믿음에 방해가 되면, 놀라울 정도로 능숙하게 그 사실을 제거해 버린다.

처음 쿡과 피어리를 신뢰했던 사람들에게는 명확한 동기가 있었다. 바로 다른 신문사를 따돌리고 판매 부수를 늘리는 것이었다.

피어리가 자신의 이야기를 《뉴욕 헤럴드*The New York Herald*》에 전보로 보내자 신문사는 즉시 1면 전체를 할애해서 "용감무쌍한 탐험가가 굶주림과 얼음에 맞서 싸우며 위대한 목표를 달성하다"라고 보도했다.

며칠 후 피어리는 자신의 주장을 《뉴욕타임스》에 전보로 보냈다. 탐험을 후원한 신문사였다. 《뉴욕타임스》는 피어리의 업적을 치하하면서 "전 세계가 일말의 주저도 없이 그의 말을 인정하다"라고 보도했으며, 피어리가 쿡을 향해 "대중에게 가짜 금괴를 팔아먹는" 사기꾼이라며 강도 높게 비난했던 말을 그대로 보도했다.

두 사람은 저마다 증거를 제시하겠다고 약속했지만, 둘 다 독자적으로 천체를 관측해서 북극점 정복을 확증할 수 있는 훈련된 길잡이를 데려간 적은 없었다. 쿡은 천체 관측에 능숙하지도 않은 사람이었다.

반면, 피어리는 전문 항해사였고 일행 중에 육분의(각도와 거리를 정확하게 잴 때 사용하는 광학 기계—옮긴이)를 쓸 줄 아는 사람도 있었지만, 마지막 주에 북극점에 도전할 때는 그 사람들을 데려가지 않았다. 그 뒤로 숙련된 길잡이가 없는 상황에서 피어리의 일일 진행속도는 갑자기 두 배로 빨라졌다.

무엇보다 가장 당혹스러운 점은 그의 탐험대가 천체 관측을 통해 현 위치의 경도를 파악하지도 않았을 뿐더러, 예정된 경로를 동쪽이나 서쪽으로 벗어나지 않았는지 확인하지도 않은 채 빙하를 가로질러 수백 킬로미터를 이동했다는 것이다. 그런 식으로 5주가 지난 다음, 피어리는 마침내 관측을 했고 그 결과를 동료에게 알리지 않았다. 그때 피어리의 표정은 실망한 듯했다고 전해지며, 그날 피어리는 일기에 아무것도 쓰지 않았다. 하지만 그가 나중에 세상 사람들에게 한 말은 관측을 통해 북극점 정복을 확인했다는 것이었다.

바람과 해류에 따라 끊임없이 움직이는 북극의 얼음 위를 가로지르면서, 피어리는 어떻게 한 치의 오차도 없이 북극점을 향해 갔던 것일까? 피어리는 훗날 역사가 데니스 롤린스Dennis Rawlins가 이름 붙였듯이, 어떻게 해서 장장 800킬로미터짜리 '폴인원pole-in-one(피어리가 별다른 관측도 없이 한 번에 북극점에 도달한 것을 두고, 골프 경기에서 공을 단 한 번만 쳐서 홀에 넣는 홀인원에 비유한 말—옮긴이)'에 성공했던 것일까?

그런 의문은 1909년 당시 《뉴욕타임스》나 미국 지리학협회, 그리고 다른 피어리 추종자들에게 아무런 문제가 되지 않았다. 그들은 쿡이 북극점을 정복했다는 주장을 "인류가 지구에 살게 된 이후로 가장 놀라운 사기"라며 폄하하는 데 여념이 없어서 정작 자신들의 영웅에게 있었던 결함을 보지 못했다. 그런데 이것은 적어도 열성적인 민주당 및 공화당 지지자를 뇌 사진 촬영 같은 기술을 써서 연구했던 과학자들에게는 그리 놀라운 일이 아니다.

연구결과, 상대 당 후보가 말하는 미사여구에서 모순점을 찾아낼 때는 뇌에서 이성 중추가 활성화된다. 하지만 우리 당 후보의 모순점에는 다른 반응을 보인다. 감정 중추가 빛을 내고 기분이 좋아지게 하는 도파민 분비가 급증하는 것이다.

합리적인 이성이 입을 다물면서 달갑지 않은 증거는 기억조차 남지 않기도 하고, 사실을 설득시키기 위해서 이상한 논리가 동원하기도 한다.

한 연구에서 2001년 9.11 테러의 주동자라며 사담 후세인을 비난하는 공화당원에게 강력한 반증을 제시한 적이 있었다. 그 반증에는 후세인이 무죄라는 조지 W. 부시 대통령의 성명도 있었다. 하지만《사회학 탐구*Sociological Inquiry*》최신호에 연구자들이 발표한 내용에서 볼 수 있듯이, 연구에 참여한 피실험자 대부분은 상황이 그런데도 후세인에 대한 비난을 멈추지 않았다.

반증을 무시하거나 거부하는 사람도 있었고, 후세인은 충분히 그런 짓을 할 만한 악당이라며 반박하는 사람도 있었으며, 사실과 반대되는 의견을 주장할 권리가 있다고 단호하게 말하는 사람도 있었다. 그리고 심리학자들이 '유추적 정당성inferred justification'이라고 부르는 아주 창조적 형태의 의도적 합리화를 생각해내는 사람도 있었다. 그들의 논리는 미국이 후세인과 전쟁을 시작했기 때문에 9.11 테러의 주범은 후세인일 수밖에 틀림없다는 것이었다.

최근 10여 년간 피어리 추종자들이 동원했던 것도 그런 종류의 역논리이다. 피어리보다 북극에 관한 경험이 훨씬 많은 학자나 탐험가들이 그의 주장을 일축하자, 추종자들은 부족한 증거나 설명을 보완하려 애썼다. 피어리가 북극점을 정복했다고 말했다면 분명히 그렇게 할 수 있었던 방법이 존재해야만 했다.

그래서 추종자들은 눈 속에서 바람이 부는 양상을 연구하고, 태양을 살피거나 그림자를 관찰해서 정확하게 북쪽을 향해 가는 방법을 억지로 만들어냈다. 그리고 피어리가 (지구의 자극 근처에서는 사용하기 어렵다고 악명이 높은 방법이지만) 나침반을 사용해서 방향을 읽었다고 주장했다. 또한 북극 인근에서 피어리의 전진 속도를 재현하기 위해 애썼다. (하지만 GPS를 따라가면서도 그 속도를 재현하지 못했다.)

추종자들은 1989년 미국 지리학협회에 보낸 보고서에서 피어리의 사진을 분석한 다음 사진 속 그림자가 그렇게 오랫동안 찾았던 북극 정복의 증거라고 결론지었다. 협회에서는 그 보고서가 "의심할 여지가 없다"며 환영했으며, 지금까지도 그 사진과 피어리가 북극점에 도달했다는 주장을 지지하고 있다.

하지만 외부 전문가들은 그 보고서를 비난하면서 사진을 찍은 곳이 북극점에서 160킬로미터 넘게 떨어져 있는 것 같다고 결론지었다. 또한 피어리가 보였던 정확한 방향감각이 사실이라고 주장한 보고서에서 남극점에 도달했던 아문센이 피어리와 비슷한 방법을 사용했다는 것을 근거로 들었는데, 그 주장도 아문센이 경도 측정을 위해 주기적으로 관측했다는 증거가 나오면서 완전히 모순인 것으로 밝혀졌다.

현대 극지방 전문가들의 의견은 피어리가 쿡보다는 훨씬 더 가까이 갔지만, 그래도 북극점에는 도달하지 못했다는 쪽으로 모인다. 피어리가 혼자 관측했던 바로 그날, 탐험대가 진로에서 크게 벗어났다는 것을 깨닫고 탐험을 포기했다고 말하는 사람도 있다. 또한 탐험 경로를 기록으로 남기지 않기 위해 더 일찍부터 아예 경도 측정을 하지 않았다고 의심하는 사람도 있다. (진행 중인 논쟁에 관해 더 알고 싶거나 북극에 최초로 도달한 사람이 누구인지 알고 싶다면 nytime.com/tierneylab을 참조하기 바란다.)

롤린스 씨와 저명한 극지방 연구자인 로버트 M. 브라이스Robert M. Brice 씨는 피어리가 북극점에 160킬로미터보다는 훨씬 더 가까이 접근했다는 말에 의혹을 제기한다. 브라이스 씨는 최근 논란의 시발점이었던 쿡의 전보 초안을 발견하고는 쿡이 북극점에서 620킬로미터 이상 떨어진 곳에서 탐사를 중단했다는 사실을 밝혔다.

그는 '북극 탐험 논란, 해결되다'라는 부제가 붙은 1,100페이지짜리 저서 『쿡과 피어리*Cook & Peary*』(1997)를 썼지만, 그것으로 논란이 해결되었다고 생각하지 않는 사람도 있다는 것을 잘 알고 있다. 추종자들 중에는 믿음을 거둔 사람도 있지만, (《뉴욕타임스》는 1988년 피어리의 '신뢰할 수 없는' 기록과 그의 '믿을 수 없는' 전진 속도를 언급하면서 공식적으로 정정 기사를 발표했다.) 프레더릭 A. 쿡 협회나 미국 지리학협회 같은 곳에는 아직도 두 탐험가의 추종자가 존재한다.

과학사를 다루는 잡지 《디오*Dio*》의 편집자이기도 한 롤린스 씨는 현대 과학사에서 그보다 더 돈벌이가 되고, 인기 있으며, 한 세기 동안 계속된 사기극은 없을 것이라고 말한다. 그리고 언뜻 떠오르기에 그보다 더 오래 지속되었던 유일한 사례는 실제 관측에서 나온 것이 아니라 이론적이었던 것이 분명한 2세기경 프톨레마이오스의 천문학 '관측'이라고 말한다. 프톨레마이오스가 그린 천문 지도는 무려 14세기 동안 사용되었는데, 그 기록은 깨지기 어려울 것으로 보인다. 하지만 '의도적 합리화'가 충분히 진행된다면 또 어떻게 될지 모르는 일이다.

1909년, 쿡의 추종자들이 쿡의 탐험대원들이 대중을 속였다는 증거를 보고도 무시하자 《인디펜던트*The Independent*》는 넌더리를 내며 이렇게 예견했다.

"'쿡을 지지하는 모임'은 영원히 사라지지 않을 것이다. 앞으로 그에게 아무리 강력한 반증을 제시한다고 해도 소용없다."

한 세기가 지났는데도 피어리를 지지하는 모임 역시 여전히 건재하다.

아문센이
남극 탐험에 관해 설명하다

알림

다음에 나오는 아문센 대장의 보충 설명에 대한 저작권은 '뉴욕 타임스 컴퍼니'에 있으며 《뉴욕타임스》의 명시적인 허락 없이 미국에서 복제하는 행위는 금지되어 있습니다.

아문센 대장은 자신의 이야기를 구매해서 빚을 갚는 데 도움을 주었던 본지를 통해서만 이 이야기가 공개되기를 바란다는 뜻을 직접 밝혔습니다. 오늘 아침 《뉴욕타임스》의 다른 지면에는 아문센 대장이 탐험에 나서느라 빚을 지고 있다며 안타까워하는 난센의 말이 실렸습니다. 아문센 대장은 필요한 탐험 장비를 마련하기 위해 재산 전부를 저당 잡힌 것으로 보입니다. 따라서 아문센 대장이 가능한 한 손실 없이 본인의 업적에 걸맞은 보상을 받게 하는 것이 《뉴욕타임스》의 목표입니다.

로알 아문센Roald Amundsen 대장은 오늘 나를 맞아 주었고 남극을 오갔던 탐험에 관해 이미 전보로 보냈던 것 외에 추가 정보를 알려주었다. 그 외에도 영국인 맞수 스코트 대령Robert Falcon Scott이 한 발 앞서 남극점을 정복했을 가능성에 관해서도 논의했다. 아문센 대장은 이렇게 말했다.

"스코트 대령이 남극점에 갔다는 흔적을 전혀 보지 못했다. 하지만 그가 그곳에 기념비를 세웠는데 부실해서 나중에 폭풍에 날아가 버렸을지도 모른다. 하지만 그럴 가능성은 아주 희박하다. 그곳에 사흘 동안 머물렀는데 바람 한 점 없이 고요했기 때문이다. 그게 그곳의 일상적인 날씨 같았다. 그리고 광활한 설원 말고는 아무것도 없었기 때문에 돌을 쌓아서 튼튼한 이정표를 세웠을 가능성은 없었다. 날씨가 아주 좋았다. 따라서 스코트 대령이 나보다 앞선 게 아니라 더 늦게 도착했을 가능성이 아주 높다. 그가 정말 남극점에 도달했었기를 바란다. 성공할 만한 자격이 있으니까."

어떻게 빠른 속도로 전진했나

썰매를 타고 남극으로 가면서 새로운 계획을 세웠다. 처음에 탐험대는 매일 다섯 시간 동안 24킬로미터를 전진한 다음, 두 시간 동안 식사를 하고 개에게 밥을 주고 나서 열일곱 시간 동안 잠을 잤다. 그런데 수면 시간이 사람이나 개 모두에게 너무 길었다. 그래서 계획을 새로 짰다. 여섯 시간 동안 24킬로미터를 전진한 다음 두 시간 동안 식사를 하고, 개밥을 주고 나서 여섯 시간 동안 잔 다음 아침을 먹고 다시 전진하는 것이다. 그래서 돌아올 때 하루 32킬로미터가 넘는 놀라운 이동 속도를 보였던 것이다.

숨 쉬는 데 어려움을 겪다

탐험 중에 가장 힘들었던 일은 고도가 너무 높다는 것이다. 남극점까지 가는 여정의 후반부에 거의 6주 동안 높은 고지대를 지났다. 해발고도가 5,100미터를 넘는 곳도 있었다. (이전 보고에서 아문센 대령은 5,100미터가 아니라 3,300미터라고 했는데 전보를 보낼 때 잘못 전송된 것 같다.) 남극점의 고도는 3,200미터다. 우리는 열심히 전진했지만, 그런 고도에서는 숨쉬기가 아주 곤란했다. 그래서 숨을 쉬느라 헐떡대면서 애를 많이 먹었다.

식량에 관해 이야기하자면, 탐험 일정 내내 충분한 양을 먹었지만, 그런 날씨에서는 충분한 양이라는 것이 사람이 먹을 수 있는 최대 양과는 완전히 다르다. 썰매로 힘들게 탐험을 하는 동안에는 인간의 식욕에 한계가 없는 것 같았다. 하지만 돌아오는 길에 위도 86도 지점을 지난 후에는 충분한 양뿐만 아니라 창고에 있는 음식으로 아주 배터지게 실컷 먹었다.

개고기를 먹는 것은 일도 아니었다

남위 85.5도를 지날 때 처음 개를 잡아먹었다. 그때 스물네 마리를 잡았다. 늘 양껏 먹인 것도 아닌데, 개들은 살이 통통하고 정말 맛이 좋았다. 개고기를 먹는 건 전혀 어려운 일이 아니었다.

남위 84.5도에서 도둑갈매기 두 마리를 봤다. 돌아오는 길을 찾기 쉽도록 예전에 세워놓은 이정표가 있었는데, 갈매기들이 날아다니다가 이

정표 위에 앉았다.

개 세 마리가 도망가다

남위 83도 지점에서 가장 좋은 개 세 마리가 도망쳤다. 82.5도에서 암캐 한 마리를 잡았었는데 그 암캐를 찾아서 떠난 것이다. 그 때문에 우리는 걱정이 많았다. 개들이 우리 탐험대가 이용할 창고를 약탈하면 어쩌나 싶었으니까. 남극점에 갔다가 83도 지점으로 돌아와 보니, 창고로 쓰던 커다란 눈 무덤 주변에 생긴 지 얼마 안 된 개 발자국이 있었다. 그런데 어찌된 영문인지 창고 속의 페미컨(쇠고기를 말린 후 과일과 지방을 섞어 빵처럼 굳힌 것—편집자)은 그대로 있었다.

개들의 흔적은 82.5도 지점까지 이어졌다. 암캐를 잡았던 곳이다. 개들이 암캐의 시체를 발견한 모양이었다. 탐험대의 식량으로 쓰려고 눈 무덤 맨 위에 올려놓았었다. 개들은 그걸 먹어치우고 82도 지점에 있는 창고로 갔다. 그곳에는 상자가 아주 많이 쌓여 있었다. 그곳에서 페미컨 한 통을 먹었을 뿐 아니라 가죽 끈처럼 소화가 잘 안 되는 것들까지 먹어치웠다. 게다가 우리가 잡아서 창고에 식량으로 저장해둔 개 두 마리도 먹어치웠다. 전체 탐험 일정을 마치고 살아남아 안전하게 프램호(아문센이 남극 탐험 때 타고 갔던 선박 이름—옮긴이)에 도착한 개는 열한 마리였다.

남극점 근처에서 크리스마스 성찬을 먹다

나와 탐험대 일행 네 명은 높은 산맥에서 계속 크리스마스 축제를 벌였다. 극점에서 그리 멀지 않은 곳이었다. 축제 음식은 죽에 여분의 비스

킷을 넣고 끓인 것이었다. 노르웨이식 크리스마스 축제의 풍요로움과는 거리가 먼 보잘것없는 음식이었지만, 정말 즐거웠다.

돌아오는 길에는 하루도 쉬지 않았다. 크리스마스에도 쉬지 않고 매일 같이 계속 걷기만 했다. 날씨와 상관없이 말이다. 모험이라는 생각은 별로 들지 않는 여정이었지만, 아주 고된 시간이었다.

이번 탐사가 성공한 것은 훌륭한 동료들과 개들 덕분이라고 생각한다. 그 다음으로는 스키장비 덕분이고.

남극에 상륙했을 때 개들의 몸 상태가 아주 좋았던 것은 프램호에서 사전 조치를 취했던 것이 아주 큰 도움이 되었다. 개들의 건강을 최상으로 유지하기 위해 열대 지방을 지나는 동안 갑판 위에 이층으로 된 특수 갑판을 설치해서 신선한 공기가 순환할 수 있는 몇 센티미터의 공간을 확보했다. 노르웨이에서 출발하기 전에 설치했다. 그리고 더운 날에는 그 위로 돛을 펴서 개들이 항상 그늘 속에 있게 했다. 그래서 개들에게 별 문제가 생기지 않았고 남극에 내린 다음 바로 탐험을 시작할 수 있었다.

남극점으로 돌진하면서도 살이 계속 찌다

남극 탐험을 하는 동안 식량과 관련해서 정말 큰 문제가 생겼던 적은 없었다. 오히려 반대였다. 탐험을 마치고 다시 배에 도착했을 때 대원들은 거의 뚱보가 되었고, 출발할 때보다도 오히려 음식을 적게 먹을 정도였다. 개들도 마찬가지로 살이 쪘고 탐험 후반부까지 아주 건강했다. 개들이 캠프 주변 바닥에 엄청나게 널려 있던 바다표범 고기에 입도 대지 않을 정도였다.

몸을 씻는 것은 탐험 중에 결코 누릴 수 없는 사치였다. 면도도 한 적이 없지만, 콧수염과 턱수염만큼은 숨을 쉴 때 얼음이 생기기 때문에 짧게 깎아야 했다. 우리가 가져갔던 면도기는 아무짝에도 쓸모가 없었다.

그 외에 이를 뽑는 도구도 가져갔었는데 유용하게 썼다. 어떤 대원의 이 상태가 아주 나빠져서 빼야 했다. 적당한 도구 없이는 하기 어려운 일이었다.

남극 서부에 있는 '에드워드 7세' 반도를 탐사했던 일행이 새로운 종의 새를 봤다고 연락했다. 그들은 가까이 가서 확실하게 봤다며 아주 확신하는 모습을 보였다.

자신의 이야기를 옹호하다

탐사 결과가 섣불리 새나가지 않게 막았던 조치가 성공적이었고, 그 소식을 미국에서 가장 먼저 보도한 곳이 《뉴욕타임스》라는 것을 알게 되어 기쁘다.

어떻게 새나가지 않게 조치했는지 말하자면 간단하다. 배에 아무도 태우지 않았고, 탐험대원 중에서 나 말고는 아무도 남극 땅을 밟지 못하게 했다. 필요한 모든 업무, 그리고 대원들에 관한 업무도 내가 직접 처리했다.

목요일에 도착해서 당신에게 내가 성공했다는 해외 전보를 간략하게 보냈다. 그리고 금요일에는 남극 탐사 과정과 그 과정에서 우리가 발견한 것에 관해 장문의 설명서를 보냈다.

전 세계에서 내가 있는 호바트(오스트레일리아 태즈메이니아섬에 있는 항구도시—옮긴이)로 전보가 쏟아졌다. 주로 영국과 미국의 신문사에서 소식을 전해달라는 내용이었다. 《런던 크로니클*The London Chronicle*》, 《뉴욕타임스》와 약속을 잡았고, 그들의 제휴업체에서 내 이야기를 독점 보도해야 한다기에 기꺼이 그러겠다고 허락했다.

이제 북극 탐사에 착수할 것

오늘 이렇게 킹조지섬에서 진심으로 축하를 받으니 얼마나 기쁜지 모른다. 배를 타고 부에노스아이레스로 떠나기 전에 오스트레일리아에서 한 달간 강연하기로 일정을 잡았다. 그리고 부에노스아이레스에서 베링해를 거쳐 북극으로 갈 계획이다. 원래 계획대로 말이다.

어제 호바트에서 아문센 대장이 받은 축하 전보만 100통이 넘었고 그 중 50통의 전보가 한 묶음으로 배달되었다.

데이비 존스의 상자• 속으로 내려가다

윌리엄 비브

5년 동안 나는 증기선 갑판에서 푸른 바닷속을 유심히 살피거나, 유리로 된 보트 바닥에 넙죽 엎드리거나, 헬멧을 쓰고 바닷속으로 20여 미터를 내려가 잠수함 너머를 바라보며 끝없이 펼쳐져 있는, 도달할 수 없는 검푸른 해저를 그리워했다. 그러다가 마침내 가보게 될 것이라고는 생각조차 못했던 대양 한가운데의 심해에 갔다올 수 있었다. 바닷속 240여 미터 깊이의 바닥에 세 번 정도 가보고 430여 미터 깊이에도 한 번 가봤다. 400미터가 족히 넘어가는 깊이다.

그러기 위해서는 무엇보다도 오티스 바턴Otis Barton을 완전히 믿어야

• '데이비 존스'는 선원들 사이에서 바다의 악마 혹은 악령을 뜻하는 속어로, '데이비 존스의 상자'는 깊은 해저를 의미한다.— 옮긴이

만 했다. 바턴은 1년 동안 시간이 날 때마다 거액의 돈을 들여 용융 석영으로 된 창문과 볼트로 단단하게 조여진 문이 달린 거대한 강철 잠수구潛水球를 개발하고 제작했다. 나는 바턴과 자주 상의했는데, 바턴은 그 모험이 결국 성공할 것이라는 믿음과 낙관적인 자세를 한시도 버린 적이 없었다.

우리는 버뮤다 제도에서 힘을 합쳤다. 바턴에게는 강철 잠수구와 1,000미터가 넘는 꼬지 않은 고품질 강철 케이블, 전선을 감싸는 호스가 있었고 내게는 커다란 권양기winch(원통형 드럼에 강철 밧줄을 감아 도르래를 이용해서 무거운 물건을 들어 올리거나 끌어당기는 기계—옮긴이)와 도르래가 장착된 악츄러스호, 그리고 바지선(운하나 강 등에서 사람이나 화물을 싣고 다니는 바닥이 납작한 배—옮긴이)을 끌기 위한 예인선 글라디스펜호가 있었다. 우리는 바지선인 레디호에 하역장비를 설치하고 넌서치섬 인근의 정박지로 예인한 다음 날씨가 좋기만을 기도했다. 강풍이 한 차례 불고 난 다음 우리는 동물학회 탐험대 여섯 명과 함께 바다로 나갔다.

바지선을 뒤에 매단 채 캐슬로드(버뮤다섬 캐슬하버로 들어가는 길에 있는 해협—옮긴이)를 지나면서 보니 바다는 잔잔했다. 잔물결은 거의 없었고 아주 길고 낮은 너울만 넘실거렸다. 우리는 큰 너울을 넘어 가다가 넌서치섬에서 정남쪽으로 8킬로미터쯤 떨어지고 깊이가 1.6킬로미터 정도 되는 바다에서 배를 멈춘 다음 시험 삼아 아무도 태우지 않은 잠수구를 바다 밑으로 460미터까지 내려보냈다. 두 시간쯤 지나 잠수구를 갑판 위로 다시 끌어올려서 살펴보니 잠수구 속으로 새어 들어온 바닷물은 1리터 남짓에 불과했다.

잠수구에 산소탱크와 전화기, 전등, 환풍기, 온도계, 공기를 건조시키고 이산화탄소를 흡수하는 화학물질 등을 집어넣은 다음, 내가 먼저 안으로 기어들어갔고 바턴이 그 뒤를 따랐다. 우리는 경강(탄소 함량이 높은 강철—옮긴이)으로 된 굴곡진 쪽에 자리를 잡았다. 바지선에서는 존 티밴 John Tee-Van이 갑판원을 맡고, 글로리아 홀리스터Gloria Hollister는 이어폰을 착용했다. 180킬로그램짜리 문이 위로 들어 올려졌다가 잠수구의 출입구에 끼워지자, 나사를 조이고 너트와 커다란 중심 볼트를 두드리는 지루한 작업이 시작되었다. 지금쯤이면 우리가 타고 있는 배는 북위 32도 11분, 서경 64도 39분 위치에 이르렀을 것이다. 육지에서 16킬로미터 떨어진 곳이다.

잠수구 안에서 바턴은 헤드폰을 착용하고 통신 업무를 맡았다. 그리고 전등을 켰다 끄고 산소량을 확인하고 바닥에 물이 얼마나 차오르는지 확인했다. 나는 창문 밖을 관찰하고 간간이 문과 호스의 주입구, 온도계에 불을 비추고 색깔로 할 수 있는 여러 실험을 수행했다.

지름 15센티미터짜리 둥근 구멍을 통해 갑판에서 '고요의 순간'을 기다리는 티밴의 모습이 보였다. 멀찌감치 배 뒤쪽에 있던 늙수그레한 밀레 선장이 '고요의 지점'에 가까워지고 있음을 알리자 곧이어 우리가 탄 잠수구가 공중에 들어 올려졌다. 정확히 1시 정각에 순간적으로 비행기가 이륙하는 듯한 느낌과 함께 잠수구는 180도 방향을 틀어 보호벽 넘어 바다 위로 옮겨졌다. 그리고 도르래를 조정하는 동안 잠시 멈춰 있다가 천천히 수면 속으로 들어가 바지선 레디호의 용골(선박 바닥의 중앙을 받치는 길고 큰 재목으로 뱃머리에서 배꼬리까지 선체를 받치는 기능을 한다.—옮긴이) 깊이까지 가라앉았다. 예전에 잠수 헬멧을 쓰고 들어가서 보았던 낯익은 풍경이 눈에 들어왔다. 살아 움직이는 단단한 산호초와 깃발처럼 나부끼는 해초, 기다란 해면, 표면이 거친 진주조개 무리였다. 그렇게 우리는 잠시 매달려 있다가 아래로 내려갔다. 차츰 레디호의 용골이 시야에서 사라졌다. 내려간다는 것이 짐작이 아니라 실제 몸으로 느껴졌다.

바지선의 모습이 사라지고 나서 몇 초 후, 호스를 타고 우리가 15미터를 잠수했다는 말이 들렸다. 나는 눈부시게 빛나는 푸른빛을 바라보았다. 이 깊이가 잠수 헬멧을 쓰고 들어올 수 있는 한계점에 가깝다는 것이 실감나지 않았다. 그런 다음 호스에서 "30미터"라는 말이 들렸지만, 여전히 달라진 것이라고는 아주 희미하고 한기가 도는 푸른빛뿐이었다. 몇 초 후 40미터 깊이에 도달했다. 엘스버그Edward Ellsberg(미 해군 소장으로 주로 선박 인양과 인명 구조 업무를 수행했으며 1926년 S-51 잠수함을 인양한 공로를 널리 인정받았다.—옮긴이) 함장이 잠수함 S-51에서 선원들을 탈출시키기 위해 용감하게 작업했던 그 깊이였다. 60미터를 넘어서자 잠수구가 작은 흔들림과 함께 멈춰 섰다. 멈춰 있는 동안 호스와 강철 케이블을 한데 묶어 주는 죔쇠가 강철구에 부착되었다. 호스를 통해 모든 것이 이상 없다는 말이 들린 다음 잠수구는 다시 하강했다. 물속에서 우리를 스치고 위로 올라가는 것은 작은 티끌 같은 생명체뿐이었다.

이곳은 땅 위와는 아주 다른 느낌이었다. 버뮤다 해안에서는 16킬로미터 떨어져 있고 저 아래 해저에서는 2.4킬로미터 떨어져 있었다. 바턴은 240미터 깊이에 이르자 탄성을 질렀고, 내가 문 쪽에 조명을 비추자 문 아래에 천천히 스며드는 물이 보였다. 바닥에는 이미 500밀리리터 정도의 물이 고여 있었다. 나는 이리저리 흘러 다니는 물을 닦아냈지만 바닷물은 계속 스며들었다. 보슬비가 창문에 떨어지면서 처음 창문에 떨어진 빗방울이 건조한 유리 표면을 따라 힘겹게 길을 내며 흘러내리는 모습이 떠올랐다. 수정처럼 맑은 석영 창을 통해 마치 천천히 짙어지는 황혼처럼 마음속에 다가오는 짙은 파란색과 빛의 명암이 보였다.

우리는 스며드는 바닷물을 지켜보았다. 나는 180킬로그램이나 나가는 강철 문이 충분히 튼튼하다는 것, 그리고 내려갈수록 잠수구에 가해지는 압력이 커진다는 것을 알고 있었다. 그래서 하강하라는 신호를 보냈다. 그런데 그 뒤로 하강하는 와중에 문지방에 있는 섬광등이 열 번도 넘게 켜졌다. 그래도 스며드는 물의 양이 늘어나지는 않았다.

몇 초 후에 "120미터"라는 소리가 들렸다. 150미터가 지나고 180미터가 지났다. 이제 남은 시간은 5분이었다. 이제 전기 탐조등이 아주 유용해졌다. 탐조등은 검푸른 바닷속으로 희미하게 빛줄기를 쏘면서 빛이 지나는 곳에 있는 모든 것을 비추고 있었다.

그때 두 손을 망원경 모양으로 만들어서 창문에 대고 밖을 내다보는데 탐조등 불빛이 참 이상하다는 생각이 들었다. 사실 우리가 잠수하면서 시종일관 가장 놀랐던 것은 조명의 색깔이었다. 바턴은 몇 번이나 그 빛의 밝기에 감탄하면서 그 덕에 앞을 볼 수 있다고 말했다. 나는 시신경에 느껴지는 자극으로는 그 말에 동의했지만, 마음으로는 그게 사실이 아니라고 생각했다. 나는 최대한 논리적으로 생각해서 우리가 물속에 있다는 흥분을 마음속에서 지우려 애썼다. 그런 다음 색깔을 생각해보려고 애썼지만 아무 생각도 나지 않았다. 그 색깔은 분류하기에는 종류가 너무나 판이하게 달랐다.

우리는 물 위로 이야기를 전해서 조명을 끈 다음 가만히 앉아 우리가 가라앉고 있다는 것을 몸으로 느꼈다. 황혼(여기서 이 말을 쓰는 건 좀 어처구니없지만, 다른 말이 떠오르지 않는다)이 짙어졌지만, 우리는 여전히 그 황혼의 찬란함을 이야기했다. 내게는 마치 꺼지기 전에 마지막으로 멋지게 타오르는 불꽃처럼 보였다. 지금 이 순간, 햇빛이나 불꽃은 아무것도 아니었다. 전기 조명이 꺼져 있는 동안은 붉은색이나 노란색, 주황색은 상상할 수 없었다. 게다가 지금 내 눈앞에 보이는 색은 지금까지 내가 봤던 푸른색이나 보라색도 아니었다.

그때 우리는 거의 말을 하지 않았다. 바턴은 물이 뚝뚝 떨어지는 문을 자세히 살피고 온도를 확인하고 산소탱크의 압력을 조절하면서 가끔 이렇게 말했다. "지금 깊이는요?" "예, 우린 괜찮아요." "아뇨, 새는 물이 더 늘어나지는 않아요." "내가 봤던 것 중에서 가장 밝아요." 잠수구 밖에서 마치 황혼처럼 보이는 빛이 지금까지 봤던 것 중에서 가장 밝은 것은 아님을 둘 다 알았지만, 그걸 보고 있으면 그렇게 말하지 않을 수 없었다. 실제로 내게 그 빛의 밝기와 강도는 햇빛보다 강했다. 아주 오래전에 본 것처럼 느껴지는 햇빛은 그렇게 밝고 강하지 않았다.

그때 "240미터"라는 말이 호스를 타고 전해지자 나는 멈추라고 말했다. 300미터까지 계속 내려간다고 해서 안 될 이유는 없어 보였다. 문에서 새는 물은 더 늘어나지 않았고 야자나무 잎 모양의 환풍기가 산소를 계속 순환시키고 있어서 숨 쉬기가 힘들다는 느낌도 없었다. 하지만 어떤 예감, 그러니까 지금까지 살면서 여섯 번의 위기를 겪으면서 생긴 경계심이 이번 탐험은 여기가 끝이라고 알려 주는 것 같았다. 그런 생각이 들자 나는 5분간 창문 밖을 뚫어지게 쳐다보았다.

이번 첫 탐험 중에 잠수구 안에서 일어난 세 가지 흥미진진한 사건을 꼽아보면, 첫째는 수심 90미터에서 문으로 바닷물이 스며든다는 것을 알아챈 것이다. 새는 물의 양은 잠수하면서 점차 줄어들었다. 둘째는 전기 조명의 스위치가 갑자기 합선된 일이었다. 칙칙거리는 소리와 함께 불꽃이 튀었지만 금방 복구했다. 셋째는 어처구니없지만 바턴이 잠수구의 벽과 화학물질 선반의 철망 사이에서 환풍기를 꺼낸 일이었다. 나는 그때 작은 물고기 몇 마리를 관찰하는 데 온통 정신이 팔려 있었는데, 바턴이 환풍기를 꺼낼 때 그 작은 공간, 혹은 작은 방에서 날카로운 소리가 나자 우리 둘 다 당장 창문과 문이 한꺼번에 무너져 내리는 줄 알고 정말 깜짝 놀랐다. 그 뒤로 우리는 서로 신경이 날카로워진 것을 감안해서 어색하게 돌아다니면서 조용히 여러 임무를 수행했다.

우리가 그때 극한의 깊이까지 기록적인 잠수를 했다는 것은 4일 후에나 알게 되었다. 그 사실을 알기 전날 밤에는 바지선 레디호의 보일러 근처에서 화재가 나서 3시간의 사투 끝에 겨우 불을 끄기도 했다. 레디호의 흘수선(배가 물 위에 떠 있을 때 배와 수면이 접하는 선—편집자)에는 변화가 없었으므로, 우리가 탄 잠수구는 바지선과 연결된 줄에 매달려 다시 해안에서 8킬로미터 떨어진 곳으로 긴 너울을 가로지르며 이동하기 시작했다.

우리는 모든 것이 순조롭게 돌아가기만을 바라기로 했다. 그리고 10시 정각에 탐험가 클럽과 동물학회 열대 연구부의 깃발을 볼트로 잠수구에 고정시켰다. 25분 후, 잠수구는 우리의 잠수 기록인 240미터 깊이에 다시 도달했다. 이번에는 그게 합리적이든 아니든 간에 아무런 예감도 들지 않았다. 그리고 채 3분이 지나지 않아 270미터 깊이에서 마치 안개처럼 보이는 작은 새우 떼를 통과했다. 멀리서는 작은 글자처럼 보이던 새우가 가까워지니 상세한 모습이 보였다. 물고기들은 호스 주위를 맴돌았다. 귀신처럼 생긴 흰색 새우 떼가 잠수구 옆을 지나갔다. 투명한 몸에서 밝은 불꽃이 타올랐다가 꺼졌다. 잠수구의 탐조등이 어둡고 푸른 바닷속을 낫질하듯이 예리하게 베면서 지나갔다. 10시 44분에 호스에서 "420미터"라는 소리가 들렸다. 어떤 이유에선지 우리는 몇 미터를 더 내려갔고, 나중에 수면 위에 올라와서 보니 정확한 잠수 깊이는 435미터였다. 400미터가 넘는 거리였다.

나는 창문에 얼굴을 바짝 갖다 대고 아래쪽을 자세히 살폈다. 오래전부터 있었던, 더 내려가고 싶다는 갈망이 다시 밀려왔다. 마치 캄캄한 지옥의 입구처럼 보였는데도 말이다. 하지만 그곳은 여전히 푸른빛이었다. 지느러미를 펄럭이면서 잠수구를 아주 가깝게 스쳐가는 새로운 물고기를 본 것 같았다. 하지만 알고 보니 그것은 물고기가 아니라 펄럭이는 탐험가 클럽 깃발의 끄트머리였다. 이렇게 깊은 곳에 오니 깃발이 흑요석처럼 검게 보였다.

잠수구의 유리창은 수정처럼 투명했다. 사실 그보다 더 투명했다. 유리창의 소재인 용융 석영은 세상에서 가장 투명한 물질이며 햇빛의 모든 파장을 통과시키기 때문이다. 하지만 유리창 밖으로 보이는 세상은 검푸른색이었다. 작은 반투명 해파리가 헤엄치며 천천히 지나갔다. 밤에 헬멧 없이 얕은 바다의 암초 위에서 잠수하고 있는 것 같다는 생각이 간간이 들었다. 빛이 계속 어른거리면서 빛이 밝지 않을 때도 계속 '밝다'는 느낌이 들었다. 문을 열고 나가서 헤엄친다고 하면 안 될 이유가 없어 보였다. 하지만 내가 코를 대고 있는 유리창에는 가로세로 2.5센티미터 면적에 290킬로그램이라는 엄청난 무게가 가해지고 있다는 사실을 알고 있었다. 180킬로그램이 나가는 강철구지만, 밖에서 아주 가벼운 것이라도 더 얹어지면 강철구가 쭈그러들 것만 같았다.

이번 잠수를 처음 계획한 뒤로 여러 달 동안, 나는 잠수구 창밖으로 볼 수 있는 생명체가 기껏해야 얼마 되지 않을 것이라며 다소 비관적인 입장이었다. 물 위에 떠 있는 바지선의 흔들림 때문에 덩달아 끊임없이 흔들리는 커다란 흰색 잠수구 자체도 푸른 어둠 속에서 어렴풋하게 보일 정도인데다, 이렇게 깊은 바다에서 밖을 내다보는 창문도 아주 작고 주변에 사는 생명체까지 드물다는 것은 극복하기에 너무 어려운 악조건으로 보였다.

하지만 드물게나마 해저의 생명체를 보는 것이 이번 탐험의 유일한 목표였다. 우리는 '최초의 백인 탐험가' 같은 명분으로 사람들의 이목을 끌려는 생각은 전혀 없었다. 그런데 와서 보니 심해 생물이 꽤 많이 보이고 각자의 서식 환경에 맞게 환한 빛을 내는 물고기가 정말 눈앞에 나타나자, 내 인생 최고의 순간인 듯한 흥분을 느꼈다. 지난 1년 반 동안 넌서치섬 앞바다의 좁은 지역에 사는 물고기를 공부했는데, 지금 그곳에 있는 것이다. 예전에 한 번 지금과 비슷한 느낌이 들었던 적이 있었다. 정글에 있는 거대한 나무 꼭대기에 올라갔었는데 정말 완전히 새로운 세상에 닿은 것 같았다. 여기 잠수구역에서 현재 진행 중이고 내년까지도 계속할 것 같은 연구는 내게 완전히 새로우면서도 더 친근한 의미로 다가올 것 같다. 우주비행사가 로켓으로 화성을 둘러본 다음 지구로 돌아온 것 같다고나 할까.

180미터 깊이까지는 전기 조명 없이, 그리고 더 깊은 곳에서는 전기 조명을 비춰서 잠수구의 작은 창을 통해 수많은 형태의 생물을 또렷하게 볼 수 있었다. 수면으로부터 30미터 깊이에서는 특이하게 생긴 골무해파리 두 마리를 봤다. 아이티에서 수십만 마리를 보고 사진도 찍은 적이 있는 해파리였다. 60미터를 넘어가면서는 커다란 해파리가 보였고, 뒤이어 크고 작은 점 같은 것들이 지나가기 시작했다. 얼핏 보기에는 별 의미 없는 티끌 같아 보였지만, 시야에 들어온 것들을 눈으로 따라가면서 자세히 봤더니 크기가 제각각인 새우였다. 240미터 이상의 심해에서는 대부분의 생물 형태가 다 그랬다. 실제로 우리 그물에 걸린 생물체도 마찬가지였다. 그때 갑자기 방어가 나타나 유리창 앞을 스치듯 지나갔다. 새하얀 몸통에 검은색 세로줄이 있는 방어였다.

다음 물고기를 본 것은 120미터를 지나서였다. 그게 바늘치라는 것을 알아볼 수 있어서 기쁘기 그지없었다. 몸에서 빛이 나는 것 같지는 않았지만(그걸 알아보기에는 아직 주위가 밝았다) 유리창 근처에서 잠시 멈춰 서 있을 때 바늘치라는 것을 알아볼 수 있었다. 그렇게 얕은 곳에서는 낮에 같은 과의 물고기를 딱 한 번 보았을 뿐이었기에 참으로 놀라웠다. 내가 봤던 네 마리의 바늘치가 원래부터 이런 바다 상층부에 사는 물고기였다면, 주위가 밝기 때문에 분명 강철구에 달린 그물을 보고 피할 수 있었을 것이다. 바로 그 사실로 인해 악츄러스호를 타던 시절부터 답을 얻지 못했던 여섯 가지 문제가 해결되었다.

180미터 깊이에서는 플랑크톤의 일종인 기다란 줄 모양의 살파salpa를 보았다. 살파는 심해에서 천천히 떠다니며 주변 환경만큼이나 비현실적으로 살아가는 군체 동물(수많은 개체가 한 덩어리처럼 모여 사는 동물—옮긴이)이다. 좀 더 작은 물고기가 지나간 다음 머리가 크고 짙은 색의 생물체 하나가 창문 아래에서 몸을 비틀면서 올라오더니 방향을 바꿔서 사라졌다. 보슬비처럼 쏟아지는 새우들의 이동은 끊임없이 계속되었다.

210미터 깊이에서는 발광체들이 더 많아지기 시작했다. 물고기들은 은빛으로 반짝이며 잠수구에서 나오는 전기 조명의 가는 빛줄기를 가로질렀다. 그러고는 검푸른 바다로 들어가면서 움직인 궤적을 나타내는 한줄기 섬광과 함께 눈 깜짝할 사이에 투명해지면서 자취를 감췄다. 저 멀리서 1센트 동전만 한 섬광이 번쩍이는 것과 동시에 사라졌다. 어디에서 번쩍였는지 알만 한 흔적은 전혀 남아 있지 않았다. 그 마법 같은 불꽃쇼에서 흐릿한 노란빛이나 불그스름한 빛은 찾아볼 수 없었다. 그 순간적인 불빛은 늘 옅은 녹색이거나 은색이었다. 새우는 몸 곳곳에서 따로 빛이 나는 것이 아니라, 이따금씩 몸 전체가 환하게 빛났다. 한번은 열두 마리쯤 되는 물고기 한 무리가 작은 우리 잠수구의 뒤편으로 지나갔는데, 놀랍게도 다들 꼬리를 밑으로 향한 채 꼿꼿이 선 채 헤엄쳤다. 어떤 물고기인지는 알 수 없었다. 흡사 끈처럼 생긴 가느다란 회색 유령 같은 것이 대부분 조용히 떠다니다가 가끔 꿈틀대면서 쏜살같이 지나가는 것도 또 하나의 수수께끼였다. 잠수구의 그물에 걸린 물고기 이름을 하나하나 생각해봤지만, 떠오르지 않았다. 그러다가 마침내 심해에서 가장 많이 볼 수 있는 발광 물고기인 키클로토네Cyclothones(이들에게는 통상적인 이름이 없다)라는 것이 생각났다. 키클로토네는 몸 크기가 작고 발광 부위가 여러 군데이며 가공한 다이아몬드처럼 몸에 각진 곳이 많다. 그리고 바다 상층부에서 온 것들은 다들 옅은 회색을 띤다.

270미터 깊이에는 놀랄 만한 것이 없었다. 다만 10센티미터쯤 되는 가느다랗고 검은 물고기 한 쌍을 보았을 뿐이다. 그중 하나가 잠시 우리 쪽으로 다가오더니 잠수구의 조명을 쏜살같이 지나 무리에 합류했다. 저 멀리서 커다란 형체가 움직이는 것을 몇 차례 본 것 같았지만, 내 눈과 감각이 이런 밝기에는 익숙하지 않아서 형체가 또렷하게 보였던 것 말고는 확신할 수 없었다.

평소에 아주 관심이 많았던 상황이나 오랫동안 기다려온 아주 중요한 순간이 닥쳤을 때, 우리는 시간이 한참 흐른 뒤에야 그게 얼마나 중요한 순간이었는지 깨닫곤 한다. 하지만 다행히도 이렇게 깊은 바다 속의 우리 잠수구 안에서는 그런 일이 없었다. 나는 차가운 철판 위에서 몸을 공처럼 둥글게 웅크린 채 앉아 있었고, 의심과 확신을 오가는 바턴의 웅얼거리는 목소리가 들렸다. 내 시계의 똑딱거리는 소리는 기억 속 또 다른 세상에서 나오는 이상한 소리처럼 들렸고 환풍기에서는 쌩하는 소리가 났다.

나는 눈을 감은 채 원형으로 생긴 작은 석영 창문의 차가운 표면에 기대앉았다. 대지에서 나온 투명한 조각인 그 석영 창문은 내 얼굴 쪽으로 가해지는 9톤에 달하는 물의 무게를 굳건히 버텨주었다. 주체할 수 없는 감정의 파도가 밀려왔다. 순간적으로 거의 인간의 능력 밖에 있는 우주 같은 이 모든 상황이 정말 감탄스러웠다. 우리 바지선은 뜨거운 태양 아래서 마치 바다 한가운데 있는 아주 보잘것없는 부스러기처럼 아래위로 흔들거렸고 긴 거미줄 같은 케이블은 깊은 물속을 뚫고 우리의 작은 잠수구와 연결되어 있었으며, 그곳에서 단단히 밀봉된 잠수구는 케이블에 매달린 채 물속에 있었다. 우주에서 길을 잃은 행성처럼 외롭게.

이곳, 조금만 방심해도 몇 분의 일 초 만에 사람을 종잇장처럼 만드는 압력 속에서, 우리는 직접 만든 공기로 숨을 쉬고, 케이블에 매달려 오르내리면서 위로가 되는 말을 전하고 있다. 그리고 나는 이곳에서 바턴과 동물학자인 해리슨 윌리엄스Harrison Williams, 모티머 시프Mortimer Schiff의 독창적인 생각과 넓은 아량 덕분에 암청색 어둠 속에서 바다가 생긴 이래 (한 1억 년쯤 됐을까?) 진화해왔지만 알려진 적 없는 생명체들을 실제 눈으로 보는 영광을 누리고 있다.

그때 내가 쓸데없지만 계속 글을 끄적거릴 수밖에 없었던 것은 어찌 보면 당연한 일이었다. 나중에 보니 내가 과학과 문학에 유일하게 기여했던 것은 바로 그때 "바닷속 400미터 깊이에서 글을 쓰고 있다. 몸에서 빛이 나는 물고기가 창밖에 보인다"라고 쓴 글이었다. 내가 느꼈던 특별한 느낌은 허버트 스펜서Herbert Spencer가 "무한한 공간에서 떠다니는 지극히 작은 원자"가 되는 것에 대해 평생 느꼈던 두려움, 바로 그것이었다.

우리는 내년에도 바턴의 도움을 받아 잠수구라는 이 멋진 심해의 공간에 탈 수 있기를 바란다. 새로운 호스와 창문을 달고 바다의 생명체를 보러 800미터 깊이까지 내려갈 수도 있을 것이다. 하지만 우리가 이번 탐사로 인간의 활동 영역에 추가시킨 이 탁 트인 바다의 새로운 영역에는 족히 평생 연구해도 될 만한 연구거리가 있다. 지난 두 계절 동안 나는 마치 우주인처럼 다가가기 어려운 곳에 맹목적으로 다가가야 했고, 화석 연구자처럼 주로 죽은 유기체를 대상으로 연구해야 했다. 하지만 잠수구라는 새로운 탐사 방법이 모든 것을 바꿔놓았다. 우주인이 우주를 정복하거나 고생물학자가 시간을 정복하게 된 것이나 마찬가지다. 나는 심해 생명체를 보고 사진을 찍고 그릴 수 있다. 단지 손으로 만질 수 없을 뿐이다. 그리고 그 생명체가 사는 곳의 온도와 빛, 혼자 떠돌아 다니는지 아니면 한데 모여서 사는지 직접 확인할 수 있다.

현대의 탐험가들은 자신들이 인간의 영토에 추가한 새로운 땅을 한 나라의 영토와 비교하는 것이 버릇 같다. 하지만 어쩌랴, 내가 새로 추가할 것은 물밖에 없다. 하지만 우리가 우리 것으로 만든 400미터 깊이까지의 바닷물을 전 세계 모든 육지에 고르게 쏟아붓는다면, 아메리카 대륙과 유럽, 아시아, 그리고 나머지 모든 땅에 채워질 물의 깊이는 800미터가 족히 넘는다. 맘에 들지는 모르겠지만, 이렇게 설명할 수도 있다. 처음 탐험한 물의 양이 1억 4336만 제곱킬로미터(짐작이 가는가?) 정도 되는데, 그 전체를 1제곱킬로미터인 정육면체로 나눠 한 줄로 세우면 길이가 얼마나 될지는 독자들의 몫으로 남겨 놓겠다.

내가 했던 이 모든 모험의 중요성은 다음과 같이 요약해 볼 수 있다. 우리가 입증했듯이 미래에 합리적으로 연구가 가능하려면 연구자의 안전이 보장되어야 한다. 그리고 우리가 얻은 성과는 과학 수치나 사실의 정확도, 그리고 철학적 가치 면에서 우리가 가능하다고 예상했던 최대치를 훨씬 더 뛰어넘는 것이었다.

심해로의 여행: 어둠, 황금, 그리고 고지라

윌리엄 J. 브로드

발광생물이 뿜어내는 섬광이 암흑 속을 빙빙 돌면서 창문을 스쳐 지나갈 때, 우리는 불타는 것 같은 해저의 깊은 틈새를 향해 2.4킬로미터 정도 잠수하고 있었다. 그런 해저의 틈새가 거대한 창조의 엔진이라고 보는 과학자들이 갈수록 늘어나고 있다.

한 시간 넘게 잠수한 다음, 우리는 작은 3인승 잠수함에 달린 조명등을 켰다. 오리건주 해안에서 400킬로미터 떨어져 있는 그곳의 바닥은 어두컴컴해서 빛이라고는 거의 찾아볼 수 없었고, 격렬한 화산 폭발 중에 차가운 바닷물에 냉각된 울퉁불퉁한 화산암이 끝없이 널려 있었다. 연이은 과학적 발견으로 그런 암석이 오랜 시간에 걸쳐 지구가 형성되는데 중요한 역할을 했다는 것이 밝혀졌다. 화산 활동으로 만들어진 해저의 틈새는 야구공에 있는 솔기처럼 지구를 둘러싸고 있다. 그 길이가 6,400

킬로미터가 넘는다는 것이 중론이었다. 눈에 띄지는 않지만 이리저리 지그재그 모양으로 해저를 지나다가 해령에 의해 가려지기도 하는 그런 틈새는 지구에서 볼 수 있는 아주 중요하고 가장 역동적인 특징이다.

녹은 용암이 분출되고 뜨거운 물이 솟구치는 이 뜨거운 해저의 틈새에서 지구의 껍질이 생성되고 바다와 대륙이 만들어지며, 바다의 화학적 특성이 결정되고 황금 같은 귀금속이 농축되며, 햇빛 한 번 볼 일이 없는 기괴한 생물이 지구 내부의 열로 만들어진 화학물질을 먹고 산다. 아마도 가장 중요한 것은 그곳이 바로 수십억 년 전에 생명이 시작된 곳일지도 모른다는 점이다.

우리가 탄 작은 잠수함 앨빈Alvin호는 미국 서해안 앞바다의 후안 데 푸카Juan de Fuca 해령이라는 낯선 세상의 한구석에서 16일에 걸친 탐험을 이제 막 마무리하려는 참이었다.

이번 탐험은 최근에 일어난 해저 화산 폭발로 시작되었다. 먼저 해양학자들이 화산 폭발로 인한 해저 진동을 관찰했고, 그 후 미국과 캐나다에서 여섯 차례의 탐사를 통해 연구 활동을 벌였다. 그 탐사 중에서 가장 마지막이며 가장 규모가 큰 앨빈호의 임무는 해저에서 생성 활동이 일어나는 중심부로 그 어느 때보다 깊이 들어가 보는 것이었다.

우리가 가장 먼저 발견한 것은 해저에서 갓 생성된 용암의 흐름과 뜨거운 열탕을 타고 솟구쳐 오르는 엄청난 양의 흰색 박테리아였다. 날씨가 좋지 않은 탓도 있고 심해에서 일어나는 활동에 관한 단서를 찾기 어려워서 며칠간 헛수고를 한 다음, 우리는 탑처럼 높이 솟은 굴뚝에서 아주 고온의 물이 쏟아져 나오고 주변에 기이한 형태의 생명체가 사는 해저 벌판을 발견했다. 생명체 중에는 우리가 전혀 본 적 없는 것도 있었다.

작은 서관충tube worm(산호처럼 군집생활을 하는 생물로 화산 분출구에 산다.—옮긴이) 무리, 마치 수염처럼 특이하게 자란 박테리아, 작은 흰색 게처럼 생긴 생물체 군집도 있었다. 바위에는 높이 솟은 광물질 굴뚝 쪽으로 군체 동물이 모여 있었는데, 마치 사원에서 볼 수 있는 신자들처럼 거대한 돌 쪽으로 촉수를 뻗치고 있었다. 과학자들은 이런 생명체들이 산호 같아 보이는데 정말 그렇다면 최초의 발견이 될 것이라고 말했다.

워싱턴대학교에서 온 지질학자로 탐사를 주도하고 있는 존 R. 델라니 John R. Delaney 박사는 "이거 정말 흥분된다! 나한테 돈을 주면서 이런 탐사를 시키다니 정말 좋아서 미칠 지경이다"라고 말했다.

죽음의 심해에서 생명의 요람에 이르는 역사

사람들 생각에 심해는 보통 지질학적으로 죽어 있는 곳이고, 극히 소수의 아주 이상하게 생긴 물고기, 그것도 주로 위에서 가라앉는 부스러기를 먹는 청소 동물이 사는 곳이었다. 무덤처럼 근본적으로 활기가 없고 의미가 없는 곳으로 생각했다.

하지만 지난 40여 년간 심해를 탐사해보니 실상은 정반대였다. 심해는 해양판들이 분리되면서 해저에 틈새가 발생하는 곳이다. 그래서 대서양 한가운데를 따라 길게 이어지는 틈새는 한때 하나였다가 대서양이 생기면서 갈라진 두 대륙의 해안선과 일치한다.

심해에는 특이한 형태의 생명체도 많이 서식한다. 그 생명체들은 주로 뜨거운 물이 나오는 분출구 주변에 모여 있으며 화산 폭발로 인한 열과 화학물질에 적응했다. 특이한 동물 군집이 처음 발견된 곳은 1977년 갈라파고스 제도 앞바다였다. 그 동물들은 다른 동물에게는 독이 되는 물질을 먹고 살았다.

또 다른 바다의 해령에서도 비슷한 군집이 발견되자, 과학자들은 지구의 생명체가 바다 밑의 간헐천에서 시작되었을지 모른다는 이론을 내놓았다. 그곳에서 끊임없이 분출되는 따뜻한 화학물질에서 영양소를 얻는 한편, 먼 옛날 우주에서 날아와 지구 표면에 쏟아졌던 방사선 폭풍을 피했다는 것이다.

고지라라는 이름의 굴뚝

뜨거운 분출구에서 발견한 이상한 것들 중에 거대한 바위 탑들이 있었다. 우리가 '굴뚝'이나 '흡연가'라고 불렀던 그 탑들은 아주 뜨거운 물을 뿜어냈으며 대부분 회색이나 검은색이었다. 초고온의 유체 속에 들어 있는 광물질이 차가운 바닷물을 만나 가라앉으면서 생성된 것이었다. 최근 후안 데 푸카 해령에서 발견된 그런 바위 탑 하나는 높이가 15층 건물보다도 높았다. 그래서 '고지라'라는 이름이 붙었다. 분출구에서 솟구치는 물은 섭씨 400도 정도로 매우 뜨거운데, 심해의 높은 수압 때문에 실제로 부글부글 끓지는 않는다. 그런 분출구에서 나오는 광물질이 풍부한 물기둥은 해저에서 수천 킬로미터에 이르는 넓은 지역에서 볼 수 있다.

대략 추정해보면, 지구 내부에서 나오는 열의 70퍼센트 정도가 그런 지역을 통해 흘러나오는데, 그곳에서 매 800만 년 동안 나오는 물의 양이 지구에 존재하는 바닷물을 모두 합친 양과 맞먹는다. 그런 과정이 지구의 열적 균형이나 화학적 균형을 맞추는 데 중요한 역할을 한다.

1980년대에는 그런 분출구 몇 곳에서 금이 발견되었고 희귀 금속이 들어 있는지 분석해 달라는 요구가 폭발적으로 늘어났다. 곧 아연과 은,

금, 구리를 포함한 수십억 달러 상당의 값비싼 광석이 해저의 틈 속에 숨겨져 있다는 추정이 나왔다. 1983년 3월에는 로널드 레이건 미국 대통령이 해안에서 가까운 해저에도 영유권을 주장하여 미국 영토를 두 배 가까이 늘려 놓았다. 해저에 있는 값비싼 광석에 구미가 당겼던 이유도 일부 있었다.

최근까지도 심해의 광물을 캐는 작업은 민간 기업의 입장에서 비용 부담이 너무 컸다. 그래서 고대에는 해저였다가 나중에 솟아올라 육지가 되었기 때문에 광물질이 풍부한 땅을 찾는 새로운 방법을 경쟁적으로 찾아 나섰다.

미국 지질조사국 소속으로 항해 중인 경제 지질학자 랜돌프 A. 코스키Randolph A. Koski 박사는 "해령 탐사는 이제 갓 걸음마 단계"라고 말했다. 지질조사국은 무엇보다도 언젠가 미래에 해저에서 골드러시가 일어날 가능성이 높다고 본다. 코스키 박사 말로는 지금까지 연구가 끝난 화산 해령은 전체의 1퍼센트에도 미치지 못한다고 한다.

뛰어난 과학자들이 화산 폭발 현장으로 몰려들어

이 세상에는 참으로 많은 수수께끼가 있다. 예를 들어, 물이 어떻게 해령 속에서 흘러가는지, 물이 해령의 옆면에서 흘러나오는지 아니면 해령이 뻗어나가는 방향으로 흘러가는지 아무도 모른다. 일반적으로 해저 깊은 곳에 있는 뜨거운 암석이 해저에 균열을 만든다고 생각한다. 그런 다음 그 틈으로 물이 흘러들어가서 마그마를 만나 가열된다. 고온의 유체가 해저 표면층에 닿으면 광물질이 흘러나와 수면으로 떠오르게 된다. 하지만 과학자들은 어디까지나 연구에 근거한 추측일 뿐이라고 강조한다.

워싱턴대학교의 물리학자이며 해저 분출구의 활동을 밝힐 단서를 찾아 지구자기학을 연구하는 H. 폴 존슨H. Paul Johnson 박사는 "그 역학관계는 근본적으로 밝혀지지 않았다"고 말했다.

활발한 해저 화산 활동에 관한 상세한 연구결과는 아직 나온 적이 없고, 특히나 언제 어떻게 뜨거운 물이 생성되는지에 대해 세부적으로 밝혀진 것은 더더욱 없다. 관찰할 수 있는 기회도 거의 없다. 관찰할 수 있을 것 같은 지역에서도 탐사가 가능한 시간은 대개 단 며칠에 불과하며, 악천후를 만나 그보다 더 짧아질 때도 많다. 과학자들이 가끔 화산 폭발과 우연히 마주칠 때도 있었지만, 뜨거운 물이 나오는 분출구가 탄생하는 모습이나 분출구가 대규모로 모여 있는 지역을 발견한 적은 한 번도 없었다.

그런데 6월 22일 그 모든 상황이 달라지기 시작했다. 학자들은 그날 오리건주 뉴포트에 있는 미국 국립해양대기청의 작은 실험실에서 예전에 해군 비밀통신망으로 사용되었던 통신망에 접속했다. 바닷속에서 들리는 소음과 적의 잠수함 소리를 듣기 위해서였다. 그리고 불과 4일 후, 실험실에서 후안 데 푸카 해령을 따라 일어났던 해저 화산 폭발 소리가 녹음되었다. 이틀 동안 수많은 해진海震이 남쪽에서 북쪽으로 움직이면서 40킬로미터에 이르는 지역을 흔드는 바람에, 지구 내부에서 용암이 밀려나와 해저 지형이 새롭게 형성되었다는 것을 짐작할 수 있었다.

이에 대응하여 즉석에서 조직된 대학 연합체와 연방 기관, 캐나다 정부에서 여섯 차례에 걸쳐 긴급 탐사(대부분은 이미 계획된 항해 경로를 재조정한 것이었다)에 나서 해저 감지기와 로봇, 소형 잠수함으로 현장을 조사했다. 앨빈호의 탐사는 국립과학재단과 국립해양대기청에서 비용을 댔다.

두 기관 모두 바닷속 해령과 분출구를 연구하는 공식 프로그램을 운영하고 있었다.

칠흑 같은 어둠 속에서 단서를 찾아 나서다

앨빈호는 7.6미터 길이의 흰색 3인용 잠수정으로 바닷속 4킬로미터까지 잠수할 수 있다. 잠수정 내부에는 티타늄으로 만든 지름 2미터짜리 잠수구가 있는데, 그 안에 조종사와 두 명의 관측인이 타고 잠수정의 전자 장비 및 생명 유지 장치를 실을 수 있다. 앨빈호와 64미터 길이의 지원선 아틀란티스 2호는 건조된 지 25년이 넘었지만, 여전히 심해 탐사의 선봉장 역할을 하고 있다. 두 선박을 운용하고 있는 곳은 케이프 코드에 있는 우즈홀 해양학 연구소이다.

잠수정에는 두 개의 기계 팔이 있으며 선체 외부에는 카메라와 수중음파 탐지기, 온도 측정기, 동물 포획용 덫, 샘플 채취용 물통, 자력계를 장착할 수 있다. 또한 부력을 자유롭게 조절할 수 있어 무게가 천차만별인 과학 장비를 싣고 다닐 수 있다. 잠수정은 가장 안전하게 물에 띄우고 회수할 수 있는 낮에만 가동한다.

10월 9일, 아틀란티스 2호는 52명을 태우고 오리건주 아스토리아를 출발했다. 그리고 다음날 지진 지역에 도착해서 서로 연결된 전자부표망을 해저로 내려보냈다. 앨빈호가 잠수하면서 무선 신호를 보내면 멀리 떨어진 전자부표에서 '삐' 소리를 내면서 응답한다. 그런 식으로 앨빈호는 칠흑처럼 어두운 곳에서도 끊임없이 위치를 파악할 수 있다.

이번 탐사의 수석 과학자인 델라니 박사는 팀원들에게 해저 분출구가 어떻게 생성되고 변화하는지 알아낼 "역사적인 기회"라고 말했다. 낮에는 잠수정을 타고 남쪽으로 가면서 작업하고, 밤에는 긴 케이블에 무인 센서와 카메라를 달아 배로 끌고 다니면서 목표지점으로 예상되는 곳을 광범위하게 수색할 예정이었다.

앨빈호가 첫 잠수를 하고 있는 동안, 하늘은 회색빛이었고 바다는 비교적 잔잔했다. 잠수함을 타고 내려간 과학자 두 명 가운데 한 명은 워싱턴대학교의 화학자 마빈 D. 릴리Marvin D. Lilley 박사였다. 릴리 박사가 입은 티셔츠에는 '서관충을 구하자'라고 쓰여 있었다.

과학자들은 그날 북쪽 지진지대에서 화산 폭발이 일어난 지 얼마 안 되어 유리 같은 용암이 남아 있는 2.4킬로미터 범위의 지역 일부를 탐사했다. 화산 분출구 한 곳에서는 희미한 빛이 나는 물이 뿜어져 나왔는데, 온도를 재 보니 대략 섭씨 36도였다. 섭씨 1도로 거의 얼음이 얼 정도였던 주변 수온보다 높았던 것이다. 하지만 새로운 생명체나 광물질 굴뚝이 존재한다는 단서는 찾을 수 없었다.

박테리아 집단 서식지

3일 후, 탐사팀은 남쪽으로 16킬로미터쯤 내려갔다. 이전 작업 때 알게 된 지역이었다. 그곳의 물속에는 미립자가 아주 많았는데 대부분 박테리아였다. 수온을 재 보니 가장 높은 곳이 섭씨 18도였다. 파도를 따라 흔들리는 박테리아 떼는 가끔씩 해저의 틈에서 쏟아져 나온 다음 '생물학 눈(바다의 수면 쪽에서 죽은 플랑크톤이 잘게 분해되면서 해저로 가라앉는 모습을 눈이 오는 것에 비유한 말—옮긴이)'의 소용돌이와 뒤섞였다.

주변 용암은 생성된 지 오래된 것이 분명했지만, 과학자들은 박테리아 떼가 그렇게 쏟아져 나오는 현상이 최근의 폭발과 관련이 있을 것이라고 생각했다. 과학자들의 논지는 갓 형성된 마그마가 해저 바로 밑에 있어서 그 위의 바닷물이 가열되면서 박테리아가 서식하기에 최적의 환경이 조성된다는 것이었다.

국립해양대기청 산하기관으로 시애틀에 있는 태평양 해양환경 실험실에서 온 과학자들은 밤이 되면 센서를 배에서 물속으로 늘어뜨려 끌고 다니면서 해저 틈새에서 나오는 물기둥 아래위로 통과시켰다. 그들은 며칠 밤이 지난 후 지진지역 남쪽 끝에서 높은 온도와 화학물질, 부유성 고형물의 존재를 알리는 강한 신호를 포착했다. 분출구가 모여 있는 넓은 지역이 있다는 신호였다. 그 지역을 '진원震源'이라고 불렀다. 지구 깊은 곳에 있던 마그마가 솟구쳐 오르면서 해진이 시작되는 곳이었기 때문이다.

하지만 앨빈호가 그곳에 처음 잠수해서 작업한 결과는 실망스러웠다. 그래서 탐사팀은 다시 박테리아 집단 서식지로 신속하게 돌아왔다. 그리고 잠수를 한 다음 활발하게 활동하는 분출구 근처에 배터리로 작동하는 저속촬영 카메라와 온도 탐지기를 설치해서 최대 1년까지 변화 과정을 추적했다.

돌기둥 주변에 집단 서식하는 생명체의 근원

탐사 둘째 주가 시작되자 과학자들은 '진원'에 대한 탐사를 재개했다. 하지만 잠수를 반복해도 흥미로운 발견은 없었고 무인 탐지 장비에도 활발한 해저 활동의 증거가 포착되지 않았다. 하늘은 어두워지고 파도는 높아졌다. 10월 22일 밤에 기상 악화로 모든 탐사 활동을 포기하려던 순간, 배로 끌고 다니던 센서 하나에서 갑자기 엄청나게 강한 신호가 잇달아 잡히면서 가능성 있는 목표 지점을 정확하게 알려주었다.

아틀란티스 2호는 거친 날씨를 잘 참고 견뎠지만, 앨빈호는 지난 이틀 동안 예정된 잠수를 하지 못했다. 발견의 순간이 코앞에 닥치자 델라니 박사는 우즈홀 해양학 연구소에 탐사 일정을 하루 더 연장할 수 있는지 물어보면서 날씨가 좋아질 것이라는 쪽에 승부를 걸었다. 연구소에서 허락이 떨어졌다.

10월 24일, 흩어져 있는 구름이 떠오르는 햇빛을 받아 황금색으로 빛날 무렵, 나는 델라니 박사와 함께 앨빈호를 타고 '진원'을 찾아 암흑 속으로 1,800미터를 내려갔다. 우리가 잠수를 시작하자 배에 타고 있던 잠수 통제사가 수중 청음기를 통해 "포스가 함께 하길 바랍니다(영화 〈스타워즈〉에 나오는 유명한 대사로 위험한 모험을 떠나는 제다이 기사에게 행운을 비는 의미로 하는 말—옮긴이)"라는 말을 전했다.

비좁은 잠수구 속은 놀라울 정도로 편안했다. 부드러운 쿠션이 줄지어 놓여 있었고 오디오 기기와 각종 첨단 장비가 가득한 대학 기숙사 같은 느낌이었다. 관측창 밖으로는 빛을 내는 젤리 같은 생물체의 행렬이 끝없이 이어졌다. 어떤 것들은 몸길이가 30센티미터에서 1미터쯤 되어 보였다. 잠수구가 스치듯 지나가는 동안 빛이 물결처럼 생물체들의 몸을 차례차례 비추며 지나갔다.

우리는 오전 9시 30분쯤 바닥에 닿은 다음 베개 모양의 용암이 끝없이 펼쳐진 해저 평원 위를 날아다녔다. 한 시간 동안 아무것도 찾지 못하다가 심해에 가라앉아 있는 리복 운동화 하나를 발견했다. 이번 탐사의 중요성을 생각하면 참으로 어처구니없는 발견이었다.

잠수구의 온도가 천천히 내려갔다. 티타늄 선체의 노출된 금속 부위에서 수증기가 응축되기 시작하더니 무엇인가 반짝거리는 것이 생기기 시작했다. 나는 스웨터를 입었다.

몇 시간이고 용암이 가득한 바닥만 보이다가 오전 11시 30분에 어둠 속에서 거대한 굴뚝이 불쑥 나타났다. 물이 어른거리면서 뿜어져 나오고 있었다.

잠수구 조종사인 로버트 J. 그리브Robert J. Grieve는 "뜨겁다. 주변이 온통 서관충 천지다"라고 말했다.

한 무리의 생명체가 이 세상의 것이 아닌 듯한 3~4층 높이의 돌기둥 표면과 주위에 가득했다. 서관충은 몸길이가 10~13센티미터 정도이고 갈색 외피에서 붉은 촉수가 튀어나와 있었다. 굴뚝처럼 생긴 돌기둥의 표면은 서로 엉겨 붙은 흰색 박테리아와 몸길이가 2.5센티미터쯤 되며 각도에 따라 색깔이 바뀌는 검붉은 야자 바구미 애벌레로 덮여 있었다. 그보다 훨씬 작아 보이는 것들은 짧고 빳빳한 털이 잔뜩 덮인 주황색 벌레였다. 돌기둥 표면에는 새우붙이로 알려진 아주 작은 바닷가재 무리도 엄청나게 많이 기어 다녔다.

놀랍게도 이렇게 서로 엉켜 있는 생명체 중에는 가시와 폴립(자포동물이 살아가면서 한 시기에 나타나는 몸통 형태로 원통 모양에 위쪽 끝에 입이 있고 그 주위에 몇 개의 촉수가 있다. 산호는 이런 폴립이 모여서 형성된다.—옮긴이), 촉수가 잔뜩 달린, 적어도 두 종류 이상의 작은 산호도 있었다.

우즈홀 해양학 연구소 소속으로 이번 탐사에 참여한 생물학자 신디 밴 도버Cindy Van Dover 박사는 나중에 "서관충 사이에서 산호를 본 것은 이번이 처음"이라며 "산호의 생태를 밝히는 일은 훌륭한 연구 소재가 될 것"이라고 했다.

생명체가 사는 따뜻한 해저

굴뚝 주변에는, 특히 바위 뒤쪽 은신처에는 또 다른 생명체가 있었다. 그곳에는 윗부분에 무수하게 많은 촉수가 달린 커다란 말미잘과 정찬용 접시만큼이나 크고 주황빛이 도는 갈색 거미게, 그리고 더 많은 수의 산호가 있었는데, 열성적인 신자처럼 촉수가 굴뚝 쪽으로 뻗어 있었다.

그날 우리는 모두 합해서 다섯 개의 커다란 굴뚝을 자세히 조사했다. 주변의 일부 작은 굴뚝들은 분출 활동이 활발했지만 생명체는 없었고, 앨빈호의 기계 팔로 잡아보려 했더니 금세 무너지면서 주변이 부스러기로 자욱해졌다. 그날 배출구에서 나오는 뜨거운 물의 온도를 측정해보니 가장 뜨거운 곳은 섭씨 230도에 달했다. 우리는 굴뚝 한 곳의 바닥에 배터리로 작동하는 온도 센서를 두고 왔다. 내년쯤에나 회수할 생각이다.

갑자기 잠수구 조종사가 잠수구의 표면 온도가 올라가기 시작했다고 알려주었다. 우연히도 잠수구가 분출구 위에 있었던 것이다. 잠수정의 플라스틱 창문이 녹을 수 있기 때문에 분출구 위에 있는 것은 위험할 수도 있었다. 우리는 재빨리 상승했고 지쳐 있었지만 행복했다.

배에 올라온 다음 델라니 박사는 그 해저 평원이 이미 존재하던 곳인데 지난 6월 화산 폭발로 다시 활성화된 것 같다고 말했다. 그리고 그곳의 굴뚝들이 전반적으로 크기가 큰 편이었다고 덧붙였다. 하지만 크기가 작고 생성된 지 얼마 안 되어 쉽게 부서지는 것들도 있었으며, 대부분 어린 새끼들인 아주 작은 바닷가재처럼 유난히 크기가 작은 생물체도 있었다.

델라니 박사는 그 해저 평원이 새로 생겼을 가능성도 있다면서 굴뚝의 성장 속도에 관해서는 알려진 것이 없다고 힘주어 말했다. 결국 해저 평원의 나이는 앞으로 이번 탐사에서 얻은 자료와 견본을 연구해야 알 수 있을 것이다.

델라니 박사는 전반적으로 이번 항해가 심해 화산 활동을 더 잘 이해하려는 전 세계의 연구 활동에 도움이 될 것이라고 말했다. 그리고 "어떤 현상을 시작단계에서 발견하고 발전과정을 지켜보는 것은 그 현상을 이해하는 과정에서 아주 중요하다"고 덧붙였다.

소련, 우주로 인공위성 발사

윌리엄 J. 조든

오늘 아침, 소련이 인공위성을 우주로 발사하는 데 성공했다고 발표했다. 발사 시점은 어제이며, 위성 궤도에서 가장 높은 곳은 해발고도가 900킬로미터이고 비행 속도는 시속 29,000킬로미터라고 추산했다.

소련의 국영 통신사인 타스 통신은 지름 56센티미터, 무게 83킬로그램인 인공위성이 1시간 35분마다 지구를 한 바퀴씩 돌고 있다고 보도했다. 즉, 지구를 하루에 15바퀴 넘게 돌고 있는 것이다.

타스 통신의 보도를 보면 두 개의 무선 송신기가 20.005메가헤르츠(MHz)와 40.002메가헤르츠 주파수로 끊임없이 신호를 보내는 중이라고 한다. 이 신호는 아마추어 무선통신사도 들을 수 있을 만큼 강력하다. 수많은 과학 연구소에서 그 위성의 궤적을 추적하고 있다.

오늘 모스크바 상공을 지날 예정

타스 통신은 위성이 지구 적도와 65도 각도로 비행하고 있으며, 오늘 모스크바 상공을 두 차례 지날 것이고 "일출과 일몰 시간에는 쌍안경이나 소형 망원경 같은 간단한 광학 장비로도 위성을 관측할 수 있을 것"이라고 보도했다.

소련은 어제 세계 최초의 인공위성을 "성공적으로 발사했다"고 발표했다. 따라서 미국보다 먼저 과학 장비를 우주에 보냈다고 주장하는 것이나 다름없다. 워싱턴은 내년 봄에 위성을 발사할 예정이라며 계획을 공개했다.

모스크바에서 나온 발표에 따르면, 소련은 현행 국제지구관측년기간 중에 더 크고 무거운 인공위성을 쏘아 올릴 계획이라고 한다. 국제 지구관측년은 지구 표면과 주변 우주공간에 관한 연구가 진행되는 18개월의 기간을 말한다.

초속 8킬로미터

타스 통신은 위성을 우주로 실어 나르는 로켓이 초속 8킬로미터의 속도로 지구를 벗어났다고 보도했다. 하지만 인공위성을 제작할 때 어떤 물질을 사용했는지, 혹은 소련의 어느 지역에서 발사했는지에 관해서는 전혀 알려지지 않았다.

소련은 지구를 도는 구球 형태의 위성이 행성 간 여행의 초석이 될 것이라고 말했다.

소련이 위성 발사를 선전 목적에 이용할 수 있는 기회를 놓칠 리 없었다. 소련 당국은 이제 사람들이 '새로운 사회주의 사회'가 어떻게 인류의 대담한 꿈을 현실로 만드는지 보았을 것이라고 말했다.

모스크바는 그 위성이 소련 과학자의 일부가 몇 년간 연구한 결과라고 말했다.

몇 년간의 연구

타스 통신은 다음과 같이 보도했다.

> 소련은 지난 몇 년간 지구에서 인공위성을 만들기 위해 연구하고 실험적 설계 작업을 진행했다. 국제지구관측년 기간에 맞춰 인공위성을 발사한다는 계획은 이미 언론을 통해 발표했었다.
>
> 연구기관과 설계기관에서 집중적으로 작업한 결과, 세계 최초의 인공위성이 최근 탄생했다. 첫 위성은 10월 4일 소련에서 성공적으로 발사되었다.

소련에서 발표한 바로는 위성의 비행 속도가 엄청나게 빠르기 때문에 우주보다 밀도가 더 높은 대기층에 닿는다면, 순식간에 완전히 타버릴 것이라고 한다. 얼마나 빠른 속도로 타는지에 관해서는 언급하지 않았다.

군사 전문가들은 위성이 당분간 군사 목적에 쓰이지는 않을 것이라고 말했다. 하지만 그렇게 위성을 연구하다 보면 대륙간탄도미사일의 비행 연구에 적용할 수 있는 유용한 정보를 얻을 수 있을 것으로 보았다.

과학자들은 위성이 원자폭탄이나 수소폭탄 같은 것을 지구에 투하하는 데 사용될 수는 없다고 했다. 또한 하늘에서 전 세계의 군 병력을 정찰하겠다고 제안했던 계획도 불가능하기는 마찬가지라고 덧붙였다.

과학자들에 대한 지원

위성의 진정한 가치는 과학자들이 태양의 속성이나 우주선宇宙線, 태양의 전파 장애, 그리고 지구의 남북 자극磁極에서 지속적으로 자력이 생성되는 현상 등에 관한 새롭고 중요한 정보를 얻게 된다는 것이다. 이 모든 정보는 미사일을 발사하거나 궁극적으로는 광활한 태양계 속으로 인간을 보내는 문제를 연구하는 사람들에게 더없이 소중하게 사용될 것이다.

소련 과학자들은 대중 앞에서 위성 발사를 언급할 때 겸손하고 신중한 태도를 보였다. 그들은 지난 7월에 시작된 국제지구관측년을 맞아 인공위성 발사와 관련해서 미국과 '경쟁' 분위기를 조성할 생각이 없음을 명확히 밝혔다.

소련 과학자들은 미국 과학자들이 토로한 연구 관련 고충을 들었으며 충분히 공감한다고 말했다. 그리고 위성을 설계할 때 겪었던 문제에 관해 자세히 이야기해 달라고 미국에서 몇 차례 초청을 받았지만 거절했다. 전반적으로 소련 언론에서 위성 발사에 관해 보도했던 내용보다도 더 적은 정보만 공개했다.

위성 발사에 관한 암시

소련 과학자들은 예전에 첫 위성 발사 시기에 관해 국제지구관측년이 끝나기 전인 1958년 말까지 발사할 것이라는 말만 했었다.

하지만 몇 주 전 소련과학학회의 알렉산더 N. 네스메야노프Alexander N. Nesmeyanov 회장은 소련 언론과의 비밀 인터뷰에서 첫 발사가 "앞으로 한두 달 안에" 이루어질 것이라고 넌지시 말한 바 있었다.

하지만 전반적으로 보면 소련 과학자들은 일관된 태도로 위성 발사 사업을 자랑하려 하지 않았고, 진척 상황에 관해서도 대중이나 다른 과학자에게 별다른 정보를 공개하지 않았다. 그리고 위성 설계와 예정 고도, 속도, 작은 위성에 실을 장비 등에 관한 주요 정보는 아주 신중하게 비밀을 유지했다.

미국 위성은 "정상 작동 중"

존 W. 피니

오늘 총알 모양으로 생긴 미국 최초의 과학 위성 '익스플로러Explorer'가 지구를 돌면서, 실추되었던 국가의 위신을 회복하고 우주에서 여러 과학 정보를 수집했다.

길고 가늘게 생긴 이 위성은 지구를 하루에 열두 번 돌며 "정상 작동 중"인 것으로 보고되었다. 보고를 한 사람은 국제지구관측년을 위해 설립된 미국국립위원회의 인공위성 담당 위원장인 리처드 W. 포터Richard W. Porter 박사였다.

위성에 달린 두 개의 소형 무선 전송기가 보내는 신호도 안정적이었다. 그 신호는 과거 두 개의 소련 위성과 같은 '삑, 삑' 소리였으며 자유세계를 향한 환영의 소리이기도 했다.

우주선宇宙線의 강도를 측정하기 위해 위성에 설치한 소형 가이거 계수기의 측정값은 30cps(counts per second, 초당 측정되는 방사능 입자의 개수—옮긴이)로 일찍이 과학자들이 추정했던 수치와 비슷했다. 위성의 보고 내용을 보면 위성의 실내온도는 섭씨 30도였다.

군에서 발사에 성공

결국 미국 내에서 가장 먼저 인공위성 발사에 성공한 곳은 뒤늦게 발사 경쟁에 뛰어든 군부였다. 소련이 심리적으로나 과학적으로 최초의 우주선 발사라는 영예를 가져간 지 거의 4개월이 지난 다음이었다.

어젯밤 10시 48분, 미군의 주피터-C 4단 로켓이 기수機首부분에 익스플로러 위성을 싣고 플로리다주 케이프 커내버럴의 발사대에서 하늘 높이 날아올랐다.

무게가 약 14킬로그램 정도인 익스플로러 위성이 약 두 시간에 걸쳐 처음으로 지구 한 바퀴를 돌자, 그제야 위성이 지구 궤도에 성공적으로 안착했다는 발표가 나왔다. 발표는 오늘 아침 일찍 조지아주 오거스타에서 휴가를 보내고 있던 아이젠하워 대통령과 돔형 천장이 아주 높은 이곳 전미 과학원 대강당에 모인 과학자들이 공동으로 한 것이었다.

성공의 순간

미국 입장에서는 뒤늦게 찾아온 성공의 순간이었다. 미국은 우주 경쟁에서 소련에 선수를 빼앗긴 뒤, 그동안 작은 시험위성 발사조차도 성공하지 못했다.

이번 성공은 특히 육군 미사일팀의 승리였다. 미사일팀에서는 지금까지 2년 넘게 위성 발사 임무를 수행했지만 번번이 실패했었다. 군 간부들은 첫 시도에서 위성 발사에 성공하자 군의 우주 정복 역량을 과시하기 위해 지체 없이 결과를 발표했다.

군 간부들은 지금부터 4월 사이에 두 번째 위성을 발사하라는 명령을 받았던 사실도 공개했다. 해군의 불운했던 뱅가드 프로젝트(세계 최초의 인공위성 발사를 목표로 미 해군에서 진행했던 사업이지만, 소련에게 선수를 빼앗기고 뒤늦게 발사했던 위성들도 모두 실패했다.—옮긴이)에서도 다음 주에 또 다른 작은 시험위성을 발사할 예정이었다. 미국에서는 국제지구관측년 기간에서 남은 10개월 동안 시험위성이 아닌 실물 과학위성 6개를 발사할 계획이었는데 이번 시험위성은 그 서막을 알리는 역할이었다.

위성의 수와 크기에서 미국은 여전히 소련의 상대가 되지 못한다. 익스플로러 위성의 무게는 14킬로그램으로, 소련에서 10월 4일과 11월 3일에 발사했던 84킬로그램, 508킬로그램 무게의 위성과는 비교가 되지 않는다.

육군 탄도미사일 개발국에서 개발 업무를 총괄하고 있으며 이번 성공의 주역인 베르너 폰 브라운Wernher von Braun 박사는 오늘 개발 경쟁을 한마디로 이렇게 표현했다. "소련과 경쟁할 수 있는 것은 정신력일 뿐 아직 장비로는 경쟁이 되지 않는다."

미국은 다음 달에 위성의 무게까지는 따라잡지 못한다고 해도 최소한 수적인 면에서는 소련과 동등해지려고 노력할 예정이다.

오늘 오전 중반에 익스플로러 위성이 지구를 여덟 바퀴 돌았을 때, 포터 박사는 기자회견에 나가 "위성에서 아주 많은 자료를 전송받고 있으며 모든 일이 순조롭게 진행되고 있는 듯하다"라고 말했다.

가늘고 길쭉한 타원 경로

익스플로러 위성은 가늘고 길쭉한 타원 경로를 따라 지구 둘레를 돌고 있었다. 고도가 가장 높은 곳인 '원지점(달이나 인공위성이 지구에서 가장 멀리 떨어지는 지점—옮긴이)'의 거리는 지구에서 대략 2,735킬로미터로 추정되었고 고도가 가장 낮은 곳인 근지점의 거리는 320킬로미터 정도였다. 이 거리는 어젯밤 사전 예측에서 위성의 원지점으로 추정했던 3,218킬로미터보다는 가까운 것이었다.

사전 예측보다 거리가 가까워진 것은 위성이 관측소를 따라 지구를 돌면서 전송한 자료를 고속 전자 컴퓨터에 입력하여, 과학자들이 더 정확한 궤도 정보를 얻을 수 있었기 때문이다.

익스플로러 위성은 시속 29,000킬로미터의 속도로 비행하면서 114분마다 한 번씩 지구를 돌고 있었다. 달리 말하면 하루에 지구를 12~13번 정도 도는 것이다.

포터 박사는 학계에서 '1958 알파Alpha'로 부르는 익스플로러 위성이 이 궤도를 돌면서 "비교적 오랜 수명"을 유지할 것으로 예상된다고 말했다. 군 소속 과학자는 위성의 수명이 최소한 몇 달은 될 것이라고 말했다.

위성의 선체 앞쪽에 실린 5킬로그램 무게의 장비와 배터리로 작동하는 송신기는 별다른 문제없이 우주의 상태 정보를 수집해서 지구로 전송하고 있는 것으로 전해졌다.

방사선을 조사하다

지난 7월에 시작해서 18개월 동안 계속되는 국제지구관측년의 일환으로 미국에서 추진하는 익스플로러 위성의 주된 목적은 우주 공간에 있는 우주선의 강도를 조사하는 것이었다. 그리고 부차적으로 유성진(流星塵, 우주에서 지상으로 내리는 작은 우주의 먼지—옮긴이) 혹은 우주 먼지의 밀도와 위성 안팎의 온도에 관한 정보를 수집했다.

위성 외부에 설치되어 선체의 손상 여부를 알려주는 열두 개의 측정기 중에서 서너 개 정도가 발사 1단계 과정에서 파손되었다. 당초 예상보다 더 많은 숫자였다. 하지만 과학자들은 측정기 파손이 유성진과의 충돌 때문인지 발사 순간의 진동 때문인지 알 길이 없었다. 그 외에도 위성에는 유성진이 선체 표면에 부딪히는 소리를 감지하는 작은 마이크가 달려 있었다.

계측 장비에서 얻은 정보는 108메가헤르츠와 108.03메가헤르츠로 작동하는 두 개의 소형 송신기를 통해 암호화된 형태로 지구에 전송된다. 108.03메가헤르츠로 작동하는 송신기의 출력이 100분의 6와트로 더 강력하며 배터리 용량을 감안할 때 작동시간이 2~3주 정도 될 것으로 예상된다. 출력이 100분의 1와트인 다른 송신기의 예상 작동시간은 2~3개월 정도이다.

위성 메시지가 공개되다

전 세계적으로 진행 중인 국제지구관측년 취지에 맞춰 익스플로러 위성의 암호화된 메시지를 푸는 키가 과학 출판물에 공개될 예정이므로, 소련을 포함한 전 세계 모든 나라가 위성에서 전송되는 정보를 해석할 수 있을 것이다.

반면, 소련은 자국 위성의 암호나 그들이 얻은 세부적인 정보를 아직 공개하지 않았다. 하지만 미국에서 위성을 발사한 지 네 시간 후, 브뤼셀에 있는 국제지구관측년 본부에 소련에서 보낸 소련 위성의 기본 정보가 담긴 메시지가 도착했다.

익스플로러 위성은 적도와 34도의 각도를 이루며 궤도를 돌고 있어서 남과 북으로 각각 위도 34도 지역까지 지나가는 것으로 추정된다.

그리고 비행 중에 캘리포니아주 샌타바버라 카운티에서부터 노스캐롤라이나주 케이프 해터러스를 잇는 선을 따라 미국 남부 지방 상공을 지나갈 것이다. 소련 영토는 지나가지 않지만, 소련 남부 지역에서 위성의 무선 신호를 손쉽게 수신할 수 있을 것이다.

길이 2미터에 지름 15센티미터 정도인 익스플로러 위성은 크기가 작아서 육안으로는 보기 어려울 것이다. 하지만 조건만 맞으면 쌍안경이나 망원경으로 위성을 볼 수 있다.

나치의 V-2 미사일 설계를 도왔던 독일 태생의 폰 브라운 박사는 오늘 아침 여덟 시간 간격으로 열린 두 번의 기자회견에서 기쁨을 감추지 못하는 모습이었다. 군에서 발사한 위성이 첫 시도에서 성공했기 때문이다. 폰 브라운 박사는 두 번째 기자회견에서 "지금까지는 오류가 단 하나도 없다"고 말했다. 그리고 위성 발사 장치를 지상에서 쏘아 올려 궤도의 초입에 진입시켰던, 개량된 레드스톤 미사일에 "다소 생소한" 고에너지 연료를 사용했다고 밝혔다.

V-2 미사일의 후속 기종인 레드스톤 미사일은 보통 알코올을 연료로 사용한다. 하지만 폰 브라운 박사의 말로는 이번에 사용한 것은 '하이다인hidyne'이라는 특수 연료였다. 이 연료를 쓰면 추진력이 훨씬 강해지고 더 무거운 위성을 실어 나를 수 있다고 한다.

더 무거운 위성이 모습을 드러내다

폰 브라운 박사는 주피터-C 미사일에 "즉시 사용할 수 있는 몇 가지 기술"을 적용하면, 22킬로그램이 나가는 훨씬 더 무거운 위성을 발사할 수 있을 것으로 예측했다. 그리고 주피터-C 미사일이 4단 로켓이라는 것을 공개한 다음 위성 발사에 관해 이렇게 설명했다.

"주피터-C의 1단계 추진체인 레드스톤 미사일의 추력은 35톤이 넘어서 무게 29톤짜리 미사일을 145초 만에 85킬로미터 고도에 올려놓을 수 있다.

연료가 다 떨어지면 1단계 추진체가 분리되고 나머지 3단 추진체가 남는데, 모두 고체 추진제를 사용하는 작은 로켓으로 위성을 341킬로미터 고도까지 밀어 올린다. 세 개의 로켓은 발사할 때부터 회전하도록 설계되었으므로 마지막 단계에 가서 정확한 위치에 도달할 수 있다.

로켓이 상승하면서 마지막 세 개의 추진체는 점차 옆으로 누우면서 목표대로 지구 표면과 수평을 이룬다. 그리고 발사 후 405초가 지난 이 지점에 이르면, 지상에서 원격 조정기의 버튼을 누른다. 그러면 나머지 3단계 절차가 연달아 빠른 속도로 진행되고 위성은 속도가 빨라지면서 궤도 속도인 시속 29,000킬로미터에 이른다. 그런 다음 익스플로러 위성은 분당 700회 정도 회전하면서 우주 공간을 빠른 속도로 날아간다."

20년간 우주 탐험을 꿈꿔온 폰 브라운 박사는 '1958 알파'가 지금도 궤도를 돌고 있는 소련의 두 번째 위성과 충돌할 위험은 희박하다고 보았다. 그리고 억센 독일식 억양으로 "우주는 너무나 광활한 공간이다. 텍사스보다도 훨씬 크다"고 말했다.

러시아인이 지구를 한 바퀴 돌며 우주선 창밖으로 지구를 관찰하다

오스굿 카루더스

오늘 27세의 러시아인이 시속 27,000킬로미터가 넘는 속도로 108분 만에 지구를 한 바퀴 돌았다. 인류 최초의 유인 우주 비행이었다.

소련의 공군 조종사인 유리 알렉세예비치 가가린Yuri Alekseyevich Gagarin 소령은 모스크바 현지 시간으로 오전 10시 55분(미국 동부 표준시로는 오전 2시 55분)에 러시아 땅에 무사히 도착해서 사람들의 열광적인 환영을 받았다.

가가린 소령은 엄청난 속도로 지구를 도는 동안, 무선으로 지상의 청취자들에게 우주선의 둥근 창으로 지구가 또렷하게 보인다는 말을 전했다.

"지구가 보인다. 시야가 아주 좋아서 모든 것이 다 보인다. 일부 지역에는 구름이 자욱하다."

흐루쇼프가 찬사를 보내다

5톤짜리 우주선을 탔던 가가린 소령의 우주 비행에 관한 세부 내용이 추가로 알려지자 세계 각지에서 찬사가 쏟아졌다. 오늘 밤 흐루쇼프 소련 수상(스탈린의 뒤를 이어 1958년 수상에 취임했으며, 서방 세계와 평화 공존을 내세웠으나 1964년 실각했다.—편집자)은 가가린 소령에게 "우주 공간을 통과한 최초의 인간으로서 사람들의 기억에 영원히 남을 것"이라며 축하의 말을 전했다.

지금까지 인간이 경험했던 것보다 여섯 배나 빠른 속도로 비행했던 가가린 소령의 건강 상태는 좋은 것으로 알려졌다.

우주선은 감속 로켓을 점화하여 다시 지구로 향했다. 그런 다음 육중한 대기에 부딪히면서 거대한 감속 날개가 펼쳐졌고 마지막으로 낙하산이 펴지면서 지구에 무사히 착륙했다.

다친 곳은 없었다

모스크바 라디오 방송은 가가린 소령이 지구로 귀환하던 중에 이런 말을 했다고 전했다.

"당과 정부, 그리고 개인적으로 흐루쇼프 수상께 착륙 중 아무 이상이 없었다는 말을 전하고 싶다. 몸 상태는 좋고 다치거나 멍든 곳도 없다."

소련 전역에 있는 각계각층의 국민들은 소련이 사상 최초로 유인 우주 비행에 성공하여 서방과의 경쟁에서 승리했다고 자랑스러워 하면서 환호했다. 모스크바의 선전기관에서는 바로 이 성과가 전 세계 사람들의 마음속에 미치는 심리학적 충격을 최대한 활용하기 시작했다.

사람들의 환호에는 서방을 고소하다는 듯 바라보는 감정이 묻어 나왔다. 흐루쇼프 수상은 예비역 조종사인 가가린 소령에게 보내는 메시지에서 다음과 같이 선언했다.

"귀하와 나, 그리고 모든 국민은 우주 정복이라는 이 위대한 성과를 엄숙한 마음으로 축하할 것입니다. 우리 조국의 역량과 우리 위대한 국민과 소련 과학이 무엇을 할 수 있는지 전 세계에 보여 줍시다."

그 메시지에 가가린은 이렇게 답했다.

"이제 다른 나라에서 우리 뒤를 열심히 쫓아오는 것을 지켜보시죠."

이 말에 흐루쇼프 수상이 회답했다.

"맞습니다. 자본주의 국가들이 우리 뒤를 쫓아오는 것을 지켜봅시다. 우리가 우주로 가는 길을 새롭게 열고 사상 최초로 우주 비행사를 우주로 보냈으니 말입니다."

최초의 유인 우주 비행이라는 역사적인 성과는, 1957년 10월 4일 소련의 '스푸트니크Sputnik' 1호 위성을 지구 궤도로 발사한 이후 소련 과학자들이 3년이 넘는 연구 끝에 얻은 결과였다.

가가린 소령이 거대한 우주선의 안전띠를 착용하자, 다단계 로켓이 공개되지 않은 발사 장소에서 모스크바 현지 시각으로 오전 9시 7분(미국 동부 표준시 기준으로는 오전 1시 7분)에 우주로 향한 비행을 시작했다. 그리고 얼마 지나지 않아 마지막 4단계 로켓이 가가린 소령을 지구의 타원형 궤도에 올려놓았다. 15분 후 가가린 소령은 양방향 무선 장비를 사용해서 소련의 관측소에 몸 상태가 좋다고 보고했다. 그리고 첫 보고를 한 지 53분 후 아프리카 상공에 있다고 전했다.

우주선에서 전송되었다고 하는, 가가린 소령의 목소리가 녹음된 테이프를 들어보면 간결한 말투였으며 비행 중에 보거나 느낀 것에 관해 자세한 설명은 거의 없었다. 그 녹음테이프는 나중에 모스크바에서 라디오로 다시 방송되었다.

지구가 잘 보인다고 전해

녹음테이프에서 가가린 소령은 “지구를 바라보고 있다. 아주 잘 보인다. 당신 목소리도 완벽하게 들린다”라고 말했다. 그의 말은 또렷했고 잡음 없이 깨끗하게 수신된 것 같았다. 가가린 소령의 말이 이어졌다.

“비행은 순조롭게 진행 중이다. 지구가 보인다. 시야가 아주 좋아서 모든 것이 다 보인다. 일부 지역에는 구름이 자욱하다.”

말이 잠시 끊어졌다가 다시 계속되었다.

“계속 비행중이다. 모든 것이 정상이다. 모든 것이 완벽하게 작동하고 있다. 모든 것이 완벽하게 작동하고 있다. 더 멀리 갈 것이다. 기분이 좋다. 아주 유쾌하다. 계속 비행을 하고 있다. 모든 것이 괜찮다. 기계들이 정상적으로 작동하고 있다.”

가가린 소령이 그에 앞서 지구로 보고한 내용은 모스크바 라디오로 방송되지 않았는데, 그중에는 아프리카 위를 비행하면서 한 말이 있었다.

“비행은 정상적으로 진행되고 있다. 나는 무중력 상태를 잘 견디고 있다.”

세 개의 무선 신호를 사용

우주에서 전송되는 가가린 소령의 목소리는 두 개의 단파 주파수와 한 개의 초단파 주파수에 실려 우주선에서 양방향 무선 신호로 전송되었다.

아프리카가 보인다고 보고한 지 10분 후, 지상 관제소의 명령에 따라 비행 속도를 늦추기 위해 우주선의 역추진 엔진이 점화되었다. 가가린 소령은 미리 지정된 착륙 지점을 향해 30분에 걸친 하강을 시작했다. 착륙 지점은 소련 영토 안의 건조 지대 같았다. 착륙한 지점은 공식 발표에서 공개되지 않았지만, 미리 계획된 목표 지역 내에 있는 것으로 알려졌다.

우주에서 돌아온 가가린 소령의 거취는 알려지지 않았다. 저녁이 됐는데도 가가린을 기다리고 있는 대중에게 모스크바 텔레비전 방송국에서 보여 준 것이라고는 사진 한 장이 전부였다. 사상 최초로 우주를 비행한 우주 비행사는 특수 연구소에 가서 철저한 신체검사를 받고 휴식을 취하는 것 같았다.

유인 우주선이 지구 궤도에 진입했다는 발표가 모스크바 라디오에서 방송된 시각은 오전 10시 2분(미국 동부 표준시 기준으로는 오전 2시 2분)이었다. 방송에서는 위성이 적도와 65도 4분의 각도를 이루면서 지구를 돌고 있다고 전했다.

우주선의 비행 궤도는 지구와 원지점에서는 302킬로미터, 근지점에서는 175킬로미터 떨어져 있었다. 그리고 지구를 완전히 한 바퀴 도는 데 89.1분이 걸렸다고 한다. 이 말은 가가린 소령이 지구로 복귀하기 전까지 지구를 딱 한 바퀴만 돌았으며, 한 바퀴를 완전히 다 돌기도 전에 미끄러지듯이 긴 하강을 시작했다는 뜻이다.

우주선의 착륙 지점이 처음 발사되었던 지점과 같은 곳이었는지는 확인되지 않았다.

유인 우주 비행에 성공했다는 뉴스가 보도되기 전에 먼저 소문이 파다하게 돌았다. 이틀 전에는 모스크바에서 이미 우주 비행을 완료했다는 비공식 보도가 나오기도 했다. 공식 보도에서 그 전에 유인 우주 비행을 시도했었는지에 관해서는 전혀 언급되지 않았다. 그리고 온갖 노력이 가가린 소령을 우주를 비행한 최초의 인간으로 만들기 위한 일에 집중되었다.

군비 축소를 호소

공산당 중앙위원회와 각료 이사회에서는 전 세계 사람들과 정부를 향해 이번 기회를 최대한 활용해서 평화로운 공존과 군비 축소를 위해 모든 노력을 한층 강화해야 한다며 장시간에 걸쳐 호소문을 발표했다.

소련과학학술원의 유력 인사들은 동서 간의 우주 경쟁을 거론하면서 오늘의 성공이 그동안 더 강력한 로켓 엔진과 무거운 우주선에 집중했던 자신들의 생각이 옳았음을 증명한 것이라고 단호하게 말했다.

이번 성과를 알리는 뉴스는 모스크바 도심 거리에 모여 있는 대규모 군중에게 극적이며 느린 어조로 반복해서 방송되었다. 방송의 초점이 국가적인 자부심과 평범한 시민들의 일상에 무엇인가 활기를 불어넣으려는 쪽에 집중되어 있다는 것은 의심의 여지가 없었다.

유리 가가린이라는 이름은 눈 깜짝할 사이에 전국 방방곡곡에서 소련식 영웅의 대명사가 되었다. 그는 소련 젊은이들에게 일과 학문 연구 측면에서 닮고 싶은 본보기로 환영받았다.

59세의 공장 노동자인 가가린 소령의 아버지 알렉세이와 58세 어머니 안나는 사람들의 축하를 받았다. 소령의 젊은 아내 발렌티나와 딸인 두 살배기 옐레나와 태어난 지 한 달 된 갈리나도 마찬가지였다.

가가린 소령이 탔던 우주선에는 러시아어로 '동쪽'이라는 뜻인 '보스토크Vostok'라는 이름이 붙었다. 보스토크 우주선은 동서간의 우주 개발 경쟁에서 소련의 승리를 나타내는 상징적 존재가 되었다.

오늘의 비행 성공은 소련의 가장 큰 봄 명절인 5월 1일 노동절에 새로운 화제와 의미를 더하게 될 것이다. 그리고 붉은 광장을 지나는 대규모 노동절 가두행진에 가가린 소령이 나올지 모른다는 추측이 돌기도 했다.

글렌 중령이 무사히 지구를 세 바퀴 돌다

리처드 윗킨

존 H. 글렌 주니어John H. Glenn Jr. 중령(40세)이 오늘 미국인으로서는 최초로 지구 둘레를 세 바퀴 돈 다음 무사히 귀환했다. 해병대 소속의 글렌 중령은 4시간 56분 동안 13만 킬로미터를 비행하고, 동부 표준시로 오후 2시 43분 대서양에 떨어졌다. 그가 탄 우주선이 이곳(플로리다주 케이프 커내버럴)에서 발사된 시각은 오전 9시 47분이었다.

글렌 중령이 무사히 귀환하자 머큐리 프로젝트팀은 흥분하기보다 안도하는 모습이었다. '프렌드십 7호Friendship 7' 캡슐이 대기권에 재진입할 때 산산조각 날 위험이 있어서 노심초사했기 때문이다.

게다가 글렌 중령이 계획대로 궤도를 세 바퀴 돌 수 있을지도 큰 문제였다. 우주선을 조종하면서 문제가 계속 발생했는데도 중령은 가까스로 전체 비행 계획을 완수했다.

바하마 인근에 떨어져

글렌 중령이 내려앉은 곳은 바하마 제도의 그랜드터크섬 인근으로 여기서 남동쪽으로 약 1,120킬로미터 떨어진 곳이었다.

오후 3시 1분, 글렌 중령은 캡슐에 탄 채로 구축함 노아호의 폭탄 적재용 도르래 장치로 인양되었다. 캡슐이 노아호의 갑판으로 올라온 것은 오후 3시 4분이었다.

글렌 중령이 노아호의 갑판에 발을 디디며 했던 첫마디는 "캡슐 안이 너무 더웠다"였다. 중령은 바로 차가운 차 한 잔을 건네받았다.

캡슐의 측면 출입문이 떨어져 나가는 과정에서 손가락 관절 두 곳의 피부가 벗겨진 것을 제외하면, 글렌 중령의 건강 상태는 좋았다.

글렌 중령은 헬리콥터를 타고 항공모함 랜돌프호로 이동했다. 랜돌프호의 구조 헬리콥터들은 중령을 태우는 영예를 차지하기 위해 경쟁하듯 노아호로 날아왔다. 글렌 중령은 랜돌프호에서 식사를 하고 방금 끝난 임무에 관해 전반적인 내용을 보고한 다음 대잠수함용 초계기를 타고 그랜드터크섬으로 날아가 이틀 동안 휴식을 취했다. 그리고 이번 우주 비행에 관해 기술적·의학적 측면에서 인터뷰를 했다.

글렌 중령이 탄 캡슐이 바다에 떨어지자 가장 가까운 곳에 있었던 구축함 노아호는 거의 10여 킬로미터의 거리를 21분 만에 달려가 폭탄 적재용 도르래 장치로 캡슐을 갑판 위로 들어 올린 다음 천천히 내려놓았다.

글렌 중령은 원래 캡슐의 좁은 꼭대기 쪽에서 밖으로 나올 계획이었다. 하지만 칸막이벽을 느슨하게 푸는 데 문제가 생기면서 측면 출입문이 폭발하듯 떨어져 나갔다. 우주 비행을 마치고 돌아온 중령은 그곳을 통해 누가 봐도 멀쩡한 모습으로 갑판에 내려왔다. 그리고 곧바로 랜돌프호로 이동했다.

글렌 중령은 지구를 세 바퀴 도는 동안 지구 곳곳에 있는 관측소와 이곳 관제소에 수시로 보고했다. 몸 상태에 관해서는 시종일관 좋다고 말했다.

노아호에 인양된 직후, 글렌 중령은 무선 전화를 통해 비행 성공을 축하하는 케네디 대통령의 축전을 받았다.

비행 중 예상할 수 있는 가장 위험한 상황이 발생했던 것은 비행이 거의 막바지에 다다랐을 때였다. 캡슐에서 무선으로 전송된 신호를 보면, 우주선의 열 차폐막(도자기 비슷한 물질로 제작된 우주선 앞의 뭉툭한 부분으로 대기권 재진입 시점에 발생하는 마찰열을 견뎌서 몸체가 타는 것을 막는다)이 제 역할을 다하기도 전에 떨어져 나갈 뻔했던 것 같았다. 만일 그랬다면 이번 비행은 비극으로 끝났을 것이다.

신호가 수신되다

캡슐이 하와이와 미국 서부 해안 사이를 지나고 있을 때, 캡슐 본체에 열 차폐막을 고정시키는 걸쇠가 풀렸음을 알리는 신호가 켜졌다. 캡슐이 낙하산을 펴고 하강하는 최종 단계에 이르기 전까지 일어나면 안 되는 일이었다.

최종 단계에 이르면, 캡슐이 몇 미터 더 하강한 다음 열 차폐막과 본체 사이에서 천으로 된 공기주머니가 부풀어 오른다. 이 공기주머니는 캡슐이 바다로 떨어질 때 받는 충격을 완화한다.

글렌 중령은 스위치를 올려서 열 차폐막의 걸쇠가 정말 풀렸는지 확인하라는 무선 지시를 받았다. 스위치를 올렸을 때 불이 계속 켜 있지 않으면, 걸쇠가 '풀렸다'는 신호는 잘못된 것으로 봐야 했다.

하지만 머큐리팀이 할 수 있는 것은 없었다. 설사 걸쇠가 풀려서 열 차폐막이 너무 일찍 떨어져 나가지 않을지 확인이라도 하게 되면 대기권 재진입 과정의 순서가 바뀌기 때문이었다.

글렌 중령은 심각한 문제가 생겼다는 것을 직감하고 "왜 그래야 하는가? 이유가 무엇인가?"라고 물었지만, 관제소는 "지금은 알 수 없다"라고 대답했다.

세 개의 감속 로켓을 가동해서 캡슐이 궤도를 빠져나오면, 연료가 바닥난 감속 로켓을 캡슐에서 분리하는 것이 보통이다. 그런데 오늘은 감속 로켓의 분리를 늦췄다. 열 차폐막의 걸쇠가 풀린 경우에는 감속 로켓의 끈이 열 차폐막을 제자리에 고정시키는 역할을 하기 때문이었다. 그 다음에는 대기권에 재진입할 때 발생하는 힘이 열 차폐막을 고정시킨다.

감속 로켓은 캡슐이 대기권에 재진입하면서 타버렸다. 열 차폐막은 예정된 시점에서 떨어져 나갔다. 사람들의 속을 까맣게 태웠던 그 신호는 잘못된 신호였던 것이다.

10만 명이 발사 장면을 보다

모든 대륙에서 글렌 중령이 탄 캡슐이 발사되는 모습을 텔레비전으로 지켜보았다. 전 세계 사람들이 라디오에 귀를 기울였다. 그리고 거의 10만여 명이 이곳과 해변 주위에서 아틀라스 추진 로켓이 머큐리 프로젝트의 캡슐을 싣고 163톤의 추력으로 날아오르는 모습을 직접 지켜보았다.

프렌드십 7호 캡슐은 근지점이 159킬로미터이고 원지점이 260킬로미터인 지구 궤도로 진입했다. 비행 속도는 시속 28,000킬로미터 정도였고 밤과 낮을 각각 세 번씩 겪은 다음 비행 막바지에 태평양을 가로질러 동쪽에서 서쪽으로 비행했다.

캘리포니아 해안에서 서쪽으로 480킬로미터 지점에서 세 개의 역추진 로켓, 혹은 감속 로켓이 점화되면서 캡슐이 궤도에서 빠져나왔다.

캡슐이 대기권에 진입하자, 캡슐 속의 글렌 중령은 마냥 신이 난 듯 무선을 통해 "이야, 정말 불타는 공 속에 있는 것 같다"라고 말했다.

대기권에 재진입하자 열이 발생하면서 캡슐 창밖으로 웅장한 불꽃놀이가 펼쳐졌을 뿐 아니라, 오랜 시간 동안 계속되었던 무중력 상태가 끝나면서 글렌 중령의 몸은 비행 속도에 밀려 몸에 꼭 맞게 제작된 의자 깊숙이 파묻혔다.

오후 2시 43분, 빨간색과 흰색이 섞인 19미터 길이의 낙하산이 펴지면서 프렌드십 7호 캡슐은 카리브해 수면에 부드럽게 내려앉았다.

구축함 노아호가 캡슐을 인양해서 안전하게 갑판 위에 올려놓은 다음, 글렌 중령은 번쩍이는 은빛 우주복을 입은 채 의기양양하게 모습을 드러냈다.

문제가 생겼다는 보고가 전송되다

글렌 중령이 자세 제어장치에 문제가 생겼다고 보고한 시점은 처음 지구를 한 바퀴째 돌고 있을 때였다. 그 문제는 비행이 끝날 때까지 사람들을 걱정에 빠뜨렸다.

자세 제어장치는 우주에서 캡슐의 자세를 제어하도록 설계된 것이다. 그 장치에 문제가 생겼다고 해서 캡슐의 비행경로가 어떤 식으로든 변하는 일은 없다. 캡슐의 경로는 공군의 아틀라스 추진 로켓이 캡슐에 속도와 방향을 전달하고 분리되는 순간에 결정되기 때문이다.

우주 비행사가 캡슐을 직접 조종하는 시점은 아틀라스 추진 로켓이 연소를 마치고 떨어져 나간 다음이다. 그 전까지 우주를 향해 상승하는 동안에는 아틀라스 로켓이 방향과 고도를 통제한다. 로켓의 엔진은 마치 빗자루를 돌리는 곡예사의 손바닥처럼 회전하며 방향과 고도를 통제한다.

자세 제어장치는 정확히 말하면 캡슐의 앞부분을 상하좌우로 움직이거나 캡슐 자체를 시계 방향이나 반시계 방향으로 회전시켜서 비행 방향을 제어한다. 캡슐이 세 방향의 축 중에서 어느 한 방향이라도 올바른 비행 궤도에서 벗어나면 작은 분출구로 과산화수소를 분사하여 자세를 바로잡는다.

이렇게 로켓의 자세를 바로잡을 때 완전히 독립적인 두 가지 시스템을 사용한다. 하나는 자동 시스템이고 다른 하나는 수동 시스템이다. 각 시스템은 서로 다른 방식으로 작동한다.

자동 시스템을 사용하다

문제가 발생했을 때, 글렌 중령은 완전 자동 시스템으로 비행하고 있었다. 자이로스코프(항공기나 선박 등의 수평 상태를 측정하는 데 사용하는 기구—옮긴이)에 원하는 자세 정보가 설정되어 있었던 것이다. 캡슐이 원래 위치에서 너무 많이 벗어나면 적절한 분사구에서 자동으로 과산화수소가 분사되었다.

자세 제어시스템에는 세 개의 축을 기준으로 캡슐의 회전을 조절하는 분사구 네 개, 좌우 방향을 조절하는 분사구 네 개, 위아래 방향을 조정하는 분사구 네 개가 있다. 그리고 축마다 있는 네 개의 분사구 중에서 두 개는 추력이 450그램에 불과하지만, 나머지 두 개의 추력은 그보다 훨씬 강력하다.

궤도 비행을 하는 대부분의 시간 동안에는 보통 작은 분사구만 작동한다. 큰 분사구는 자세 변화가 아주 급격하게 일어나서, 궤도로 복귀하려면 좀 더 과격하게 조정해야 할 때 주로 사용한다.

글렌 중령이 탄 캡슐에 생긴 문제는 작은 분사구가 제대로 작동하지 않는 것이었다. 캡슐이 허용 범위 이상으로 궤도를 벗어났는데 작은 분사구가 작동하지 않으면, 추력이 11킬로그램에 달하는 큰 분사구가 대신해서 자동으로 개입한다.

위험 상황을 설명하다

지난해 '에노스Enos'라는 침팬지를 태운 캡슐이 지구 궤도를 두 바퀴째 돌 때도 캡슐의 회전을 조절하는 분사구에서 비슷한 고장이 발생했던 적이 있다. 문제를 분석하고 해결할 사람이 타고 있지 않았기 때문에 에노스의 임무는 궤도를 한 바퀴 덜 돈 상태에서 종료될 수밖에 없었다.

오늘 발생한 문제는 작은 분사구 대신 큰 분사구가 작동하면서 과산화수소가 너무 빨리 소비된 것이 원인인 듯했다. 그래서 궤도에서 지구로 귀환하는 중요한 기동을 해야 할 시점이 되었을 때, 캡슐 방향을 대기권 재진입에 알맞게 조절하는 데 필요한 과산화수소가 남아 있지 않았던 것이다.

글렌 중령은 문제 발생 초기에 조종 방식을 '전자식 비행 조종fly by wire(조종간이나 페달의 움직임을 유압작동 기구 같은 기계식 장치가 아니라 전기 신호를 통해 전달해서 전기적으로 우주선을 조종하는 방식—옮긴이)'으로 전환했다. 그리고 조종간을 손으로 움직여 우주선을 조종했다.

이 방식은 통상적인 수동 조종 시스템과는 달랐다. 조종간은 완전 자동 시스템에서 사용하는 것과 똑같은 분사구에 전자적인 방식으로 연결되어 있지만, 자동 시스템과는 달리 조종간의 움직임에 따라 세밀한 계산 과정을 거치므로 과산화수소의 불필요한 낭비를 막을 수 있었다.

글렌 중령은 비행 후반부에 가서는 각 축마다 두 개씩 총 여섯 개의 분사구를 사용하는 완전히 독립적인 수동 시스템으로 전환했다. 이들 분사구에서 분출되는 과산화수소의 양도 조종간이 움직이는 거리에 따라 달라지기 때문에 불필요한 낭비를 막을 수 있었다.

글렌 중령이 궤도에서 지상으로 복귀할 준비를 끝냈을 무렵에는 앞서 생겼던 문제가 사라진 것 같았다. 중령은 자동 조종 시스템으로 난이도가 높은 대기권 재진입에 성공했고, 그 와중에도 문제가 다시 발생할까 봐 즉시 수동 조정으로 전환할 준비를 하고 있었다. 하지만 문제는 다시 발생하지 않았다.

과거에 있었던 열 번의 시도

오늘 이루어진 궤도 비행은 원래 크리스마스 직전에 할 예정이었다. 이전에도 글렌 중령을 우주에 보내려고 열 차례나 시도했지만, 열 번 모두 날씨나 기술적인 문제로 연기되었다.

어젯밤 일기 예보관들은 "조심스럽게 낙관해 본다"라고 말했다. 하지만 그 말에 수긍하는 참관인은 거의 없었다. 플로리다를 뒤덮고 있는 악천후가 발사 시점에 맞춰 물러갈 것 같지 않았고, 오전 4시에 공식 참관인단이 도착했을 때도 상황은 달라지지 않았다.

글렌 중령은 발사 당일 오전 2시 20분에 잠에서 깼다. 카운트다운 절차는 지난해 앨런 B. 셰퍼드 주니어Alan B. Shepard Jr. 중령이 480킬로미터 거리의 탄도비행을 했을 때나 올해 1월 27일 글렌 중령이 궤도 비행을 시도했을 때와 별반 다르지 않았다.

단거리 비행을 한 이후로 임무 수행 계획은 수없이 바뀌었다. 귀환 시스템은 버질 I. 그리섬Virgil I. Grissom 대위의 캡슐이 파손되고 목숨을 잃을 뻔했던 사고가 발생하자 재발 위험성을 최소화하기 위해 수정되었다.

글렌 중령이 가져가는 장비 중에는 지구를 덮고 있는 다양한 구름과 다른 현상을 촬영할 특수 카메라가 있었다. 그리고 '초대형 고무줄'이라고 할 수 있는 번지점프용 고무 밧줄도 있었다. 무중력 상태일 때 혈압이 어떤 영향을 받는지 확인하는 실험을 위해 사공이 노를 젓듯 글렌 중령이 고무줄을 당겨볼 예정이었다.

그 외에 스프링으로 작동하는 주삿바늘이 포함된 의료용 키트도 있었다. 그 키트로 몸에 다양한 약물을 직접 주사할 수 있다. 구토를 완화하는 주사도 있고 다른 멀미 증상을 완화하는 주사도 있었다. (글렌 중령은 무중력 상태에서 불편한 점이 전혀 없었다고 여러 차례 보고했다.) 그리고 진통제로 사용할 모르핀과 각성제인 벤제드린, 카운터쇼크(심장 박동에 문제가 생겼을 때 약이나 전기 자극을 이용해 정상 상태로 되돌리는 것—옮긴이)용 약제도 있었다. 글렌 중령이 입은 우주복 안에는 소변을 보기 위한 고무관과 저장 용기가 들어 있었다.

해가 뜨자 지상에 낮게 드리웠던 구름이 사라지고 누구도 본 적 없을 정도로 이상적인 날씨가 펼쳐졌다. 귀환 장소 중심부의 날씨 또한 더없이 완벽했다. 글렌 중령은 카운트가 시작되기를 기다리면서 아내인 안

나와 열여섯 살짜리 아들 데이비드, 그리고 열다섯 살짜리 딸 린과 전화 통화를 했다. 가족들은 버지니아주 알링턴에 있는 집에서 텔레비전으로 발사 과정을 지켜보고 있었다.

눈으로 봤을 때는 9시 47분에 이루어진 우주선 이륙 과정에서 특별히 기억에 남을 만한 것은 없었다. 하지만 발사 현장에는 긴장감이 흘러넘쳤다. 한 인간이 우주를 향하고 있었기 때문이다.

발사 시간이 되자 여느 때처럼 "발사! 발사!"라는 함성이 터져 나왔다. 로켓 발사 관제소와 발사대에서 3킬로미터 정도 떨어진 관중석, 그리고 해변에 있던 사람들 중에는 눈에 눈물이 그렁그렁한 이들도 있었다. 하지만 대체로 감정을 억누르고 있었다. 모두 그렇게 발사를 기다리고 있었다.

글렌 중령은 시작부터 즐겁고 신난 모습이었다. 우주선이 가속될 때 발생하는 진동을 느끼며 글렌 중령은 대기를 가르며 솟구쳐 올라갔다. 그런 다음 부드럽게 대기권 밖으로 나갔고, 로켓의 불꽃이 꺼졌다. 가속 상태가 돌연 무중력 상태로 바뀌었다. 그리고 앞으로 예정된 약 5시간의 궤도 비행을 위해 캡슐이 자동으로 회전하면서 캡슐의 뭉툭한 부분이 앞쪽을 향했다.

글렌 중령이 무선 통신기를 통해 말했다.

"캡슐이 회전하고 있다. 이야, 아주 장관이다."

글렌 중령은 전문 시험 비행사인 동시에 더없는 기쁨을 만끽하고 있는 한 사람의 인간이기도 했다. 감정이 북받치는 듯한 목소리였다.

글렌 중령은 첫 번째 궤도 비행에서 아프리카 대륙 북서쪽의 카나리아 제도를 지나면서 "수평선이 눈부신 파란색"이라고 전했다.

관측망에 속한 전 세계 열여덟 곳의 관측소가 차례로 프렌드십 7호에

레이더를 고정시켰고, 대부분의 관측소에서 캡슐 속의 글렌 중령과 음성으로 교신했다.

글렌 중령은 오스트레일리아 퍼스 시민들로부터 특별한 축하인사를 받았다. 퍼스 시민들이 축하의 의미로 시내 전역에 조명을 켜놓았던 것이다. 글렌 중령은 무전기를 통해 "조명을 켜준 모두에게 감사한다"고 말했다. 그리고 그 지점에서 궤도에서 먹기 위해 특별히 준비된 음식을 처음으로 맛보았다. 궤도에서는 중력이 없기 때문에 액체를 따를 수도 없고 고기가 접시에 가만히 있지도 않는다. 글렌 중령이 먹은 것은 튜브에 담겨 있는 음식과 고기, 그리고 알약 모양의 맥아유(우유나 분유에 맥아 가루와 설탕을 섞은 음료—옮긴이)였다.

멕시코 서북부에 있는 과이마스시 인근 상공을 지날 때쯤, 이상한 일이 일어났다. 글렌 중령은 "태평양에서 일출을 보고 있는데 캡슐 주위로 수천 개의 반짝거리는 입자가 보인다"고 전했다. 머큐리 프로젝트의 현장 지휘자로 있는 레이턴 데이비스Leighton Davis 소장은 나중에 그 입자들이 그냥 먼지 아니면 캡슐에서 나온 페인트 조각일 수 있다고 추정했다.

결정의 순간

바로 그때 자세 제어 시스템에 문제가 발생했다. 그로 인해 글렌 중령은 나머지 비행시간 동안 바쁘게 움직여야만 했다.

지구를 두 바퀴째 거의 다 돌았을 무렵 결정의 순간이 다가왔다. 글렌 중령은 조종하는 데 계속 문제가 발생하고 있으며, 문제가 생겨서 수동 시스템으로 전환했는데도 해결되지 않았다고 보고했다. 또한 최소한 어느 한 가지 조종 시스템에서 과산화수소가 바닥나고 있다는 경고등이 켜졌다고 전했다.

보고를 듣고 있던 전문가들에게도 더는 위험을 감수하지 않고 캡슐이 두 바퀴를 거의 다 돌았을 때 지구로 귀환시킬 대안은 없는 듯했다. 하지만 글렌 중령은 스스로 이 상황을 큰 문제없이 처리할 수 있을 것 같았다. 그래서 기술적인 말들이 오가는 가운데 농담을 던지기도 했다. 아무리 전투와 시험 비행 경험이 있었다고 해도 이런 일을 한 번도 해 본 적 없었던 사람치고는 자신만만한 모습이었다.

글렌 중령은 아주 중요한 감속 로켓 점화와 대기권 재진입을 위한 준비 작업에 들어갔다.

우주에서 가장 위대한 날

어떤 기준으로 보든지, 미국은 오늘의 비행으로 우주에서 가장 위대한 하루를 보냈다. 하지만 러시아와 어깨를 나란히 할 수 있다고는 생각할 수 없었다.

글렌 중령의 우주 비행은 지난 4월 12일에 있었던 소련 우주인 유리 가가린의 비행보다는 두 바퀴 더 돌았지만, 8월 6일 게르만 S. 티토프 Gherman S. Titov 소령의 비행(티토프 소령은 보스토크 2호를 타고 25시간 18분 동안 지구를 열일곱 바퀴 돈 다음 무사히 귀환했다.—옮긴이)보다는 열네 바퀴가 적었다.

게다가 이곳의 관측자들이 기술적인 면에서 봤을 때, 소련에서 성공했던 두 번의 비행에는 상대적으로 우월한 점이 몇 가지 있었다. 궤도를 돌았던 캡슐의 크기(소련의 보스토크 위성은 5톤이었고 미국의 익스플로러 위성은 1.5톤이었다)와 자동 제어시스템의 신뢰성, 그리고 비행사가 작업하는 선실

환경이다.

하지만 글렌 중령의 비행이 우주 경쟁에서 '2인자'라는 미국의 이미지를 지우는 데 큰 도움이 되었다는 것이 대다수 사람들의 생각이었다.

인간, 달 위를 걷다

존 노블 윌포드

인간이 달 위를 걸었다.

동부 하절기 시간으로 어제 오후 4시 17분 40초에 아폴로 11호의 우주 비행사 두 명이 연약한 다리 네 개짜리 달착륙선 이글eagle을 조종하여 달 표면으로 안전하고 부드럽게 역사적인 착륙에 성공했다.

38세의 민간인 지휘관 닐 A. 암스트롱Neil A. Armstrong은 지구와 여기 우주 비행 관제소에 무선으로 이렇게 전했다.

"휴스턴, 여기는 '고요의 기지Base of Tranquility'이다. '이글'이 착륙했다."

인류 최초로 달에 간 암스트롱과 부조종사 에드윈 E. 올드린 주니어Edwin E. Aldrin Jr. 공군 대령은 건조한 '고요의 바다Mare Tranquillitatis' 남서쪽 가장자리 부근에 있는 평평한 돌투성이 평원에 착륙했다.

약 여섯 시간 반이 지난 후, 암스트롱은 달착륙선 출입구를 열고 나와 사다리를 천천히 내려온 다음 달 표면에 인류의 첫 발자국을 찍고 말했다.

"이것은 한 사람에게는 작은 한 걸음이지만, 인류에게는 위대한 도약이다."

암스트롱이 달에 첫 발을 내디딘 시간은 오후 10시 56분 20초였다. 달착륙선 외부에 달린 텔레비전 카메라는 지구에서 경이로움과 흥분에 빠져 있는 수억 명의 사람들에게 그의 일거수일투족을 전송했다.

달의 토양을 시험 삼아 밟아보다

암스트롱이 달 표면을 밟은 것은 달의 토양이 얼마나 단단한지, 부피가 큰 우주복을 입고 배낭을 맨 채 지구 중력의 6분의 1에 불과한 달의 중력 속에서 얼마나 쉽게 움직일 수 있는지 시험할 목적이었다.

암스트롱은 이렇게 보고했다.

"달 표면에는 입자가 아주 고운 분말이 덮여 있다. 신발 앞부분으로 대충 퍼 올릴 수 있다. 흙이 신발 밑창과 옆면에 숯가루처럼 미세한 층을 이루면서 달라붙는다. 발로 아주 살짝 눌러보았다. 한 3밀리미터 정도 될까. 그런데 아주 가는 모래 같은 입자 위에 발자국이 보였다."

암스트롱이 19분간의 시험을 마치고 난 다음, 올드린 대령이 달착륙선 밖에서 암스트롱과 합류했다. 두 사람은 달착륙선에서 텔레비전 카메라를 하나 더 꺼내 설치하고, 미국 국기를 세우고, 흙을 한 움큼 집어 올리고, 돌멩이를 줍고, 과학 실험도 하고, 달에서 얼마나 민첩하게 움직일 수 있는지 보여 주기 위해 껑충껑충 뛰어다니느라 여념이 없었다.

달에서 걷고 작업하는 것은 예상보다 힘이 덜 들었다. 암스트롱은 언젠가 "아주 편안했다"고 말하기도 했다.

지구에 있는 사람들에게 벌레처럼 생긴 달착륙선과 그 주변을 겅중거리며 다니는 두 사람의 모습이 흑백텔레비전을 통해 아주 선명하고 깨끗하게 보였다. 비현실적일 정도로 잘 보여서 역사상 가장 멀고 가장 위험한 탐험을 떠난 사람들이라기보다는 장난감이나 장난감 인형 같았다.

닉슨 대통령이 축하 전화를 걸다

우주인들이 작업을 멈추고 쉬는 동안, 닉슨 대통령이 백악관에서 축하 전화를 걸었다. 닉슨 대통령은 "틀림없이 역사상 가장 중요한 전화 통화가 될 것"이라고 말했다.

닉슨 대통령은 우주인들에게 이렇게 말했다.

"여러분의 업적으로 하늘이 인간 세상의 일부가 되었습니다. 그리고 여러분이 고요의 바다에서 했던 말처럼 우리는 지구의 평화와 평온을 위해 더욱 노력해야 합니다. (중략) 인간의 역사에서 아주 소중한 바로 이 순간에 지구의 모든 사람은 진정으로 하나입니다. 모두가 한마음으로 여러분의 업적을 자랑스러워하고 여러분이 지구로 무사히 귀환하기를 기도합니다."

암스트롱이 대답했다.

"감사합니다, 대통령님. 미국뿐 아니라 평화롭게 사는 전 세계 사람들, 그리고 이번 여행에 관심과 호기심이 있는 사람들, 미래에 전망이 있는 사람들을 대표해서 이곳에 오게 된 것은 저희에게 정말 큰 영광이고 특혜입니다."

암스트롱과 올드린 대령은 달착륙선으로 다시 돌아와 오전 1시 12분에 출입문을 닫았다. 달에 착륙해서 출입문을 연 뒤로 2시간 21분 만이었다. 세 번째 우주 비행사인 마이클 콜린스Michael Collins 공군 중령이 궤도선에서 밤새 불침번을 서는 동안, 달 탐험가 두 사람은 잠에 빠져들었다.

달착륙선 밖의 세상은 음산했다. 일몰 직전이라 해가 착륙선 뒤 동쪽 지평선에 낮게 떠 있었고 앞에 놓인 바위와 작은 크레이터, 언덕에 길고 긴 밤의 한기가 서려 있었다.

올드린 대령은 저 멀리 "말 그대로 수천여 개의 작은 크레이터"와 낮은 언덕이 보인다고 말했다. 하지만 처음에 무엇보다도 인상 깊었던 것은 코드명 '이글'인 착륙선이 내려앉은 곳에 있는 바위와 흙의 "다양한 형태와 각진 모서리, 입자 크기"였다.

달착륙선이 내린 지점은 원래 목표에서 서쪽으로 6.4킬로미터 정도 떨어졌지만, 탐사 목표 지역 안에 있었다. 차이가 발생한 이유는 지구에서 착륙선을 유도하는 컴퓨터에 입력된 일부 자료에 명백한 오류가 있었기 때문이다.

착륙을 유도하는 컴퓨터가 갑자기 어떤 축구장만한 크레이터로 달착륙선을 유도하자 우주 비행사들은 깜짝 놀랐다. 바위투성이라 큰 사고가 날 수도 있기 때문이었다.

암스트롱은 달착륙선을 수동 조종으로 전환한 다음 크레이터를 넘어 더 평평한 곳으로 안전하게 비행했다. 달착륙선이 달에 착지하는 마지막 순간, 로켓 엔진으로 인해 먼지구름이 자욱하게 일었다.

암스트롱과 올드린 대령은 착륙이 끝난 직후 달착륙선의 상태를 점검하면서 원래 계획보다 일찍 출입문을 열고 밖에 나가기로 했다. 비행 계획에 따르면 원래 달 표면을 걷기로 되어 있는 시각은 오전 2시 12분이었다.

지구 관제소에 있는 비행 관제관은 월면 보행이 일찍 시작되었다고 해서 달에서 출발하는 시간까지 당겨지는 것은 아니라고 말했다. 달에서 출발하기로 예정된 시각은 오늘 오후 1시 55분이다.

달착륙선에서 달 표면으로 나가려는 두 사람의 시도는 잠시 지체되었다. 출입문을 열려면 선실의 압력을 낮춰야 하는데 그 과정에서 문제가 생겼기 때문이다. 반드시 선실의 모든 산소가 밖으로 배출되어야 했다. 마침내 압력계의 바늘이 0으로 떨어지자, 두 사람은 출입문을 열었다. 암스트롱이 작은 입구로 나왔다. 입구에는 계단이 아홉 개인 사다리가 달려 있었다.

암스트롱은 "휴스턴, 입구에 서 있다"라고 말하며 계단을 내려갔다. 사다리 맨 위에서 두 번째 계단을 내려오며 암스트롱은 달착륙선 옆면에 있는 접이식 장비 보관함의 줄을 잡아당겼다. 그러자 텔레비전 카메라가 나오면서 인류가 달에 첫 발을 내딛는 극적인 장면이 지구로 전송되었다.

인류의 오랜 꿈이 실현되다

달 착륙은 인류가 다른 세상에 처음 착륙한 사건이었고, 수 세기 동안 꿈이 실현되는 순간이었다. 수십 년에 걸친 노력의 결실이었고 현대 기술과 인간이 가진 용기의 승리였으며, 인간이 확고한 의지를 품고 마음과 두뇌를 집중하면 어떤 일을 할 수 있는지 보여 주는 가장 극적인 사례였다.

오랫동안 갈 수 없는 곳의 상징이었던 달이 이제는 인간이 갈 수 있는 곳이 되었고, 새롭게 맞이한 우주여행 시대의 첫 기항지가 되었다.

달 착륙에 성공하자마자 미 항공우주국NASA 국장 토머스 O. 페인Thomas O. Paine 박사는 워싱턴의 닉슨 대통령에게 전화를 걸어 이렇게 보고했다.

"대통령님, NASA를 대표해서 보고 드리는 것을 영광으로 생각합니다. 이글호가 '고요의 바다'에 착륙했습니다. 우주 비행사들은 무사하며 달 탐사가 시작되기만을 손꼽아 기다리고 있습니다."

우주선 아폴로 11호에서 떨어져 나온 달착륙선 이글호는 달에서 22시간 동안 머무를 예정이었다. 그동안 아폴로 11호의 세 번째 승무원인 콜린스 공군 중령은 달의 궤도에서 사령선인 컬럼비아호를 조종했다.

우주 관제소에서는 착륙선이 22시간 동안 달에 있어도 괜찮은지 알 수 있는 각종 자료를 검토한 다음 이글호에 탄 우주 비행사 두 명에게 "몸 상태가 모든 면에서 좋아 보인다"라고 전했다.

암스트롱과 올드린 대령은 달 표면을 걷고 나서 잠을 잔 다음, 사령선에 있는 콜린스 중령과 랑데부해서 지구로 귀환하기 위해 이륙 준비를 할 예정이었다.

역사에 남을 아폴로 11호의 여정은 지난 화요일 플로리다주 케이프 케네디의 39-A 발사대에서 시작되었다. 흠잡을 데 없이 완벽한 사흘간의 비행 후, 서로 결합되어 있는 사령선과 달착륙선이 어제 오후 달의 궤도에 진입했다.

달에 첫발을 내딛기로 예정된 날, 세 사람은 아침 7시에 일어났다. 우주선은 열 바퀴째 달을 돌면서 달의 뒤에서 나타나 적도면을 따라 동에서 서로 비행하고 있었다.

우주선 궤도의 고도는 118킬로미터에서 103킬로미터였으며 비행속도는 시속 6,200킬로미터였다. 그 정도 고도와 비행 속도에서는 완전히 달 한 바퀴를 도는 데 두 시간 정도 걸렸다.

'고요의 바다'에 있는 착륙 지점 위로 태양이 떠올랐다.

암스트롱이 "예전에 식별했던 모든 지형을 거의 다 알아볼 수 있다"라고 보고했다.

달을 열한바퀴 째 돌면서 아침식사를 마친 다음, 올드린 대령과 암스트롱은 차례로 흰색 우주복을 입고 연결 통로를 기어서 달착륙선으로 이동했다.

전력 스위치를 켜고 조종석에 있는 모든 스위치의 상태를 점검하고 사령선 및 지상 관제소와의 통신 상태를 확인했다. 그리고 모든 것이 "순조롭다"고 보고했다.

이글호의 하강 준비가 끝나다

달착륙선 이글호의 준비가 끝났다. 폭 90센티미터 정도의 발받침이 달린 다리 네 개가 펴지자 16.5톤짜리 착륙선은 이제 높이 7미터, 폭 9.4미터가 되었다.

암스트롱은 조종석 왼쪽에, 올드린 대령은 오른쪽에 서 있었다. 둘 다 느슨하게 벨트를 맨 상태였다. 달착륙선과 연결된 통로로 가는 출입문은 이미 닫혀 있었다.

우주선의 벽은 아주 얇은 알루미늄박으로 덮여 있었다. 사고가 생겨서 사령선으로 복귀하지 못한다면, 달착륙선은 추진력이 있다 해도 선체가 약해서 지구 대기권에 돌입했을 때 마찰열을 견딜 수 없을 것이다.

달착륙선의 무게 중에서 거의 4분의 3은 상승 및 하강 로켓의 연료인 에어로진 50과 질소산화물이었다. 질소산화물은 연료를 태울 때 산소를 공급하는 역할을 했다.

달착륙선은 비행하면서 삐걱거리고 힘겨운 소리를 내는 볼품없는 비행체였다. 하지만 수년간 개발과 시험을 거친 끝에 두 사람을 달에 데려가는 가장 가볍고 실용적인 방법으로 채택되었다.

아폴로 11호가 달을 열두 바퀴째 돌면서 달의 뒤로 모습을 감추기 직전, 관제소에서 우주인들에게 분리, 그러니까 사령선 컬럼비아호에서 이글호를 분리하라는 명령을 내렸다.

연결 통로에서 두 비행체를 붙잡고 있는 걸쇠는 이미 풀린 상태였다. 사령선 앞쪽에서 출입구를 닫았을 때 풀어놓았던 것이다. 아폴로 11호가 달 뒤편에 있는 동안 콜린스 중령은 제어반의 스위치를 올렸다. 스프링이 작동하면서 남은 세 개의 걸쇠가 마저 풀렸다.

오후 1시 50분에 통신 신호가 다시 들어왔다. 관제소에서 "어떤가?"라고 물었다.

"날아올랐다"라고 암스트롱이 대답했다.

그때 서로 분리된 사령선과 달착륙선의 간격은 처음에는 몇 센티미터에 불과했다. 하지만 오후 2시 12분 콜린스 중령은 사령선의 기동 로켓을 점화해서 달착륙선에서 3킬로미터쯤 떨어진 다른 궤도로 이동했다.

"거꾸로 뒤집혀 있긴 하지만 이글호의 모습이 아주 멋진 것 같다." 콜린스 중령이 멀어지고 있는 가늘고 긴 모양의 달착륙선을 보면서 한마디 했다.

"누가 거꾸로인지 모르겠군." 암스트롱이 대답했다.

참고할 만한 지형지물이 없고 중력도 느껴지지 않는 곳에서 어디가 '위'고 어디가 '아래'인지 명확하게 구분하기는 어려웠다.

암스트롱과 올드린 대령은 이글호를 타고 달의 뒤쪽으로 갔다. 선체

하단의 로켓 엔진이 작동해서 선체가 올바른 착륙 자세를 잡았다. 두 조종사는 조종석의 제어반 쪽으로 몸을 기울인 채 선체를 후진시키면서 달 표면으로 하강하고 있었다.

"모든 것이 순조롭다." 관제소에서 비행 상황을 확인해주었다.

선체에 탑재된 비행 안내 및 운항을 담당하는 컴퓨터는 29.8초간 하강 로켓을 점화하도록 명령이 입력되어 있었다. 추력이 5톤에 달하고 비행 중에 추력을 바꿀 수 있는 하강 로켓은 아주 긴 곡선 궤도를 그리면서 이글호를 달 표면으로 천천히 하강시킬 것이다.

로켓이 점화되는 시각은 오후 3시 8분으로 설정되어 있었다. 그때쯤이면 선체는 달 뒤로 숨을 것이고 그에 따라 지상 관제소와는 통신이 끊길 것이다.

지구에 있는 지상 관제소에 긴장감이 흘렀다. 비행 관제관들은 각자의 제어반 앞에 조용히 서 있었다. 로켓 점화 명령을 기다리는 사람들 중에는 항공우주국장 페인 박사와 아폴로 계획에 관련된 관료들 대부분, 그리고 몇몇 우주 비행사들도 있었다.

오후 3시 46분 사령선과 통신이 연결되었다.

콜린스 중령이 "들리는가? 상황이 순조롭게 진행되고 있다. 아주 아름답다"라고 보고했다.

달착륙선에서는 2분 동안 여전히 아무 소식도 없었다. 그러다가 잡음이나 휘파람 같은 목소리가 약하게 들리더니 마침내 아폴로 11호의 선장 암스트롱의 차분한 목소리가 들렸다.

"엔진이 제때 점화되었다."

하강 초기에 암스트롱이 계기판의 숫자를 읽어서 전달하자, 관제소에서는 아주 좋다고 판정했다. 달착륙선은 이미 고도 105킬로미터에서 고도 34킬로미터까지 하강한 상태였고 관성에 따라 계속해서 하강하고 있었다.

비행 감독관인 유진 F. 크란츠Eugene F. Kranz가 동료들 쪽으로 몸을 돌리면서 시작이 아주 좋다며 침착하게 행동하자고 말했다.

올드린 대령은 달착륙선의 안테나에서 약간 진동이 느껴지지만 심각하지는 않다고 보고했다. 몇 번인가 두 사람에게 우주선을 약간 회전시켜서 37만 킬로미터 떨어진 지구와 통신하기에 더 좋은 위치로 안테나를 이동시키라는 지시가 전해졌다.

관제소에서 PDI를 시도하라는 무전이 수신되었다. PDI는 '동력 하강 개시powered descent initiaion'라는 의미로, 무전의 내용은 부드러운 착륙을 위해 마지막에 13분 정도 가동하게 되어 있는 로켓을 가동하라는 말이었다.

달착륙선이 지난 5월 아폴로 10호가 가장 낮게 하강했던 고도인 15킬로미터 상공에 이르자, 조종석 모니터에 표시된 키보드의 99번 숫자가 녹색으로 깜빡거렸다.

그 신호를 보고 암스트롱은 착륙 과정을 계속 진행할지, 아니면 사령선이 있는 달 궤도로 돌아갈지 5초 안에 결정해야 했다. 암스트롱은 진행 버튼을 눌렀다.

엔진의 추력이 서서히 올라가자, 달착륙선은 400킬로미터 정도 떨어진 착륙 지점을 향해 경사가 천천히 급해지는 하강 궤도를 따라 하강했다.

"아주 좋다." 관제소에서 달착륙선에 무전을 보냈다.

엔진이 점화되고 4분이 지나서 달착륙선은 고도 12킬로미터에 이르렀다. 5분 30초 후에는 10킬로미터, 6분 후에는 8킬로미터 상공까지 하강했다.

올드린 대령은 우주센터에서 착륙 훈련을 하던 기억을 떠올리며 모의 비행 때보다 더 순조롭다고 말했다.

엔진 점화 후 7분이 지나서 두 사람은 6.4킬로미터 상공까지 하강했고 착륙 지점을 향해 계속 내려갔다. 비행 안내를 담당하는 컴퓨터가 로켓 엔진을 제어하고 있었다.

달착륙선의 비행 속도가 느려졌다. 착륙 지점에서 아직 8킬로미터 떨어진 고도 2.2킬로미터 상공에 이르자, 컴퓨터에서 자세 제어 분사구를 작동시켜 곤충 모양의 착륙선을 거의 수직으로 똑바로 세웠고 삼각형 모양의 창이 앞쪽을 향하게 되었다.

암스트롱과 올드린 대령은 그때 비로소 착륙 지점인 평원의 모습을 가까운 거리에서 처음 보았다. 이제 착륙까지는 3분 30초 정도 남아 있었다.

갈색이 섞인 회색빛 풍경이 발아래 펼쳐졌다. 셀 수 없이 많은 크레이터와 언덕, 깊은 틈과 아주 오래된 돌무더기가 있었다. NASA의 과학자 로버트 재스트로Robert Jastrow 박사는 그것들을 "생명의 로제타스톤"으로 불렀다.

"착륙을 허가한다." 관제소에서 알렸다.

이글호는 대략 초당 6미터 정도의 속도로 하강하면서 착륙 지점 바로 위 150미터 지점까지 내려오다가 잠시 멈췄다. 착륙 지점에 바위가 여기저기 널려 있었다.

고도 90미터 지점까지 내려왔을 때 암스트롱은 반자동 조종 시스템으로 전환해서 나머지 과정을 진행했다. 그렇게 되면 로켓 분사는 여전히 컴퓨터가 제어하지만, 조종사가 공중에 떠 있는 선체의 위치를 조종할 수 있다.

반자동 조종을 할 수도 있을 것으로 예상은 했지만, 착륙 지점 앞에 놓인 크레이터를 보니 반자동 조종은 선택이 아니라 필수였다.

나중에 암스트롱은 "자동 착륙 시스템은 우리를 미식축구장만 한 크레이터로 인도했다. 커다란 바위와 암석이 아주 많은 곳이었다"고 말했다.

암스트롱은 약 90초 동안 창문 너머로 바닥이 깨끗한 착륙 지점을 찾아보았다. 그리고 오른손으로 조종간을 움직이면서 선체를 앞으로 기울여 기동 분사엔진의 분사 방향을 바꿨다. 그에 따라 선체가 이동했다.

마침내 암스트롱이 원하는 착륙 지점을 발견했다. 조종석에서 파란색 등이 깜빡이면서 달착륙선의 네 다리에 달린 탐침봉 중에서 세 개가 달 표면에 닿았다는 신호를 보냈다. 탐침봉은 '연석 감지기(주차할 때 자동차 바퀴나 휠이 도로의 연석에 닿지 않게 미리 감지해서 알려주는 장치로 스프링이나 철사 형태로 생겼다.—옮긴이)'처럼 생겼고 길이가 1.5미터 정도였다.

암스트롱이 접촉등이 켜졌다고 무전을 보냈다. 그리고 '정지'라고 쓰인 버튼을 누른 다음 "엔진 정지"라고 보고했다.

마치 암호문처럼 알아들을 수 없는 대화가 몇 차례 오갔다. 관제소에서 캡슐 속 우주 비행사들과의 교신을 전담하는 찰스 M. 듀크Charles M. Duke 소령이 우주 비행사 두 사람에게 무전을 보냈다.

"이글호가 착륙했다는 소식을 수신했다."

"휴스턴, 여기는 고요의 바다 기지다. 이글호가 착륙했다."

듀크 소령이 답했다.

"알았다, 고요의 바다. 착륙했다는 말을 수신했다. 여기 사람들이 얼마나 긴장하고 있었는지 모를 것이다. 다들 이제서야 다시 숨을 쉬고 있다. 아주 고맙다."

올드린 대령은 관제소에 "아주 부드러운 착륙이었다"고 자신 있게 말했다.

땅에 내려앉은 이글호가 옆으로 기울어진 각도는 약 4.5도에 불과했다. 이글호는 30도 이상의 기울기까지 옆으로 넘어지지 않고 버틸 수 있었다.

착륙 지점은 지구에서 봤을 때 달의 오른쪽에 있었으며 정확한 위치는 북위 0.779도, 동경 23.46도였다.

말수가 적기로 유명한 암스트롱이었지만, 그의 심장 박동은 인류 최초의 달 착륙을 지휘했다는 흥분으로 힘차게 뛰고 있었다. 하강 로켓이 처음 점화되었을 때 기록된 암스트롱의 심장 박동 수는 분당 110회(평상시에는 분당 77회였다)였고 달 표면에 착륙할 때는 156회에 달했다.

달착륙선이 달 표면에 착륙할 때, 콜린스 중령은 사령선 컬럼비아호를 타고 머리 위 약 105킬로미터 상공에 있었다.

비행관제소에서 콜린스 중령에게 "이글호가 고요의 바다에 내려앉았다"고 알려주었다. 아주 멀리까지 갔지만 끝까지 함께 가지는 못했던 콜린스 중령은 "전부 다 들었다. 무척 멋지다"라고 대답했다.

아폴로 우주인들이 '고요의 바다'에 착륙했을 때, 그곳의 기온은 햇볕이 드는 곳에서는 섭씨 영하 18도 정도였고 그늘진 곳에서는 그보다 더 추웠다.

달에서는 밤이 지구 시간으로 14일간 계속되는데, 기온이 섭씨 영하 173도까지 급격하게 떨어진다. 달에는 지구와 달리 담요 역할을 하는 대기가 없어서 낮의 온기가 밤까지 유지되지 못한다.

달에서 낮은 밤과 마찬가지로 14일간 계속되는데, 낮 시간 동안 기온은 섭씨 138도까지 올라간다. 이글호가 달 표면에서 이륙할 무렵이 되면 태양이 하늘 높이 떠서 기온이 섭씨 약 32도 정도로 올라갈 것이다.

현재의 착륙 지점은 아폴로 계획의 관료들이 다섯 개의 무인 달 궤도 탐사위성에서 보내온 사진을 분석한 다음 선별한 다섯 군데의 착륙 지점 중 하나였다.

다섯 군데의 착륙 지점 모두 달의 적도 부근에 있으며 항상 지구를 바라보고 있는 곳이었다. 적도 부근에 있기 때문에 우주 비행사들이 우주선을 조종해서 그곳에 가는 수고가 덜 든다. 지구 가까운 쪽에 있기 때문에 지구에서 비행사들과 통신도 가능하다.

달 착륙을 기념하는 시를 수정하기 위해 대기하다

A. M. 로젠탈

아폴로 11호가 이륙하는 순간, 우리는 나흘 후 신문사에서 도움을 요청하리라는 것을 알았다. 우주 비행사들이 달에 착륙했을 때 사람들이 느낄 환희를 표현해 달라고 말이다.

비록 우리가 역사상 사건 현장과 가장 멀리 떨어진 상황에서 취재를 하고 있었지만(대략 40만 킬로미터 정도 떨어져 있다), 이 사건은 《뉴욕타임스》 편집자들이 관여했거나 관여했을지도 모르는 이야기 중에서 가장 중요한 것이었다.

하지만 그 모습을 지켜본 모든 사람들처럼, 우리는 개인적으로 그 아름다움과 성취, 그 위대한 비행의 일부가 된 듯한 느낌이었다. 그리고 세 우주인의 모험이 인간의 마음과 욕망의 우아함에서 비롯되었다는 것을 알기에 그들을 사랑했다.

우리는 그들을 통해 그 우아함을 일부 느낄 수 있었다. 당시 인류는 자기애에 빠져 있었는데, 그런 상황은 자주 나타나는 것이 아니었다.

우리는 재난이 생길 때 내보낼 기사는 거의 준비하지 않았다. 수많은 거창한 이야기에는 전쟁이나 지진, 암살 같은 비극이 빠지지 않는 법이지만, 이번만큼은 기자들이 행복에 빠질 준비가 되어 있었고 이번만큼은 이 거창한 이야기가 뉴스 보도국을 환희로 가득 채웠다.

하지만 인간이 달에 발을 딛는 순간이 왔을 때 그 순간을 어떻게 표현해야 할까?

우리는 이야기 하나, 사진 하나, 그리고 어떤 것이든 휴스턴과 달 사이에서 오가게 될 대화 하나를 넣어서 신문 지면을 가장 단순하게 꾸미기로 했다. 그리고 1면 머리기사 제목에 사용할 2.5센티미터 크기의 특별한 활자를 주문했다. 《뉴욕타임스》 역사상 가장 큰 활자였다.

고함을 지르는 것도 환희를 표현하는 한 방법이지만, 그 외에 다른 건 없을까? 우리는 우주 비행사들이 달에 착륙할 때 《뉴욕타임스》 1면에 시 한 편을 싣기로 했다.

시인이 쓴 시의 내용이 가장 중요하겠지만, 우리는 독자들에게 이런 말도 전하고 싶었다. "보세요, 우리 신문에서는 오늘의 이 느낌을 어떻게 표현할지 모르겠습니다. 아마 여러분들도 마찬가지일 겁니다. 그래서 여기 시인 한 분을 모셨습니다. 우리를 위해서 느낌을 표현해줄 분을 말이죠."

우리는 시인 한 사람에게 전화했는데, 그는 달이나 인류에 관해 별로 생각해본 적이 없었다. 그래서 눈을 높여 좀 더 열정적인 영혼의 소유자에게 의뢰하기로 했다. 바로 퓰리처상을 세 번 받았던 아치볼드 매클리시Archibald MacLeish였다. 매클리시는 시간에 맞춰 시를 보내주었다. 제목은 〈달을 향한 여정Voyage to the Moon〉이었다.

그 시는 우주 비행사들이 달에 착륙한 상황을 가정해서 쓰였다. 하지만 기사 마감시간이 임박했을 때 우주 비행사들은 이미 달 표면을 걷고 있었다. 기사 마감이 늦어진 것 같았다. 시를 고쳐 써야 했다. 그것도 아주 신속하게.

당시 과학 뉴스 책임자였던 헨리 R. 리버먼Henry R. Lieberman에게 매클리시에게 전화해서 시를 고치게 하라는 지시가 떨어졌다. 그런데 비행사들이 달 표면을 걸은 후 매클리시는 시를 고쳐 쓰지 않아도 된다는 말을 전해 들었다. 매클리시의 시가 이미 신문의 모든 판에 실리고 있었기 때문이다.

그 시를 보고 다른 시인들도 시를 쓰기 시작했다. 몇 주 후, 《뉴욕타임스》는 달에 관한 시를 모아서 한꺼번에 실었다. 매클리시의 시는 여러 책에 재수록되어 사람들의 기억에 영원히 남았으며 문진이나 커피 잔, 비닐 쇼핑백 전면에 인쇄되어 사람들에게 배포되었다. 쇼핑백에는 머리기사의 제목이나 달과 휴스턴 간의 통신 내용에서 발췌한 글귀 등이 인쇄되었다. 하지만 《뉴욕타임스》에서 홍보용으로 나눠준 쇼핑백에 인쇄된 신문 지면은 아랫부분이 잘려서 시인의 이름이 나오지 않았기에 유감스럽게 생각한다. (하략)

뉴스 보도국에서는 주요 뉴스의 표제를 뽑느라 다들 머리를 싸맸다. 일부에는 '인간, 달 위를 걷다Man Walks on Moon'라는 의견을 냈다. 편집을 마감했을 때쯤에는 이미 한 사람이 아니라 암스트롱과 올드린 대령 두 사람 모두 달 표면을 걸었는데도 말이다.

하지만 원칙주의자들은 두 사람은 복수이고 기록은 정확해야 한다고 말했다. 과학적으로 우주 여행이 불가능하다는 과거 《뉴욕타임스》 기사를 정정해서 보도한 것이 불과 며칠 전이었다. 그 기사가 1920년 1월 13일에 보도된 것이었는데도 말이다.

결국 원칙주의자들이 이겼다. 표제는 복수형을 사용한 '인간, 달 위를 걷다Men Walk on Moon'로 바뀌었다. 나는 지금도 전 인류를 대변하는 제목을 썼어야 한다고 생각한다.

하지만 그들이 옳았을 수도 있고, 시인들은 편집자가 아니니 그렇게 쓰는 것이 당연하다.

물론 우리 시인은 1969년 7월 21일《뉴욕타임스》1면에 그렇게 썼다. "우리는 너에게 닿았다"라고 쓴 것이다. "우리"라고 말이다.

언젠가 그런 날이 다시 올지도 모른다. 그러면 좋겠다. 그날이 오면 우리나 우리 아이들은 다시금 인간의 정신과 욕망이 얼마나 우아한지 이해할 것이고, 돈이 아깝지 않아 보이는 그 일을 보게 된 것을 기쁘게 생각할 것이다.

달을 향한 여정

아치볼드 매클리시

우리들 사이에 있는,
우리 하늘의 방랑자,

우리의 눈부신 은박과 은빛 물결

오

우리의 가장 오랜 생각에서 은빛으로 탈출하여
"달을 찾아가고…" "달을 힐끗 쳐다보고…"

그리고 우리는 너에게 닿았다!

태초부터,

태초 그 전부터,

최초의 인류가 시간을 알기 전부터, 우리는 너를 생각했다.

너는 우리에게 손에 넣을 수 없는 경이로움이었고,

열망의 한계를 넘어선 열망이었고,

우리의 시야와 우리 삶을 넘어선 빛이었다.

아마도 우리에게 중요한 의미였을 것이다…

이제

우리의 손이 너의 밤 깊은 곳에 닿았다.

사흘 낮 사흘 밤을 우리는 여행했고,

먼 곳의 별을 지나 하늘 위로 올라

떠다니는 먼지가

허공에서

이리저리 흘러내리는 거센

파도를 넘어,

다른 것들을 따라 아래로 내려가

추위와 마주치고,

깊이를 알 수 없는 공허인 죽음과 마주했다.

그리고 네 번째 날 저녁, 우리는 내려갔다,

서둘러 내려가, 동 틀 무렵 너의 해변에 발을 디뎠다,

우리의 손가락 사이로 너의 차가운 모래가 흘러내렸다.

우리는 이 어두컴컴하고 춥고 고요한 곳에 서 있다…

그리고 여기에서, 처음인 것처럼, 머리를 든다.
머리 위로 보이는, 달보다 더 아름다운 달,
경이롭고 손에 넣을 수 없었던 달,
열망의 한계를 넘어선 열망,
우리의 시야와 우리 삶을 넘어선 빛이다.
아마도 우리에게 중요한 의미일 것이다…

오, 그 중요한 의미여!

이 고요한 해변에 있는 우리 머리 위로 눈부시게 밝은 지구가 있다,
우리들 사이에 있다.

우주 왕복선 컬럼비아호 첫 비행에서 궤도에 진입

존 노블 윌포드

오늘 우주 왕복선 컬럼비아호가 주황색 불꽃과 흰색의 긴 수증기를 내뿜으며 지구 궤도를 향해 발사되었다. 컬럼비아호는 두 명의 미국 우주 비행사를 태우고 세계 최초로 우주선을 재사용할 수 있을지 시험하는 모험적인 여정에 올랐다.

궤도에 진입한 직후 민간인인 존 W. 영John W. Young 함장과 로버트 L. 크리펜Robert L. Crippen 해군 대령은 텔레비전 카메라로 컬럼비아호 꼬리를 비춰서 십여 개가 넘는 열 차폐 타일이 떨어져나간 것을 발견했다. 발사 과정에서 생긴 압력 때문인 것 같았다.

프로젝트 관료들은 타일이 떨어져 나갔다고 해서 비행이 단축되거나, 컬럼비아호가 화요일에 대기권에 다시 진입하면서 선체가 빨갛게 달아오를 때 우주 비행사들의 생명이 위험해지는 일은 없을 것이라고 말했다. 컬럼비아호는 계획대로 54시간 반 동안 지구를 36바퀴 돌고 난 다음 캘리포니아주 에드워즈 공군기지로 귀환할 예정이다.

"정말 대단한 우주선"

휴스턴 우주 관제소의 비행 책임자인 닐 B. 허친슨Neil B. Hutchinson은 오늘 오후 기자회견에서 타일 문제에 관해 "별로 걱정하지 않는다. 지금 비행 중인 우주선은 정말 대단한 우주선이기 때문이다"라고 말했다.

허친슨은 연약한 이산화규소섬유질로 된 타일 덮개에 생긴 작은 구멍이 주요 부위가 아닌 컬럼비아호의 궤도 추진 로켓을 감싸고 있는 같은 모양의 용기 두 개에 났으며, 단열재 안쪽은 "손상되지 않은 것 같다"면서 "지구로 귀환할 때 문제가 되지는 않을 것"이라고 말했다.

컬럼비아호는 예정대로 오전 7시에 발사되었고, 발사 전 카운트다운도 순조로웠다. 1972년에 시작되어 대략 100억 달러의 비용이 소요된 이번 프로젝트에서 그동안 수많은 일정 지연과 기술적 문제가 발생했던 것과는 확연히 다른 모습이었다. 이번 발사도 컴퓨터 통신 장애로 금요일에서 연기된 것이었다.

계획된 네 차례의 궤도 비행 시험 중 첫 번째 시도

이번 비행은 예정된 네 차례의 우주 왕복선 궤도 비행 시험 중에서 첫 번째 시도였다. 우주 왕복선은 예전과는 비교할 수 없이 복잡한 기계로, 로켓처럼 이륙해서 우주 비행선처럼 비행한 다음 거대한 글라이더처럼 지구로 귀환하도록 설계되었다. 지금까지 지구로 다시 귀환한 우주 비행선은 없었다.

우주 왕복선의 수명이 계획과 맞아 떨어진다면, 컬럼비아호와 현재 제작 중인 3기의 자매선은 저마다 100회 이상 우주를 오가면서 위성을 궤도에 올리거나 정비할 수 있고 과학 실험실이나 행성 탐험 위성을 실어 나를 수 있다.

이번 발사는 미국 우주 비행사들 입장에서는 거의 6년 만의 첫 발사였으며 케네디 우주센터의 관료들은 마냥 행복하고 안도하는 모습이었다. 발사실의 관제관들은 영 함장과 크리펜 대령으로부터 안전하게 궤도에 진입했다는 소식을 듣자마자 작은 성조기를 흔들어댔다.

우주 왕복선 운항 책임자인 조지 F. 페이지George F. Page는 우주 왕복선 발사 후 기자회견장에 도착해서 웃는 얼굴로 깃발을 흔들었다. "저는 여러 프로젝트에서 첫 발사 과정을 많이 경험했습니다. 이 일을 20년 동안 했어요. 그런데 오늘 같은 기분은 처음입니다."

15년간의 기다림 끝에 첫 우주여행을 하는 43세의 우주 비행사 크리펜 대령도 마찬가지였다. 대령의 심장박동 수는 우주선이 상승하는 12분 동안 정상인 분당 60회에서 130회까지 증가했다. 우주 비행사가 비행의 주요 단계에서 심장박동 수가 빨라지는 것은 드문 일이 아니었다.

크리펜 대령은 "정말 환상적인 비행이었다! 정말 꼭 한 번 경험해보라"며 탄성을 질렀다. 크리펜 대령은 우주 왕복선의 시스템을 점검하느라 바쁜 와중에도 몇 번이나 조종석 창문 밖으로 지구와 공기가 없는 그 주변 공간을 흘깃 보면서 말했다. "이런, 세상에, 너무나 멋지군!"

말수가 없으며 이번 우주 비행이 다섯 번째인 50세의 영 함장도 "조금도 변한 게 없다"고 말했다. 영 함장의 심장박동 수는 분당 85~90회 사이였는데, 휴스턴 우주관제소의 비행 책임자인 허친슨은 "영 함장은 이룩할 때 졸고 있었나 보군"이라며 농담을 던졌다. 발사 9분 전, 카운트다운이 예정대로 잠시 멈춘 사이, 운항 책임자인 페이지가 두 비행사에게 레이건 대통령이 보낸 메시지를 읽어주었다. 그 메시지는 지난주에 작성해서 발표했던 것이었다. 오늘로 연기되기 전, 원래 발사일자가 지난 금요일이었기 때문이다.

레이건 대통령의 메시지

레이건 대통령은 "여러분 덕분에 오늘 우리는 다시금 거인이 된 것 같은 기분이 든다. 다시 한 번 온몸으로 자부심을 느낀다. 우리가 최초이자 최고이고, 우리가 자유롭기 때문에 그럴 수 있음을 알기 때문이다"라고 했다.

카운트다운이 재개되자 컴퓨터가 모든 시스템을 최종 점검하라는 명령을 내린 다음 컬럼비아호의 엘러본elevon(상승과 하강을 제어하는 승강키와 보조 날개 역할을 동시에 수행하는 항공기의 날개—옮긴이)과 러더rudder(항공기의 수직 꼬리 날개 뒤쪽에 있으며 좌우 진행 방향을 바꾸는 장치로 방향타라고도 한다.—옮긴이)를 시험가동하고, 로켓 분사구를 회전시키고 연료 압력을 점검한 뒤 마지막으로 일련의 점화 명령을 내렸다.

궤도선인 컬럼비아호, 거대한 외부 연료탱크 한 개와 고체연료 로켓 두 개로 구성된 무게 2,040톤, 높이 56미터에 이르는 거대한 기계인 우주 왕복선이 가동을 시작하였고 궤도를 향해 전력을 다해 날아오르기 시작했다.

39A 발사대를 떠나기 전, 맨 먼저 컬럼비아호의 주 엔진 세 개가 몇 분의 일 초 간격으로 하나씩 점화되자, 우주선 하단에서 수증기 구름이

처음에는 남쪽으로, 그 다음에는 북쪽으로 폭발하듯 피어올랐다. 엔진의 추진 연료인 수소와 산소가 연소하면서 증기가 발생했다. 수소-산소 엔진이 항상 상단 로켓의 연료로만 사용되던 이전까지의 발사 장면에서는 볼 수 없었던 광경이었다. 상단 로켓은 대기권 아주 먼 곳이나 궤도에 도달하기 위해 사용되는 로켓이다.

순식간에 타오른 불길

불과 3초 만에 주 엔진 세 개의 추력이 90퍼센트에 이르자, 고체 알루미늄 혼합물을 연료로 사용하는 두 개의 궤도 추진 로켓이 점화하면서 순식간에 불길이 타올랐다. 그리고 여덟 개의 고정 볼트가 폭발하듯 떨어져 나가면서 우주선을 고정하고 있던 모든 장치가 풀렸다.

우주 왕복선의 이륙은 느리고 힘겨웠던 새턴 5호 달 탐사 로켓의 이륙보다 빨랐는데, 무엇보다도 고체연료 로켓의 강력한 추력 덕분이었다. 우주 왕복선이 75미터 높이의 발사대를 벗어나는 데 걸린 시간은 고작 6초였다. 폭발적인 에너지로 발사대 주변의 모래 평원에 폭발음과 우르르 울리는 진동이 퍼져나갔다. 하지만 역대 최강 로켓인 새턴 5호 같은 강렬한 천둥소리는 없었다.

우주 왕복선이 2분 넘게 상승한 뒤 48킬로미터 상공에 이르자, 두 고체 로켓의 화염이 꺼진 다음 분리되어 낙하산을 펼친 채 해안에서 240킬로미터 떨어진 대서양으로 떨어졌다. 두 로켓은 재정비 후 연료를 채우고 대기 중인 두 대의 우주선에 재사용하기 위해 소련 트롤선의 감시 아래 회수되었다.

그 뒤로 6분간 우주 왕복선 몸체에 달린 세 개의 주 엔진이 불을 뿜으며 연료가 떨어질 때까지 우주 왕복선을 궤도 가장자리까지 밀어 올렸다. 우주 왕복선 몸체에 붙은 채 주 엔진에 액체 수소와 산소를 공급하는 외부 연료탱크는 연료 공급을 끝낸 다음 분리되었고, 대기권에서 조각조각 부서지면서 인디아에서 남동쪽으로 멀리 떨어진 인도양에 떨어졌다.

우주 왕복선이 궤도에 오르다

한동안 타성 비행(엔진을 점화하지 않고 비행하는 것—옮긴이)을 한 후, 컬럼비아호에 있는 두 개의 궤도 비행용 소형 로켓이 1분 30초간 점화되어 발사 후 12분 만에 우주 비행사 두 명을 저궤도(고도가 지상으로부터 160~2,000킬로미터 사이에 있는 궤도—옮긴이)로 천천히 밀어 올렸다. 두 로켓은 그 뒤로도 7시간 동안 간간이 세 차례 더 점화되어 컬럼비아호를 273킬로미터에서 276킬로미터 사이에 있는 최종 궤도에 올려놓았다.

컬럼비아호는 90분마다 지구를 한 바퀴 돌면서 40.2도의 각도로 적도를 지나가는데, 북위 40.2도부터 남위 40.2도에 이르는 지역을 스쳐 지나간다는 뜻이기도 하다.

모양이 똑같은 두 개의 궤도 비행용 로켓은 정지해 있다가 컬럼비아호가 지구로 복귀할 때 다시 점화된다. 지구를 처음으로 한 바퀴 다 돌았을 무렵인 오전 8시 30분 영 함장과 크리펜 대령은 32미터 길이의 컬럼비아호에서 가장 중요한 시험을 시작했다. 두 사람은 선체에 있는 18미터 길이의 화물칸을 덮고 있는 문을 열었다. 후속 우주 왕복선들은 그 화물칸에 위성이나 다른 화물을 우주로 실어 나를 예정이다.

잠금장치가 열렸다가 별다른 문제없이 닫혔고 두 비행사는 관제소에 상황을 보고했다. 화물칸의 문이 열리지 않았다면, 임무를 거기에서 끝내야 했을 것이다. 우주 왕복선에는 전자기기에서 발생하는 열을 우주로 내보내는 방열기가 있는데, 문이 열려야 그 방열기가 외부로 열을 내보낼 수 있기 때문이다.

화물칸 검사

화물칸에 설치되어 있지만 조종석에서 작동시키는 텔레비전 카메라로 화물칸을 검사하던 중 타일이 떨어져 나간 부위가 발견되었다. 우주 비행사들이 그 문제로 아주 조금이라도 불안했다면 아마 목소리에서 불안한 감정이 묻어나왔겠지만 그렇지 않았다.

게다가 컬럼비아호가 지구 궤도를 다시 돌기 전에, 휴스턴에 있는 존슨 우주센터의 기술자들도 타일이 떨어져나간 것이 심각한 문제는 아니라고 자신했다. 존슨 우주센터의 대변인은 손상 정도를 알아보려는 목적으로 우주 비행사 중 한 명을 선체 밖으로 내보낼 필요는 없다고 발표했다. 임무 수행 계획상으로는 비상 상황이 맞았다. 언젠가 그런 상황이 벌어졌을 때 타일을 수리하거나 교체할 방안을 고려한 적이 있었지만, 현재로서는 그럴 방법이 없었다.

그 대신 관제소에서는 비행 세 시간째에 접어들자 승무원들에게 "여러분들은 임무를 잘 수행했다. 그래서 그곳에서 며칠간 머물게 해줄 생각"이라고 전달했다.

오후 늦게 우주 비행사들은 편안히 누워 식사를 하고 잠이 들었다. 이번 비행을 위해 오전 2시에 잠자리에서 일어난 뒤로 처음 눈을 붙이는 것이었다. 궤도를 도는 컬럼비아호에서 영 함장은 텔레비전 화면으로 이렇게 상황 보고를 했다.

"우주선은 아주 잘 작동하고 있다. 사람들이 첫 비행에 기대했던 것보다 훨씬 더 훌륭하게 말이다. 이 우주선은 정말 챔피언처럼 성능이 좋다. 정말 훌륭하다."

우주 왕복선 챌린저호 폭발

윌리엄 J. 브로드

오늘 우주 왕복선 챌린저Challenger호가 발사대를 벗어나자마자 화염에 휩싸이면서 폭발하여 탑승했던 일곱 명의 우주인 전원이 사망했다.

미국 우주 프로그램 역사상 최악인 이번 사고를 지켜본 수천 명의 관객들은 처음에는 우주선을 경이로운 눈빛으로 바라보았다. 그러다 높은 하늘에서 산산조각이 나자 경악을 금치 못했다.

오전 11시 39분이 되자마자 폭발한 우주선의 불타는 잔해는 한 시간 동안 대서양에 빗발치듯 떨어졌다. 따라서 구조팀이 해안가에서 30여 킬로미터 떨어진, 우주선이 추락한 것으로 예측되는 지점으로 접근할 수 없었다.

고도 16킬로미터 상공에서 일어난 끔찍한 폭발 속에서 생존자를 기대하기는 어려워 보였다. 오늘 오후 정부 인사들은 우주 왕복선에 탑승했던 다섯 명의 남성과 두 명의 여성이 살아 있다는 단서를 찾지 못했다고 말했다.

아직 원인은 밝혀지지 않아

사고 원인에 관한 단서는 전혀 발견되지 않았다. 미 항공우주국NASA은 사고에 관한 즉각적인 설명은 하지 않고 조사를 마칠 때까지 모든 우주왕복선의 비행을 중지했다고 발표했다. 관계자들은 케이프 커내버럴 우주기지의 추운 날씨 탓이라거나 며칠 전 사고가 생겨서 외부 연료탱크 단열재에 살짝 손상이 간 것이 한 가지 요인이라는 추정은 근거가 없다며 일축했다.

인류가 우주를 향해 날아오르는 상상을 하면서 자랐던 미국인들은 미국 우주 비행사들이 사상 처음으로 비행 중에 사망한 이번 참사에 충격을 받은 모습이었다. 레이건 대통령은 오늘 밤으로 예정되었던 연두교서 발표를 취소하면서 승무원 가족에게 조의를 표하는 한편, 미국의 우주 탐험은 계속될 것이라고 힘주어 말했다.

이번 폭발 사고로 사망한 사람은 프랜시스 R. (딕) 스코비Francis R. (Dick) Scobee 함장, 조종사 마이클 J. 스미스Michael J. Smith 해군 중령, 주디스 A. 레스닉Judith A. Resnik 박사, 로널드 E. 맥네어Ronal E. McNair 박사, 엘리슨 S. 오니즈카Ellison S. Onizuka 공군 중령, 그레고리 B. 자비스Gregory B. Jarvis, 그리고 크리스타 매콜리프Christa McAuliffe이다.

매콜리프는 뉴햄프셔주 콩코드의 고등학교 교사이며 일반 시민으로는 처음 우주선에 탑승했다.

1분 후 화염과 연기에 휩싸여

오늘 아침 이륙할 때만 해도 챌린저호에는 아무런 문제가 없었다. 3일간 발사가 지연된 뒤였고, 재사용이 가능한 우주 왕복선으로서 25번째 비행이었으며, 우주 여행을 일상생활로 만드는 것이 목적이었다. 챌린저호는 다섯 개의 엔진에서 연기와 화염 기둥을 내뿜으며 1분가량 솟아올랐다. 그러다가 갑자기 일말의 예고도 없이 화염에 휩싸이면서 폭발했다.

당시 챌린저호의 고도는 16킬로미터였고 두 개의 고체연료 추진 로켓과 주 엔진에 불이 붙은 절체절명의 순간이었다. 정확한 폭발 시각을 두고 약간의 차이가 있었다. NASA는 이륙한 다음 69~79초 정도가 지난 후에 무선 통신이 끊어졌다고 말했다.

폭발 지점에서 커다란 하얀색 띠 두 개가 뻗어 나왔고, 뒤이어 잔해가 빗발처럼 쏟아지면서 구름 한 점 없는 하늘에 뚜렷한 하얀색 자취가 생겼다. 하얀색 띠는 계속해서 대서양 인근의 차가운 물속으로 천천히 날아갔다.

푸른 바다와 대비되는 섬뜩하게 아름다운 주황색 화염덩어리와 부풀어 오르는 하얀색 자취를 보고 많은 관중이 혼란에 빠졌고, 그들 중 상당수가 하늘에 펼쳐지는 그 광경을 보고 무엇인가 끔찍한 문제가 생겼다는 것을 처음에는 알아보지 못하는 듯했다.

유별나게 추운 플로리다의 발사 당일에 발사를 축하하러 모인 수천 명의 관광객과 기자, NASA 인사 중에서 흐느끼거나 신음 소리를 내거나 고함을 지르는 사람은 거의 없었다. 챌린저호가 사라졌다는 것을 깨닫기 시작한 다음에는 충격 속에 그저 아득한 침묵뿐이었다.

그 모습을 지켜보던 사람 중에는 콩코드에서 온 매콜리프의 두 아이와 남편, 부모와 수백 명의 학생, 동료 교사, 그리고 친구들도 있었다.

콩코드 고등학교에서 발행하는 《크림슨 리뷰*The Crimson Review*》의 편집자인 브라이언 밸러드Brian Ballard는 "우주선이 하늘을 선회하다가 빙글빙글 돌았다. 사람들의 탄식이 여기저기서 들렸다. 그 순간 무엇인가 잘못되었다는 것을 알았다. 토할 것 같았다. 지금도 속이 울렁거린다"라고 말했다.

선박으로 추락 지점 수색

오늘 오후 〔케이프 커내버럴〕 실외에서 열린 기자회견에서 NASA 우주 왕복선 프로그램의 책임자인 제시 W. 무어Jesse W. Moore는 "유감이지만, 오늘 아침 챌린저호가 추락한 바다를 아주 대략적으로 수색했지만 승무원들이 살아 있다는 증거는 찾지 못했다"라고 말했다. 무어의 뒤쪽으로 멀찌감치 떨어진 곳에서 조기弔旗가 펄럭였다.

오늘 해안 경비대의 경비정이 추락 지점에 도착해서 밤새 머물고, 항공기는 사고의 실마리가 될지 모르는 잔해가 처음 발견된 지역을 샅샅이 탐색할 예정이었다. 산산조각이 난 기체에서 나온 잔해 일부가 오늘 밤 플로리다 해안으로 밀려왔으며, 대부분 우주 왕복선이 지구 대기권을 지날 때 선체를 보호하는 작은 열 차폐 타일이었다는 소식이 전해졌다.

폭발 화면에는 낙하산 하나가 바다로 떨어지는 모습이 보였는데, 재사용 가능한 거대한 추진 로켓 하나가 연료를 다 소모한 다음 분리되어 떨어지는 것 같았다.

조사를 기다리고 있는 무어는 오늘 오후 기자회견장에서 발사팀 팀원들이 사용했던 장비와 사진, 컴퓨터 테이프, 지상 지원 장비, 노트 같은 것이 압수될 것이라고 말했다.

무어는 기자의 질문에 답하면서, 발사가 3일간 지연되었고 연간 발사 일정이 빡빡하다는 등의 이유로 우주 왕복선을 조급하게 발사한 것은 아니라고 말했다.

"비행 안전이 최우선"

무어는 "이번 발사와 관련해서 압박을 받지는 않았다. 프로그램에서 비행 안전을 항상 최우선으로 생각했다"고 말했다.

사고 발생 몇 시간 후, 무어는 정식 조사위원회가 꾸려질 때까지 이번 임무의 비행 자료를 보존하고 확인할 중간 점검팀을 조직했다고 발표했다.

중간 점검팀의 팀원은 케네디 우주센터의 리처드 G. 스미스Richard G. Smith 센터장과 존슨 우주센터의 아놀드 올드리지Arnold Aldridge 우주 운송시스템 관리자, 마샬 우주비행센터의 윌리엄 루카스William Lucas 센터장, NASA의 월트 윌리엄스Walt Williams 자문위원, 그리고 위원회의 사무국장으로 선임된 제임스 C. 해링턴James. C. Harrington '우주 실험실' 관리자였다.

NASA 대변인은 NASA의 윌리엄 R. 그레이엄William R. Graham 국장이 수요일까지 정식 조사위원회의 위원을 선발할 것이라고 말했다.

과거에도 발생 당시 기준으로 최악의 우주 사고가 발생해서 미국 유인 우주선 발사가 1년 넘게 중단된 적이 있었다. 1967년 1월 발사대에 서 있던 아폴로 우주선의 캡슐에서 불이 나 우주인 세 명이 사망한 사고였다.

"오늘은 우주에 가면 좋겠네요"

올해 일정은 우주 왕복선 프로그램 역사상 가장 야심만만해서, 모두 15회의 비행이 계획되어 있었다. 미국의 우주 왕복선 중에서도 아주 부지런한 일꾼인 챌린저호는 이번이 열 번째 임무였다.

오늘 발사는 악천후로 사흘간 세 차례 연기된 뒤에 진행된 것이었다. 챌린저호는 위성 두 개를 궤도에 올릴 예정이었고, 매콜리프는 우주에서 전국 수백만 명의 아이들에게 두 차례 방송 수업을 방송할 예정이었다.

챌린저호가 폭발하고 한참 지난 뒤에도, 로켓이 발사된 뒤 경과된 시간을 표시하는 커다란 시계의 파편이 케네디 우주센터 주변에 흩어진 채 계속 작동하고 있었다.

오늘 아침 챌린저호 발사 한참 전부터 케네디 우주센터의 상공은 맑고 쌀쌀했다. 기자와 관광객들은 섭씨 영하 6도 안팎의 기온에 가죽 장갑과 니트 모자, 털 코트를 입고도 오들오들 떨고 있었다. 지상에 설치된 장비가 화재 예방 차원에서 발사대에 물을 뿌리자 고드름이 맺혔다.

오전 9시 7분, 우주선 내부가 쌀쌀하기 때문에 우주 비행사들이 장갑을 끼고 자리를 잡고 난 다음, 손잡이에 문제가 있었던 우주 왕복선의 문이 어제와 달리 이상 없이 닫히자 지상 관제관들이 한바탕 박수를 쳤다.

매콜리프가 우주 왕복선 안에서 자리를 잡자 지상 관제관이 "좋은 아침이에요, 크리스타. 오늘은 우주에 가면 좋겠네요"라고 말했다. 매콜리프는 "좋은 아침이에요. 저도 그러면 좋겠어요"라고 대답했다. 그녀가 남긴 마지막 말이었다.

원래 오전 9시 38분에 발사할 예정이었지만 발사 현장에 문제가 생겨서 발사가 두 시간 지연되었다. 처음에는 화재 방지 장치가 작동하지 않았고 그 다음에는 우주 왕복선의 지지 구조물에 얼음이 얼었기 때문이다.

발사는 39-B 발사대에서 진행되었다. 최근 1억5천만 달러를 들여 발사대를 정비한 후 첫 발사였다. 그 전에 발사대에서 마지막으로 유인 우주선을 발사했던 것은 1970년대였다.

"속도를 높여라"

발사 직전 챌린저호의 외부 연료탱크에는 약 190만 리터의 액체 수소와 산소가 분리된 채 들어 있었다. 섞이면 휘발성이 아주 높아지기 때문이다. 액체 수소와 산소는 챌린저호에 장착된 세 개의 주 엔진이 사용하는 연료였다.

오전 11시 38분, 챌린저호는 우아하게 발사대에서 솟아올라 하늘로 향했다. 발사 직후 정상적인 절차에 따라 주 엔진의 추력을 약간 낮췄다가 다시 최대 추력으로 올리자, 챌린저호가 음속 장벽을 돌파하면서 기체에 가해지는 동압(흐르는 유체의 속도에 의해 생기는 압력—옮긴이)이 최대치에 가까워졌다.

"챌린저호, 속도를 올려라." 오전 11시 39분, 휴스턴 관제소의 제임스 D. 웨더비James D. Wetherby가 말했다.

"알았다. 속도를 올리겠다." 스코비 함장이 대답했다.

우주 왕복선 챌린저호와 일곱 명의 승무원이 지상에 전한 마지막 말이었다.

챌린저호가 폭발하자 휴스턴 관제소에서 텔레비전 모니터를 통해 폭발 장면을 보는 대신 자신의 노트를 들여다보고 있었던 것으로 보이는 스티븐 A. 네스빗Stephen A. Nesbitt은 챌린저호의 속도가 "초속 884미터에 고도 9해리, 비행거리 7해리(바다 위나 공중에서 쓰는 거리의 단위로 1해리는 약 1,852미터이다.—옮긴이)"였다고 말했다. 속도는 시속 3,217킬로미터, 고도는 16킬로미터, 비행거리는 약 13킬로미터였다.

사고에 관해 공식적으로 처음 언급한 사람이 네스빗이었는데, 그는 "중대한 기능 고장"이 발생했으며 챌린저호와의 교신이 비행을 시작한 지 1분 14초 만에 두절되었다고 말했다.

네스빗은 챌린저호와의 교신을 언급하면서 "다운링크(우주나 항공기에서 보내오는 정보를 받기 위한 통신 연결—옮긴이)가 끊어졌다. 챌린저호가 폭발했다는 보고를 비행역학 담당관으로부터 들었다"고 말했다.

그는 갈라진 목소리로 말을 이었다. "비행 감독관이 확인해주었다. 우리는 사고 수습 인력들과 협의해서 현 시점에서 무엇을 할 수 있을지 알아보고 있다."

기록된 영상에서 작은 화재를 발견하다

케네디 우주센터 상공에서 챌린저호의 고체연료 추진 로켓은 먼 우주공간을 향해 기세 좋게 나아갔다.

챌린저호 발사 장면은 망원렌즈가 달린 카메라로 촬영되어 나중에 텔레비전 다시 보기를 통해 느린 동작으로 방영되었는데, 그 화면에서 보니 거대한 외부 연료탱크의 아래쪽에서 작은 화재가 시작된 것 같았다. 뒤이어 고체 로켓이 신속하게 분리되었다. 그런 다음 외부 연료탱크가 폭발하면서 거대한 화염이 챌린저호를 삼켰다.

무어는 기자회견에서 사고 원인에 관해 추측하지 않았다.

항공우주국 관리의 말로는 우주선 잔해의 예상 낙하지점이 플로리다 해안에서 28~32킬로미터 정도 떨어진 곳이었다.

휴스턴 관제센터에서 네스빗은 "그 지역에 수색 및 구조팀 투입이 늦어졌다. 높은 하늘에서 우주선 잔해가 끊임없이 떨어졌기 때문이다. 발사 후 거의 한 시간 동안 이어졌다"고 말했다.

구조 작업팀의 대변인인 로버트 W. 니콜슨 주니어Robert W. Nicholson Jr. 중령은 폭발 사고 후 거의 한 시간이 지난 오후 1시까지도 플로리다주 케네디 우주센터 인근의 비행안전 레이더에 하늘에서 떨어지는 잔해가 포착되었다고 발표했다. 그리고 인터뷰에서 "무엇이든 그 지역 안으로 들어가는 것은 위험할 수 있다"고 말했다.

게다가 거대한 연료 탱크가 폭발하면서 유독성 증기 구름이 생겼을 터였다. 오늘 밤 NASA의 인사들이 육지에는 별로 위협이 되지 않는다고 말했지만, 해안경비대에서는 보트와 선박들에게 그 지역을 피하라고 조언했다.

"불시착에 취약합니다"

휴스턴 존슨 우주센터의 토미 할로웨이Tommy Holloway 비행통제국장은 지난해 인터뷰에서 우주선이 바다에 충돌하는 상황에 관해 이야기한 바 있다.

"우주선은 바다에 불시착하는 상황에 취약하다. 산산조각이 나지 않는다면 물 위에 안전하게 떠오를 것이고, 위쪽의 분출식 출입구를 통해 나올 수 있다. 하지만 궤도선은 190노트knot(선박이나 항공기의 속도를 재는 단위로 1노트는 시속 1.85킬로미터에 해당—옮긴이)라는 빠른 속도로 떨어진다.

90미터를 못 가 선체가 정지하게 되는데, 이는 거의 충돌하는 것이나 다름없이 속도가 급격하게 줄어드는 것이고 화물칸의 짐도 앞으로 튀어나오게 된다. 그런 상황이 닥친다면 기분 좋은 하루가 되길 바랄 수는 없을 것이다."

챌린저호에는 민간 소유의 위성 중에서는 세계에서 가장 큰 1억 달러짜리 '추적 및 자료 중계 위성(우주 왕복선이나 저궤도 우주선이 지상의 관제국과 끊임없이 교신할 수 있도록 중계국 역할을 하는 위성—옮긴이)'이 실려 있었다. 그 위성에 달려 있는 추진 로켓의 무게만 해도 17톤이었다.

오늘 아침 소방 도구로 사용되거나 기술자들이 로켓 연료에 노출되었을 때 비상 샤워기로 사용하는 우주 왕복선 정비탑에 얼음이 얼었다. 발사 초기의 중요한 순간에 정비탑에서 얼음이 날리거나 해서 우주 왕복선의 연약한 열 차폐 타일이 손상될까 봐 항공우주국 관리들이 우려한 탓에 발사가 지연되었다. 우주 왕복선이 지구 대기권에 재진입할 때 열 차폐 타일이 아주 중요하기 때문이다.

Chapter 07

지구의 생명체

생물학, 고생물학, 동물학

The New York Times

찰스 다윈의 『자연선택에 의한 종의 기원, 또는 생존경쟁에서 선호되는 종의 보존에 관하여』에 대한 서평

1.

아주 만족스럽지는 않지만 그런대로 쓸 만한 자료를 바탕으로 계산해 보면 현재 지구에 존재하는 유기체의 종류는 50만 종이 족히 넘는다.

저마다 고유의 동식물 체계가 있었던 기나긴 각각의 지질시대에는 이 유기체 군집의 규모가 엄청나게 컸을 뿐 아니라, 유기체의 수나 종이 최소한 지금만큼이나 많고 다양했을 것이다.

창조의 에너지가 자유롭게 떠다니는 이 다양한 종들의 바다, 이 유기체의 거대한 조화를 상상 속에서 아우르다 보면, 수없이 많은 생명의 화신들이 어떻게 생겨났는지 설명하는 문제가 얼마나 엄청난 일인지 실감하게 된다. '종의 기원'이라는 거대하고 복잡한 문제에 발을 들이게 되는 것이다. 위대한 철학자들은 그 문제를 수수께끼 중의 수수께끼라고 표현했다.

이 문제와 관련해서 오랫동안 주류였던 학설은 각각의 종이 서로 아무런 연관없이 각자 개별적으로 창조되었다는 것이다. 사실 종이 변하지 않는다는 개념은 그동안 종을 정의했던 용어마다 어떤 형태로든 포함되어 있다. 가장 유명한 고생물학자들, 그중에서도 퀴비에Georges Cuvier나 오언Richard Owen, 아가시Jean Louis Rodolphe Agassiz, 그리고 가장 위대한 지질학자들, 특히 라일Charles Ryle, 머치슨Roderick Impey Murchison 같은 사람들은 만장일치로, 그리고 종종 열정적으로 종의 불변성을 주장했다. 과학 신념이 담긴 글은 그것이 무엇이든 교회의 권위를 넘어서지 못한다. 라마르크Jean Baptiste LaMarck처럼 대담하거나 『창조의 자연사적 흔적*Vestiges of the Natural History of Creation*』(1844)을 쓴 저자처럼 독창적인 이론과학자들이 용기를 내 그 권위의 근거가 합당한지 의문을 제기하기도 했다. 하지만 아직까지 교회의 권위는 겉보기에 흔들리는 것 같지 않으며, 제정신인 사람이라면 그 누구도 반대할 수 없는 것으로 인식되고 있다.

반면, 다윈은 25년에 걸쳐 끈기 있게 관찰하고 실험해서 얻은 결실에 따라, 최소한 지금쯤은 독자 대중이 많이 들어봤을 만한 제목의 책에서, 만일 인정받는다면 자연사의 기본 학설이 완전히 뒤집힐 수밖에 없을 만큼 혁명적인 일련의 주장과 추론을 제시한다.

다윈이 유기 생명체 종의 다양한 형태에 관해 설명하는 방법은 (종 변화가 동물의 노력에 의해 좌우된다고 주장했던) 라마르크의 학설이나 (문제의 해답을 연속적으로 이어지는 발달 과정에서 찾았던) 『창조의 자연사적 흔적』을 쓴 저자의 가설과 각각 비슷한 정도로 다르다.

여타 주장과 비교해서 다윈의 주장이 다른 점은 일부 근거가 부정할 수 없는 사실이라는 것을 예로 들 수 있다.

다윈은 '배포(미성숙 상태인 동물 난자의 핵이 성장기에 일반 세포핵보다 크기가 훨씬 커진 상태—옮긴이)'에 '전기 화학적' 작용이 어떤 영향을 미치는지 막연하게 추측하는 수준이 아니라, 동식물의 구조에 관해 명백하고 잘 알려진 광범위한 일련의 사실을 종합해서 자신의 놀라운 이론을 뒷받침했다. 이렇게 종합적인 사실에서 시작한 다윈은 비유를 들면서 "지구에 살았던 모든 유기체는 최초로 호흡을 했던 원시적인 형태의 생명체로부터 비롯된 자손이다"라며 당당하고 대담하게 주장했다.

여기서 분명한 점은 그의 이론이 철학적 과학에 가장 중요한 공헌을 했고, 그가 자신의 이론을 뒷받침하기 위해 수집한 증거가 축적되었다는 측면에서 최소한 과학자들에게도 도움이 되고 있다는 것이다. 그로 인해 과학자들이 종의 기원에 관해 현존하는 자신들의 이론을 다시 생각해보게 되었기 때문이다.

2.

다윈은 자신의 논거를 제시하면서, 인간이 동식물을 사육하거나 재배하는 과정에서 발생하는 놀라운 변이를 그 시작점으로 삼았다. 말이나 개, 소의 변이에서 얻은 놀라운 결과는 다윈에게 있어서 동물의 몸이 얼마나 놀라운 융통성을 보이는지 알 수 있는 유익한 사례였다. 사실 육종가들은 늘 동물의 몸 구조가 가소성이 높다고 말했다. 거의 원하는 대로 형태를 바꿀 수 있다는 말이다. (하략)

하지만 다윈에게 가장 인상적이었던 변이는 비둘기를 사육하면서 보았던 놀라운 변이의 모습이었다. 비둘기에 관해서 다윈은 정말 대단한 사람이다. 그리고 품종의 다양성은 정말 놀랍기 그지없다. 다양한 품종

별로 해부학적·생리학적 특성의 차이가 뚜렷하다. 스무 마리 정도의 비둘기를 조류학자에게 보여 주고 야생 조류라고 알려주면, 조류학자는 틀림없이 명확하게 정의된 종별로, 혹은 더 나아가 속별로 비둘기를 구분해낼 것이다. 품종 간의 차이가 아주 크긴 하지만, 놀랍게도 동식물학자들은 일반적으로 그 모두가 '양비둘기Rock pigeon'의 후손이라고 말한다.

비둘기가 사육되기 시작하면서 다양한 변종이 생기게 된 것은 인간이 누적적인 선택을 하기 때문이라고 볼 수 있다. 자연적인 변화는 끊임없이 발생한다. 그리고 인간은 다윈의 인상적인 표현처럼 자신에게 유리한 특정 방향으로 변화를 유도한다.

그렇게 변이를 견디는 능력이 신체 구조의 탄력성을 의미하고 그런 탄력성이 자연환경에 적응하는 종을 만들어내며, 결국에는 그런 종에서부터 인간의 개입 없이도 아주 다양한 종이 생겨난다고 하면 너무 억지일까?

그러니까 종은 어느 정도, 그리고 때로는 아주 놀랄 만한 정도까지 변화할 수 있고 변이할 수 있다. 동물의 몸 구조에는 어느 정도 융통성이 있다. 어느 정도 적응성이 있고 어느 정도까지는 형태가 쉽게 바뀔 수 있다.

다윈은 이런 극적인 변화를 일으키는 주된 동력이 '생존경쟁'이라고 생각했다. 생존경쟁은 그가 포괄적이고 은유적인 의미로 사용했던 표현이다.

생존경쟁은 모든 유기체의 숙명인 개체수의 기하급수적 증가에서 비롯된다. 모든 유기체는 자연에서 아주 빠른 속도로 늘어난다. 그래서 그 증가 속도가 줄지 않는다면, 지구는 분명히 얼마 못 가서 어느 한 쌍에서 비롯된 자손들로 뒤덮일 것이다. 성장 속도가 느린 인간마저도 25년마다 두 배로 늘어나는데 이 속도로 몇 천 년이 지나면 말 그대로 인간의 후손이 서 있을 만한 공간도 없게 될 것이다.

다윈은 자연의 질서에 숨어 있는 많은 사실 중에서 핵심은 바로 생존경쟁의 법칙이라고 생각했다. 그리고 같은 지역에서 서로 경쟁해야 하는 유기체 사이에 존재하는 견제와 상호 관계가 얼마나 복잡하고 예측할 수 없는지에 관한 다수의 놀라운 사례를 기록으로 남겼다. 자연계의 범주에서 서로 가장 멀리 떨어진 동물과 식물을 한데 묶어주는 것이 바로 그 복잡한 관계의 그물이다. 예를 들어, 어떻게 마을에 있는 애완용 고양이가 그 지역에서 꽃이 피는 빈도를 결정한다고 상상할 수 있을까? 그 물음에 다윈은 자신만의 단어로 이렇게 답한다.

"내가 호박벌이 삼색제비꽃의 수분과 불가분의 관계라고 믿는 데는 다 근거가 있다. 그래서 호박벌 속屬 전체가 영국에서 멸종하거나 희귀해진다면 삼색제비꽃과 붉은 토끼풀도 희귀해지거나 아예 사라질 것이 분명하다. 그리고 어느 지역이든 호박벌의 개체 수는 들쥐의 개체 수와 아주 밀접한 관련이 있다. 들쥐가 호박벌집을 부수기 때문이다. 오랫동안 호박벌의 습성을 관찰했던 H. 뉴먼H. Newman은 '3분의 2가 넘는 호박벌이 그런 식으로 영국 전역에서 사라졌다'고 생각한다. 들쥐의 개체 수는 누구나 알고 있듯이 고양이의 개체 수와 관련이 깊다. 뉴먼은 '호박벌집의 수는 마을 근처가 다른 곳보다 더 많았다. 내 생각에는 마을에 고양이가 많아서 들쥐를 먹어치웠기 때문인 것이다!'라고 말했다."

다윈이 말한 이런 인과관계를 보다보면 『잭이 지은 집』(랜돌프 칼데콧, 2017)을 쓴 독창적인 저자가 어린 아이들에게 고도의 과학적 사실을 알려주려 했다는 생각이 들 수도 있다. 왜냐하면 그 책의 문체에 따라 다윈이 말한 인과관계 전체를 정리해보면 다음과 같이 한 문장으로 표현할 수 있기 때문이다. "토끼풀을 호박벌이 수정시켰고, 그 호박벌을 쥐가 죽였고, 그 쥐를 고양이가 잡아먹었는데, 그 고양이는 할머니가 키우는 고양이였다!"

이 복잡하고 끝없이 반복되는 생존경쟁의 과정에 작용하여 유기 생물체의 구조를 변화시키는 조형 법칙이 있다. 다윈은 자연선택의 법칙이라고 불렀다. 자연선택설은 그의 책에 담긴 아주 급진적인 사상이었다.

우리는 모든 유기체에 형태를 바꿀 수 있는 어떤 성질이 있다는 것을 알게 되었다. 어떤 융통성, 그러니까 종에서 변종이 나오기 쉽고 어느 정도까지는 구조를 변경하기 쉬운 성질이다. 게다가 인간은 선택을 함으로써 의도했던 중요한 결과를 확실하게 얻을 수 있고, 자신의 목적에 맞게 유기체를 적응시킬 수 있다는 것도 알았다. 자연이 인간에게 준, 아주 작지만 유용한 변이가 축적됨으로써 가능해지는 것이다.

자연은 끊임없이 작용하면서 똑같은 일을 계속 하고 있다. 어떤 종의 동물이나 식물의 개체 사이에서 일어나는 모든 변이는 그게 무엇이든 생존경쟁에 도움이 되고, 그 개체에게 다른 동료들에는 없는 이점을 준다. 그리고 그 변이는 후손들에게 전해져서 변종이 부모 종을 대체하게 된다. 오랜 세대를 지나는 동안 어떤 식으로든 각 개체에 유리한 작은 차이가 꾸준히 축적되면서, 구조가 다양하게 변화하고 그로 인해 수많은 형태의 동물과 식물 개체가 서로 다른 모습으로 변화한다. (하략)

3.

다윈의 주장을 아주 깊이 생각해 봤는데도 여전히 이해가 가지 않는다고 솔직하게 털어놓아야 할까?

다윈의 책은 정말 흥미롭고 인상적인 일련의 소소한 검증들로 가득하다. 하지만 그 소소한 검증 사이의 접점을 보여 주지 못하고 논리적으로 완성된 진술이 보이지 않는다.

물론 그것은 무척이나 어려운 일이다. 이 점은 다윈도 솔직하게 인정한다. "그 문제 중에서 일부는 너무나 어렵기 때문에 지금도 생각할 때마다 자신감이 떨어진다." 다윈은 이렇게 고지식하면서도 당당하게 말한다.

하지만 다윈의 생각에 그것은 현실보다 더 명백한 사실이다. 우리는 그것이 정말 사실이라는 점이 염려스럽다. 우리에게는 극복하기 어려운 문제다.

본 기사가 차지하고 있는 지면보다 열 배 많은 공간이 주어진다고 해도 이 방대하고 복잡한 주제를 적절하게 다루기에는 부족하다. 다만 아주 일반적인 방법으로 몇 가지 논제를 언급할 수는 있을 듯하다. 종에서 종으로, 속에서 속으로 점진적으로 변이했다고 가정하는 이 학설을 비롯한 모든 학설에 대해, 우리는 지질학적으로 모든 변이 사이의 연결고리가 전혀 발견되지 않았으며 종 사이의 형태가 뚜렷하게 구분된다는 명백한 사실을 근거로 들면서 반박한다. 다윈의 이론대로라면 각 집단의 모든 생물 종은 현존하는 종의 수만큼 서로 연결되면서 틀림없이 수많은 중간 형태가 존재했을 것이다. 그렇다면 우리는 이런 질문을 해볼 수 있다. 왜 그 중간 형태를 우리 주변에서 볼 수 없는 걸까? 다윈의 이론이 옳다면 왜 모든 유기체는 헤어날 수 없는 혼돈 속에서 한데 섞여 있지 않는 걸까?

다윈은 이 어려운 문제에 대해 지질학적 기록이 극단적으로 불완전하다는 답을 내놓았다. 지질학적 기록이 불완전하다는 것은 누구나 인정할 것이다. 하지만 다윈의 학설에서 말하는 정도까지 불완전하다는 것에 동의하는 사람은 별로 없을 것이다.

다윈은 화석에서 볼 수 있는 생물 종들 사이에 존재하는 틈을 채우는 엄청나게 많은 중간 단계 유기체가 있다고 상상하면서 뒤이어 더욱 놀라운 가설을 제시했다. 그 가설을 제시할 수밖에 없었던 이유는, 고생대 실루리아계 암석에서 생물이 처음 발견되었던 때로 거슬러 올라가 보니 요즘 해안에서 준설선들이 퍼 올리는 생물들만큼이나 당시의 생물들도 각자 뚜렷하게 구분이 되었기 때문이다. 갑자기 뚜렷하게 구분되는 종이 출현하게 된 배경을 알기 위해, 다윈의 이론에서는 이렇게 가정한다.

"실루리아계의 가장 아래 지층이 쌓이기 전까지 아주 오랜 시간이 흘렀다. 실루리아기(고생대에서 세 번째로 오래된 지질 구분. 지금으로부터 약 4억 4370만 년 전에서 4억 1600만 년 전까지의 기간—옮긴이)부터 현재까지 흐른 시간만큼, 혹은 그보다 훨씬 더 긴 시간이 흘렀을지도 모른다. 엄청나게 길지만 거의 알려진 것이 없는 그 시간 동안 세상에는 엄청나게 많은 생명체가 살아 움직였다."

원시 시대에서 그렇게 긴 시간 동안의 기록이 왜 발견되지 않았느냐는 질문에, 다윈은 자신이 "만족할 만한 답을 줄 수 없다"고 확실하게 인정했다. 하지만 증거가 모두 물에 잠겼을 것이라고 장담하면서 질문자를 만족시키려 애썼다. 다윈은 실루리아기보다 가늠할 수 없을 정도로 더 오래전에는, 현재의 바다가 대륙이었을 수도 있고 현재의 대륙이 탁 트인 맑은 바다였을지도 모른다고 주장했다. 그렇다면 이렇게 생각하지 않을 수 없다. 지금 태평양 바닥이 대륙으로 바뀐다면, 그곳에서 실루리아기 지층보다 더 오래된 지층을 찾을 수 있고 그 지층에 조용히 잠들어 있는 수백 년 동안의 연속적인 원시 동식물 형태가 차례로 발견되어야 한다는 것이다.

이런 입증되지 않은 수많은 추정 중에서 우리가 기억해두면 좋을 만한 것이 딱 하나 있다. 지질학에서는 특정 퇴적층에 유기체의 모든 잔존물이 들어 있지 않다고 해서, 그 동물이 그 퇴적층이 쌓였던 기간 동안 번성하지 않았다는 증거가 되지는 않는다. 무생물 시대의 '암석'이 반드시 그 무생물 '시대'에 필수적인 증거가 아니라는 말이다. 가장 진보적이라는 영국 지질학자들도 실루리아 지층의 화석을 지구 역사상 처음 등장한 생물체라고 생각하지는 않는다. 그리고 필자는 지난여름 윌리엄 로건William Logan 경과 함께 실루리아기 지층보다 훨씬 더 오래된 캐나다 로렌시아(고생대 중엽 이전까지 존재했던 대륙으로 현재의 북아메리카와 그린란드, 시베리아 동북부 지역을 합친 넓이였다.—옮긴이) 암계岩系에서 나온 화석을 조사했는데, 그 화석이 진짜라면 실루리아기보다 더 오래된 새로운 유기체의 세상이 있음을 암시하는 것이고, 따라서 연구와 추론의 대상이 실루리아기보다 더 오래되고 알려지지 않은 유기체의 시대까지 확장될 것이다.

다윈 학설의 근본적인 한계는 그의 정신구조에 있는 한 가지 사실에서 비롯된다. 다윈은 그저 '동식물 연구자'일 뿐이다. 그는 생물의 상동성(생물의 기관 등을 발생학 또는 진화학적으로 비교했을 때 같은 조상에서 나왔다고 인정할 수 있을 만한 성질—옮긴이)이나 발생학, 종 형태의 유일성을 아우르는 일련의 심오한 추론을 깊이 알지는 못하는 것 같다. 우리가 파악하기에 그의 말은, 생명의 기원이라는 수수께끼 같은 문제에 빛을 밝힐 수 있는 이런 위대한 과학 분야에서 예언자의 예측이나 직관을 한데 모은 것에 불과하다. 독일의 자연 철학자인 오켄Lorenz Oken은 "겉으로 동물의 이런저런 장기를 보고 동물계를 제멋대로 정의할 수는 없다. 오직 동물이 처음 탄생했을 때 정해진 엄격한 규칙에 따라서 결정된다"라는 의미심장한 말을 했다.

자연의 유일성 개념은 금세기 초에 마치 새로운 사조인 것처럼 과학의 일부가 되었다. 그 개념은 인간의 영혼이 발산하는, 뜨겁게 타오르는 생각이며 우리의 모든 과학과 일상을 밝히는 아주 멋진 예언이다. 최근 몇 년 동안 생틸레르Geoffroy Saint-Hilaire와 오켄, 캐러스, 세레스, 오언 등이 유일성 개념을 해부학에 적용한 결과, 살아 있는 유기체의 분류체계 전반에 걸쳐서 구조와 구성 요소의 절묘한 유일성이 밝혀졌다. 프랑스의 동식물 연구자인 생틸레르는 '세상에는 한 가지 동물밖에 없다'는 원대한 개념 속에서 유일성 개념을 내세웠다. 발생학은 초기 발생단계에서는 모든 동물이 서로 비슷하게 생겼다는 학설을 내세웠다. 그리고 초월 해부학은 하등 동물에게는 영구히 지속되는 '상태'인 배아 단계를 고등동물은 일시적으로 거쳐 간다고 설명했다. 인간이 배아 단계에서 폴립(강장동물의 기본 체형으로 원통형으로 생겼으며 입 주위에는 촉수가 있고 몸속에는 넓은 강장이 있다. 산호류가 폴립이 모여 만들어진 것이다.—옮긴이)과 연체동물, 거북, 물고기, 새의 형태를 연속적으로 거쳐 최종적으로 눈부시게 아름다운 인간의 형태를 갖추게 된다는 것이다.

4.

하지만 여기서 최종적인 결론을 기대한다면 이 책에 있는 가장 유용한 정보를 얻지 못할 것이다. 이 책에서 알려주는 가장 값진 정보는 우리가 최종 결론의 가능성에서 멀리 떨어져 있다는 것이다. 또한 우리가 모르는 것이 얼마나 많은지도 알려준다. 다윈은 "그리고 우리는 우리가 얼마나 무지한지 알지 못한다"라고 한마디 덧붙였다.

생명의 기원에 관해 아직 밝혀지지 않은 것이 많다는 사실은 별로 놀라울 것이 없다. 생명의 기원이 얼마나 이해하기 어려운 문제인지 생각해보라. 생명에 관한 스핑크스의 수수께끼이자 늘 우리 주변에 있는 본원적인 수수께끼인 것이다! 프랑스의 철학자 말브랑슈Nicholas de Malebranche는 "전혀 이해할 수 없는 것이 있다는 것을 확실하게 아는 것이 좋다"라는 의미심장한 말을 남겼다. 사실 과학의 한계를 생각할 때, 가장 지혜로운 사람들이 말하는 셰익스피어식 표현이 있다.

자연의 무한한 비밀을 담은 책에서
내가 읽을 수 있는 것은 많지 않다.

그런데 본질적인 면에서 생명의 문제가 사람들에게는 여전히 서사적인 이야기로 취급되는 것 같은데, 그와 동시에 다윈의 공헌을 과학의 영역을 넓히려는 가장 타당하고 성공적인 시도로 보기도 한다. 실제로 다윈의 연구는 현대의 철학적 동물학에서 가장 중요한 공헌으로 여겨진다.

그리고 다윈의 학설에서 가장 중심에 있는 자연선택이라는 개념의 측면에서, 우리는 자연선택에 의한 점진적 발전이라는 학설이 현존하거나 멸종된 종의 실제 유전적 관계를 조사하는 새로운 방향을 제시하고 실제로 자연사에 혁명을 일으킬 것이라고 생각하게 되었다.

다윈의 학설은 종 분류에 있어서 새롭고도 확실한 기반을 제공하게 될 것이다. 사실 모든 유기체를 분류하는 이 중요한 학설은 다른 어떤 이론으로도 설명할 수 없을 것 같아 보인다. 종이 무엇이고 변종이 무엇인지에 관해 동식물 연구자들 사이에 벌어지는 끝없는 논쟁을 읽어보면, 지금까지 종 분류가 과학적으로 얼마나 혼란스러운 상황인지 알게 될 것이다. 그 길고 복잡한 종의 목록은 계속 늘어나고 있다. 학자들의 연구가 확대되면서 어려움이 줄어들기는커녕 더 늘어나고 있는 것이다. 지질학적 기록이 완전하지 않다는 다윈의 인상적인 가르침 또한 중요한 사실이다. 그리고 그 사실은 기존 고생물학 개념을 수정하는 데 충분히 도움이 될 것이다.

그가 밝혀낸 배경 지식은 또 얼마나 방대한가. 실루리아기 연체동물에서 인간으로 진보하기까지는 또 얼마나 오랜 시간이 흘렀는가. 그것은 가늠조차 할 수 없을 정도로 아득한 시간이고, 우리는 우리 곁을 스치는 시간의 영원함에 전율을 느낀다. 우리의 아주 작고 옹색한 시간 개념을 보완하기 위해 그 엄청나게 오랜 세월을 마음에 담아보는 것이 좋다.

그런 생각은 현대 과학을 선도하는 개념이 되었으며 자연 현상을 설명하기 위해 현재에도 영향을 미치고 있는 원인 이외에 다른 원인을 찾을 필요가 없게 되었다. 현대 지질학에서는 지구의 지층을 쌓아올리며 모든 경이로운 사건을 일으켰던 원동력이 지금도 작용하고 있다는 것을 밝혔고, 그에 따라 그 원동력이 갑작스러운 대재앙이었다는 생각은 자취를 감추었다. 따라서 우리는 현존하는 그 원동력이 아주 오랜 시간 작용하면서 거대한 결과를 만들어냈다는 야심찬 생각을 하게 되었다.

다윈은 이와 같은 흐름에 동조했다. 그리고 영국의 지질학자 찰스 라이엘Charles Lyell이 지질학에서 갑작스러운 대재앙이 발생했다는 개념을 폐기했던 것과 마찬가지로, 다윈은 동물학에서 창조가 갑작스럽게 이루어졌다는 개념을 폐기하려 한다. 우리는 한마디로 그들이 철학 사상에서 가장 위대한 변화의 기초를 놓았다고 말하고 싶다. 우리가 믿는 인과론에는, 생물의 분류 체계가 지구에 생명체가 탄생한 이후로 지금까지 계속된 어떤 활동방식의 결과라는 것이 더 잘 어울린다. 우리의 고귀한 선견지명에는 진화의 계획이 원래 완벽하기 때문에 어떤 개입이 뒤따를 필요가 없다는 생각이 더 잘 어울린다. 베이든 파월Baden Powell의 감탄스러운 표현을 빌리자면, 우리는 "밝은 곳보다 어두운 곳에서, 그러니까 질서와 영속성과 진보보다 혼란과 불연속, 중단, 재앙에서 신을 더 분명히 보는 사람들에게는 공감하지 않는다."

5.

자연과학에 대한 간접 학습이 현대 철학에 가장 중요한 공헌을 했다는 것은 의심의 여지가 없다. 직접 학습도 아주 훌륭하긴 하지만, 간접 학습은 그보다 훨씬 더 훌륭하다고 할 수 있다. 전자는 오직 물질세계와 관련 있는 반면, 후자는 인간의 모든 사색 활동에 영향을 주기 때문이다. 사실 과학에서 지금까지 많은 문외한들을 깊이 감명시킬 수 있었던 것은 오직 진실이 그 멋진 모습의 일부를 노출하는 것, 바로 그 멋진 간접성이다. 이 점에서 과학이 아직 도달하지 못한 것이 있다. 문학에 과학이 필요한 만큼 과학에도 문학이 필요하다는 것이다. 자신이 발견한 사실에서 출발하여 아름답고 평온하면서도 새로운 풍경이 펼쳐진 정상으로 인도하는 사람이야말로 정말 과학에 도통한 사람이다. (하략)

'인간의 행위를 이끌어내는 원동력은 바로 매력이다'라는 원칙은 사회학에서와 마찬가지로 과학에서도 사실인 듯하다. 영국 의사 윌리엄 하비William Harvey가 발견한 인체의 혈액순환 이론이 의사들에게 인정받기까지는 40년이라는 시간이 필요했다. 다윈은 자신의 학설에도 일부 그런 '선택적 친화성(두 현상이 우연히 상호작용을 일으켜 어떤 결과를 만들어 내는 경우를 일컫는 성질—옮긴이)'이 작용한다고 느꼈을지도 모른다. 그는 책 말미에 "나는 미래의 떠오르는 젊은 동식물 연구자들이 문제의 양면을 편견 없이 볼 수 있을 것으로 확신한다"라고 썼다.

다윈 자신이 내다본 그 미래가 되면, 다윈은 자연의 섭리 전체를 파악한 사람이 아니라 그중 일부를 파악한 사람으로 인식될 것이다. 어쨌든 역사적으로 볼 때 자연의 원리에 관한 진실은 처음에는 보라색 신기루처럼 보이는 것 같다. 불그스름한 오로라 빛 흔적이 처음 인간의 정신에 생겨나고, 정해진 시간이 되면 때맞춰 완전한 사상이 모습을 드러내며, 이윽고 눈에 보이지는 않지만 분위기가 무르익은 다음 과학의 햇살이 세상에 흘러넘치게 되는 것이다.

인간은 진보한 원숭이에 불과한가?

『인간의 유래』(한길사, 2006)에 관한 다윈의 최근 연구에는 너무나 당연하게도 사람들의 많은 관심이 집중되었다. 다윈의 제자 가운데 상당수가 스승을 잘 모시는 길이 그 연구의 근거가 되는 추론을 잘 설명하거나, 아니면 스승과 완전히 인연을 끊는 것이라고 생각하는 듯하다. 제자들은 다윈의 말이 인간이 원숭이의 후손이라는 뜻은 아니라고 주장한다. 이 점에 관해 오해가 생기면 안 되므로 다윈이 직접 했던 말을 살펴보도록 하자.

"사람 모양을 한 유인원을 하나의 자연적인 하위집단으로 인정하고, 협비류 원숭이(좌우 콧구멍 사이가 넓고 평평한 코를 가진 광비류와 달리 콧구멍이 좁고 콧대가 서 있는 형태의 원숭이—옮긴이) 집단 전체와 공유하는 모든 특징뿐 아니라 꼬리가 없고 엉덩이가 딱딱하다는 다른 독특한 특징과 전반적인 외양까지도 인간이 그들과 닮았다면, '우리는 아주 오래전에 사람 모양을 한 하위 집단에 속했던 한 개체에서 인간이 탄생했다고 추론할 수도 있을 것이다.'

따라서 아주 옛날 아프리카에 지금은 멸종했지만, 고릴라나 침팬지와 아주 유사했던 유인원이 살았던 것 같다. 또한 고릴라나 침팬지가 지금도 인간과 아주 가까운 동류인 만큼, 인간의 초기 조상이 다른 곳보다는 아프리카 대륙에 살았을 가능성이 조금 더 높다.

인간의 초기 조상은 한때 틀림없이 몸 전체가 털에 덮여 있고 남녀 모두 수염이 있으며 뾰족하게 생긴 귀를 움직일 수 있고 몸에는 꼬리가 있으며 온몸에 적절한 근육이 있었다….

포유동물강綱(생물 분류학상의 한 단위로 문門의 아래, 목目의 위에 해당한다.—옮긴이) 안에서 일혈목一穴目(포유류의 최하등 동물로 알에서 태어나며 오스트레일리아의 오리너구리와 바늘두더지 단 두 종밖에 없다.—옮긴이)부터 고대의 유대목有袋目(캥거루나 코알라처럼 육아낭에 새끼를 넣어서 기르는 동물—옮긴이)까지 연결되는 많은 중간 단계를 상상하기는 어렵지 않다. 그리고 거기에서부터 태반이 있는 포유동물까지의 연결 단계를 상상하는 것도 어렵지 않다. 이런 식으로 우리는 여우원숭이까지 거슬러 올라갈 수 있는데, 여우원숭이과 동물에서 유인원이 나오기까지는 많은 시간이 흘러야 했다. '그런 다음 유인원은 '신대륙 원숭이'와 '구대륙 원숭이'라는 커다란 두 개의 줄기로 갈라졌다. 그리고 구대륙 원숭이로부터 아주 오랜 시간이 흘러서 만물의 경이로움과 영광인 인간이 유래했다….'"

우리가 여기서 그 주제로 과학 토론을 시작할 수는 없는 분명한 이유가 있지만, 사색을 좋아하는 독자라면 누구나 그와 관련된 몇 가지 생각이 자연스럽게 떠오를 것이며 그런 생각 중에서 두세 가지 정도를 가볍게 다뤄볼 수는 있을 것이다. 무엇보다도 다윈이 자신의 입장을 견지하려면 인간이 불멸의 영혼을 지닌 채 태어났다는 교리를 고려 대상에서 완전히 제외할 수밖에 없다는 것을 모두 알아야 한다. 이 고귀하고 기품 있는 교리는 지금까지 수많은 우리 인간에게 가장 큰 응원과 독려가 되었다. 그러나 다윈은 그의 두 번째 책에서 그 교리를 회피하려는 듯한 모습을 보이고, 그의 많은 제자는 그 교리가 진보의 시대를 맞아 우리가 폐기해야만 하는 어리석은 이야기라고 규정짓는다. 그렇다면 그들이 우리에게 제시하는 대안은 무엇일까? 그것은 바로 원숭이가 우리의 조상이며 우리에게 한때 '다리처럼 사용하는 꼬리'가 있었다가 어떤 이유로 사라졌다는 터무니없는 이론이다. 그동안 우리는 현실에서 우리의 존재가 더 고귀한 존재 상태로 가는 준비과정에 불과하고 영원한 삶이 인간의 소중한 유산이라는 믿음을 굳건히 유지해 왔다. 하지만 그들의 말은 삶의 수많은 우여곡절을 겪으면서 우리가 원숭이에서 점진적으로 '발전'했고 우리가 죽으면 짐승과 마찬가지로 소멸한다는 생각으로 우리 스스로를 위로해야 한다는 것이다.

우리에게 영혼의 존재를 증명할 방법은 없다. 이 세상에서 주어진 수명을 다 살고 나서 다시 삶을 새로 시작할 수 있다는 것을 증명할 방법이 없다는 말이다. 다만 신이 "나를 믿는 자는 영원히 죽지 아니하리니"라고 단언했던 말은 우리 수많은 인간에게 충분한 증거가 있다. 하지만 다윈은 자신의 이론을 증명할 수 있는가? 그 이론은 과거나 미래와 관련된 다른 모든 문제와 마찬가지로 증명할 수 없다. 그의 이론에는 개연성이 전혀 없다. 인간이 유인원에서 비롯되었다면 왜 지금까지 그 중간 연결고리가 한 번도 발견된 적이 없을까? "그것들을 찾을 수 없다"라고 하는 다윈의 말은 충분하지 않다. 우리는 이렇게 대답하는 바이다. 만일

당신이 말하는 '체계'가 사실이라면 당신은 그 연결고리들을 찾을 수 있어야 한다. (하략)

다윈의 책에는 사람의 믿음을 흔들 수 있는 그 어떤 것도 찾아볼 수 없다. 믿음이 이미 흔들리고 있었던 사람이라면 또 모르겠지만 말이다. 일부 다윈 지지자들은 끝없는 오만에 빠져 모든 것을 증명했다고 단언하겠지만, 그들의 억측을 자세히 살펴본 사람들은 기독교의 전체 구조를 무너뜨리려는 그들의 노력이 결코 성공할 수 없음을 알게 될 것이다.

최초로 새로운 종의 탄생을 재현하다

캐롤 계숙 윤

진화의 변화무쌍함을 생각하면서, 생물학자들은 오래전부터 역사의 방향이 결정되는 데 있어서 우연이 얼마나 큰 역할을 하는지 궁금했다. 만일 학자들이 시곗바늘을 거꾸로 돌려가면서 생명의 진화를 반복시킬 수 있다면, 폴짝이는 개구리나 꽃을 피우는 난초가 항상 똑같이 다시 나타나게 될까? 아니면 소행성 충돌이나 무작위적인 유전자 돌연변이가 간간이 그 과정에 개입하면서, 진화의 방향이 이리저리 바뀌어 완전히 다른 것이 탄생하게 될까?

최근 한 생물학자 팀에서 마침내 역사의 한 조각을 재현하는 방법을 발견함으로써, 종의 탄생을 개별적으로 세 차례에 걸쳐 재연하고 그때마다 종이 분화할 때 일어나는 복잡한 유전자 변화를 추적했다. 그리고 최소한 이번 경우에 있어서만큼은, 진화가 과학자들이 상상했던 것보다 훨씬 더 반복과 예측이 가능함을 입증했다.

'변종 해바라기anomalous sunflower'를 연구하는 과학자들이 과학지 《사이언스》 최신호에 발표한 보고서에서 변종 해바라기 원형과 비슷하다고 생각되는 식물을 다시 만들어낼 때마다 그 식물의 유전자에서 발생하는 변화가 거의 동일하다고 주장했다. 더욱 놀라운 점은 이들 연구소에서 다시 만들어낸 유전자 지도가 야생 변종 해바라기의 유전자 지도와 아주 비슷하다는 것이다.

학자들은 특정 교배로 탄생한 잡종이 원형과 아주 비슷해질 수 있다는 사실은 오래전부터 알았지만(당나귀와 말이 교미해서 나온 노새의 생김새를 보면 알 수 있다), 해바라기 잡종이 아주 미세한 크기의 유전자 지도에서 원형과 거의 똑같은 것을 보고 크게 놀랐다.

뉴욕주 이타카에 있는 코넬대학교의 진화생물학자인 리처드 해리슨Richard Harrison 교수는 "정말 놀라운 연구다. 가장 놀라운 점은 매번 같은 결과가 나온다는 것이다. 이것은 아주 중요한 논문이다. 아주 우아하고 허점이 없다"고 말했다.

캘리포니아대학교 데이비스 캠퍼스의 식물 진화생물학자인 레슬리 고틀립Leslie Gottlieb 박사는 "이건 정말 예상 못했던, 너무나 흥미로운 결과"라고 말했다.

로키산맥과 시에라네바다산맥 사이에 있는 그레이트베이슨 사막의 사구에서 자라는 변종 해바라기는 이름에서 짐작할 수 있듯 10만 년쯤 전에 출현한 오래된 종이다. 민속식물학자들 말로는 호피 인디언(북미 원주민 부족의 하나로 주로 애리조나 사막지대에 거주—옮긴이)이 해바라기 꽃잎을 말린 다음 가루로 만들어, 전통의식을 할 때 얼굴을 꾸미거나 사냥용 막대를 장식하는 데 사용했다고 한다. 과학자들, 특히 블루밍턴에 있는 인디애나대학교의 진화생물학자인 로렌 리스버그Loren Rieseberg 박사와 동료들에게는 변종 해바라기에 관심이 많은 다른 이유가 있다. 자연적인 잡종이기 때문이다. 이 해바라기는 특이하고 어디에 속하는지 알 수 없어서 그런 이름이 붙었는데 나중에 알고 보니 다른 별개의 해바라기 두 종이 이종 교배해서 나온 것이었다.

그렇다면 원래의 부모종인 '해바라기common sunflower'와 '잎자루 해바라기petioled sunflower'를 이종 교배하면 변종 해바라기의 원형을 다시 만들어낼 수 있다는 말이 된다. 그렇게 교배해서 나온 후손은 결국 변종 해바라기라는 종이 되었던 새로운 잡종식물과 가까울 것이다.

그런데 그 최초의 변종 해바라기는 무엇과 교배하게 되었을까? 자신을 탄생시킨 부모종과 교배했을까? 아니면 자신과 같은 잡종과 교배했을까? 다양한 가능성을 살펴보기 위해 학자들은 그 잡종을 서로 다른 세 갈래 계통으로 나누어 재배했다. 각 계통은 서로 다른 환경에서 종의 진화를 계속 진행하기 위해 다른 잡종이나 부모종과 교배하는 등 서로 다른 과정을 거쳤다.

그런 식으로 재배하면서 네 세대를 거친 다음, 학자들은 유전자가 재조합되고 원래의 유전자 혼합체가 갈라지는 동안 어떤 일이 일어났는지 살펴보기 위해 잡종의 유전체 지도를 만들었다.

그 작업을 하면서 리스버그 박사와 동료들은 식물 육종가들이 작물의 유전자 지도를 신속하게 만들기 위해 개발한 '무작위 증폭 다형無作爲增幅多型 DNA 마커'로 알려진 기술을 차용했다. 마커marker란 연구를 위해 아주 소량의 DNA를 증폭하는 데 사용하는 것인데, 학자들은 마커를 사용해서 각 잡종 계통별로 서로 다른 197개의 DNA 조각을 분석할 수 있었다. 학자들은 일반 해바라기와 잎자루 해바라기 종에서 그 197개

DNA 영역이 어떤 모양인지 이미 알고 있었기 때문에, 잡종의 어느 영역이 어느 해바라기 원형에서 전해졌는지 알아낼 수 있었다. 그런 다음 그 정보를 이용해서 잡종 해바라기 속에서 일반 해바라기와 잎자루 해바라기의 DNA 조각들이 서로 붙어 있는 모습을 파악하여 상세한 지도를 만들었다.

변종 해바라기의 진화에서 우연이라는 것이 중요한 역할을 했다면, 잡종의 서로 다른 세 갈래 계통은 각각 전혀 다른 유전자 지도를 가지면서 일반 해바라기와 잎자루 해바라기 유전자의 혼합 비율도 각각 달라야 한다.

그런데 학자들이 알아낸 것은 세 갈래 계통의 유전자 지도가 믿기 어려울 만큼 비슷하다는 사실이었다. 한 계통의 잡종에서 염색체 특정 부분에 일반 해바라기 유전자가 있으면, 다른 계통에서도 염색체의 같은 부분에 일반 해바라기 유전자가 있는 경우가 많았다. 결국 학자들은 실험을 통해 만든 잡종의 유전자 지도를 부모종인 야생 변종 해바라기의 유전자 지도와 비교했다. 그리고 그 두 가지 유전자 지도가 매우 비슷하다는 것을 알고는 다시 한 번 깜짝 놀랐다. 대부분의 경우 한쪽 지도에 일반 해바라기 유전자나 잎자루 해바라기 유전자가 있으면 다른 쪽에도 똑같이 존재했다.

학자들은 그 결과를 보면서 야생 변종 해바라기의 초기 유전자 변화가 실험으로 만든 잡종과 같을 뿐 아니라, 10만 년쯤 진화한 후에도 그런 초기 유전자 변화의 증거를 분명하게 찾아낼 수 있다고 말했다.

리스버그 박사는 "정말 깜짝 놀랐다. 일부 비슷하거나 일치하는 부분이 있을 거라고 예상은 했지만, 이런 결과는 전혀 예상하지 못했다. 진화가 우리의 생각보다 더 반복과 예측이 가능하다는 것에 관해 훨씬 더 많은 사실을 밝히게 될 것 같다"라고 말했다.

실험실에서 만든 잡종이 온실의 습하고 풍족한 조건에서 자란 반면 야생의 변종 해바라기는 무덥고 건조한 조건에 잘 적응했다는 것을 고려하면, 그 두 종이 서로 비슷하다는 것은 너무나 놀라운 일이었다.

리스버그 박사는 학자들이 잡종 해바라기를 야생의 변종 해바라기가 선호하는 환경과 더 비슷한 조건에서 재배했다면, 초기 환경적 요인이 두 종에 작용하는 영향력이 더 비슷해서 유전자 지도 또한 훨씬 더 비슷하게 나왔을 수 있다고 말했다.

리스버그 박사와 동료들은 잡종의 유전자 구성이 일관되게 같은 모습을 보이는 이유가 온실 속이든 야생이든 일반 해바라기와 잎자루 해바라기에서 비롯된 특정 유전자 조합이 일관되게 다른 조합보다 효과적으로 작용했기 때문이라고 말했다. 그런 특정 유전자 조합은 다른 조합들보다 매우 효과적으로 작용하기 때문에 살아남은 잡종에서 기본적으로 항상 함께 발견되는 것으로 보인다. 그 말이 옳다면 학자들은 이런 질문을 던져볼 수 있다. 그런 강력한 특정 유전자나 유전자 조합은 과연 무엇일까? 그것들이 변종 해바라기에 어떤 작용을 하는 걸까?

하지만 야생종과 잡종의 유전자 구성이 일관되게 같은 것에 관해 다른 설명이 있을 수도 있다. 일부 학자들은 훨씬 더 기계적인 무엇인가가 답이 될 수 있다고 주장한다. 그들의 말은 아마도 잡종에서 필연적으로 일반 해바라기와 잎자루 해바라기의 염색체가 혼합될 때, 유전자를 운반하는 커다란 구조체가 서로 물리적인 상호작용을 하면서 매번 어떻게든 특정 영역에 항상 자신들을 선별해서 모아놓는 것 같다는 것이다.

이런 반복성의 특별한 원인이 아직 밝혀지지 않은 것처럼, '진화에서 그런 반복성이 얼마나 광범위하게 전개될 것 같은가'라는 더 큰 질문에도 아직 논란의 여지가 남아 있다.

하버드대학교의 진화생물학자인 스티븐 제이 굴드Stephen Jay Gould 박사 같은 사람들은 예전부터 진화의 역사를 재연하면 전혀 다른 결과가 나올 수 있다고 주장했었다. 굴드 박사는 한 인터뷰에서 변종 해바라기의 진화가 "대단히 흥미롭지만", 그렇다고 진화에서 좀 더 중요한 사건, 예를 들어 인류의 진화 같은 것이 이미 결정되어 있다거나 예측 가능하다는 뜻은 아니라고 말했다. 굴드 박사는 "그것은 규모의 문제"라면서 인간에게 21번 염색체의 사본이 3개가 있으면 "다운 증후군이다"라고 말했다.

"변종 해바라기 실험으로 예측 불가능성이라는 개념이 전반적으로 흔들린 것은 아니다. 그것들을 한데 모아놓으면 항상 그런 식으로 작용하게 된다. 하지만 변화무쌍한 대규모 환경과 상호작용하는 경우나, 혹은 시간이 흐르면서 다른 종과 상호작용하면서 변화가 일어나는 경우에는 문제가 완전히 달라진다."

굴드 박사는 변종 해바라기의 유전적 책략을 더 큰 그림 속에 있는 세부적인 표현 정도로 보는 것이 적절하다고 말했다. 그리고 규모를 키워서 생물 전체를 재연하면, 해바라기는 아예 다시 나타나지 않을 수도 있다고 말했다.

시카고대학교의 진화생물학자인 제리 코인Jerry Coyne 박사는 "(해바라기 실험만으로는) 세상 전체에 해당되는 것으로 추론할 수는 없다"라는 경고의 뜻을 전했다. 그 새로운 연구가 그런 예측 불가능성 개념에 도전이 될 수 있다는 관련 기사를 《사이언스》에 기고했던 코인 박사는 "하지만 해바라기 실험은 현존하는 유일한 사례인데, 실험에서 나타난 이런 변화들은 정말 반복이 가능하다"라고 덧붙였다.

과학자들이 잘 알고 있는 한 가지는 이 해바라기 원형의 세부 정보가 아주 특이하다는 것이다.

스코틀랜드 에든버러대학교의 잡종 진화 전문가인 닉 바턴Nick Barton 박사는 동물의 경우 잡종에서 새로운 종이 나오는 경우는 드물다고 말했다. 잡종은 식물에서 훨씬 흔하게 볼 수 있으며 일부 학자들은 식물 10종 중 하나는 잡종에서 유래한 것으로 추정한다. 하지만 식물에서 잡종을 통해 종분화가 일어나는 가장 흔한 형태는 변종 해바라기가 발생한 경우와는 아주 다르다.

좀 더 일반적인 상황에서는 서로 다른 두 종이 교배되는 동안 잡종 후손의 염색체 수가 어떤 식으로든 두 배로 늘어나서 잡종이 다시 부모종과 교배하는 것이 불가능해진다.

반면, 초기의 변종 해바라기 종은 처음 만들어졌을 때 부모종과 여전히 교배가 가능했다. 그 결과로 과학자들은 현재 진행 중인 연구의 결과는 종류가 아주 다른 잡종 원형의 경우와는 별로 관련이 없는 것 같다고 말한다.

학자들은 유전자 지도를 잘 활용하는 것이 최소한 유전자 지도를 찾는 것만큼 중요하다고 말한다. 캘리포니아대학교 데이비스 캠퍼스의 고틀립 박사는 이렇게 말했다.

"여기서 정말 중요한 것은 이런 도구를 설명하는 것이다. 이제 우리는 과거보다 구체적인 질문을 더 많이 제기할 수 있게 되었다. 여기서 나는 우리가 이런 질문을 제기할 수 있는 역량을 갖추었기 때문에 결국 종이 다르다는 것의 의미를 밝혀낼 것이고 연구가 제대로 진행되고 있다는 것을 직감한다."

코인 박사는 그 말에 동의하면서 사람들이 새로운 연구를 열심히 모방하면서, 진화생물학 분야에서 실험이 다시 활발하게 진행되어야 한다고 말했다. 그만큼 진화생물학 분야에서는 이론화와 사고 실험이 정말 실망스러울 정도로 부족하지 않기 때문이다. 코인 박사는 고대에 형성된 화석을 언급하면서 이렇게 말했다.

"버제스 혈암Burgess Shale(캐나다 로키 산맥에 있는 캄브리아 시대의 혈암으로 다른 곳에서는 보기 힘든 다양한 생물의 화석이 보존되어 있다.—옮긴이)을 재연할 수는 없다. 하지만 이 실험은 계속 반복해서 항상 같은 결과를 얻을 수 있다. 진짜 과학 실험인 것이다."

떠버리 유전자를 상속받다

모린 다우드

남성의 젖꼭지는 진화의 증거인가?

성서가 문자 그대로 사실임을 보여 주기 위해 애쓰는 '창조 박물관 Creation Museum'이라는 곳이 있는데, 그곳에서 계획한 웹사이트에 따르면 전혀 그렇지 않다.

웹사이트에 '전문가'로 언급되어 있는 사람의 말로는 남성에게 젖꼭지가 생물학적으로 전혀 쓸모없을 수도 있지만, 그것이 자연선택의 결과임을 의미하지는 않는다. 그냥 창조주가 만든 장식물일 수도 있는 것이다. 자동차 보닛에 붙어 있는 제조회사의 엠블럼처럼 말이다. 우리가 창조주의 마음을 이해 못한다고 해서 창조주의 의도에 의문을 가져야 할까?

켄터키주 시골에 지어질 이 박물관은 인터넷을 통해 아담과 이브 주변에 티라노사우루스가 숨어 있었는데 '그게 아담의 원죄가 불러온 공포였다!'는 주장이나 어떻게 '노아와 가족들이 동물로 가득한 배에서 371일 동안 살아남았는가'('생존 실화') 따위의 많은 수수께끼를 설명해 줄 예정이라고 한다.

창조과학 연구단체인 AIG Answers in Genesis 소속인 창조 박물관의 철학은 이렇게 요약된다. "창조주의 흔적은 우리 주변 어디에나 있다. 그리고 성서는 명확하다. 천지만물은 하루가 24시간인, 6일 동안 만들어졌고, 태양보다 지구가, 도마뱀보다 새가 먼저 만들어졌다. 다른 놀라운 일도 있다. 아담과 유인원은 같은 날 태어났다. 최초의 인간은 공룡과 함께 거닐면서 모든 공룡에게 이름을 지어 주었다. 성서는 모두 사실이다. 그렇지 않다면 진화가 사실이라는 말이 되니까. 진화론에서 말하는 수백만 년의 시간이라는 것은 없다. 여기에 절충이란 있을 수 없다."

개인적으로 더 이야기하지는 않겠다. 정말이지 의미가 없다. 더 이야기하는 것은 너무 20세기적이다.

부시 대통령은 이라크와 관련해서 미국의 안전에 위협이 되기 전에 싹을 자른다는 선제타격 정책을 내세웠다.

2000년 선거운동을 하면서 "진화에 관해, 신이 지구를 어떻게 창조했는지에 관해 여러 의견이 분분하다"고 말한 이후, 부시 대통령은 에덴동산을 향해 가장 빠른 속도로 거슬러 올라가고 있다. 창조론자들은 에덴동산이 정말로 '쥐라기 공원'이었을 것으로 생각한다.

부시 대통령의 재선에는 복음주의 신자들이 큰 역할을 했다. 그 모습을 본 전국의 교사들은 진화론에 관해 입을 다물었다. 교과과정에 들어 있어도 묵살했다.

진화론에 노골적인 압력이 가해지지는 않았지만, 수많은 교사가 돌아가는 분위기를 감지했다. 코넬리아 딘Cornelia Dean은 이번 주 《사이언스타임스》에 "교사들은 항의가 무서워서 그 주제를 알아서 기피했다"라고 쓰기도 했다.

이베이에는 조지아주에서 과학 교과서에 붙이게 했던 스티커가 매물로 올라오기도 한다. 스티커에는 진화론이 "이론일 뿐 사실이 아니다"라는 경고문이 적혀 있다. 소위 '스티커 쇼크'다.

선악과나무 이야기는 이쯤 해두자. 부시 대통령은 우리에게 '믿음의 무화과나무(제자들에게 믿음의 중요성을 가르치기 위해 무화과나무가 말라죽는 저주를 내렸다는 예수의 일화에 빗댄 표현. 마태복음(21:18~22)과 마가복음(11:12~14, 20~25)에 관련 일화가 나온다.—편집자)'를 선사하고 있으니 말이다.

내가 알기로 부시 대통령과 딕 체니Dick Cheney 부통령, 뉴트 깅리치 Newt Gingrich 공화당 전 하원의장은 '해라, 그것을 해서 기분이 좋아진다면'이라는 베트남전 종전 후의 환각적 분위기를 일소하고 흑백이 나뉘었던 1950년대, 그러니까 더 비열했던 '행복의 시대'로 되돌아가려 했다.

그들은 우리를 타임머신에 태워서 베트남이 패망하고 자유연애가 성행하고 '로우 대 웨이드 사건Roe vs. Wade(미국 최고 재판소에서 낙태를 헌법에 의해 인정했던 판례—옮긴이)'이 생기기 전으로 돌려보내려 했다. 그리고 줄기세포의 가능성을 완전히 덮어버리려고 했던 것 같다. (지난주 연방 연구예산 투입이 승인되었던 인간 배아줄기세포 전체가 생쥐에서 채취한 이질적인 분자에 오염된 것으로 보고된 후, 정부에서는 과학 진보에 관심이 있는 척도 할 수 없었다. 아놀드 슈워제네거가 과학계의 큰 희망이 될지 누가 알았겠는가?{캘리포니아주 주지사였던 아놀드 슈워제네거는 줄기세포 연구 법안에 거부권을 행사했던 부시 대통령과 달리 줄기세포 연구를 적극 지원했다.—옮긴이})

나는 이 야심찬 대통령을 과소평가하는 잘못을 저질렀다. 중동과 미국에서 그의 사회공학적 계획은 정말 놀라울 정도로 뻔뻔하다.

그는 단순히 1960년대를 해체하려는 것이 아니다. 스코프스 재판Scopes trial(1925년 미국 남부 테네시주 의회에서 성서의 천지창조설에 반한 이론을 공립학교에서 가르치지 못하게 법으로 금지했는데, 이를 어기고 진화론을 가르친 고등학교 생물학 교사 스코프스가 체포되어 7월 재판에 회부되었다. 이 재판에 전 미국의 관심이 집중되었고, 스코프스는 벌금 100달러의 유죄판결을 받았다. 이 법은 1967년에 와서야 폐지되었다.—옮긴이)에서부터 사회보장제도에 이르기까지, 부시 대통령이 원하는 것은 모든 세기를 해체하는 것이다. 뉴딜 정책의 가장 위대한 성과를 폐기할 수도 있다. 그 다음에는 거대한 사회안전망인 민주주의 프로그램을 폐기해서, 우리가 낸 세금과 사회보장제도가 부의 분배를 조금이라도 균등하게 만들어야 한다고 생각했던 지난 수십 년 동안의 일반적인 철학을 뒤엎을 수도 있다. 그런 제도를 때려 부수는 뻔뻔한 짓은 배리 골드워터Barry M. Goldwater(공화당 상원의원을 지내고 대통령 후보로 나서기도 했던 공화당 극우보수파 정치인—옮긴이)도 하지 않았을 것이다.

백악관에서는 사회보장제도가 1935년 제정될 때부터 변질되었다고 생각하는 듯하다. 그리고 그 역할을 개인의 예금으로 대체시키려 한다. 그렇게 되면 증권회사는 돈을 벌고 물려받은 재산이 없는 미국인들의 저축은 위태로워진다.

부시 대통령과 그 일당이 하려는 것은 뉴딜 정책을 훼손하는 것뿐만이 아니다. 환경 보호와 국민 안전을 약화시키고 소득세의 누진율을 없애서 프랭클린 루스벨트Franklin D. Roosevelt 대통령뿐 아니라 시어도어 루스벨트Theodore Roosevelt 대통령의 진보적인 유산까지 없애려고 한다.

역사에는 무자비한 모습을 보이면서도 독실한 신자인척 함으로써, 그들은 시어도어 루즈벨트 대통령과는 전혀 다른 새로운 통치 철학을 보여 주고 있다. 그것은 바로 대통령의 권한을 남용하는 것이다.

진화의 춤, 혹은 예술은 어떻게 시작되었는가

나탈리 앤지어

유대인 결혼식에 가본 적이 있다면, 조만간 하바 나길라Hava Nagila('우리 모두 기뻐하자'라는 뜻의 이스라엘 민속음악—옮긴이)의 전주가 흘러나오면서 사람들이 민속춤인 호라hora를 출 것이라고 예상할 수 있을 것이다. 호라를 어떻게 추는지 정말 몰라도, 다른 사람들의 손을 잡고 원형으로 서서 몸을 흔들고 발도 살짝 뻗어주면서 즐거운 척을 해야만 한다. 그리고 춤추는 내내, 이디시어Yiddish(중앙 및 동부 유럽에서 쓰이던 유대인 언어—옮긴이)에 '호라를 어떻게 추는지 알아내려고 여전히 다른 사람의 발을 애처로울 정도로 열심히 쳐다보는 여자'를 의미하는 단어가 정말 있는지 궁금해질 것이다.

개인적으로는 그렇게 팔다리를 마구 흔들던 시절이 지나갔음을 알리게 되어 기쁘고도 후련하다. 이번 달에 미시간대학교에서 예술의 진화론적인 가치와 왜 인간이 예술에 그토록 많은 시간을 소비하는지를 논하는 자유분방한 심포지엄이 열렸다. 발표자들은 손짓을 하면서 각자 규격화된 파워포인트로 자료를 발표했다. 종이접기로 상자를 만들거나 바닥에 글을 휘갈겨 쓰는 것을 좋아하는 것 같은 청중도 있었지만, 나는 한 신경생리학자가 호라를 어떻게 추는지 가르쳐주는 시간이 가장 흥미로웠다. 군대에서 잘 훈련된 듯 발을 함께 맞추는 동안, 나는 자유와 짜릿함을 느꼈다. 내가 기특하다는 생각이 들고 사랑받는 느낌이었다. 엄마에게 알려주고 싶을 정도였다. 춤추는 사람들은 다 그럴 것 같았다.

심포지엄에서 가장 중요한 발표 시간에는 시애틀의 워싱턴대학교와 교류하는 독립 연구자인 엘런 디사나야키Ellen Dissanayake가 예술의 진화에 관한 폭넓은 이론을 발표했다. 익숙한 주제와 새롭고 급진적인 주제를 재치 있게 섞은 이론이었다. 그녀의 추정에 따르면 예술에 대한 충동은 태어날 때부터 인류에 내재하며, 아주 오래되고 보편적이며 끈질긴 것이어서 거의 선천적인 것임에 틀림없다. 인류의 예술성이 우연히 생긴 것이라고 말하는 학자들도 있다. 문제를 풀기 위해 진화하고 금방 따분함을 느끼는 커다란 뇌의 부산물이라는 것이다. 하지만 디사나야키는 창조의 욕구가 스스로 환경에 적응해나가는 행위의 모든 특징을 갖추고 있다고 주장한다. 예술 활동은 막대한 시간과 자원을 소요하는데, 그것은 디사나야키가 보기에 진화 후반부에서 일어날 것으로는 기대하지 않았던 낭비적인 특성이다. 또한 예술은 우리에게 즐거움을 주는데, 우리에게 즐거움을 주는 활동은 아주 중요하기 때문에 우연히 생겼다기보다 진화의 산물로 봐야 한다는 것이 그녀의 말이었다.

예술 활동의 기저에 있는 목적은 과연 무엇일까? 제프리 밀러Geoffrey Miller와 다른 이론가들은 예술이 성적 과시 행동의 일부라고 주장한다.

자신의 재능 있는 유전자를 과시하는 수단이라는 것이다. 그러나 디사나야키의 생각은 다르다. 현대 서양인들에게 예술은 현실과 동떨어진 세계처럼 보인다는 것이다. 그 엘리트들의 활동 무대에서 거만한 허풍쟁이와 소수의 선지자가 높은 지위를 두고 경쟁한다고 볼 수 있다. 하지만 다양한 전통 문화 사이에서, 그리고 인간의 역사에서 대부분의 시간 동안 예술은 수확기에 추는 춤이나 종교 행사, 누비이불 만들기 모임, 그리고 프랑스의 샤르트르와 랭스, 아미앵에 첨탑을 남긴 도시 간의 치열한 경쟁의식 같은 심오한 공통 관심사이기도 했다.

디사나야키를 비롯한 다른 사람들은 예술이 생긴 이유가 소수에게 세간의 이목을 집중시키기 위해서가 아니라 많은 사람을 불러 모아 행렬에 참여시키기 위해서였다고 말한다. 그다지 놀라울 것이 없는 말이다. 심포지엄에서 우리의 호라 선생님인 사이먼 프레이저대학의 스티븐 브라운Steven Brown도 같은 말을 했으니 말이다. 노래하고 춤추고, 그림 그리고, 신경정신과 의사를 찾는 신경증 환자에게 우화를 들려주고, 그게 아니면 디사나야키가 '예술화artify'라고 부르는 활동을 하면서, 사람들은 단시간에 열정적으로 단합하게 되고, 낯선 사람들끼리도 서로를 동족으로 여기게 된다. 예술의 조화로운 마법을 통해 상대적으로 나약한 개인은 시끌벅적한 군중의 힘을 얻을 수 있고 세상과 맞설 수 있는 사회적 단위로서 긴밀히 협력하게 된다.

빙엄턴대학교의 진화 이론학자인 데이비드 슬로언 윌슨David Sloan Wilson은 그와 비슷한 힘을 갖는 사회적 묘약은 문화와 시간을 포괄하는 또 다른 충동인 종교밖에 없다고 말했다.

날씬한 몸매에 상냥한 목소리, 탄력 있는 회색 단발머리의 여성으로 손주가 있으며 다채로운 배경의 소유자인 디사나야키는 클래식 피아니스트 교육을 받았지만, 코끼리 연구를 위해 남편과 함께 스리랑카로 이주했을 때 생물학과 인류학에 푹 빠졌다. 박사 학위는 없지만 폭넓게 논문을 발표했고, 최근에 나온 『예술과 친교: 예술은 어떻게 시작되었나 *Art and Intimacy: How the Arts Began*』(2012)를 비롯해서 디사나야키가 쓴 책은 다윈 이론가와 예술사가들 모두에게 고전으로 통한다.

디사나야키의 진화 체계 중에서도 가장 급진적인 요소는 예술이 시작된 계기에 관한 개념일 것이다. 그는 가장 고귀한 예술 작품들에도 들어 있는, 규정된 문체와 성조, 기본 성질, 등 예술의 여러 기본 요소가 의사소통의 가장 원시적인 형태인 엄마와 아기 사이의 친밀한 상호 의사소통에서 비롯된 것으로 볼 수 있다고 주장한다.

디사나야키와 공동 연구자들은 서로 다른 다양한 문화권에서 아기와 엄마의 상호작용을 수백 시간 동안 연구한 후, 엄마와 아기의 유대관계를 특징짓는 보편적인 활동을 알아냈다. 그것은 엄마와 아기 사이에 무의식적으로 자연스럽게 일어나지만, 정형화된 규칙이 있는 시각과 몸짓, 음성 신호이다. 그런 신호에는 서로 부르고 대답하기, 엄마가 아기에게 쓰는 특유의 말투, 눈 크기가 커지는 것, 과장된 웃음, 반복과 변화, 아기를 어르는 엄마의 말에 반응하는 아기의 웃음 등이 있다. 엄마와 아기의 접촉 규칙에는 정해진 속도와 예상할 수 있는 일련의 반응이 있는데, 그런 규칙에서 벗어나거나 목소리 높이가 거슬리거나 아이가 좋아서 내는 소리와 엄마가 머리 흔드는 행동 사이에 간격이 너무 길거나 짧으면 엄마나 아기는 짜증을 내거나 지루해 할 수 있다.

디사나야키에게는 엄마와 아기를 묶어 주는, 빈틈없이 구성된 그 의식이 예술의 중심적인 기법이나 구조와 아주 비슷해 보인다. 그는 "이런 의식화된 활동, 그러니까 엄마와 아기 사이에 연계된 신호는 심미적인 활동이기도 하다. 예술가들이 하는 것이 바로 그 심미적인 활동이다. 안무를 짜거나 음악을 작곡할 때는, 알게 모르게 자신의 기대를 정형화하고 과장하고 반복하고 조종하면서 자신이 표현하려는 주제를 역동적으로 변화시키고 있는 것"이라고 말했다. 우리는 세상의 어머니들이 수십만 세대에 걸쳐 사용했던 의사소통 수단을 더불어 사용하고 있는 것이다.

예술을 할 때는 사랑할 때나 호라를 출 때와 마찬가지로, 어떻게 하는지 모르면 잘하는 척 다른 사람들을 속일 수 없다.

생명의 기원에 관한 가장 중요한 수수께끼가 풀린 듯하다

니콜라스 웨이드

영국 화학자가 RNA 세계로 가는 숨겨진 문을 찾아낸 건지도 모르겠다. RNA 세계는 약 38억 년 전, 최초의 생명체가 지구에 출현했을 무렵의 화학적 환경을 말한다.

영국 화학자의 발견은 20년간 생명의 기원을 밝히려 애쓰는 연구자들을 좌절에 빠뜨렸던 '뉴클레오티드nucleotides라는 RNA의 구성요소가 원시 지구환경에서 어떻게 자연 발생적으로 조립될 수 있었는가'라는 문제를 해결할 수 있을 것으로 보인다.

이번 발견이 맞는다면, 연구자들은 생명의 기원에 관한 수많은 다른 수수께끼를 푸는 올바른 길에 들어선 셈이 된다. 또한 정보를 운반하는 생물 분자가 어떻게 원시 지구의 화학적 환경에서 자연적으로 발생했는지 그럴싸하게 설명할 수 있게 되었다는 뜻이기도 하다.

논문 발표자인 맨체스터대학교의 존 D. 서덜랜드John D. Sutherland 박사는 인터뷰에서 자신의 연구가 첫 번째 힌트를 풀면 다음 힌트는 쉬워지는 십자말풀이와 비슷하다고 말했다. "우리가 정말 가로줄 문제 하나를 풀었는지는 아직 확실하지 않다. 한편으로 혹시나 틀리지는 않았는지 걱정스럽기도 하다."

하지만 다른 연구자들은 서덜랜드 박사가 최초의 살아 있는 세포가 탄생하기 전의 천연 화학반응을 연구하는 '생물 이전의 화학' 분야에서 중요한 발전을 이루었다고 생각한다.

매사추세츠 종합병원의 잭 W. 조스택Jack W. Szostak은 《네이처》에 기고한 해설문에서 "서덜랜드 박사의 연구는 정확하다. 그의 연구가 수많은 새로운 연구 방향을 제시했고, 그로 인해 앞으로 오랫동안 연구가 계속될 것이기 때문이다"라고 말했다.

오랫동안 과학자들은 최초 생명체의 생물학 정보는 DNA가 아니라 화학적으로 가까운 사촌인 RNA에 들어 있었을 것으로 추정했다. 하지만 20년간 연구했음에도 뉴클레오티드가 어떻게 자연적으로 조립될 수 있었는지 적절하게 설명하지 못했다.

뉴클레오티드는 염기와 리보스ribose라는 당糖 분자, 그리고 인산기燐酸基로 구성된다. 화학자들은 천연 화학물질에서 이런 성분이 저마다 자연적으로 생성되었던 과정은 금방 밝혔지만, 세 가지 성분이 자연적으로 결합했던 과정은 밝히지 못했다.

제럴드 F. 조이스Gerald F. Joyce와 레슬리 E. 오걸Leslie E. Orgel 같은 유수의 과학자들은 논문에서 원시 지구에 뉴클레오티드가 자연적으로 출현한 것은 "기적에 가까웠다"라고 표현했다. 다른 이들은 절망에 빠진 나머지 RNA에 앞서 나타난 다른 분자가 틀림없이 있었을 것이라며

RNA 세계 이전의 존재를 찾기 시작했다.

하지만 그 기적이 이제는 설명된 듯하다. 목요일 《네이처》에 실린 기사를 보면 서덜랜드 박사와 동료인 매튜 W. 파우너Matthew W. Powner, 베아트리스 걸런드Beatrice Gerland는 예전에 다른 사람들이 사용했던 것과 같은 시작 화학물질starting chemical을 사용했지만, 다른 사람들과는 다른 순서와 조합으로 그 화학물질을 반응시켰다. 그들의 실험방법은 직관을 통해 얻은 것이 아니라, 10년 동안 가능성 있는 화학물질로 해볼 수 있는 모든 조합을 시험해 본 후 얻은 것이었다.

그들은 시작 화학물질에서 당과 염기가 반반씩 섞인 화합물이 자연적으로 생겨난다는 사실을 알게 되었다. 여기에 다시 당과 염기를 반반씩 추가하면 리보시티딘 인산ribocytidine phosphate이라는 RNA 뉴클레오티드가 생긴다. 그 혼합물에 자외선을 쪼이면 또 다른, 두 번째 뉴클레오티드가 생겨난다.

서덜랜드 박사는 RNA 분자에 있는 나머지 두 종류의 뉴클레오티드가 자연적으로 생성되는 과정은 아직 밝히지 못했지만, 그보다는 처음 두 종류의 뉴클레오티드를 합성하는 쪽이 더 어려울 것 같다고 말했다.

네 종류의 뉴클레오티드 모두가 자연적으로 생성되고 나면, 서로 결합해서 당과 인산기가 교차하면서 기본 분자구조를 이루는 RNA 분자가 만들어진다. RNA 분자 속에서 당에 붙어 있는 염기는 각각 의미하는 생물학 정보에 따라 네 개의 알파벳 문자로 표시된다.

서덜랜드 박사는 "추정컨대 우리 인간은 유기화학의 기본적인 결과물로서 지구에 존재하는 것"이라고 말했다.

서덜랜드 박사가 설명하는 화학반응에 다른 화학자들도 대부분 수긍하는 것 같다. 샌디에이고의 스크립스연구소에서 생명의 기원을 연구하는 화학 전문가인 조이스 박사는 "화학은 빈틈이 전혀 없어서 모든 결과물이 완전하다. 그리고 화학은 단순하다"고 말했다.

서덜랜드 박사가 복원한 것 중에서 인산염은 하나의 구성성분으로서뿐 아니라 촉매로서, 그리고 산성을 조절하는 측면에서도 중요한 역할을 한다. 조이스 박사는 인산염의 역할에 깊은 인상을 받았다면서 "그걸 보고 내가 탄소 기반의 생명체가 아니라 인산염 기반의 생명체라는 생각이 들었다"고 말했다.

서덜랜드 박사의 주장에 모두가 동의하는 것은 아니다. 뉴욕대학교의 화학자 로버트 샤피로Robert Shapiro 교수는 서덜랜드 박사의 방법이 "RNA 세계로 가는 합당한 길에 관한 내 기준에는 절대 미치지 못한다"고 말했다.

서덜랜드 박사의 주장이 옳다면, 생명의 기원을 재현하는 과정에서 수많은 문제를 푸는 데 도움이 되는 여건이 조성될 것이다. 다윈은 1871년 식물학자인 조셉 후커Joseph Hooker에게 보낸 유명한 편지에서, 생명이 "온갖 종류의 암모니아와 인산염이 함유된 따뜻하고 작은 연못에서" 시작되었을 것으로 추정했다. 하지만 요즘 사람들은 생명의 시발점이 그 따뜻하고 작은 연못이 아니라 화산의 뜨거운 틈이나 해저에 줄지어 있는 심해 분출구처럼 다소 색다른 환경일 것이라고 생각한다.

그런데 서덜랜드 박사의 보고서는 다윈의 생각을 뒷받침한다. 박사가 주장하는 화학반응은 중간 온도에서 발생하며, 최적의 온도는 섭씨 60도이다. 서덜랜드 박사는"태양이 뜨면 물이 증발하는 따뜻한 연못의 온도와 일치한다"고 말했다.

그리고 서덜랜드 박사의 주장에서는 자외선이 꼭 있어야 하므로 생명이 시작된 곳에서 심해 분출구는 제외되어야 마땅할 것이다.

유인원과 인간의 관계를 증언하는 화석 발굴

오늘 영국의 유명 인류학자인 루이스 S. B. 리키Louis S. B. Leakey 박사가 최근 발굴한 두개골이 인간과 남아프리카 원인猿人(100~300만 년 전에 생존했던 가장 오래되고 원시적인 화석 인류를 통틀어 이르는 말—옮긴이)을 잇는 연결고리라고 발표했다.

리키 박사는 아내와 함께 27년 전 탕가니카Tanganyika(아프리카 중동부에 있었던 공화국으로, 1964년 잔지바르와 합병하여 탄자니아가 되었음—옮긴이)의 올두바이 협곡에서 탐사를 시작한 이래, 지난 7월 17일 두개골을 발견했으며 60만~100만 년 정도 된 것으로 추정했다.

리키 박사 말로는 거의 온전한 상태인 그 두개골이 도구를 만들어 사용한 인간의 것으로는 그동안 발견된 것 중에 가장 오래되었으며, 인간과 유인원이 한 무리에서 진화해 나왔다는 다윈의 견해가 사실이라는 강력한 증거라고 말했다.

리키 박사가 밝힌 두개골의 특징은 커다란 치아와 작은 뇌강腦腔(두개골에서 뇌가 위치하는 넓은 공간—옮긴이), 아주 큰 얼굴이었다. 두개골의 주인은 약 18세의 젊은이로 추정되며 주로 견과류를 먹었고 쥐나 뱀, 도마뱀 등을 먹기 시작할 때였다고 한다.

사인은 폭행 외에 폐렴의 가능성도 있으며 하이에나가 시신을 훼손하지 못하게 동료들이 가시덤불을 덮어 놓은 것 같았다. 그리고 얼마 지나지 않아 협곡에 물이 차 호수가 생기면서 시신이 물에 잠기는 바람에 온전히 보전될 수 있었다.

리키 박사는 기자회견에서 지난주 벨기에령 콩고의 레오폴드빌에서 열린 제4차 범아프리카 선사시대 회의에서 이 발견을 공개했지만, 과학계 밖의 일반 사람들은 그 중요성을 아직 모른다고 말했다. 하지만 당시 회의에 참석했던 최고 권위자들만큼은 그 두개골이 진짜라는 것에 동의했고 그의 발견을 아주 기뻐했다.

리키 박사는 "오랫동안 많은 과학자가 남아프리카 원인('오스트랄로피테쿠스'나 '파란트로푸스')과 우리가 알고 있는 진짜 인간(자바섬이나 중국에서 발견된 원시 '피테칸트로푸스'에서부터 북아프리카의 '아틀란트로푸스'나 유럽의 슈타인하임과 스완즈컴에서 발견된 두개골의 주인까지 포함) 사이의 연결고리를 찾기 위해 애썼다. 이제 드디어 그 연결고리를 찾아낸 것"이라고 말했다.

"우리는 올두바이 두개골을 그 두개골 주인이 살던 시대의 지층에서 발견했다. 올도완Oldowan이라고 하는 아주 원시적인 석기시대 유적과 함께 발굴한 것이다. 같은 지층에는 먹이로 삼았던 동물과 새, 도마뱀의 뼈도 있었다."

리키 박사는 두개골의 특징이 오스트랄로피테쿠스나 피테칸트로푸스와는 확연히 다르다고 말했다. 그런 특징 중에는 훨씬 더 원시적인 것처럼 보이는 것도 있지만, 피테칸트로푸스나 호모 사피엔스 쪽에 훨씬 더 가까운 것도 있었다. 치아와 입천장은 그 전까지 인간과 비슷하다고 알려진 화석 중에서 가장 큰 것보다도 훨씬 더 컸다.

대멸종에 관한 두 가지 이론 등장

월터 설리번

먼 옛날 지구에 발생했던 대멸종mass extinction과 기후 변화에 관해, 대재앙이 일어나고 그로 인해 생긴 잔해가 지구를 둘러싸면서 햇빛을 차단했기 때문이라고 설명하는 두 가지 이론이 등장했다.

하나는 소행성이 지구에 직접 충돌하면서 생긴 폭발로 잔해가 거의 모든 햇빛을 수년간 차단했다는 것이다. 이 이론으로 6500만 년 전에 공룡을 비롯한 수많은 생물체가 멸종한 이유를 설명할 수 있다.

다른 하나는 달에서 화산이 폭발하여 그 잔해가 지구 궤도를 둘러싸면서 마치 토성처럼 지구 적도 둘레에 고리를 형성했다는 것이다. 그 고리는 지구에서 겨울인 반구의 일부 지역에 쏟아지는 햇빛을 차단해서 기온을 급격하게 떨어뜨렸을 것이다. 최근 발견된 증거를 보면 잔해의 일부는 용해된 물질이 작은 방울처럼 굳은 형태로 최소한 지구의 절반 정도를 덮었다.

6500만 년 전 백악기 말엽에 발생했던 대멸종에 관해 지금까지 다양한 설명이 나왔는데, 그중에는 지구에서 가까운 초신성이나 은하가 폭발하면서 나온 방사선이 원인이라는 주장도 있었다.

초신성 폭발 이론을 선호하는 사람 중에 캘리포니아대학교 버클리 캠퍼스의 루이스 W. 앨버레즈Luis W. Alvarez 박사와 월터 앨버레즈Walter Alvarez 박사가 있다. 그런데 요즘 두 사람은 대멸종의 원인이 지름 9.6킬로미터 정도의 소행성이 충돌한 것이라는 주장을 내놓았다. 소행성이 지구와 충돌하면서 발생한 먼지가 성층권을 가득 채워 수 년 동안 햇빛을 차단했다는 것이다.

로렌스버클리연구소의 프랭크 어사로Frank Asaro와 헬렌 V. 미셸Helen V. Michel 같은 과학자들은 《사이언스》 최신호에 그에 관한 독자적인 가설을 발표했다.

화석을 살펴보면 지상 식물과 작은 동물은 대멸종을 피한 것 같은데, 씨앗과 뿌리는 햇빛 없이도 몇 년 동안 생존할 수 있기 때문이다. 해초는 사라졌을 것이고 식물을 먹고 사는 대형 동물도 마찬가지 운명이었을 것이다. 좀 더 작은 동물은 곤충이나 썩어가는 채소를 먹고 살아갈 수 있었을 것이다.

소행성 충돌설의 근거는 그 당시 쌓인 퇴적암에 이리듐이 비정상적으로 많이 들어 있다는 것이다. 이리듐은 지구의 암석보다 운석(그리고 소행성에도)에 훨씬 더 많이 들어 있다.

메릴랜드주 그린벨트에 있는 미 항공우주국 비행센터의 존 A. 오키프John A. O'Keefe 박사는 좀 더 최근에 지구가 화산 폭발 잔해로 뒤덮인 적이 있다고 주장했다. 오키프 박사는 과거 여러 차례 지구에 떨어진 '텍타이트tektite'라는 유리처럼 생긴 조각을 연구하는 전문가이다.

오키프 박사는 영국 학술지 《네이처》 최근호에서 약 3400만 년 전 지구에 세 차례의 대재앙이 닥쳤다고 했는데, 지구 표면의 광범위한 지역에 최소한 10억 톤의 텍타이트가 쏟아져서 북반구의 겨울 기온이 급락했으며 바다에서 번성했던 다섯 종의 해양 생물이 멸종했다는 주장이었다.

오키프 박사가 생각하는 원인은 달에서 일어난 화산 폭발이었다. 그 결과로 생긴 250억 톤의 잔해가 지구 궤도를 덮었다는 것이다. 그중에서 대략 10억 톤의 잔해가 대기를 뚫고 지상으로 떨어졌다. 나머지는 채 1년이 안 되어 적도 상공에서 6,400~19,300킬로미터 높이에 고리를 형성했다. 그 고리는 태양이 남반구에 있을 때, 겨울철인 북반구의 고위도 지방으로 가는 햇빛을 차단했다.

몇 차례에 걸쳐 지구로 쏟아진 텍타이트는 지구 전체에 드넓은 '텍타이트 비산지역'을 만들었다. 뉴포트에 있는 델라웨어대학교의 빌리 P. 글래스Billy P. Glass 같은 일부 과학자들은 거대한 운석이 지구와 충돌한 다음 폭발하면서 비산지역이 만들어졌다고 생각한다.

오키프 박사 말로는, 글래스 박사와 동료들이 최근 텍타이트 비산지역을 설명하면서 그 범위가 미국에서 시작해 지구 반 바퀴를 돌아 카리브해를 거치고 태평양을 건너 인도양까지 걸쳐 있다는 말을 했다고 한다.

텍타이트는 3400만 년 전 쌓인 심해의 깊은 퇴적층에서 발견되는데, 그 퇴적층은 따뜻한 바다에서 번성했던 다섯 종의 방산충이 우연히 그 시기에 멸종했다는 것을 나타낸다. 바다가 갑자기 방산충이 살기에는 너무 추울 정도로 냉각되었다는 방증이다. 방산충은 골격이 뾰족한 못이나 구멍이 숭숭 뚫린 공 모양으로 생긴 단세포 유기체이다.

캘리포니아주 멘로파크에 있는 미국 지질조사국 사무소에서 근무하는 잭 A. 울프Jack A. Wolfe 박사는 지구 고위도 지방의 기온이 갑자기 급락했다는 증거를 수집했다. 그리고 화석 자료에서 3,400만 년 전보다 더 이른 시기에 워싱턴주의 퓨젯사운드 지역의 초목이 열대 우림의 초목과 비슷했다는 것을 알아냈다.

울프 박사의 말로는 당시 북반구의 중위도부터 고위도에 이르는 지역에서 초목에 "급격한 변화"가 일어났다고 한다. 잎이 넓은 상록수가 추운 곳에 사는 낙엽수로 바뀐 것이다. 종의 다양성도 감소했다.

울프 박사는 알래스카의 연평균 기온이 섭씨 14도 정도 급락했다고 추정한다. 게다가 여름과 겨울의 평균 기온 차이도 섭씨 4.4도에서 27.8도로 급격하게 늘어났다.

이 시기에 큰 변화가 일어나서 에오세Eocene epoch(신생대 제3기 중에서 두 번째 시기를 말하는데 세계 각처의 에오세 지층에는 많은 석탄이 퇴적되어 있다.—옮긴이)가 막을 내렸다는 것은 오래전부터 잘 알려진 사실이다. 사람들은 그 과정이 점진적으로 진행되었다고 추정하지만, 울프 박사는 지질학적으로 볼 때 지구 자전축의 기울기가 급해지면서 빠르게 진행된 것이 분명하다고 본다.

오키프 박사는 지구가 극지방보다 적도지방이 더 부풀어 있어서 아주 안정적이므로 회전축에 급격한 변화가 발생할 수 없다면서 울프 박사의 주장을 부정했다.

성간 먼지구름이 태양계를 지나면서 지구의 기온이 내려가고 빙하시대가 도래했다는 주장도 나왔다. 그러나 지난주 글래스 박사는 그 주장으로는 텍타이트를 설명할 수 없다고 말했다. 성간 먼지구름은 우주 방사선(우주선)에 노출된 흔적을 지구에 남기지도 않고 태양계 안에 오래 머물지도 못하기 때문이다.

처음엔 북미에 한정되었던 텍타이트 비산지역이 최근 인도양까지 확장된 것은, 태평양 적도 인근의 네 곳과 인도양 한 곳에서 채취한 침전물 속의 텍타이트가 생성 시기 및 성분 면에서 북미의 텍타이트와 동일하다는 것이 밝혀졌기 때문이다. 그런 단서가 텍타이트 비산지역 전체를 설명하지는 못하지만, 글래스 박사는 이를 근거로 지상에 떨어진 텍타이트가 최소한 100억 톤에 달할 수도 있다고 말한다.

글래스 박사가 말하는 텍타이트 양은 동남아시아와 오스트레일리아, 인도양을 포함하며 약 70만 년 전에 생성된 또 다른 지역을 포함하는 수치이다. 그 지역에 떨어진 텍타이트는 글래스 박사와 동료들의 추정으로는 1억 톤에 달하며, 텍타이트 낙하 시기가 지구 자기장이 반대로 뒤바뀌었던 시점과 일치한다.

100만 년 전에 아프리카의 아이보리코스트와 인근에 떨어진 소규모 낙하는 또 다른 자기장 역전과 관련이 있는 것 같다. 글래스 박사는 지구에 커다란 물체가 충돌할 때 (항상은 아니지만) 지구 자기장의 역전이 일어났을 것으로 추정한다. 3500만 년 전에는 지구 자기장이 역전된 횟수가 약 105차례에 달했다. 반면, 그 이후로 지구에 재앙이 될 만큼 큰 충격을 주었을 것으로 추정되는 (지름이 9.6킬로미터를 넘는) 커다란 크레이터는 단지 여섯 개만 남아 있다.

나머지 다른 크레이터는 바다 밑에 숨어 있을지도 모르지만, 어쨌든 모든 자기장 역전을 설명하기에는 부족하다. 그래서 지구 자기장이 저절로 역전되었다고 말하는 학자들도 있다.

텍타이트는 매번 떨어질 때마다 구성과 생성 연대가 다르다. 3400만 년 전에 떨어진 텍타이트는 세 가지 형태가 있다. 투명한 것, 불투명한 흰색에 칼슘 함량이 높고 철 함량은 낮은 것, 그리고 불투명한 검은색에 철과 마그네슘이 풍부한 것 등이다.

오키프 박사는 적도 6,400~19,300킬로미터 상공에 형성되었던 이런 텍타이트 고리가 햇빛의 75퍼센트를 차단했을 것이라고 말한다.

공룡에 관한 새로운 이론: 다수의 운석 충돌로 공룡이 멸종되다

윌리엄 J. 브로드

지난 10년 넘게 대부분의 과학자들은 공룡이 단 하나의 사건으로 멸종했다고 생각했다. 우주에서 날아온 거대한 물체가 지구에 충돌했고, 수소폭탄 수억 개와 맞먹는 강력한 폭발이 일어나 화염이 폭풍처럼 몰아치고 짙은 먼지구름이 지구를 둘러싸면서 햇빛을 차단하여 전 세계의 기온이 급락했다는 것이다.

이 이론은 1991년 유카탄반도의 끄트머리에서 땅속에 묻혀 있던 크레이터가 발견된 다음에 널리 인정받았다. 유카탄반도의 거대한 크레이터는 지름이 177킬로미터에 달했고, 생성 시기는 6500만 년 전으로 공룡이 멸종한 시기와 일치했다.

그런데 최근 우크라이나에서 연구 중인 과학자들이 그곳에 있는 지름 24킬로미터 정도의, 작지만 유명한 크레이터의 연대 측정이 잘못되었다는 사실을 밝혔다. 그 크레이터가 실제로는 6500만 년 전에 생성되었으며 크레이터를 남긴 대폭발이 공룡을 멸종시켰을 가능성이 높다는 말이었다.

마찬가지로 영국 연구팀도 최근 북해의 해저에서 생성 시기가 그와 비슷하고 여러 개의 동심원이 있는 지름 19킬로미터짜리 크레이터를 발견했다.

이런 일련의 발견은 우주에서 날아온 치명적인 살상 물체가 때로는 한 쌍이나 한 무더기로 떨어졌을 수도 있다는 생각을 뒷받침하며, 최후의 타격이 가해져서 멸종되기 전까지 많은 생물종이 크게 동요했기 때문에 화석에 남은 멸종의 흔적이 그렇게 뒤죽박죽인 것이라고 설명하고 있다.

프린스턴대학교의 지질학과 교수이자 고생물학자이며 우주에서 쏟아진 폭격과 생명체의 대격변 간의 연관성을 연구하는 거타 켈러Gerta Keller 박사는 "그건 아주 명확하다. 복수의 충돌이 있었음을 의미하는 새로운 자료가 지난 몇 년간 어마어마하게 많이 쌓였다"고 말했다.

켈러 박사는 "오래된 생각은 쉽게 사라지지 않는 법"이라며 많은 학자가 공룡을 멸종시킨 재난은 단 하나였다는 쪽에 학자로서의 평판을 걸고 있으며 새로운 증거는 쳐다보지도 않는다고 했다.

켈러 박사는 연구를 통해 복수의 충돌이 실제로 있었다고 주장하면서 정말 공룡을 멸종시킨 주범이 유카탄반도에 '칙술루브Chicxulub'라는 크레이터를 남긴 암석이라는 주장에 의문을 제기했다. 공룡 멸종의 주원인은 "아직 밝혀지지 않았다"는 것이 켈러 박사의 입장이었다.

전 세계 과학자들이 백악기 말엽에 전 세계적으로 (공룡뿐 아니라 수많은 식물과 물고기, 플랑크톤을 포함한) 수천 종이나 되는 생명체가 멸종한 사건에 관한 단서를 찾아서 새로운 크레이터를 찾고 기존 크레이터의 연대를 다시 측정하느라 한바탕 소동이 벌어졌다.

영국 오픈대학교의 사이먼 P. 켈리Simon P. Kelly 박사는 "지구에서 확인된 크레이터만 170개가 넘는데 그중에서 정확한 충돌 연대가 밝혀진 것은 절반에 불과하다"고 말했다. 켈리 박사는 우크라이나 지질학연구소의 유진 P. 구로프Eugene P. Gurov 박사와 함께 우크라이나 크레이터의 연대 측정 오류를 찾아냈던 장본인이다. 미국에도 제대로 연대 측정이 되지 않은 크레이터가 몇 개 있다고 한다.

켈리 박사는 인터뷰에서 "영국에는 '버스를 한 시간 동안 기다린 다음에는 세 대가 한꺼번에 도착한다'는 말이 있다. 운석 충돌이 아마 그와 비슷할 것이다"라고 말했다.

우주에서 거대한 불청객이 날아와 공룡을 절멸시켰다는 생각은 1980년 물리학자 루이스 W. 앨버레즈 박사와 그의 아들인 월터 앨버레즈 박사, 그리고 캘리포니아대학교 버클리 캠퍼스의 동료들이 공동으로 제안했다. 처음에는 회의적으로 보는 시각이 대다수였지만, 결국 보편적인 생각으로 자리 잡았다.

지질학자인 월터 앨버레즈 박사는 1997년 출판된 『티라노사우루스 렉스와 죽음의 크레이터*T. Rex and the Crater of Doom*』에서 1991년까지 복수 충돌설의 가능성을 깊이 생각했으며 그 자체로 충분히 수수께끼의 해답이 될 것 같은 거대한 유카탄 크레이터의 발견도 살펴보았다고 말했다.

켈리 박사와 구로프 박사는 《유성학과 행성학*Meteoritics & Planetary Science*》 8월호에 우크라이나에서 연구하는 동안 발견한 것들을 발표했다. 두 사람은 지질시대에 우크라이나와 유카탄 등 두 지역에서 생긴 크레이터가 "복합적으로 작용하면서" 백악기 말엽에 "대규모 멸종이 발생한" 증거라면서, 우주에서 날아와 멸종을 유발했다는 다른 물체들에 관해서는 의문을 제기했다.

새로 연대 측정이 이루어진 '볼티시Boltysh'라는 크레이터는 우크라이나 서부를 흐르는 드네프르강의 지류인 티아스민강 유역에 있다. 볼티시 크레이터는 한동안 땅속에 묻혀 있다가 녹고 부서져서 뒤엉킨 암석이 노출되면서 사람들에게 발견되었다. 지름은 24킬로미터 정도지만 암석 잔해가 주변 수백 제곱미터에 걸쳐 원형으로 펼쳐져 있다. 맹렬한 지각 변동이 발생했음을 짐작할 수 있는 모양새다. 켈리 박사와 구로프 박사는 보고서에 요즘 이런 충돌이 발생한다면 인구밀도가 높은 나라는 쑥대밭이 될 것이라고 썼다.

오랫동안 과학자들은 볼티시 크레이터에서 가져온 암석 샘플을 분석한 다음 대략 8천8백만~1억 5백만 년 전에 생성된 것으로 추정했다.

켈리 박사와 구로프 박사는 크레이터의 생성 연대를 새로 측정하면서 아르곤-아르곤 연대측정법을 사용했다. 지구 대기에 1퍼센트 정도 존재하며 무색무취인 아르곤 가스의 두 가지 동위원소 비율을 세심하게 측정하는 고도로 정확한 방법이다. 이 방법은 두 가지 동위원소의 붕괴 속도가 서로 다르다는 점을 이용한다. 그 비율을 측정함으로써 암석 샘플이 녹으면서 대기 중의 아르곤을 암석 내부에 가둔 시기가 얼마나 오래전이었는지 추정할 수 있다.

두 박사는 볼티시 크레이터의 바닥 깊은 곳에서 채취한 녹은 암석 샘플 일곱 개의 생성 시기가 평균 6520만 년 전이며 정확도는 앞뒤로 60만 년이라고 발표했다.

반면, 칙술루브 크레이터의 생성 시기는 6550만 년 전에서 앞뒤로 60만 년이었다. 추정 범위의 오차를 고려하면, 크레이터를 남긴 두 충격은 동시에 일어났거나 수천 년 정도의 간격을 두고 일어났을 수 있다.

최근 들어 과학자들은 혜성이 무리지어 날아왔을 수도 있다는 견해를 더 긍정적으로 검토하고 있다. 이렇게 혜성이 약 100만 년에 걸쳐 지구에 빗발치듯 쏟아지면서 대멸종을 불러왔다고 추정하는 학자들은 1980년대만 해도 많지 않았다. 그런데 1994년 '슈메이커-레비 9Shoemaker-Levy 9' 혜성이 목성의 중력에 의해 스물한 개의 식별 가능한 조각으로 부서진 다음 하나씩 지구로 떨어지는 상황이 발생하면서 다시 사람들의 지지를 얻게 되었다.

켈리 박사와 시카고대학교, 뉴브런즈윅대학교의 동료들은 1998년 《네이처》에 기고한 글에서 2억 1400만 년 전에 그와 비슷한 종류의 우주 물체가 지구에 비 오듯 쏟아진 적이 있었다고 주장하면서, 연대를 정확하게 측정할 수 있었던 증거를 함께 제시했다. 그리고 유럽과 북미에 넓게 퍼져 있는 다섯 개의 크레이터가 거대한 혜성이나 소행성이 부서지면서 동시다발적으로 지구에 충돌한 증거라고 말했다.

최근 켈리 박사는 볼티시 크레이터와 칙술루브 크레이터가 연쇄적으로 거의 동시에 생성되었을 확률은 크지 않다고 말했다. 전문가들은 두 크레이터의 생성 시기가 같지 않고 그저 가까운 정도일 뿐이라고 해도, 공룡과 다른 생명체를 멸종시켰던 전 세계적인 대혼란에 연속적인 충격을 더할 수는 있었을 것으로 보고 있다.

영국의 석유 지질학자 두 명이 북해의 바닥에서 발견한 또 다른 크레이터도 있다. 수십 미터 두께의 부드러운 진흙 속에 묻혀 있었던 그 크레이터는 아마도 지구 대혼란에 힘을 보탰을지도 모른다. 크레이터를 발견한 사이먼 A. 스튜어트Simon A. Stewart와 필립 J. 앨런Philip J. Allen은 8월 1일자 《네이처》에 실린 기사에서 지름이 19킬로미터인 그 크레이터의 생성 시기가 6000~6500만 년 전으로 추정된다고 말했다. 두 사람은 크레이터의 이름을 인근에 있는 해저 수로의 이름을 따서 '실버핏Silverpit'으로 붙였다.

전문가들은 새로 발견된 크레이터가 단일 충돌 이론에 대한 오래된 비판에 답이 될 수 있을 것으로 보았다. 비평가들, 특히 공룡의 멸종 속도를 전문적으로 연구하는 학자들은 오래전부터 백악기 후기의 화석을 근거로 들면서 수많은 생명체가 단번에 대규모로 절멸했다기보다는 개체수가 천천히 감소했다고 주장했다. 우주에서 날아온 대재앙과는 상반되는 듯한 주장이었다.

하지만 볼티시와 실버핏, 그리고 칙술루브 크레이터 간의 관계가 드러나면서, 그런 일련의 충돌이 개체 수의 완만한 감소를 직접 유발했거나 기여했다고 볼 수도 있다.

프린스턴대학교의 켈러 박사와 동료들은 6500만 년 전에 약간의 시차를 두고 우주에서 날아와 충돌한 또 다른 불청객의 흔적을 찾았다고 발표했다. 개체 수가 천천히 감소했다는 주장에 힘을 실은 것이다.

켈러 박사 일행은 멕시코 남동부에서 연구하던 중, 한때 칙술루브 크레이터를 만든 충돌 물체에서 떨어져 나온 것으로 생각했던 유리구 모양의 녹은 암석들이, 약 30만 년의 간격을 두고 최소 두 차례 일어났던 재난의 결과물일 가능성이 높다는 것을 알아냈다. 그리고 발견 내용을 논문으로 작성해서 미국 지질학회에 제출했다.

게다가 켈러 박사는 그 증거를 보면 칙술루브 크레이터를 만든 두 차례의 충돌 중에서 첫 번째 충돌이 공룡을 멸종시킨 결정적 타격이라기에는 너무 시기가 이르다는 것을 알 수 있다고 말했다. 멕시코와 과테말라, 아이티, 벨리즈 등지에서 자신과 동료들이 수집한 지질학적 단서를 보면 우주 물체와 지구의 충돌이 40만 년 넘게 계속된 것으로 추측할 수 있다고 한다. 맨 처음에는 칙술루브 크레이터가 있는 지점에 충돌했고, 두 번째는 백악기 후기에 장소를 알 수 없는 곳에 충돌했으며, 그 다음에는 뒤늦게 10만 년쯤 지나서 또 충돌이 발생했다.

백악기 말에 세 차례의 충돌이 있었고 그 뒤로 발생한 혼돈의 시대에 광범위한 기후 변화가 지속되었다는 강력한 증거가 있다는 것이 켈러 박사의 말이었다.

지질학자들은 다른 크레이터나 충돌 사례를 찾고 있기는 하지만, 뚜렷한 증거는 대부분 사라졌을 수도 있다고 말한다. 지구 표면의 70퍼센트 이상이 물로 덮여 있으므로, 해저에서 끊임없이 일어나는 격렬한 지질학적 변동이 우주에서 빠른 속도로 날아온 운석의 흔적을 지웠을 가능성이 크다는 것이다. 다만 상대적으로 수심이 얕은 북해는 예외이다.

연구에 내재하는 어려움에도 불구하고 오픈대학교의 켈리 박사는 "이 문제를 풀기 위해" 탐사 활동을 두 배로 늘릴 계획이라고 말했다.

이름으로나마 선사시대의 거대 공룡이 부활하다

제임스 고먼

잘난 척하기 좋아하는 일곱 살배기에게 "브론토사우루스라는 공룡은 없어요. 아파토사우루스라고 해야죠"라는 말을 들어 본 적이 있다면, 이제 복수의 시간이 왔다.

리스본에 있는 뉴대학교의 고생물학자인 에마누엘 초프Emanuel Tschopp 교수는 지난 화요일 "브론토사우루스를 부활시킬 수 있는 훌륭한 증거가 있다"고 말했다.

물론 초프 교수가 부활시킨다고 하는 것은 공룡 그 자체가 아니라 공룡의 이름이고, 증거라고 하는 것은 디플로도쿠스과科 공룡 화석 80여 가지를 대상으로 수행한 철저한 연구 결과였다. 디플로도쿠스과 공룡은 전 세계 자연사박물관에서 많이 볼 수 있는, 목이 길고 거대한 초식 공룡 무리를 말한다. 이들 초식 공룡은 몸길이 30미터가 넘고 체중은 수천 킬로그램에 이르며 긴 꼬리를 채찍처럼 휘둘러 폭발음 같은 큰 바람 소리를 내서 포식자를 쫓아버릴 수 있었다.

'브론토사우루스'라는 이름은 1800년대 말에 지금은 예일대학교 피바디박물관에 전시되어 있는 공룡 화석의 이름으로 처음 사용되었다. 하지만 1905년에 '아파토사우루스'로 재분류되었는데, 기존에 존재하던 '아파토사우루스'라는 또 다른 용각류(목이 길고 몸집이 큰 초식 공룡의 총칭—옮긴이) 공룡과 생김새가 아주 비슷했기 때문이다.

초프 박사와 뉴대학교의 동료 옥타비오 마테우스Octavio Mateus 교수, 영국 옥스퍼드대학교의 로저 B. J. 벤슨Roger B. J. Benson 교수는 브론토사우루스와 아파토사우루스가 비슷하긴 하지만, 실제로는 서로 다른 두 개의 속屬(생물 분류의 한 단위로 과科와 종種의 사이에 있다.—옮긴이)이며 예일대학교에 전시된 표본은 결국 브론토사우루스속에 속한다고 평가했다. 또한 와이오밍대학교의 표본과 피츠버그 카네기자연사박물관의 어린 아파토사우루스 표본을 비롯하여 다른 몇 군데의 박물관에 전시된 표본도 마찬가지라고 말했다.

지난 화요일 인터넷을 통해 《피어제이*PeerJ*》라는 학술지에 발표된 세 사람의 논문은 거의 300페이지에 달하며 누구나 무료로 볼 수 있다. 하지만 그 논문이 학계에서 브론토사우루스라는 이름을 다시 사용해야 한다는 최종 판결은 될 수 없다. 종이나 속의 이름을 정할 때는 전문가들의 의견이 중요하기 때문이다. 공룡 이름에 관해 누구의 말이 옳은지 판정하는 공식적인 국내, 혹은 국제기구는 존재하지 않는다.

스미스소니언 국립자연사박물관의 매튜 T. 캐러노Matthew T. Carrano 학예사는 "흥미로운 점은 브론토사우루스와 아파토사우루스가 여전히 아주 비슷하다는 것이다. 그 논문이 논쟁에 새로운 정보를 아주 많이 제공하겠지만, 논쟁은 계속될 것"이라고 말했다.

초프 박사와 동료들은 공룡의 화석 뼈에서 식별이 가능한 477가지의 뚜렷한 특징을 살핀 다음 차이점을 구분하기 위해 몇 가지 방법으로 화석 뼈를 분석했다.

벤슨 박사는 목이 길고 비슷한 점이 많으며 사람들에게 널리 알려진 디플로도쿠스종과 바로사우루스종 사이의 차이점을 근거로 기준을 수립했다고 말했다. 그리고 "브론토사우루스와 아파토사우루스는 최소한 디플로도쿠스와 바로사우루스의 차이만큼 서로 다르다"고 한다.

벤슨 박사는 "이름은 일종의 단서" 역할을 하며 생명체가 어떻게 다른 형태로 진화했는지 연구하는 과학자에게 도움이 된다고 말했다.

논문에서 말하는 차이점은 대부분 매우 기술적이어서 해부학자들만 알아볼 수 있다고 초프 박사는 말했다. 그리고 이해하기 쉬운 예를 하나 들었는데, "아파토사우루스는 브론토사우루스보다 상대적으로 턱이 더 넓다"는 것이었다. 하지만 중요한 것은 차이점의 개수라고 한다.

미시간대학교의 고생물학자인 제프리 A. 윌슨Jeffery A. Wilson 교수는 자신이 브론토사우루스라는 이름을 되살려야 하는지 결정할 수 있는 위치에 있지는 않지만, 나름대로 아파토사우루스와 브론토사우루스를 구별하는 기준을 세워 놓은 것이 있다고 말했다.

두 개의 속이 얼마나 달라야 다른 속이라고 말할 수 있는지는 말 그대로 결정하기 나름이다. 윌슨 교수의 말은 이랬다. "피자를 여섯 조각으로 자르는 것과 비슷하다고 할 수 있다. 그런데 피자를 네 조각으로 자르면 안 된다는 법이 있는가?"

이름 붙이기 게임에 과학자들만 관련된 것은 아니다. 의무적으로 박물관에 가야 하는 부모와 아이들도 입장이 곤란하긴 마찬가지이다. 미국 자연사박물관에 전시된 아파토사우루스는 여전히 아파토사우루스일 것이며 카네기 박물관에 있는 성체 아파토사우루스의 골격도 마찬가지일 것이라고 초프 박사는 말했다.

결국 부모들에게는 어떤 것이 맞는지 기억하기가 아주 어려울 수도 있다. 그래서 여전히 일곱 살배기 아이가 계속 큰소리치게 될 수도 있다.

컴퓨터의 도움으로 읽고 쓰고 인간과 '대화'하는 법을 배운 침팬지

보이스 렌스버거

티모시 길Timothy Gill이 침팬지 '라나Lana'가 컴퓨터와 함께 살고 있는, 플렉시 유리로 되어 있는 방을 들여다보았다. 라나가 기호가 쓰여 있는 일련의 컴퓨터 버튼을 누르자, 방 밖에 있는 컴퓨터가 버튼의 기호를 번역해서 글자로 보여 주었다. 내용은 "팀, 방으로 들어와"였다.

라나의 모니터 화면에서 기호로 된 메시지를 읽은 길은 자신의 모니터에 손을 뻗어 '응'이라고 쓰인 버튼을 눌렀다. 모니터 화면에 '응'을 의미하는 기호가 번쩍이자 라나는 신이 나서 문으로 달려갔다.

애틀랜타에 위치한 여키즈 영장류연구소에서 근무하는 대학원생이자 라나의 둘도 없는 친구인 길은 문을 열고 방안으로 들어갔다. 라나가 길의 손을 잡았고 둘은 의사소통 매개체 역할을 하고 있는 컴퓨터 앞으로 걸어갔다. 길이 버튼 몇 개를 누르는 동안 라나는 길이 무슨 말을 하는지 보기 위해 화면을 응시했다. 자동 타자기가 둘의 대화를 기록했다.

"라나, 팀의 몸을 손질해줘."

라나가 "응"이라고 대답한 다음 즉시 팀의 머리카락을 고르기 시작했다. 침팬지들 사이에 흔히 볼 수 있는 친밀한 사회적 행동이었다.

읽고 쓰고 말하다

이런 교류는 전국의 연구소에 있는 여섯 마리의 침팬지에게는 전형적이라고 할 수 있는 모습이다. 연구소에서는 침팬지가 영어에 가까운 언어를 배워서 읽고 쓰고 인간과 대화까지 할 수 있다는 것을 입증하고 있다.

20년 전만 해도 유인원에게 인간의 언어를 가르치는 것은 불가능하다고 보는 시각이 많았다. 하지만 지난 5년간 새로운 방법을 사용해서 다시 노력한 결과, 동물도 수백 개의 단어를 배울 수 있고 그 단어를 연결해서 아주 기초적이지만 의미 있는 문장을 만들 수 있다는 것이 밝혀졌다.

그리고 바로 지난해, 침팬지 몇 마리가 엄격한 문법 체계를 숙지하고 누가 봐도 개념적이고 추상적인 용어를 이해하는 등 한층 더 놀라운 언어 기술을 습득했다.

그와 함께 최근의 다른 연구를 보면 종종 익살스러워 보이는 침팬지의 얼굴 이면에는 가장 열정적인 신인동형론神人同型論(인간 이외의 존재에 인간적 특색, 특히 인간의 정신적 특색을 부여하여 인간과 견주어 해석하려는 경향—옮긴이)자가 과감하게 추정했던 것보다 훨씬 더 복잡한 지적 능력이 숨어 있는 것 같다.

침팬지의 학습 성과는 아주 빠른 속도로 증가하고 있어서 인간이 언어를 사용하는 유일한 동물이라는 주장이 얼마나 오래 계속될 수 있을지 진지하게 생각해봐야 할지도 모른다.

언어를 정의하다

그런데 그 문제가 빠른 시일 내에 확실한 결론이 날 것 같지는 않아 보인다. 침팬지의 학습 성과를 평가하려면 평가에 사용할, 널리 인정받은 언어의 정의가 존재해야 하는데 그런 것이 없기 때문이다. 일부 회의론자들은 침팬지가 무조건 외우거나 자극에 반응하도록 훈련된 것에 불과하다고 주장했다. 침팬지를 훈련시킨 교사들도 회의론자의 말이 틀렸다는 것을 입증할 수 없었고, 회의론자들도 인간의 언어가 단순히 암기나 훈련으로 배울 수 있는 것이 아님을 증명하지 못했다.

하지만 새로운 교육 방법은 기존 교육 방식으로는 언어를 배울 수 없는 지체아나 자폐아와 의사소통할 때 적용할 수 있다. 연구자들이 침팬지의 제한적인 지능의 문을 열 수 있다면, 그 방법으로 지적 능력이 제한적이거나 단절되어있는 인간에게도 효과를 볼 수 있을 것이다.

이와 관련해서 새로운 돌파구가 발견된 것은 1960년 말이었다. 네바다대학교의 심리학자인 앨런 가드너Allan Gardner 박사와 아내 베아트리스는 단점이 있는 침팬지의 인두에 의존하지 않는 다른 방법을 생각해냈다. 인두는 후두 바로 위에 있는 공간으로, 인간의 경우 말을 할 때 인두의 형태가 변하면서 다양한 소리를 낼 수 있는데, 침팬지의 인두는 말을 하기에는 그 형태가 적절하지 않았다. 그래서 가드너 박사는 실험 대상인 '워쇼Washoe'(가드너 박사가 살았던 네바다주 워쇼 카운티에서 이름을 따왔다)라는 침팬지에게 청각 장애인들의 수화를 가르쳐 봤는데, 교육과정이 순조롭게 진행되었다.

네바다주 리노에 있는 가드너 박사의 집 뒤편 트레일러에서 살았던 워쇼는 집을 찾아온 청각 장애인과 수화로 대화할 수 있는 수준이 되었다.

초기에 사용했던 단어

워쇼가 수화를 배우면서 가장 처음 배웠던 말을 순서대로 써보면 다음과 같다.

'와서-줘, 더, 위로, 달콤한, 가다, 듣다-귀 기울이다, 간지럼 태우다, 칫솔, 빨리, 밖으로, 재미있는, 마시다, 미안, 부탁해, 음식-먹다, 꽃, 덮개-담요, 너, 안으로.'

초반에 워쇼는 단어를 조합해서 '와서 달콤한 것 주세요'나 '나가주세요'처럼 문장 비슷한 문자열을 만들었다. 그리고 다음과 같은 짧은 대화도 했다.

워쇼: 줘. 줘.

인간: 무엇을 줄까?

워쇼: 달콤한 것.

현관문을 여는 동작을 통해 '열다'라는 말을 배우고 난 워쇼는 즉시 그 말을 일반화해서 냉장고나 자동차, 벽장의 문이나 병마개를 열어달라는 데 사용했다.

몸에 상처가 나거나 멍이 들 때면 몸짓으로 '상처'나 '통증'이라고 말할 줄도 알게 되었고, 나중에는 몸에 빨간 얼룩이 있는 사람을 보면 누가 시키지 않아도 '상처'라는 말을 했다.

워쇼는 대개의 경우 구체적인 물체의 이름을 나타내는 수화 동작을 일반화해서 어떤 물체를 묘사하거나 심지어 그 물체의 개념까지도 쉽게 표현했다.

개에 대한 두려움을 표현

예를 들어, 워쇼는 개를 좋아하지 않는다. 한번은 가드너 박사가 워쇼를 놀릴 생각에 수화로 밖에 큰 개가 있다고 말했다. 그러자 워쇼는 바로 불안하고 초조해 하는 모습을 보였다. 털이 빳빳하게 곤두서고 개에게 공격받을 위험에 처한 것처럼 행동했다.

워쇼는 훈련을 받으면서 새로운 수화 언어를 학습하는 속도가 꾸준히 빨라졌다. 워쇼가 한 살 때, 그러니까 인간으로 쳐도 한 살 아이 정도 되었을 무렵 훈련을 시작한 다음 첫 7개월 동안에 배운 단어는 고작 4개였다. 그 다음 두 번째 7개월 동안에는 9개의 단어를 배웠고, 세 번째 같은 기간에는 21개의 단어를 배웠다. 그리고 3년이 지난 다음에는 85개의 단어를 이해하고 '말할 수' 있었다. 불과 1년이 더 지난 다음에는 어휘력이 거의 두 배로 증가해서 160개의 단어를 이해하고 말할 수 있었다.

이때쯤 가드너 박사는 계획을 수정해서 더 어린 침팬지로 실험을 새로 시작했다. 워쇼는 몸집이 너무 크고 통제가 어려웠기 때문이다. 가드너 박사 부부는 심리학 박사과정을 밟고 있던 로저 파우츠Roger Fouts(인간과 영장류가 수화로 대화할 수 있다는 것을 증명한 심리학자이자 과학자. 워쇼를 포함한 여러 침팬지와 약 30년간 함께했으며, '침팬지 인간 커뮤니케이션 센터' 및 '워쇼의 친구들'을 공동 창립했다. 침팬지를 비롯한 동물 권익 보호 운동에 앞장서고 있으며 《침팬지와의 대화》를 썼다.—편집자)라는 학생에게 워쇼를 맡겼다. 파우츠는 워쇼를 오클라호마주 노먼에 있는 영장류 연구소로 데려갔다. 오클라호마대학교의 윌리엄

B. 레먼William B. Lemmon 박사가 개인적으로 운영하는 연구소였다.

더러운 원숭이

파우츠 박사는 워쇼에게 수화로 '원숭이'라는 말을 가르쳤고, 워쇼는 별 어려움 없이 다람쥐원숭이와 긴팔원숭이를 가리키는 데 그 말을 사용했다. 하지만 심술궂은 붉은털원숭이에게는 "더러운 원숭이"라는 말을 만들어 사용했다. 워쇼는 그 전까지만 해도 배설물이나 흙이 묻은 물체를 가리킬 때만 '더럽다'는 말을 썼다. 그런데 이제는 불쾌한 붉은털원숭이에게 일상적으로 그 말을 사용하고, 심지어 '더럽다'는 말을 욕설처럼 쓰면서 사람들이 짜증나게 하면 "더러워, 더러워"라는 말을 반복했다.

일부 전문가들은 워쇼가 또 다른 사례에서 새로운 사물의 이름을 만들어내는 것을 보고 정말 인간과 같은 언어능력이 있다며 깊은 인상을 받았다. 워쇼가 그 전까지 관련이 없었던 단어나 어떤 상징적인 기호를 연결해서 새로운 의미를 만들어냈던 것이다.

워쇼는 백조를 처음 본 뒤에 별도로 알고 있던 두 개의 단어를 합해서 '물새'라는 말을 만들어내기도 했다.

이제 여덟 살이 된 워쇼는 반쯤 은퇴한 상태로 실내 우리에서 다른 침팬지 몇 마리와 함께 사는데 이제는 그들과 수화로 대화를 하려 하지 않는다. (다른 침팬지들은 워쇼의 수화에 대답한 적이 없다.)

사람들의 관심은 루시Lucy에게 넘어갔다. 루시는 파우츠 박사가 훈련시키는 여덟 살의 암컷 침팬지로 연구소 인근의 가정집에서 살고 있다.

루시는 93개의 단어를 알고 있으며 매주 1~3개의 단어를 새로 배우는데 가끔은 불과 5분 동안 설명을 듣고 일주일치 단어를 습득할 때도 있다.

루시를 인터뷰하다

최근 루시는 자리에 앉아서 나와 생애 첫 인터뷰를 한 적이 있다. 나도 수화를 할 줄 안다. 사실 루시는 거의 앉아 있지 않았다. 껑충 뛰어오르고 구르고 기어오르고 걷고 뛰어다녔다. 하지만 내게 간단하게 수화로 대화할 정도의 관심은 보여 주었다.

나: (열쇠를 들고) 이게 뭐지?

루시: 열쇠.

나: (빗을 들고) 이건 뭐지?

루시: 빗. (빗을 가져가더니 내 머리를 빗어준 다음 다시 나에게 돌려주었다.) 나도 빗겨줘.

나: 좋아. (루시의 머리를 빗겨준다.)

루시와 가장 길게 말한 대화는 다음과 같다.

나: 루시, 밖에 나가고 싶어?

루시: 밖에, 아니. 먹고 싶어, 사과.

나: 먹을 게 없어. 미안.

대화가 특별히 심오한 내용은 아니었지만, 의사소통인 것만큼은 확실했다.

루시가 내 곁에서 떠나려 하자, 나는 수화로 "루시, 앉아"라고 말했고 루시는 자리에 앉았다. 내가 "로저는 어딨어?"라고 하자 루시는 파우츠 박사를 가리켰다.

루시와 나는 매번 말을 주고받은 다음 서로의 눈을 몇 초간 응시하곤 했다. 루시의 기분을 알 수는 없었지만, 나는 불안했다. 나는 무엇인가 특별한 일에 참여하고 있었다. 인간의 언어로 또 다른 지적 생명체의 일원과 대화하고 있었다. 루시는 나를 어떻게 생각하고 있었을까? 나는 루시에게 무슨 말을 해야 했을까?

루시는 무슨 생각을 할까

루시는 이제 겨우 8살이다. 침팬지가 보통 50에서 60살까지 사니 정말 어린아이에 불과한 셈이다. 10년 후 루시는 무엇을 배우고 말하게 될까? 우리에게 침팬지의 삶이 어떤 것인지 설명할 수 있을까? 루시는 무슨 생각을 할까?

워쇼나 루시뿐 아니라 연구소에서 비슷하게 훈련된 다른 침팬지 세 마리와도 대화하는 파우츠 박사는 그런 의문에 관해 많은 생각을 했다.

"무엇보다도 침팬지는 스스로를 침팬지로 표현하게 될 것이다. 그들은 인간이 아니며 그 차이는 다른 것과 마찬가지로 언어에서도 나타나게 될 것이다."

레먼 박사는 조금 다르게 표현했다. "나는 우리가 인간처럼 침팬지에게도 고유의 특성이 있다는 것을 알게 될 거라 본다."

분명 루시는 사람들과 대화하는 것을 전혀 이상하지 않게 생각했을 수도 있다. 이미 알고 있는 것에 관해 이야기하니 말이다. 하지만 루시와 함께 살고 있는 제인 테멀린Jane Temerlin은 경이로웠던 사건 하나를 알려주었다.

루시에게는 고양이가 한 마리 있었다. 하루는 루시가 고양이와 단 둘이 있었다. 루시는 바닥에 앉아서 다리 사이에 고양이를 두고 고양이와 마주 보면서 책을 들고 있었다. 루시는 몇 번이고 책을 가리키면서 수화를 했다. 수화로 '책'이라고 말하는 모습을 고양이에게 보여 준 것이다.

다른 방법으로

가드너 박사의 성공 이야기를 담은 뉴스가 널리 보도되자, 많은 학자가 말 이외의 수단으로 의사소통할 수 있는 방법을 생각해냈다. 캘리포니아주 스탠퍼드대학교 행동과학 고등연구소의 데이비드 프리맥David Premack 박사도 그중 한 명이었다. 프리맥 박사는 형태와 색깔이 각기 다른 수많은 플라스틱 조각을 만들었는데, 조각마다 하나의 영어 단어를 의미했다. 프리맥 박사는 침팬지에게 플라스틱 조각을 의미 있는 순서로 배열하는 방법과 박사가 배열한 플라스틱 조각의 의미를 읽는 법을 가르쳤다.

프리맥 박사의 애제자인 '사라Sarah'는 어린 침팬지로 130개가 넘는 단어를 알고 '앤 사라 사과 준다' 정도의 간단한 문장을 만들 수 있었으며, '사라 살구 빨간 접시 놓는다' 같은 문장을 읽고 그 문장에 따라 몇 가지 후보 중에서 적절한 과일과 접시를 고를 수 있었다.

이제는 너무 크게 자라서 안전하게 통제하기 어렵게 된 사라는 은퇴해서 동물 우리에서 생활하고 있다. 그 대신 프리맥 박사는 학습 속도가 빠른 어린 침팬지 두 마리를 데리고 왔다.

그 외에 수화 대신 컴퓨터로 제어하는 방식의 언어도 있는데, 현재 '라나Lana'라는 침팬지에게 그 언어를 가르치고 있다. 라나는 조지아주립대학교의 두에인 M. 럼보Duane M. Rumbaugh 박사가 연구 중인 침팬지이다. 럼보 박사는 컴퓨터에 입력되어 있는 인공 언어를 사용해서 라나가 엄격한 문법을 배울 수 있기를 바란다. 그런 엄격한 문법은 일부 학자들이 보기에 수화를 이용하는 침팬지의 언어에는 없는 것 같았다.

받아들이기 아주 쉬운

럼보 박사는 "수화는 훌륭하지만, 수화를 사용하는 침팬지가 하는 말을 들으면 비문법적인 문장을 용인하게 되고 듣는 사람 마음대로 해석하게 되기가 쉽다"고 말했다.

럼보 박사는 그런 애매함을 없애기 위해 조지아대학교의 에른스트 폰 글라저스펠트Ernst von Glasersfeld 박사, 피에르 P. 피사니Pier P. Pisani 박사와 공동 연구를 하여 라나와 의사소통할 때 사용하는 '여키스yerkes'라는 컴퓨터화된 언어를 더욱 발전시켰다. 여키스는 영장류연구소의 설립자인 로버트 M. 여키스Robert M. Yerkes 박사를 기념해서 붙인 이름이다.

먼저 여키스 언어의 문법 규칙을 컴퓨터에 입력한다. 그런 다음 라나가 방에 있는 자동 음식 배출기에 작동 명령을 내리면, 컴퓨터는 그 명령을 읽고 올바른 여키스 언어일 때만 연구원들에게 명령을 전달한다.

따라서 라나가 낱말이 쓰인 버튼을 '기계, 우유 줘' 순서로 누르면 자동 배출기가 빨대를 통해 우유를 채워줄 것이다. 하지만 라나가 '기계, 우유 만들어'라고 하면 컴퓨터는 그 명령을 거부할 것이다.

낱말 순서가 틀린 문장

그런 문장은 시도는 좋았을지 몰라도, 엄격한 여키스 언어에서는 올바른 말이 아니다. 기계에서 '만들다make'를 넣어서 쓸 수 있는 말은 '창문을 열다make window open'나 '음악을 만들다make music', '영화를 만들다make movie' 같은 것뿐이다.

일 년 반 동안의 훈련을 마친 라나는 이제 세 살 반이 되었다. 71개의 단어를 배웠지만, 럼보 박사와 팀 길Tim Gill은 라나의 어휘력을 늘리기보다는 더 복잡한 개념과 단어 사용법을 가르치는 데 주력하고 있다고 한다.

예를 들어, 라나는 색깔 이름을 안다. 라나의 방 한쪽 벽에 파란색 공 그림을 비추고 "이건 무슨 색이지?"라고 물으면 라나는 "이것은 파란색"이라고 대답한다. 그런 다음 "이건 이름이 뭐지?"라고 물어보면, 라나는 즉시 파란색을 의미하는 버튼 대신 공을 의미하는 버튼을 누르면서 새로운 문장을 만들 것이다.

음악에 관해 묻다

라나가 쓰는 단어와 문장은 모두 컴퓨터로 제어하는 타자기에 기록된다. 컴퓨터는 밤에도 계속 작동하기 때문에 럼보 박사는 라나가 혼자 있을 때 어떤 말을 하는지 알 수 있다. 라나는 종종 컴퓨터에게 영화나 녹음된 음악을 들려달라고 요구했다.

럼보 박사는 "라나가 자신이 언어를 사용한다는 것을 우리에게 이해시키려는 것 같다. 우리가 바라는 것은 라나와 계속해서 의미 있는 대화를 하는 것"이라고 말했다.

럼보 박사는 라나가 다른 침팬지의 행동 연구에 협력할 수 있는 날이 오기를 기대하면서 침팬지들이 무리 안에서 하는 다양한 행동의 의미를 여키스어로 라나에게 전달했다. 그 목표를 위해 적절한 연구 자금이 지원되는 한 라나의 훈련을 오랫동안 계속할 작정이다.

현재 라나의 관심사는 단순하다. 밤에 티모시 길이 집에 가고 혼자 방에 있을 때 라나는 버튼을 눌러 이런 문장을 만든다. "기계, 들어와, 방으로", "기계, 즐겁게 해줘, 라나를."

배우자와 평생 함께한다? 새나 벌은 그렇지 않다

나탈리 앤지어

아, 연애. 서로 떼려야 뗄 수 없을 것 같은 암수 청둥오리 한 쌍이 연못을 지나 우아하게 활공하는 모습만큼 기분 좋은 것이 있을까? 아니면 더 좋은 것은 두 새끼 백조가, 생물학자들이 늘 우리에게 말하듯, 평생 한 쌍으로 살면서 몸과 운명이 사랑으로 얽혀 있는 것이다. 그런데 새들은 평생 함께 살지만, 은밀하게 바람을 피우거나 윤간을 당하기도 한다.

사람들의 정서적인 면이나 연하장 업계에는 안 된 일이지만, 생물학자들은 최근 동물의 세계에 일부일처제 같은 것은 거의 없다는 사실을 알게 되었다. 동물의 짝짓기 습성에 관해 사람들이 정말 소중하게 간직해 온 수많은 관념을 파괴하는 새로운 연구 결과를 쏟아내면서, 학자들은 배우자에 헌신하는 성향이 있고 새끼를 기르려면 암수 간에 강력한 유대관계가 있어야 한다고 추정했던 종들 사이에서도 외도가 만연하다고 발표했다.

예를 들어, 생물학자들은 오랫동안 여러 종의 새 가운데 일부일처제인 경우가 94퍼센트에 달한다고 생각했다. 수컷 한 마리와 암컷 한 마리가 새끼를 키우는 책임을 나눈다고 말이다. 그런데 최근 들어 보다 발전한 기술을 사용해서 새끼 새의 친아버지를 판별해보니, 어느 둥지에서든 새끼 새가 그 둥지에서 함께 거주하는 수컷의 자식이 아니라 다른 수컷의 자식인 경우가 평균 30퍼센트를 넘었다. 사실 그런 식으로 공공연하게 바람을 피우지 않는 새의 종을 찾아보기가 더 어려웠다.

부정한 암컷들

뉴욕주 이타카에 있는 코넬대학교의 생물학자 폴 W. 셔먼Paul W. Sherman 박사는 이렇게 말했다. "이건 정말 초미의 관심사다. 최신 조류학 잡지 중에 일부일처제인 줄 알았는데 실제로는 그렇지 않은 새에 관한 기사가 실리지 않은 것이 없을 정도다. 조류 생물학에 혁명을 몰고 온 것이다."

학자들은 이미 일부다처제로 알려진 생물을 연구하면서 그런 생물이 지금까지 생각했던 것보다 훨씬 더 교활한 방법으로 부정不貞을 저지른다는 증거를 발견하고 있다. 그리고 수많은 기존 동물행동학자 입장에서는 놀랍고 불만스러울 수도 있겠지만, 그 부정의 상당수는 암컷이 저지른다.

들판에서 토끼와 엘크, 얼룩다람쥐를 추적한 결과, 학자들은 이런 동물 종의 암컷이 하루에도 여러 수컷과 교미한다는 것을 밝혔다. 암컷들은 교미 후에 매번 상대의 정액 대부분을 몸 밖으로 배출하는데, 다음 교미를 준비하는 행위로 보인다. 학자들은 암컷이 여러 수컷의 정액을 몸에 보관하고 있으며, 그렇게 서로 다른 정자에서 서로 다른 수정란이 생김으로써 새끼의 유전적 다양성을 보장해주는 것 같다는 이론을 제시했다.

수컷들의 복수

세상에서 가장 효율적으로 에너지를 사용하는 생물은 아마도 여왕벌일 것이다. 여왕벌은 평생 단 한 번 벌집을 나가서 수벌과 교미한다. 무려 25마리까지 교미할 때도 있다. 수벌은 여왕벌에게 협조적이지만 교미가 끝나면 죽는다.

과학자들은 암컷들의 외도에 대응하는 수컷들의 놀라운 행동도 수집했다. 아이다호 얼룩다람쥐 중 어떤 수컷은 암컷이 가임기가 될 때마다 암컷 옆에 붙어서 한시도 떨어져 있지 않으려 애를 쓰고, 가끔은 굴까지 따라가 암컷이 다른 수컷과 어울리지 못하게 굴 위쪽에 앉아 있기도 했다. 다른 다람쥐들은 그냥 설치류판 정조대를 사용한다. 마개 역할을 하는 고무 비슷한 성분이 있는 사정액을 방출해서 암컷의 몸을 덮어버리는 것이다.

과학자들은 새로운 연구를 통해 문란한 행동이 수컷의 전유물이라는 오랜 고정관념이 거짓임을 밝혔다. "그건 다 헛소리이다." 셔먼 박사의 말이다. "다른 외도 상대를 찾는 것은 수컷이나 암컷 모두 마찬가지다. 우리가 최근에 발견한 것은 빙산의 일각에 불과할 것이다." 결코 정절을 지키는 상징적인 존재가 아니었던 포유류마저도 실상은 예상보다 더 나쁜 것으로 밝혀졌다. 정절을 지키는 포유류 종의 비율은 2~4퍼센트로 이미 한심한 수준이지만, 학자들은 그 수치를 더 낮게 고쳐 쓰고 있다.

매디슨에 있는 위스콘신대학교의 심리학자이며 포유류의 일부일처제를 연구하는 데이비드 J. 구버닉David J. Gubernick 박사는 "들쥐, 늑대 비슷한 어떤 동물, 그리고 마모셋이나 타마린 같은 남미의 일부 영장류는 그동안 일부일처제로 알려져 있었다. 그런데 새로운 자료를 보니 외도를 하는 것으로 나와 있다"고 말했다.

과학자들은 짝짓기와, 거의 만연되어 있는 부정에 관한 새로운 통찰이 동물의 행동과 서로 다른 동물 사회체제의 역학에 관한 생각을 바꾸고 있다고 말한다.

매사추세츠주 사우스해들리에 있는 마운트 홀리요크대학교의 생물학자인 수전 M. 스미스Susan M. Smith 박사는 "그게 대세가 되었다. 이제 일부일처제가 당연하다고 보는 사람은 아무도 없다. 관찰하는 그 어떤 종에서도 말이다. 그래서 우리는 모두 한때 그렇다고 믿었던 규칙을 고쳐 쓰려고 한다"고 말했다.

낡은 추정, 다윈의 오해

생물학자들은 새로운 연구를 통해 많은 동물 사회체제에서 행복한 한 쌍을 이루는 것만큼이나 선택적으로 바람을 피우는 것도 허용하는 것 같다고 말한다. 그리고 동물 사이에서는 배우자 관계가 정략적인 것에 불과해서, 새끼를 키울 정도로 안정된 관계를 유지하면서도 가끔 바람을 피우느라 태만해질 때도 있다고 주장한다.

무엇보다 동물들의 성생활이 얼마나 복잡다단한지 알면 알수록 놀랍다는 것이 생물학자들의 말이다. 사우스캐롤라이나주 클렘슨대학교의 생물학자 패트리샤 어데어 고와티Patricia Adair Gowaty 박사는 "우리가 오래전부터 했던 추정은 전부 틀린 것 같다. 누구와 함께 사느냐와 누구와 교미하느냐는 완전히 다른 이야기이다. 생물학계 사람들에게는 그것이 요즘 무척 흥미로운 문제"라고 말했다.

학자들은 일부일처제와 배우자 부정에 관한 수많은 오해가 다윈 시대부터 시작되었다고 말한다. 다윈과 다른 박물학자들이 짝을 지어 사는 동물을 현장에서 관찰하면서, 동물의 교미에 관해 납득이 가는 쪽으로 가정을 세운 것 같다는 말이다. 번식기 동안 거의 모든 새들이 짝을 짓는데, 생물학자들은 짝짓기가 새끼의 생존에 필수라고 생각했다. 그들 생각에 수컷과 암컷 모두 헌신적으로 새끼를 먹이고 보호하지 않으면, 새끼들은 날 수 있는 시기까지 살아남을 수 없을 것 같았다. 그렇게 안정적으로 새끼를 기르기 위해 일부일처제가 필요했다고 추정한 것이다.

하지만 과학자들의 현장 관찰기법이 고도로 발달하면서 일부일처제로 보이는 조류 한 쌍 중에서 어느 한쪽이 멀리 날아가 연인을 만나는 모습이 눈에 띄기 시작했다.

온타리오주 킹스턴에 있는 퀸스대학교의 생물학자 로버트 몽고메리Robert Montgomerie는 "다른 상대와 교미하는 개체를 '스니커즈sneakers'(남의 눈을 피해 몰래 다니는 사람이나 동물이라는 뜻—옮긴이)라고 하는데, 새들은 정말 그 말처럼 행동한다. 관찰하기가 쉽지 않다. 그런 행위를 아주 은밀하게 하기 때문"이라고 했다.

그런 모습을 본 생물학자들은 친자 확인 소송에 사용하는 유전자 지문 같은 기술을 적용해서 새끼의 혈통을 확인해 보았다. 그랬더니 둥지에서 새끼를 돌보는 수컷과 새끼의 유전자가 다른 경우가 10퍼센트에서 70퍼센트 사이로 밝혀졌다.

암컷이 외도를 하는 이유

생물학자들은 현장에서의 연구를 더욱 늘려서 부정을 저지르는 원인을 찾기 시작했다. 일부 사례에서 외도를 하려고 궁리하는 쪽은 분명 암컷이었다.

스미스 박사는 흔히 볼 수 있는 북미 쇠박새를 연구했다. 그리고 겨우내 한 떼의 쇠박새 무리가 서열 구조를 형성하고 모든 새가 동료들 사이에서 자신뿐 아니라 다른 새들의 서열까지도 알고 있다는 것을 밝혀냈다.

봄철 번식기가 되면 쇠박새 무리가 한 쌍 단위로 흩어지면서 각자 자신의 영역을 지키고 그 안에서 번식한다고 스미스 박사는 말한다. 쇠박새 무리 사이에서 외도는 아주 드물지만, "아주 흥미로운 방식으로" 일어난다고 한다. 가끔 순위가 낮은 수컷과 함께 사는 암컷이 둥지를 나와 근처에 있는 순위가 높은 수컷의 영역으로 몰래 들어가기도 한다.

스미스 박사는 "외도를 하는 모든 경우에 암컷은 무작위로 움직이는 것이 아니라 아주 선택적으로 움직였으며 원래 자기 짝보다 순위가 더 높은 수컷과 교미했다"고 말했다.

스미스 박사는 여기서 가장 이득을 보는 것은 바람을 피우는 암컷 쇠박새 같다고 했다. 집에는 새끼를 기르는 데 필요한 안정적인 배우자가 있고, 순위가 높은 수컷의 우월한 유전자를 물려받은 새끼를 최소한 한두 마리쯤 가질 수도 있기 때문이다. 스미스 박사는 "이런 상황은 암컷이 최고의 유전자를 적극적으로 찾아 나선다는 생각과도 일치한다"고 말했다.

제비의 선택 성향

스웨덴 웁살라대학교의 생물학자 안데르스 묄러Anders Moller 박사는 비슷한 연구를 통해 암컷 제비도 외도 대상을 아주 까다롭게 선택한다는 것을 밝혔다. 외도를 할 때, 암컷 제비는 항상 자신의 배우자보다 꼬리가 조금이라도 더 긴 수컷과 교미한다는 것이 묄러 박사의 주장이다. 제비들 사이에서 긴 꼬리는 기생충을 잘 견디는 증거로 인식되어 암컷이 낳는 새끼에게 이롭다. 묄러 박사는 "배우자의 꼬리가 아주 짧은 암컷 제비가 외도를 가장 많이 한다. 꼬리가 짧은 수컷도 외도를 해보지만, 성공하는 경우는 극히 드물다"고 말했다.

성적으로 문란한 일부 암컷 제비는 최고의 유전자를 얻는다기보다는 최소한 새끼들 중 일부의 생존을 충분히 보장할 수 있는 유전자 다양성을 확보하는 것이 목적일 수도 있다.

꿀벌을 연구하는 생물학자들은 여왕벌이 벌집을 단 한 번 떠나서, 주변을 순찰하는 수벌과 교미하는데 무려 25마리까지 교미한다고 말한다. 여왕벌이 얼마나 무자비한지는 한마디로 말하면 이렇다. 불쌍한 수벌은 교미를 끝내기 위해 여왕벌의 몸 위에서 생식기를 터뜨려야 한다. 그런 다음 수벌은 죽지만 교미의 흔적만큼은 확실하게 남는다.

여왕벌은 400만 개의 알을 수정시키는 데 필요한 정자를 얻으려 수많은 수벌과 교미하지만, 학자들이 밝힌 바로는 양으로만 따지면 수벌 한 마리가 여왕벌에게 필요한 정자를 모두 제공할 수 있다고 한다. 따라서 여왕벌의 낭비성 행위는 새끼에게 유전적 다양성을 확보해주려는 의도로 추정된다.

엉큼한 수컷들, 성공을 위한 전략

하지만 생물학자들은 외도를 억제하는 진화의 균형추가 있다고 말한다. 적극적으로 외도를 하는 암컷은 배우자의 헌신을 잃을 위험이 있다. 학자들은 수컷 제비 중에서 배우자가 다른 수컷과 교미하는 모습을 보고 새끼에게서 모든 관심을 거두는 모습을 보았다. 물론 수컷들도 집에 안정적으로 교미하는 짝이 있든 없든 항상 바람을 피우려 한다고 생물학자들은 말한다. 가능한 한 후손을 널리 퍼뜨리기 위해 어떤 복잡한 일이라도 마다하지 않는 수컷들도 있다.

일종의 배신행위

워싱턴국립동물원의 연구 동물학자인 진 S. 모턴Gene S. Morton 박사는 세상에서 몸집이 가장 큰 제비인 암청색 큰제비를 연구하면서, 나이 많은 수컷이 교미를 위해 자신보다 어린 수컷 제비를 적절하게 이용하고 배신한다는 것을 알아냈다. 나이 많은 암청색 큰제비는 처음 둥지를 만든 다음 짝을 끌어들여 재빨리 번식한다. 여기서도 어린 새끼가 생존하려면 부모 양쪽이 모두 필요하다.

나이 많은 수컷 제비가 벌이는 이 단순한 작업은 보통 이렇게 진행된다. 먼저 제비는 젊은 수컷을 가까운 곳으로 유인하기 위해 노래를 부르기 시작한다. 그러면 미숙한 한 살배기 수컷 제비가 날아와서는 짝을 불러들이기 위해 조용히 노래한다. 젊은 수컷을 보고 암컷 제비가 날아들면 나이 많은 제비는 즉시 그 암컷 제비와 강제로 교미한다. 그 결과, 한 살배기 제비는 자기가 불러들인 암컷 제비에게 자기 새끼를 갖게 할 확률이 30퍼센트가 채 되지 않지만, 결국 아버지가 되어 새끼를 돌보게 된다.

모턴 박사는 "나이 많은 수컷 제비가 젊은 암컷과 교미하는 유일한 방법은 먼저 젊은 수컷을 유인하는 것이다. 젊은 한 살배기 수컷은 결국 다른 수컷과 교미한 젊은 암컷과 짝이 된다"고 말했다.

나이 많은 수컷이 젊은 수컷의 배우자를 빼앗는 경우도 많다. 미니애폴리스에 있는 미네소타대학교 벨 자연사박물관의 학예사인 프랭크 맥키니Frank McKinney 박사는 청둥오리나 그와 비슷한 종을 연구하여 수컷 오리가 다른 수컷의 배우자와 강제로 교미하는 경우가 많다는 것을 밝혔다. 암컷 오리는 날아서 도망가거나, 물속으로 잠수하거나, 맞서 싸우면서 강제로 교미하려는 낯선 수컷을 피하려고 발버둥 친다고 한다.

맥키니 박사는 "암컷과 강제로 교미하려고 시도해서 성공하는 것은 대부분 나이가 많고, 경험이 많은 수컷이라는 것을 알게 되었다. 나이 많은 수컷은 수완이 더 좋은데, 수완이 좋아야 암컷을 사로잡을 수 있기 때문"이라고 말했다.

암컷 보호하기

진화라는 물리적 압력에 의해 수컷은 경쟁자를 물리치고 암컷을 보호하는 여러 가지 인상적인 방법을 개발했다. 렉싱턴에 있는 켄터키대학교의 생물학자 데이비드 F. 웨스트닛David F. Westneat 박사는 "우리가 주변에서 보는 거의 모든 동물의 수컷은 암컷이 확실하게 자신의 새끼를 갖게 하려고 여러 가지 수단을 동원한다"고 말했다. 짝 지키기는 보편적인 전략으로, 수컷이 가임기 동안 암컷의 옆을 떠나지 않는 것이다. 하지만 다른 전략들은 결국 생물학자들이 말하는 '정자 전쟁'으로 귀결된다. 그것은 성공 가능성이 가장 높을 때 자신의 정자를 암컷에게 주기 위한 수컷들의 전쟁이다.

다수의 설치류 사이에서는 가장 마지막에 주입된 수컷의 정자가 암컷의 몸에서 수정될 가능성이 가장 높은데, 그 이유는 아직 수수께끼로 남아 있다. 따라서 몇 마리의 수컷이 서로 마지막 교미가 되기를 바라면서 순서대로 암컷과 고단한 교미를 계속한다.

로드아일랜드주 프로비던스에 있는 브라운대학교의 생물학자 조너선 왜그Jonathan Waage 박사는 실잠자리를 연구하면서 실잠자리 수컷의 생식기 끄트머리가 숟가락처럼 생겨서 자기보다 먼저 암컷과 교미했던 수컷의 정액을 능숙하게 제거할 수 있다는 것을 밝혔다.

수컷이 많은 정액을 생산하는 쪽으로 자연선택이 진행된 것 같은 종도 있다. 학자들은 그런 종들이 진화를 거치면서 고환의 크기가 엄청나게 커졌다고 말한다. 또한 한 마리의 암컷이 하나 이상의 수컷과 교미할 가능성이 높을수록, 수컷의 몸에 있는 정액 생산기관의 크기도 더 커진다고 한다.

생물학자들은 영장류 몇몇 종을 대상으로 몸집 대비 고환 크기를 비교한 결과 고릴라의 고환이 몸집 대비 가장 작다는 것을 알아냈다. 고릴라 중에서도 등에 은백색 털이 있는 우두머리 수컷은 다른 수컷들의 간섭 없이 많은 암컷을 거느린다고 학자들은 말한다.

침팬지는 영장류 중에서 몸집 대비 고환의 크기가 가장 크다. 침팬지는 여러 수컷과 여러 암컷이 무리지어 살며 모두가 상당히 많은 교미를 한다.

생물학자들은 인간의 고환이 중간 정도의 크기인 것은 기본적으로 일부일처제이지만 그렇지 않을 때도 있기 때문이라고 말한다.

한 가지 예외, 정절의 모범 사례

다들 세상에서 아무것도 믿을 수 없다고 냉소적인 결론을 내릴 필요는 없다. 명명백백하게 일부일처제를 유지하는 연구 사례 하나가 있기 때문이다. 바로 시에라네바다산맥의 구릉지에서 볼 수 있는 캘리포니아 쥐다.

캘리포니아대학교 버클리 캠퍼스의 데이비드 리블David Ribble 박사와 위스콘신대학교의 구버닉 박사는 캘리포니아 쥐의 정절을 증명하기 위해 광범위한 시험을 진행했다. 그리고 쥐의 DNA를 분석한 결과, 그 시점에 새끼의 아버지가 암컷의 평생 배우자인 확률이 100퍼센트였다.

과학자들은 암컷이 누구와 접촉하는지 확인하기 위해 암컷의 몸 전체에 색소가 든 형광가루를 발랐다. 구버닉 박사는 "그 가루는 오직 배우자와 새끼의 몸에서만 발견되었다"고 말했다. 그리고 암컷과 수컷이 새끼 양육을 50대 50 비율로 분담했다고 한다.

"이 쥐는 정말 극도로 특이한 동물이다. 이 세상에서 정말로 일부일처제를 유지하는 유일한 동물일 것이다."

외도의 충동을 느끼는 인간

대담한 생물학자들은 동물 사이의 정절을 연구해서 얻은 통찰을 인간 연구에 적용하려고 시도하는 중이다. 우리 인간은 기본적으로 일부일처제이지만, 외도에 대한 충동이 어쩌면 진화의 근본 원리일 수도 있다고 말하기도 한다.

아기를 보살펴야 하는 기간이 길기 때문에 인간이 진화 초기부터 짝을 이루게 되었을지 모른다는 것이 생물학자들의 말이다. 하지만 남성에게는 배우자를 벗어나 자신의 유전자를 유전자풀에 더 많이 포함시키려는 충동이 있을 수도 있다고 한다. 그리고 여성 입장에서는 남편보다 더 강한 유전자를 가진 남성과 외도할 수도 있다고 한다.

투손에 있는 애리조나대학교의 로버트 L. 스미스Robert L. Smith 박사는 일부일처제에서 생기는 일탈이 남성을 성적 질투에 빠뜨린다고 생각한다. "남성의 질투에서 비롯된 고약한 문화적 풍습이 있다. 중국에서는 남성이 여성의 생식기를 훼손하고 여성에게 전족을 하는데, 그렇게 해서 여성이 도망가거나 다른 남성과 동침하지 못하게 통제하는 것이다."

하지만 스미스 박사는 여성이 완전히 속수무책으로 당하기만 하는 것은 아니라고 말한다. 여성은 남성이 너무 세세하게 감시하지 못하게 하는 수단을 마련하는 쪽으로 진화했는데, 일례로 가임기가 되었을 때 신체적으로 아무런 단서도 제공하지 않게 된 것을 들 수 있다. "남성이 배우자가 배란기인지 모른다면, 배란기에 배우자를 지키는 데 온 힘을 쏟을 수 없다. 여성은 그 틈을 타서 번식을 위한 선택을 할 수 있다."

스미스 박사는 여성에게 유방이 생긴 것도 그런 선택권을 확보하려는 또 하나의 방안이었을 수 있다고 말한다. "대형 유인원 사이에서 원뿔형 유방은 젖이 나온다는 신호이다. 따라서 번식 측면에서 그런 암컷은 가치가 낮다는 것을 의미한다. 여성의 유방이 항상 부풀어 있으면, 남성은 가임기가 언제인지, 수유기가 언제인지 알 수가 없다." 그래서 남성은 언제 배우자를 지켜야할지 가늠할 수 없게 되는 것이다.

느린 것이 아름답다

나탈리 앤지어

그 행동은 '미안, 그날 밤에는 머리 감느라 바쁠 것 같아'라는 식의 완곡한 거절이 아니었다. 볼티모어 국립수족관의 열대지방처럼 꾸며진 연못을 헤엄쳐 다니면서, 껍질이 단단한 남미산 암컷 기바Gibba 바다거북은 자꾸 쫓아다니는 작은 수컷 기바 거북을 시종일관 아주 노골적으로 무시했다. 수컷 거북은 암컷 거북의 갈색 등껍질 위에 있는, 마치 마룻바닥 같은 무늬가 있는 혹 위로 기어올랐다. 암컷 거북은 수컷이 떨어질 때까지 몸을 움츠리면서 꿈틀거렸다. 수컷은 암컷의 주위를 돌면서 머리를 까닥이고 목을 흔드는 등 최선을 다해 구애의 몸짓을 보여 주었다. 하지만 암컷은 수컷을 마치 해조류 덩어리를 털어내듯 옆으로 내팽개치고 계속 헤엄쳤다.

거북 전문가이자 수족관의 수석 학예사인 잭 커버Jack Cover는 "저 작은 거북은 참 안쓰럽다. 도통 진전되는 관계가 없다. 암컷은 수컷에게 전혀 관심이 없다. 그런데 수컷은 계속 다가가서 구애를 반복한다"고 말했다.

하지만 무슨 상관이랴. 우둔하고 요즘 대머리가 쓰는 부분가발만큼이나 성적 매력이 없을지 모르지만, 누가 뭐래도 명실상부한 거북이다. 최근에 나온 눈여겨 볼 만한 책과 수많은 발견으로 충분히 밝혀졌듯이, 거북은 고난을 견디는 능력이 탁월하다. 굶주림과 홍수, 오랜 폭염, 빙하기, 포식자의 감시, 실연을 겪으면서도 거북은 누구보다 짧은 보폭으로 걸으며 역경을 담담하게 받아들인다. '거북에 빠진 멍청이' 클럽의 열성 회원임을 자처하는 커버는 "토끼와 거북이 이야기는 바다거북의 인생에 관한 이야기"라며 "느리지만 꾸준히 하면 경주에서 이기는 법"이라고 말했다.

아주 느린 신진대사와 타고난 침착한 기질, 음식이나 음료를 한 번 먹고 몇 달을 견딜 수 있는 생존력, 세쿼이아 옹이 같은 단단한 방어막 등이 잘 어우러져서 야생동물 떼가 밟고 지나가도 견딜 수 있는 거북은 지구에 알려진 동물 중에서 수명이 가장 길다. 각각의 바다거북은 거들먹거리는 인간의 장대한 발자취를 조용히 지켜보면서 수백 년을 살 수 있다. 지난 3월에는 250살의 '아드와이타Adwaita'라는 이름의 거대한 육지거북이 캘커타 동물원에서 죽었다. 기록에 따르면, 조지 2세 재위기간에 영국 선원이 인도에 데려온 것이라고 한다. 6월에는 전 세계 신문이 '해리엇Harriet'이라는 176살의 갈라파고스 육지 거북이 오스트레일리아 동물원에서 죽었다고 보도했다. 지어낸 말 같지만, 다윈이 적도 인근의 갈라파고스섬에서 데려왔다고 하는 해리엇은 고향을 떠난 지 171년 만에 세상을 떠난 것이다.

그렇게 엄청난 수명 뒤에는 거북이 나이를 먹으면서 진행되는 노화에 엄청나게 강하다는 사실이 숨어 있다. 많은 주름, 불편한 걸음걸이, 병이 든 듯 빨갛고 눈물이 고인 눈만 보고 속으면 안 된다. 최근 학자들은 그동안 연구했던 거의 모든 동물과는 달리 거북의 신체 기관은 시간이 가면서 상태가 나빠지거나 기능이 떨어지거나 하는 일이 없다는 사실을 밝혔다.

미국 자연사박물관의 파충류분과 부학예사인 크리스토퍼 J. 랙스워시 Christopher J. Raxworthy 박사는 100살이 넘는 바다거북의 간과 폐, 신장이 십대인 거북의 그것과 사실상 구분이 어려웠다고 했다. 불로장생하는 거북의 특성을 보고 연구자들은 새로운 장수 유전자를 찾아 바다거북의 유전체를 검사하기 시작했다.

랙스워시 박사는 거북이 늙어서 죽는 게 아니라고 한다. 잡아먹히거나 자동차에 깔리거나 병에 걸려 죽지 않는다면 정말 영원히 살 수 있다는 것이 박사의 말이었다.

거북은 몸속의 생체 시계를 거의 멈추게 할 수 있다. 스미스소니언협회의 파충류분과 학예사인 조지 저그George Zug 박사는 "거북의 심장은 신경 자극이 필요 없고 끊임없이 뛰지 않아도 된다. 거북은 의지에 따라 심장을 뛰거나 멈추게 할 수도 있다"고 말했다.

거북은 잘 늙지도 않고 성장도 느리다. 저그 박사와 동료들은 최근 바다거북 중에서 일부 암컷들이 40~50세가 되어서야 비로소 성적으로 성숙해지는 것을 발견했다. 저그 박사의 발견은 "동물의 왕국에서 하나의 기록"이 될 수 있다.

거북은 역사가 아주 오래된 종이다. 현존하는 모든 바다거북과 육지거북을 포함하는 고귀한 거북류의 혈통은 그 역사가 2억 3천만 년 전까지 거슬러 올라가며, 그 시절에 뱀이나 악어 같은 다른 파충류는 물론 새나 포유류, 공룡까지 잡아먹었을지도 모른다.

거북의 신체 중 중심 골격의 형태는 오랜 시간 동안 거의 바뀌지 않아서, 현존하는 250여 종의 거북 모두가 초창기의 거북 화석과 아주 비슷하다. 하지만 거북은 주변 환경에 따라 눈부시게 변화하기도 하면서, 남극을 제외한 모든 대륙에 산다. 사막이나 열대우림, 바다, 강, 습지, 산지는 물론 캐나다의 뉴브런즈윅이나 뉴저지주의 뉴브런즈윅 등 거의 모든 생태계에서 서식하는 것이다.

조지아주 애딘즈에 있는 조지아대학교의 생태학 교수인 J. 윗필드 기번스J. Whitfield Gibbons 박사는 "거북은 다른 생물이 생존할 수 없는 곳에서도 살 수 있다"고 말했다.

예견된 문제

거북은 이처럼 상징적인 모습으로 인간의 마음을 사로잡았다. 고양이를 혐오하고 개를 무서워하는 사람들은 있을지 몰라도, 거북만큼은 거의 모든 사람이 좋아한다. 플로리다주 오비에도에 있는 거북연구소의 피터 C. H. 프리처드Peter C. H. Pritchard 소장은 "거북은 독보적으로 가장 인기 있는 파충류이다. 위협적이고 번개처럼 빠르게 움직이는 뱀과 달리, 거북은 순하고 느리다. 그 어설픈 동물을 어떻게 싫어하고 불신할 수 있겠는가"라고 말했다.

하지만 그런 훈훈하고 애매한 감정이 거북에게는 그다지 달갑지 않은 위안인 것으로 드러났고, 파충류 학자들은 중생대부터 살아온 이 강인한 생명체가 마침내 인간이라는 장의사를 만난 것은 아닐지 우려한다. 거북의 서식지는 빠른 속도로 사라지거나 파괴되고 도로에 의해 쪼개지고 있으며 그 도로에서 매년 수백만의 거북이 차에 깔려 죽는다. 기번스 박사는 "자동차라는 포식자로부터 거북을 보호할 방법이 없다"고 말했다.

학자들은 모든 거북 종 중에서 적어도 절반은 곤경에 처해 있으며, 극단의 조치를 취하지 않는다면 그중에서 일부는 향후 10년 안에 사실상 멸종할 수 있다고 추정한다. 그런 거북 중에는 갈라파고스 거북이나 북미 습지거북, 태평양 장수거북, 그리고 중국과 동남아시아의 10여 종이 넘는 거북이 포함된다. 거북 전문가인 커버는 "사람들은 거북을 사랑한다. 거북이 사랑스럽다고 생각하는 것이다. 하지만 거북의 고마움을 잘 모른다. 거북과 우리가 사는 이 생태계에서 거북이 얼마나 중요한 존재인지 모른다"고 말했다.

학자들은 거북의 감각이 뛰어나게 발달했다는 것에도 감탄을 금치 못한다. 상자거북과 숲속에 사는 다른 거북 종들은 1.6킬로미터 떨어진 곳에서도 호수나 연못을 찾아낼 수 있다. 아마도 수면에서 반짝이는 편광(진행방향에 수직인 평면을 기준으로 특정 방향으로만 진동하는 빛—옮긴이)을 탐지하는 것 같다. 암컷 바다거북은 산란기가 되면 바다 전체를 가로질러 이동하면서 자신이 태어났던 해변으로 한 치의 오차 없이 찾아간다. 그리고 그곳에서 본능적으로 알을 낳는다.

본능적이라는 것이 꼭 융통성이 없다는 뜻은 아니다. 프리처드 박사에 의하면, 지친 암컷 거북이 한밤중에 고향인 해변에 도착했는데 그 해변이 비바람에 쓸려 사라졌다면, 해안을 따라 헤엄치면서 알을 낳기에 적당한 모래밭을 찾는다고 한다.

게다가 거북은 항상 주변 상황에 주의를 기울이는 듯하다. 플로리다주 아처에 있는 '핀카 드 라 토르투가Finca de la Tortuga' 생물학 보호구역을 관리하고 있는 레이 애시턴Ray Ashton 박사는 일부 거북들이 마치 코끼리처럼 사람이 들을 수 있는 것보다 낮은 주파수, 그러니까 땅의 진동과 비슷한 정도의 초저주파수 음파를 전송하고 탐지하면서 의사소통한다는 아주 기초적인 증거를 확보했다고 한다.

새로 출판된 『세상의 거북*Turtles of the World*』(2006)에서 저자인 프랭크 보닌Franck Bonin과 버나드 드보Bernard Devaux, 알랭 두프레Alain Dupre는 거북의 아름다움과 어리석음, 괴상함 등 다양한 모습을 소개함으로써 사람들의 시선이 거북을 향하게 했다.

인도 별거북이 숲의 바닥을 지나갈 때 보면 검은 등껍질에 바구니 표면 같은 검은색 문양과 부서지는 햇빛 같은 밝은 줄무늬가 보인다. 아마존 분지에 사는 마타마타거북은 몸이 납작하고 우툴두툴한 머리에 목은 마치 죽은 나뭇잎처럼 생겼으며, 울퉁불퉁한 등껍질은 오래된 통나무 같다. 개울 바닥에서 먹이가 지나가기만을 기다리고 있는 마타마타거북을 찾아보기 바란다. 그리고 미국 중남부에 사는 거대한 악어거북은 입을 벌린 채 입의 바닥에서 마치 토실토실한 벌레처럼 흔들리는 빨간 기포 같은 살덩이로 물고기를 유인한다.

목이 아주 길어서 등껍질 길이의 두 배에 달하는 거북도 있다. 코가 아주 작고 예쁜 스노클링 튜브처럼 생긴 거북도 있다. 두 줄로 된 칵테일용 빨대처럼 보이기도 한다. 작가가 "노트르담 성당 꼭대기의 뾰족한 장식물"로 표현할 정도로 주둥이가 새의 부리처럼 뾰족하게 구부러져서 먹이를 먹기 좋게 생긴 거북도 있다.

거북 연구자들이 가장 흔히 듣는 질문은 "터틀turtle과 토터스tortoise의 차이가 뭐죠?"라는 말이다. 학자들은 사는 곳이 다르다고 대답한다.

미국에서는 등껍질이 있는 파충류는 모두 '터틀'이고 '토터스'는 미국 남서부에 서식하는 사막거북처럼 터틀 중에서도 다리가 코끼리 다리 같고 완전히 육지에서 사는 종을 말한다. 반대로 오스트레일리아에서 '토터스'는 물에 살고 목이 몸통의 옆면에 있는 종을 말한다. 그 괴상한 종은 등껍질 속으로 목을 넣을 수가 없다. 따라서 목을 보호하기 위해 몸체 옆면에 처마처럼 튀어나온 부분에 껍질 사이에 끼워 넣는다.

거북은 어떤 종이든지 몸집이 아주 다양하다. 다 자란 뒤에도 컴퓨터 마우스보다 작은 남아프리카의 작은 반점망토거북이 있고, 몸길이 2.1미터에 무게가 900킬로그램까지 나가는 거대한 장수거북도 있다.

거북은 식성도 아주 다양하다. 대부분 잡식성이라 과일이나 잎사귀, 곤충, 연체동물, 물고기, 개구리, 아이스크림 따위를 즐겨 먹는다. 기번스 박사는 아이스크림이 담긴 유리그릇에 숟가락이 부딪히는 소리를 듣고, 소파 뒤에서 나와 주인의 몸 위를 지난 다음 뒷발로 일어선 채 아이스크림 한 숟가락을 떠주기만을 기다리던 친구의 애완용 상자거북 이야기를 했다. "몇 번 직접 보지 않았다면, 믿지 않았을 것이다."

소수지만 아주 특수한 미각을 가진 거북도 있다. 푸른바다거북은 해초의 부드러운 끝부분을 좋아한다. 그래서 새로운 싹이 돋아날 수 있도록 해초의 거칠고 오래된 부분을 잘라낸다. 장수거북은 해파리나 해파리처럼 보이는 것만 먹는다. 버지니아주 리치먼드에 사는 생태학자이자 거북 전문가인 조셉 미첼Joseph Mitchell 박사는 "비닐 봉투는 해파리와 비슷해 보인다. 그래서 비닐 봉투를 먹고 복통에 시달리는 장수거북이 아주 많다"고 말했다.

반대로 세상의 쓰레기를 찾아나서는 거북도 있다. 인도 갠지스강에 서식하는 청소부 거북은 사람의 시체를 먹어치운다. 그 모습을 보고 독실한 힌두교 신자들은 신성한 강에 사랑하는 이가 계속 머무르고 있다고 생각한다.

거북의 상징적 특징

해초나 조개, 하겐다즈 아이스크림이든 거북은 먹을거리에서 많은 양의 칼슘을 섭취해야 한다. 그래야 거북의 대표적인 특징이며 척추동물의 진화에서 가장 특별한 구조적 성취라고 할 수 있는 '껍질'을 유지할 수 있다. 물론 껍질이 있는 무척추동물은 아주 많고 척추동물 중에서도 일부 껍질이 있는 동물이 있는데 아르마딜로도 그런 동물로 아주 유명하다. 하지만 아르마딜로의 껍질이 근육 조직 위에 덮여 있는 넓적한 뼛조각이고 몸속에 골격이 따로 있는 반면, 거북은 껍질 자체가 골격이다.

배아 진행단계에서 거북의 갈비뼈는 다른 척추동물처럼 양쪽이 구부러지면서 마주 보는 형태가 아니라 서로 반대방향으로 곧게 뻗는다. 거북의 갈비뼈를 구성하는 척추와 다른 골격들이 서로 합쳐지면서 등딱지와 가슴 쪽의 흉갑, 그리고 등딱지와 흉갑을 연결하는 뼈대가 형성된다. 많은 종의 거북에서 뼈로 된 껍질 위에는 '인갑'이라고 하는 거친 손톱 같은 구조물이 덮여 있다.

그렇게 골격 구조가 변화한 결과, 거북은 껍질을 벗을 수 없을 뿐 아니라 기어갈 때도 어려운 점이 많다. "거북의 다리는 이상한 각도로 튀어나와 있다. 그런 다리로 거북이 걷는 것은 완전히 힘으로 밀어붙이기 때문에 가능한 것이다. 거북의 근육은 엄청나게 힘이 세고 다리뼈도 극단적으로 두껍다"고 프리처드 박사는 말했다. 거북의 어색한 걸음걸이는 강한 턱과 발톱으로 무장한 동물로부터 성체 거북을 보호하는 껍질을 얻은 결과로 치러야 하는 작은 대가인 셈이다.

유전학자들은 거북의 껍질이 아주 먼 옛날에 갑자기 생긴 것 같다고 주장했다. 이미 존재하던 몸 구조가 완만하고 점진적으로 변화해서 그렇게 된 것이 아니라는 말이다. 그리고 그 말은 극적으로 일어난 혁신적인 변화가 호메오박스 유전자 같은 마스터 유전자(어떤 기관으로든 자랄 수 있는 배아줄기세포가 특정 신체기관의 세포로 자랄 수 있게 조정하는 유전자—옮긴이)에 생긴 작지만 중요한 돌연변이에서 비롯되었을 수 있다는 뜻이다. 만일 거북의 껍질이 파충류의 형태가 거의 완성된 시점에서 갑자기 나타났다면, 고생물학 기록에서 '중간 단계' 화석이나 거북의 원형이 없는 이유가 설명될 수 있다고 학자들은 말했다.

거북의 껍질은 거북의 길고 긴 이야기를 설명하는 데 분명 도움이 될 것이다. 커다랗고 두꺼운 껍질이 딱딱하게 굳을 때까지는 시간이 걸리지만, 일단 성체가 되면 거북은 거의 무적에 가깝다. 그리고 바로 그때가 되면, 다윈의 말대로 비생산적인 유년기를 보낸 거북은 그 대가로 아주 오랫동안 열정적으로 번식이 가능한 성년기를 누리게 된다. 암컷 거북은 죽을 때까지 알을 낳을 것이고, 수컷 거북은 노새처럼 고집스럽게 암컷의 뒤를 쫓아다닐 것이다.

Chapter 08

수학

현실에서 무한으로

The New York Times

최신 미적분학으로 카오스를 새롭게 규정하다

카오스에 대한 새로운 수학적 정의 덕분에 처음으로 '완전한 혼돈 상태'를 제어할 수 있게 되었다. 이 새로운 수학적 정의는 오늘 매사추세츠주 케임브리지에서 열린 제4회 국제응용역학학회International Congress for Applied Mechanics에서 발표되었다.

카오스에 대한 새로운 정의는 최신 미적분학으로 규정되었다. 덕분에 과학자들은 완전한 혼돈 상태에서 어떤 일이 벌어질지를 예측할 수 있게 되었다. 이 정의는 많은 현실 문제를 해결하는 데 유용하다. 예를 들어, 비행기 운행을 방해하는 난기류나 관을 흐르는 액체의 흐름을 계산할 수 있다.

새로운 미적분학 공식을 발표한 사람은 매사추세츠공과대학교의 노버트 위너Norbert Wiener 박사다. 이 논문의 첫 장은 카오스의 대표적인 예를 열거하고 있다. 공학자는 자신이 풀고자 하는 문제에 가장 가까운 예를 고르면 된다.

술에 취한 사람의 걸음걸이도 그런 예의 하나다. 위너 박사는 술에 취한 사람이 비틀비틀 걷는 것을 보고 카오스에 관심을 가지게 되었다. 술에 취한 사람이 내딛는 각각의 발걸음은 서로 아무 연관성이 없다. 그런데 위너 박사의 미적분학 공식을 적용하면 '술에 취한 사람'이 매 발걸음을 얼마나 멀리 내디딜지 계산할 수 있다.

행성의 움직임 문제

행성의 '섭동攝動'은 현실에서 관찰되는 카오스적인 움직임의 대표적인 예다. 섭동이란 행성이 궤도에서 불규칙적으로 아주 조금씩 벗어나는 현상을 가리킨다. 천문학자들은 수 세기 전부터 이 문제와 씨름해 왔다. 아인슈타인은 섭동의 하나를 설명해서 유명해졌다.

위너 박사에 따르면, 새로운 정의는 철저히 수학에 의존한다. 그래서 '순수한' 카오스만을 정의한다. 위너 박사는 '순수한' 카오스에 해당하는 예를 현실에서는 거의 보기 힘들다고 인정하면서 그나마 완전한 카오스 상태에 가장 가까운 예는 라디오처럼 진공관에서 나는 소리라고 한다. 진공관의 소리는 전자가 뭔가에 부딪히면서 내는 소리다. 그런데 소리를 내는 전자는 하나가 아니다. 전자 '덩어리', 즉 엄청난 수의 전자가 한꺼번에 여기저기 부딪히면서 요란한 소리를 낸다.

위너 박사는 이 새로운 공식이 세 단계로 구성된다고 설명했다. 첫 번째 단계는 1800년대 후반에 활동한 미국 과학자 조사이어 윌러드 깁스Josiah Willard Gibbs가 발표한 '에르고딕*ergodic*'('일'을 뜻하는 고대 그리스어 에르곤ergon에서 따왔다) 정리이다. 이 정리에 따르면 카오스 체계는 가능한 혼돈 상태를 전부 거쳐 간다.

위너 박사는 과학자들이 카오스 체계가 실제로는 혼돈 상태를 전부 거치지는 않는다는 사실을 밝혀냈다고 말했다.

다음 단계는 하버드대학교의 G. D. 버코프G. D. Birkhoff 박사가 입증했듯이 최신 수학 이론에 따르면 카오스 사건이 발생할 가능성이 있는 시점의 평균을 구할 수 있다는 것이다.

공간이라는 요소 더하기

위너 박사가 발표한 공식은 카오스에 '공간'이라는 요소를 더한다. 따라서 카오스적 변화가 일어날 가능성이 있는 시간뿐 아니라 공간도 알 수 있다.

비행기가 운항 중에 맞닥뜨리는 카오스 문제 한 가지는 매끄럽게 다듬은 비행기 날개 위를 지나는 부드러운 공기의 흐름이 언제, 어디서 소용돌이칠 것인가이다. 또한 어떤 유형의 소용돌이인지도 중요하다. 날개 위를 지나간 공기가 소용돌이를 일으키면 비행기를 떠받치는 부력에 방해가 된다.

공학자들은 실험을 통해 이런 소용돌이의 일부 측정에 성공했다. 그러나 모든 경우를 실험으로 측정하기는 불가능하다. 비행기 설계사들은 실험으로 얻은 표본을 근거로 추측할 수밖에 없다. 실험을 통해 얻은 표본이 얼마나 모집단을 정확하게 반영하고 있는지를 위너 박사의 새로운 공식으로 계산하면, 비행기 설계사들이 더 이상 막연한 추정치에 의존하지 않아도 된다.

지도 추측 퍼즐: 해결된 영역으로 색칠되다

톰 페럴

수학계에서 유명한 수수께끼 중 하나인 4색 추측이 드디어 풀렸다. 이 문제가 그토록 오랫동안 수학자와 아마추어 수학자 모두의 관심을 붙든 이유는 문제 자체가 꽤 단순하기 때문이다. '어떤 지도든 인접한 국가를 다른 색으로 칠한다고 할 때 4가지 색만 있으면 전체 지도를 칠할 수 있다'는 것을 증명하면 된다.

그동안 4색 추측은 참인 명제일 거라고 여겨졌다. 이 추론에 반하는 지도를 아무도 생각해내지 못했기 때문이다. 다만 반대되는 예를 들지 못하는 것은 증명이 아니다. 증명으로 인정되려면 모든 지도에 대해 이 명제가 참이라는 것을 입증해야만 한다.

이번에 발표된 증명은 일리노이주립대학교의 케네스 어펠Kenneth Appel과 울프강 하켄Wolfgang Haken이 1,200시간 동안 컴퓨터를 돌려서 도출한 것이다.

이론적인 내용은 제외한 채 불완전하지만 되도록 간략하게 이들의 증명법을 설명하자면 다음과 같다. 어펠과 하켄은 표준적인 수학 절차에 따라 지도(평면을 구역으로 나눈 것)를 그래프(점들을 선으로 연결한 것)로 변환할 수 있다는 점을 응용했다. 이들은 모든 가능한 지도의 형상을 1,936개의 그래프로 나타낼 수 있다는 사실을 발견했다. 그런 다음 4색 추측이 거짓이라는 가설을 토대로 컴퓨터 분석을 시작했다. 만약 4색 추측이 거짓이라는 가설이 맞다면 틀린 지도, 즉 다섯 가지 색으로 칠해야만 하는 지도가 발견될 것이다. 컴퓨터는 1,936개의 그래프 중에는 틀린 지도가 존재하지 않는다는 결론을 내렸다. 4색 추측이 거짓인 경우가 없으므로 4색 추측은 참일 수밖에 없다.

수학자들은 여전히 지금처럼 컴퓨터에 크게 의존하지 않고도 일반 기하학 기법만으로도 이 추론의 대부분을 증명하는 더 간단한 증명법을 찾고 있다.

수학계는 마침내 4색 추측이 입증된 덕분에 아마추어 수학자들이 원과 같은 면적의 정사각형을 그리는 것이나, 임의의 각을 3등분하는 것과 같은 문제로 관심을 돌리지 않을까 우려하고 있다. 이 두 문제는 절대 불가능하다는 것이 이미 증명되었다.

진리와 아름다움만으로도 충분하지 않은가?

제임스 글릭

수학자들, 그것도 수학 분야에서 가장 권위 있는 상을 수상한 이들이 자신의 연구가 도대체 무슨 소용이 있는지 일반인이 알아듣게 설명해 줄 수는 없을까?

올해 필즈상을 수상한 수학자 세 명과 네반린나상을 수상한 수학자 한 명이 일반인 앞에서 흥분을 감추지 못한 채 상기된 얼굴로 자신의 연구에 대해 설명했다. 두 명은 4차원 공간에서의 도형에 관한 놀라운 사실을 발견했다. 한 명은 어려운 문제가 왜 어려운 문제인지에 대한 중요한 통찰을 제시했다. 다른 한 명은 모델 추측Mordell's conjecture을 증명했다. 모델 추측은 부정 다항식은 유한한 정수해를 지닌다는 가설이다.

올해 세계수학자대회International Congress of Mathematicians가 캘리포니아주 버클리에서 열렸고 월요일에 막을 내렸다. 이 모임에 참석한 약

4,000명의 수학자들에게는 이들 수상자의 연구가 가장 순수한 과학에 새로운 활력을 불어넣는 획기적인 발견이었다. 그러나 이 대회를 취재한 지역방송국의 기자는 수상자 중 적어도 한 명쯤은 훨씬 더 기본적인 질문에 답해 주길 바랐다. "당신의 연구가 집에서 이 강연을 지켜보는 일반인 시청자의 삶에 어떻게 도움이 될까요?"

모두를 불편하게 하는 침묵이 뒤따랐다. 수상자들은 서로를 바라보더니 갑자기 급한 약속이 기억났다며 하나둘 자리를 떴다. 금발에 앳된 얼굴의 서독인인 게르트 팔팅스Gerd Faltings는 어색하게 웃더니 아무 말도 하지 않았다. 그는 모델 추측을 증명해 하루아침에 위대한 수학자 반열에 들어섰다.

결국 캘리포니아에서 활동하는 기하학자 마이클 프리드먼Michael Freedmans이 자리에서 일어나 다른 수학자들을 대변했다. 자신들은 현실에의 적용 가능성을 철저히 배제함으로써 풍성해지는 논리 문제를 연구한다고. 그는 훗날 자신들의 연구가 실용화된다면 그것은 우연에 의한 것이며, 언제나 그런 우연이 발생한다고 덧붙였다. 유클리드 기하학을 곡선에 적용한, 얼핏 보기에는 우스꽝스러운 연구가 알고 보니 물리학자가 일반 상대성이론을 도출하는 데 꼭 필요한 분석틀이었다던가, 정수론에서도 특히 현실과는 무관하기로 악명 높은 기법들이 실은 미국 국가안전보장국이 효율적이고 안전한 암호를 개발하는 데 꼭 필요했다던가 그런 예는 많다.

아무도 언급하지 않지만, 순수수학 연구의 바닥에 깔린 전제는 내면의 나침반을 따라 이상하고 추상적인 세계에서 우아함과 아름다움을 추구한다는 것이다. 그리고 이것이 장기적으로 보았을 때 응용과학에도 도움이 되는 최선의 방법이라는 것이다. 순수수학이 만들어냈지만 아무

쓸모가 없다면서 수십 년간 묻혀 있던 기이한 내용은 물리학이나 생물학이 발전하면서 언젠가는 분명히 그 분야가 씨름하고 있는 문제를 해결할 열쇠가 될 것이다.

프리드먼 박사는 "우리는 수백 년간 이어진 거대한 산업의 일부이다. 과학과 독특한 방식으로 교류했고, 아주 적은 예산으로 운영되었다. 그리고 우리는 수학에서 어떤 내용이 어떤 실용적인 쓰임이 있을지 예측하는 것은 거의 불가능하다는 것도 깨달았다. 수학은 하나의 유기체처럼 발전해야 한다. 내부의 사람들이 보기에 적절한 방식으로"라고 설명했다.

1966년에 필즈상을 수상한 옥스퍼드대학교의 원로 수학자 마이클 아티야 경Sir Michael Atiyah은 프리드먼 박사의 말을 조금 정정하면서 다음과 같이 한마디 보탰다. "실은 수천 년 전부터 이런 식으로 운영되었다. 수학은 상당히 오랜 기간에 걸쳐 진행되는 프로젝트다."

그러나 현재 수학의 순수성이라는 관념은 변하고 있다. 실은 예전부터, 그것도 바로 전 대회인 1983년 바르샤바 세계수학자대회에서부터 변화의 징조가 보였다고 많은 수학자가 입을 모아 말한다. 당시 9일 동안 진행된 모임에서 수학에서 어떤 변화가 일어나고 있고, 그런 변화가 앞으로 어떤 의미를 지닐 것인가라는 문제가 16개의 총회 연설, 몇몇 45분짜리 강연들, 셀 수도 없이 많은 10분짜리 짧은 발언에 짙게 깔려 있었다.

이 대회에서 거의 눈에 띄지 않는 분야는 다소 경시되는 분야인 응용수학이다. 응용수학은 수학 이론이 공학이나 다른 과학 분야로 흘러들어가는 전통적인 경로이다. 그런데 몇몇 수학자는 최근 물리학자들이 응용수학을 거치기보다는 직접 순수수학 이론을 가져다 쓰고 있는 현실을 더는 외면할 수 없게 되었다. 이를테면 매듭이론과 DNA 줄기의 유전 과정 사이에 뜻밖의 관련성이 있음이 발견되었다. 또한 이런 현실을 보여 주는 대표적인 예는 아마도 최근 물리학에서 가장 주목받고 있는 주제인 우주의 근원 에너지와 입자를 연구하는 물리학 분야에서 기하학 이론을 끈이론에 적용한 사례일 것이다.

이런 흐름을 눈치 챈 수학자들은 정수론이나 기하학이 더 이상 생물학자나 화학자들에게 이해 불가능한 신비의 영역이 아니라는 점을 지적한다. 이것이 오늘날의 현실이다.

끈이론 연구에서는 물리학이 수학에 피드백을 제공하고 있다. 즉, 최근 연구에 관심이 있는 순수수학자라면 이제 순수하지 않은 과학계의 동향에도 신경을 써야 한다는 뜻이다. 이런 흐름은 이번 세계수학자대회에서 이례적으로 물리학자인 프린스턴대학교의 에드워드 위튼Edward Witten 박사와 소비에트연방의 란다우이론물리학연구소의 알렉산드르 폴리아코프Aleksandr Polyakov 박사가 강연을 했다는 점에서도 잘 드러난다. 폴리아코프 박사는 긴 금발을 한 진지한 표정의 학자로, 강연 전에는 긴장한 듯 빨간 가방을 메고 이리저리 돌아다녔다. 그는 수학자들이 다른 언어를 들으면 싫어할까 봐 불안했던 것이다. 여기서 다른 언어란 러시아어가 아닌 물리학을 말한다.

그는 강연에 앞서 "이 물리학자가 무례하게 행동하더라도 양해 바란다"고 말했다. 수학과 물리학에서 요구하는 증명의 엄밀함에는 차이가 있기 때문에 그는 '무례하다'는 표현을 썼다. 물리학에서는 지구가 태양 주위를 돈다고 말해도 문제되지 않는다. 수학자라면 지구가 태양 주위를 돈다고 볼 만한 충분한 증거가 있다고 말할 것이다.

프리드먼 박사는 어떤 특이한 4차원 공간이 존재한다는 것을 증명한 연구로 필즈상을 수상했다. 옥스퍼드대학교의 사이먼 도널드슨Simon Donaldson은 물리학 기법을 빌려 바로 그 4차원 공간이 존재할 수 없다는 것을 증명했다. "그래서 수학자라면 물리학이 존재하지 않는다는 결론을 내릴 것"이라고 프리드먼 박사는 말했다.

일부 수학자에게 순수성이란 일정 수준의 불가해함을 의미한다. 적어도 이 점만큼은 변하지 않았다. 이런 불가해성은 때로는 영역의 특성에서 비롯된다. 예를 들어, 어떤 영역에 차원이 4개 이상인 경우가 그렇다. 수학자는 다차원에서 존재하는 도형이라는 개념에 익숙해져야 하지만 누구나 3차원 이상의 공간에 있는 도형을 머릿속에 떠올릴 수 있지는 않다. 그래서 기하학은 순수성을 지키기 위해 숫자와 기호를 사용한 엄밀한 증명법에 의존한다. 시각적인 형상화는 믿지 못하는 것이다.

1차원은 선이다. 2차원은 처음 그린 선과 직각으로 만나는 또 하나의 선을 더한 것이다. 동서를 가로지르는 선과 남북을 가로지르는 선으로 이루어진 공간이 2차원이다. 3차원은 이 두 선에 다시 직각으로 선 하나를 더한 것이다. 평면을 관통하는 선이 하나 더해지는 것이다. 머릿속에서 4차원을 그리려면 이 선 셋과 직각이 되는 또 다른 선을 떠올릴 수 있어야 하는데 거의 대부분의 사람들에게는 불가능한 일이다.

그런데도 어떤 내면의 눈을 지닌 프린스턴고등연구소의 존 밀너는 John Milnor는 수천 명의 청중에게 프리드먼 박사가 발견한 4차원 공간을 설명하면서 팔을 휘두르기 시작했다.

그는 "문제는 2차원의 원을 4차원인 다양체 안에 집어넣으려고 하면 일반적으로는 스스로와 교차하게 된다는 점"이라고 말하면서 자기 손으로 고리와 손잡이를 만들었다. 마치 새로 나온 여행가방을 묘사하는 것처럼 보였다.

때로는 불가해성은 그냥 방식의 차이다.

이상적인 수학 강연은 세 부분으로 이루어진다는 말이 있다. 첫 번째 부분은 모든 사람이 이해할 수 있어야 한다. 두 번째 부분은 그 분야를 전공하는 네다섯 명 정도는 이해할 수 있어야 한다. 세 번째 부분은 아무도 이해하지 못해야 한다. 그렇지 않으면 아무도 그 강연을 진지하게 받아들이지 않는다.

이런 조언에 따라 강연을 하는 사람들도 있었다. 일부는, 아마도 시간 제약 때문이겠지만, 세 번째 부분은 건너뛰었다.

필즈상 수상자들이 답하고 싶어 안달하는 질문도 하나 있었다. 컴퓨터를 사용했는지 여부다. 컴퓨터는 수학의 피조물이지만 수학계의 환영을 받지 못한 피조물이다. 이번 대회에서는 컴퓨터의 영향력이 그 어느 때보다도 강하게 느껴졌다. 이 질문에 대해 프리드먼 박사는 아니라고 답했다. 도널드슨 박사도 같은 답을 했다. 팔팅스 박사의 답도 같았다. 팔팅스 박사는 "컴퓨터를 쓰면 지루한 작업을 조금 덜 수는 있겠지만 컴퓨터는 생각하지 못한다"라며 자신은 컴퓨터를 절대 쓰지 않는다고 덧붙였다.

모든 사람의 시선이 정보과학 부문으로 네반린나상을 수상한 하버드 대학교의 레슬리 밸리언트Leslie G. Valiant에게 꽂혔다. 밸리언트는 주로 컴퓨터 알고리즘을 연구한다. 밸리언트 박사는 자신의 입장을 밝힐 차례가 되었냐며 자신 역시 컴퓨터를 쓰지 않는다고 했다.

수학자가 우화와 비유를 선호한다면, 아마도 수학을 광활한 황무지에 기찻길을 놓는 일을 하는 소수의 남자와 여자로 구성된 협회로 묘사할 것이다. (물론 수학자는 우화와 비유처럼 모호한 것을 전혀 좋아하지 않는다.) 이 일은 예술이 되었고, 수학자는 기찻길을 놓고 기찻길을 사랑하고 기찻길을 평가하고 감상하는 예술가가 되었다.

그래서 오히려 주변 풍경을 고집스럽게 외면한다. 수년간 동북쪽으로 가는 기찻길을 열심히 놓다가 갑자기 중단한다. 아주 오래돼서 거의 잊힌 남쪽으로 가는 선로에 어느 날 갑자기 갈림길을 덧붙인다. 이 새 선로는 기찻길을 놓는 사람은 볼 수 없거나 보지 않으려고 하는 지평선을 향한다. 새로운 선로가 기존의 선로와 꼼꼼하게 제대로 이어져 있어서 연결고리가 끊어지지만 않으면 기이한 일들이 생긴다. 사람들이 이 숲이나 저 사막을 탐험하려고 모여든다. 이들은 자신이 가고자 하는 바로 그 지점까지 이어진 선로를 발견한다. 기찻길을 놓는 사람들은 이미 그 자리를 떠난 지 오래일 수 있다. 그러나 선로는 남아 있고, 그래서 지식이라는 기차가 계속 앞으로 나아갈 수 있는 것이다.

마침내 "유레카!"라고 외치다
–오래된 수학 수수께끼가 풀리다

지나 콜라타

350년도 더 전에 프랑스의 한 수학자가 책의 여백에 아주 간단해 보이는 정리를 휘갈겨 적었다. 그는 이 정리를 기발한 방법으로 증명할 수 있지만 여백이 모자라서 적을 수 없다고 덧붙였다. 수학자는 증명을 제시하지 않은 채 세상을 떠났고, 그 뒤로 여러 수학자가 이 정리를 증명하려고 애썼다. 그동안 수천 명이 증명했다고 주장했지만 늘 불완전한 증명으로 밝혀졌다. 그런데 세상에 널리 알려진 이 풀리지 않는 수학 수수께끼가 드디어 풀린 듯하다.

'페르마의 마지막 정리'로 알려진 이 문제를 정복한 사람은 프린스턴대학교의 영국인 수학자 앤드루 와일스Andrew Wiles이다. 와일스 박사는 영국 케임브리지대학교에서 3일에 걸쳐 강연을 하고, 강연 마지막 날인 어제 자신이 페르마의 마지막 정리를 풀었다고 밝혔다.

그의 마지막 강연이 채 끝나기도 전에, 이 충격적이고도 놀라운 소식을 전하는 수학자들의 이메일이 전 세계로 퍼져 나갔다.

서던캘리포니아대학교의 레너드 애들먼Leonard Adelman 박사는 와일스 박사의 발표 후 약 한 시간 뒤에 이메일을 받았다고 했다. 그는 "수학계에서 일어난 사건 중 아마도 가장 흥분되는 소식"이라며 이런 소동이 일어나는 게 당연하다고 말했다.

불가능이 가능해지다

캘리포니아주립대학교 버클리캠퍼스의 케네스 리벳Kenneth Ribet 박사는 본지와의 전화 인터뷰에서 강연에 참석한 수학자들이 환희를 느꼈다고 전했다.

17세기에 활동한 프랑스의 수학자이자 물리학자인 피에르 드 페르마Pierre de Fermat가 1637년에 책의 여백에 적은 정리는 특정 유형의 단순한 수식이 어떤 해를 지닐 수 있는지 또는 없는지를 일반화해서 명시하고 있다. 그동안 뛰어난 수학자들이 이 정리를 증명하기 위해 달려들었지만 실패했다. 많은 이들이 페르마의 감질나는 선언에도 불구하고, 페르마가 아주 뛰어난 수학자였음을 인정하면서도, 이 정리를 증명하지 못했을 거라는 결론을 내리기도 했다.

리벳 박사는 와일스 박사의 증명으로 "수학계에 지각 변동이 일어났다"고 말했다. 왜냐하면 "절대로 불가능하다고 생각했던 것이 실제로는 가능하다는 것이 입증되었고, 따라서 앞으로 사람들이 문제를 접근하는 태도가 달라질 것이며 그동안 불가능하다고 생각했던 것들이 실은 가능할지 모른다는 생각을 하게 되었기 때문이다."

현재 리벳 박사와 마찬가지로 케임브리지에 머물고 있는 하버드대학교의 배리 마주르Barry Mazur 또한 전화 인터뷰에서 이렇게 말했다. "이것으로 페르마의 마지막 정리만 증명된 게 아니다. 지금까지는 엄청난 찬사를 받았지만 아무런 파급력이 없는 증명도 있었다. 그런데 이 증명은 결코 그렇지 않을 것이다. 이 증명 기법은 파급력이 엄청나다. 앞으로 더 많은 소동을 일으킬 것이다."

피타고라스의 정리를 기억하는가? 페르마의 마지막 정리는 $x^n+y^n=z^n$으로 표현되는 방정식에 적용된다. 이 방정식의 n에 2를 대입하면 우리에게 익숙한 피타고라스의 정리가 된다. 피타고라스의 정리를 풀어서 쓰자면 '직삼각형에서 직각의 양변의 길이를 제곱한 뒤 더하면 그 삼각형의 빗변의 길이를 제곱한 것과 같다'이다. 이런 예의 하나가 $3^2+4^2=5^2$이다. $9+16=25$이기 때문이다.

페르마의 마지막 정리는 n이 2보다 큰 자연수일 때는 위 방정식의 해를 구할 수 없다고 서술한다. 따라서 $x^3+y^3=z^3$을 만족하는 자연수 해 x, y, z는 존재하지 않는다. 예를 들어 $3^3+4^3=(27+64)=91$이며, 91은 그 어떤 정수의 세제곱으로도 나타낼 수 없는 숫자이다.

미국 수학자들은 와일스 박사의 명성과 강연에 참석한 수학자들, 특히 리벳 박사와 마주르 박사의 긍정적인 반응으로 볼 때 와일스 박사가 발표한 증명은 확실한 것으로 보인다고 말한다. 게다가 와일스 박사의 증명이 30년 넘게 정립되고 인정받고 있는 수학 체계에 토대를 두고 꼼꼼하게 도출되었기 때문에 설득력이 있다고 덧붙였다.

물론 수학계는 와일스 박사의 증명에 당장은 눈에 띄지 않는 결함이 있을 수도 있다고 조심스럽게 덧붙이고 있다. 뉴욕대학교 쿠란트 수리과학연구소의 해럴드 M. 에드워즈Harold M. Edwards 박사는 이 증명이 수학 저널에 실리기 전까지는 잘못이 발견될 가능성을 배제할 수 없다고 지적했다. 와일스 박사의 증명은 수학 저널에 실리기까지 여러 번 검토될 것이므로 그 시기는 1년 후가 될 수도 있다. 검토 과정에서 증명에 결함이 발견될 가능성은 얼마든지 있다. 페르마의 마지막 정리에 관한 책을 집필한 에드워즈 박사는 "아주 뛰어난 수학자도 잘못된 증명을 내놓을 수 있다"고 말한다.

전 세계의 '괴짜들'을 홀리다

그러나 에드워즈 박사는 와일스 박사의 증명은 상당히 그럴듯해 보이며 "진짜일 가능성이 매우 크다"고 덧붙였다.

페르마의 마지막 정리는 간단해 보이지만 증명하기는 대단히 어려워서 프랑스 과학아카데미는 1815년과 1860년에 증명하는 사람에게 금메달과 함께 300프랑을 수여하겠다고 발표한 바 있다. 1908년에는 독일 과학아카데미가 10만 마르크를 수여하겠다고 발표했다. 독일 과학아카데미의 제안은 여전히 유효하며 다만 상금은 7,500마르크(약 4,400달러)로 깎였다. 이런 상금 때문에 전 세계의 '괴짜들'이 증명에 뛰어들었다고 에드워즈 박사는 전했다. 독일 과학아카데미가 이 정리의 증명이 출간되어야만 한다는 조건을 걸자 "괴짜들은 본인의 증명을 자비로 출판하기 시작"했다고 한다. 그래서 이 정리에 관한 수천 개의 소책자가 나왔다. 심지어 독일 과학아카데미는 에드워즈 박사에게 페르마의 마지막 정리가 거짓이라는 것을 증명하더라도 마찬가지로 상금을 수여했을 것이라고 말했다고 한다. 페르마의 정리가 거짓으로 판명되면 "과학아카데미에 제출된 수많은 증명을 읽지 않아도 되는 것만으로도 무척

기쁠 것"이기 때문이다.

그러나 아마추어 수학자만 이 수수께끼에 끌린 것은 아니다. 유명한 수학자들도 이 문제를 푸느라 몇 년을 허비하곤 했다. 이 문제를 건드렸다가는 빠져나오지 못할까 봐 두려운 마음에 아예 멀찍이 피한 이들도 있다. 수학 천재로 알려진 다비드 힐베르트David Hilbert는 1920년에 이 문제를 풀지 않겠다고 선언했다. "배경 지식을 쌓는 데만도 3년이 걸릴 텐데 실패 가능성이 있는 과제에 그렇게 많은 시간을 쏟을 수는 없다"는 이유였다.

컴퓨터로 무장한 수학자들은 페르마의 정리가 거의 모든 자연수에 대해 참이라는 것을 보였지만, 그것만으로는 일반 증명이라고 인정될 수 없다.

증명으로 가는 고행길

리벳 박사는 20세기에 들어 페르마의 마지막 정리를 증명하려는 이런저런 시도를 하다 보니 오히려 페르마의 마지막 정리 자체의 증명은 뒷전이 되었다고 말했다. "지난 60년간 정수론을 연구하는 사람들은 이런 간단한 문제를 풀 수 있는 엄청난 양의 기법을 개발"했지만 그 과정에서 "수학자들은 기존의 문제들과 매일매일 조금씩 멀어졌고 자신들이 만들어낸 기법과 연구 목표에 함몰"되었다는 것이 리벳 박사의 생각이다.

와일스 박사의 증명은 이런 수학 기법 여러 개를 응용하지만 또한 "아이디어의 고리를 완결"하기도 한다고 프린스턴대학교의 니콜라스 카츠Nicholas Katz 박사는 지적한다. 와일스 박사가 발표한 증명의 첫 부분의 기원은 1954년으로 거슬러 올라간다. 고인이 된 일본의 수학자 다니야마 유타카Taniyama Yutaka가 타원곡선이라고 하는 수학 도형에 대한 추측을 제시했다. 몇 년 뒤 프린스턴대학교의 시무라 고로Shimura Goro 박사가 이 추측을 더 정교하게 발전시켰다. 카츠 박사에 따르면 그 후로 수십 년간 수학자들은 이 추측이 페르마의 마지막 정리와 연관이 있으리라고는 상상도 하지 못했다며 "아예 다른 영역의 문제들로 보였다"고 한다.

1980년대 중반 독일 자를란트대학교의 게르하르트 프라이Gerhard Frey 박사가 "다니야마 추측과 페르마의 마지막 정리 사이에 아주 기이하고도 단순한 관계가 있다는 것을 발견"했으며 "그래서 다니야마 추측을 이해하면 페르마의 마지막 정리도 이해할 수 있을 거라는 막연한 아이디어가 형성되었다"고 말했다. 1987년, 리벳 박사는 다니야마 추측과 페르마의 마지막 정리 간의 관계를 입증했다. 그리고 이제 와일스 박사가 다니야마 추측의 한 유형이 참임을 증명했고 이로써 페르마의 마지막 정리도 참임이 입증되었다.

카츠 박사는 "페르마의 마지막 정리가 증명되었다는 것이 특히나 놀라운 이유는 그 과정이 믿을 수 없을 정도로 긴 여정이었기 때문"이라고 덧붙였다.

이 증명의 또 하나의 놀라운 측면은 언뜻 보기에 단순한 명제인데 이를 증명하는 데 상당히 복잡하고 고도로 전문화된 수학이 필요했다는 점이다. 워낙 전문적인 기법이 동원되다 보니 리벳 박사는 전체 수학자의 10분의 1정도만이 와일스 박사의 증명을 이해할 것이라고 보았다. 그는 "모듈러 형식과 대수기하학에 대해 잘 알아야" 하며 그것도 "최신 내용을 상세히 알고 있어야 한다"라고 강조했다.

와일스 박사가 발표한 증명의 큰 줄기는 타원곡선을 페르마의 마지막 정리와 연결하는 것이다. 타원곡선은 도넛의 표면과 비슷하게 생긴 수학 도형이다. 페르마의 마지막 정리가 거짓이어서 페르마의 방정식에 해가 존재한다면 해명할 수 없는 기이한 곡선이 그려진다. 와일스 박사의 증명은 그런 기이한 곡선이 존재하지 않는다는 것을 보여 준다.

동료들에게 언론과의 인터뷰는 꺼려진다고 말했다는 와일스 박사는 어제 연락이 닿지 않았다. 와일스 박사가 내성적이라고 설명한 리벳 박사는 와일스 박사가 자신에게 대신 언론을 상대해 달라고 부탁했다고 전했다.

리벳 박사는 와일스 박사가 페르마의 마지막 정리를 증명하기까지 7년이 걸렸다고 했다. 2년 전에 추측의 특수한 경우를 증명해 냈지만 아무에게도 알리지 않았다고 한다. 그는 "와일스 박사가 보기에 그것으로는 충분하지 않았고 실은 그래서 아주 실망했다고 한다"라고 말했다.

이번 주, 와일스 박사는 고향인 영국 케임브리지에서 열린 작은 학회에서 이 증명을 발표했다. 'P진수 갈루아 표현, 이와사와 이론, 모티브의 다마가와 숫자'에 관한 강연으로 월요일, 화요일, 수요일에 걸쳐 진행된 이 강연의 제목은 '모듈러 형식, 타원곡선, 갈루아 표현'이었다. 강연 제목만으로는 페르마의 마지막 정리를 다루리라는 것을 전혀 예상할 수 없었다고 리벳 박사는 말했다.

리벳 박사는 "와일스가 강연을 시작하고 난 뒤에야 그가 무슨 이야기를 하려는지 사람들이 조금씩 눈치를 챘다"고 말했다. 강연을 듣고 있던 이 오래된 학문의 전문가들이 첫날 40 정도의 흥미를 보였다면 어제는 60으로 고조되어 있었다. 마침내 강연 3일째에 와일스 박사는 다니야마 추측의 일반론을 입증하는 것으로 마무리했다. 그리고 마치 잊고

있다가 마침 생각났다는 듯이 이로써 페르마의 마지막 정리가 참임이 입증되었다고 덧붙였다. 'Q.E.D.'

강연을 듣던 사람들은 카메라를 들어 이 역사적인 순간을 찍었다고 리벳 박사는 전했다. 그리고 "아주 유쾌하게 박수갈채를 보냈고 몇몇이 질문을 한 뒤에는 다시 한 번 훈훈한 박수갈채로 마무리되었다"고 덧붙였다.

리벳 박사는 자신이 다음 강연자였다면서 "게다가 아주 따분한 주제였다"고 말했다. 그래도 수학자들은 "대개 예의바른 편"이라 다들 잠자코 앉아서 강연을 들었다고 한다. 다만 이렇게 고백했다. "나를 포함해 강연장의 사람들은 대부분 충격으로 얼이 빠진 상태"라 집중하기 힘들었다고.

첩자의 암호를 해독하다

조지 존슨

끊임없이 질서를 추구하는 인간의 뇌에 무작위성만큼 당혹스러운 것도 없다. 소비에트 연방의 암호 사용자들은 이 점을 염두에 두고 줄리우스 로젠버그Julius Rosenberg와 에셀 로젠버그Ethel Rosenberg 같은 첩자(소련에 원자폭탄 정보를 넘겼다는 혐의로 기소되어 1953년 6월 19일에 사형당한 미국의 부부—편집자)와 연락을 주고받을 암호 개발에 착수했다. 아주 단순하면서도 기발한 암호 체계를 만들어서, 미국 첩보기관이 메시지를 가로채더라도 방송이 나오지 않는 채널에 맞춰진 TV 화면을 가득 채우는 점들처럼 아무 의미 없는 기호처럼 보이도록 하는 것이 목표였다.

그러나 완벽하게 순수한 무작위성을 인위적으로 만들어내기란 매우 어렵다. 지난주에 미국 중앙정보국CIA 본부에서 열린 기념식에서 언급되었듯이 수십 년간 비밀에 쌓여 있던 러시아의 암호 체계도 암호의 난

이도를 일정하게 유지하는 데 애를 먹었다. 의도하지 않았는데도 무작위로 나열한 암호에 패턴이 생기는 바람에 미국의 암호 해독자들이 소비에트 연방의 암호 체계에서 천천히나마 규칙을 발견할 수 있는 실마리를 제공했다.

소비에트 연방 암호 체계의 세세한 사항은 여전히 미국의 대표적인 암호 해독 부서인 국가안전보장국NSA의 기밀로 남아 있다. 그러나 이 암호 체계의 기본 원칙은 '일회용 노트'라고 불리며 암호 사용자들 사이에서는 이미 수년 전부터 널리 알려진 암호화 방식이다. 이 방식을 설명하자면 다음과 같다.

먼저 메시지에서 사용될 확률이 높은 단어나 구를 첫 글자의 알파벳 순서대로 나열한다. 이 목록에 숫자를 차례로 붙인다. 예를 들어, 이 과정을 통해 줄리우스 로젠버그가 초기에 사용한 암호명 'Antenna(안테나)'(후에 'Liberal(리버럴)'로 바꾸었다)에 숫자 2222가 붙었다고 하자. 그 다음에 열거된 단어가 'anti-tank(대 전차)'라면 이 단어에는 2223, 그 다음에 열거된 단어 'Anton(안톤)'(로젠버그의 KGB 담당자 레오니드 크바스니코프Leonid Kvasnikov의 암호명)에는 2224가 붙는다. 이런 암호 체계에서는 메시지를 숫자의 나열로 변환해서 전달하고, 암호표를 가진 사람이 다시 이 숫자를 해독한다.

암호표에 나오지 않는 이름은 철자로 표기한다. 예를 들어, 9953이라는 숫자를 본 수신인은 이 숫자 뒤에 오는 숫자는 미리 정해진 규칙에 따라 개별 글자를 암호화한 단어라는 것을 알 수 있다. 그리고 9954는 개별 글자를 암호화한 글이 여기서 끝났으며 다시 암호표를 참고해서 해독하라는 것을 의미한다.

이것이 이 암호 체계의 전부라면 암호표가 없는 사람조차도 암호를 해독할 수 있다. 일단 가장 자주 목격되는 숫자 패턴이 마침표를 의미한다는 것을 알아차릴 수 있다. 'a'나 'the' 같은 관사가 그 다음으로 자주 목격되는 숫자 패턴으로 기록되어 있을 것이다. 대부분의 언어에서 마침표 다음에 자주 목격되는 숫자 패턴은 명사를 가리킬 것이다. 운도 조금 따라야 하겠지만, 이런 식의 추측을 하면서 정교한 통계 분석 기법을 적용해 이런저런 시도를 하다 보면 잡음에서도 의미를 추출할 수 있다.

암호에 암호를 더하다

이런 가능성을 차단하기 위해 소비에트 연방의 암호 사용자들은 또 다른 장애물을 설치했다. 암호표에 따라 메시지를 숫자의 나열로 바꾼 다음에 긴 난수亂數를 더했다. 이렇게 하면 암호 자체도 패턴이 없는, 그래서 이론상으로는 해독 불가능한 난수가 만들어진다.

러시아 첩자는 이 메시지를 해독할 수 있다. 왜냐하면 발신인과 수신인 모두 어떤 난수를 더했는지 알기 때문이다. '안테나'라는 단어를 암호화하는 발신인은 일단 이 단어를 암호표에 따라 2222로 바꾼 뒤 난수가 기록된 노트를 꺼내 노트에 적힌 첫 번째 네 숫자를 더한다. 예를 들어, 그 숫자가 3913이라고 하자. 따라서 2222에 3913을 더하면 6135라는 숫자가 나온다. 그 다음에 메시지의 다음 단어에 대해서도 같은 작업을 반복한다. 다만 이때는 노트에 적힌 그 다음 네 숫자를 더한다. 일단 한 번 사용한 난수 노트는 폐기한다. 그래서 '일회용 노트'라는 명칭이 붙은 것이다.

메시지를 해독하려면 수신인은 자신이 가진 난수 노트를 꺼내 각 숫자에 대응하는 난수를 적은 다음 메시지에 적힌 숫자에서 뺀다. 그러면 원래 암호 수열이 도출된다. 발신인과 수신인이 노트를 잘 간수하기만 하면 이런 식으로 암호화한 메시지는 중간에 가로챈 사람에게는 의미 없는 잡음으로밖에 보이지 않는다. '안테나'가 한 문장에서는 3913으로 표기되었다가 다른 문장에서는 4710으로 표기되는 등 다른 숫자로 표현되기 때문이다. 변환에 아무 규칙이 없기 때문에 암호 해독자들이 통계 기법을 적용해도 걸리는 부분이 없다.

국가안전보장국 암호역사센터의 방문 연구원이자 『코드 브레이커』(이지북, 2005)의 저자인 데이비드 칸David Kahn은 이렇게 "철저하고 완벽하게 일회용인 암호 체계는 해독이 불가능하다"고 지적했다. 메시지가 짧아서 정보국 요원이 메시지의 숫자에서 가능한 모든 수열 조합을 체계적으로 도출한다고 해도 별 소용이 없다. "모든 언어에서 도출될 수 있는 모든 메시지를 만들어냈을 뿐 어느 메시지가 옳은 메시지인지 알 길이 없기 때문이다"라고 그는 설명했다.

그러나 어떤 암호 체계도 난공불락은 아니다. 우선 난수를 생성하는 작업 자체가 굉장히 까다롭다. 동전을 던지면 앞면과 뒷면이 같은 확률로 나와서 무작위적인 패턴을 형성한다. 그러나 동전이 완벽하게 평평할 때에만 가능한 일이다. 실제로는 동전에 새겨진 음각 때문에 앞면과 뒷면의 무게가 달라진다. 따라서 앞면과 뒷면이 같은 확률로 나오지 않을 것이고, 5센트 동전을 쓰느냐 아니면 10센트 동전을 쓰느냐에 따라 달라지므로 그 동전을 던져서 나온 결과를 기록하면 어느 면이 더 자주 나오는지를 알 수 있다. 마찬가지로 암호 발신인이 제작한 난수 생성기에 결함이 있으면 메시지에 어떤 패턴이 나타나서 암호 해독자들이 암호표를 재구성할 수 있게 된다.

무한대를 요구한다

지난주에 미국 암호 사용자들이 밝혔듯이 러시아 암호 체계의 중대한 결함은 실은 사소한 것이었다. 일회용 노트 방식의 약점은 칸 씨가 지적하듯이 완벽한 난수일 뿐 아니라 무한한 숫자를 생성해야만 제대로 작동한다는 데 있다.

현실적으로는 무한하게 이어지는 숫자를 생성해서 사용하기란 불가능하다. 다만 어떤 경로로든 발신 가능하면서도 모든 메시지를 암호화할 수 있을 정도로 긴 숫자가 필요했다. 모스크바와 뉴욕의 KGB 사무소 사이를 오가는 메시지의 양이 늘어나면서 러시아인들이 쓸 수 있는 난수가 점점 줄어들었고, 결국 암호 사용자들은 절대 해서는 안 될 행동을 했다. 난수를 재사용한 것이다. 덕분에 소비에트 연방 첩자들이 미국 땅에서 만든 공든 탑이 무너지고 말았다. 무작위의 마법은 깨졌고 암호화된 메시지에 의미가 스며들기 시작했다.

위대한 무명 수학자

나탈리 앤지어

과학자는 세상에 이름이 알려지지 않는 것이 당연하기로 유명한 집단이다. 그러나 20세기의 수학 천재인 에미 뇌터Amalie Emmy Noether만큼 그 무명성이 충격적이면서도 부당한 경우도 없을 것이다.

아인슈타인은 뇌터가 역사상 가장 '중요하고', 또 가장 '창의적인' 여성 수학자라고 말했다. 뇌터와 동시대에 활동한 이들은 더 나아가 이 표현에서 기꺼이 '여성'을 빼기까지 했을 것이다. 뇌터는 물리학을 떠받드는 두 개의 개념인 자연의 대칭성과 보존 법칙의 관계를 압도적으로 명쾌하게 보여 주는 정리를 고안했다. 현재 이 정리는 '뇌터의 정리'라고 불리며 아인슈타인의 상대성이론만큼이나 중요한 정리로 인정받고 있다. 오늘날 최첨단 물리학 연구 대부분이 뇌터의 정리에 근거하고 있기 때문이다. 여기에는 강력한 힉스 입자(우주 공간에 가득차 있는 입자. 소립자의 질량을 만들어 내는 근원이 된다.— 편집자)를 탐색하는 연구도 포함된다.

그런데도 뇌터라는 인물에 대해 알려진 것이 거의 없다시피 하다. 일반 대중뿐 아니라 과학계에 몸담고 있는 사람들도 대부분 뇌터에 대해 아는 바가 거의 없다.

뇌터의 연구에 관한 책을 쓴 드렉슬대학교의 물리학자 데이브 골드버그Dave Goldberg는 최근에 이삼십 명의 동료, 제자, SNS 팔로어를 대상으로 비공식적인 '뇌터 설문'을 실시했는데, 이 설문 결과에 깜짝 놀랐다. 그는 "뇌터가 누구인지, 뇌터가 왜 중요한지를 구체적으로 말할 수 있는 사람이 정말로 적었다. 뇌터의 이름은 들어봤지만 뇌터의 연구를 모르는 사람도 있었고, 대다수는 뇌터의 이름조차 몰랐다"고 말했다.

뇌터는 130년 전인 1882년 3월 독일 에를랑겐에서 태어났다. 마침 3월이니 아주 오랫동안 묻혀 있던 뇌터의 삶과 연구를 돌아보기에 적절한 시점이기도 하다. 뛰어난 수학자 뇌터는 숫자에 대한 확고한 애정과 상식을 뛰어넘는 유머 감각으로 여러 장애를 극복했다. 일단 당시 독일의 대학교는 여자를 학생으로도, 교수로도 받지 않았다. 게다가 뇌터가 활동하던 당시에는 나치가 한창 권력을 장악하고 있었는데 그녀는 유대인이었고 평화주의자였다.

이 모든 불리한 점을 딛고 뇌터는 수학자로서 매우 활발히 연구 활동을 지속했으며 때로는 남자의 이름을 빌려서 추상대수학이나 환이론 같이 소외된 분야에서 획기적인 논문을 여러 편 발표했다. 또한 자신의 공식을 자신을 둘러싼 세계에 적용하면서 시간과 에너지가 서로 관련이 있다는 자연의 기본 법칙과, 페리미터연구소의 리 스몰린Lee Smolin의 표현을 빌리자면, 왜 "자전거를 타는 것이 안전하다"고 할 수 있는지 등을 밝혀냈다.

물리학자이자 소설가인 랜섬 스티븐스Ransom Stephens는 뇌터에 관한 강연을 여러 곳에서 진행했는데, "뇌터의 정리가 현대물리학 전체를 떠받치는 주춧돌 역할을 한다는 주장이 전혀 과장이 아니"라고 말했다.

뇌터는 수학자 집안에서 자랐다. 아버지는 하이델베르크와 에를랑겐에서 저명한 수학 교수였다. 남동생인 프리츠는 응용수학자로 명성을 얻었다. 가족들에게 에미Emmy라는 애칭으로 불린 뇌터는 처음에는 영어, 프랑스어, 피아노 등을 배웠다. 당시에 여자아이가 배우기에 적당한 과목으로 여겨지던 것들이다. 그러나 뇌터는 곧 수학에 관심을 보였다. 에를랑겐대학교에 정식으로 등록할 수 없었던 뇌터는 모든 수업을 청강했다. 그런데 기말고사 성적이 워낙 좋았기 때문에 결국 학사학위와 동등한 학위를 수여받았다.

뇌터는 그 뒤에 괴팅겐대학교의 대학원에 입학했고 수석으로 졸업했다. 이곳에서 힐베르트와 펠릭스 클라인Felix Klein 등 당대 최고의 수학자들을 만났다. 클라인은 아우구스트 페르디난트 뫼비우스August Ferdinand Mobius가 고안한 띠와 유사한 클라인 병Klein bottle(병목이 굽어 병 안으로 싸고 들어가 내부와 외부가 구분되지 않는 형태의 4차원 도형—편집자)을 고안한 학자이다. 뇌터와 작업을 한 이들은 누구나 그녀의 명석함에 감탄했다. 그래서 남성 학자들도 끊임없이 뇌터를 지지하면서 교수직, 그것도 급여를 지급하는 교수직을 찾아주려고 애썼다.

뇌터를 괴팅겐대학교의 부교수로 임용하고자 노력한 힐베르트는 "뇌터에 대해서는 결코 성별이 임명을 반대하는 이유가 될 수 없다. 따지고 보면 여기는 대학교이지 목욕탕이 아니지 않는가"라면서 괴팅겐대학교 행정부서에게 일침을 놓았다. 그러나 힐베르트는 끝내 대학 측을 설득하는 데 실패해 뇌터를 '방문 강사' 자격으로 연구팀에 고용하는 데 만족해야 했다. 훗날, 뇌터는 우연인지 의도된 것인지 모르겠지만 남자 전용 수영장에서 수영을 한다.

뇌터는 괴팅겐대학교에서 수학적 불변성, 즉 여러 방면으로 조작해도 여전히 동일하게 유지되는 숫자에 흥미를 느끼고 이 연구에 온힘을 쏟았다. 예를 들어, 별과 행성의 관계에서 행성 궤적의 모양과 지름이 달라져도 별과 행성을 묶는 중력은 그대로 유지된다. 이런 것이 불변성이다.

1915년, 아인슈타인은 일반 상대성이론을 발표한다. 괴팅겐대학교 수학과는 이 이론에 "깊이 빠져들었다." 한 목격자의 진술에 따르면 뇌터는 이 이론의 복잡성 일부에 자신의 불변성 연구를 적용하기 시작했다. 이런 시도 덕분에 뇌터는 마침내 현재 '뇌터 정리'라고 불리는 공식을 고안하기에 이른다. 뇌터가 고안한 공식은 우주의 토대가 되는 기하학과 우주를 고향으로 삼은 질량 및 에너지의 작용은 서로 근본적으로 연결되어 있다는 내용을 담고 있다.

뇌터의 정리를 만화를 그리듯 핵심만 뽑아 설명하자면 다음과 같다. 자연에서 어떤 대칭성, 예측 가능성, 동질성을 발견할 때면 운동력, 전하, 에너지 등 그에 대응하는 힘이 보존되어 있어서 그런 현상 뒤에 함께 존재한다는 것 또한 발견하게 된다. 자전거 바퀴가 완벽하게 대칭이라면, 그리고 자전거 바퀴를 축을 중심으로 돌렸을 때 어느 방향에서 보아도 똑같다면 이런 대칭적인 운동은 그에 상응하는 보존력을 낳을 수밖에 없다. 뇌터의 정리에 포함된 명제와 공식을 적용하면 이 대칭성에 상응하는 보존력이 바로 각운동력이라는 사실을 알 수 있다. 이 각운동력이 자전거를 탄 사람이 똑바로 앉아서 앞으로 나아갈 수 있도록 해 주는 뉴턴의 충격력에 해당한다.

뇌터의 정리에서 도출되는 관계의 일부는 충격적일 정도로 놀랍다.

그중에서도 가장 심오한 것은 시간과 에너지의 관계다. 뇌터의 정리는 시간의 대칭성(이를테면 공을 던질 때 그 공을 내일 던지든, 다음 주에 던지든, 언제 던진 공인가라는 사실은 공의 궤적에는 아무 영향을 미치지 못한다)이 에너지의 보존과 직접적인 연관성이 있다는 것을 보여 준다. 에너지의 보존 법칙은 아주 오래전부터 확립된 법칙으로 에너지는 만들어지거나 파괴될 수 없고 다만 형태가 변할 뿐이라고 말한다.

하버드대학교의 이론입자물리학과 우주론 교수인 리사 랜들Lisa Randall에 따르면 뇌터의 정리에서 도출된 시간과 보존 법칙의 관계가 현대 물리학의 '핵심'이 된다. "에너지, 운동력, 기타 우리가 당연하다고 생각하는 질량들은 이런 질량이 시간과 공간의 대칭성에서 도출된다는 사실을 이해하고 나면 더 큰 의미와 가치를 지니게 된다."

최근에 출간된 『천국의 문을 두드리며』(사이언스북스, 2015)의 저자이기도 한 랜들 박사는 대학시절 뇌터의 정리를 고안한 사람이 누구인지를 알게 되었던 순간을 회상했다. 랜들 박사는 "아주 놀랐을 뿐 아니라 흥분되었고 동기 부여도 되었다"며 자기가 보인 반응에 스스로도 놀랐다고 고백했다.

자신이 여자라서 겪은 어려움이나 사생활, 감정에 대해 뇌터 본인이 남긴 기록은 찾아보기 힘들다. 뇌터는 평생 독신으로 살았고 혹시 연애를 했다 하더라도 아무에게도 알리지 않은 듯하다. 1930년, 체코 출신의 젊은 천재 수학자 올가 타우스키 토드Olga Taussky Todd를 만난 뇌터는 친구들에게 여성이 수학 분야에서 마침내 인정을 받고 있다는 사실이 정말 기쁘다고 말했다. 그러나 본인의 제자 중에는 여성이 거의 없어서 수학계에서는 그녀의 충성스러운 제자들을 '뇌터의 아들들Noether's boys'이라고 불렀다.

뇌터는 평생을 수학에 바쳤고 집안일이나 소유에는 전혀 관심이 없었다. 수학에 관해 흥분해서 이야기를 하다가 긴 곱슬머리가 핀에서 빠져나오기 시작하면 그렇게 흘러내리도록 내버려두었다. 잘 웃는 사람이어서 사진에서도 늘 웃는 모습이다.

수업 시간에 학생 몇몇이 나치의 돌격대가 되어 나타났을 때도 뇌터는 웃음을 터뜨렸다. 그러나 곧 그녀의 얼굴에서 웃음이 사라졌다. 뇌터는 유대인 과학자들 중 일찌감치 해고당한 이들 중 하나였고 독일을 떠날 수밖에 없었다. 1933년, 아인슈타인의 도움으로 뇌터는 미국의 브린모어 대학에 교수로 임용되었고, 독일에서는 한 번도 받아보지 못한 대접을 그곳에서 받았다며 고마워했다.

그러나 이마저도 오래가지 않았다. 뇌터는 미국으로 온 지 18개월이 채 되지 않았을 무렵 난소낭 제거술을 받고 며칠 뒤 53세의 나이로 세상을 떠나고 말았다.

파이π,
그리고 기타 무한대들의 일생

나탈리 앤지어

끝에 집착하는 현대 사회는 우리가 앞으로 이 세상에 머물 수 있는 시간이 얼마나 빨리 줄어드는지를 늘 상기시킨다. 그러나 오늘은 이 기사를 통해 무한대들을 다루면서 잠시나마 위로를 건네고자 한다.

그렇다. 무한대들. 복수 표현을 썼다. 일반인에게 무한대라는 개념은 단일한 전체성, 끝없이 펼쳐지면서 시간, 우주, 낡은 극장 프로그램 수집품 등 앞에 놓인 모든 것을 집어삼키는 거대한 텐트로 묘사된다. 그러나 과학자, 철학자, 기타 여러 학자의 끝없이 진화하는 이론에 따르면 무한대라고 부를 수 있는 단 하나의 고정불변인 실재가 존재하는 것은 아니다.

대신 목적도, 장점도, 크기도, 모양도 서로 다른 별개의 무한대가 다수 존재한다. 수학에 특화된 것도 있고, 우주학이나 신학에 특화된 것들도 있다. 일부는 만들어진 지 얼마 되지 않아서 숨구멍이 아직 닫히지 않은 상태이다. 평면 무한대, 굽은 무한대, 부글거리는 무한구, 포물선을 그리는 무한대도 있다. 한 가지 유형의 숫자로만 구성된 무한한 집합도 있고, 또 다른 유형의 숫자로 구성된 또 다른 무한한 집합이 있다.

우리가 일상적으로 만나는 무한대도 있다. 소수점 이하로 규칙적인 패턴 없이 길게 이어지는 수열의 꼬리를 지닌 파이(π)가 대표적인 예다. 파이를 반올림해서 3.14159로 고정한 뒤 3월 14일 오후 1시 59분에 파이Pie를 대접해 보면 어떨까?

근대성을 이끈 또 다른 무한대가 있으니 바로 수학의 충직한 일꾼인 미적분이다. 최근 『x의 즐거움』(웅진지식하우스, 2014)을 펴낸 코넬대학교 응용수학과 교수 스티븐 스트로가츠Steven Strogatz는 "미적분의 핵심 개념은 전부 한계를 무한대로 끌고 가는 여러 형태의 무한 반복 과정에 토대를 둔다"고 말했다. 스트로가츠 교수는 "무한대는 우리의 친구"라고 덧붙였다.

그러나 소중한 친구도 때로는 까다로운 문제들을 동반한다. 수학자들은 무한대를 조심해서 다루어야 한다는 교훈을 얻었다.

영국 워릭대학교의 수학자이자 『위대한 수학문제들』(반니, 2013) 등 다수의 수학서를 펴낸 이언 스튜어트Ian Stewart는 "수학자들은 무한대라는 개념이 유용하다는 것을 알지만, 무한대는 또한 상당히 미묘하면서도 위험한 개념"이라고 말했다. 그는 "무한대를 정규수와 동등하게 취급하면 온갖 말도 안 되는 결론이 도출된다. 예를 들어, 무한대 더하기 1은 무한대라고 주장하면 이 수식의 양변에서 무한대를 뺐을 때 1과 0이 같다는 결론이 도출된다. 무한대를 다룰 때는 신중해야 한다. 마음 내키는 대로 이리저리 옮겨서는 안 된다"고 설명했다.

그런데 아주 다른 유형의 무한대가 마음 내키는 대로 당신을 이리저리 옮기고 있을 수도 있다. 약 137억 년 전 우리 우주의 시초로 알려진 빅뱅 이후 남은 극초단파의 후광에 대한 최근의 연구를 근거로 다수의 우주학자가 이런 견해를 내놓고 있다. 현재 우리가 관찰하는 우주는 한없이 팽창하고는 있지만 여전히 매우 작아서 훨씬 더 큰 우주라는 천을 이루는 아주 작은 조각에 불과하며, 더 큰 우주라는 천은 근본적인 의미에서 무한하다는 것이다. 이 천은 무한히 큰 하나의 우주일 수도 있고, 끊임없이 부풀어 올랐다가 터지는 다중우주의 거품이 담긴 욕조일 수도 있지만, 그런 무한대가 함의하는 바는 엄청날 수밖에 없다.

캘리포니아주립대학교 산타크루즈 캠퍼스에서 이론우주학을 연구하는 물리학 교수인 앤서니 아귀레Anthony Aguirre에 따르면, "가능한 모든 조합을 무작위로 탐구하기 위해 유한한 물리 체계와 유한한 상태의 집합을 가정하고, 이 체계와 상태의 집합을 무한한 모집단에서 임의로 고른다고 가정하면 같은 조합이 두 번 이상 나오는 것"이 가능하다. 이 경우 그 두 조합은 단순히 유사한 정도의 복제품이 아니다. "우주가 충분히 크다면 완전히 똑같은 복제품도 존재한다." 그래서 아귀레 박사는 "지구와 똑같은 행성이 있고, 그 행성에도 산타크루즈라는 지역이 있으며 그곳에 이런 색깔의 책상에 앉아 있는 사람이 있다. 모든 원소와 모든 파동이 완벽하게 똑같은 방식으로 움직이는 것이 가능한가라고 묻는다면, 나는 우주가 무한하다면 그렇다고 답할 것"이라고 확신했다.

요컨대 우주에는 당신의 도플갱어나 그와 유사한 존재가 여럿 존재한다는 뜻이다. 그러니 당신과 비슷하지만 글렌 굴드Glenn Gould처럼 바흐를 연주하고 머리숱이 더 많은 존재도 있을 것이다. 이보다는 덜 구미가 당기는 상상은 아귀레 박사가 예로 들듯이 "나치가 세계대전에서 승리한 지구"가 속한 우주의 존재이다.

무한대가 문제를 일으킬 소지가 많다는 것을 감안하면 고대 그리스인이 무한대라는 개념 자체를 혐오한 것도 충분히 이해가 된다.

옥스퍼드대학교의 철학 교수이자 『무한대*The Infinite*』(1990)의 저자인 A. W. 무어A.W. Moore는 "고대 그리스인은 무한대를 의심과 적대감이 가득한 눈길로 바라보았다"고 말했다. 고대 그리스인은 깔끔한 유리수를 훨씬 더 선호했고 실수는 그 정의상 비율, 즉 분수로 표현될 수 있었다. 0.75는 3/4과 같은 값이며 그것으로 끝이다. 2의 제곱근처럼 소수점 이하로 숫자가 불규칙하게 무한히 계속 이어지는 법이 없다.

피타고라스의 대조표에는 '유한'이 삶에서 좋은 것에 남성성과 함께 나열되어 있고, '무한'은 삶에서 나쁜 것에 여성성과 함께 제일 위에 자리하고 있다. 무어 박사는 "고대 그리스인은 우주가 전쟁을 치르고 있다고 여겼다"며 "유한이 끊임없이 무한을 굴복시켜야 했다"고 설명했다.

아리스토텔레스가 '실제' 무한대와 '잠재' 무한대를 구분함으로써 비로소 당시에 만연했던 무한대 혐오증이 근절될 수 있었다. '실제' 무한대는 특정 순간에 한꺼번에 존재하는 것으로 아리스토텔레스는 이것이 불가능하다고 선언했다. '잠재' 무한대는 오랜 시간에 걸쳐 펼쳐지며 아리스토텔레스는 이런 무한대는 충분히 논리적으로 설명할 수 있다고 주장했다.

무어 박사에 따르면 이 때문에 아리스토텔레스는 유한한 공간과 무한한 시간이 존재한다고 믿었다. 그리고 이런 아리스토텔레스의 사상은 그 이후 2000년 동안 정설로 받아들여졌다.

뉴턴과 라이프니츠는 미적분을 처음 고안하면서 무한대라는 개념을 가지고 이리저리 다른 시도를 했다. 이들은 행성의 움직임이나 가속하는 물체 같은 어려운 문제를 풀기 위해 곡선인 궤도나 변하는 속도를 똑같은 길이의 아주 작은 직선이나 똑같은 형태의 아주 작은 움직임으로 무한하게 나누었다. 스토르가츠 박사는 "세계를 무한하게 나눌 수 있는 존재로 가정하면 미적분은 아주 강력한 도구가 된다"고 지적했다.

19세기 말, 독일의 위대한 수학자 게오르그 칸토어Georg Cantor는 무한대를 수단이 아닌 목적으로 삼았다. 즉, 그 자체로 깊이 연구할 만한 주제로 다룬 것이다. 칸토어는 다양한 유형의 무한한 집합이 있다는 것을 입증했으며, 무한대에는 크기가 상대적으로 큰 것과 작은 것이 있다는 것을 밝혀냈다. 받아들이기 어렵겠지만 1과 2 사이에 존재하는 소수는 전부 나열할 수 없을 정도로 많은 무한한 집합을 구성하며 이 집합은 1과 무한대 사이에서 이론적으로 나열 가능한 모든 자연수 전체의 무한한 집합보다 더 크다.

그래서 실제로 칸토어와 동시대에 활동한 많은 이들이 이를 받아들이지 않았고, 칸토어를 가리켜 "과학계의 사기꾼", "웃음거리", "꽝"이라고 부르며 비웃었다. 칸토어는 우울증과 가난에 찌들어 살았지만 오늘날 그의 집합론은 날씨, 경제, 인간의 어리석음 같은 광범위하고 혼란스러운 체계의 연구에 중요한 수학 분야로 활발하게 연구되고 있다.

아인슈타인은 위대한 상대성이론으로 시간과 공간을 연결했으며, 이 이론으로 기존의 실제 무한과 잠재 무한을 구별한 아리스토텔레스의 사상이 뒤집어지면서 무한대 연구의 새로운 시대가 열렸다. 또 다른 획기적인 전환점은 1980년대에 나왔다. 앨런 구스Alan Guth는 '우주 급팽창' 이라는 가설을 제안했다. 가설에 따르면 우주의 폭발적인 탄생 직후에 우주의 크기를 엄청나게 확장한 일종의 진공 에너지가 생겼다.

이 새로운 가설은 그런 우주의 팽창이 일회적인 사건이 아니라 영구적 팽창이라고 불리는 지속적인 과정의 일부라고 주장한다. 영구적 팽창이란 이 우주와 그 외에 존재하는 것으로 생각되는 다른 우주가 끝없이 바깥쪽으로 늘어나고 나아가는 것을 의미한다.

아귀레 박사는 상대성이론과 팽창 이론에 대해 이 두 이론 덕분에 "그 전에는 불가능하다고 생각한 것들을 개념화할 수 있게 되었다"고 말했다. 즉, 시간을 비틀 수 있게 된 것이다. "그래서 한편으로는 영원히 기다리면 유한한 우주가 점점 커지면서 무한한 무언가가 되는가 하면, 다른 한편으로는 우주는 언제나 무한하다고 볼 수 있다"고 설명했다.

또는 우주는 소설가 호르헤 루이스 보르헤스Jorge Luis Borges가 심혈을 기울여 아주 구체적으로 그려낸 바벨 도서관 같은 것일 수도 있다. "무한을 가장하고 약속하는" 반짝반짝 닦인 표면으로 이루어진 육각형의 방이 무한하게 펼쳐진 그런 도서관 말이다.

그도 아니면 우주는 티베트 불교에서 설파하듯이 다중우주일 수도 있다. 프린스턴대학교에서 불교 철학을 연구하는 조너선 C. 골드Jonathan C. Gold에 따르면, 티베트 불교에서는 "1,059개의 우주로 이루어진 거대한 체계를 가리켜 부처님의 세계Buddha Field"라고 부른다고 한다. 유한은 무한에 담겨 있으며, 반짝거리고 울부짖는 부처님의 세계나 바벨의 도서관 같은 우주의 샘플 공간을 가로질러 어딘가에 당신의 도플갱어가 바흐의 토카타Bach toccata를 열심히 연주하고 있을지도 모를 일이다.

수학에 논리성을 기대하지 말 것

마닐 수리

3월 14일은 수학적으로 중요한 상수인 파이를 기리는 파이의 날이다. 그런데 이번 주 토요일은 100년에 한 번 돌아오는 특별한 날이다. 올해는 2015년이고 파이의 날과 함께 표기하면 파이의 첫 다섯 자리인 '3.1415'가 되기 때문이다. 보통은 파이의 날에는 파이 먹기와 '파이쿠'(첫 줄에는 3음절 단어, 두 번째 줄에는 한 음절 단어, 세 번째 줄에는 네 음절 단어를 넣어서 만든 일본의 전통시 하이쿠의 변형) 백일장 등의 행사가 열린다. 그러나 이 날을 기념하는 더 나은 방법은 파이가 진정 무엇을 의미하는지, 왜 아직까지도 그렇게 중요한지를 알아보는 것이리라.

파이는 무리수이다. 두 자연수의 비율로 표시할 수 없다는 의미이다. 요컨대 파이를 딱 떨어지는 숫자로 나타낼 방법이 없다. 파이는 소수점 이하로 끝없이 이어지며 거기에는 어떤 규칙적인 패턴도 없다. 피타고라스 같은 저명한 학자조차도 이런 수의 존재 자체를 부정하고 싶어 했다. 그래서 그런 수는 영리하게 설계된 우주와 공존할 수 없다고 선언했다.

그러나 원의 지름과 둘레의 비율을 나타내는 파이는 우리 주변 어디에서나 볼 수 있다. 예를 들어, 수원과 하구 사이를 완만하게 굽이굽이 도는 강의 길이는 평균적으로 강의 직선거리에 파이를 곱해서 구할 수 있다. 파이는 우주를 있는 그대로 받아들이라고, 우주는 우리가 원하는 수학적 편의성에 자신을 맞추지 않는다고 말한다.

고대 수학자들은 파이가 계산 작업에 유용하다는 것을 깨달았다. 그래서 파이의 소수점 이하 숫자가 무엇인지 알아내려고 그토록 애쓴 것이다. 아르키메데스는 원의 모양에 최대한 가깝도록 96면체를 그린 다음 파이가 223/71과 22/7 사이의 수라는 것을 밝혀냈다. 마드하바 Madhava(1400년 경 인도에서 활동한 수학자)가 직접 고안한 획기적인 무한급수를 이용해 파이의 소수점 이하 10자릿수 이상을 도출할 무렵에는 이것만으로도 거의 모든 현실 응용문제를 풀기에 충분했다. 그 이상 소수점 이하 숫자를 도출하는 것은 기본적으로는 순수하게 수학적인 도전과제가 되었다.

컴퓨터의 등장으로 파이는 처리 속도가 더 빠른 컴퓨터 모델을 가려내는 효율적인 잣대로 활용되었다. 그러나 결국 파이의 소수점 이하 숫자가 새롭게 밝혀지기 무섭게 기사거리가 되는 일은 점점 줄었고, 이 문제는 대중의 관심에서 점점 멀어졌다. 최근 기록(현재 소수점 이하 조 단위까지 밝혀졌다)은 대부분 개인이 맞춤 설계한 컴퓨터가 세웠다. 파이의 역사는 컴퓨터가 얼마나 발전했는지를 보여 주며 우리가 얼마나 많은 것을 당연하다는 듯 누리는지를 상기시킨다.

그렇게 많은 소수점 이하 숫자들이 다 무슨 소용일까? 통계 실험은 그 숫자들이 무작위로 나열된다는 것을 보여 줄 뿐 아니라 그중 어느 부분을 선택해도 같은 길이의 다른 부분과 똑같은 횟수로 나타난다는 것을 보여 준다. 이것이 무슨 이야기인가 하면 만약 이 기사나 기타 그 어떤 기사를 수열로 암호화하면 파이의 소수점 이하 숫자에서 그 수열을 발견할 수 있다는 뜻이다. 물론 이 사실은 별로 의미가 없다. 우리가 찾는 암호가 어느 수열인지 알 수 없을 것이기 때문이다. 사람들이 우후죽순 쏟아져 나오는 정보에 파묻혀 질식당하는 시대를 표현하는 아주 적절한 비유이다.

그러나 파이의 이런 무한한 무작위성은 풍부함을 담고 있다고 볼 수도 있다. 그런 측면에서 본다면 그런 풍부함이 둘레를 지름으로 나눈다는 단순한 규칙에서 도출된다는 사실에 감탄하게 된다. 이것이 수학의 특성이다. 수학에서는 아주 기초적인 공식이 놀라울 정도로 다양한 현상을 낳는다. 이를테면 소박한 이차방정식으로 세균 수의 증가부터 카오스 현상까지 모든 것을 모형화할 수 있다. 파이는 우리 우주의 복잡성이 마찬가지로 간단한 수학 블록의 집합이 아닐까 의심하게 한다.

파이는 제곱근과 세제곱근 같이 평범한 무리수는 배제한 초월수로 이루어진, 여전히 미지의 세계인 또 다른 우주로 통하는 창문이기도 한다. 파이는 우리가 살면서 마주치는 몇 안 되는 초월수이다. 대개 초월수가 아주 드물 거라고 생각하지만 실은 그 반대다. 수 전체를 두고 보면 거의 모든 숫자가 초월수이다. 파이는 인간의 지식이라는 것이 얼마나 제한적인지를, 인간이 아직 한 번도 탐구하지 못한 영역이 얼마나 넘쳐나는지를 일깨워 준다.

실용성과 불가해성의 조합인 파이는 수학 전체를 완벽하게 나타내는 상징이다. 고대인이 파이를 더 잘 이해했다면 파이를 달이나 해처럼 신성시했을 것이다. 그리고 파이의 불변성을 찬양했을 것이다. π=3.14159…는 아직까지도 절대성을 유지한 몇 안 되는 실재이다. 그런데 정말 그럴까? 원의 둘레와 지름의 비율은 우리가 생각하는 것만큼 고정적이지 않을 수도 있다. 그 이유를 이해하기 위해 먼저 구球의 표면에 그려진 원을 떠올려 보자. 이 원의 지름은 구의 튀어나온 표면을 따라 측정하게 된다. 따라서 이 구 위의 원의 지름은 납작한 종이에 그린 같은 크기의 원의 지름보다 길 것이다. 이런 사실은 단순한 학문적인 호기심에 불과할 수도 있다. 다만 우리 우주의 기하학이 평면인지 아닌지를 확실하게 판단하기에는 우리의 능력이 부족하기 때문에 단순한 학문적 호기심으로 그치지 않는다. 만약 실제로 우리 우주에 조금이라도 곡선이 있다면 이 비율로 정의된 파이는 우리가 생각하는 수와는 다른 수가 된다.

그런데 마치 기다리고 있었다는 듯 파이는 자신이 수학의 다른 모든 것처럼 추상적인 개념이라고 지적한다. 완벽하게 평평한 원을 현실에서 실제로 그리기는 불가능하다. 파이를 써서 측정한 넓이는 그 원을 물리적으로 직접 측정한 넓이와 결코 똑같을 수 없다. 이는 우리가 수학적 추상화로 현실을 개략적으로 나타날 때 언제나 예상되는 결과인 것이다.

수십 년 전, 한 선생님이 나에게 또 다른 근사치를 외우게 했다. 'π=22/7'였다. 선생님은 우리 반 아이들에게 이것이 파이의 정확한 수치라고 말했다. 아마도 분수로 나타낼 수 없는 우주라는 관념을 접하면 피타고라스처럼 정신적인 충격이라도 받을까 봐 걱정했기 때문일 수도 있다. 물론 더 그럴 듯한 이유는 우리가 혼란스러워 하는 것을 방지하기 위해서일 것이다. 그때도 파이의 날이 있었으면 좋았을 텐데.

유감스럽게도 나는 대학교에 들어갈 때까지도 '$\pi=22/7$'라는 잘못된 정보가 진실이라고 믿고 있었다. 그 후로 나는 수학이 던진 수수께끼를 고민하면서 우리의 마음을 확장하려고 애쓸 때에만 진정한 이해가 가능하다는 것을 깨닫게 되었다.

Chapter 09

의학

발병과 돌파구

The New York Times

세균 이론의 발달

얼마 전 이집트의 콜레라 전염 현장을 연구하기 위해 독일에서 이집트로 건너간 로베르트 코흐Robert Koch가 그동안 각국의 수많은 의학자들이 실패한 일을 해냈다는 내용의 전보가 미국에 도착했다. 전보에 따르면 코흐가 마침내 콜레라의 원인을 규명했다. 마지막으로 콜레라가 대규모로 전염되었을 때, 코흐처럼 독일 출신인 한 의학자가 연구 목적으로 자기 몸에 콜레라 환자의 혈액을 주입했다. 그는 6시간도 채 지나지 않아 자신의 피를 현미경으로 들여다보던 중 사망하고 말았다. 바로 2주 전《텔레그라프*The Telegraph*》는 저명한 프랑스 학자 파스퇴르가 이끄는 연구팀이 보낸 의료진 중 한 명이 같은 운명을 맞이했다고 보도했다. 그런데도 콜레라의 원인은 여전히 오리무중이었다. 그런데 다시 실처럼 가늘고 긴 유기체인 세균을 인간의 눈으로 직접 봤다는 소식이 전해졌다.

이 세균이 바로 다른 어떤 원인 불명 질환보다도 더 많은 사람을 죽인 것으로 추정되는 질환을 일으킨 범인이라는 것이다.

놀랍게도 최근 유사한 관찰 결과가 잇따라 보고되었다. 황열병을 일으키는 세균이 발견되었으며 이 기생 세균이 가축에게 치명적인 질병을 일으키는 다른 기생 세균과 마찬가지로 흙에서도 잘 번식한다는 우려스러운 주장이 제기되었다. 이렇게 끈질긴 번식력을 지닌 세균을 물리치기 위해서는 다른 백신 접종법을 개발해야 한다. 감쇠바이러스(주로 바이러스병 예방에 이용되는 비교적 독성이 약한 바이러스—편집자)를 예방 백신으로 사용하는 파스퇴르는 백신 접종법을 현재 의학계에 널리 보급했다. 브라질의 의학위원회는 이 방법으로 광견병 바이러스에 대항하는 백신 개발에 성공했고, 더 나아가 황열균을 죽일 수 있는 독특한 균도 발견했다. 세균으로 또 다른 세균을 죽이는 방식은 세균 이론에 획기적인 전기를 마련할 것이다. 또한 현미경을 활용한 세균 연구에서도 새로운 지평을 열 전망이다. 마지막으로 파리에서 가축 전염병이 유행했을 때 파스퇴르는 말의 콧구멍에서 토끼에게 장티푸스를 일으키는 살아 있는 유기체를 발견했다. 뛰어난 과학자인 파스퇴르는 침에만 존재하는 세균이 광견병을 일으킨다는 사실도 밝혀냈다. 이 모든 사실은 아직 의학서에는 실리지도 않았을 정도로 최근에 밝혀진 것들이다. 이런 발견들 이면에는 마찬가지로 놀랍고 완벽하게 입증된 관찰 결과들이 있다. 농양(고름이 몰려 있는 환부—편집자)에 관한 지식들, 특히 악성 농포가 치명적인 미생물이 일으킨 것이라는 발견이 그런 예다. 황열병(아프리카 서부와 남아메리카에서 볼 수 있는 악성 전염병으로 황열 바이러스에 의해 발병한다.—편집자), 산후열(출산 후 10일 내에 고열이 나는 병으로, 생식기 속의 상처에 연쇄상 구균 따위가 침입하여 생긴다.—편집자), 나병, 디프테리아(디프테리아균 감염으로 발병하는 급성 전염병으로 어린이가 많이 걸린다.—편집자), 단독(피부가 세균에 감염되어 생기는 전염병—편집자)도 이런 유형의 질환일 것으로 의심되고 있다. 콜레라균을 발견한 코흐 박사는 이미 인류의 7분의 1을 죽인 결핵의 원인균을 발견한 바 있다. 탄저병, 누에병, 닭콜레라의 원인을 밝힌 파스퇴르의 업적도 언급하지 않을 수 없다. 이런 발견이 낳은 경제적 가치 때문만은 아니다. 파스퇴르의 발견 덕분에 이런 가축의 질병과 유사한 부류의 인간 질병을 더 잘 이해하게 되었기 때문이다. 요컨대 모든 전염병은 아주 잘 훈련된 현미경 기술자가 현미경으로만 볼 수 있는 아주 작은 유기체가 일으킨 것으로 추정된다.

일반인의 입장에서는 의사들이 의학의 윤리 문제보다는 세균 이론을 두고 논쟁을 벌이는 것이 더 바람직할 것이다. 이 이론이 정립되면 치료법도 획기적으로 발전할 것이다. 예를 들어, 코흐 박사가 발견한 결핵균은 온도가 30~40도인 환경에서만 살 수 있다. 다른 세균도 비슷한 약점이 있을 것이다. 그렇다면 인간이 견딜 수 있는 범위 내에서 체온을 높이거나 낮추는 방법을 생각해 볼 수 있다. 일단 상상 단계에서는(그리고 상상은 대개 침착한 발견으로 이어진다) 이런 정보를 단서로, 세균을 죽이지는 못하더라도 약하게 만들 방법을 개발할 여지가 생긴 것이다. 환자와 환자를 치료한다고 주장하는 이들에게 이것이 얼마나 많은 가능성을 제공하는지는 굳이 설명할 필요가 없을 것이다. 그런데 아직 이론이 정립되지 않았다. 그것이 문제다.

미국 버팔로의 롤린 R. 그레그Rollin R. Gregg 의학박사는 여러 달에 걸친 실험실 연구 끝에 지금까지의 세균 이론에 과감히 반대 의견을 냈다. 그레그 박사뿐 아니라 코흐 박사가 발견한 결핵균이 모든 침에 있다고 주장하는 학자들은 많다. 심지어 아주 건강한 정상인의 침에서도 발견된다고 주장하는 학자도 한둘이 아니다. 그레그 박사는 소위 세균이라고 발표된 것들이 피브린fibrin(피가 굳을 때 작용하는 섬유 같은 단백질로 혈액섬유소라고도 한다.—편집자) 조각에 불과하다고 주장한다. 그레그 박사는 순수한 피브린을 끓였다. 또한 건강한 혈액을 끓이고 굽고 파괴했다. 다른 혈액 샘플은 따뜻한 곳에서 부패하도록 내버려두었다. 이렇게 다른 과정을 거쳐 얻은 각각의 표본에서는 하나같이 똑같은 유형의 아주 작은 유기체가 살아남아 격렬하게 움직이고 있는 것이 관찰되었다. 현재 끓는점에서는 세균이 살아남지 못하는 것으로 알려져 있다. 그레그 박사가 내린 결론은 세균이 질병을 일으킨다는 설명은 환상에 불과하다는 것이다. 그레그 박사는 질병의 원인균을 발견했다고 말하는 학자들에게 그들의 실험을 재연하라고 요청한다. 그런 학자들이 그레그 박사에게 그레그 박사가 한 실험을 재연하라고 요청하는 일은 거의 없을 것이다. 그레그 박사의 실험 결과가 자신들의 이론에 반하는 것은 아니기 때문이다. 그러나 아마도 그레그 박사에게 자신들의 연구와 비슷한 연구로 그의 실험을 보충하라고 제안할 것이다. 자신들이 발견한 세균으로 질병을 일으켜 보라고도 제안할 것이다. 또한 그레그 박사에게 질병의 어느 사례를 살펴보더라도 자신들이 발견한 세균이 항상 관찰된다는 사실을 진지하게 고려해 보라고 요청할 것이다. 세균 이론 학자들은 이 모든 과정을 스스로 실행했다. 따라서 그레그 박사가 이런 요청에 부응하지 못한다면, 그들은 그레그 박사가 질병을 일으키는 세균을 아직 관찰하지 못했을 뿐이며 질병의 원인균이 아닌 것을 소위 자신들이 발견한 것과 '똑같은' 미생물로 착각했다고 결론 내릴 것이다.

에를리히의 치료법, 의학 기적을 일으키다

수 세기 동안 치료 불가능하다고 여겨진 아주 오래되고 널리 퍼진 혈액병의 발병 기전을 파울 에를리히Paul Ehrlich 박사가 구체적으로 밝혀내 모두를 놀라게 했다. 《뉴욕타임스》는 이에 관한 진짜 정보를 미국 신문사 가운데 최초로 루이스 하트 마크스Lewis Hart Marks 박사로부터 제공받았다. 미국인인 마크스 박사는 프랑크푸르트에 있는 왕립실험요법연구소 소장인 에를리히 박사의 선임 연구조교이다.

에를리히 박사가 개발한 치료제의 화학명은 '디히드록시아르세노벤젠'이며 대중에게는 '606호'(상품명인 '살바르산salvarsan'으로도 유명하다.—편집자)로 알려졌다. 에를리히 박사가 치료를 위해 실험한 606번째 화합물이었기 때문이다. 605번째 화합물까지는 치료에 실패했다.

바로 이곳, 뉴욕시에 있는 록펠러의학연구소의 소장인 사이먼 플렉스너Simon Flexner 박사와 볼티모어의 존스홉킨스대학교의 L. P. 베이커L. P. Baker 교수가 소량의 디히드록시아르세노벤젠을 입수했다. 이 치료제는 액상이 아닌 가루약이며 며칠 내로 필라델피아주 펜실베니아대학교의 앤더스Anders 교수와 뉴올리언스주에 있는 의사 윌리엄 콜먼William Kohlmann에게도 소량 전달될 예정이다. 에를리히 연구팀은 이 치료제를 구하려는 미국 환자들에게 자신들에게 보낼 편지는 이들에게 대신 보내달라고 부탁했다. 프랑크푸르트에 있는 의사들에게 편지를 보내는 것보다 더 만족할 만한 답변을 더 빨리 받을 수 있다고 말했다.

에를리히 교수는 기본적으로 미국과 가까운 친분 관계를 유지하고 있고, 작년에 1만 달러의 자금을 지원한 존 록펠러John Rockefeller와 록펠러연구소에 마음의 빚을 지고 있다. 따라서 되도록 빠른 시일 안에 더 많은 양을 록펠러연구소에 전달해서 미국에서 가장 뛰어난 의사들에게 공급할 예정이다.

다만 에를리히 교수가 얼마나 빨리 이 계획을 실천할 수 있을지는 의문이다. 606호에 대한 수요가 공급을 약 1,000배 이상 초과하는 상태이기 때문이다. 게다가 이 치료제를 실험적으로 투약하는 유럽의 병원들에 먼저 공급해야만 한다. 606호를 제조하는 독일 회사의 미국 지부가 11월 1일경 미국 시장에서 공식적으로 판매할 예정이다. 일단 공식 판매가 시작되면 모든 의사가 구입할 수 있다. 현재 유럽의 비교적 큰 병원에서는 이 치료제로 치료받을 수 있지만, 마크스 박사는 이 치료제를 간절히 원하는 미국 환자들에게 미국에도 곧 충분한 양이 공급될 테니 굳이 유럽으로 가지 말고 기다리라고 조언했다.

마크스 박사는 쓸데없는 기대를 품었다가 실망하는 사람이 없도록 이번 기회에 에를리히 박사의 새로운 치료제 발견이 대중에게 알려지면서 생긴 오해 몇 가지를 바로잡고 싶다고 했다. 또한 에를리히 박사의 연구팀이 연구에 쏟아야 할 소중한 시간을 연구소로 쏟아지는 편지에 일일이 답장하는 데 뺏기고 있는데, 이마저도 점점 더 어려워지고 있으므로 이번 인터뷰로 그런 일이 줄어들기를 바라고 있다.

마크스 박사는 무엇보다 606호가 오로지 '스피릴룸Spirillum(스피로헤타균이 일으키는 매독)'이라고 불리는 균이 일으키는 아주 한정적인 질병만을 치료한다는 점을 강조했다. 물론 이 세균이 일으키는 가장 심각하고 흔한 질병은 혈액병이며 수 세기 동안 치료가 불가능했다. (중략) 606호는 온갖 혈액병에 다 듣는 약이 아니라 앞서 언급한 스피릴룸이라는 균이 일으킨 혈액병만 고친다. 장기 마비 환자나 암, 악성빈혈 등 다른 질병을 앓는 환자에게는 아무 효과가 없다. 오직 스피릴룸이 일으킨 혈액병과, 마찬가지로 이 균이 러시아와 아프리카에서 흔히 일으키는 것으로 알려진 재귀열 같은 질병 치료에만 효과가 있다.

이 질병들에 대해서는 606호의 치료 효과가 아주 뛰어나다고 마크스 박사는 말했다. 치료법 역시 간단해서 피하주사 한 번이면 끝나지만 반드시 의사가 주사를 놓아야 하며 환자가 자기 몸에 임의로 투여해서는 안 된다.

주사 한 번으로 완벽하게 치료되는 것인지는 아직 확실하지 않으며 이는 앞으로 몇 년이 지나야 분명히 알 수 있을 것이다. 또한 한 번에 얼마나 투여해도 신체에 무리가 없는지 역시 밝혀지지 않은 상태여서 현재까지는 비교적 소량만 투여하고 있다.

마크스 박사는 606호가 이제껏 의학사에 기록된 약물 중 가장 놀라운 치료제라고 주장했다. 기존 약물에 비해 엄청나게 빠른 속도로 효과가 나타나는데다가 기존 치료법에는 전혀 반응하지 않았던 특정한 병터(병원균이 모여 있어 조직에 병적 변화를 일으키는 자리—편집자)를 즉각 치료하기 때문이다.

에를리히 박사는 지금까지 약 6천 건의 치료 사례 기록을 보유하고 있다. 이 치료 사례의 95퍼센트는 최상의 결과를 낳았다. 몇몇 실패 사례는 초기에 너무 소량 투여한 경우다. 경험이 풍부한 의사가 제대로 투여하는 경우 약물 사용으로 인한 부작용은 전혀 없다. 에를리히 박사는 이미 1만7천 명의 환자들에게 이 치료제를 투여했다.

마크스 박사는 에를리히 박사의 연구팀이 미국을 비롯한 모든 지역의 의사와 환자가 보내는 편지에 일일이 답장할 수 없음을 이해해 달라고 대중에게 호소했다.

인간의 생명을 구하기 위해 싸우는 곰팡이

대니얼 슈워츠

페니실린penicillin에 관한 이야기를 꺼내면 의사들은 대개 가장 먼저 "제발 '기적의 약'이라고 부르지는 말아 달라"고 대꾸한다. 그런데 막상 이야기를 나누다 보면 그 말을 했던 의사 자신이 점점 흥분해서 말한다. "정말 놀랍도록 효과적인 항생제다." "술파제sulfa劑(각종 감염증 치료에 사용된 강력한 항균제—편집자)보다 훨씬 더 낫다." "몇 달 전만 해도 이런 환자는 치료를 포기해야만 했다."

페니실린이 이토록 의사들을 흥분시키는 이유는 마침 꼭 필요한 시기에 의료 현장에 등장했기 때문이다. 군의관들은 늘 열린상처의 감염을 치료할 약물을 찾아 헤맸다. 술파제도 어느 정도 효과는 있지만 고름을 만드는 세균에는 치료 효과를 발휘하지 못할 때가 있다. 페니실린은 지금까지 기존 치료법으로는 치료 불가능했던 감염 상처도 깨끗하게 치료한다.

또한 페니실린은 다른 치료법으로는 고칠 수 없었던 유형의 폐렴을 치료하는 데 아주 효과적인 것으로 입증되었다. 그 외에도 종기, 농양, 감염 화상 상처, 골수염 등 덜 알려진 십여 가지 질환의 치료에도 효과를 보이고 있다. 투여량을 높이면 지금까지 '100퍼센트 치사율'을 기록했던 무시무시한 아급성 세균성 심내막염sub-acute bacterial endocarditis(세균이나 곰팡이 등의 미생물이 심장의 내막이 세균이나 곰팡이 등의 미생물에 감염되는 질환—편집자)조차 몰아낼 수 있다. 임질은 페니실린 앞에서는 금방 꼬리를 내린다. 며칠 내에 세균의 흔적조차 사라진다. 또한 페니실린은 매독 치료에도 효과가 있을 거란 기대를 받고 있다. 다만 매독을 대상으로 한 페니실린의 치료 연구는 아직 충분히 진행되지 않아서 효과를 단정할 수는 없다. 어쨌든 신장에 부담을 줄 수 있는 술파제와 달리 페니실린은 독성이 거의 없다는 엄청난 장점이 있다.

페니실린은 무엇인가? 페니실린은 치즈, 상한 오렌지, 식빵 등에 생기는, 우리에게 익숙한 푸른곰팡이가 분비하는 희귀한 약물이다. 곰팡이는 균사의 집합이다. 꽃을 피우지 않는 식물로, 우리가 흔히 접하는 버섯도 곰팡이와 같은 부류이다. 페니실린이 추출되는 이 특수한 곰팡이의 학명은 페니실륨 크리소게눔 노타툼Penicillium Chrysogenum notatum이다. 페니실륨의 포자(생식기관)는 현미경으로 봐야 할 정도로 작아서 바람을 타고 날아갈 수 있다.

이 특수한 곰팡이는 1928년 영국의 세균학자 알렉산더 플레밍Alexander Fleming 박사가 우연히 발견했듯이 다른 곰팡이와 중요한 차이점이 있다. 당시 독감 연구에 매진하고 있던 플레밍 박사는 포도상구균 배양 접시의 뚜껑을 닫는 것을 잊었다. 그 후 배양 접시를 본 플레밍 박사는 곰팡이 한 점이 피어 있는 것을 보았다. 사실 드문 일은 아니다. 그런데 플레밍 박사는 오염된 배양균을 폐기하는 대신 유심히 살펴보았다. 세균으로 가득 찬 배양 접시 위에 곰팡이 주위로 깨끗한 고리가 형성되어 있었다. 그는 현미경으로 이 고리를 자세히 관찰했다. 고리에는 세균이 전혀 없었다. 어떤 이유에선지 세균은 그 고리에 닿으면 죽었다. 페니실륨이 세균을 죽이는 물질을 내뿜고 있는 것이 분명했다.

플레밍 박사의 머릿속에 처음 떠오른 생각은 무엇이었을까? 그는 바로 얼마 전 그 당시의 일에 대해 "그날 세균이 그렇게 사라지는 것을 봤을 때만 해도 인간 몸에서 세균 감염을 몰아낼 가장 강력한 치료 물질을 얻을 단서를 발견했다는 생각은 전혀 못했다. 그것만큼은 분명하다. 다만 배양 접시에서 일어난 일을 가볍게 지나쳐서는 안 되겠다는 생각을 했다"고 말했다.

그리고 실제로도 가볍게 여기지 않았다. 플레밍 박사는 곰팡이만 분리해서 배양했다. 현재 생산되는 페니실린은 대부분 이때 플레밍 박사가 배양한 곰팡이의 후손들이 생성한 것이다. 플레밍 박사는 페니실륨이 분비하는 기이한 물질을 최대한 응축해서 다른 세균을 담은 시험관에서 시험해 보았는데 결과는 반반이었다. 그러나 플레밍 박사는 거의 모든 경우에 페니실륨의 분비물이 혈구를 파괴하지 않는다는 사실에 가장 놀랐다. 그는 수년간 인간의 혈액에 온갖 방부제를 시험했는데 혈구에 세균에 입히는 것만큼이나 큰 해를 입히지 않는 방부제는 한 번도 본 적이 없었다. "그런데 여기 뭔가 다른 결과를 내는 물질이 나타난 것"이라고 그는 아주 자랑스럽게 말했다.

플레밍은 페니실륨이 생성하는 이 수수께끼 물질에 '페니실린'이라고 이름을 붙인 뒤 연구 결과를 발표했다. 그는 누군가 이 활성 물질을 순수한 형태로 추출해 주길 바랐다. 그러나 시기가 적절하지 않아 그의 논문은 주목받지 못했다. 술파제의 효과에 관한 연구가 쏟아져 나오고, 인공 화학물질로 세균을 제거한다는 에를리히의 매력적인 아이디어가 관심을 끌던 시기였기 때문이다.

플레밍이 페니실린을 발견한 지 11년이 지난 1939년이 되어서야 옥스퍼드대학교의 H. W. 플로리H. W. Florey 박사가 이끄는 영국의 연구팀이 진지하게 페니실린을 연구하기 시작했다. 이들은 페니실륨을 유리한 조건을 갖춘 액체에서 배양하면 세균을 죽이는 무엇인가가 더해진다는 것을 발견했다. 따라서 제곱미터 단위로 페니실륨을 배양한 뒤 페니실륨이 담겨 있던 액체를 따라 버리고 순수한 복합체를 추출하는 시도를 했다.

몇몇 혼합물에서 화합물 하나를 추출하는 작업이 꽤 간단한 경우도 있다. 예를 들어, 소금물에서 소금을 추출하려면 물을 끓이기만 하면 된다. (요즘 같은 시기에는 바보 같은 생각이지만) 고깃덩어리에서 지방을 추출하고 싶다면 고기에 에테르를 부으면 그만이다. 에테르가 지방을 녹이면 에테르와 지방의 혼합물에서 에테르를 증발시키면 된다. 페니실린을 추출하는 일은 이런 예보다 훨씬 더 복잡하다는 것이 문제였다. 일단 페니실린의 특성에 대해 알려진 것이 없었다. 페니실린은 매우 불안정한 물질이었고, 다른 유기물 몇몇 가지와 섞인 상태였으며 그런 유기물 중 어느 것이 치료 효과에 필수적인지 아닌지 알 수 없었다.

따라서 페니실린을 추출하는 일은 결코 쉽지 않았다. 때로는 불가능해 보이기까지 했다. 그러나 록펠러 재단의 재정 지원을 받은 옥스퍼드 연구팀은 포기하지 않았고 성과를 내기 시작했다. 시간이 어느 정도 흐른 뒤 옥스퍼드 연구팀은 원형에 비해 1,000배 더 강력한 농축물을 얻을 수 있었다. 이 농축물을 생쥐에 투여한 결과, 그 자체로는 독성 효과가 없다는 것을 확인했다. 다른 생쥐에는 치사량의 세균을 주입해서 치유 불가능한 감염을 일으켰다. 그리고 페니실린 농축물로 감염을 치료했다. 1941년에는 충분히 순수한 형태의 페니실린을 얻을 수 있었고 독성이 없다는 사실도 입증했으므로 사람을 대상으로 실험을 실시할 수 있었다. 치료가 불가능한 환자를 대상으로 한 실험에서 페니실린은 놀라운 효과를 냈다. 옥스퍼드 연구팀은 미국으로 와서 이 치료법을 선보였다.

이런 연구를 통해 페니실린의 장점이 점점 더 많이 드러났다. 세균을 제거하는 다른 약물은 페니실린에 비해 효과가 빠르게 나타났지만 끔찍한 독성 효과가 따랐다. 술파제도 효과는 뛰어났지만 당시 사용되던 술폰아미드 제제에 알레르기 반응을 일으키는 환자가 있었고 심지어 영구적 손상을 입기도 했다. 그러나 페니실린은 세균만 공격하고 환자는 전혀 건드리지 않았다. 더 나아가 페니실린은 술파제가 치료하지 못하는 몇몇 세균을 제거하는 데 효과가 있었다. 그중 하나가 열린상처에 몰려드는 고름을 형성하는 세균이었다.

그리고 진주만 공습이 벌어졌다. 다른 분야와 마찬가지로 의학계는 전쟁에 동원되었고 페니실린 연구 및 생산은 최우선 과제가 되었다. 이전까지만 해도 페니실린 연구 및 생산은 실험실에서만 이루어졌다. 페니실린 생산 프로젝트는 철저한 계획 및 통제 아래 진행되었다. 정부의 요청을 받은 몇몇 화학회사가 페니실린을 대량 생산할 수 있는 공장을 세웠으며 (현재 페니실린 생산 공장은 20곳 정도 된다) 병원에서 임상시험을 할 수 있도록 22개 연구팀이 페니실린 공급을 약속받았다. 육군과 해군에서도 비슷한 연구를 수행할 페니실린 부대를 조직했다.

일반인을 위해 생산된 페니실린을 한 방울 단위까지 통제하는 전권은 일종의 페니실린 지휘관인 보스턴대학교의 체스터 S. 키퍼Chester S.

Keefer 박사가 행사했다. 현재 미국 전역의 의사들은 키퍼 박사에게 페니실린을 요청하고, 키퍼 박사는 의사로 구성된 위원회가 세운 기준에 따라 배포한다. 기존 연구 결과에 따라 페니실린의 치료 효과가 없는 질환을 앓는 환자에게는 페니실린을 조금도 내주지 않는 것이 키퍼의 일이다. 그러나 페니실린이 잘 듣는 질환을 앓고 있는 환자라면 신속하게 페니실린을 전달하고 경과를 확인한다.

페니실린은 아마도 가장 신중하게 배분된 전쟁 필수품일 것이다. 그러나 생산량이 급속히 늘고 있으므로 내년 봄이나 여름쯤이면 민간 의사에게도 여유분을 배포할 수 있을 것이다. 페니실린이 어떻게 대량 생산되고 있는지에 관한 구체적인 내용은 군사기밀이지만, 이 까다로운 곰팡이를 키우는 데 세 가지 방식이 적용되고 있다는 사실을 여기서 밝힌다 해도 히틀러의 기술자들에게 별 도움이 되지 않을 것이다. 세 가지 방식은 표면 배양법, 밀기울 배양법(영양액을 적신 밀기울{밀을 빻아 체로 쳐서 남은 찌꺼기}에서 곰팡이를 배양한다), 심부 배양법이다. 심부 배양법은 곰팡이를 수백 리터, 때로는 수천 리터에 이르는 영양액(옥수수 침지액이 가장 선호된다)을 담은 커다란 통에 넣은 뒤 뚜껑을 덮고 키운다. 곰팡이의 생육에 필요한 공기는 액체 속으로 펌프질을 해서 집어넣는다. 며칠 뒤 곰팡이가 충분한 양의 페니실린을 생성하면 이 액체를 파이프를 사용해 다른 통으로 옮기고 혈장을 건조할 때와 유사한 기술을 적용해 저온 고진공 상태에서 농축한다.

페니실린 생산 비용은 500그램당 1만8천 달러 정도로 추정되고 있다. 그러나 치료에 필요한 양이 워낙 작기 때문에 1회 투여 비용은 약 2달러 정도라고 보면 된다.

페니실린은 대략 2만 배 정도 농축하거나 완전히 건조해서 저장해야 치료 효과가 유지된다. 병원에 공급되는 페니실린은 노란색 또는 황갈색의 가루이며 사용 전까지는 냉장고에 보관한다. 투여할 때는 희석해서 피하주사로 근육에 주입한다. (반드시 감염 부위에 주사를 놓을 필요는 없다.) 또는 포도당 수액에 섞어 정맥주사로 주입한다.

올해 초 페니실린 1그램을 생산하는 데 약 20리터의 배양액이 필요할 것이라는 보고가 있었다. 현재 얼마나 생산되고 있는지는 기밀이지만 치료에 사용되는 양에는 못 미치는 것으로 추정된다. 다행히도 페니실린의 약효는 상당히 좋아서 종기를 만드는 황색포도상구균 같은 고름균을 무력화하는 데에는 2500만의 1그램이면 충분하다.

페니실린이 그렇게 강력하다면 왜 그냥 상처에 곰팡이를 조금 붙여서 치료 약물을 직접 분비하도록 하면 안 되는 걸까? 여기에는 몇 가지 이유가 있다. 한 가지는 곰팡이 자체가 더럽기 때문에 페니실린이 제거할 수 있는 것보다 더 많은 감염균에 노출된다는 점이다. 또 다른 한 가지는 곰팡이가 어떻게 작용할지 예측하기 어렵다는 점이다. 곰팡이는 거의 모든 곳에서 자랄 수 있지만 조건이 완벽하게 갖추어져야만 페니실린을 분비한다. 과학자들이 완벽한 조건을 갖췄다고 믿는 환경에서조차 페니실린을 분비하지 않는 경우가 있다. 곰팡이가 자라기는 해도 치료 약물 분비는 거부하는 것이다.

현재 페니실린 연구의 목적 중 하나는, 그리고 이것이 가장 중요한 목적인데, 알려진 화학물질로 페니실린을 합성하는 방법을 찾는 것이다. 몇몇 비타민을 합성하고 있는 것처럼 말이다. 첫 단계는 물론 페니실린이 어떤 물질로 구성되어 있는지를 파악하는 것이다. 이 작업도 그 자체로 매우 어려운 과제이지만 몇몇 성과가 있었다. 일단 페니실린의 구성 물질을 알고 나면 똑같은 벽돌로 여러 다른 집을 만들 수 있듯이 페니실린만의 특수한 분자 구조를 파악해야 한다. 생화학자들은 곧 이 두 가지 과제를 해결할 수 있으리라고 확신하고 있다.

아직 알려지지 않은 또 다른 정보는 페니실린이 어떤 식으로 작용하는가이다. 술파제의 경우 세균이 술파제를 흡수하면 술파제가 세균이 활동하는 데 필수적인 요소(파라아미노벤조산para-aminobenzoic acid)를 소화하는 것을 (어떤 방식으로든) 방해한다는 이론이 제시되었다. 술파제 때문에 세균이 굶어 죽는다는 것이다. 다른 항생제는 세균의 삼투 균형을 무너뜨리는 것으로 알려져 있다. 요컨대 세균이 수분을 너무 많이 흡수해서 소만큼 몸집을 불리겠다고 나선 황소개구리처럼 세균의 몸체가 세균막보다 커지면서 터진다고 추정하고 있다.

페니실린은 비교적 효과가 천천히 나타난다. 다른 살균제가 몇 분만에 효과가 나타난다면 페니실린은 몇 시간이 걸린다. 따라서 한 가지 가설은 페니실린이 세균을 죽이는 것이 아니라 세균의 증식을 방해한다고 주장한다. 그것만으로 효과가 있다. 총 세균수가 일정하게 유지된다면 백혈구가 충분히 세균을 몰아낼 수 있다. 세균 자체가 문제라기보다는 세균이 급속도로 증식하기 때문에 백혈구가 곧바로 증식을 막지 않으며 우리 몸이 대처하기에 숫자가 너무 많아지는 것이 문제이기 때문이다. (조건만 적절히 갖추어졌다면 세균 1마리가 15시간 안에 10억 마리의 후손을 낳는다고 알려져 있다.)

페니실린의 잠재력이 워낙 커서 현재보다 더 큰 성과를 낼 것으로 기대하고 있다. 아직까지는 페니실린의 모든 가능성을 탐구하지 못하고 있다. 공급이 워낙 제한되어 있고 이미 인정받은 연구 프로젝트도 페니실린 확보에 어려움을 겪고 있기 때문이다. 한편으로는 페니실린의 합성에 성공한다면 술파제처럼 페니실린의 다양한 유형을 만들어낼 수 있을 것이고, 그런 페니실린의 변종은 현재로서는 상상도 못하는 기적을 일으킬지도 모른다. 또한 페니실린의 성공은 다른 곰팡이에서 유사한 특성을 발견하려는 연구로 분명 확장될 것이다. 곰팡이의 치료 효과에 관한 연구는 이제 막 시작되었을 뿐이다.

그러나 의사들의 "제발 '기적의 약'이라고 부르지는 말아 달라"는 경고는 새겨들을 만하다. 최근에 스테이튼섬에 소재한 최첨단 육군기지 병원인 할로란 병원의 '페니실린 병동'에서 일하는 의사가 이런 경고를 하는 이유를 설명했다. "페니실린은 놀라운 약물임에는 틀림없다. 그러나 사람들이 이 약물을 만병통치약으로 여기는 것이 문제"라며 "만병통치약이 아니다. 또 하나의 의학적 치료 도구일 뿐"이라고 말했다. 그는 이어서 "여기 병동에 누운 군인들을 보라. 하나같이 총알이나 폭탄 파편으로 상처를 입었다. 이들은 모두 상처가 세균에 감염되었고 술파제 등 기존 치료법이 효과가 없었기 때문에 이 병동에 왔다. 그런데 페니실린을 투여하자마자 상처가 깨끗이 나았다. 체온도 정상으로 내려갔고 다시 음식을 먹기 시작했다. 정말 놀랍다고? 물론이다. 그러나 상처 치료는 이들을 치료하는 과정의 첫 단계에 불과하다. 이 군인은 오른쪽 정강뼈에 총알을 맞아 10센티미터나 떨어져 나갔다. 여기에 새로운 뼛조각을 이식해야만 했다. 페니실린만으로는 그를 다시 걷게 할 수 없다"고 말했다. 그는 또한 "내 말을 오해하지는 말아 달라. 페니실린이 없었다면 이 군인의 상처가 낫는 데 6개월은 걸렸을 것"이라며 "그렇게 오래 기다렸다면 그의 다리는 점점 더 약해져서 아예 쓸 수 없게 되었을 것이다. 페니실린 덕분에 빨리 수술을 할 수 있었고, 그래서 수술 결과도 훨씬 더 좋았다. 하지만 페니실린이 만병통치약이 아니라는 내 말을 이해할 수 있지 않냐"라고 덧붙였다.

임상시험 중인 경구용 피임약

로버트 K. 플룸

어제, 여성 1,000명을 대상으로 지난 3년간 실시했던 경구용 피임약 두 가지의 시험 결과가 발표되었다. 보고서에 따르면 시험 중인 피임약이 현재 유통 중인 피임약에 비해 피임 효과가 훨씬 더 뛰어났다. 다만 세 번째 시험은 다른 신약을 대상으로 했는데 앞선 두 시험만큼 효과가 뛰어나지는 않았다. 첫 번째와 두 번째 시험은 시험 중인 피임약의 효과는 입증했지만 가장 이상적인 피임법은 아니다.

피임약은 두 개의 호르몬으로 구성된다. 시험에 참가한 여성은 전체 월경 주기 중 20일 동안 피임약을 복용했다. 월경은 정상적으로 했다. 피임약 복용을 멈추면 임신이 가능했다.

두 개의 신약은 뇌하수체 전엽이 생식선 자극 호르몬을 생성하는 것을 막는다. 생식선 자극 호르몬은 난자가 성숙하도록 유도한다.

시험에는 G. D. 실searle 제약회사에서 개발한 에노비드Enovid와 파크데이비스Parke-Davis에서 개발한 노르루틴Norlutin이라는 신약이 사용되었다.

여성 830명을 대상으로 시험

매사추세츠주 슈루즈버리에 있는 우스터 시험생물학재단의 그레고리 핀커스Gregory Pincus 박사가 이끄는 연구팀은 푸에르토리코와 아이티에서 여성 830명을 대상으로 8,133번의 월경 주기에 걸쳐 진행한 피임약 시험 결과를 7월 10일자《사이언스》에 발표했다.

복용 지시사항을 잘 지켜서 피임약을 복용하면 월경 주기의 다섯 번째 날부터 스물네 번째 날까지는 100여성-년의 임신율이 0.2퍼센트였다.

미국가족계획연맹 의학위원회 위원장인 앨런 구트마허Alan F. Guttmacher는 시험 결과에 대해 "현재로서는 신약이 생리학적 피임법으로 가는 중요한 첫 단계에 해당한다고 생각한다"며 "연맹은 신약들이 완벽하지는 않다고 본다. 다만 앞으로 10년 내에 더 나은 피임법이 개발되리라고 기대한다"고 논평했다. 구트마허 박사는 피임약을 하루도 빠짐없이 복용한 여성의 임신율이 기존 피임법의 임신율보다 낮다는 점은 인정했다.

핀커스 박사는 자신의 연구 결과를 다음과 같이 요약했다.

> 이 월경 주기 연구 결과 얻은 데이터는 다음 순서로 나열된 질문에 대한 답을 제공합니다.
>
> '이 피임법은 피임 효과를 발휘합니까?' '네.'

'월경 주기에 어떤 눈에 띄는 이상을 일으킵니까?' '아니오.'

'생식기관이나 부속기관에 해로운 영향을 끼칩니까?' '아니요.'

'생리학 기능 전반에 해로운 영향을 끼칩니까?' '아니오.'

'피임약 복용을 중단했을 때 생식능력이 저하됩니까?' '아니오.'

더 나은 약물을 찾는다

그러나 구트마허 박사는 매일 복용해야 하는 약이 이상적인 피임법이 될 수는 없다고 주장했다. 또한 현재 피임약 가격은 한 알당 50센트라고 지적했다. 1년에 한두 번만 복용해도 피임 효과가 있고 신체의 호르몬 반응을 거의 바꾸지 않는 피임약이 필요하다는 것이다.

텍사스주 샌안토니오에 있는 사우스웨스트재단의 조지프 골드지어Joseph Goldzieher 박사는 신텍스syntex가 세 번째로 개발한 신약이 최근 총 600개월에 걸쳐 여성 188명을 대상으로 한 시험에서 '뛰어난' 효과를 나타냈다고 발표했다. 어제 본지와의 전화 인터뷰에서 골드지어 박사는 시험 참가자 중 임신한 사람이 단 한 명도 없었으며 부작용 또한 전혀 없었다고 말했다.

다섯 가지 피임약을 다른 방식으로 시험한 세 번째 연구 결과는 4월 18일자 《미국의학협회저널*Journal of the American Medical Association*》에 실렸다. 캘리포니아주립대학교 로스앤젤레스 캠퍼스 의과대학의 에드워드 T. 타일러Edward T. Tyler 박사가 이끈 이 시험에서는 참가자들이 긍정적인 부작용과 부정적인 부작용을 모두 겪었다. 타일러 박사는 임신율이 4퍼센트인 다른 피임법에 비해 이 시험의 임신율은 8.6퍼센트였다고 밝혔다.

브래디의 회복: 의사들이 설명하는 극적인 행운의 연속

로렌스 K. 알트먼

백악관 대변인 제임스 브래디James Brady 씨는 6주 전에 발생한 레이건 대통령 암살 미수 사건에서 머리에 총상을 입고 중태에 빠졌다. 우뇌 상당 부분이 총알에 손상을 입어서 그를 치료한 신경외과의 아서 I. 코브라인Arthur I. Kobrine조차 회생 불가라고 생각했다. 실제로 한동안 TV에서는 브래디 씨가 사망했다는 오보가 나오기도 했지만, 꼭 오보라고 할 수도 없다. 코브라인 박사와 이 사건을 곁에서 지켜본 이들이 그동안 있었던 중요한 순간들을 상세히 재구성한 이야기를 들어보면, 여러 운 좋은 상황이 이리저리 얽히고설키지 않았다면 그가 지금처럼 기적적으로 회복할 수는 없었으리라고 생각되기 때문이다. 주치의 코브라인 박사에 따르면 "밀물처럼 밀려드는 행운"이 그런 상황의 목록 제일 위에 놓인다.

첫째, 브래디 씨는 구급차를 기다리느라 소중한 시간을 낭비하지 않았다. 사건이 일어난 후 몇 분 되지 않아 비밀정보국 요원들이 그를 외상센터로 서둘러 이송했다. 이미 의사들이 전쟁을 겪으면서 얻은 교훈을 실천한 셈이다. '부상을 당한 환자는 되도록 빨리 의사에게 데려갈 것.' 병원에 2~3분만 늦게 도착했더라도 브래디 씨는 목숨을 잃었을 것이라고 코브라인 박사가 말했다.

둘째, 마침 뇌외과의가 응급실에 있었기 때문에 소중한 시간을 한 번 더 아낄 수 있었다. 뇌외과의는 브래디 씨가 응급실에 도착하자마자 적절한 의료 조치를 실시했다.

셋째, 브래디 씨의 치료에 꼭 필요한 모든 의사와 전문가가 아직 퇴근하기 전인 이른 오후에 사건이 발생했다. 게다가 다른 환자로 바쁘지도 않았던 터라 필요한 검사를 바로 할 수 있었다.

넷째, 뇌에 총상을 입은 브래디 씨가 그나마 오른손잡이라는 사실이 행운이었다. 브래디 씨가 왼손잡이라면 운동 기능을 관장하는 뇌의 부위에 손상을 입었을 것이다. 움직임을 통제하는 신경자극 경로는 일반적으로 척수에서 방향이 바뀐다. 그래서 뇌는 반대편 신체의 근육을 움직인다. 브래디 씨의 좌뇌는 거의 손상되지 않았다. 덕분에 언어 및 사고 작용을 관장하는 영역은 보존되었다.

코브라인 박사는 총알이 반대 방향으로 이동했더라도, 즉 오른쪽 눈썹을 뚫고 들어가 왼쪽 뇌에 박혔더라도(실제로는 왼쪽 눈썹을 뚫고 들어가 오른쪽 귀 부근 뇌에 박혔다) 목숨은 건질 수 있었겠지만 "기능적인 측면에서 사람 구실을 못했을 것"이라고 말했다.

최근의 의학 기술 발전 또한 무시할 수 없는 요인이다. 브래디 씨는 막 점심을 먹은 직후였기 때문에 수술 중에 위의 음식물을 토한 뒤 그토사물을 흡입했다면 치명적인 폐렴에 걸렸을 수도 있다. 그런데 브래디 씨를 치료한 의료진은 소위 '혼절crash' 마취 기법을 적용했다. 이 기법은 환자가 구토할 틈이 없도록 재빨리 마취 상태에 빠뜨린다.

그뿐 아니라 총상으로 부종이 생겼다면 뇌간이 두개골의 밑부분에 있는 조그만 구멍을 통해 척수가 시작하는 부분으로 빠져나와 갑자기 사망할 수도 있었다. 심박과 호흡을 통제하는 본부가 뇌간에 있다.

현재는 뇌압을 낮추는 효과가 있는 만니톨과 스테로이드 등의 약물을 즉시 주입하고 환자의 과호흡을 유도하면 부종의 크기를 줄일 수 있다. 과호흡을 유도하기 위해서는 환자의 기도에 관을 삽입한 뒤 인공호흡기를 연결한다. 이런 조치 덕분에 코브라인 박사가 이끄는 수술팀은 뇌압을 줄이는 수술을 할 시간을 벌었다.

신경외과 수술팀은 네 명으로 구성되었고, 이들은 수술 내내 루페라고 하는 확대경을 착용하고 있었다고 코브라인 박사가 전했다. 덕분에 미세수술 기법을 적용해 브래디 씨의 뇌동맥 두 곳의 출혈을 멈추고 중요한 뇌조직을 보존할 수 있었다고 한다. 총알은 브래디 씨 대뇌의 우측 반구의 20퍼센트 정도를 파괴했다.

과학 기술의 발전도 한몫했다. 'CAT 스캔 X선'은 컴퓨터 축성 단층촬영 기계이다. 이 기계로 찍은 영상은 신체 부위의 단면을 보여 준다. 10년 전만 해도 존재하지 않았던 이 기계 덕분에 코브라인 박사가 이끄는 수술팀은 첫 번째 수술을 하기 전과 수술 후 합병증이 발병했을 때, 브래디 씨의 뇌가 입은 부상의 양상을 기존의 X선 촬영 영상을 사용할 때보다 훨씬 더 구체적으로 파악할 수 있었다.

오늘 브래디 씨는 조지워싱턴대학병원 병실에서 신문을 읽은 뒤 TV를 시청했고, 2주 만에 처음으로 일어나 앉았다. 코브라인 박사는 브래디 씨의 회복을 두고 "특별하다"고 표현했다. 그동안 몇몇 치명적인 합병증이 발병해 회복 과정에 간간이 제동이 걸리기는 했다. 그러나 레이건 대통령이 브래디 씨의 후임을 임명하지 않고 백악관 대변인 자리를 비워두고 있는 것이야말로 브래디 씨의 회복 가능성이 아주 높다는 것을 여실히 보여 준다. 레이건 대통령의 이런 결정은 코브라인 박사가 백악관에 전달한 의학적 소견에도 근거한 것으로 알려졌다.

코브라인 박사는 한 인터뷰에서 브래디 씨가 대변인이라는 "직책을 다시 수행하게 될 가능성을 배제할 이유가 현재로서는 없다"고 말했다. 물론 당연히 그렇게 될 것이라는 이야기는 아니라고 강조했다.

코브라인 박사는 브래디 씨가 아직 안심할 수 있는 단계는 아니라고 말했다. 가장 최근에 실시한 검진 결과에 비추어 볼 때, 올해 40세인 브래디 씨가 "한쪽 팔에는 보조기를 차고 지팡이에 의지해 절뚝거리면서 걷고 기본적으로는 정상적인 정신 기능을 유지"하는 것이 기대할 수 있는 최선의 결과라고 설명했다.

코브라인 박사는 브래디 씨가 오래전 일들은 "완벽하게, 그리고 재빨리 아주 잘" 기억한다고 전했다. 코브라인 박사는 다른 환자를 대할 때보다 브래디 씨를 대할 때 장기기억능력을 훨씬 더 정확하게 진단할 수 있다. 코브라인 박사와 브래디 씨 모두 비슷한 시기에 일리노이주에서 대학을 다녔기 때문이다.

그러나 최근 일에 대한 브래디 씨의 기억은 때로는 "흐릿하다"고 말했다. 특히 피곤할 때 그렇다고 한다. 브래디 씨의 뇌는 총상으로 심각한 손상을 입었지만 과거의 기억은 거의 대부분 보존된 것처럼 보인다. 코브라인 박사는 "브래디 씨의 컴퓨터는 다운되지 않았다"면서 "한동안 새로운 기억을 저장하는 데 어려움을 겪겠지만 이 기능은 거의 언제나 회복되기 때문에 별로 걱정할 만한 증상은 아니"라며 "똑같은 병실에서 오래 머무는 환자는 누구나 시간 감각이 무뎌지는 것도 이런 증상을 부추긴다. 브래디 씨의 뇌는 사건 이후 비교할 만한 기준점이 없는 셈"이라고 덧붙였다.

총알은 브래디 씨의 왼손 운동을 통제하는 뇌세포에 가장 심각한 손상을 입혔다고 한다. 다만 왼손이 얼마나 제 기능을 회복할지를 정확하게 가늠하기에는 여전히 너무 이르다고 한다. 한 가지 희망적인 징후가 있다면 지난주 브래디 씨가 왼쪽 다리를 조금 더 잘 움직이게 되었다는 사실이다. 왼쪽 어깨도 수의운동 능력을 다소 회복했다.

브래디 씨의 언어·시각·청각·사고 능력은 정상이라고 보고되고 있다. 그러나 후각과 미각은 온전하지 않다. 뇌가 얼마나 손상을 입으면 정상적인 신체 기능에 문제가 생기기 시작하는지에 대해서는 아직 밝혀진 바가 없다. 그러나 뇌의 손상 부위에 따라 눈에 띄는 이상이 얼마나 나타나는지가 달라진다는 것은 분명하다. 뇌에도 신체 기능에 더 중요한 부위와 덜 중요한 부위가 있다. 뇌에 총상을 입고도 살아남은 사람은 많다.

브래디 씨는 심각한 뇌 손상을 입었지만 현재 별다른 일이 없는 한 최신 뉴스를 챙기는 일로 하루를 시작하고 있다. 코브라인 박사는 정부 예산 등의 주제를 다룬 복잡한 기사 내용을 브래디 씨가 얼마나 잘 기억하는지 자주 질문을 던진 경험에 근거해 "브래디 씨는 자신이 읽는 내용을 이해한다"고 결론 내렸다.

브래디 씨는 의사와 간호사에게 농담도 던진다. 코브라인 박사에 따르면, 브래디 씨의 아내가 유머 감각만큼은 총상을 입기 전과 같다고 말했다고 한다. 날이 갈수록 브래디 씨의 몸이 회복 과정에 더 많은 체력을 쏜다 보니 낮잠을 자주 잔다.

때로는 면회 온 사람들과 이야기도 나눈다. 병원에 오래 머물면 누구나 지루해진다. 브래디 씨는 지루함을 달래기 위해 휴대용 오락기로 축구 게임을 한다. 브래디 씨의 별명이 '곰'이라는 사실이 대중에게 알려진 뒤 50여 개의 곰 인형을 받았으며 브래디 씨는 이 곰 인형들을 보면 기운이 난다고 한다. 브래디 씨는 마지막 TV뉴스를 시청하는 것으로 하루를 마무리한다. 심지어 자신의 경과와 합병증 등의 소식을 전하는 뉴스도 챙겨본다. 그러나 아직 숙제가 하나 남아 있다. 첫 수술에서 봉합하지 못한 총상 구멍으로 공기와 척수액이 새어나오고 있다. 당시 코브라인 박사가 이끄는 수술팀의 목표는 출혈을 막고 죽은 뇌조직, 총알, 뼛조각을 제거하고 감염을 막는 것이었다. 수술팀은 뇌의 기능이 더 이상 상실되지 않도록 되도록 좌뇌는 건드리지 않으려고 주의했다.

브래디 씨의 기분은 그날의 경과와 몸 상태에 따라 오락가락한다. 치명적인 합병증이 새로 발병해서 코브라인 박사의 표정이 어두워지면 브래디 씨가 위로를 건넨다고 한다. 4월 22일에도 그랬다. 4월 22일 아침, 브래디 씨는 평상시와 달리 의식이 또렷하지 않았다. 그리고 "뭔가 달라보였다." CAT 스캔 X선 촬영 결과 '긴장성 기뇌증'이라는 응급 상황이 발견되었다. 긴장성 기뇌증이란 정상적인 상태에서는 척수액으로 채워져 있어야 하는 뇌의 공간인 뇌실에 큰 공기층이 생긴 것을 의미한다.

코브라인 박사는 이런 경우에 대비해 첫 수술 당시 브래디 씨의 두개골에 뚫어 놓은 구멍에 긴 바늘을 삽입해 뇌실에 갇힌 공기를 뺐다. 코브라인 박사는 "몇 분 안에 브래디 씨의 상태는 극적으로 호전되었고, 첫 수술 후 처음으로 나는 그의 뇌와 바깥세상을 연결하는 틈새가 있다는 것을 깨닫게 되었다"고 회상했다.

그날 밤, 브래디 씨는 6시간 동안 수술을 받았다. 총상을 입은 지 3주가 지난 시점이었으며 좌뇌의 부종이 가라앉기에 충분한 시간이 흘렀다. 덕분에 코브라인 박사는 첫 수술에서는 감히 건드리지도 못한 부위를 살펴볼 수 있었다. 문제를 일으킨 틈새는 뇌를 둘러싼 막인 경막에 난 구멍과 두개골 골절 부위였다. 코브라인 박사는 브래디 씨의 신체 다른 부위에서 뗀 조직으로 이 틈새를 덮었다.

그러나 4월 27일 브래디 씨는 또 다른 합병증을 일으켰다. 뇌에서 척수액 몇 방울이 새어나와 코로 흘러들어갔다. 현재는 자연스럽게 틈새가 메워지기를 기대하며 수술을 미루고 기다리는 중이다. 그날 이후 오늘까지 브래디 씨는 늘 침상을 20도 정도 세워서 윗몸을 살짝 일으킨 채로 지내고 있다. 이 자세로 있으면 브래디 씨의 두개골 안팎의 압력이 균형을 유지해 척수액이 더 이상 새어나오지 않는다. 신체의 치유 기전이 정상적으로 작동했다면 자연적으로 메워졌어야 할 틈새이다.

일주일 전에는 또 다른 합병증이 나타났다. 브래디 씨는 땀이 나고 가슴에 통증이 느껴진다고 호소했다. 검사 결과 혈전, 즉 피떡이 다리와 골반 정맥을 통해 폐로 올라가서 박힌 것이 발견되었다.

첫 수술 이래 의료진은 브래디 씨가 과체중인데다가 움직일 수 없는 상태였기 때문에 그런 혈전이 생길까 봐 늘 걱정했다. 대개 위험한 혈전이 생길 확률을 낮추려고 헤파린 같은 용혈제를 처방하는데, 그런 약물을 투여하면 환자가 출혈을 일으킬 가능성이 높아진다. 코브라인 박사는 용혈제의 이런 부작용으로 브래디 씨의 뇌조직의 손상 부위가 커지고 생명이 위험할 수도 있어서 처방하지 않았다고 설명했다.

5월 4일, 치명적일 수도 있는 혈전이 더 이상 브래디 씨의 폐로 흘러들어가지 못하게 하려고 휴 H. 트라우트Hugh H. Trout 박사의 집도로 흡사 미사일의 앞부분 같은 원뿔 모양이 되도록 실핀을 한데 모은 것처럼 보이는 장치를 삽입했다. 우산처럼 작동하는 이 장치를 하반신에서 심장으로 되돌아가는 피를 운반하는 대정맥인 하대정맥에 집어넣어서 혈전이 떨어져 나오게 유도하면서 정상적인 혈류를 유지한다. 1974년에 닉슨 대통령도 이와 유사한 수술을 받은 바 있다.

오늘 새로 촬영한 X선 사진을 본 코브라인 박사는 브래디 씨가 앞으로 점점 더 오랫동안 일어나 앉아 있게 될 것이라고 전망했다. 그러나 척수액이 계속 새어나오면 또 다시 수술을 해야 할 것이다.

코브라인 박사는 "브래디 씨를 치료하면서 여러 갈림길에 섰지만, 부디 부정 타지 않길 빌면서 말하건대, 지금까지는 옳은 길만 선택한 것 같다"고 평가했다. 앞으로 1년 동안은 또 다른 합병증이 언제든 나타날 수 있다. "통계학적으로는 그럴 가능성이 낮지만, 확률이 0은 아니기 때문이다."

41명의 동성애자에게서만 발견된 희귀암

로렌스 K. 알트먼

뉴욕주와 캘리포니아주 의사들은 동성애 남성 41명에게서 병세가 급격히 진행되는 치명적인 희귀암을 발견했다. 이들 중 8명은 진단을 받은 지 2년도 채 되지 않아 사망했다.

이런 암이 집단 발병한 원인은 밝혀지지 않았으며 전염된다는 증거는 아직 없다. 그러나 암 진단을 내린 의사들은 대부분 뉴욕주와 캘리포니아주 베이 지역 소재 의사들로 동성애 남성을 자주 접하는 다른 의사들에게 이런 현상을 알리면서 주의를 당부하고 있다. 더 많은 암 환자를 신속하게 발견해서 그들이 즉시 화학요법을 받을 수 있도록 도와달라고 요청하고 있는 것이다.

'카포시 육종'이라고 불리는 이 암의 갑작스런 등장으로 의학계는 긴장하고 있다. 이 현상을 조사하는 전문가들은 이 암이 의학적으로도 흥미롭지만 더 흔한 암 유형의 원인을 밝히는 단서를 제공해 공공보건에 도 기여할 것이라고 말한다.

처음에는 반점으로 나타나

의사들은 카포시 육종이 일반적으로 다리에 반점으로 나타난 뒤 10년에 걸쳐 서서히 진행된다고 배웠다. 그러나 최근 사례에 따르면 보라색 반점이 하나 이상, 그것도 신체 어디라도 나타날 수 있다. 이 반점은 가렵지 않으며 그 외에 다른 증상도 없다. 그래서 종종 멍으로 착각하기도 한다. 때로는 혹처럼 튀어나와 있기도 하고 어느 정도 시간이 지나면 갈색으로 변하는 경우도 있다. 이 암에 걸리면 림프샘이 붓다가 몸 전체로 암이 퍼져 사망에 이른다.

이 집단 발병 사례를 조사하고 있는 의사들은 진단되지 않은 사례가 많을 것으로 보고 있다. 희귀한 암이고 피부과 의사들조차도 놓칠 정도로 진단이 까다롭기 때문이다.

이번 집단 발병 사례 조사단의 일원인 뉴욕대학교 의료센터의 앨빈 E. 프리드먼-키언Alvin E. Friedman-Kien 박사는 다른 의사들에게 이 사태를 알리는 공문에서 이번 사태가 "상당히 절망적"이라고 묘사했다.

프리드먼-키언 박사는 어제 본지와의 인터뷰에서 지난 5주간 41건의 발병 사례가 파악되었으며, 진단 시기는 최고 30개월 전까지로 추정된다고 말했다. 애틀랜타주 소재 미연방질병관리본부 대변인인 제임스 쿠란James Curran 박사는 오늘 발행되는 질병관리본부 주간 보고서에서 처음으로 이번 사태를 다룰 것이라고 밝혔다. 보고서는 26건의 사례를 기록하고 있다. 그중 20건은 뉴욕주, 6건은 캘리포니아주에서 진단되었다.

공식적으로 미국 국내 암 환자의 등록 명부는 존재하지 않지만, 질병관리본부의 자료에 따르면 과거 미국에서 카포시 육종 발병 사례는 매년 인구 1백만 명당 0.06명으로 추산된다. 이는 3백만 명당 2명꼴인 셈이다. 그러나 적도가 가로지르는 아프리카 지역에서는 카포시 육종이 모든 암 환자의 9퍼센트를 차지하며 주로 아동과 청소년 환자가 많다.

미국에서는 주로 50세 이상의 남성이 걸린다. 그러나 최근 뉴욕주의 종합병원 9곳과 캘리포니아주의 병원 7곳에서 50세 미만 남성이 진단받은 사례가 나타나고 있다. 이들은 모두 진단을 위한 설문조사에서 자신이 동성애자임을 밝혔다. 환자의 연령은 26~51세에 걸쳐 분포하지만 대부분 40세 미만이었고 평균연령은 39세다.

프리드먼-키언 박사가 보고받은 41건의 사례 중 9명은 캘리포니아주에서 진단받았다. 이들 중 몇몇은 진단을 받기 전 일정 기간 뉴욕주에 머물렀다고 말했다. 프리드먼-키언 박사는 동료들이 코펜하겐에서 진단받은 환자 두 명의 설문 결과를 확인하고 있다고 말했다. 코펜하겐 환자 중 한 명은 뉴욕주를 방문한 적이 있다고 알려졌다.

바이러스 감염의 정황들

쿠란 박사는 의학 조사단이 아직 모든 환자를 조사하지는 못했다고 말했다. 프리드먼-키언 박사는 진단 사례를 보고하는 의사들에 따르면 환자 대부분이 여러 파트너와 자주, 반복해서 성관계를 가지는 동성애 남성과 관련이 있다고 말했다고 전했다. 최대 일주일에 4일, 하루 최대 10회 성관계를 한 날이 일주일에 최대 4일인 환자도 있다고 한다.

많은 환자가 헤르페스 바이러스, 거대세포 바이러스, B형간염 바이러스 등 바이러스 감염과 아메바증이나 편모충증 같은 기생충 감염 병력이 있다. 또한 대다수가 성적 쾌락을 높이려고 아질산아밀이나 LSD 같은 환각제를 사용한 적이 있다고 답했다.

암은 전염성이 없다고 알려져 있지만 초기 증상은 존재한다. 특정 바이러스나 환경 요인은 이 단일 집단에서 암이 발병한 이유를 밝히는 단서일 수 있다.

의학 조사단은 이 암이 전염된 것이 아니라는 간접적인 증거도 있다고 말한다. 환자들은 서로 모르는 사이였다. 다만 프리드먼-키언 박사는 이론적으로는 과거에 이들이 카포시 육종 환자와 성관계를 가졌을 가능성을 배제할 수 없다는 점은 인정했다.

쿠란 박사는 이성애자가 카포시 육종 전염 가능성을 걱정해야 할 이유는 없다고 말했다. 그는 "전염되지 않는다는 가장 뚜렷한 증거는 여성이나 동성애를 하지 않는 남성의 발병 사례가 발견되지 않았다는 점"이라고 지적했다.

프리드먼-키언 박사는 카포시 육종 환자 9명을 검사한 결과 이들의 면역체계에서 중대한 결함이 발견되었다고 말했다. 환자들은 T세포와 B세포라는 두 세포가 심각한 기능 이상을 일으키고 있었다. T세포와 B세포는 감염이나 암과 싸우는 중요한 역할을 담당하는 림프구다. 다만 프리드먼-키언 박사는 조사단이 면역 결함이 카포시 육종의 원인인지, 아니면 감염이나 마약 사용으로 인한 결과인지는 아직 밝혀내지 못했다고 강조했다.

조사단은 다양한 가설을 시험 중이다. 그중 하나는 환자의 거대세포바이러스 감염 병력과 카포시 육종 발병과의 연관성이다.

효과가 입증된 새로운 유형의 항콜레스테롤제 승인받다

제인 E. 브로디

어제 식품의약품안전청FDA은 새로운 유형의 항콜레스테롤제 시판을 허가했다. 전문가들은 이 약에 대해 콜레스테롤 수치를 낮추기 위해 지금까지 개발된 그 어떤 치료법보다도 훨씬 효과가 뛰어나다고 입을 모았다.

'로바스타틴lovastatin'이라는 이 약은 고콜레스테롤혈증 치료를 획기적으로 바꿀 것으로 기대된다. 심장전문의들은 고콜레스테롤혈증을 동맥경화와 관상동맥질환을 일으키는 주요 원인으로 꼽는다.

미국 성인 중 약 2천만 명 정도가 관상동맥질환 발병 확률이 위험한 수준에 이르렀다고 판단될 정도로 콜레스테롤 수치가 높은 상태인 것으로 알려졌다. 전문가들은 이들 중 대다수와 관상동맥질환 발병 확률이 위험한 수준은 아니지만 콜레스테롤 수치가 높은 수백만 명에게 로바스타틴이 처방될 것으로 보고 있다.

높은 가격이 문제

2~3주 안에 시중에서 로바스타틴을 구할 수 있을 것으로 보이지만, 치료비가 만만치 않다. 로바스타틴을 개발한 머크앤컴퍼니의 대변인은 어제 열린 기자회견에서 20밀리그램 한 알당 1.25달러로 약국에 공급할 것이며, 환자의 상태에 따라 하루에 네 알까지 복용할 수도 있다고 발표했다. 일반적으로 소매가가 이보다 더 높다는 것을 감안하면 증세가 가장 심한 환자가 매년 부담해야 하는 약값은 3천 달러를 훌쩍 넘어간다.

로바스타틴의 처방용 약제 명칭은 '메바코르Mevacor'이며 매년 10억 달러 이상의 매출을 올릴 것으로 추정된다. 머크앤컴퍼니에게는 노다지나 마찬가지인 셈이다. 어제 머크앤컴퍼니의 주가는 4포인트나 올랐다가 그 전 장에 비해 1포인트 오른 205에 마감했다.

식이요법 병행 필수

어제 전문가들은 로바스타틴이 콜레스테롤을 낮추는 식단을 대체하는 것이라고 여겨서는 안 되며, 식이요법과 병행되어야 한다고 지적했다. 그동안 많은 사람이 식단을 바꾸는 것만으로는 콜레스테롤을 충분히 낮출 수 없었다. 그래서 FDA는 식이 조절과 운동만으로 콜레스테롤 수치를 정상으로 낮추지 못하는 사람에게만 이 약을 처방할 수 있도록 허용했다고 설명했다.

로바스타틴 개발의 토대가 된 연구로 조지프 골드스타인Joseph L.

Goldstein 박사와 함께 노벨상을 수상한 마이클 S. 브라운Michael S. Brown 박사는 더 나아가 "이 약은 저지방 저콜레스테롤 식단을 지키면서 복용해야 효과를 극대화할 수 있다"고 강조했다. 두 사람은 댈러스에 있는 텍사스주립대학교 의료과학센터 소속이며 혈액의 콜레스테롤 수치를 조절하는 신체의 자연 기전을 밝혀냈다.

"대개 신약은 동물실험을 통해 엄청난 양의 화합물을 선별하는 방식으로 발견하지만, 로바스타틴은 처음부터 기초 연구를 통해 밝혀진 콜레스테롤 대사 기전을 활용하도록 개발한 약"이라고 골드스타인 박사는 설명했다.

새로운 유형의 약

로바스타틴은 HMG-CoA 환원효소 억제제라는 새로운 유형의 약으로는 최초로 FDA의 승인을 받았다. HMG-CoA 환원효소 억제제는 우리 몸에서 콜레스테롤을 생성하는 데 필요한 간 효소를 억제하는 작용을 한다.

우리 몸속 콜레스테롤의 70퍼센트는 간에서 만들어진다. 간에서 콜레스테롤 생성 작용이 중단되면 간은 대사에 필요한 양을 공급하기 위해 어쩔 수 없이 혈액의 콜레스테롤을 사용하게 된다. 따라서 순환하는 혈액 속 콜레스테롤의 수치가 낮아진다. 콜레스테롤 생성에 관여하는 간 효소의 배출을 막는 다른 억제제 몇 가지는 여전히 실험 단계에 있다. 머크앤컴퍼니와 스큅에서 각각 한 가지를 개발 중이다.

매사추세츠주 베데스다에 있는 국립심장·폐·혈액연구소에서 지질대사 및 죽종(혈관 내막에 콜레스테롤 등이 쌓여 생긴 덩어리—편집자) 형성 부서 담당자인 베이즐 리프킨드Basil Rifkind 박사는 "새로운 유형의 약의 등장에 매우 흥분된다. 로바스타틴은 콜레스테롤 저하에 강력한 효과를 발휘하며 다른 항콜레스테롤제에 비해 복용도 비교적 쉽다. 콜레스테롤 수치가 높은 환자들이 꾸준히 치료를 받도록 하는 데 큰 도움이 될 것"이라며 기대감을 표명했다.

"그렇고 그런 또 하나의 새로운 약이 아닌 그 이상"

리프킨 박사는 로바스타틴이 "그렇고 그런 또 하나의 새로운 약이 아닌 그 이상의 의미"가 있다고 말했다. 그는 "그 자체로도 교육용 도구 역할을 할 것"이라며 그 이유로 "콜레스테롤 수치를 낮추는 것의 중요성이 강조되고 있는 시기에 개발되기도 했고, 그동안 콜레스테롤 수치를 낮추는 여러 치료법이 그다지 효과가 없었다"고 설명했다.

미국 중년층의 콜레스테롤 평균 수치는 현재 혈청 100밀리리터당 215밀리그램이다. 최근 연방 보건당국은 30대의 콜레스테롤 수치는 200 이하로, 20대의 콜레스테롤 수치는 180 이하로 유지하는 것이 목표라고 발표했다. 30대는 콜레스테롤 수치가 220~239이면 중위험군, 240 이상이면 고위험군으로 분류된다. 40세 이상은 240~259이면 중위험군, 260 이상이면 고위험군으로 분류된다.

펜실베니아주 웨스포인트에 있는 머크샤프앤도미 연구 실험실이 지난 4년간 지원한 임상시험에서 로바스타틴은 복용법도 더 간단하고 거부감도 덜했으며 기존의 항콜레스테롤제에 비해 불쾌감이나 심각한 부작용이 덜 나타나는 것으로 밝혀졌다. 또한 효과도 매우 좋았다. 단독으로 복용시에는 나쁜 콜레스테롤을 30~40퍼센트 정도 줄였고, 다른 치료법과 병행했을 때는 50퍼센트까지 줄였다.

신약의 작용 기전

어제 FDA는 임상시험 결과 로바스타틴이 복용량에 따라 콜레스테롤의 총 수치를 18퍼센트 내지 34퍼센트 낮췄다고 발표했다. 특히 로바스타틴이 동맥을 막는 콜레스테롤을 청소하는 역할을 한다고 알려진, 이로운 고밀도지질단백HDL 콜레스테롤은 유지한 채 저밀도지질단백LDL 콜레스테롤만 줄인다는 점이 중요하다. 더 나아가 로바스타틴을 복용한 환자는 대부분 HDL 콜레스테롤 수치가 약 10퍼센트 정도 늘었다고 연구팀은 보고했다.

그러나 FDA는 로바스타틴을 아무 조건 없이 승인하지는 않았다. FDA는 로바스타틴을 복용하는 환자는 6주마다 혈액검사를 받아서 간 기능을 확인하고, 매년 시력 검사를 받도록 권고했다.

로바스타틴 복용 환자의 1퍼센트는 간 효소가 오히려 증가했는데 이는 간에 무리가 갔다는 것을 의미한다. 눈의 망막에 변화가 일어난 환자도 있었다. 이런 경우 백내장이 생길 확률이 높아진다.

브라운 박사는 "아마도 많은 사람이 이 약을 복용하는 내년이 진짜 시험대가 될 것"이라며 "심각한 부작용은 없는지, 심장마비 환자 수가 정말로 줄어드는 효과가 있는지 등에 대한 답이 나올 것"이라고 말했다.

골드스타인 박사는 관상동맥 사망률에서 유의미한 변화가 관찰되려면 미국은 5년 내지 10년은 걸릴 것으로 내다봤다. 또한 콜레스테롤 수치를 낮췄을 때 미국에서 사망 원인 1위를 차지하는 관상동맥질환을 효과적으로 예방할 수 있는지를 미국 전역을 대상으로 실험할 수 있게 한 최초의 약이 로바스타틴이라고 말했다.

"우리는 로바스타틴 개발로 이제 심장질환의 주요 위험 요인 세 가지인 흡연, 고혈압, 고콜레스테롤혈증 모두를 관리할 수 있게 되었다"고 브라운 박사는 평했다.

HIV의 얼굴이 된 가난한 흑인 및 히스패닉 남성

도널드 G. 맥닐 주니어

미국에서 후천성면역결핍증후군AIDS이 남자와 성관계를 갖는 젊고 가난한 흑인 및 히스패닉 남성들 사이에서 급속도로 확산되고 있다.

지난 몇 년간 중산층에서는 인간면역결핍바이러스HIV의 예방과 치료에 진척이 있었지만 새로 감염되는 환자 수는 매년 5만 명 수준에서 줄어들 기미가 보이지 않는다. 그리고 이 새로운 환자들은 미국 전체 인구의 1퍼센트도 되지 않는, 앞서 언급한 집단에 점점 더 집중되고 있다.

우유를 탄 커피색 피부의 노숙자 트랜스젠더 여성 지젤은 올해 스물셋으로 이 전염병 환자의 새로운 얼굴이라고 해도 무방할 것이다.

지젤은 1년 전에 HIV 양성 판정을 받았다고 말했다. 남자로 태어났지만 지금은 여자 같은 머리 모양을 하고 여성스런 몸매가 드러나는 딱 붙는 티셔츠를 입으며, 스스로 여자라고 믿으며 살아간다. "어쩌다 노숙을 하게 되었는지는 잘 모르겠다. 접대부로 일했고 강간당한 적도 있다." 지젤은 "물론 콘돔을 쓴다"고 덧붙였다. 그러면서도 "하지만 솔직히 빼먹을 때도 있다. 여기서 일하는 누구나 '언제나 콘돔을 써요'라고 말한다. 그렇다고 정말로 언제나 쓰는 건 아니"라고 고백했다.

지젤 같은 트랜스젠더 외에도 이 집단에는 공식적으로 동성애자임을 인정한 사람, 동성애자이거나 양성애자이지만 그 사실을 숨기는 사람, 스스로 이성애자라고 생각하지만 자의든 타의든 쉼터나 교도소에서, 혹은 돈을 벌기 위해 남자와 성관계를 가진 사람 등이 포함된다. (이 기사를 쓰려고 만난 이들은 대부분 자신의 이름을 밝히지 않는다는 조건을 내걸었다.)

미국질병통제예방센터CDC와 뉴욕시 보건당국에 따르면, 미국 전역에서 새로 감염되는 환자의 25퍼센트는 흑인과 히스패닉이며 뉴욕에서는 이 비율이 45퍼센트에 달한다. 미국 전역에서 남자와의 성관계로 감염된 25세 이하 환자의 80퍼센트가 흑인 또는 히스패닉이다. 이들은 동년배 백인에 비해 고위험 행위를 덜 하는데도 그렇다.

이런 추세는 당분간 지속될 것 같다. 비평가들은 이들을 구제할 방안이 제대로 마련되어 있지 않으며, 현재 시행되고 있는 방안들은 위기의식이 결여되어 있다고 말한다.

1980년대에 설립된 GMHC Gay Men's Health Crisis 단체의 대변인 크리슈나 스톤Krishna Stone은 "작년부터 간신히 젊은 흑인 남성을 겨냥한 광고 캠페인이 시작"되었다며 "기가 막힌 일"이라고 지적했다. 로스앤젤레스 소재 흑인AIDS연구소 소장인 필 윌슨Phill Wilson은 "이 남성들에게 경각심을 일으킬 방도가 지금은 없다"고 말했다.

연방정부와 주정부의 보건당국은 30년 전에 결정된 공익 캠페인 대상을 바꾸는 데 시간이 오래 걸리고 있다는 점을 인정했다. 그 당시에는 동성애자를 대상으로 한 술집에 자주 들락거리는 중산층 백인 남성과 10대 이성애자가 캠페인의 주요 대상이었다. 이들은 현재 상대적으로 저위험군이다. 그동안 보건단체에 대한 재정적 지원은 늘지 않았고, 젊은 동성애자 흑인과 히스패닉을 대상으로 계몽 캠페인을 벌여야 한다는 정치적 압력도 거의 없었다.

질병통제예방센터의 HIV 예방부 부장 조너선 머민Jonathan Mermin 박사는 이 집단의 관심을 끌고 교육하는 것이 "특효약이라는 것을 알고 있으며 우리도 이를 위해 고심 중"이라고 말했다. 머민 박사가 이끄는 부서는 '검사를 받으면 강해진다' 캠페인을 벌이고 있다. 앞서 스톤이 언급한 그 캠페인이다. 또한 지역 보건소와 단체에 수백만 달러를 검사 비용으로 지원했다. 그러나 그는 젊은 소수인종 동성애자의 감염률을 낮추는 데 성공한 도시나 주를 하나도 들지 못했다.

머민 박사는 "더 많은 자원을 투입하면 더 많은 성과를 올릴 수 있을 것"이라고 말했다.

다가가고 보듬기

흑인 청년 동성애자에게 다가가기는 매우 어렵다고 전문가들은 말한다. 자신이 동성애자라는 사실을 가족에게조차 알리지 않는 경우가 허다하다. 대부분 동성애자에게 낙인을 찍는 지역에 살며 거주지를 옮길 형편도 되지 않는다. 이들이 다니는 학교에는 동성애자로서의 자부심을 내세우는 동아리나 동성애 상담사도 없다.

세인트크로이섬에서 태어났지만 뉴욕에 살고 있는 스무 살 알렉스는 "성교육 시간에 HIV에 대한 이야기가 나오자 같이 수업을 듣는 친구들 모두 어쩔 줄 몰라 했다"고 말했다. 그는 "남자애 하나가 '우리는 호모새끼가 아니에요. 이 따위 걸 배워야 할 이유가 없다고요'라고 말했고 선생님은 다른 주제로 넘어갔다"라고 회상했다.

가난한 노숙자가 동성애자들이 모이는 대표적인 곳에 가면 HIV에 감염되기 쉽다. 필라델피아에서 온 스무 살 크와메는 작년에 처음 뉴욕에 와서 거리를 헤맬 때, 자신보다 나이가 많은 노숙자 한 명과 트랜스젠더 한 명이 노골적으로 추파를 던졌다고 했다. 그중 노숙자는 나중에 자신이 HIV 감염자라고 털어놓았고 이렇게 덧붙였다고 한다. "여기 오래 앉아 있으면 어차피 비슷한 제안을 받을 걸. 그래야 너도 당장 오늘 밤 잘 곳이 생길 거 아니야. 나도 그랬고, 너도 그렇게 될 거야."

크와메는 그날 밤 성관계를 가졌다고 했다. 잘 곳이 없어 어쩔 수 없이 찾아간 동성애자 쉼터에서 만난 남자였다. 크와메는 "콘돔은 했다. 실은 동정심이랄까, 미안한 마음에 한 것도 있다. 나는 무례하게 굴면 안 된다고 배웠고, 내가 그 남자를 무시한다는 인상을 주기 싫었다. 머물 곳이 필요하기도 했고"라고 설명했다.

질병통제예방센터가 주도한 대규모 연구 보고서에 따르면, 젊은 흑인 남자의 경우 남자와의 성관계로 HIV에 감염될 확률이 젊은 백인 남자에 비해 8배나 높았다. 연구 대상자 중 흑인 청년이 백인 청년보다 평균적으로는 더 조심하는 경향이 있었는데도 그런 결과가 나왔다. 흑인 청년은 성관계를 맺은 상대의 수가 더 적었고, 음주나 마약 흡입 후에 하는 성관계 횟수도 더 적었고, 콘돔을 착용한 경우가 더 많았다.

이들은 다른 위험 요인이 높았다. 의료보험이 없다 보니 정기 검진을 받는 경우가 상대적으로 적었고 매독 감염률도 더 높았는데 이런 것이 HIV 감염률을 높였다. 그러나 이들에게 가장 큰 위험 요인은 성관계를 가진 상대가 연상의 흑인 남성이라는 점이었다. 흑인 성인 남성은 HIV에 걸려도 백인 성인 남성보다 치료받지 않는 사례가 더 많다.

뉴욕대학교 심리학과 및 공공보건학과 교수 페리 N. 할키티스Perry N. Halkitis는 빈곤층에서는 HIV 감염 환자가 치료받지 않거나 충분히 치료받지 않는 경우가 예외가 아닌 주류라고 말했다. 질병통제예방센터의 자료에 따르면, HIV에 감염된 흑인 남자의 79퍼센트가 남자와 성관계를 가지며 HIV에 감염된 히스패닉 남자의 79퍼센트는 '바이러스 억제' 상태가 아니다. 바이러스 억제 상태가 아니라는 것은 아직 항바이러스제를 복용하지 않았거나 매일 정해진 양을 복용하지 않았기 때문에 HIV 바이러스를 옮길 수 있는 상태라는 의미다. 지젤은 때때로 항바이러스제를 먹지 않을 때도 있다고 인정했다. "그 약을 먹으면 속이 울렁거린다. 머리가 이상해지기도 하고. 엄청 춥게 느껴지거나 땀이 날 때도 있다."

정해진 복용량을 지키지 않으면 바이러스는 다시 살아나며 때로는 항바이러스제에 내성균이 생길 수도 있다고 전문가들은 경고한다.

다른 위험 요인은 우울증과 체념이다. 2012년에 흑인 청년 동성애자를 위한 사회운동단체인 NYPS National Youth Pride Services가 추진하는 프로젝트의 일환으로 실시한 설문조사에서 흑인 청년 동성애자의 절반 이상이 자신이 동성애자라는 사실을 밝히면 친구나 가족에게 버림받을까 봐 두렵다고 답했다. 10명 중 4명은 자신이 동성애자라는 사실 때문에 자살을 생각한 적이 있다고 답했다.

샤리프 기번스Shariff Gibbons는 "흑인 남성 동성애자라는 이미지는 아예 존재하지 않는다고 보면 된다"고 말했다. 그는 GMHC에서 다른 청년들과 함께 일하는 스물다섯 살 청년이다. "흑인 사회에는 '동성애자는 계집애 같다'는 이미지가 수백만 배는 더 부풀려져 있다. 또 '동성애는 잘못된 거야'라고 말하는 독실한 신사인 고모나 이모가 한 명쯤은 있다. 동성애자인 남자아이가 자신의 정체성을 숨기는 것은 당연하다."

고립에 맞서다

올해 스물두 살인 로더릭은 마약 때문에 구속된 부모 대신 이모 손에서 자랐다고 했다. 열다섯 살이 되던 해에 커밍아웃하자 이모는 엄청나게 화를 냈다고 한다. 그는 뉴저지주립대학교에 입학했고 현재 수의사가 되는 과정을 밟고 있다. 그런데 자신이 백인 남성과 사귄다는 걸 알게 된 이모가 당장 고향으로 돌아와서 지역에 있는 전문대를 다니라고 말했다고 한다.

이모와 사촌들은 로더릭에게 '오레오Oreo(백인에 영합하는 흑인을 가리키는 말—옮긴이)'나 다른 더 악의적인 욕을 퍼붓는다고 했다. "너무 괴로워서 문득 이대로 가다가는 갑자기 꼭지가 돌아서 자살하거나 이모와 사촌들을 죽일지도 모른다는 생각이 들었다. 둘 다 하고 싶지 않았다. 그래서 어느 날 밤 사촌의 자전거를 훔쳐서 가출해 뉴욕으로 가는 기차를 탔다. 가족들은 나를 죽은 사람 취급한다."

뉴욕에 온 그는 알리포니센터를 통해 머물 곳을 구했다. 알리포니센터는 동성애자의 권리 보호를 주장하다가 1997년에 살해당한 젊은 시민운동가의 이름을 딴 단체로, 일반 쉼터에서 희생양이 되곤 하는 소수인종 동성애자 청년에게 쉼터를 제공한다. 로더릭은 한때 지역 생활 정보 사이트인 '크레이그스리스트'에 공지되는 파티에 가서 성관계를 맺고 돈을 받는 식으로 생활비를 벌었다. 그러나 지금은 그런 생활을 청산하고 한 명과 성관계를 하며 수의사 과정생을 위한 장학금을 신청했다.

몇몇 청년은 10대 때 고립감과 두려움에 깊이 빠져 있었다고 회상했다. 너무 우울해서 살든 죽든 상관없다는 자포자기 상태였기 때문에 콘돔 착용에 무심했다고 했다. 콘돔 없이 하면 돈을 더 준다고 해서 별 거부감 없이 받아들였다. 그리고 10대 시절에 같은 어려움을 경험해서 쉽게 공감해 주는 나이 많은 남자에게 기댔다. 알렉스는 10대일 때 남자 아이와 관계를 가지는 장면을 목격한 엄마로부터 집에서 쫓아내겠다는 협박을 받은 적이 있다고 했다. 하지만 알렉스가 태어날 때 입은 신경 손상으로 장애인 보조금을 받고 있었기 때문에 쫓겨나지는 않았다고 한다. 그는 "이미 삼진아웃을 당한 상태다. 흑인이고 동성애자인데다가 휠체어까지 타고 있으니까"라며 "바라는 건 그저 이 세상에서 누군가와 함께 지내면서 사랑받고 안전하게 지내는 것"이라고 쓸쓸히 말했다.

모르는 사람과 성관계를 갖는 것이 그런 바람을 조금이라도 채우는 유일한 방법이다. 첫 경험은 흑인 동성애자 채팅 사이트에서 알게 된 남자와 알렉스가 사는 임대아파트 계단에서 했다. "몸을 맞대고 들썩거리고 끝났다. 콘돔 없이 구강이랑 항문으로 섹스를 했다." 좀 더 나이가 든 뒤에는 첼시 부두에서 돈을 받고 몸을 팔았다.

알렉스는 무시무시한 일을 두 번이나 당하고 난 뒤에야 GMHC를 찾아왔다. 하나는 매독에 걸린 것이고, 다른 하나는 자신을 사랑한다고 믿었던 남자에게 강간을 당한 것이었다. GMHC는 흑인과 히스패닉, 10대, 트랜스젠더를 위한 지원 그룹을 각각 운영한다. 상담도 하고, HIV 검사도 실시하며 동성애자로 당당하게 살아가도록 돕는다.

예를 들어, 몇몇 사람들은 GMHC가 나눠주는 "나는 사랑에 빠졌어요I Love My Boo" 전단지를 보고 이 단체에 가입했다고 말했다. 이 전단지는 센트럴파크에서 손을 잡고 키스하는 흑인 청년 커플을 보여 준다.

부족한 반응

그러나 이렇게 캠페인을 드문드문 실시하고 주거, 법률 상담 및 의료 서비스를 제공하는 지역 프로그램만으로는 전염 확산세를 막을 수 없다. 미국 전역의 반응 또한 산발적이고 더디기 때문이다.

이 문제를 정기적으로 이야기하는 흑인 정치가나 종교 지도자는 거의 없다. 물론 예외는 있다. 캘리포니아주 오클랜드의 민주당 하원의원 바버라 리Barbara Lee, 할렘의 아비시니언 침례교회 목사 캘빈 O. 버츠 3세Calvin O. Butts III가 그렇다. 리 의원을 포함해 몇몇 여성 하원의원은 매년 공개적으로 HIV 검사를 받는다. 이에 참여하는 블랙 코커스(CBC, 미 연방의회 소속 흑인 의원 모임—편집자) 소속 남성 의원은 찾아보기 힘들다고 리 의원의 보좌관이 말했다.

버츠 목사는 교회에서 HIV 검사 키트를 배포하면서 집에서라도 스스로 검사해 볼 것을 권장하고 있다. 또한 신도들에게 동성애자 가족이나 친지를 받아들이라고 호소한다. 그러나 흑인 목사 대다수는 오히려 반대로 행동한다. 동성애자 결혼법 제정에 맞서 투쟁하기도 한다.

그동안 많은 정책과 프로그램이 제안되고 시도되었다. 금전적 보상도 그중 하나다. 동성애자인 아들을 받아들인 부모에게 돈을 주고 동성애자인 아들을 거부하는 부모를 만나 보게 한다. 친구를 데려와 HIV 검사를 받게 하면 돈을 준다. 흑인 성인 남자에게 돈을 주고 흑인 청년 남자에게 요리 수업과 안전한 성관계 상담을 하게 한다. 그러나 널리 채택된 프로그램은 아직 하나도 없다.

최근에 젊은 흑인 남자를 대상으로 한 단체의 프로그램이 왜 줄어들고 있는지를 논의한 GMHC 포럼에서 GMHC의 활동 부장인 재닛 와인버그Janet Weinberg는 어떤 면에서는 AIDS에 대한 정부의 대처가 30년 전에 비해 나아진 것이 없다고 말했다.

"이 전염병의 확산을 막을 도구는 이미 우리 손에 있다. 정부의 무관심이 문제일 뿐."

태반, 신생아 생명의 신비한 나무

데니스 그래디

며칠 전 아침, 캘리포니아주립대학교 샌프란시스코 캠퍼스 의료센터에서 여자아이가 태어났다. 이 여자아이의 태반(대개 폐기되는 젖은 종이 뭉치 같이 생긴 장기)은 보물인 양 조심스럽게 포장되어 미로 같은 복도를 따라 산부인과 및 생식과학과 교수인 수전 피셔Susan Fisher의 실험실에 전달되었다.

실험실의 과학자들은 메스, 겸자forceps(외과 수술 또는 처치에 쓰이는 기계로, 일반적으로 가위 모양을 하고 있다.—편집자), 여러 화학약품을 동원해 태반 속에 있는 기이할 정도로 강력한 세포를 추출하는 작업에 달려들었다. 이 세포는 마치 적군처럼 모체의 자궁에 침투해 모체의 신체를 9개월간 통제하고 태아의 생명을 유지한다.

태반은 태아를 위한 생명보조체계이다. 원반 모양이며, 한 면은 자궁막에 붙고 다른 한 면은 태아의 탯줄에 연결된다. 태반은 모체가 아닌 배아세포를 키운다. 때로는 '후산後産'이라고도 부른다. 아기가 태어난 뒤에 따라 나오기 때문이다. 무게는 보통 450그램 정도인데 이는 태아 몸무게의 6분의 1 정도이다.

태반은 산소와 영양을 공급하고, 폐기물을 처리하면서 태아의 폐, 간, 콩팥 등의 장기가 제 역할을 할 수 있게 될 때까지 장기의 기능을 대신한다. 만약 태반에 문제가 생기면 유산, 사산, 조산, 저체중, 임신중독증 등 치명적인 결과를 낳는다. 임신중독증은 모체의 혈압을 높이므로 모체와 태아 둘 다 생명에 위협이 된다. 일반적으로 태반이 평균보다 크거나 작으면 문제가 생긴다. 학계에서는 태반 이상이 모체와 태아의 건강에 영구적인 영향을 미친다는 의견에 점점 더 힘이 실리고 있다.

이런 태반의 중요성을 감안할 때, 태반에 대해 알려진 바는 놀라울 정도로 적다. 이를테면 태반이 무균 상태가 아니라 그 자체의 마이크로바이옴microbiome이 존재할 수도 있다는 주장이 제기된 것은 최근의 일이다. 마이크로바이옴은 인간과 공생하는 미생물 군집을 의미한다. 이런 마이크로바이옴이 태아의 면역 체계 형성을 보조하고, 훗날 태아가 세상에 나와 성장할 때에도 건강에 영향을 미친다고 보고 있다.

피셔 박사 등 연구원들이 수십 년간 태반을 연구했지만, 피셔 박사는 "우리가 태반에 대해 알아야 할 것이 얼마나 많은지를 생각해 보면 거의 모른다"며 "태반 연구야말로 진짜 획기적인 의학 발견이 나올 수 있는 분야로 특히 여성과 아이, 그리고 가족에게 정말 중요한 연구"라고 말했다.

국립아동보건및발육연구소NICHD는 태반이 "잘 알려지지 않은 신체 장기이자 임신부와 태아의 건강뿐 아니라 그 둘의 건강한 여생을 위해서도 분명 아주 중요한 장기"라고 말했다.

올해 5월 국립아동보건및발육연구소는 태반을 주제로 한 첫 학회에 약 70명의 과학자를 초대했다. 이들은 인간 태반 프로젝트 출범을 원한다. 태반의 이상을 조기에 발견해서 치료하거나 예방하는 것이 최종 목표이다.

출산 직후 나오는 태반은 피범벅이며 끔찍한 모양새를 하고 있다. 분만실에 들어온 아이의 아빠가 태반을 보고 기절하는 일도 종종 있다고 한다. 태반은 푸르스름하거나 진한 붉은색을 띠며, 지름이 약 20센티미터로 가장 두꺼운 중앙 부위의 두께가 2.5센티미터 정도 된다. 태아를 향한 면은 곳곳으로 뻗어나간 혈관의 망으로 뒤덮여 있으며, 탯줄은 이 혈관들이 아주 굵게 뒤엉켜 엮인 줄기처럼 튀어나와 있다. 모체를 향한 면은 익지 않은 고기 모양으로 자궁벽 쪽에 달라붙어 있다.

어떤 문화에서는 태반에 종교적인 의미를 부여해서 반드시 태우거나 정해진 의례에 따라 처리한다. 미국에서는 최근 일부 여성이 태반을 먹는 일에 매료되었다. 익혀 먹거나, 갈아서 마시거나, 건조해서 알약으로 만들어 먹는다. 태반을 이런 식으로 먹어도 안전한지, 어떤 효과가 있는지에 대해서는 아직 입증된 것이 없다.

과학자들이 인간의 태반을 묘사할 때 듣기 거북한 단어가 반복해서 등장하곤 하는데 바로 '침습浸濕'이다. 배아가 자궁에 닿는 순간 자궁막에서 태반이 형성된다. 모체의 조직 깊숙이 뿌리를 박은 다음 모체의 동맥에 공격적으로 연결해서 영양을 빨아들인다. 그래서 과학자들은 태반을 암에 비유하기도 한다. 다른 포유류는 대부분 태반이 그렇게까지 깊숙이 파고들지 않아서 부착 부위가 표면에 머문다.

생식 면역학자 Y. W. 로케Y. W. Loke는 저서 『생명의 핵심 연결고리*Life's*

Vital Link』(2013)에서 태반을 "모체에 달라붙은 기생충"으로 묘사한다. 이어서 "태반은 말 그대로 모체의 자궁에 파고들어 배아에 영양을 공급하기 위해 모체의 혈액에서 영양분을 빼돌린다"라고 설명했다.

침략자의 정교함

태반은 임신 10주~12주차가 되면 혈액 공급로를 확보한다. 최종적으로는 나선형 동맥이라고 불리는 80 내지 100여 개의 자궁 혈관에 침투해서 길이가 약 50킬로미터나 되는 모세혈관을 만들어낸다. 태반세포는 꽈리라고 부르는 손가락 모양의 아주 작은 돌기를 형성한다. 꽈리는 태아의 모세혈관으로 구성되며 모체의 혈액과 접촉해 산소와 영양분을 공급받고 폐기물을 내보낸다.

산소와 영양을 공급받기 위해 형성된 꽈리의 조직을 펼치면 그 면적이 총 11 내지 14제곱미터에 이른다. 매분마다 모체의 혈액 중 20퍼센트 정도가 이 태반을 통과해서 흐른다.

이 침략군의 최전선은 배아의 외배엽층에서 나온 영양막이라는 세포가 담당하고 있다. 임신 초기에는 영양막이 폭발적으로 증식해서 열을 지어 행진하는 군부대처럼 쏟아져 나온다. 피셔 박사는 이를 "영양막 세포는 처음부터 매우 공격적으로 움직인다. 자궁막을 막무가내로 뚫고 들어가서 깊숙이 박힌다"라고 묘사했다.

영양막 세포는 방해가 되는 다른 세포를 밀어내고 소화 효소나 세포가 자살하게 유도하는 물질을 분비해서 파괴한다. 캘리포니아주립대학교 샌프란시스코캠퍼스의 세포 및 조직 생물학 교수인 마이클 맥매스터 Michael McMaster는 이 초기 과정이 실패로 끝나는 일이 꽤 잦을 것으로 본다. 대개 유산 등의 문제가 태아 자체에 이상이 생겨서 일어난다고 생각하지만, 맥매스터 교수는 "아마도 이 초기 과정에서 영양막에 이상이 생긴 것이 유산이나 기타 질환의 원인일 가능성이 높다"고 말했다.

영양막은 침투 능력이 매우 뛰어나서 모체의 거의 어느 부위에서나 태반을 형성할 수 있다. 심지어 자궁이 아닌 조직에 도달하더라도 마찬가지다. 그래서 가끔 나팔관 등 자궁 밖이나 복부의 다른 부위에서 임신이 이루어지기도 한다. 이런 경우 급속도로 성장하는 침습적 태반 때문에 장기가 파열되기도 한다. 자궁의 병터 위에 태반이 형성되는 경우도 있다. 자궁의 병터는 기존에 제왕절개 등으로 자궁막이 얇거나 거의 없다시피 하기 때문에 태반이 너무 깊이 침투하면 태아 분만시에 안전하게 제거되지 않는다. 따라서 모체가 과다출혈로 사망하는 것을 막으려면 자궁 전체를 들어내는 방법밖에 없다.

피셔 박사가 이끄는 연구팀의 주 연구 대상이 바로 영양막이다. 또한 피셔 박사의 실험실은 미국 전역의 다른 연구원에게 태반 세포 및 조직 샘플을 제공하는 은행 역할도 한다. 연구팀 중 한 명은 모집원 역할을 한다. 이 연구원은 임산부에게 태반을 연구 목적으로 기부해 달라고 부탁하는 민감한 과제를 수행한다.

피셔 박사의 연구팀은 영양막이 모체에 침투하는 과정에서 표면의 특정 단백질인 부착분자의 성질을 스스로 바꾸어서 운동성을 높인다는 사실을 발견했다. 후에 연구팀은 종양이 신체의 다른 부위로 침투할 때 암세포도 마찬가지로 작동한다는 사실을 발견했다.

영양막은 다른 방식, 이를테면 자신이 침투하는 혈관의 세포를 모방하는 방식으로도 변신한다. 자궁막에 연결된 나선형 동맥은 모체의 세포가 아니라 영양막으로 채워진다. 이런 '재구성' 과정에서 동맥이 확장되면서 태반으로 혈액이 쏟아져 들어오고 꽈리가 영양분을 공급받는다.

피셔 박사는 "처음 태반의 해부학에 관한 책을 읽었을 때는 모든 사람이 태반 연구에 몰두하고 있지 않다는 것이 믿기지 않았다"고 말했다.

피셔 박사는 재구성된 동맥의 현미경 사진을 검토하면서 혈관의 지름을 보라며 "마치 바다 깊은 곳의 틈새에서 나나탄 괴물" 같지 않냐고 물었다.

어떤 문제가 생길 수 있는가

태반 형성 과정에는 침투와 재구성이 핵심 사항이다. 이 두 가지가 제대로 이루어지지 않으면 태반은 정상적으로 발달하는 데 필요한 혈액 공급을 확보할 수 없고, 결국 치명적인 결과를 낳는다. 그중 하나가 임신중독증이다. 미국에서는 임신부의 2퍼센트 내지 5퍼센트가 이 병에 걸린다. 특히 아프리카 등 가난한 나라에서는 발병률이 더 높다. 임신중독증에 걸린 임신부는 고혈압 등의 증상을 겪으며 목숨을 잃을 수도 있다.

임신중독증은 태반 관련 질환으로 여겨지고 있다. 이 병을 앓는 임신부는 대부분 태반의 크기가 비정상적으로 작다. 출산 후에 병리학자가 이 여성들의 태반을 검사하면 흔히 혈전, 변색, 혈액 공급 경로 미성숙이 발견된다.

이런 문제가 왜, 어떤 식으로 생기는지는 아직 확실히 밝혀지지 않았다. 알 수 없는 이유로 태반이 제대로 형성되지 않아서 성장하는 태아의 필요를 충족하지 못한다. 영양막은 동맥 세포를 전부 바꾸지 못하고 모체의 혈압을 높이는 비정상적인 분자를 한 무더기 쏟아낸다. 심지어 모체의 혈관을 파괴하기도 한다.

모체의 혈압 상승은 태반에 혈액을 더 많이 순환시키려는 시도 때문인 듯하다. 그러나 오히려 역효과가 난다. 이런 증상을 치료하는 유일한 방법은 출산뿐이다. 출산으로 이런 증상이 치료되는 이유는 아마도 출산으로 태반도 배출되기 때문일 것이다.

어떤 병원에서는 태반을 전문으로 다루는 병리학자가 임신 중 문제가 있거나 병약한 신생아를 낳은 산모의 태반을 검사한다. 왜 그런 일이 생겼는지 그 원인을 밝힐 단서를 찾는 것이다. 매사추세츠제너럴병원은 정상으로 보이는 태반도 산모와 신생아 모두 건강하다는 것이 확인될 때까지 약 2주간 보관한다.

이 병원의 태반 병리학자인 드루실라 J. 로버츠Drucilla J. Roberts 박사는 태반 병리학자가 상주하거나 태반 병리학자를 키울 조건을 갖춘 병원이 상당히 부족하다고 말한다. 미국을 통틀어 100곳도 되지 않는 것으로 추정하고 있는데, 로버츠 박사는 이보다 훨씬 더 많아야 한다고 말했다. 로버츠 박사의 동료인 로즈마리 H. 탬부렛Rosemary H. Tambouret 박사는 종종 이런 작업을 할 장비를 갖추지 못한 병원에서 보낸 태반 샘플을 검사한다.

로버츠 박사에 따르면 "임신 중 사산이 일어났을 때 태반은 많은 것을 알려 준다"고 한다. 사산의 절반은 끝내 원인을 알 수 없지만 대부분 감염이나 모체의 면역 체계가 태반을 거부하는 예외적인 상황 등 태반의 이상과 관련이 있다. 그녀는 "가족에게는 이유만이라도 알고 싶은 마음이 간절하다"고 덧붙였다. 이유를 알면 사산아를 낳은 많은 부모의 죄책감을 덜 수 있다. 그리고 이유를 밝히면 의사들이 그 후에 임신 중에 어떤 것을 주의해야 하는지도 알 수 있다.

로버츠 박사는 태반을 검사해서 다수의 사산과 유산을 일으킨 원인이 부모와 태아 간 면역 불일치 때문이라는 사실을 발견한 사례를 들었다. 그런 발견 덕분에 임신부에게 적절한 조치를 위할 수 있었고 무사히 건강한 아이가 태어났다.

또 다른 태반 병리학자인 레베카 베어겐Rebecca Baergen 박사는 뉴욕 장로회 병원의 산전 및 산과 병리학과 과장이다. 베어겐 박사는 유산이나 사산이 일어난 경우에는 태아보다는 태반을 검사하면 더 많은 것을 알 수 있다고 말한다. 베어겐 박사는 신생아가 굉장히 작게 태어나서 사지가 제대로 형성되지 않아 결국 사망한 사례를 들었다. 의사들은 발육 장애를 의심했지만 태아의 뼈 샘플을 검사해도 원인을 규명할 수 없었다.

베어겐 박사에게 태반이 보내졌다. 베어겐 박사는 태반에서 혈액 공급 이상을 발견하고 산모에게 일련의 검사를 받도록 권했다. 검사를 하니 산모는 유전 혈액병을 앓고 있었다. 산모를 치료했고 훗날 그 산모는 건강한 아이를 낳았다.

베어겐 박사는 이렇게 말한다. "태반은 기본적으로 자궁 내 생활의 연대기라고 불렸다." "임신 중 자궁 내에서 어떤 일이 있었는지에 관한 진짜 이야기를 들려준다. 간, 콩팥, 호흡기, 내분비계 등 많은 장기의 역할을 대신하기 때문이다. 그래서 아기와 엄마의 건강에 대해 많은 정보를 담고 있다."

단기간에 많은 암에 많은 약을 시험하는 방법

지나 콜라타

백혈구에 생긴 희귀한 암을 치료하기 위해 실시한 화학요법이 실패하자 의료진은 허위츠 씨에게 또 다른 치료법인 흑색종 치료제를 권했다. 이 치료제의 효과는 놀라웠다. 복용한 지 4주도 채 되지 않아 몸 전체를 뒤덮었던 빨간 반점이 싹 사라졌다. 엄청난 통증을 유발해서 그동안 마약 성분 패치와 진통제 옥시콘틴OxyContin을 복용해야만 했는데 감쪽같이 없어진 것이다. 암은 더 이상 발견되지 않았다.

웨스트체스터 카운티에 거주하는 78세의 에리카 허위츠Erika Hurwitz는 "기적의 약"이라고 말했다. 허위츠 씨는 암이 발병한 장기가 아닌, 암을 키운 돌연변이에 따라 치료법을 정하는 새로운 암 치료 국가 프로젝트의 참가자이다.

암은 흔히 유전자의 변화, 즉 돌연변이가 야기한다. 이런 돌연변이 때문에 세포가 비정상적으로 자라고 신체의 다른 부위로 퍼진다. 최근 암 유전자의 돌연변이를 억제하고 종양이 성장하는 것을 방해하는 치료제가 많이 개발되고 있다.

새로운 치료법은 소수의 독립적인 사례에서 성공을 거두었지만 이 사례만으로는 같은 돌연변이로 암을 앓는 다른 환자들에게도 같은 효과가 있을지 확신할 수 없다.

그래서 허위츠 씨가 환자로 등록된 뉴욕의 메모리얼 슬론 케터링 암센터 같은 의료시설들이 이 문제에 대한 답을 찾기 위해 서로 협력하기 시작했다. 그리고 올해 봄 연방정부의 지원을 받아서 미국 전역에 거주하는 암 환자 수천 명의 종양을 선별하는 국가 차원의 프로젝트가 출범한다. 12개 이상의 신약 중에 어느 하나가 정복할 것으로 예상되는 종양이 있는 환자를 찾는 프로젝트이다. 신약이 공격하는 돌연변이로 생긴 종양 환자를 찾아 그 환자에게 신약을 투약하기 위해서다.

이런 새로운 임상시험 방식을 '바스켓 스터디basket studies'라고 부른다. 서로 다른 종류의 암을 한꺼번에 다루기 때문이다. 이것은 혁명적인 실험 방법이며 기존의 임상시험에 비하면 소규모로 이루어진다. 비교를 위해 표준 치료법으로 치료받는 대조군 환자도 없다.

연구팀과 제약회사는 바스켓 스터디를 시행하기 전 미국 식품의약국FDA의 의견을 구했다. FDA가 이 연구법을 인정하지 않으면 이 연구 결과를 근거로 신약 승인 요청을 할 수 없기 때문이다. FDA는 이 연구법의 유효성을 인정했고 바스켓 스터디 자료만으로도 신약 승인 심사를 하겠다고 답했다.

FDA에서 새로운 암 치료제 승인 심사를 담당하는 부서를 이끄는 리처드 파즈두르Richard Pazdur 박사는 기존의 연구법을 고집하기보다는 주어진 연구 자료를 검토하면서 "이 약이 승인되어 시판되면, 그렇지 않을 때보다 미국인에게 더 이득인가"를 기준으로 삼겠다고 말했다.

이 임상시험이야말로 중증 암 환자들이 기다리던 연구법이다. 일단 이 시험에 참가하면 무조건 신약을 투여 받을 수 있기 때문이다. 그리고 이 연구는 진행 속도가 빠르다. 효과가 있는지, 있다면 기대하는 것만큼 큰 효과가 있는지 알게 되기까지 몇 년씩 기다리지 않아도 된다.

허위츠 씨가 걸린 희귀 암은 BRAF라는 유전자의 돌연변이가 원인이었다. 흑색종의 약 50퍼센트가 이 유전자의 돌연변이로 생기지만 이 돌연변이가 다른 암을 일으키는 경우는 매우 드물다. 허위츠 씨는 동일한 돌연변이로 각기 다른 암에 걸린 12명의 참가 환자 중 한 명이었고, 새로운 연구법에서는 이 유전자 돌연변이를 공격하는 흑색종 치료제를 12명 모두에게 투여했다.

바스켓 스터디는 아주 최근에야 실시할 수 있게 되었다. 유전자 염기서열 분석의 정확도가 매우 높아졌고 작업에 드는 비용이 낮아져 의사들이 종양을 일으키는 50~60여 가지의 암 유발 돌연변이 유무를 일상적으로 파악할 수 있게 된 덕분이다. 또한 이런 돌연변이를 공격하는 신약이 꾸준히 개발되고 있다. 따라서, 흔한 일이지만, 특정 암 유형에 걸린 환자 중 아주 적은 비율만이 특정 돌연변이로 암이 생겼다고 해도 같은 돌연변이로 암이 생긴 환자를 묶어서 수십 명으로 이루어진 임상 시험 집단을 구성할 수 있다.

어찌 보면 이것이 환자 개인에게 맞춘 치료제를 만드는 것을 목표로 하는 정밀의학의 장점 중 하나이다. 예전에는 기존의 치료법과 비교해 신약이 아주 조금이라도 효과가 있다는 것을 보여 주는 데 집중했다면, 바스켓 스터디를 실시하는 연구팀은 신약의 효과가 매우 뛰어나다는 것을 입증해야 하는 도박을 택한 셈이다.

슬론 케터링 암센터의 데이비드 하이먼David Hyman 박사는 "완전히 새로운 유형의 연구"라고 말했다. 그는 허위츠 씨가 참여한 연구 외에도 이와 유사한 연구 두 개를 더 지휘하고 있다.

게다가 이런 바스켓 스터디는 선례를 찾아보기 어려울 정도로 훌륭한 성공률을 기록하고 있다. 물론 실패 사례도 있다. 다만 성공 사례가 워낙 기적적이다 보니 대조군이 필요 없거나 불가능할 정도이다.

파즈두르 박사는 "기존 요법이 10퍼센트 내지 20퍼센트의 성공률을 보였다면 신약은 50퍼센트 내지 60퍼센트의 성공률을 보인다. 따라서 무작위 실험은 굳이 할 필요가 없다"라고 지적하면서 그런 실험을 계획한다고 하더라도 "누가 그런 실험에 참가할까? 당신이라면 그런 실험에 참가할 건가?"라고 반문했다. 그는 "신약이 잘 듣는 환자는 정말 입이 딱 벌어질 정도로 효과적이다. 이전에는 결코 보지 못한 성공률"이라고 덧붙였다.

그러나 이 연구법은 여전히 초기 단계에 있다며 신중을 기하는 학자들도 있다. 대니얼 코스타Daniel Costa 박사는 "우리는 전혀 다른 세계로 들어서고 있다"고 조심스럽게 말했다. 그는 보스턴의 베스 이스라엘 디콘네스 의료센터에서 폐암을 연구하고 있다. "여전히 한 걸음 한 걸음 내디딜 때마다 새로 배우고 있는 단계"라는 것이 그의 생각이다.

새로운 연구법은 새로운 문제를 낳는다. 대조군이 없다 보니 신약이 치료 효과가 있어도 그것이 우연이 아니라는 것을 입증하기 위해 그 효과가 매우 커야 하고, 환자의 치유와 치료제와의 연관성이 뚜렷해야 한다. 실험 참가자 모두가 치료제를 투여 받으므로 부작용이 관찰될 때 치료제 때문인지 암 때문인지, 아니면 다른 질환 때문인지 알기 어렵다.

또한 유전자 돌연변이로 암이 생긴 환자의 비율이 높지 않다 보니 바스켓 스터디에 참가할 환자를 찾기가 어렵다.

애초에 돌연변이가 원인인 암 환자가 드물기 때문에 미국 국립암센터가 지원하는 국가적 차원의 프로젝트가 제안된 것이기도 하다. 이 프로젝트의 명칭은 '매치Match'로, 요약하자면 여러 바스켓 스터디를 담는 바구니라고 보면 된다. 미국 전역의 의사가 3천 명 이상의 종양 샘플을 중앙 실험실로 보내면 중앙 실험실에서 이 샘플들을 검토해 돌연변이가 일으킨 암 환자를 찾아낸다. 종양 샘플에서 신약이 공격하는 10여 개의 돌연변이 중 하나가 발견되면 그 환자를 해당 돌연변이를 치료하는 신약 실험에 참가시킨다.

매치 프로젝트의 최고 책임자인 매사추세츠 제너럴병원의 키스 플래허티Keith Flaherty 박사는 바구니에 몇 개의 바스켓 스터디 바구니가 담기게 될지는 확실하지 않다고 말했다. 신약의 수에 따라 달라지기 때문이다. 그러나 아마도 초기에는 12개 내지 15개의 바스켓 스터디로 시작해 그 수가 40개 이상으로 늘어날 것으로 보고 있다. 신약 하나당 31명 정도의 환자가 참가할 것으로 예상하고 있다.

플래허티 박사는 긍정적인 결과와 부정적인 결과가 모두 나오리라고 본다. "전혀 모르는 영역을 탐구하는 것이니까. 그러나 모든 바스켓 스터디가 하나도 빠짐없이 실패하는 일만큼은 절대 일어나지 않을 것이다."

그렇다면 어떤 일이 일어날 수 있을까? 슬론 케터링 의료센터의 호세 바셀가Jose Baselga 박사는 허위츠 씨가 참가한 바스켓 스터디의 결과를 기록한 12월 임시 보고서로 그 답을 대신했다.

이 실험에 참가한 70명의 환자는 전부 8가지 종류의 암을 앓고 있었다. 18명은 아주 드문 희귀 암인 에드하임 체스터병 또는 랑게르한스병을 앓고 있었다. 허위츠 씨도 랑게르한스병 환자 중 한 명이었다. 그리고 이들 희귀 암을 앓는 18명 중 14명에게는 흑색종 치료제가 효과가 있었다. 암이 사라지거나 줄어들거나 성장을 멈췄다. 나머지 4명은 치료제 투여 기간이 충분히 길지 않았기 때문에 결과에 대해 어떤 판단도 할 수 없었다.

바셀가 박사는 정말 놀랍지 않냐며 흥분한 상태로 말했다. 그는 "이 치료제는 선례를 찾아볼 수 없을 정도로 뚜렷한 효과를 내고 있다. 다만 3상 시험을 진행할 정도로 환자 수가 충분하지 않다"고 설명했다. 3상 시험은 신약을 실험하던 기존의 대규모 무작위 실험법을 가리킨다. 그는 "게다가 그런 연구에는 윤리성 문제를 제기할 수밖에 없다"라고 덧붙였다.

바스켓 스터디에 참가한 모든 암 환자가 효과를 본 것은 아니다. 엘레니 바바스Eleni Vavas는 자신을 죽음으로 몰고 가는 위암을 막을 수 있다는 희망을 품고 슬론 케터링 의료센터의 바스켓 스터디에 참가했다. 남편 존 바바스John Vavas는 이 연구가 "우리의 마지막 희망이었다. 신께 기도하는 마음으로 참가했다"고 말했다. 작년 봄, 임상시험에 참가할 당시 엘레니 바바스는 서른여섯 살이었다. 참가자 중 유일한 위암 환자였다. 존 바바스는 "아내에게는 치료제가 듣지 않았다"고 말했다.

엘레니 바바스는 7월 1일 세상을 떠났다.

Chapter 10

신경과학
뇌의 비밀

The New York Times

기억을 잃어버리는 바람에 영원히 기억에 남게 된 H. M. 사망

베네딕트 케리

그는 자기 이름이 무엇인지는 알았다. 그 정도는 기억했다.

친가는 미국 루이지애나주 티보도, 외가는 아일랜드 출신이라는 것도 알고 있었다. 1929년의 주식 대폭락과 그 후에 발발한 제2차 세계대전도 알고 있었고, 1940년대의 생활상도 기억하고 있었다. 다만 그 이후에 벌어진 일들에 대한 기억은 거의 없었다.

H. M.은 1953년 하트퍼드병원에서 발작장애를 치료하려고 아직 실험 단계에 있던 뇌수술을 받았다가 되돌릴 수 없는 근본적인 변화를 겪었다. 신경학계에서 '순행성 기억상실'이라고 하는 기억상실증후군에 걸린 것이다. H. M.은 새로운 기억을 형성하는 능력을 영영 잃어버리고 말았다.

그 후로 55년간 H. M.은 친구를 만날 때마다, 식사를 할 때마다, 숲을

산책할 때마다 처음 하는 것이라고 여겼다.

그리고 반세기 동안 뇌과학 역사상 가장 중요한 환자가 되었다. H. M.은 100여 개의 실험에 참가해 과학자들이 학습, 기억, 기술 습득 같은 뇌의 활동을 더 잘 이해하도록 도왔을 뿐 아니라 우리 인간의 정체성이 얼마나 섬세한 것인지를 일깨워 주었다.

이번 주 화요일 저녁 5시 5분, 코네티컷주 윈저록스의 한 요양원에서 헨리 구스타브 몰레이슨Henry Gustav Molaison은 호흡 기능 상실로 세상을 떠났다. 그동안 사생활 보호를 위해 세상에는 오로지 머리글자인 H. M.으로만 알려져 있었다. 수십 년간 몰레이슨과 가깝게 지내며 일했던 매사추세츠공대의 수전 코킨Susan Corkin 교수가 그의 사망 사실을 확인해 주었다. 사망 당시 몰레이슨은 82살이었다.

몰레이슨은 27살 때부터 치밀하게 짜인 실험의 피험자로 살았다. 그동안 그는 처음에는 부모와 함께, 부모 사망 후에는 친척과 함께 살다가 최근까지는 요양시설에서 지냈다. 기억상실증에 걸렸지만 지능에는 아무 문제가 없었고 성격이 확 바뀌지도 않았다. 다만 직업을 제대로 유지할 수 없었고, 다른 어떤 몽상가보다도 순간에 충실한 삶을 살았다.

"어떤 식으로 표현하더라도 오늘날 우리가 아는 것처럼 H. M.이 잃은 것은 결국 자신의 정체성에서 핵심을 이루는 부분이었다"라고 캘리포니아주립대학교 어바인 캠퍼스의 신경과학자이자 미국 신경과학학회 회장인 토머스 커루Thomas Carew 박사는 설명했다.

신경과학이 비약적으로 발전하고 있고, 학생과 돈이 전 세계의 실험실로 쏟아져 들어오는 현실에서는 20세기 중반까지만 해도 신경과학이 얼마나 원시적이었는지 잊기 쉽다.

하트퍼드 근처에 살던 9살 소년 몰레이슨이 동네에서 자전거에 치어

머리를 크게 다쳤을 당시에는 과학자들이 몰레이슨의 뇌 속을 들여다볼 방법이 없었다. 기억이나 학습 같은 복잡한 기능이 생물학적으로 어떻게 작동하는지에 대한 상세한 이해도 없었다. 왜 몰레이슨이 자전거 사고 후 심한 발작을 하게 되었는지 설명하지 못했다. 심지어 머리를 부딪친 것과 발작 증세가 관련이 있긴 한 건지에 대한 확신조차 없었다.

자전거 사고를 당한 지 18년이 흐른 뒤, 몰레이슨은 윌리엄 비처 스코빌William Beecher Scoville 박사의 사무실에 오게 되었다. 스코빌 박사는 하트퍼드 병원의 신경외과의였다. 몰레이슨은 자주 정신을 잃었고, 발작 증세가 심해서 생계 유지를 위한 자동차 정비일을 더 이상 지속할 수 없을 정도가 되었다.

스코빌 박사는 다른 모든 치료 방법을 동원해도 아무 효과가 없자 몰레이슨의 뇌에서 손가락 모양의 조직 일부를 제거하는 수술을 실시했다. 발작 증세는 완화되었지만 뇌 깊숙한 곳, 귀 정도 높이에 있는 해마를 절단한 이 수술로 몰레이슨은 엄청난 변화를 겪게 되었다.

당황한 스코빌 박사는 신경외과 분야에서 손꼽히는 권위자였던 몬트리올 맥길대학교의 와일더 펜필드Wilder Penfield 박사와 상담했다. 펜필드 박사는 심리학자인 브렌다 밀너Brenda Milner 박사와 함께 기억을 상실한 두 환자에 관한 논문을 발표한 바 있다.

밀너 박사는 몰레이슨을 만나려고 밤기차를 타고 캐나다와 하트퍼드를 오가기 시작했다. 밀너 박사는 몰레이슨에게 온갖 기억 검사를 실시했다. 학습과 기억에 대한 과학자들의 이해를 영원히 바꿔 놓을 협업이 시작된 것이다.

몬트리올 신경학연구소와 맥길대학교의 인지신경과학과 교수인 밀너 박사는 최근 인터뷰에서 "몰레이슨은 정말 이해심이 많은 사람이었다. 인내심도 있었다. 내가 시키는 이런저런 과제를 언제나 기꺼이 수행했다. 물론 내가 찾아갈 때마다 마치 처음 만나는 사람인 것처럼 대했지만"이라고 말했다.

그 당시 많은 과학자가 기억은 뇌 전반에 걸쳐 분포되어 있으며 기억을 담당하는 단 하나의 신경 장기나 특정 신경 부위는 없다고 믿었다. 수술이나 사고로 생긴 뇌병변이 예측하기 어려운 방식으로 사람들의 기억을 바꾸었기 때문이다. 밀너 박사가 실험 결과를 발표하는 동안에도 많은 학자가 발작으로 인한 일반적인 외상이나 아직 발견되지 않은 손상 등 다른 요인이 H. M.의 기억상실증을 유발했다고 생각했다.

수술에서 뇌의 특정 부위를 절제한 것, "그것만으로 기억상실증이 생겼다는 사실을 선뜻 받아들이지 못했다"고 밀너 박사는 말했다.

그런 학계 분위기는 밀너 박사가 오늘날 고전이 된 실험 결과를 발표한 1962년부터 점차 바뀌었다. 밀너 박사는 H. M.과 함께 그의 기억 중 일부는 완벽하게 보존된다는 사실을 실험을 통해 증명했다. 밀너 박사는 몰레이슨에게 별 안에 또 다른 별이 있는 그림을 주고서 거울을 통해 그 그림과 자신의 손을 보면서 별의 윤곽을 따라 그리게 하는 실험을 여러 번 반복해서 실시했다. 누구나 처음에는 능숙하게 수행하기 어려운 과제다.

H. M.은 과제를 할 때마다 생전 처음 하는 새로운 과제로 인식했다. 전에 같은 과제를 했던 기억이 없었기 때문이다. 그런데 과제를 반복할수록 더 잘하게 되었다. 밀너 박사는 "수차례 같은 과제를 하고 나자 어느 순간 그는 나에게 이런 말을 했다. '어라, 생각보다 쉽네요'"라고 회상했다.

이 실험 결과는 획기적인 전기를 마련했다. 과학자들은 뇌에 새로운 기억을 만드는 체계가 최소한 두 개가 있다는 사실을 깨닫게 되었다. 하나는 서술기억으로 알려진 체계이다. 이 기억체계는 이름, 얼굴, 새로운 경험을 기억하고 의식적으로 그 기억을 끄집어낼 때까지 저장한다. 서술기억 체계는 측두엽 안쪽, 특히 해마라는 기관에 의존한다. 현재 이 부위에 대한 연구가 집중적으로 이루어지고 있다.

또 다른 하나는 잠재의식 속에서 이루어지며 흔히 운동학습으로 알려져 있다. 서술기억과는 다른 체계에 의존한다. 한번 자전거 타는 법을 배운 사람은 한동안 자전거를 전혀 타지 않았어도 언제든지 자전거에 올라타 한 바퀴 돌 수 있다든지, 한번 기타 치는 법을 익힌 사람은 오랫동안 연습을 하지 않아도 금방 다시 기타를 연주할 수 있다든지 하는 일은 모두 이 기억체계 덕분이다.

밀너 박사에 따르면, 곧 "너 나 할 것 없이 모두 연구 대상으로 삼을 수 있는 기억상실증에 걸린 피험자를 찾기" 시작했다. 그리고 기억의 다른 측면에 대한 연구 전략을 짰다. H. M.의 단기기억 능력은 손상되지 않아서 머릿속에서 생각을 20초 정도 이어갈 수 있다는 사실이 드러났다. 다만 해마가 없어서 그런 생각을 붙들어 둘 수는 없었다.

컬럼비아대학교의 신경과학자 에릭 캔들Eric Kandel 박사는 "H. M.에 대한 밀너 박사의 연구는 현대 신경과학 역사에서 획기적인 분기점이 된 매우 중요한 연구"이며 "뇌의 기억 체계를 서술기억과 비서술기억의 두 가지로 나누어 연구하는 계기이자 그 뒤로 이어진 인간의 기억과 관련 장애에 대한 연구의 토대"가 되었다고 평했다.

몰레이슨은 부모 집, 그리고 1970년대에는 친척 집에 살면서 장 보는 것을 거들고, 마당의 잔디를 깎거나 낙엽을 치우는 일을 돕고, TV를 보면서 휴식을 취했다. 27살 때까지의 기억을 바탕으로 혼자 점심을 만들어 먹거나 침대 정리를 하는 등 일상적인 일은 별 무리 없이 해 나갔다.

코킨 박사에 따르면, 몰레이슨은 자신의 삶을 헤집고 다니는 엄청난 수의 과학자, 학생, 연구자를 통해 세세한 내용은 몰라도 자신이 대규모 프로젝트에 기여하고 있다는 사실을 어느 정도 느끼고 있었다. 코킨 박사는 밀너 박사가 주도하는 연구팀의 일원으로 몰레이슨을 만났고 몰레이슨이 세상을 떠나기 전까지 그와 꾸준히 작업했다.

1980년 54살의 몰레이슨이 요양원에 들어갈 무렵 코킨 박사가 이끄는 MIT 연구팀은 몰레이슨에 대해 여러 가지를 알게 되었다. 다만 그들이 아는 몰레이슨은 삶의 줄거리는 보여 주지만 전체를 완전하게 보여 주지는 못하는 사진첩 속 폴라로이드 사진 같았다.

H. M.은 자신의 어린 시절 속 장면들을 회상해서 들려줄 수 있었다. 모호크산에 올랐던 일, 부모님과의 자동차 여행, 집 근처 숲에서 했던 사격 연습 등.

"학계에서는 요점기억이라고 부른다. 기억은 있지만 시간적으로는 정확하게 언제인지 말하지 못했다. 서사를 할 수 없는 것"이라고 코킨 박사는 설명했다.

그래도 몰레이슨은 여전히 자의식이 있는 존재였다. 재미있는 농담에 웃었고, 같은 공간에 있는 사람에게 주의를 기울이고 반응했다. 한번은 밀너 박사와 H. M.을 찾아온 연구원이 밀너 박사에게 H. M.이 얼마나 흥미로운 사례인지 감탄하는 말을 했다. "H. M.이 바로 거기서 듣고 있었다. 그런데 뭐랄까, H. M.은 살짝 상기된 얼굴로 자신이 왜 그렇게까지 흥미로운 대상인지 모르겠다고 중얼거리고는 다른 곳으로 가버렸다"고 밀너 박사는 전했다.

마지막 몇 해 동안 몰레이슨은 늘 그랬듯이 연구자들이 자신을 찾아오는 것을 마다하지 않았다. 코킨 박사는 몰레이슨의 건강 상태를 매주 확인했고 마지막 연구를 계획했다. 이번 주 화요일 몰레이슨이 사망한 몇 시간 뒤, 과학자들은 몰레이슨의 뇌 영상을 MRI로 꼼꼼하게 찍느라 밤을 새웠다. 이 자료는 몰레이슨의 측두엽에서 온전한 부위와 손상된 부위를 정확하게 구별해 내고 그런 뇌의 상태가 몰레이슨의 기억능력과 어떤 관련이 있는지 파악하는 데 도움이 될 것이다.

코킨 박사는 몰레이슨의 뇌를 보존하는 작업도 진행하고 있다. 아인슈타인의 뇌를 보존한 것과 같은 맥락에서 과학사의 대체 불가능한 유물인 몰레이슨의 뇌를 남기기 위해서다.

코킨 박사는 "그는 내 가족이나 마찬가지였다"라고 말했다. 코킨 박사는 현재 H. M.의 이야기를 담은 책, 『어제가 없는 남자, HM의 기억』(알마, 2014)을 집필하고 있다. "자기를 알아보지 못하는 사람과는 관계를 맺을 수 없다고 생각하겠지만 나는 H. M.과 돈독한 관계였다."

몰레이슨은 자신을 자주 찾아오는 코킨 박사를 자신만의 방식으로 알아보았다면서 코킨 박사는 이렇게 덧붙였다. "그는 나를 고등학교 동창으로 여겼다."

1926년 2월 26일에 출생한 헨리 구스타브 몰레이슨에게 남은 가족은 없다. 대신 그는 과학에 영원히 새겨질 유산을 남겼다.

의식을 조각조각 나눠 측정한다

칼 짐머

2007년 어느 날, 줄리오 토노니Giulio Tononi 박사는 마취전문의가 수술 준비를 하는 동안 운반용 카트에 누워 있었다. 그 무렵 토노니 박사의 지적 흥분은 절정에 이르렀다. 토노니 박사는 위스콘신대학교 의식과학과 교수이다. 그는 거의 한평생을 의식에 관한 이론 확립에 바쳤다. 토노니 박사는 마침내 병원의 환자가 되어 스스로 자신의 피실험체가 될 기회를 얻은 것이다.

마취전문의는 토노니 박사를 무의식 상태에 빠뜨릴 약물 하나와 근육의 움직임을 억제할 다른 약물 하나를 주입할 준비를 하고 있었다. 토노니 박사는 마취전문의에게 먼저 팔에 고무줄을 묶어서 근육억제제가 흡수되는 것을 막아달라고 부탁했다. 그러면 마취전문의가 토노니 박사에게 때때로 손가락을 들어 올리라고 하면서 의식을 완전히 잃는 정확한 순간을 기록할 수 있다. 그러나 마취전문의는 토노니 박사의 호기심에 동조하지 않았다. 토노니 박사는 당시를 이렇게 회상했다. "관심이 없는 정도가 아니었다. '네, 네, 네'라고 하고는 곧바로 나를 마취시켰다. 아마도 '이 환자는 제정신이 아니야'라고 생각했을 것이다."

토노니 박사는 기분 나쁘게 생각하지 않았다. 의식은 오랫동안 철학자들의 영역이었다. 그래서 의사라면 대부분 철학자들의 추상적인 사유와 최대한 거리를 두었다. 어쨌거나 '통 속의 뇌' 논증(우리가 모두 컴퓨터로 연결된 통 속에 갇힌 뇌이며 모든 외부 경험이 컴퓨터로 인해 조작된 것이라고 가정하는 회의주의 사고실험으로, 외부세계에 대한 본인의 모든 믿음이 전부 가짜일 가능성을 피력한다.—옮긴이)에서처럼 통 속에 든 뇌가 어떤 생각을 하고 어떻게 느낄지를 두고 모든 가능성을 탐색한다고 해서 환자에게 마취제를 얼마나 주입해야 하는지를 판단하는 일에 조금이라도 도움이 되는 것은 아니니 말이다.

그런데 토노니 박사의 이론은 이 문제를 대하는 관점 자체가 매우 달랐다. 토노니 박사와 동료들은 인간의 의식 경험이라는 시詩를 수학이라는 매우 구체적인 언어로 번역하고 있었다. 그리고 이 작업에 정보 이론을 활용했다. 정보 이론은 원래 컴퓨터와 통신에 적용되던 과학 이론이다. 토노니 박사가 옳다면, 그의 연구팀은 의사들이 혈압과 체온을 재듯이 의식을 쉽게 측정할 수 있는 '의식 미터'라는 단위를 세울 수 있을 것이다. 그리고 나면 토노니 박사의 마취를 담당했던 전문의도 그의 제안에 관심을 보일지도 모른다.

캘리포니아공과대학교의 의식 분야 전문가인 크리스토프 코흐Christof Koch는 "토노니 박사의 이론은 정말 멋지다"며 "의식에 관한 이론 중 유일하게 기대할 만한 기본 이론"이라고 평가했다.

토노니 박사는 10대 시절부터 의식에 집착하기 시작했다. 원래는 윤리학에 관심이 있었는데, 개인의 책임이라는 문제는 우리가 자신의 행동을 스스로 의식할 수 있다는 것을 전제로 하고 있다는 결론을 내렸다. 그래서 먼저 의식이 무엇인지 알아야만 했다. 그는 "거의 평생 동안 이 의식이라는 것에 붙들려 있는 셈"이라고 정리했다.

결국 토노니 박사는 심리학자가 되어 의식을 연구하기로 했다. 그는 심리학자가 된 초기에 식물인간 상태인 환자를 만났는데 이 경험을 계기로 의식을 이해하는 일이 단순히 철학의 영역이 아니라는 점을 확신하게 되었다. 토노니 박사는 "아주 현실적인 문제도 얽혀 있다. '이 환자가 통증을 느낄까?'와 같은 문제다. 과학은 이 질문에 답하는 데 아무런 도움이 되지 않는다"고 말했다.

토노니 박사는 뇌의 모델을 정립하기 시작했고, 인간이라면 누구나 경험하는 수면이라는 의식의 한 형태에 관한 권위자가 되었다. 2000년, 토노니 박사의 연구팀은 초파리가 수면 상태와 각성 상태를 오고 간다는 사실을 발견했다. 이들은 돌연변이 초파리를 연구하면서 수면 장애에 관여하는 것으로 보이는 유전자를 발견했다.

수면은 토노니 박사에게 의식이 얼마나 신비로운 것인지를 매일매일 일깨워 준다. 매일 밤 우리는 의식을 잃었다가 다음날 아침 의식을 되찾는다. 지난 수십 년간 신경과학자들은 어떻게 뇌에서 의식이 만들어지는지를 설명하는 모델을 정립했다. 어떤 학자들은 의식이 뇌 전역에 퍼져 있는 뉴런의 동기화에서 나온다고 주장한다. 그런 동기화 덕분에 뇌는 여러 관점을 하나의 의식 경험으로 묶을 수 있다.

토노니 박사는 이 모델들에 중대한 결함이 있다고 본다. 사람들이 간질 발작으로 의식을 잃을 때 뇌파가 더 잘 동기화되는데, 동기화가 의식의 핵심이라면 발작을 일으킨 사람들의 의식이 더 또렷해져야 하지만 오히려 의식을 잃는다는 점을 지적한다. 의대 재학 시절, 토노니 박사는 의식을 다른 측면에서 접근하기로 했다. 그는 의식을 지극히 풍부한 정보의 한 형태로 봐야 한다고 생각했다. 이 아이디어는 미국의 공학자인 클로드 섀넌Claude Shannon으로부터 얻은 영감에서 탄생했다. 클로드 섀넌은 1900년대 중반 정보에 관한 과학 이론을 세운 사람이다. 섀넌은 불확실성이 얼마나 줄어드는지를 나타내는 신호로 정보를 측정했다. 빛을 감지하면 변환하는 포토다이오드photodiode(반도체 다이오드의 일종으로 빛에너지를 전기에너지로 변환하는 광센서의 한 종류이다.—옮긴이)에는 정보가 거의 없다. 빛과 어둠은 구분하지만 빛의 종류를 구별하지는 못한다는 점에서 불확실성이 거의 줄어들지 않기 때문이다. TV 화면에서 찰리 채플린 영화가 나오는지, 아니면 감자칩 광고가 나오는지 구별하지 못하는 것이다. 즉, 포토다이오드가 답할 수 있는 질문은 가장 초보적이고 단순한 질문에 불과하다.

우리 뇌의 뉴런은 결국 세련된 포토다이오드나 마찬가지다. 들어오는 신호에 대해 반응하는 전기 불꽃을 만들어낼 뿐이다. 그러나 그런 뉴런이 빚어내는 의식 경험은 다이오드 하나에 담긴 정보보다는 훨씬 더 많은 정보를 담고 있다. 즉, 불확실성을 훨씬 더 많이 줄인다. 포토다이오드는 두 상태 중 하나밖에 나타내지 못하지만 우리 뇌는 수조 개에 이르는 상태를 띨 수 있다. 우리 뇌는 찰리 채플린 영화와 감자칩 광고를 구별할 수 있을 뿐 아니라 영화가 한 장면에서 다음 장면으로 넘어갈 때마다 다른 상태로 바뀔 수 있다.

토노니 박사는 "둘 중의 하나는 정보라고 하기 어렵다. 그러나 수조 개 중 하나라면 많은 정보가 담긴 것이라고 할 수 있다"고 말했다.

의식은 단순히 정보의 양만의 문제가 아니다. 포토다이오드를 아주 많이 결합시키는 것만으로는 인간의 의식을 만들어낼 수 없다. 우리 뇌는 뉴런이 서로 이야기를 주고받으면서 정보를 융합해 통합된 전체를 만들어낸다. 카메라 속 수십억 개의 포토다이오드 그리드는 사진을 찍을 수 있지만, 포토다이오드 각각에 담긴 정보는 서로 연결되지 않은 독립된 정보다. 그리드를 두 개로 나누어도 여전히 같은 사진을 찍을 수 있다.

토노니 박사는 의식은 결합된 정보 그 이상도 그 이하도 아니라고 말한다. 정보 이론가들은 컴퓨터 파일이나 핸드폰 통화 속 정보의 양을 비트라는 단위로 측정한다. 토노니 박사는 이론적으로는 의식도 비트 단위로 측정할 수 있다고 주장한다. 우리 의식은 잠들어 있을 때보다는 완전히 깨어 있을 때 더 많은 비트를 담고 있다.

지난 10년간 토노니 박사 연구팀은 기존의 정보 이론을 확장해서 결합된 정보를 분석했다. 그들은 네트워크 하나에 얼마나 많이 결합된 정보가 담겨 있는지 계산할 수 있음을 입증했다. 토노니 박사는 이에 해당하는 정보의 양을 '파이phi'라고 부른다. 그리고 그는 아주 적은 수의 연결 부위로 이루어진 단순한 네트워크의 파이를 연구했다. 네트워크의 부분들이 어떻게 연결되어 있는지가 파이에 큰 영향을 미친다. 네트워크가 고립된 부분들로 이루어져 있으면 파이가 낮다. 부분들이 서로 정보를 공유하지 않기 때문이다. 그렇다고 단순히 모든 부분을 가능한 모든 방식으로 연결한다고 해서 파이가 훨씬 높아지지도 않는다. 토노니 박사는 이 경우에 네트워크가 "전부 켜져 있거나 전부 꺼져 있기 때문"이라고 설명했다. 그래서 실제로 이런 네트워크는 전체가 하나의 거대한 포토다이오드가 되어 버린다.

네트워크는 모든 부분이 구별되는 묶음으로 조직된 다음에 연결되었을 때 가장 높은 파이를 얻는다. 토노니 박사는 "서로 이야기를 나누는 전문가들이 필요하다. 그래야 한 몸인 듯 움직일 수 있다"고 설명했다. 뇌의 조직이 이런 파이 상향 원칙에 부합하는 것은 결코 우연이 아니라고 그는 생각한다.

토노니 박사는 자신의 정보 통합 이론이 의식에 관한 기존의 모델이 지닌 많은 결함을 해결한다고 주장한다. 예를 들어, 간질 발작이 일어나면 왜 의식을 잃는지 아주 깔끔하게 설명할 수 있다. 발작은 다수의 뉴런이 함께 켜지고 꺼지도록 강제한다. 그런 동기화가 뇌가 취할 수 있는 상태의 수를 줄이므로 파이도 낮아진다.

코흐는 토노니 박사의 이론이 여전히 잉태기에 있다고 말했다. 예를 들어, 인간 뇌의 파이를 계산하는 일은 불가능하다. 수십억 개의 뉴런과 수조 개의 결합이 무수히 많은 방식으로 배열될 수 있기 때문이다. 코흐와 토노니 박사는 최근 훨씬 덜 복잡한 신경 체계의 파이를 측정하기 위한 합동 연구를 시작했다. '예쁜꼬마선충Caenorhabditis elegans'이라는 선충류의 신경 체계가 그 대상이다. 예쁜꼬마선충의 몸체 전체에는 뉴런이 302개뿐인데도 코흐와 토노니 박사는 이 신경 체계의 파이를 대략적으로만 측정할 수 있었을 뿐이다. 아주 정확한 수치를 알아낼 수는 없었다.

코흐는 "그걸 알아낼 정도로 우주의 수명이 길지 않다"고 말하면서 "이 이론에는 아주 중요한 현실적인 문제가 있는 셈이다. 그러나 일반상대성이론도 처음에는 그런 문제에 부딪혔었다"라며 희망을 잃지 않았다.

토노니 박사는 다른 방식으로도 자신의 이론을 실험하고 있다. 올해 발표한 연구에서 토노니 박사의 연구팀은 실험 참가자들의 머리에 작은 자성 코일을 씌웠다. 코일은 10분의 1초 동안 지속되는 자성의 파동을 일으킨다. 이 자성 파동을 뇌의 아주 작은 부분에 보내서 그 부분에 있는 뉴런을 자극한다. 그리고 이렇게 자극받은 뉴런들은 다른 뉴런들에게 신호를 보내서 그 뉴런들을 자극한다.

토노니 박사의 연구팀은 뇌의 활동을 기록하는 두피 전극 그물망으로 자성의 파동이 이끌어내는 이런 반향을 추적했다. 그리고 이 반향이 울리는 종소리의 반향과 같은 모습을 띤다는 사실을 발견했다. 자극받은 뉴런들은 295밀리초(1,000분의 1초. 1초는 1,000밀리초이다.—편집자) 동안 뇌의 넓은 부위에 복잡한 패턴으로 나타났다.

그 다음 연구팀은 피실험자에게 미다졸람이라는 수면진정제를 투여한 다음 다시 자성 파동을 일으켰다. 마취 상태의 뇌에서 반향은 훨씬 더 좁은 지역에서 110밀리초 동안만 지속되었다. 의식이 깨어 있을 때에 비해 반응이 미미했던 것이다. 미다졸람의 약효가 떨어지기 시작하자, 자성 파동은 더 풍부하고 더 오래 지속되는 반향을 낳았다. 이것은 토노니 박사가 예측한 결과와 일치한다. 토노니 박사의 이론에 따르면, 조각난 뇌는 통합 정보의 일부를 잃고 그래서 의식의 일부도 잃게 된다. 토노니 박사 연구팀은 수면 중인 사람들, 혹은 적어도 잠들었지만 꿈을 꾸지 않는 단계에 있는 사람들에게 자성 파동을 일으켰을 때도 유사한 결과를 얻었다.

토노니 박사 연구팀은 이번 달 《인지 신경과학*Cognitive Neuroscience*》에 꿈꾸는 뇌는 깨어 있는 뇌보다 더 반응을 잘한다는 연구 결과를 발표했다. 토노니 박사는 현재 벨기에 리에주대학교의 스티븐스 로리에스 Steven Laureys 박사와 합동 연구를 진행 중이다. 식물인간 상태인 환자에게 자신의 이론을 시험하기 위해서다. 비록 이 실험은 아주 적은 피실험자 집단을 대상으로 하지만 지금까지 나온 실험 결과는 기존의 실험 결과를 뒷받침하고 있다.

토노니 박사와 그의 동료들이 그런 실험으로 신뢰할 만한 결과를 얻을 수 있다면 토노니 박사의 이론을 입증하는 것 이상의 의미가 있을 것이다. 또한 의식을 측정하는 새로운 방식을 개발할 수도 있다. 로리에스 박사는 "의식 인덱스가 생기는 것"이라고 말했다.

전통적으로 의사들은 환자의 응답을 들으면서 의식 수준을 추정했다. 대개 다음과 같은 질문을 던진다. "제 말이 들리세요?" 이런 식으로 접근하면 의식은 있지만 답을 할 수 없는 사람들의 의식 수준은 알 수가 없다. 최근 몇 년간 과학자들은 뇌의 활동을 직접 관찰해서 의식 수준을 측정하는 방식을 개발했다.

식물인간 상태이거나 최소한의 의식만 지닌 사람들을 fMRI(기능적 자기공명영상) 스캐너로 찍으면서 테니스 치는 것을 생각해보게 하는 실험이 여러 번에 걸쳐 실시되었다. 환자에 따라서는 뇌의 일부 부위가 건강한 피실험자와 매우 유사한 패턴으로 활동했다.

토노니 박사는 이런 실험으로 일부 환자에게 의식이 있는지 없는지를 규명할 수 있다고 생각한다. 그러나 이 방법에는 아주 치명적인 결함이 있다. 토노니 박사는 "사람을 스캐너에 넣는 것은 쉽지 않다"고 말했다. 그는 또한 30초간 테니스에 대해 생각하는 것은 뇌 손상을 입은 사람들에게는 상당히 어려운 작업일 수도 있다고 지적했다. 토노니 박사는 "물론 반응이 있으면 의식이 있다는 증거가 된다고 생각하지만, 아무 반응이 없다면 그것은 아무것도 입증하지 못할 뿐"이라고 주장했다. 사람들의 뇌에서 통합된 정보를 측정하는 방식이 잠재적으로 더 쉽고 더 믿을 만하다는 것이다. 예를 들어, 마취전문의는 몇 초마다 환자의 뇌에 자성 자극을 가한 다음 의식이 있을 때 나타나는 풍부한 복합 패턴이 나타나는지, 아니면 무의식 상태일 때 나타나는 빈약한 패턴이 나타나는지 즉시 확인할 수 있을 것이다.

다른 학자들은 토노니 박사의 이론을 존중하지만 의문을 제기하기도 한다. 오스트레일리아국립대학교의 철학 교수인 데이비드 차머스David Chalmers는 "사람들이 이 시점에서 내놓아야 할 그런 류의 주장이라고 생각한다. 뇌의 처리 과정과 의식 경험의 관계에 관한 단순하면서도 강력한 가설 말이다"라고 말했다. 그는 "가장 단순하고 강력한 가설이 늘 그렇듯이, 실제 현실은 아마도 가설보다는 더 복잡한 것으로 드러날 테지만 우리는 그런 시도에서 무언가를 배울 수도 있다. 그런 시도가 의식이라는 수수께끼를 해결하지는 않겠지만 유용한 출발점이 될 것"이라고 평가했다.

토노니 박사는 "개발 가능한 최적의 의식 미터가 무엇인지 걱정하기 전에 이론을 더 정교하게 구축해야 한다"고 인정했다. 그런데 일단 이론을 정립하면 이 이론을 인간에게만 적용하지 않을 것이라고 한다. 사람들은 의식에 의문을 품은 만큼이나 오랫동안 동물에게 의식이 있는지도 궁금해 했다. 토노니 박사는 이것이 단순히 '예' 또는 '아니오'로 답할 수 있는 문제가 아니라고 생각한다. 대신 동물도 통합 정보의 정도에 따라 여러 수준의 의식을 지닌다는 것이 그의 주장이다. 그는 예쁜꼬마선충조차도 의식이 조금은 있을 것이라고 본다.

토노니 박사는 "의식이 무엇인지에 관한 이론을 먼저 세워야 이런 복잡한 사례를 다루고 의미 있는 답을 내놓을 수 있을 것"이라고 강조했다.

작디작은 선충 속에 감춰진 뇌의 비밀을 풀다

니콜라스 웨이드

이스트리버가 내려다보이는 8층에 위치한 실험실에서 코넬리아 I. 바그만Cornelia I. Bargmann은 동료 두 명이 현미경으로 들여다 봐야 할 정도로 작은 선충을 조작하는 것을 지켜보고 있다. 동료들은 투명한 플라스틱 조각 표면에 새긴 작은 홈에 선충을 가두었다. 그런 다음 선충을 관에 집어넣는다. 다른 선충이 생성하는 화학물질 신호인 페로몬을 관으로 흘려보낸다. 뉴런이 반응하면 초록색으로 빛나도록 선충의 머릿속 뉴런 두 개를 유전공학 기술로 바꿔 놓은 상태이다.

이런 작은 기생충의 행동을 탐구할 수 있게 해 주는 이 기발한 기술은 바그만 박사의 연구팀을 비롯한 여러 실험실이 수년간 연구해서 얻은 성과물이다. 선충은 지적인 면에서는 최하층 동물에 해당하지만, 선충의 신경 체계 연구는 인간의 뇌를 이해하는 여러 연구방법 중에서도 매우 전망이 밝다. 선충의 뇌는 인간의 뇌 구조와 구성 요소가 유사하면서도 수백 배는 더 단순하기 때문이다.

이 선충의 정식 이름은 '예쁜꼬마선충Caenorhabditis elegans'으로 길이가 1밀리미터 정도로 매우 작고 투명하다. 자연에서는 썩은 식물과 동물 사체에서 번식하는 박테리아를 먹고산다. 이 선충이 실험실에서 인기 있는 유기체인 이유는 여러 가지가 있는데, 그중 하나는 뇌가 비교적 단순하다는 점이다. 예쁜꼬마선충의 뇌는 302개의 뉴런과 이들 뉴런을 연결하는 8천 개의 시냅스로 이루어져 있다. 이 시냅스는 선충에 따라 거의 차이가 나지 않으므로 모든 선충의 뇌는 같은 방식으로 연결되어 있다고 봐도 무방하다. 따라서 예쁜꼬마선충의 신경 체계는 인간의 뇌보다 이해하기가 훨씬 더 쉽다. 인간의 뇌는 수십억 개의 뉴런, 10만 킬로미터에 달하는 생물학적 배선, 100조 개에 이르는 시냅스로 이루어져 있다.

생물학자 시드니 브레너Sydney Brenner는 1974년에 바로 이런 목적을 염두에 두고 선충을 피실험체로 선택했다. 브레너 박사는 일단 누군가가 302개의 뉴런이 어떻게 연결되어 있는지를 나타내는 배선 연결망 도표만 만들어 준다면 선충의 행동을 계산하고 측정할 수 있으리라고 생각했다.

선충의 신경연결망을 재구성하는 작업은 현재 위스콘신대학교에 있는 존 화이트John G. White가 맡았다. 그는 선충의 해부학에서 얻은 전자현미경에 비친 단면 영상 2만 개를 살펴보면서 10년 넘게 이 작업에 매달린 끝에 선충의 뉴런 302개가 어떤 식으로 연결되었는지를 파악했다.

그러나 브레너 박사가 이 선충 뇌의 신경연결망 도표를 컴퓨터 작업에 활용하기에는 선충의 뇌 신경연결망 도표가 너무 복잡했다. 화이트 박사의 선충 신경연결망 도표를 다른 방식으로 활용할 방안을 고민한 선구적인 생물학자 중 한 명이 바그만 박사였다. 바그만 박사는 딥사우스Deep South(미국 최남동부에 위치한 5개 주 루이지애나, 미시시피, 앨라배마, 조지아, 사우스캐롤라이나를 가리키는 말—옮긴이)의 작은 대학도시인 조지아주의 애틴즈에서 자랐다. 바그만 박사의 아버지는 조지아주립대학교에서 통계학을 가르쳤다. 부모 모두 통역사로 일했는데, 아버지 롤프 바그만Rolf Bargmann이 뉘른베르크 재판에서 통역사로 일할 때 만났다. 바그만 박사의 어머니인 일시 바그만Ilse Bargmann는 바그만 박사에게 오스트리아의 동물행동학자 콘라드 로렌츠Konrad Lorenz와 카를 폰 프리슈Karl von Frisch의 저서들을 독일어로 읽어 주었다. 바그만에게 신경과학에 대한 호기심의 씨앗을 심어 준 것이다.

바그만 박사는 "실험실이 좋아서 과학을 전공했다"고 말했다. 바그만 박사는 실험실의 기계와 장비들이 마음에 들었고, 손으로 직접 이런저런 것들을 만들어 보면서 남들은 모르는 사실을 배우는 것이 재미있었다고 한다. 아주 뛰어난 학생이었던 바그만 박사는 암생물학 분야의 권위자인 로버트 A. 와인버그Robert A. Weinberg가 이끄는 MIT 실험실에 들어가서 박사학위 과정을 밟았다. 와인버그의 실험실에서는 최초로 암을 일으키는 돌연변이 유전자를 분리하는 작업이 진행 중이었다. 바그만 박사는 "정말 흥미로운 시간이었다"고 회상했다.

이 실험에서 바그만이 맡은 작업은 '노이neu'라는 이름의 쥐를 복제하는 것이었다. 유전자가 돌연변이를 일으키면서 종양을 만들어 냈지만 쥐의 면역 체계는 이 종양을 공격하고 파괴했다. 몇 년 뒤, 노이의 인간 버전인 HER-2가 유방암에서 증식된다는 사실이 밝혀졌다. 대표적인 유방암 치료제인 '헤르셉틴Herceptin'이라고 하는 인공 항체는 HER-2 수용기의 단백질 생산물을 공격한다.

바그만 박사는 박사후과정에서는 동물 행동을 연구하기로 했다. 그런 연구를 할 때는 생쥐를 실험 대상으로 삼는 것이 일반적이지만, 털 달린 짐승을 해치고 싶지 않았다. 그녀는 "와인버그의 실험실에서 일할 때 생쥐를 가지고 뭔가를 해야 할 때마다 울음을 터뜨리곤 했다"고 말했다. 털이 없는 대체재는 초파리였다. 바그만 박사는 초파리 연구의 선두주자인 캘리포니아주 소재 실험실의 면접을 봤지만, 당시 바그만 박사의 전 남편이 캘리포니아주로 이사하기를 꺼렸다.

그래서 선택한 것이 선충이었다. 현재는 전 세계에 선충을 연구하는 실험실이 200~300군데 정도 되며 그중 30여 곳이 바그만 박사처럼 선충의 신경 체계를 연구한다. 그러나 1987년만 해도 "선충 연구는 그다지 인정받지 못했다"고 바그만 박사는 말했다. 미국에서 선충 연구를 진지하게 실시한 초기 실험실 중 하나를 마침 MIT의 로버트 호비츠H. Robert Horvitz가 꾸리고 있었다. 바그만 박사는 호비츠 박사의 실험실에 들어갔고 선충을 다룬 모든 논문을 모조리 읽었다. 이 좁은 분야의 비학술적 저널인 《선충 양식자 회보*The Worm Breeder' Gazette*》의 과월호까지도.

바그만 박사는 예쁜꼬마선충의 특정 행동이 묘사는 되었지만 제대로 탐구되지 않았다는 사실을 깨달았다. 이 선충은 물에 녹아 있는 화학물질의 맛을 느끼며, 좋아하는 맛이 느껴지면 그쪽으로 움직인다고 알려져 있었다. 1986년에 이미 화이트 박사가 선충의 신경연결망 도표를 발표한 터였다. 이 도표를 손에 넣은 바그만 박사는 호비츠 박사에게 선충의 뉴런 302개 중에서 어느 것이 선충의 화학물질 탐지 행동을 통제하는지 밝히겠다는 연구 계획을 제출했다. 호비츠 박사는 너무 야심찬 계획이라고 생각했지만 6개월을 줄 테니 한 번 해보라고 했다. 선충의 뇌에 있는 뉴런은 각각 구별되어 있고 세 글자로 이루어진 이름이 붙어 있다. 현미경으로 특정 뉴런을 찾을 수 있고 레이저빔을 쏘아서 제거할 수 있다. 따라서 하나씩 제거했을 때 선충이 어떤 기능을 상실하는지를 보면 그 뉴런이 어떤 역할을 하는지 유추할 수 있다.

바그만 박사는 한 번에 뉴런 하나씩을 제거하면서 끈질기게 이 작업을 수행했다. 현미경을 들여다보면서 각각의 뉴런을 찾아내는 일이 쉽지는 않다. 호비츠 박사는 "포도알이 다 다르다는 걸 머리로는 알지만 실제로 그 차이를 눈으로 확인하기가 어렵다는 걸 떠올리면 된다. 바그만 박사는 먼저 선충의 신경해부학을 공부해야 했다. 바그만 박사 전에는 오직 한 사람이 적용한 방식을 따랐다"라고 말했다. (그 한 사람이란 존 E. 설스턴John E. Sulston을 가리킨다. 그는 선충 성체의 몸을 구성하는 세포 959개의 핵을 일일이 살펴보면서 그 유전 계통을 추적했다.)

바그만 박사는 우연히 선충을 통제하는 뉴런이 휴면 상태에 들어간다는 사실을 발견했다. 먹이가 부족하거나 개체 수가 너무 늘면 취하는 생존 전략이었다. 또 바그만 박사는 결국 선충의 미각을 통제하는 뉴런을 찾아냈다. 그 뉴런이 제거된 선충은 화학물질을 탐지하지 못했고, 다른 모든 뉴런을 제거해도 그 뉴런만 있으면 선충의 미각은 제대로 작동했다.

바그만 박사는 또한 선충에게 미각뿐 아니라 후각(공기 중의 화학물질을 탐지하는 능력)이 있다는 사실도 발견했다. 선충은 썩은 식물과 동물 사체에서 번식하는 박테리아를 먹으므로 바그만 박사는 선충이 당연히 부패하는 냄새를 감지하고 추적할 수 있으리라고 생각했던 것이다. 바그만 박사의 이런 실험은 상당한 악취를 동반했기에 호비츠 실험실에서는 엄청난 불만도 제기되었다. 실험이 성공한 뒤, 바그만 박사는 "호비츠 박사는 내가 선충처럼 생각할 수 있는 능력이 과학자로서의 최대 장점이라고 말씀하셨다"고 전했다.

호비츠 박사는 "바그만 박사는 선충처럼 생각하는 능력 외에도 뛰어난 재능이 있다. 아주 소수만 할 수 있는 엄밀하면서도 창의적인 사고방식을 따른다. 그래서 끊임없이 새로운 연구 방법을 생각해 낼 수 있다"고 부연했다.

바그만 박사는 1991년에 캘리포니아주립대학교 샌프란시스코 캠퍼스로 옮겨 자신만의 실험실을 꾸리게 되었다. 우선 선충도 후각이 있다는 연구를 확장했다. 1991년 리처드 액슬Richard Axel과 린다 벅Linda Buck이 후각의 토대가 되는 분자를 발견한다. 이들의 연구 결과에 따르면, 적어도 쥐는 냄새 수용기를 만드는 유전자가 1천 개에 이른다. 냄새 수용기는 코에 있는 후각신경 끝에 박혀 있는 단백질로, 특정 냄새에 반응한다.

예쁜꼬마선충의 게놈이 막 해독된 뒤라 바그만 박사는 선충의 냄새 수용기 유전자를 찾아낼 수 있었다. 실제로 선충의 냄새 수용기 유전자 수는 쥐의 두 배인 2천 개였다.

바그만 박사는 "냄새 맡는 것이 선충이 하는 일"이라고 한다. 선충은 시각이 없다. 그래서 선충의 세계는 풍경이 아닌 냄새로 이루어져 있다. 선충은 자신의 먹잇감인 토양의 박테리아 냄새를 찾으면서도 자신에게 독이 되는 물질은 피해야 한다. 선충의 유전자 중 10퍼센트는 선충을 온갖 냄새(대부분 불쾌한 냄새)의 전문가로 만드는 일에 집중되어 있다.

선충의 냄새 유전자를 파악한 바그만 박사는 이제 유전학을 적용해 선충의 후각이 어떤 식으로 작동하는지 연구할 수 있었다. 바그만 박사는 돌연변이 선충을 대상으로 한 실험에서 특정 냄새는 정해진 냄새 수용기만 인식한다는 것을 밝혀냈다. 이는 액슬-벅의 연구 결과에서 유추할 수 있는 사실이었지만 아무도 정확하게 입증하지 못한 상태였다.

바그만 박사는 odr-10 유전자에 변이가 있는 선충은 디아세틸diacetyl 냄새를 맡지 못하는 것을 관찰했다. 디아세틸은 버터의 버터향을 내는 화학물질이며, 선충이 먹잇감으로 가장 선호하는 박테리아가 생성하는 화학물질이기도 하다. 디아세틸을 탐지하는 냄새 수용기 단백질을 만드는 odr-10 유전자는 선충을 특정 냄새가 나는 방향으로 안내하는 뉴런에서 작동한다.

바그만 박사는 유전자 조작으로 odr-10이 선충이 싫어하는 냄새를 탐지하는 뉴런에서만 활성화되도록 변이를 일으켰다. 이런 선충은 버터향이 나면 피했다. odr-10이 냄새 수용기가 아니라 선충이 특정 냄새를 맛있거나 역겨운 냄새로 인식하도록 결정하는 신경 체계 자체의 배선이라는 사실을 입증한 것이다.

이것은 뜻밖의 결과였다. 일반적으로 감각 정보는 중립적이라고 여기기 때문이다. 뇌는 이후에 그런 정보가 좋은 것인지 나쁜 것인지를 주어진 맥락 속에서 가린다고 생각했다. 일부 과학자는 선충만 이런 식으로 행동한다고 주장했지만, 이후 생쥐를 대상으로 한 실험에서도 마찬가지 결과가 나왔다.

바그만 박사는 이런 작동 원리를 진화론적인 관점에서 설명한다. "정보가 더 신뢰할 만한 것일수록 그 정보는 게놈에 포함된다." 그래야 유기체가 무엇이 좋고 무엇이 나쁜지에 관한 정보를 얻기 위해 위험을 감수하지 않아도 되기 때문이다. 요컨대 그런 위험한 과정을 거칠 필요 없이 유전자가 신경 체계에 그런 정보를 배선해서 옳은 행동을 지시하는 것이다. 선충은 디아세틸 냄새가 좋은 먹잇감을 의미하는 것으로 인식하도록 배선되어 있다.

선충의 유전자에 변이를 일으켜 연구한 바그만 박사는 그 다음에는 선충 행동의 유전적 토대에서 관찰되는 태생적인 차이를 연구했다. 자연에서 선충은 대부분 무리를 이루고 있다. 이와 달리 실험실에서 사용하는 예쁜꼬마선충은 혼자 있는 것을 선호하는 경향이 있다. 바그만 박사는 이런 행동 차이가 'npr-1(neuropeptide Y receptor-1)'이라고 하는 단백질의 아미노산 단위 하나가 달라졌기 때문이라고 보았다.

이 체계가 어떤 식으로 작동하는지 알아내기까지 몇 년이 더 걸렸다. 지금은 선충의 사회행동이 'RMG'라고 하는 한 쌍의 뉴런에 의해 통제된다는 것이 밝혀졌다. RMG 뉴런 두 개는 선충이 모여들게 하는 두세 가지 환경 단서를 탐지하는 다양한 감각뉴런으로부터 정보를 받아들인다. RMG는 이 정보를 통합해서 선충의 근육에 신호를 보낸다.

RMG의 역할은 일반적으로 사회행동을 유도하는 것이지만 npr-1 유전자가 활성화된 경우에는 RMG 뉴런이 감각뉴런으로부터 이런 정보를 받지 못한다. 그러면 선충은 사회 행동 대신 고립 행동을 택한다.

선충의 후각을 연구하는 동안 바그만 박사는 또 다른 후각 연구원인 리처드 액슬과 사랑에 빠졌다. 액슬 박사는 컬럼비아대학교에서 일하고 있었으므로 바그만 박사는 록펠러대학교로 옮겨 액슬 박사가 있는 뉴욕으로 왔다. 액슬 박사는 노벨상 수상 소식을 바그만 박사의 샌프란시스코 아파트에서 이사를 돕다가 들었다. 이 기쁜 소식을 들은 직후에 그는 근처 굿윌스토어로 가서 물품을 기부했다.

바그만 박사는 "사람들은 과학자와 결혼하면 언제나 과학 이야기만 할 거라고 생각한다"고 말했다. 바그만 박사와 액슬 박사는 서로의 논문을 학술지에 제출하기 전에 읽어 주기는 하지만 함께 실험 계획을 세우지는 않는다. 액슬 박사는 인간의 뇌와 생쥐의 뇌에서 가장 고도로 발달한 피질이 후각 정보를 어떻게 처리하는지를 연구한다.

바그만 박사는 "한 주에 한두 번 정도는 저녁을 먹다가 리처드가 '피질은 형편없어'라고 말한다. 그러면 나는 '그래서 내가 선충을 연구하는 거야'라고 답한다"고 말했다.

24년간 이 작은 생물을 연구한 바그만 박사는 이제 선충의 신경 체계가 어떻게 작동하는지를 완벽하게 이해하는 데 한층 가까워졌다고 믿는다.

화이트 박사가 도출한 선충의 신경연결망 도표는 왜 그토록 해석하기가 어려웠을까? 바그만 박사는 처음 이 도표가 실렸던, 이제는 닳고 닳은 저널을 책장에서 꺼내 보여 주었다. 도표에는 선충의 신경 체계에서 뉴런 302개가 각각 서로에게 보내는 전기 신호가 표시되어 있었다. 이 전기 신호는 인간 뉴런이 만드는 것과 같은 종류이다. 그러나 선충은 다른 신호도 사용한다.

선충에게는 전기 신호를 매개하는 시냅스 외에도 소위 '간극연접gap injunctions'이라는 것이 있다. 간극연접 덕분에 선충의 뉴런은 서로 화학물질로 직접 소통하는 것이 가능하다. 간극연접의 배선 도표는 시냅스의 배선 도표와는 상당히 다르다.

바그만 박사가 선충의 '커넥톰connectome'이라고 부르는 것에는 서로 중첩되는 별개의 배선 도표가 두 개나 존재했던 것이다. 게다가 이들 배선 도표를 끊임없이 재연결하는 제3의 체계가 있다. 이 제3의 체계는 뉴로펩타이드neuropeptide를 이용한다. 신경펩타이드는 뉴런이 다른 뉴런에 영향을 미치려고 분비하는 호르몬과 유사한 화학물질이다.

이런 뉴로펩타이드는 선충 뇌의 전반적인 상태나 기분을 조절하는 데 관여하는 것으로 보인다. 뉴로펩타이드가 어떤 식으로 작동하는지를 밝힐 가장 강력한 단서는 npr-1 유전자에서 찾을 수 있다. npr-1 유전자가 작동할 때는 뉴런이 국부 회로에 접속하지 않는다.

이것이 화이트 박사의 신경연결망 배선 도표로는 선충의 행동을 측정할 수 없었던 이유로 보인다. 250개나 되는 선충의 뉴로펩타이드의 영향력 아래에서 배선 연결 패턴이 끊임없이 변하고 있기 때문이다.

커넥톰은 뉴런의 전기적 연결망에 해당하며 이것이 선충의 뇌에서 정보가 전달되는 가장 빠른 경로이다. 바그만 박사는 "다만 뉴런의 일부만이 늘 작동 중이라면 커넥톰을 파악하기가 어렵다"고 설명했다.

인간의 뇌에서도 뉴로펩타이드가 기분을 결정하고 행동을 좌우한다. 갑자기 위기가 닥쳤을 때는 뉴로펩타이드가 작동해서 통증 경로가 차단되는 것으로 추정된다. 사람들이 심각한 부상을 당했을 때 신체 기능을 유지할 수 있는 것도 이 때문이다.

인간의 뇌는 선충의 뇌보다 헤아릴 수 없을 정도로 훨씬 더 복잡하지만 뉴로펩타이트부터 뉴런에 이르기까지 구성 요소에 있어서는 선충의 뇌와 별로 다를 것이 없다. 따라서 선충의 신경 체계에 대해 더 많이 알수록 인간의 신경 체계를 이해하는 데에도 도움이 된다.

선충의 신경 체계는 늘 단순하다고 묘사되지만 인간의 뇌와 비교했을 때 그렇다는 이야기다. 선충의 유전자 수는 인간과 같은 2만2천 개이며, 선충의 뇌는 매우 복잡한 생물학적 기계이다. 바그만 박사를 비롯해 선충을 연구하는 학자들은 이 기계의 작동 원리의 많은 부분을 해독했다.

선충의 신경 체계를 완전히 파악했다고 단언할 수 있으려면 어떤 조건을 충족해야 할까? 바그만 박사는 "하나의 행동을 처음부터 끝까지 설명할 수 있어야 하고, 그 다음에는 그 행동이 어떻게 변할 수 있는지를 설명할 수 있어야 할 것이다"라고 제시했다.

그녀는 "꼭 불가능한 목표만은 아니다"라고 덧붙였다.

자신이 어디 있는지를 파악하는 감각

제임스 고먼

1988년, 심리학과 학생 두 명이 용기를 내서 오슬로에 있는 한 연구실을 찾았다. 세계적으로 명망 높은 신경과학자를 만나 함께 연구하고 싶다는 의사를 전달했다. 그러나 안타깝게도 그 학자—퍼 오스카 앤더슨 Per Oskar Andersen—은 탐탁지 않은 눈치였다.

현재 세계적으로 권위를 인정받는 신경과학자 마이브리트 모세르 May-Britt Moser와 그녀의 남편 에드바르 I. 모세르Edvard I. Moser가 최근 그 당시를 회상하며 전한 내용이다. 앤더슨 박사는 생리학을 연구하고 있었고, 모세르 부부는 행동과 생리학이 교차하는 지점에 관심이 있었다. 모세르 부부는 앤더슨 박사의 거절을 받아들이지 않았다고 했다.

마이브리트 박사는 "우리는 거기에 몇 시간이고 앉아 있었다. 박사가 우리를 연구실에서 몰아낼 방법이 없었다"고 말했다.

에드바르 박사는 "우리 둘 다 학문과는 거리가 먼 가정과 학문에 관심 없는 지역에서 자랐다. 우리 고향에는 대학 졸업장을 딴 사람이 아무도 없었고 대학에 대해 물어볼 사람도 없었다. 학위 과정을 밟는 방법을 알 길이 없었다." 이때 마이브리트 박사가 끼어들며 "예의바르게 행동하는 법은 말할 것도 없고"라고 말했다.

에드바르 박사는 젊은 시절이 떠오르는 듯 빙긋 웃으며 "당시에는 그것이 우리가 원하는 지점에 가기 위한 방법일 뿐이었다. 그런데 지금 돌아보면, 사람들이 보통 어떻게 하는지를 알게 된 지금은 꽤 대단했다고 생각한다"고 말했다.

앤더슨 박사도 그렇게 느꼈던 것 같다. 모세르 부부의 맹렬한 호기심과 포기할 줄 모르는 집념에 두 손 들고 마침내 대학원생으로 받아들였다.

모세르 부부는 그 후로도 대중을 놀라게 하는 행보를 펼쳤다. 2005년, 모세르 부부와 동료들은 쥐의 뇌에서 내장 내비게이션 장치 역할을 하는 세포를 발견했다고 발표했다. 이 세포는 동물들이 자신이 현재 어디에 있는지, 어디로 가고 있는지, 어디에 갔다가 왔는지를 어떻게 아는가라는 수수께끼를 풀 핵심 열쇠로, 모세르 부부와 동료들은 '격자 세포grid cell'라고 불렀다.

콜롬비아대학교 카블리 뇌과학연구소 소장이자 노벨상을 수상한 신경과학자 에릭 캔들Eric Kandel은 "그들의 연구에 경의를 표한다"고 말했다. 캔들 박사는 모세르 부부가 대학원에 다닐 때부터 그들의 연구에 관심을 표하며 눈여겨보고 있었다.

유니버시티칼리지런던의 존 오키프John O'Keefe는 1970년대에 작은 구멍가게나 할머니댁 같은 특정 장소를 기록하는 뇌의 세포, 즉 '위치 세포place cell'를 발견했다. 모세르 부부의 멘토이기도 한 오키프 교수는 모세르 부부의 격자 세포 발견을 "매우 중대한" 발견이라고 평가했다.

록펠러대학교의 코리 바그만Cori Bargmann은 격자 세포의 작동 원리는 뇌 속에서 "인간이 끊임없이 바깥세상의 지도를 만들어낸다"는 것을 보여 준다고 설명했다. 그는 최근 오바마 대통령이 발표한 신경과학 혁신 연구 프로젝트에 참여하는 미국국립보건원의 연구 계획을 세울 운영위원회를 이끄는 두 명의 위원장 중 한 명이다.

흔히 우리의 사고를 생성하는 수십억 개 뉴런의 작동은 장막에 가려져 있다. 그런데 바그만 박사는 격자 세포가 송출하는 신호의 전자 기록은 "완벽하게 직관적인 틀과 좌표를 갖춘" 지도를 보여 준다고 설명했다. 그리고 그런 직설적인 체계를 찾았다는 것 자체가 "믿을 수 없는" 사건이라고 표현했다. 뇌가 왜 그토록 이해할 수 없을 정도로 이해하기 쉽게 작동하는 걸까?

모세르 부부의 발견이 함의하는 바는 실용적이면서도 심오하다. 영장류도 격자 세포를 지니고 있는 것으로 밝혀졌고, 과학자들은 인간을 포함한 모든 포유류가 격자 세포를 지니고 있다고 믿는다. 격자 세포 내비게이션 체계가 속한 뇌의 부위는 종종 알츠하이머병 초기에 손상을 입는 부위이다. 따라서 알츠하이머병 환자의 초기 증상 중 하나는 길을 잃는 것이다. 모세르 부부는 인간을 대상으로 연구하지는 않지만 인간이 어떻게 기억 능력과 인지 능력을 상실하는지를 이해하는 데 도움이 되는 중요한 단서를 제공한다.

오키프 박사와 모세르 부부, 그리고 기타 학자들은 궁극적으로는 뇌가 공간에서의 움직임을 기록하고 기억하는 방식이 모든 기억의 근간일지도 모른다고 생각하고 있다. 이런 생각은 르네상스 시대에 유행한 기억의 궁전을 연상시킨다. 기억의 궁전이란 기억을 돕는 공간적인 단서를 담은 상상 속 건물이다. 이 기억법의 기원은 고대 그리스로 거슬러 올라간다. 이런 관점에서 신경과학은 직관과 합류하는 것처럼 보인다.

기다리던 제안

올해로 각각 51세와 50세인 에드바르 모세르와 마이브리트 모세르는 현재 트론헤임에 있는 노르웨이 과학기술대학교 부속 시스템 신경과학 카블리 연구소 및 기억의 생물학센터를 이끌고 있다. 모세르 부부는 실험실에서 꾸준히 연구 성과를 올리고 있고, 여러 상을 수상했다. 가장 최근에 받은 상이 4월 16일 노스캐롤라이나대학교에서 받은 펄-UNC 신경과학상이다.

그러나 이들이 늘 학문의 최전선이나 지적인 경쟁의 현장에 있었던 것은 아니다. 모세르 부부는 베르겐에서 북쪽으로 수백 킬로미터 떨어진 노르웨이 연안 근처 섬에서 태어나고 자랐다. 이곳은 노르웨이의 바이블 벨트Bible Belt(사회적·문화적으로 보수적이며 프로테스탄트 복음주의의 성향이 강한 미국 동부 지역과 중남부 지역을 일컫는 말—옮긴이)로 알려진 지역이다. 부부는 같은 고등학교를 나왔지만 1980년대에 오슬로대학교에서 만날 때까지는 서로 모르는 사이였다.

마이브리트 박사는 농장에서 자랐는데, 술을 마시거나 카드 게임을 하거나 춤을 추는 행위는 모두 지탄의 대상이었다. 오슬로에서 집으로 전화해 술집에 가서 처음으로 맥주를 마셔 볼 거라고 말하자 그녀의 엄마는 "그 다음에는 뭐까지 하려고?"라고 꾸짖었다.

모세르 부부는 대학교를 졸업하기 전 해인 1985년에 결혼했다. 박사 학위를 받은 1995년에는 이미 두 딸을 키우고 있었지만 세상으로 나가

타국의 실험실에서 연구하는 법을 배울 준비가 되어 있었다. 그래서 영국에 있는 오키프 박사의 연구실과 스코틀랜드에 있는 에딘버러대학교의 리처드 모리스Richard Morris의 연구실에서 일했다.

그런데 모세르 부부의 세계 일주는 예정보다 일찍 끝났다. 한 기관으로부터 더할 나위 없이 좋은 조건을 내건 기습적인 제안을 받았기 때문이다. 바로 트론헤임대학교였다. 모세르 부부는 그 후로 쭉 트론헤임에서 지내고 있다.

마이브리트 박사는 "우리는 우리 자신도 모르는 사이에 협상을 하고 있었던 셈이다. 자리가 하나뿐이었다면 받아들이지 않았을 텐데 자리를 두 개나 받았다. 또 실험에 필요한 장비를 제공받지 못했다면 받아들이지 않았을 텐데 필요한 장비도 모두 마련해줬다"고 말했다. 구체적으로 계획을 세운 적도 없는데 어느 날 갑자기 실험실이 생긴 것이다.

물론 모든 연구가 그렇듯이 하루아침에 성과가 나오지는 않았다. 모세르 부부는 마이브리트 박사가 방공호라고 부르는 안전하고도 확실한 지점에서 시작해 오랜 시간에 걸쳐 조금씩 연구 프로젝트를 확장하고 발전시켰다. 마찬가지로 모세르 부부는 현재 자신들이 연구하는 뇌 부위를 처음부터 연구 대상으로 삼은 것은 아니다.

모세르 부부는 처음에는 해마의 세포 활동을 기록하는 일부터 시작했다. 그래서 폐쇄된 공간에서 돌아다니는 쥐의 뇌에 전극을 삽입했다. 이는 지금도 모세르 부부의 주요 실험 방법이며, 뇌에 부착된 장치에 아랑곳없이 한정된 공간에서 초콜릿 시리얼 조각을 찾아 바닥을 헤매는 쥐를 관찰하는 것은 여전히 흥미롭다.

모세르 부부는 어떻게 위치 세포로 정보가 흘러 들어가는지를 알고 싶었다. 이를테면 정보가 해마의 한 부위에서 다른 부위로 옮겨가는 것인지가 궁금했다. 그러나 뇌의 해마 부위를 비활성화시킨 후에도 여전히 위치 세포가 작동했다. 정보가 해마 근처에 있는 내후각피질 부위에서 흘러 들어오는 것인지도 모르겠다는 생각이 들었다.

그래서 내후각피질을 연구하기 시작했고, 초기 연구를 진행하면서 당시 암스테르담에 있던 멘노 위터Menno Witter에게 도움을 구했다. 지금은 트론헤임대학교에서 연구하고 있는 위터 덕분에 모세르 부부는 전극을 정확한 부위에 부착하는 세밀한 작업에 성공할 수 있었다.

에드바르 박사는 "금방 격자 세포를 발견한 것은 아니"라고 말했다. 처음에는 쥐가 특정 지점에 갈 때마다 신호를 내보내는 세포가 눈에 띄었다. 모세르 부부는 해마에 있는 위치 세포처럼 바깥 세계의 특정 장소와 연결된 세포라고 생각했다. 그러나 점차 자신들의 눈에 띈 이 세포는 쥐가 어디에 있든 같은 방식으로 쥐의 움직임을 추적하는 세포라는 것을 깨닫게 되었다. 이 세포는 외부의 표지에는 전혀 반응하지 않았던 것이다. 대신 쥐가 어떻게 움직이는지를 기록하고 있었다. 그리고 쥐에게 더 넓은 공간을 내주자 매우 규칙적인 패턴이 나타났다. 에드바르 박사는 "처음에는 장비에 문제가 있는 줄 알았다"고 고백했다. 마이브리트 박사도 "'컴퓨터가 바이러스에 걸렸나?'라고 생각했다"고 맞장구쳤다.

2005년에 이 세포에 격자 세포라는 이름을 붙이고 연구 결과를 실은 논문을 《네이처》에 발표한 뒤, 모세르 부부의 실험실 외에 다른 실험실에서도 이들의 실험 결과를 재연하고 확인했다.

현재는 격자 세포가 머리의 방향을 감지하는 세포, 그리고 경계나 모서리를 감지하는 세포(두 세포 모두 이전에 다른 실험실에서 뇌의 다른 부위에서 발견한 세포들이다)와 협력해서 움직임을 기록하는 뇌 속에서 일종의 추측항법 내비게이션 시스템을 형성한다는 사실이 밝혀졌다.

정보는 뇌의 내후각피질에서 해마로 흘러 들어가고 다시 해마에서 내후각피질로 흘러나온다. 격자 세포와 위치 세포가 어떻게 정보를 주고받는지 구체적인 원리는 밝혀지지 않았다. 현재로서는 시스템의 양 끝만 밝혀진 상태로 그 둘을 이어주는 중간 부분은 아직 해독되지 않은 블랙박스로 남아 있다. 시스템의 한쪽 끝에는 위치 세포가, 다른 쪽 끝에는 격자 세포가 있다. 그 중간에서 어떤 일이 벌어지는지, 그리고 애초에 격자 세포가 어떻게 형성되는지는 아직 아무도 모른다. 에드바르 박사의 말대로 "여전히 10년 내지 20년은 더 연구해야 하는 문제"이다. 혹은 오키프 박사의 말에 따르면 "신경과학계는 여전히 뉴턴 이전 시기의 과학 단계"에 있다.

모세르 부부는 여전히 특이한 사례다. 주류 학계와는 다른 길을 걷고 있을 뿐 아니라 같은 기관에서 최첨단 과학 분야의 같은 주제를 연구하는 부부다. 이런 경우는 매우 드물다. 최신 장비를 갖춘 새 실험실에서는 각자의 영역이 있기는 하다. 마이브리트 박사는 실험 감독과 실험 설계에 더 관여하고, 에드바르 박사는 수학적 분석과 결과 해석에 더 치중한다.

에드바르 박사는 이메일로 보낸 질문에 이렇게 답했다. "우리 부부는 함께 연구 프로젝트를 진행하고 같은 목표를 향해 가고 있다. 그리고 우리는 둘 다 그런 연구에 대한 열정이 엄청나다. 우리는 서로가 있어야 성공할 수 있다."

이어서 "부부라면 대부분 협력하며 아이를 키운다. 우리에게는 뇌 연구가 셋째인 셈이다. 그러니 사실 다른 부부와 별다를 게 없다"라고 덧붙였다.

Chapter 11

과학과 과학자에 대하여

사람, 과정, 묘사

The New York Times

고더드 박사의 로켓 발사 프로젝트, 신뢰할 수 있는가?

미사일을 더 멀리, 심지어 지구 표면에서 가장 멀리 떨어진 대기외층까지 보내는 로버트 고더드Robert Goddard 교수의 다단계 로켓은 실용적이고, 그래서 전망도 밝은 장치이다. 이 로켓에 자기-기록 장비를 실어 비행 한계 지점에 도달했을 때 이 장비를 발사할 수도 있을 것이다. 그리고 그렇게 발사된 자기-기록 장비가 낙하산을 타고 지상으로 안전하게 돌아오게 할 수도 있을 것이다. 그러나 그 자기-기록 장비가 발사 지점으로 돌아오리라고는 확신할 수 없다. 낙하산은 풍선처럼 떠다니므로 오히려 발사 지점으로 돌아오지 않으리라는 것을 확실히 알 수 있다. 그리고 그 로켓, 혹은 자기-기록 장비 발사 후 로켓의 남은 부분이 발사 지점에 떨어지게끔 하려면 기가 막힌 솜씨로 바람 한 점 없는 고요한 날 발사해야 할 것이다.

그런데 이런 것들은 적어도 과학적인 관점에서는 무시해도 좋을 만큼 사소한 문제다. 물론 발사 지점에서 몇백 미터 내지 몇천 미터 떨어진 곳에 서서 지켜보는, 으레 그렇듯 아무것도 모르는, 구경꾼에게는 심각한 문제일 수도 있다. 다단계 로켓을 달에 보내겠다는 아이디어는 의심하며 조금 더 신중하게 들여다볼 수밖에 없게 된다. 고더드 박사가 스미소니언연구소의 지원을 받아 추진하는 프로젝트의 목표와 내용을 담은 기사 내용이 맞는지 의심할 수밖에 없었지만 정말로 그렇게 쓰고 있다. 그러니 그런 목표를 이루기 위한 장비 개발 프로젝트의 현실성에 의심의 감정을 품는 일은 자제해야만 했다. 그런데도 여전히 그런 프로젝트의 안전성에 대해서는 불안한 의구심이 들고 그런 의구심을 표현하지 않을 수 없다. 로켓이 지구의 대기권을 벗어나 정말로 그렇게 긴 여정을 시작하겠다고 나선다면 그 로켓은 연료가 이미 소진된 상태여서 더 이상 가속하거나 속도를 유지하는 것이 불가능할 테니 말이다. 그런 일이 가능하다고 주장하는 것은 역학의 기본 법칙을 부정하는 것이며, 그런 부정은 아인슈타인 같은 선택된 소수만이 할 수 있는 일이다.

고더드의 아이디어가 결코 새로운 것은 아니다

클라크칼리지에 적籍을 두고 있고 스미소니언연구소의 지원을 받고 있는 고더드 교수가 작용과 반작용의 관계나, 반작용에는 진공 상태가 아닌 다른 무언가가 필요하다는 사실을 모른다는 것은 말이 안 된다. 물론 그래봐야 고등학교에서 매일 가르치는 지식을 갖추지 못한 것처럼 보일 뿐이다.

그러나 의도적인 실수나 의도적인 간과 같은 것도 존재한다. 예를 들어, 쥘 베른Jules Verne도 이런저런 과학에 제법 조예가 깊었고 놀라울 정도로 예지력도 뛰어났지만, 일부러 고더드 교수와 똑같은 실수를 한 적이 있다. 베른은 여행자들을 달로, 혹은 달을 향해 보내놓고는 이 위성의 작은 위성에 태운 뒤 로켓처럼 폭발력을 이용해 이들을 끊임없이 달 주위를 도는 운명에서 구제했다. 그런데 실은 우주 공간에서 그런 폭발은 이들을 끔찍한 운명에서 구해주는 효과를 결코 낼 수 없다. 이는 베른의 몇 안 되는 과학적 오류다. 혹은 일부러 과학적 정확성을 포기한 것일 수도 있다. 베른은 꿈을 꾸는 사람이니 이런 실수 정도는 용납된다. 그러나 고더드 교수 같은 학자는 모험소설을 쓰는 것도 아닌데 베른과 같은 실수를 한 것은 쉽게 납득할 수 없다.

어쨌든 고더드 교수의 로켓이 지구의 대기권을 벗어나기 전에 충분히 빠른 속도를 낸다면(가능성이 아주 없지는 않다), 그리고 로켓 발사 시에 로켓이 달에 도달하기까지 영향을 미칠 다수의 편향력을 전부 고려해서 그에 필요한 속도를 계산한다면 성공할 수 있을지도 모르겠다. 그런데 그 로켓이 현재 가장 성능이 뛰어난 망원경을 통해 지구에서도 볼 수 있는 크고 밝은 홈을 낼 수 있을 정도의 폭발을 일으키기에 충분한 양의 연료를 싣고 갈 수 있다는 주장은 (중략) 글쎄, 실제로 그런 일이 일어나면 그때 가서 믿겠다.

〈알림〉
1920년 1월 13일자 사설 오류 정정

1920년 1월 13일자 《뉴욕타임스》의 사설은 로켓이 진공 상태에서 작동하는 것이 불가능하다는 견해를 피력하면서 로켓 선구자인 로버트 고더드 교수에 대해 다음과 같은 내용을 실었다. "클라크칼리지에 적籍을 두고 있고 스미소니언연구소의 지원을 받고 있는 고더드 교수가 작용과 반작용의 관계나, 반작용에는 진공 상태가 아닌 다른 무언가가 필요하다는 사실을 모른다는 것은 말이 안 된다. 물론 그래봐야 고등학교에서 매일 가르치는 지식을 갖추지 못한 것처럼 보일 뿐이다."

17세기에 제시된 아이작 뉴턴Isaac Newton의 이론은 연구와 실험으로 입증되었으며, 현재는 로켓이 대기권뿐 아니라 진공 상태에서도 작동할 수 있다는 것이 정설이다. 본지는 해당 사설의 오류를 정정하며 유감을 표한다.

노벨상 수상 후 5년: 과학에 미친 한 사람의 초상

해럴드 M. 슈멕 주니어

화면에 뜬 그림은 일반인에게는 아무 의미가 없다. 더러운 회색 천 위에 수평으로 물든 잉크 자국처럼 보일 뿐이다. 그러나 방에 모인 열두 명 남짓 되는 젊은이들에게는 그 잉크 자국이 아직 풀리지 않은 수수께끼를 의미했다.

그림 속 패턴은 복제된 생쥐의 세포였다. 복제된 세포는 원래 세포와 똑같아야 하지만 유전적으로 완전히 다른 개체로 자랐다. 어떻게? 왜?

이 토론을 주도하는 사람은 안경을 끼고 턱수염을 기른 40대 초반의 남자였다. 파이프 담배를 피우고 있었고 검붉은 스포츠 셔츠에 진한 베이지색 바지를 입고 있었다. 젊은 동료들은 그를 "데이비드"라고 불렀다. 세상 사람들에게는 MIT 미생물학과 교수, 미국 암협회 회원, 노벨상 공동 수상자, 현대 미국 과학계에서 가장 명석하고 열정적인 학자 데이비드 볼티모어David Baltimore 박사로 알려져 있다.

이 두 생쥐 세포를 이해하려고 애쓰는 동안 볼티모어 박사는 말을 많이 하지는 않았지만, 한 가지 가설은 배제하면서 다른 가설을 지지하는 것으로 자신의 견해를 드러냈다.

볼티모어 박사는 어느 시점에 "그 점은 그런 식으로 끝까지 파고들어도 별 소득이 없을 것 같다"고 말했다. 그러다 "맞아, 아주 좋아"라고 거의 들리지 않을 정도로 아주 작게 말했다. 한 연구원이 두 생쥐의 유전자가 똑같아 보인다고 하자 볼티모어 박사는 곧바로 "아니"라고 대꾸하며 "하나는 뒤집어져 있다"고 지적했다. 이 토론은 비공식 모임으로 각자 점심으로 싸온 샌드위치도 먹고 있었다. 토론이 진행되는 동안 참가자들의 활기와 집중도는 극과 극을 오갔다.

볼티모어 박사는 구석에 앉아서 가끔 질문을 던졌고 때로는 칠판에 무언가 쓰려고 일어나기도 했다. 발언을 하는 사람들은 다른 토론자에게 말하고 있었지만, 특히 볼티모어 박사를 의식하고 있는 것처럼 보였다.

MIT의 젊은 과학자들은 자기 앞에 놓인 이 수수께끼를 해결할 방법을 찾고 있었다. 이 수수께끼를 통해 인간과 동물의 면역 방어 체계의 근본적인 진실을 밝히려는 것이었다.

이 두 세포는 병과 싸우는 물질인 항체를 생성하는 전구물질前驅物質(어떤 화합물을 합성하는 데 필요한 재료가 되는 물질—편집자)이었다. 이것은 여전히 진행 중인 실험이었고 이 필수 세포의 발달에 대해 무엇인가 중요한 정보를 얻게 되리라고 기대하고 있었다.

볼티모어 박사가 연구하는 방식과 새로운 과학자 세대에게 그런 연구 방식을 가르치는 모습에서 인간의 이해에 혁명을 일으킨 현대 생물학 분야의 창의적인 천재 볼티모어 박사를 움직이는 동력과 열정을 엿볼 수 있었다.

볼티모어 박사는 참관인에게 "어느 정도는 정신적인 습관이라고도 생각한다. 일종의 집착이 필요하다. 과학적인 질문에 집착하지 않는데 그 질문을 조금이라도 해결할 수 있을 리가 없기 때문"이라고 말했다.

그는 또한 장기적인 결과를 염두에 두고 실험을 논리적으로 연결하고 계획하는 능력이 필요하다고 덧붙였다. 일반인은 대개 과학자를 고립된 채 한눈팔지 않고 무언가 도달하기 어려운 연구 목표에 헌신하는 사람이라고 생각한다. 볼티모어 박사는 현실 속 과학자는 과학적으로 밝혀지지 않은 사실이라는 미로에서 가장 방해물이 적은 연구 경로를 찾는 법을 배워야만 한다고 말한다. 그래서 여건이 충분히 조성된 승산이 있는 실험을 선택하고, 더 나아가 어려운 문제에 대해서는 새로운 통찰의 발견이나 신기술의 발달로 그 문제가 조금 쉬워질 때까지 잠시 물러날 줄 알아야 한다는 것이다.

그는 한때 바이러스 연구가 장벽에 부딪히자 17년간 손을 떼고 있었다. 그러다 새로운 이론과 기술의 발달로 문제가 해결되자 연구를 재개했다. 이런 기다림은 연구를 마무리할 때까지 수년간 그를 괴롭혔다.

과학 연구에서의 천재성은 단순한 재능이 아니며 단순하게 설명할 수도 없다. 답을 찾고자 하는 집착에 가까운 충동은 물론 적절한 질문을 선택하는 능력 또한 그런 천재성의 일부이다. 볼티모어 박사는 잠에서 깨는 순간부터 생각을 하는데 다른 사람들도 모두 그럴 거라고 생각한다고 했다. 과학자로 활동하던 초기, 특히 록펠러대학교 재직 시절에는 깨어 있는 모든 시간을 과학에 쏟아부었다. 밥 먹을 때를 제외하면 쉬지 않고 연구에 매달렸다. 심지어 밥 먹는 시간도 동료와 과학에 대해 토론을 벌이는 역할을 했다.

시위에 참여하고 싶은 충동

베트남전 시기에는 캄보디아 침공에 반대하는 시위에 참가하려고 일주일간 중요한 연구를 중단했다. 그는 시위에 참가해야 한다고 믿었지만 자신의 실험이 지연된다는 사실에 괴로워했다.

볼티모어 박사는 성과가 좋은 실험을 고안하는 능력은 일반적으로 배울 수 있는 능력이고 학생들에게 가르칠 수 있는 능력이라고 말한다. 그의 실험실 연구원 모임이 그런 과정을 보여 준다.

오늘날 볼티모어 박사는 자신의 창의력을 주로 촉매제 역할을 하는 데 쓴다. 즉, 그는 자신이 연구를 직접 수행하는 대신 지휘한다. 그러나 그의 천재성과 연구 방식이 그런 연구에 각인되어 있다. 그는 활기가 넘치는 사람이며 몇몇 제자의 말에 따르면 분자생물학의 여러 주제에 관한 아주 귀중한 정보가 담긴 도서관과 다름없다.

현재 볼티모어 박사가 천착하고 있는 연구 주제는 분자생물학의 몇몇 주요 분야와도 관련이 있다. 특히 바이러스가 어떻게 복제하고, 어떻게 정상 세포를 암 세포로 변환시키는지에 관한 연구와 적군과 아군을 구분하고 살아 있는 몸에 침투한 세균 같은 외부 세력에 맞서 싸우는 내부의 방어 체계에 관한 면역학 연구에 관심이 있다.

이런 연구의 대부분은 논란의 대상이 되기도 하는 DNA 재조합 기술을 중심으로 이루어진다. 과학자는 DNA 재조합 기술을 이용해 모든 생명체에서 유전자 역할을 하는 DNA 조각을 무한 복제하고, 모든 종의 유전자를 자르고 가르고 재배열하고, 사람과 쥐의 유전 물질을 합치거나 인간 유전자를 세균 속에서 키울 수도 있다.

수학이 제일 쉬웠어요

볼티모어 박사의 과학에 대한 집착은 1950년대 중반 고등학교에 다닐 무렵 시작되었다. 그는 수학과 그 인접 분야 공부가 쉬웠다고 한다. 그러다가 메인주 바하버의 잭슨연구소에서 운영하는 고등학생을 위한 여름학교에 참가하면서 과학에 흠뻑 빠져들었다. 이 유명한 연구소에서 어린 볼티모어는 강의를 들었고, 연구 프로젝트를 진행했고, 과학자와 생물학 토론을 벌였다.

볼티모어 박사는 스워스모어 칼리지에서 학부 시절의 절반을 보낸 뒤에야 과학자의 길을 걷기로 결심했지만, 지금 돌아보면 잭슨연구소에서의 경험이 결정적인 요인이었다고 회상한다.

볼티모어 박사는 잭슨연구소의 여름학교에 참가한 또래 중 단연 돋보였던 이는 하워드 M. 테민Howard M. Temin이었다고 기억한다. 테민 박사는 현재 위스콘신대학교의 맥아들연구소에서 일한다. 두 사람은 그 여름 이후 다시 만난 적은 없다. 그 후로 15년간 과학자로서 각자 다른 길을 걸었기 때문에 상대가 무슨 연구를 하는지 풍문으로 듣는 정도였다. 볼티모어 박사와 테민 박사의 정신적인 습관, 혹은 적어도 과학적 연구 방식은 매우 다르게 발전했다.

그런데 다른 현대 과학의 역설들처럼 두 사람의 연구는 한 지점으로 수렴하다가 결국 1970년에는 서로의 연구를 모른 채 각자 바이러스를 대상으로 거의 똑같은 실험을 하고 있었다. 그들은 이 실험으로 현대 분자생물학의 핵심 이론을 무너뜨린다. 그로부터 5년 뒤 볼티모어 박사와 테민 박사, 그리고 현대 생물학의 최고 권위자인 레나토 둘베코Renato Dulbecco 박사는 노벨상을 수상한다.

에를리히 박사와 닮았다?

그해 가을에 열린 노벨상 수여식에서 볼티모어 박사가 정장을 빼입고 스웨덴 국왕과 악수하는 사진에는 영화 〈에를리히 박사의 마법 탄환Dr. Ehrlich' Magic Bullet〉(1940)에서 에를리히 박사 역을 맡은 배우와 살짝 닮은 젊은 미국인 과학자가 찍혀 있었다. 이 영화는 볼티모어 박사가 태어나기 약 1년 전에 만들어졌다.

노벨위원회가 인용한 연구에 따르면, 테민 박사와 볼티모어 박사는 특정 바이러스가 자신이 침투한 세포의 유전 기전을 지배하는 데 사용하는 특수한 유형의 효소를 발견했다.

아주 밀접한 관련이 있는 유전을 지배하는 두 화학물질은 DNA와 RNA이다. DNA의 화학적 하부단위 배열은 각 유전 정보를 기록한 유전 암호 역할을 한다. RNA의 주요 기능 중 하나는 DNA의 복제물을 생성하고 그 복제물을 청사진 삼아 유전자에 의해 기록된 특정 단백질을 생성하는 것이다.

그동안 정설은 유전 정보가 언제나 핵산에서 단백질로 전달된다는 것이었다. 정보가 언제나 DNA에서 RNA로, 그리고 다시 RNA에서 단백질로 간다는 주장도 있었다. 이 개념 때문에 과학자들은 DNA가 아닌 RNA로 구성된 바이러스가 어떻게 자신이 침투한 세포의 성질 자체를 변환해서 암성癌性을 띠게 하는지를 두고 고민했다. 어째서인지는 몰라도 과학자들은 바이러스의 RNA가 자신이 침투한 세포의 DNA에 바이러스의 정보를 영구적으로 새겨 넣는 게 틀림없다고 추정했다.

현재는 역전사효소reverse transcriptase(RNA에서 DNA로, 또는 역으로 전사轉寫하는 효소—편집자)라고 부르는 효소의 발견으로 이 수수께끼가 풀렸다. 테민 박사는 닭에게 암을 유발하는 바이러스에서 이 효소를 찾았고, 볼티모어 박사는 생쥐에게 백혈병을 일으키는 바이러스에서 이 효소를 찾았다. 곧 동물에게 암을 유발하는 RNA로 구성된 바이러스가 다른 바이러스에는 없는 이 효소를 지니고 있음이 분명해졌다. 그전까지는 앞서 언급한 이론 때문에 수년간 RNA에서 DNA로의 전사 가능성이 부정되었다. 그런데 테민 박사와 볼티모어 박사의 실험 결과로 역전사가 일반적인 현상이라는 것이 입증된 것이다. 이 발견 이후의 바이러스 연구들은 역전사효소의 발견이 얼마나 중요한지를 여실히 보여 주고 있다.

창의성의 예측

현재 약 20명의 젊은 과학자와 긴밀하게 협력하며 연구를 진행하는 볼티모어 박사는 그들 중 일부에게서 창의적인 천재성이 발휘될 가능성이 엿보인다고 말한다. 물론 그는 창의성은 예측을 거부한다고 덧붙였다. 수십 년간 아무 성과 없이 묵묵히 연구하던 과학자의 실험에서 어느 순간 뛰어난 성과가 한꺼번에 터져 나오기도 한다. 어떤 과학자는 천재성의 한복판에서 경주하듯 마구 내달리다가 갑자기 시들시들해지면서 힘과 열정을 잃는다. 매우 한정된 분야에만 집중하는 이가 있는가 하면, 창의성을 발휘할 기회가 눈에 띄면 얼른 그 분야로 건너뛰는 이도 있다.

볼티모어 박사는 어느 분야든 경쟁이 치열한 최첨단 영역의 주제를 연구하고 싶어 하며 그 영역이 주목을 받아서 연구원들이 몰려들어도 물러나지 않는다. 그래서 때로는 아주 활발한 연구가 이루어지는 영역에 미친 듯이 뛰어든다는 비판을 받기도 했다.

볼티모어 박사는 뛰어난 다수 학자와의 인연이 자신의 재능을 키우는

데 도움이 되었다고 말한다. 그런 인연 중 하나가 앨리스 황Alice Huang 박사이다. 볼티모어 박사가 처음 바이러스를 연구할 때부터 함께한 공동 연구자로, 아내이자 하버드의과대학교의 미생물학자이기도 하다.

1980년대 초, 볼티모어 박사는 록펠러연구소(현재는 록펠러대학교)의 리처드프랭클린연구소에 들어간 지 6개월 만에 이미 그 당시 최첨단 과학 분야에서 아주 중요한 연구를 하고 있었다. 볼티모어 박사는 어떻게 그렇게 되었는지 정확한 과정은 모른다면서도 언제나 자신의 창의적인 열정이 이끄는 대로 연구할 수 있었다고 말했다.

그러나 당시에 재능 있는 과학자의 창의성이 성장하고 있다는 것을 알아본 선배 과학자들이 있었다. 1964년에 있었던 한 중요한 행사에서 록펠러연구소의 이고르 탐Igor Tamm은 "과학 지식 분야의 발전 과정에는 다음에 전개될 중요한 발전의 토대가 마련되는 시기가 존재한다"고 말했다. 그는 계속해서 "데이비드의 스승과 동료 모두 과학적 개념을 바라보는 그의 넓은 시야와 통합적 사고방식에 감탄했다. 그래서 데이비드가 과학자로서 아주 크게 성공할 자격이 충분할 뿐 아니라 가르치는 일에서도 보람을 느끼며 잘 해낼 것이라고 본다. 과학에 대한 데이비드의 열정이 다른 이들의 열정에도 불을 지필 거라고 기대하고 있다. 또한 그의 통찰은 새로운 통찰을 낳을 것"이라고 말했다.

중요한 행사는 볼티모어 박사의 박사학위 수여식이었다. 지금도 새로운 면들이 펼쳐지고 있는 창의적인 학자로서의 이력이 시작되는 순간이었다.

과학적 발견의 세계: 과학이라는 우주를 탐사하며 기록한 영원한 학생의 회고록

맬컴 W. 브라운

22년간 과학 기자로 활동한 나는 얼마 전 은퇴했다. 지금은 버몬트에서 장작을 패며 지내는 한편, 내 삶에서 흥미로웠던 순간들을 떠올리며 여유를 즐기고 있다. 나는 6건의 전쟁 소식을 전하고 난 뒤에야 과학자들의 성과를 관찰하고 기록하는, 훨씬 더 보람찬 일을 하게 되었다.

믿기지 않겠지만 17년간 해외 통신원으로 열정적으로 일하고 나면 신문 1면을 도배하는 재난, 폭력, 정치 소요 같은 극적인 사건들에 더 이상 흥미나 관심을 두지 못한다. 기자는 늘 새로운 경험을 갈구하기 때문이다.

어느 정도 시간이 지나면 기자는 뉴스라고 불리는 거의 모든 사건에서 일종의 유사성을 발견한다. 그럴 때 운이 좋은 나 같은 소수는 과학에서는, 인간의 활동 분야로서는 거의 유일하게, 늘 하늘 아래 새로운 무언가가 발견된다는 것을 깨닫게 된다.

1977년, 끊임없이 반복되는 전쟁과 정치에 신물이 날 즈음 나는 과학 저술가가 되기 위해 미국으로 돌아왔다. 처음에는 이런 변화에 적응하기가 어려웠다. 1950년대에 화학실험실에서 일하면서 돈을 번 경험이 있지만 과학이 얼마나 빨리 발전하는지 거의 잊고 있었다.

사소한 예를 하나 들자면, 미국화학협회ACS는 지난 25년간 기존에 있던 분자 목록에 1천만 개가 넘는 화학물질을 새로 추가했다. 대부분이 인간이 만든 것이다. 화학 합성 기술이 말도 안 될 정도로 어마어마하게 발전한 덕분에 세상은 새로운 물질과 약물로 넘쳐난다. 완전히 새로운 분자 항목도 만들어냈다. 여기에 속하는 분자 중에는 철창처럼 속이 비어서 크기가 더 작은 분자를 안에 담고 있는 것도 있다. 특히 흥미로운 사실은 초신성이 폭발할 때 나온 탄소가 생명의 기원이라는 단서를 화학자들이 점점 더 많이 발견하고 있다는 것이다.

1960년대와 1970년대는 모든 과학 분야의 도약기로 이 당시에 축적된 동력이 지금도 과학의 발전을 이끌고 있다. 물리학의 위대한 성과 중 내가 보도하는 영광을 누린 한 가지는 페르미국립가속기연구소의 탑 쿼크Top quark 발견 소식이었다. 물리학 이론에서 예견한 6개의 쿼크(물질의 형태를 만드는 가장 기본적 소립자—편집자) 중 마지막으로 발견된 쿼크였다. 또 다른 한 가지는 아직 관찰되지 않은 미지의 중성미립자가 아마도 일종의 덩어리일 거라는 사실을 일본 연구팀이 밝혀냈다는 소식이었다. 이 발견은 우주의 운명에 대한 가설과 밀접한 관련이 있다.

때로는 물리학, 화학, 분자생물학, 우주물리학에서 중요한 발견이 한꺼번에 물밀듯 쏟아져 나오는 것을 목격하는 과학 기자가 과학자들보다 이런 발견의 중요성과 의미를 더 먼저 알아차리기도 한다. 그래서 과학 기사가 일반 저널리즘에서 주요 분야로 발돋움할 수 있었다.

예를 들어, 1965년 벨연구소의 아르노 A. 펜지아스Arno A. Penzias 박사와 로버트 W. 윌슨Robert W. Wilson 박사가 모든 방향에서 나오는 공중의 미세한 극초단파 무선 신호를 우연히 발견했다는 소식을 전한《뉴욕타임스》의 과학 편집자 월터 설리번Walter Sullivan은 당시 십여 년간 우주물리학에 푹 빠진 상태였다. 펜지아스 박사와 윌슨 박사의 발견은 우주가 '빅뱅'에서 탄생했다는 사실을 입증하는 최초의 구체적인 증거였다.

이 발견이 갖는 의미를 폭넓게 검토하는 설리번의 기사를 읽은 펜지아스 박사는 훗날 "《뉴욕타임스》에 실린 설리번 기자의 기사를 읽고 나서야 우리가 어떤 일을 했는지 완벽하게 이해할 수 있었다"고 말했다. 설리번에게 과학 기자가 받을 수 있는 최고의 찬사를 보낸 것이다. 1978년 펜지아스 박사와 윌슨 박사는 우주를 바라보는 인간의 관점을 획기적으로 바꾼 발견을 한 공로를 인정받아 노벨상을 수상했다.

중요한 발견을 다루는 기사를 쓸 때 제공되는 원 자료는 대개 꽤 빈약한 편이다. (중략) 그 발견이 갖는 의미를 판단해서 맥락을 부여하는 일은 전적으로 과학 기자의 몫이다. 그래서 과학 기자는 평생 공부를 게을리하지 않는 학생이 되어야 한다.

예를 들면, 천문학에 관한 기사는 대개 블랙홀을 다룬다. 그리고 천문학 팬 대다수는 블랙홀이 주변의 모든 것을 빨아들이며 아무것도 (심지어 빛조차도) 블랙홀을 빠져나갈 수 없다는 것 정도는 안다. 그러나 블랙홀을 더 깊이 이해하려면 아인슈타인의 일반상대성이론을 잘 알아야 하는데 아주 명석한 물리학자조차도 여전히 상대성이론의 함의를 두고 씨름한다. 그러니 물리학자보다 덜 똑똑한 과학 기자는 아무래도 과학 지식을 소화하는 게 쉽지 않겠지만 과학 기자라면 이런 지식을 습득하기 위해 계속 노력하는 수밖에 없다.

그런데 과학 분야에서의 발견도 그 질이 제각각이다 보니 과학적 발견이 세상으로 더 많이 쏟아져 나올수록 (불행하게도 과학 논문의 절대 다수는 '쓰레기 과학Junk Science' 항목으로 분류된다) 어떤 면에서는 오히려 과학 기자의 업무가 더 쉬워지는 기이한 일이 벌어지고 있다.

물론 과학 자체는 점점 더 어려워지고 있다. 과학자들이 (그리고 과학 기자들이) 주로 참조하는 전문 학술지는 이해는커녕 읽는 것조차 쉽지 않다. 그리고 매년 더 어려워지는 것 같다. 상황이 얼마나 심각한지 짐작할 수 있는 예를 하나 들자면, 약 2~3년 전에 권위 있는 학술지 《피지컬 리뷰 레터스*Physical Review Letters*》는 적어도 첫 두 문단은 논문이 다루는 주제를 전공하지 않은 물리학 박사도 이해할 수 있어야 한다는 게재 조건을 추가했다.

그러나 그 어떤 발견도 무無에서 나오지는 않는다. 많은 과학 기자가 이 사실을 길잡이 삼아 안개 속을 헤쳐 나갈 수 있었다. 현대 물리학과 수학의 근간이 되는 내용 대부분을 발견한 뉴턴은 자신이 위대한 거인의 어깨에 서서 조망할 수 없었다면 그토록 멀리 내다볼 수 없었을 것이라고 적은 바 있다. 어떻게 보면 과학 기자 또한 위대한 과학자의 어깨 위에서 뉴턴만큼 멀리까지는 아니더라도 과학을 어느 정도 내다보고 파악할 수 있을 것이다. 과학 분야에서의 발견이란 대부분 아주 작은 발걸음이므로 기자가 이전 단계를 이해하면 새로운 발견도 대체로 이해 가능한 맥락 안에 놓이게 된다.

또한, 과학 기자는 독자의 관심을 잃을까 봐 걱정을 달고 산다. 실제로 이런 일은 비일비재하다. 예를 들어, 독자(또는 편집자)에게 오직 기존 가설을 부정하는 결과만 낳은 대규모 실험을 진지하게 받아들이도록 설득하기는 어렵다. 그래서 과학 기자는 그런 부정적인 결과가 과학적으로는 훨씬 더 큰 의미를 지닌다는 것을 짚어줄 수 있어야 한다.

1887년, 앨버트 마이컬슨Albert Michelson과 에드워드 몰리Edward Morley가 지구의 공전 진행 방향을 활용해 우주에 '에테르ether'라는 물질이 존재한다는 가설을 증명하려는 시도는 실패로 끝났지만, 이는 상대성이론을 뒷받침하는 강력한 근거가 되었다. 과학자들은 곧 놀라울 정도로 유사한 실험으로 중력파를 찾아 나섰고 마이클슨 박사와 몰리 박사의 연구를 모르는 기자들은 그 이야기를 보도하는 데 어려움을 겪었다. (하략)

과학 기자의 기사 작성 비결 중 하나는 개념, 발견, 공식의 특징을 전달하기 위해 비유를 사용하는 것이다. 그러나 비유가 아무리 효과적이라도 진짜 아이디어를 결코 정확하게 표현할 수는 없으며 때로는 잘못 전달하기도 한다. 양성자를 쿼크 세 개를 담은 '콩 주머니'에 비유하는 정도는 괜찮을 것이다. 그러나 양성자 가속기를 '원자 충돌기'로 표현하면 물리학자는 움찔하며 당황할 것이다.

많이 쓴다고 완벽한 기사를 쓸 수 있는 것은 아니지만 과학 기자로 오랫동안 버티다 보면 언젠가는 과학 기사를 잘 쓸 수밖에 없다. 안타깝게도 기자와 독자 모두 과학에서 발견의 중요성을 놓치는 일도 생긴다. 아주 강한 적수에게 한방 먹는 것과 같다고 보면 된다.

1930년대 유명 스포츠 기자인 폴 갈리코Paul Gallico는 그런 한방을 기꺼이 받아들였다. 갈리코는 자신이 보도하기로 한 권투 시합을 다룬 기사를 쓰기 전에 잭 뎀프시Jack Dempsey(미국의 프로권투 선수로 1919년 세계 헤비급 챔피언이 되어 세계적인 인기를 모았다.—편집자)와 링에 올랐고 뎀프시의 주먹에 나가떨어졌다. 갈리코는 그 후로 주먹에 맞는다는 것이 어떤 것인지에 대해 알아야 할 모든 지식을 얻을 수 있었고, 그런 풍성한 경험 덕분에 생생한 기사를 쓸 수 있었다고 말했다.

과학 기자와 과학 독자는 때로는 단단한 권투 글러브가 아닌 단단한 아이디어에 KO패를 당한다. 그러나 초끈이론을 구성하는 극악무도한 수학이나 AIDS 바이러스의 복잡한 전술 같은 것들을 이해하려고 애쓴 경험은 그 자체가 보상이다. 그 과정이 평탄하지는 않다 하더라도 말이다.

산악 지형 은유법으로 과학에 색채를 더하다

조지 존슨

기괴한 지형 위를 서성이는 방문객은 먼 행성으로 이송된 느낌이 들 수도 있다. 흑백 이미지였다면 땅의 모습 자체는 아주 익숙하게 느껴졌을 것이다. 낮고 둥그스름한 작은 언덕이 옹기종기 모여 있다. 그러다 더 가파르고 거친 산이 나타난다. 마침내 눈 덮인 장엄한 정상이 모습을 드러낸다.

그런데 이미지들의 색깔이 하나같이 이상하다. 고지대의 숲은 역겨운 황록색이다. 눈 덮인 들판과 빙하는 아래쪽은 노란색, 중간은 주황색, 꼭대기는 피처럼 붉은색이다. 또 다른 이미지로 눈을 돌리면 봉우리 하나가 진홍색 악지惡地에서 터무니없을 정도로 불쑥 튀어나온 마터호른처럼 밝은 노란색을 뚫고 형광 초록과 차가운 파란색을 띠며 홀로 솟아올라 있다.

《사이언스》에 실린 이런 이미지를 접한 사람은 저 우주 밖에 나가 있는 바이킹호나 보이저호가 외계 행성의 지형도를 제작해서 보낸 디지털 사진이라고 생각할지도 모르겠다. 그러나 이 지형은 추상의 영역에서만 존재하며 우주와는 아무 상관없는 두 실험에서 얻은 데이터를 표현한 것이다.

하나는 유전학 실험이었고 다른 하나는 양자물리학 실험이었다. 각 실험에서 과학자들은 데이터를 더 잘 이해하고자 데이터를 수학적으로 분석해서 산악 지형 형태로 시각화한 것이다. 산악 지형 은유법은 현재 과학에서 가장 흔하게 쓰이는 수학적 분석 기법이다.

기이한 것을 익숙한 것으로 설명하는 것은 과학 탐구의 핵심이다. 분자생물학부터 우주학까지 과학의 모든 분야에서 데이터는 분류되고 수학적으로 분석된다. 그러나 이렇게 얻은 회색의 숫자는 결국 화려한 입체 영상으로 번역되곤 한다. 그런 영상이야말로 인간의 뇌가 가장 잘 이해하는 언어이기 때문이다. 화가와 시인의 도구인 은유와 비유를 사용하면 추상적인 패턴이 구체적인 형태를 띠게 되고 머리에 더 확실하게 박힌다.

많은 사람에게 '데이터의 산'이라는 말은 정리되지 않은 정보 더미를 연상시킨다. 그러나 과학에서는 이 표현이 아주 세밀한 정확성으로 배열된 데이터를 의미하기도 한다. 숫자의 흐름을 따라 울퉁불퉁한 절벽으로 이어지는 산마루를 따라 오르다가 경이로운 광경이 펼쳐지는 넓은 계곡에 다다르게 된다.

첫 번째 이미지는 과학자들이 유전자 표현 지도라고 부르는 것으로, 예쁜꼬마선충의 게놈이 수행하는 기능을 보여 준다. 게놈은 흔히 지도, 청사진, 암호화된 메시지, 그리고 최근에는 세포용 소프트웨어, 즉 세포

운영체제로 여겨지는 생화학구조를 말한다. 예쁜꼬마선충의 DNA가 어떻게 작동하는지를 이해하면 인간의 게놈에 대한 통찰을 얻을 수 있을 것이다.

스탠퍼드대학교 의과대학의 과학자들은 산악 지형 은유법을 적용해 30개의 실험실에서 실시한 553개의 실험 데이터를 이미지로 정제해서 선충의 1만9천 개 이상의 게놈이 어떤 식으로 상호작용하는지 직관적으로 파악할 수 있기를 바랐다. (이 작품 활동에는 스탠퍼드대학교 의학정보과학과 앨버커키에 있는 샌디아국립연구소의 컴퓨터 천재들이 참여했고 결과물은 9월 14일자 《사이언스》에 실렸다.)

이 이미지에는 44개의 산이 있으며 각각의 산은 게놈 집단을 표현한다. 이 게놈 집단은 선충의 게놈 전체에 퍼져 있지만 같은 조건 아래에서만 활성화되는 게놈으로 구성된다. 각 게놈 집단은 서로 다른 과제를 수행하는 데 필요한 다양한 세포에서 단백질을 생성한다. (14개 봉우리의 중요성은 여전히 알려지지 않은 미지의 땅이다.) 산이 높을수록 더 많은 게놈을 대표한다. 눈이 핑핑 돌 정도로 높은 2,703게놈 높이로 우뚝 솟은 0번 산부터 5게놈 높이밖에 안 되는 나지막한 언덕인 43번 산까지 있다. 입체지도처럼 임의의 색깔을 넣어 지형이 한눈에 들어오게 한다.

1995년에 《사이언스》 표지를 장식한 두 번째 이미지는 첫 번째 이미지와 등고선의 모양은 비슷하지만 유전자가 아닌 루비듐Rubidium이라는 물질의 분자를 나타냈다(1995년 7월 14일 269호—편집자). 이 연구는 올해 노벨 물리학상을 수상했다. 이 이미지에서는 산의 고도가 분자가 얼마나 빨리 움직이는지를 나타낸다. 눈이 산마루를 따라 까마득하게 높은 정상으로 올라가는 동안 분자의 속도는 줄고 있다. 각각의 속도로 움직이는 원자 수를 색깔로 표현했으며, 빨간색은 가장 적은 수, 하얀색은 가장 많은 수를 나타냈다.

정상에서는 대부분의 원자가 절대영도에 가깝게 얼어 있는 상태이다. 그래서 보스-아인슈타인 응축물이라는 단 한 개의 초원자로 병합한다. 이 낯선 물질에서는 양자역학 법칙이 작동해서 수천 개의 원자가 동시에 같은 장소로 몰려 들어갈 수 있다. 그리고 새로운 물질 상태가 만들어진다.

《내셔널 지오그래픽》에 실리는 사진들처럼 가장 눈길을 끄는 과학 이미지는 떠나고 싶은 열망, 저 먼 땅으로 무작정 달려 나가고 싶은 욕구를 불러일으킨다. 고속 레이저 펄스로 셀레늄화아연카드뮴이라는 물질의 전자의 회전을 어떻게 조작했는지를 기록한 데이터는 기이할 정도로 대칭적인 빙하로 탈바꿈한다. 얼어붙은, 말도 안 되게 정적인 연못에 이 으스스한 빙하의 외로운 상이 비춰진다. 캘리포니아대학교 산타바버라 캠퍼스와 펜실베이니아주립대학교의 물리학자들은 이 연구로 2001년 6월 29일자 《사이언스》의 표지를 장식했다.

고속 컴퓨터와 정교한 '데이터 채굴' 소프트웨어 덕분에 점점 더 세련된 시각적 이미지를 만들어내는 것이 가능해지고 있다. 그러나 묘사와 비유로 추상에 물질성을 부여하는 관행은 과학만큼이나 오래된 것이다.

각각의 전자는 일시적인 독립체이다. 때로는 입자처럼, 때로는 전파처럼 행동한다. 실제로는 둘 중 어느 것도 아니다. 그 둘 사이에 있는 은유의 땅에서 서성이고 있을 뿐이다. 그러나 전자가 전기라는 덩어리로 전선을 따라 움직일 때는 액체로 취급한다. 전류, 즉 암페어는 전기가 흘러가는 속도를, 전압은 흐르는 전기가 '파이프'에 가하는 압력을 나타낸다.

은유법을 활용한 설명 및 묘사에도 한계는 있다. 전선을 잘라도 전기가 흘러나와 흠뻑 젖는 일은 없다. 유전자 산 정상에서 얼어붙을 염려도 없다. 그러나 은유는 우리가 과학 정보를 더 직관적으로 이해할 수 있도록 돕는다.

수천 개의 원자가 얌전하게 가만히 있도록 만들어서 보스-아인슈타인 응축물로 통합되도록 한 정교한 과정은 수학으로 정확하게 나타낼 수 있다. 그러나 시적 자유를 살짝 더해 '광학적 냉각'이라고 표현하면 훨씬 더 머릿속에 떠올리기 쉬워진다. 어쨌거나 열은 원자의 임의적인 운동으로 정의되니 말이다. 따라서 각 원자를 급습해서 광자 총으로 작디작은 빛 포물체를 이리저리 쏘아대서 거의 정적인 상태가 되도록 하는 것이다. 이렇게 해서 만들어진 움직임이 느린 물질을 '광학 당밀 optical molasses'이라고 부른다.

은유는 언제나 정확도가 떨어진다. 양자영역에서는 임계점에 다다를 정도로 과장되었다. 물리학자들은 아원자 입자의 '회전'에 대해 이야기한다. 입자는 팽이처럼 시계 방향 또는 시계 반대 방향으로 돌 수 있다. 그러나 이런 은유를 지나치게 확장하다 보면 오히려 은유가 제 기능을 하지 못하게 된다. 일상 속의 팽이는 매끄럽게 연결된 속도의 단위에 따라 더 빨리 또는 더 느리게 돈다. 반면, 입자는 양자적인 특성상 자연이 미리 설정한 속도로만 돌아간다. 또한 한 번에 다양한 형태로 돌기도 한다. 예를 들어, 43퍼센트는 시계 방향으로, 57퍼센트는 시계 반대 방향으로 동시에 도는 것이 가능하다.

이보다 머릿속에 그리기 더 어려운 것은 '아이소스핀isospin(동위체 스핀 또는 동중핵 스핀 또는 하전 스핀이라고도 한다. 강한 상호작용에 관여하는 소립자가 공통으로 지니는 성질에 대응하는 물리량이며, 질량은 거의 같으면서 하전 상태만 다른 입자를 나타내기 위해 도입한 개념이다.—옮긴이)'이라는 특성이다. 원자의 핵은 핵자nucleon(원자핵을 구성하는 기본입자—편집자)라는 이중적인 입자로 구성된다. 핵자의 아이소스핀이 시계 반대 방향이면 양전하를 띠는 양성자가 된다. 반대 방향(시계 방향)이라면 전하가 없는 중성자가 된다. 그런데 이런 회전 방향은 실제로는 철저히 순수 수학의 영역에서만 존재한다. 가로, 세로, 높이 같은 것과는 전혀 무관한 가상의 공간을 가정하고 있기 때문이다.

공간 그 자체도 은유가 되었다. 사이버 공간을 떠올려보라. 사이버 공간을 돌아다닐 수는 있지만 측정은 불가능하다. 개인 컴퓨터 '데스크탑'은 또 어떤가? 이 시뮬레이션 공간에서 우리는 폴더와 아이콘을 '드래그'한다. 그러나 그런 움직임은 환상에 불과하다. 마우스의 클릭은 픽셀을 빠르게 켜고 끄는 일을 할 뿐이다.

동네에서 밥을 먹는 '식당'을 구축할 수도 있다. 가격, 음식의 질, 전통 등 세 가지 변수에 따라 식당을 분류할 수 있다. 그리고 그 변수에 대한 정보를 3차원 그래프로 나타낼 수 있다. 그러면 각 식당은 추상적인 공간의 한 점이 된다. 점끼리의 거리는 그 점에 해당하는 식당들이 얼마나 유사한지를 보여 준다. 그런데 이 그래프에서는 붙어 있는 두 식당이 현실 세계에서는 골목을 사이에 몇 개나 두고 멀리 떨어져 있을 수 있다.

3차원 공간에서 멈출 이유도 없다. 식당의 테이블 수를 나타내는 또 다른 축과 식당이 갖춘 와인의 다양성을 측정하는 또 다른 축을 더할 수도 있다. 이제는 5차원의 '초공간'이 생겼다. 이미지로 나타낼 수는 없지만 과학자들이 늘 다루는 공간이다.

공간이 진짜인지 인위적인지가 늘 명확한 것은 아니다. 초끈이론은 물질과 에너지를 구성하는 입자는 2차적인 발현체, 즉 부수 현상이라고 말한다. 즉, 10차원 공간에서 진동하는 끈과 막이라고 하는 아주 작은 물체가 만들어낸 것이 물질과 에너지라는 것이다. 이 이론은 논문상으로는 크게 성공했지만 여전히 질문하지 않을 수 없다. 이런 추가적인 차원들은 물리적인 공간인가, 아니면 앞서 예로 든 식당처럼 우리 머릿속에서 만들어낸 공간인가? (아마 답은 영원히 알 수 없을 것이다.)

때로는 은유법이 낡은 것이 되기도 한다. 약 50여 년 전 과학자들은 DNA가 세포를 만들고 운영하는 지시사항을 화학적 글자로 한 자 한 자 적은 일종의 텍스트라는 것을 깨달았고 이를 계기로 인간 게놈 프로젝트는 돌파구를 찾았다. 그러나 이런 은유법의 적용에는 한계가 있다. 실험을 계속하면서 게놈이 얼마나 역동적인지가 드러난 것이다. 유전자는 서로를 켜고 껐으며 유전자가 서로를 켜고 끈다는 사실이 밝혀지면서 이제는 유전자를 스스로를 읽고 편집까지 하는 텍스트로 이해해야 했다. 책보다는 컴퓨터에 가까웠던 것이다. 그렇다면 DNA는 소프트웨어일까, 하드웨어일까? 답은 소프트웨어이면서 하드웨어이기도 하다는 것이다. 입자의 이중성처럼 둘 중 어느 은유도 꼭 들어맞지는 않았다.

과학 분야의 발견들이 대중문화에 유입되면서 때로는 은유의 흐름이 반대 방향으로 작용하기도 한다. 소설가는 익숙한 것에 새로운 관점을 부여하기 위해 과학에서 새로운 언어 렌즈를 찾는다. 컴퓨터 칩의 회로망 패턴을 현대 도시의 레이아웃에 비유하는 일은 흔하다. 토머스 핀천Thomas Pynchon은 『제49호 품목의 경매』(민음사, 2007)에서 이런 은유의 방향성을 뒤집는다. 그는 과잉 도시 계획의 결과물인 캘리포니아주 남부의 한 도시(샌나르시스코라고 이름 붙였다)를 완벽하게 소독된 컴퓨터 칩에 비유한다. 토머스 핀천은 자신의 소설 중 가장 유명한 작품인 『중력의 무지개』(새물결, 2012)에서 미사일의 포물선 궤적을 "중력의 무지개"라는 아주 인상적인 표현으로 묘사한다. 학부 수준 미적분학을 조금이라도 기억하는 사람이라면 이 은유가 무척 적절하다고 생각할 것이다.

조너선 프랜즌Jonathan Franzen의 최신작 『인생 수정』(은행나무, 2012)에는 앨프레드 램버트가 등장한다. 그는 은퇴한 엔지니어로, 지하실에 앉아서 침울하게 크리스마스 전구 장식을 시험한다. 길고 긴 전선에 달린 전구를 일일이 살피다가 전구 몇 개가 연달아 나간 것을 발견한다. 프랜즌은 이를 두고 "흑질"이라는 표현을 쓴다.

전구를 흑질이라고 한 것은 다소 모호하지만 완벽한 은유이다. 흑질('검은 물질')은 뇌 깊숙이 자리한 부위로 신경전달물질 도파민을 생성한다. 신경 회로가 전기 회로로 비유되는 대신 픽천의 은유 세계에서는 전기 회로가 신경 회로에 비견된다. 그런데 이 비유에는 더 깊은 뜻이 있다. 흑질이 소진되는 것은 파킨슨병의 증상이고 앨프레드는 파킨슨병 환자이다. 그는 의사가 자신의 뇌를 고칠 수 없었듯이 크리스마스 장식의 전구를 고치지 못한다.

또 다른 장면에서는 포스트인더스트리얼 양식으로 꾸민 새로 개장한 세련된 식당에 손님들이 "유리로 둘러싸인 식당에서 푸르스름한 체렌코프 불빛 속에 부유"하며 앉아 있다. 체렌코프 복사는 빠른 속도로 움직이는 전하를 띤 입자들이 만들어낸다. 그리고 이 효과 때문에 원자로를 둘러싼 물이 으스스한 빛을 뿜게 된다.

그리고 앨프레드의 아들 칩이 여동생에게 엄청난 돈을 빌린 뒤 정신적으로 의존하게 되는 것을 묘사한 장면은 이렇다.

"그는 이 빚이라는 고통과 함께 살았다. 그러다 그 고통은 신경아세포종이라는 현상으로 나타났다. 자신의 신경 구조에 너무도 정교하게 얽혀 있어서 그는 그것을 제거하고도 자신이 살아남을 수 있을지 확신할 수 없었다."

이런 대담한 암시를 통해 프랜즌은 자신의 독자에게 찬사를 날린다.

이런 소설은 과학에서와 마찬가지로 문학에서도 뛰어난 은유로 실체가 없는 것에 형상을 부여하는 작업이 아주 강력한 기술이자 예술임을 일깨워준다.

《사이언스타임스》의 탄생: 뜻밖의 사건이었지만 우연은 아니다

존 노블 윌포드

25년 전《뉴욕타임스》편집부는 큰 난관에 부딪혔다. 화요일에는 무엇을 다룰 것인가?

《뉴욕타임스》는 어려운 경제 상황에서 독자와 광고주를 더 끌어들이기 위해 형식과 내용을 완전히 바꾸는 대담한 시도를 한다. 각 지면을 재편집해서 8개가 아닌 6개의 열로 배치했다. 덕분에 신문은 더 여유 있어 보이게 되었다. 그러나 가장 충격적인 변화는 2개 면으로 이루어진 일일 신문을 월요일에서 금요일까지 주중에는 4개 면으로 발행한 것이었다.

곧 편집인이 될 당시의 편집국장 A. M. 로즌솔A. M. Rosenthal은 편집부국장 아서 겔브Arthur Gelb에게 1976년부터 시작된 개편 작업 감독을 맡겼다. 1면에는 여전히 미국 국내외 뉴스를 실었다. 2면에는 뉴욕시 뉴스를 실었다. 3면에는 요일마다 다른 분야의 뉴스를 다루기로 했다. 구체적으로 어떤 분야를 다룰지 미리 정한 것은 아니어서 이 3면은 2년에 걸쳐 서서히 자리 잡았다. 마지막 4면은 경제와 금융 뉴스의 분량을 늘려서 실었다.

겔브는 최근 펴낸 회고록 『편집실*City Room*』에 "그 무렵 거의 모든 이 사진은 새로 나올 4면짜리 신문이 《뉴욕타임스》를 구하고 미래도 보장할 생명줄이 되어 주리라고 기대했다"라고 적었다.

새로운 3면의 첫 기획 시리즈는 1976년 4월에 시작한 '위켄드Weekend'로 매주 금요일마다 예술과 연예 분야의 소식만 다루었다. 그 뒤로 수요일에는 '리빙Living' 시리즈(레스토랑, 요리, 건강), 목요일에는 '홈Home' 시리즈(가구, 인테리어 디자인, 정원 손질), 1978년 1월부터는 월요일에 '스포츠Sports' 시리즈가 추가되었다.

화요일의 3면은 오랫동안 고정 주제 없이 진행되었고, 어떤 시리즈를 도입할지를 두고 모두 다른 의견을 내세웠다. 영업부는 패션을 강조하는 '스타일Style' 시리즈를 제안했는데, 광고 수입에 도움이 될 것이라는 기대 때문이었다. 그러나 로즌솔은 거부했다. 그는 좀 더 진지한 주제를 다루고 싶었다.

지난주에 로즌솔은 "패션을 다루는 시리즈를 집어넣으면 그동안 신문이 유지해 온 기사들의 질의 균형이 무너질 거라고 생각했다. 당시 소비재 관련 기사는 많이 다루고 있었고 그 정도면 충분하고도 남는다고 봤다"라고 회상했다.

동료들은 로즌솔이 새로운 시리즈의 일부를 두고 《뉴욕타임스》가 말랑말랑해졌다는 외부의 비판에 매우 예민해져 있었다고 전했다. 1978년 여름이 끝나갈 무렵 동료와 아이디어를 주고받던 로즌솔은 (지금에서야 하는 말이지만) 과학과 의학을 다루는 기사와 기획 시리즈가 "더 강점이 있고 고상하다"는 결론에 도달했다. 그는 당시 발행인 아서 옥스 설즈버거Arthur Ochs Sulzberger를 상대로 이 제안을 강력하게 밀어붙였다. 로즌솔은 "펀치Punch(설즈버거의 별명—옮긴이)가 아주 협조적이었기 때문에 바로 실행에 옮겼다"고 전했다.

이 무렵 《뉴욕타임스》는 88일에 걸친 언론 파업으로 문을 닫은 상태였다. 겔브는 예술부 부국장 루이스 실버스타인Louis Silverstein과 새로운 시리즈의 아이디어를 구체화하고 외형을 꾸미는 작업을 시작했다. 나는 당시 과학 필진의 편집자 자격으로 시리즈에 실릴 기사와 기획 기사의 유형을 선정하는 작업에 참여했다. 모든 기자가 열심히 아이디어를 내면서 《사이언스타임스》를 만드는 일에 참여했다.

화요일의 초점으로 과학을 택하면서 《뉴욕타임스》는 강점을 살렸다. 《뉴욕타임스》에는 과학을 현대 문화의 역동적인 부분으로 여기는 오랜 전통이 있었다. 이 무렵 《뉴욕타임스》에는 10명의 과학 및 의학 기자가 활동하고 있었는데, 미국 신문사 가운데 가장 큰 규모였고 권위도 인정받았다. (2003년 현재 과학 전문 필진 구성은 편집자 5명, 기자 16명, 아트 디렉터 1명, 그래픽 편집자 1명, 사진 편집자 1명이다.)

《뉴욕타임스》의 과학 필진은 2~3년간 과학 연구 관련 단발성 뉴스를 다루는 데서 벗어나 과학적 발견이나 성과를 더 큰 관점에서 통합적으로 다루고, 연구에 매진하는 과학자를 소개하면서 심도 있는 기사를 쓰기 시작한 참이었다. 이런 흐름은 앞으로 등장할 《사이언스타임스》의 맛보기 샘플이었던 셈이다.

파업이 끝난 지 얼마 되지 않은 1978년 11월 14일 《사이언스타임스》의 첫 기획 기사가 실렸다. 《사이언스타임스》는 곧 큰 인기를 얻었다.

교사들이 수업 자료로 활용했고 의사와 과학자들에게도 좋은 평가를 받았다. 화요일 구독률이 올라갔고 이후에 컴퓨터 광고 수주가 밀려들어 영업부는 뜻밖의 수익 증가에 환호했다.

《뉴욕타임스》의 필진 중 두 명은 《사이언스타임스》 기사로 퓰리처상을 받았다. 그 외에도 《사이언스타임스》 시리즈가 "과학, 질병, 건강을 꾸준히 종합적이고 수준 높게 다룬 공로"를 인정받아 2000년 래스커재단상을 수상한 바 있다.

다른 신문도 아주 진심 어린 찬사를 건네는 것으로 화답했다. 다른 신문들도 과학 뉴스를 정기적으로 다루는 기획 면을 마련한 것이다.

《사이언스타임스》가 과학 연구 및 성과를 더 많은 대중, 그리고 다른 분야의 과학자에게 알리는 중요한 계기 및 매개체가 되었다고도 말할 수 있다.

《사이언스타임스》의 탄생은 교양 있는 사람의 정기적인 구독 식단에 과학이 포함되어야 한다는 선언이나 마찬가지였다. 또한 모든 신문사의 동료 기자들에게 과학은 뉴스이며, 그런 분야를 책임 있게 다루려면 단편적인 보도에서 벗어나 더 넓은 맥락에서 새로운 연구를 보도하는 통합적이고 성찰적인 기사를 써야 한다는 것을 보여 주었다.

회색질과 성별:
과학의 회색 지대

나탈리 앤지어, 케네스 창

하버드대학교 학장인 로렌스 H. 서머스Lawrence H. Summers가 과학과 수학에서 여성이 두각을 나타내지 못하는 것은 성별에 따른 타고난 차이점이라는 뉘앙스의 발언을 했다. 서머스의 발언은 수십 년간 끓어오르고 있던 논란에 기름을 부은 격이 되었다. 결국 그는 곧바로 사과했지만 사람들은 이런 고민을 하지 않을 수 없었다. '그의 말에도 어느 정도 일리가 있는 게 아닐까?'

과학적으로 성별에 따라 타고나는 차이가 그와 관련된 능력의 차를 낳는다는 증거가 있을까? 아니면 적어도 어떤 희생을 치르고라도 성공하겠다는 의지의 차이를 낳는 것은 아닐까? 그래서 과학계에 전반적으로 여성의 수가 적었고 특히 높은 지위에 있는 여성이 드문 걸까?

모든 사회적인 측면과 생물학적인 측면에서 성별 간 차이가 있는가라는 주제를 탐색한 학자들은 '그렇다'고 답한다. 요컨대, 여성과 남성 사이에는 수많은 차이점이 존재한다. 여성의 수리능력 시험 평균 점수, 수학과 과학을 대하는 태도, 뇌의 구조, 신체의 약물 대사 방식(그중에는 뇌에 영향을 미치는 약물도 포함된다) 등등. 사람들은 복잡한 질문에 깔끔한 최종 답변을 기대하지만, 학자들은 이런 외형적인 차이만으로는 능력이나 성취의 차이를 설명할 수 없다는 신중한 입장을 취한다.

1998년 『여성의 성공 왜 느릴까?』를 펴낸 헌터대학교의 심리학과 교수 버지니아 밸리언Virginia Valian은 "여성과 남성 사이에 신경학적으로나, 호르몬에서 차이가 없다고 말하는 것은 말이 안 된다"고 하며 "실제로 차이가 존재한다"고 인정했다. 그러면서도 그녀는 "과학자로서 우리가 직면한 문제는 그런 차이가 현실에서 성취의 차이에 얼마나 큰 영향을 미치는가를 측정하는 작업"이라고 지적했다.

예를 들어, 신경과학자들은 여성의 신체가 남성의 신체보다 작다는 점을 고려하더라도 여성의 뇌가 남성의 뇌보다 평균 10퍼센트 더 작다는 사실을 밝혀냈다. 그러나 역사 전체를 살펴봐도 사람들이 해부학적 차이를 들어 일반적인 가설을 내세울 때 그 가설은 결국 그 당시의 사회와 문화의 편견을 반영한 것에 불과했다.

100년 전, 프랑스 과학자 구스타프 르봉Gustav Le Bon은 여성의 상대적으로 작은 뇌(그는 고릴라의 뇌 크기에 더 가깝다고 말했다)가 "변덕스러움, 불안정성, 사고와 논리의 부재, 이성적인 사고 능력의 결여"의 원인이라고 주장했다.

뇌 전체의 크기를 논외로 한다면 여성의 뇌에 회색질이 더 많다는 증거도 있다. 회색질은 뇌의 사고 능력의 대부분을 담당하는 것으로 알려진 최정에 뉴런들이다. 반면, 남성의 뇌는 백색질이 더 많다. 백색질은 뉴런들을 연결하는 조직이다.

중추신경계의 차이를 설명하는 일을 더 복잡하게 만든 것은 캘리포니아주립대학교 어바인 캠퍼스의 새로운 뇌 영상 연구이다. 연구 결과 지능지수가 같은 여성과 남성은 지능검사 등에서 주어지는 문제를 해결할 때 회색질과 백색질을 다른 비율로 사용한다는 사실이 밝혀졌다. 남성은 지능 관련 작업을 할 때 여성에 비해 회색질을 6.5배 더 사용하고, 여성은 그런 작업을 할 때 백색질에 훨씬 더 많이 의존한다. 이런 차이가 무엇을 의미하는지, 혹은 의미하지 않는지는 생각하기 나름이다. MIT의 신경과학과 교수인 낸시 캔위셔Nancy Kanwisher는 "인지가 중요한 것이지 인지를 하는 신체 부위가 중요한 것은 아니다"라고 주장한다.

인지 능력 자체만을 연구하는 학자들은 여자아이와 남자아이가 새로운 작업을 익히는 방식이 얼마나 유사한지에 놀라곤 한다.

하버드대학교의 심리학과 교수인 엘리자베스 스펠크Elizabeth Spelke는 "우리 어른은 여자아이와 남자아이가 매우 다를 거라고 생각하고 그에 맞춰 다르게 대할지 몰라도, 이 두 집단의 능력을 측정해 보면 놀라울 정도로 같다"고 지적했다. 스펠크 박사는 동료와 함께 생후 5개월부터 7세에 이르는 영유아를 대상으로 기본적인 공간지각능력, 수리능력을 연구하고 있다.

스펠크 박사는 "이 연령대에서는 성인의 공간지각능력과 수리능력을 구성하는 조각들을 꽤 많이 발견할 수 있다. 우리는 연구를 진행하면서 늘 성별 차이를 탐지하는 실험을 포함하는데, 아직까지는 그런 차이를 입증하는 증거를 발견하지 못했다"고 말했다.

그런데 청소년 집단에서는 적성에서 성별의 차이가 다소 부각되기 시작한다. 특히 대학입학자격시험SAT 같은 표준화된 시험 점수에서 이런 차이점이 더 잘 드러난다. 언어영역의 평균 점수는 거의 같았지만 수리영역에서는 지난 30여 년간 누구나 마지못해 치른 이 시험에서 남학생의 평균 점수가 여학생의 평균 점수보다 30~35점 높았던 해가 절반 이상이나 된다. 수리영역에서 남학생이 두각을 드러내는 것은 미국에만 한정된 현상은 아니다. 2003년 경제협력개발기구OECD가 41개국 15세 청소년 25만 명을 대상으로 실시한 국제 표준 시험에서 남학생의 평균 점수가 여학생의 평균 점수보다 높은 국가가 절반을 넘었다. 나머지 국가에서는 대부분 남학생과 여학생의 평균 점수에 유의미한 차이가 없었다.

그러나 수리영역의 항목에 따라 나라마다 평균 점수에서 엄청난 차이를 보였다. 예를 들어, 일본에서는 여학생과 남학생은 '불확실성' 항목을 제외한 모든 항목에서 동등한 실력을 보였다. '불확실성' 항목은 확률 계산 능력을 측정한다. 또한 일본 여학생의 평균 점수는 미국을 포함한 많은 나라의 남학생 평균 점수보다 높았다.

아이슬란드의 여학생들은 고정관념을 철저히 깬다. 아이슬란드 국내 수학 시험에서도 늘 그러하듯 이 시험에서도 수학 전 항목에서 남학생보다 상당히 큰 차이로 더 높은 점수를 얻었다. 아이슬란드 교육시험연구소 연구팀장인 알마 미드빅 할도르손Almar Midvik Halldorsson은 "왜 이런 결과가 나오는지 우리도 전혀 감을 잡지 못하고 있다"고 말했다. 흥미롭게도 설문에 참여한 여학생들은 아이슬란드를 비롯한 모든 나라에서 수학에 대해 훨씬 더 부정적인 태도를 보였다.

수학 점수에서 성별 간 차이가 크지 않고, 그 차이가 나라마다 다르며, 알고 보니 여학생들은 수학에 대한 부정적인 감정이라는 장애물을 필통에 넣고 다니는 것처럼 보인다는 사실에서 다수의 학자가 기본적인 수리능력에서 한쪽 성이 독점적 우위를 점하는 것은 아니라고 믿는다. 염색체가 아닌 문화가 수학 SAT 점수에서의 차이 등 성취 및 결과물의 차이를 설명한다는 것이다.

그러나 서머스 박사를 비롯한 과학자들은 여학생과 남학생의 평균적인 수학 계산 능력에 별 차이가 없다는 것은 명백하지만, 남학생의 수리능력 발현 범위가 여학생보다 더 넓다는 사실을 발견했다. 남학생은 여학생에 비해 수학 점수 분포도의 양쪽 꼬리에 위치할 가능성이 훨씬 더 높다. 즉, 점수가 아주 높은 사람과 점수가 아주 낮은 사람이 남학생일 가능성이 더 높다.

2001년에 SAT 수리영역 시험을 치른 고등학교 졸업반을 예로 들면 700점 이상을 받은 남학생의 수가 여학생에 비해 두 배나 많다. 만점인 800점에 가까워질수록 남학생의 비율도 높아진다. 또한 남학생은 여학생에 비해 거의 모든 문제에 오답을 내는 비율도 더 높다.

서머스 박사를 비롯한 과학자들은 남학생들이, 특히 분포도의 양쪽 끝에 몰려 있다는 사실에 의미가 있다고 본다. 학습장애, 자폐증, 집중력결여장애를 지닌 남학생의 수가 상대적으로 더 많다는 사실 등 다른 신경학적 특이점과 이 결과를 종합하면 남성의 뇌가 더 민감하고, 바보와 천재라는 극단적인 결과를 내도록 타고났다는 결론에 도달하게 된다.

그러나 데이터를 분석한 학자 중에 남학생이 분포도의 양끝에 더 많이 몰렸다는 사실을 두고 성공한 과학자 집단의 무시할 수 없을 정도로 큰 성비 불균형을 설명할 수 있다고 주장하는 사람은 거의 없다.

캘리포니아주립대학교 데이비스 캠퍼스의 사회학자인 킴벌리 A. 쇼먼Kimberlee A. Shauman은 무엇보다 SAT 수리영역에서 높은 점수를 받았는지 여부만으로는 누가 과학을 전공할지를 예측하는 척도로 삼을 수 없다는 것이 밝혀졌다고 지적했다. 특히 여자아이들에 있어서는 이 정보의 예측 정확도가 상당히 낮았다.

캘리포니아주립대학교 산타바버라 캠퍼스의 경제학자 캐서린 와인버거Catherine Weinberger는 고득점을 한 여자아이가 과학이나 공학을 전공하고 관련 직업을 가질 확률은 고득점을 한 남자아이가 과학이나 공학을 전공하고 관련 직업을 가질 확률보다 40퍼센트나 낮다고 말했다. 이유는 아직 밝혀지지 않았다.

더 나아가 남성은 수리영역 점수가 790점을 넘지 않더라도 과학자가 되는 데 아무 문제가 없는 듯하다. 현재 과학자 및 공학자로 일하는 샘플집단을 설문한 결과, 와인버거 박사는 여성이 남성보다 고득점을 했을 가능성이 더 높다는 사실을 발견했다. "여성은 처음부터 고득점을 받지 않으면 과학이나 공학쪽으로 진로를 선택하는 일에 더 신중해진다는 것을 의미한다"고 와인버거 박사는 말했다.

SAT 수리영역에서 낮은 점수를 받는 것이 여성에게는 남성에 비해 실제 수학 실력을 반영하지 않는데도 그런 결과가 나온 것이다. 헌터대학교의 밸리언 박사는 SAT 점수가 다소 낮았던 여학생이 대학에서 자신보다 더 높은 점수를 받은 남학생과 같은 고급수학과정을 들었을 때 더 잘하는 사례를 자주 접한다. 밸리언 박사는 "SAT 점수는 여성의 능력은 더 낮게, 남성의 능력은 더 높게 측정하는 것 같다"고 말했다. 왜 그런지 그 이유는 여전히 밝혀지지 않았다.

서머스 박사는 여성이 과학을 전공하지 않는 이유는 아마도 과학이 너무 추상적이고 차갑다고 느끼기 때문일 거라는 주장을 했다. 자신의 어린 딸에게 장난감 트럭을 주었더니 "아빠 트럭"과 "아기 트럭"이라고 부르면서 인형처럼 다루었다는 일화를 증거로 내세웠다. 그러나 비평가들은 남성들이야말로 옛날부터 자동차에 이름을 붙였다면서 자동차가 마치 사람인양 애지중지 다루는 전통을 유지하지 않았느냐고 냉소적인 반응을 보였다.

미시건대학교의 사회학자이자 쇼먼 박사와 『과학계의 여자들*Women in Science: Career Processes and Outcomes*』(2005)을 공동집필한 유 시에Yu Xie 박사는 성공과 실패에 있어 생물학적인 원인을 덜 강조하고 근면성실성을 더 강조했으면 좋겠다고 말했다.

시에 박사는 아시아인들은 타고난 수학적 재능이나 수학 유전자 같은 것을 언급하는 일이 거의 없다고 말했다. 자녀가 가져 온 성적표에서 수학 점수가 낮으면 부모는 더 열심히 수학 공부를 시킨다는 것이다. 시에 박사는 "타고난 재능을 믿지 않고 연습을 통해 수학 성적을 올릴 수 있다는 이런 신념이 아시아계 미국인과 아시아 사회의 강력한 문화 자산이라는 것을 보여 주는 설문조사 결과도 있다"고 말했다.

의학이나 법학처럼 기존에 남성이 독점하던 많은 분야에서 일하는 여성의 수는 이미 남성과 같다. 적어도 진입 단계에서는 그렇다. 생물학 등 일부 과학 분야의 경우 학부 수준에서는 여성이 더 많다.

따라서 많은 이가 물리학, 공학, 수학, 화학 같은 분야에서 여전히 존재하는 성비 불균형을 설명하려고 '타고난 차이'를 들먹일 필요는 없다고 주장한다. 혹시 과학자 집단이 근거 없는 성차별주의를 포기하는 일을 일반인보다 더 힘들어 하는 것은 아닐까?

2002년 '물리학계의 여성'이라는 주제로 열린 국제학회에서 미국 대표로 참석한 예일대학교의 물리학 및 천문학 교수인 C. 메건 우리C. Megan Urry는 과학계에 여전히 사회적·문화적 요인이 여성에게 장애물로 작용하고 있다는 명백한 증거가 있다고 말했다.

우리 교수는 1983년에 360명(여성 180명, 남성 180명)을 대상으로 한 연구 결과를 인용했다. 이 연구에서는 똑같은 학술 논문을 5점 만점 기준으로 평가하게 했다. 남성은 논문의 저자가 여자 이름인 '조안 T. 맥케이'일 때보다 남자 이름인 '존 T. 맥케이'일 때 평균적으로 1점이나 더 줬다. 여성이 평가했을 때도 점수 차이는 더 적었지만 마찬가지 결과가 나왔다.

하버드대학교의 스펠크 박사는 "작은 생물학적 차이에 주목하기는 쉽지 않다"며 "과학계에서 여성이 모든 단계에서 여전히 차별받고 있다는 증거가 있기 때문"이라고 지적했다.

최근 한 실험에서는 프린스턴대학교 학생들에게 공학 업무를 잘할 자격을 갖춘 두 후보를 평가해 달라고 부탁했다. 한 명은 교육을 더 많이 받았고, 다른 한 명은 실무 경험이 더 많았다. 75퍼센트가 교육을 더 많이 받은 후보를 선택했다. 그러나 후보에게 성별을 부여하고 교육을 더 많이 받은 후보에게 여자 이름을 붙이자 갑자기 교육을 더 많이 받은 후보를 선택하는 비율이 48퍼센트로 떨어졌다.

논란은 여전히 계속되고 있다. 온타리오주 해밀턴에 있는 맥매스터대학교의 심리학 및 행동신경과학 교수 샌드라 F. 위틀슨Sandra F. Witelson은 과학계에서 여성의 경력에 생물학적인 요인이 영향을 미친다는 증거를 언젠가는 찾을 수 있을지도 모른다고 말했다. 그녀는 "좀 더 열린 마음으로 바라볼 필요가 있다"고 조언했다.

신과 과학의 양립에 대한 과학자들의 입장

코넬리아 딘

얼마 전 열린 뉴욕시립대학교 과학학회에서 한 학생이 토론자들에게 뜻밖의 질문을 던졌다.

"뛰어난 과학자이면서 신을 믿는 것이 가능한가요?"

이날 참석한 토론자들은 모두 노벨상 수상자였는데 그중 한 명이 즉시 날카롭게 "아니요!"라고 답했다. 그는 1985년 분자의 결정 구조 연구로 화학상을 공동 수상한 허버트 A. 하우프트먼Herbert A. Hauptman이었다.

하우프트먼 박사는 초자연적인 존재, 특히 신에 대한 믿음은 정밀한 과학과 양립할 수 없을 뿐 아니라 "이런 믿음은 인류의 안녕에 위협이 된다"고 선언했다.

그러나 종교에 대한 이런 반감은 결코 과학자들 사이에서 보편적인 입장이 아니다. 그리고 종교 집단이 진화론 수업, AIDS 예방과 줄기세포 연구 같은 다양한 주제에서 과학자들에게 도전하는 현재, 종교를 믿는 과학자들은 자신의 믿음에 대해 공공연하게 이야기하기 시작했다.

미국 국립인간게놈연구소NHGR의 소장이자 기독교 신자라는 점을 흔쾌히 밝히는 프랜시스 S. 콜린스Francis S. Collins는 "금지될 이유가 없는 주제이지만 솔직히 과학계에서는 금기시되는 일이 흔하다"고 인정했다.

콜린스 박사 같은 이들은 종교를 믿지만 수 세기 동안 정의된 그대로의 과학을 믿기도 한다. 즉, 이들은 자연 세계에서 벌어지는 일을 설명하기 위해 자연 세계를 관찰하며 과학 이론이 조건부라는 점을 받아들인다. 여기서 조건부라는 것은 실험이나 관찰로 얻은 증거에 의해 뒤집어질 가능성이 있다는 의미이다. 과학에 대한 이런 믿음이 종교를 믿는 과학자들이 창조론이나 그와 뿌리가 같은 지적 설계론(생물의 어떤 특징들이 자연 선택으로 진화했다고 믿기 어려울 만큼 복잡해 어떤 지적인 행위자에 의해 설계된 것으로 볼 수밖에 없다는 이론—편집자)을 믿는 집단과 구별되는 지점이다. 창조론과 지적 설계론 모두 초자연적인 힘에 토대를 두고 있다.

종교가 있는 과학자들은 신의 존재를 믿기 때문에 종교적 믿음을 마법 정도로 취급하는 다른 과학자들의 태도에 이의를 제기한다. 다른 한편으로는 과학을 믿기 때문에 과학을 무신론적 작당으로, 그리고 과학자를 신을 경외하는 사람들을 업신여기는 무신론적 엘리트 집단으로 몰아가며 비난하는 신자들의 태도에도 이의를 제기한다.

어떤 과학자들은 과학과 종교는 별개의 영역이라고 간단하게 말한다. 진화생물학자 스티븐 제이 굴드Stephen Jay Gould는 저서 『반석은 하나가 아니다*Rocks of Ages*』(1999)에서 "겹치지 않는 교권NOMA, non overlapping magisteria"이라는 표현으로 이런 관점을 제시했다. 굴드 박사가 보기에 과학은 "우주가 무엇으로 구성되었으며(사실) 왜 그런 식으로 작동하는

지(이유)"를 다루는 영역에서 권위를 지닌다. 종교는 "궁극적인 의미와 도덕 가치라는 문제"에서 지배력을 행사한다.

올해 미국과학진흥회AAAS의 연례모임에는 과학과 종교의 분리라는 주제를 논하는 토론 시간이 마련됐는데 이 토론을 들으려고 과학자들이 회의실 가득 밀려들었다.

어떤 이들은 과학과 종교가 분리될 수 있다는 생각 자체가 마음에 들지 않는다고 말했다. 과학자의 도덕적 가치는 과학자의 연구에 영향을 미칠 수밖에 없기 때문이다. 다른 이들은 과학은 대부분 현실 세계에서 아주 많은 윤리적인 함의를 갖기 때문이라는 이유를 들었다.

토론에 참가한 이스라엘 바일란대학교의 노아 에프런Noah Efron 박사는 과학자는 과학자가 아닌 일반인과 마찬가지로 자신이 믿는 인간으로서의 소명, 의미, 가치를 표지로 삼아서 따른다고 말했다. 그는 사실이 가치와 의미로부터 분리될 수 있다는 주장에 대해 "우리가 배운 과학사와는 잘 들어맞지 않는다"고 말한다.

자신의 종교적 믿음에 관한 책을 쓰고 있는 콜린스 박사도 사람들이 종교적인 믿음과 과학 이론을 반드시 철저하게 분리해야 하는 것은 아니라고 생각한다. 그는 본지와의 인터뷰에서 "그렇게 분리하는 것이 별로 마음에 들지도 않을 뿐더러 그래야 할 필요성도 느끼지 못한다"고 말했다. 그는 비교적 최근까지 과학자들도 대부분 종교를 믿었다는 점을 지적했다. "아이작 뉴턴은 자연의 법칙보다 성경에 관한 글을 더 많이 썼다."

미국 정부의 지원을 받은 인간 게놈 해독 프로젝트의 책임자인 콜린스 박사는 많은 이들이 생명의 복잡성과 다양성을 진화론이 훨씬 더 잘 설명한다는 증거로 드는 연구에서 자신이 핵심적인 역할을 했다는 사실

또한 인정한다.

콜린스 박사는 인간의 유전자를 다른 포유류, 작디작은 선충, 그리고 심지어 세균과 비교한 연구가 축적되면서 인간과 다른 생명체가 별로 다르지 않다는 이론이 "절대적인 설득력을 지닌다"면서 이렇게 주장했다. "다윈이 자신의 이론을 입증할 방법을 고안하려고 아무리 머리를 굴려도 이보다 더 나은 방법은 없을 것이다. 그나마 타임머신 정도가 이에 근접할 것이다. 그런데 누군가에게 신을 진정으로 사모한다는 것을 입증하기 위해 이 모든 것을 부정하라고 요구한다면… 정말 끔찍한 요구를 하는 것이다."

콜린스 박사는 27살까지 신을 믿지 않았다. 그의 표현에 따르면 "단순한 불가지론자로 지내다 점점 더 무신론자 쪽으로 기울고" 있었다. 이 모든 상황은 그가 물리학 박사 학위를 받고 의학 학위 과정을 밟고 있을 때 뒤집어졌다. 그는 심장질환으로 죽어가는 여자를 치료하는 과정에 의료진으로 참여했다. 콜린스 박사는 "그 환자는 자신의 믿음에 대한 확신으로 가득 차 있었고, 내 눈을 똑바로 쳐다보면서 '당신은 무엇을 믿나요?'라고 물었다. 나는 살짝 더듬거리며 '잘 모르겠습니다'라고 답할 수밖에 없었다"고 회상했다.

그는 자신이 이 문제를 한 번도 진지하게 고민해 보지 않았다는 사실을 깨달았다고 한다. 과학자라면 마땅히 했어야 할 고민이었다. 그는 다양한 종교적 믿음에 관한 책을 읽기 시작했지만 점점 더 혼란스럽기만 했다. 그러다 마침내 한 감리교 목사가 건넨 C. S. 루이스C. S. Lewis의 『순전한 기독교』(홍성사, 2001)를 접하게 되었다. 성인이 될 때까지 무신론자였던 C. S. 루이스는 이 책에서 옳고 그름에 대한 생각은 인간이라면 보편적으로 지니는 것이라고 주장한다. 이 옳고 그름에 대한 생각은 인간이 "만들어낸 것이 아니며, 일부러 잊으려고 해도 쉽게 떨칠 수 없는" 도덕 법칙이라고 설명한다. 그는 이 보편적인 감각을 신의 존재 가능성에 대한 증거로 제시했다.

콜린스 박사는 이 책을 읽었을 때 "'이럴 수가! 이 사람이 바로 나다'라고 생각"했다고 한다. 현재 콜린스 박사는 특정 종파를 믿지는 않지만 기독교 신자라고 말했다. 동료들은 때로 그가 신을 믿는다는 사실에 놀란다고 말했다. "모두들 '어떻게 그런 걸 믿지? 문 밖에 뇌를 두고 온 거 아니야?'라고 말한다." 그러나 그는 학생들이나 동료들과 이 문제에 관해 이야기를 나누면서 "다들 이 주제에 관심이 아주 많다"는 사실을 알게 되었다고 말했다.

과학자들을 대상으로 믿음에 관한 설문조사를 실시하다

1997년 《네이처》는 한 설문조사 결과를 발표해 엄청난 논란을 불러일으켰다. 설문조사 결과에 따르면 생물학자, 물리학자, 수학자의 40퍼센트가 신의 존재를 믿는다고 답했다. 그것도 특정되지 않은 단순히 불멸의 존재가 아닌, 설문지의 표현에 따르면, 자신이 "답을 받을 것이라고 기대하면서" 기도를 올리는 신의 존재를 믿었다.

조지아주립대학교의 에드워드 J. 라슨Edward J. Larson이 주관한 이 설문은 1914년에 실시한 설문을 재연하려는 시도였다. 그리고 결과는 1914년과 거의 같다. 두 설문 모두 미국 과학자 명부에서 조사 대상자를 뽑았다.

이 두 설문조사의 결과를 대수롭지 않게 받아들이는 이들도 있다. 라슨 박사가 같은 설문의 일부를 '최신 연구를 하는 과학자'에 한정해서 실시했을 때는 (여기서 최신 연구를 하는 과학자는 미국에서 가장 명망 높은 과학 단체라고 해도 무방한 미국 국립과학아카데미 회원을 가리킨다) 의미 있는 신이나 인간의 불멸을 믿는다고 답한 비율이 10퍼센트도 되지 않았다. 아카데미 회원이자 1979년에 입자물리학 연구로 노벨상을 수상한 텍사스주립대학교의 물리학자인 스티븐 와인버그Steven Weinberg 같은 학자에게는 이런 답변을 하는 것이 당연하다. 그는 왜 종교 신자들이 자신의 믿음에 조금이라도 흠을 내는 것을 파괴 세력이라고 하며 적대시하는지 이해한다고 말했다. 그러나 이렇게 덧붙였다. "역사적으로 과학의 가장 큰 공로 중 하나는 종교의 지배력을 약화시킨 것이며, 바람직한 현상이라고 생각한다."

신을 믿지 않으면 윤리의식도 없다?

와인버그 박사는 종교를 부정하는 과학자들이 오만방자하다는 주장도 반박한다. 그는 "우리는 우리가 얼마나 실수를 많이 했는지 안다"고 말했다. 또한 신앙이 없는 사람은 윤리의식도 없다는 주장에 분노한다.

그는 어쨌거나 "과학자로서의 경험은 종교를 꽤 사소한 것으로 만든다"고 말했다. "내가 아는 과학자는 대부분 종교에 대해 그다지 깊게 생각하지 않는다. 실제로 무신론자라고 주장하기에는 종교에 대해서 충분히 생각해 보지 않은 사람들이다." 또한 자신이 아는 과학자들은 대부분 신을 믿는다고 덧붙였다. "자연 법칙 뒤에 존재하지만 개입하지는 않는 신"을 믿는다는 것이다.

브라운대학교의 생물학과 교수인 케네스 R. 밀러Kenneth R. Miller는 자신이 종교를 믿는다는 사실을 알면 학생들이 깜짝 놀란다고 말했다. 특히 막연하게 신이 존재한다는 정도가 아닌 철저한 로마 가톨릭 신자인 것을 알면 더 놀란다고 했다.

저서 『다윈의 신을 찾아서*Finding Darwin' God*』(1999)에서 종교적 믿음과 진화론의 타협점을 찾는 과정을 들려준 밀러 박사는 생물학 강의 시간에 진화론을 인정하지 않는 신앙을 지닌 학생 한두 명에게서 이의를 제기하는 듯한 질문을 받곤 한다고 말했다. 그들은 수업에서 진화론이 얼마나 중요한 부분을 차지하는지 묻는다. 밀러 박사는 "그 학생들이 진짜로 묻는 것은 '진화론을 믿어야 이 수업에서 A를 받을 수 있나요?'"라며, 자신은 "과학에서 신앙은 절대 문제되지 않는다. 여러분이 크레브스 회로Krebs's cycle를 믿건 믿지 않건 상관하지 않는다. 다만 그것이 무엇이며 어떻게 작동하는지를 가르칠 뿐이다. 내게 진화론도 그런 의미이다"라고 답한다고 했다. 크레브스 회로는 에너지가 세포에서 활용되는 과정을 가리킨다.

밀러 박사를 비롯한 과학자들에게 연구는 신앙과 아무 관계가 없다. 장기 이식술로 1990년 노벨 의학상을 수상한 조지프 E. 머리Joseph E. Murray 박사는 "신앙은 별개의 문제이다. 신앙은 마음의 문제다"라고 하면서, 그러나 과학 연구에서는 "결과가 전부"라고 지적했다.

머리 박사는 자신을 모태 가톨릭 신자라고 소개하며 매주 있는 미사에 빠지는 일이 거의 없으며 매일 아침기도를 한다고 밝혔다. 또한 한 젊은이가 쌍둥이 형제에게 신장을 기증해서 최초로 인간 장기 이식 수술을 준비했을 당시, 몇몇 종교 지도자를 만나 자신과 동료들이 옳은 일을 하는 것인지에 대해 조언을 구했다고 말했다. 그는 "당연히 그래야 한다고 생각했다"고 설명했다.

머리 박사는 "진실을 추구할 때는 계시를 포함한 모든 경로를 활용해야 한다"고 말했다. 그는 교황 학술원(교황청에서 조직한 세계 각 학계의 학자들, 대표자들, 교수들의 학술 연구원으로, 회원은 교황이 임명한다.—편집자)의 회원이기도 하다. 교황 학술원은 교황청에 과학 분야에 대한 조언을 한다. 머리 박사는 회고록 『영혼의 수술*Surgery of the Soul*』(2002)에서 자신의 믿음이 연구에 어떤 영향을 미치는지를 기술한 바 있다.

뉴욕시립대학교의 과학학회에 참가한 이래, 하우프트먼 박사는 정밀한 과학과 종교적 믿음의 양립 불가성에 대한 자신의 발언이 별다른 반향을 일으키지 않은 데 실망했다. 그래서 과학과 종교의 양립 불가능성에 대해 버펄로에 있는 동료와 논의했다. 동료는 버펄로에 있는 하우프트먼-우드워드 의학연구소 소장으로 재직 중이다.

하우프트먼 박사는 "대화를 한 사람은 하나같이 과학자였는데 대부분 어떤 초월적인 존재를 믿고 있었다. 만약 내게 왜 그런지 설명하라고 하면 절대 설명할 수는 없지만"이라고 말했다.

옥스퍼드대학교의 진화이론학자인 리처드 도킨스Richard Dawkins는 신을 믿는 과학자조차도 그런 믿음에 대한 증거를 내놓지 못하고 있다고 말했다. 그는 "그런 사람들이 내세우는 주장이란 기껏해야 그런 믿음에 반하는 증거가 없다는 것이다. 아주 형편없다. 반하는 증거가 없는 것은 수없이 많지만 우리는 그런 것들을 믿느라 시간을 낭비하지는 않는다"고 지적했다.

콜린스 박사는 자신이 신을 믿는다는 사실을 밝히기를 꺼리는 과학자도 있다고 보았다. "과학자에게는 초자연적인 어떤 종류의 작용이나 활동에 기댈 이유가 없다는 전제가 붙기 때문이다." 즉, 과학자에게는 지식의 궁극적인 원천은 과학이라는 자부심이 있다.

그러나 콜린스 박사는 일부 과학자의 경우 종교가 답하고자 하는 큰 질문에 맞서고 싶지 않아서 종교를 피하는 것일 뿐이라고 보았다. 그는 "자연을 관찰하는 것만으로는 인간으로 존재한다는 것의 의미를 결코 이해할 수 없다"고 말했다. "내가 왜 여기에 있으며 그것이 어떤 의미를 지니는지는 알 수 없는 것이다. 과학은 이런 질문에 답할 힘이 없으니까. 그런데 그런 질문이야말로 우리가 우리 자신에게 물어야 할 가장 중요한 질문 아닐까?"

논문 철회 급증,
과학계의 개혁이 필요하다

칼 짐머

2010년 가을, 학술지 《감염과 면역*Infection and Immunity*》의 편집장인 페릭 C. 팡Ferric C. Fang 박사는 당혹스러운 경험을 했다. 《감염과 면역》에 실린 논문의 저자가 논문 두세 편을 조작했다는 사실을 발견한 것이다.

팡 박사로서는 새로운 경험이었다. 그는 한 인터뷰에서 "《감염과 면역》이 지난 40여 년간 철회한 논문은 전부 아홉 편에 불과했으니"라고 밝혔다.

《감염과 면역》은 해당 논문의 저자인 일본 류큐대학교의 모리 나오키森直樹가 쓴 여섯 편의 논문을 철회했다. 모리 박사의 논문 조작 희생양은 《감염과 면역》 외에도 여럿이었음이 곧 드러났다. 리트랙션 와치Retraction Watch(과학 논문 표절과 철회 등을 전문으로 다루는 인터넷매체로, 오랫동안 과학 기자로 일한 이반 오란스키가 만들었다.—편집자)에 따르면, 그 후로 다른 학술지도 모리 박사가 쓴 스물네 편의 논문을 철회했다.

워싱턴주립대학교 의과대학 교수이기도 한 팡 박사는 "아무도 이런 부정행위를 전혀 눈치채지 못했다"고 말했다.

팡 박사는 이런 부정행위가 얼마나 만연한지 궁금해졌다. 궁금증을 풀기 위해 그는 《감염과 면역》의 동료 편집자인 아르투로 카사데발 Arturo Casadevall 박사와 손을 잡았다. 카사데발 박사는 뉴욕 앨버트아인슈타인대학교 의과대학에 재직 중이다. 팡 박사와 카사데발 박사는 곧 아주 당혹스런 결론에 도달했다. 논문 철회 사례가 우려할 정도로 빠르게 늘고 있을 뿐 아니라, 논문 철회는 훨씬 더 심각한 문제의 한 현상에 불과했다. 팡 박사의 말을 빌자면, 논문 철회 문제는 "과학계의 비정상적인 상황의 한 증상"에 불과했다.

카사데발 박사는 현재 학술지 《엠바이오*mBio*》의 편집장이기도 하다. 그는 과학계가 승자독식 사회로 탈바꿈하고 있으며, 그래서 지름길을 택하거나 경우에 따라서는 부정행위를 저지르는 과학자에게 인센티브가 주어지는 기이한 일이 벌어지고 있다고 우려했다. 그는 "이것은 엄청난 위협"이라고 강조했다.

지난달 두 사람은 《감염과 면역》의 사설란에 근본적인 개혁의 필요성을 역설하는 호소문 두 편을 실었다. 또한 3월 27일에 미국 과학아카데미의 과학기술법위원회 모임에서 이런 우려를 제기했다.

위원회는 이들의 진단에 동의했다. 텍사스주립대학교 공공보건대학 학장인 로베르타 B. 네스Roberta B. Ness 박사는 "이 문제는 이제 정말 무시할 수 없을 정도로 심각해진 상태"라고 말했다. 하버드대학교 의과대학의 데이비드 콘David Korn 박사도 "과학계 전반에 문제가 있다"고 시인했다. 과학계에 이전까지는 부정행위나 수준 낮은 연구가 전혀 없었다고 주장하는 사람은 아무도 없다. 실제로 과학적 방법론 자체가 존재하는 이유는 실수나 부정행위를 막기 위해서다.

과학자가 새로운 발견을 하면 그 발견을 담은 논문이 발표되기 전에 다른 과학자가 해당 논문을 비판적인 시각으로 꼼꼼히 검토한다. 일단 논문이 발표되면 과학계는 그 논문의 결과를 재연해서 같은 결과가 나오는지 시험한다.

그러나 팡 박사나 카사데발 박사 같은 논평가들은 최근 몇십 년간 과학계의 분위기가 우려스러운 방향으로 변했다고 주장한다. 특히 정부의 과학 예산에서 점점 더 큰 비중을 차지하는 생의학 연구에서 그런 경향이 심하다.

예를 들어, 2011년 10월《네이처》는 지난 10년간 논문 철회 횟수가 10배나 늘었다고 보도했다. 같은 기간 전체 발표 논문 수는 44퍼센트 증가했을 뿐이다. 2010년《의학윤리 저널 *Journal of Medical Ethics*》은 최근 들어 부쩍 늘어난 논문 철회 사례를 분석한 결과 부정행위와 단순한 과학적 실수가 섞여 있다는 사실을 지적하는 논문을 게재했다.

이런 현상에는 몇 가지 요인이 작용하고 있다고 과학자들은 말한다. 한 가지는 현재 학술지들이 온라인에 게재되다 보니 수준 낮은 논문이 예전보다 더 많은 독자에게 노출되고 있는 것뿐이라고 말한다. 요컨대, 오류가 발견될 가능성이 더 높아진 것이다. 팡 박사는 "노트북 앞에 앉아서 여러 논문을 한 번에 볼 수 있다"고 말했다.

그러나 더 치명적인 요인들이 작용하고 있다. 과학계에서 학자로 살아남으려면 과학자는 되도록 많은 논문을 발표하고, 인지도가 높은 학술지에 논문을 발표해야 한다는 압박감에 시달린다. 그리고 때로는 그런 결과를 얻기 위해 지름길을 택하거나 심지어 부정행위를 저지른다.

팡 박사와 카사데발 박사는 이런 주장이 얼마나 현실을 제대로 반영하는지 가늠해 보려고 2001년부터 2010년까지 17개 학술지의 논문 철회율과 영향력 지수를 비교했다. 그 결과 학술지의 영향력 지수가 높을수록 논문 철회율도 높다는 사실을 발견했다. 가장 높은 철회 지수의 불명예는 세계에서 가장 권위 있는 의학 학술지인 《뉴잉글랜드 의학 저널 *New England Journal of Medicine*》에 돌아갔다. 《뉴잉글랜드 의학 저널》은 이런 결과에 대한 논평에서 팡 박사와 카사데발 박사의 연구방법론에 문제를 제기했다. 팡 박사와 카사데발 박사는 초록을 수록한 논문만 대상으로 삼았는데 《뉴잉글랜드 의학 저널》에 실린 논문 중 초록이 수록된 논문의 수가 적다는 점을 지적한 것이다. 해당 논평에서 《뉴잉글랜드 의학 저널》은 "우리 학술지에서 두 박사의 연구 대상이 된 논문 수 자체가 적다 보니 철회 지수가 높게 나타난 것"이라고 주장했다.

《사이언스》의 편집국장 모니카 M. 브래드포드Monica M. Bradford는 권위가 높은 학술지일수록 더 많은 사람의 주목을 받다 보니 논문 철회율 또한 높은 면도 있다고 말했다. 브래드포드는 "가장 획기적인 결과를 발표한 논문은 사람들이 더 꼼꼼하게 검토하지 않겠냐"고 말했다.

팡 박사는 그런 주장에도 일리는 있지만, 그런 논리는 반대 방향으로도 적용할 수 있다고 주장한다. 권위 있는 학술지에 논문을 발표하려는 절박함 때문에 더 많은 오류가 나오기도 한다는 것이다. 매년 각 실험실에서는 새로운 박사들이 배출된다. 이들은 한정된 수의 일자리를 차지하려고 경쟁을 벌여야 하고, 경쟁은 해가 갈수록 심해지고 있다. 1973년에는 생물학자의 절반 이상이 박사학위를 받은 지 6년 안에 종신 교수직에 임명되었지만, 2006년에는 그 비율이 15퍼센트로 떨어졌다.

그러나 실험실로서는 언제나 더 많은 연구를 수행할 대학원생을 더 많이 받아들일 인센티브가 있다. 조지아주립대학교의 경제학자이자 올해 1월 하버드대학교출판부에서 출간 예정인 『경제학은 과학을 어떻게 움직이는가』(글항아리, 2013)의 저자 폴라 스테판Paula Stephan은 "나는 이것을 다단계 사기라고 부른다"고 말했다.

이런 환경에서는 인지도가 높은 학술지에 논문을 발표했는지 못했는지가 과학계의 일원이 되느냐, 과학계에서 쫓겨나느냐를 가른다. 팡 박사는 이를 두고 "과학계에 진입하기 위해 치러야 하는 비용이 되었다"고 말했다.

젊은 과학자가 학계에 자리를 잡는다고 해서 이런 절박감은 사라지지 않는다. 팡 박사는 이어서 "모두 성공을 거둔 뒤에도 불안해한다. '이제부터는 계속 내리막길인가?'라고 생각하는 것"이라고 말했다.

대학 실험실은 정부 등에서 꾸준히 들어오는 외부 지원금에 의지한다. 현재 미국 국립보건원NIH의 연구비 지원 신청서 통과율은 몇십 년 전과 비교하면 낮아졌다. 반면, 대학들은 과학자가 자신의 연봉에서 외부 지원금이 차지하는 비중을 늘리기를 기대한다. 이런 압력은 과학자의 승진 심사에도 영향을 미친다.

"어떤 식으로 진행되는가 하면, 일단 발표 논문 수를 센다. 그리고 논문이 발표된 학술지의 명성을 고려한다. 과학자가 외부 지원금을 얼마나 끌어들였고 지원금이 얼마나 남았는지도 본다. 외부 지원금을 받지 못하는 사람은 승진에서도 탈락한다. 연구 내용이나 수준은 전혀 고려 대상이 되지 않는다"라고 팡 박사는 설명했다.

네스 박사는 요즘 과학자를 소규모 자영업자에 비유한다. 과학자들이 세계가 작동하는 원리에 대한 호기심을 충족시키려고 연구에 매진하는 대신 "다른 과학자를 상대로 홍보와 영업을 한다. 자신의 제품을 더 잘 홍보하고 영업을 더 많이 뛸수록 가게에 자본이 안정적으로 유입되니까"라고 말이다.

스테판 박사는 대학들이 성공한 과학자를 끌어들이려고 앞다퉈 과학관을 지었다고 지적했다. 일부 대학은 이 때문에 부채를 떠안기도 했다. 외부 지원금이 들어오면 언젠가는 빚을 갚을 수 있으리라고 믿는 것이다. 스테판 박사는 "결국 크게 당할 것"이라고 경고했다.

이런 압력에 잔뜩 시달리다 보면 과학자는 정작 자신의 연구를 검토하는 데 쓸 시간이 부족해진다. 예컨대, 왜 확보한 데이터에서 가설에 어긋나는 수치가 발견되는지 살펴볼 여유가 없는 것이다. 오히려 다른 사람이 같은 결과를 발표하기 전에 어떻게든 논문을 발표할 궁리를 해야 한다.

팡 박사는 "실패는 용납되지 않는다. 가설이 틀렸다고 밝혀지는 순간 끝이다. 그러니 처음부터 대놓고 부정행위를 저지르는 과학자는 소수이다. 모든 면에서 완벽하게 보여야 한다는 강박 때문에 은밀하게 저지르는 경우가 훨씬 더 많다"고 말했다.

이런 압박감에 더해 중국과 인도 같은 국가에서는 수천 명의 새로운 박사가 쏟아져 나오고 있다. 스테판 박사는 《네이처》에 중국, 한국, 터키 등 몇몇 국가에서는 유명 학술지에 논문을 발표하는 과학자에게 현금 보상 지급을 약속하고 있다는 내용의 글을 실었다(2012년 4월 5일자). 스테판 박사는 이런 인센티브 때문에 유명 학술지에 더 많은 논문이 밀려들었다고 보았다. 그런 논문들 중에 실제로 발표된 것은 거의 없다. 그러나 스테판 박사는 "이렇게 심사할 논문이 늘어나면 당연히 시스템에 부담이 된다"고 지적했다.

팡 박사와 카사데발 박사는 이런 시스템을 바꾸기 위해서는 우선 대학원생들에게 과학계의 기본 원칙부터 제대로 가르쳐야 한다고 말한다. 카사데발 박사는 이 기본 원칙을 "어떻게 내가 무엇을 아는가를 아는가의 과학"이라고 부른다.

또한 승자독식 체제에서 탈피해야 한다고 지적했다. 현재는 연구 지원금이 소수의 과학자에게 집중된다. 한 실험실이 받을 수 있는 지원금에 상한선을 정하는 것도 한 가지 방법이다.

이런 변화가 가능하려면 과학자들이 과학계에서 그동안 가장 소중하게 이어온 관행을 버려야 한다. 예를 들어, 선착순 원칙, 즉 어떤 과학적 발견을 했거나 연구 성과를 올렸을 때 그 공로는 해당 내용을 처음 발표한 이에게 전부 돌리는 관행을 버려야 한다. (3세기 전 아이작 뉴턴과 고트프리트 라이프니츠는 누가 미적분을 처음 고안했는가를 두고 언쟁을 벌였다.)

카사데발 박사는 이런 선착순 원칙이 서로 경쟁 관계에 있는 연구팀들이 보안에 집착하고 경쟁자보다 먼저 논문을 발표하려고 서두르는 이유라고 생각한다. "그리고 그런 게 결코 좋을 리가 없다"고 말했다.

두 사람은 이런 살벌한 경쟁 구도를 완화하려면 과학상의 수여 규정도 바꾸고 대학교가 승진 심사를 할 때 공동 연구 작업도 고려 대상에 포함해야 한다고 말한다.

근본적인 변화가 필요하다는 주장에 공감하는 과학자들조차 그런 변화가 단기간에 가능하리라고는 보지 않는다. 하버드대학교의 콘 박사는 두 사람이 "이야기하는 것들을 바꾸기란 거의 불가능하다고 생각"한다.

팡 박사는 빠른 시일 내에 어떤 조치라도 취하지 않으면 상황이 훨씬 더 악화될 수 있다고 걱정한다. 그는 "우리 세대가 모두 물러나면 새로운 세대는 어떻게 될까? 내가 아는 모든 과학자는 연구 지원금 확보에 안절부절못해 다른 이에게 영감을 줄 수 있는 롤모델 역할을 하지 못한다. 미술과 음악을 전공하기로 한 우리 아이들에게 직접 들은 이야기이다. 아이들은 '그거 아세요? 우리는 과학자들을 보잖아요. 그런데 다들 별로 행복해 보이지가 않아요'"라고 하면서 안타까워했다.

Chapter 12

물리학

상상하기 힘든 것들을 이해하기

The New York Times

과학자들이 원자의 충돌을 관찰하다

앨바 존스턴

원자가 충돌하는 장면을 찍은 경이로운 사진들이 오늘 이곳(매사추세츠주 케임브리지)에서 열린 미국 과학진흥협회AAAS 모임에 참가한 화학자들의 눈앞에 펼쳐졌다. 이 모임에는 원자와 원자를 구성하는 전자를 연구하는 대표적인 학자들이 다수 참석했다.

하버드대학교의 시어도어 W. 리처즈Theodore W. Richards 박사는 화학 분과에서 각종 원자의 크기를 새로 계산한 결과를 발표했다. 시카고대학교의 W. D. 하킨스W. D. Harkins 박사는 새로운 원소주기율표를 설명했다. 하킨스 박사의 주기율표에는 원소와 원소의 한 유형인 동위원소가 정리되어 있다. 엄밀히 말해 현재는 기존 주기율표에 나열된 92개의 원소 외에도 200여 개의 원소가 더 존재하는 것으로 알려졌다. 그러나 현장에서는 92개의 원소를 나열한 기존의 주기율표가 여전히 유용하게 쓰이고 있다. 새로 발견된 원소, 즉 동위원소는 그 자체로는 기존 원소와 뚜렷이 구별되는 특징이 없기 때문이다. 질량만 살짝 다를 뿐이다. 예를 들어, 납은 동일한 원자의 덩어리로 존재하는 일이 결코 없다. 대신 다양한 유형의 납 원자가 결합된 형태로 존재한다. 각 원자는 질량을 제외하고 모든 물리적·화학적 특성이 같다.

리처즈 박사는 새로운 유형의 원자 충돌을 찍은 사진들을 선보였다. 이중전하헬륨핵이라고도 불리는 알파 입자가 습한 공기 중을 날아가는 장면에 적용하는 윌슨-시미즈Wilson-Shimizu 방식으로 찍은 사진들이다.

리처즈 박사가 설명할 수 없는 사진

리처즈 박사는 헬륨 원자가 수소 원자나 질소 원자에 부딪히는 사진을 펼쳐 보이며 "이 한 가지는 설명하지 못했다"고 말했다. 사진에는 헬륨 원자가 수소 원자의 측면을 강타한 뒤 직진하는 장면이 찍혀 있었다. 헬륨 원자와 부딪힌 수소 원자는 앞으로 나아가는 대신 뒤로 움직였다. 충돌하자마자 충격이 가해진 방향으로 역주행하기 시작했다. 반면, 충격을 가한 원자는 그대로 직진했다.

원자 발사체는 시속 3만 킬로미터의 속도로 날아갔고 다른 실험에서는 상대 원자를 뒤를 제외한 모든 방향으로 움직이게 만들었다. 원자들이 정면충돌한 경우에는 발사체는 튕겨 나왔고 상대 원자는 앞으로 밀려나갔다.

이런 특이한 장면은 원자 충돌 사진 1만 장당 1장 꼴로만 나타난다. 하킨스 박사는 앞으로 원자 충돌 사진을 수천 장 더 찍을 예정이라고 말했다. 그런 특이한 장면이 반복해서 연출되면 원자의 운동을 설명하는 단서를 얻을 수 있지 않을까 해서이다.

설명하기 힘든 또 다른 유형의 사진은 당구의 밀어치기를 연상시킨다. 발사체가 다른 원자에 부딪힌 다음에 경로를 이탈하는 일이 거의 없다. 상대 원자 또한 거의 원래 경로를 유지한다. 이런 장면이 찍힌 사진은 두세 장 정도 된다.

생생한 사진들

원자 자체는 우리 눈에 보이는 물체보다 백만 배는 더 작다. 그러나 발사체로 활용된 고속으로 움직이는 알파 입자나 헬륨핵은 우리 눈에 보이고 사진에도 생생하게 찍히는 효과를 만들어낸다. 라듐이나 다른 방사성 물질에 무수히 많은 충격을 가해서 튕겨 나온 입자들이 습한 공기를 채운 밀폐된 공간으로 들어가게 만든다. 실험 전에 밀폐된 공간 속의 모든 먼지 입자를 제거한 상태이므로 수분이 무언가에 달라붙어서 물방울을 만들 수 없다.

수분이 달라붙을 먼지가 없으면 수증기는 알파 입자의 궤적에 몸을 던져 스스로 물방울이 되어 떨어진다. 빠른 속도로 이동하는 원자로 인해 공기 분자는 전하를 띠게 되거나 이온으로 탈바꿈한다. 수분은 먼지 입자가 없는 상태에서는 이온에 달라붙는다.

그래서 아주 미세한 분무가 발사체의 궤적을 따라 형성되고, 상대 원자가 고속으로 앞으로 밀리거나 특정 방향으로 움직이면서 생긴 두 번째 궤적을 따라서도 형성된다. 이렇게 수분이 만든 선은 강한 불빛 아래에서 아름다운 사진이 된다. 원자들이 정면충돌하는 경우에는 일부 가벼운 원자가 산산조각 나는, 인위적인 원소 붕괴가 일어나는 장면을 찍은 사진도 있다. 원소 붕괴를 인위적으로 일으키는 데 최초로 성공한 사람은 어니스트 러더퍼드Ernest Rutherford이다. 그런데 이렇게 인위적인 원소 붕괴를 일으키기는 쉽지 않아서 관찰되는 경우도 매우 드물다. 충돌에 관여하는 입자들의 크기가 워낙 작기 때문이다. 알파 입자나 이중 전하헬륨핵의 크기는 일반적인 원자가 차지하는 공간에 비하면 1백만분의 1에 불과하다. 원자 또한 여러 개의 고리로 구성되어 있으며, 핵은 바깥 껍질보다 1,740배나 더 무겁지만 크기는 1백만 분의 1이 채 안 된다.

매우 작은 알갱이들이 다른 원소의 바깥 껍질을 뚫고 들어가서 핵과 부딪혀야만 원자 붕괴가 일어난다. 원자 발사체가 이런 작은 과녁에 정확하게 꽂히는 일은 매우 드물다. 헬륨핵은 너무 작아서 이 헬륨핵이 허공을 2.5센티미터 날아가서 원자에 부딪혔을 때 이미 다른 50만 개의 원자를 그냥 지나친 상태이다. 정면충돌로 상대 원자가 산산조각 나서 수소와 헬륨으로 인위적으로 바뀌는 장면이 제대로 찍힌 사진을 건질 수 있지 않을까 하는 기대로, 이런 원자 충돌 장면을 수천 장씩 찍는다. 심지어 동영상도 찍는다.

헬륨 원소는 네 개의 수소 원자로 구성된 것으로 알려져 있다. 그러나 헬륨 원소는 수소 원자 네 개의 질량을 더한 것보다 가볍다. 이것은 질량을 잃었다는 것을 의미하지만, 만약 그렇다면 질량보존의 법칙에 어긋난다. 그런데 실은 이때 사라진 질량은 또 다른 질량인 에너지로 바뀐 것이다. 리처즈 박사가 원소에 부여한 새로운 측정치는 압축률 연구에 근거하고 있다. 원자가 결합하면 일반적으로 서로를 끌어당기므로 따로따로 떨어져 있을 때보다 작은 공간을 차지한다. 리처즈 박사는 이런 결합에서 얼마나 많은 다른 구성요소가 자체의 힘으로 압축될 수 있는지를 확인하고자 했다.

기존 측정법에 따르면 원자의 지름은 평균 0.25나노미터 정도이다. 리처즈 박사의 측정치는 이런 측정치와 크게 차이가 나지는 않지만 더 정확하다고 한다.

시카고대학교 동위원소연구소의 로버트 S. 물리커Robert S. Mulliker 박사는 동위원소, 즉 특정 원소와 동일하지만 유형이 다른 원소에 대해 상당히 자세하게 논의했다. 그는 동위원소를 따로따로 연구할 수 있도록 완벽하게 분리하는 실험 방법이 아직 개발되지 않았다고 지적했다. 지금까지는 분리된 동위원소의 양이 너무 작아서 분석이 불가능했다.

물리커 박사는 "동위원소들의 행동이 거의 비슷하기는 하지만 완벽하게 일치하지는 않는다는 증거가 있으므로 그런 미세한 특성 차이를 연구해야 한다"고 말했다.

중성자는 입자 두 개의 결합체

페르디난드 쿤 주니어

오늘 케임브리지의 젊은 과학자 제임스 채드윅James Chadwick 박사가 중성자가 궁극적으로는 전자나 양성자처럼 새로운 입자라는 주장에 이의를 제기했다. 채드윅 박사는 작년 겨울에 그동안 미지의 존재로 머물던 중성자를 발견한 바 있다.

영국 과학진흥협회BAAS에서 자신의 발견을 처음 발표한 채드윅 박사는 중성자가 양성자와 전자가 결합한 새로운 입자이기는 하지만 중성자가 완전히 다른 새로운 입자라는 일부 과학자들의 주장에는 동의하지 않았다. 그는 수개월에 걸친 연구에도 어떻게 양성자와 전자가 결합하는지는 알아내지 못했다고 인정했다. 다만 중성자가 양성자와 전자가 결합한 입자인 것만은 분명하다고 말했다.

채드윅의 주장이 환영받다

노벨 물리학상 수상자인 O. W. 리처드슨O. W. Richardson 교수는 중성자에 관한 채드윅 박사의 보수적인 주장을 환영했다. 리처드슨 교수는 "채드윅 박사가 중성자가 양성자와 전자의 결합체라는 주장을 굽히지 않아서 다행이라고 생각한다. 어떤 사람들은 중성자가 근본적으로 새로운 유형의 입자라고 말했었다. 사실 믿기 어려운 주장이다. 양성자와 전자의 질량을 더한 값과 그렇게까지 질량이 비슷한 입자가 별개로 존재한다니 의심하지 않을 수 없다. 창조자에게나 우리 인간에게나 그런 주장은 시시껄렁한 농담이나 마찬가지이다. 그러나 앞으로 중성자에 관한 여러 가지 이야기가 더 나올 것이 분명하다"고 말했다.

오늘 채드윅 박사가 이끄는 카벤디시연구소의 연구팀은 중성자에 관한 새로운 사실을 많이 발표했다. 채드윅 박사는 최초로 중성자의 존재를 확인한 과정을 설명했다.

처음으로 성공한 실험에서는 알파 입자를 베릴륨beryllium(녹주석 속에 들어 있는 은백색의 금속 원소—편집자) 조각에 쏘아댔고, 중성자가 아니면 설명할 수 없는 이상한 방사선이 만들어졌다. 그러나 베릴륨의 질량이 얼마나 되는지는 아직 밝혀지지 않았고, 따라서 중성자의 존재를 수학적으로 입증할 수 없었다. 채드윅 박사 연구팀은 질량이 알려진 붕소 조각을 사용하고 나서야 그동안 사람들의 머릿속에서만 존재하던 중성자를 찾았다고 확신할 수 있었다고 전했다.

채드윅 박사는 "중성자는 아주 두꺼운 물질을 만나도 반사되지 않고 그대로 통과할 수 있다. 그리고 전하가 없다 보니 저항을 거의 받지 않고 핵 안으로 바로 들어갈 수도 있다. 때로는 핵으로 들어간 중성자가 다시 튕겨 나오기도 하고 때로는 안에 갇히기도 한다. 그러나 우리는 중성자와 전자가 충돌하는 사례는 단 한 번도 목격하지 못했다. 그런 충돌이 일어나는 것은 분명하지만 지극히 드문 경우라서 그렇다"고 설명했다.

프랑스의 노벨상 수상자인 루이 드 브로이Louis de Broglie는 중성자의 존재는 특정 물질에 알파 입자를 쏘는 실험뿐 아니라 라듐의 방사물에서도 확인할 수 있다고 했다. 그는 붕소에서 방출된 중성자는 베릴륨에서 방출된 중성자보다 에너지가 적다는 사실도 밝혀냈다.

카벤디시연구소에서 수천 장에 달하는 전자와 양성자의 궤적 사진을 찍은 네빌 페더Neville Feather는 중성자가 산소 핵을 붕괴시킬 수 있는 유일한 입자라고 주장했다. 초기에는 물리학자들이 원자의 핵이라는 현대 과학의 위대한 문제를 풀기 위해 고전했다. 특히 몇몇 핵의 기이한 행동을 설명하는 데 어려움을 겪었다. 이들 핵은 보편적인 질량보존의 법칙에 어긋나게 행동했기 때문이다. 오늘날, 케임브리지의 찰스 D. 엘리스Charles D. Ellis 교수에 따르면 작년에 실시된 새로운 연구로 이런 말썽꾼 핵이 사람들의 생각만큼 그렇게까지 이상하게 행동한 것이 아니라는 사실이 밝혀졌다.

에너지가 원자 핵의 이상행동을 설명할 열쇠

엘리스 교수는 "전자의 에너지가 어디로도 갈 수 없는 소실점이 존재한다는 명백한 증거가 발견되었다. 분명한 한계가 존재하는 것이다. 이것은 매우 중요하다. 에너지가 원자 핵 문제와 어느 정도 관련이 있다는 점을 보여 주기 때문이다. 핵 속 알파 입자의 에너지와 감마선의 주파수 사이에는 밀접한 연관성이 있는 듯 보인다. 에너지 원칙과 양자물리학의 원칙 모두에 완벽하게 부합한다"고 설명했다.

진화론을 주창한 위대한 다윈의 자손인 C. G. 다윈C. G. Darwin 교수는 핵이 보이는 모순된 행동에 실망하기를 거부한다. 그는 자신이 보기에 "핵의 경로는 상당히 과장된 측면이 있다. 핵은 실제로는 상당히 모범적으로 행동한다. 그리고 시간이 지나면 우리는 모든 것이 순리에 따라 아주 잘 맞물려서 돌아가고 있다는 것을 깨닫게 될 것이다. 우리가 핵의 경로에 너무 집착하다 보면 뉴기니섬에서 선교 활동을 한 선교사와 다를 것이 없게 된다. 그들은 몇몇 원주민의 식인 습성을 비난하느라 원주민의 많은 선한 면에 대해서는 완전히 잊어버리고 말았다"고 말했다.

아인슈타인 이론에 근거한 원자폭탄

윌리엄 로렌스

미국 과학자들이 세계 최초로 원자에너지를 이용하는 원자폭탄을 만들었다. 원자에너지는 태양에 거의 무한한 힘을 제공하는 원천이다. 태양은 그 힘으로 열, 빛, 기타 복사에너지를 만들어내고, 그 에너지 덕분에 지구에서 생명체가 살아간다.

원자에너지는 물질세계의 원자핵에 저장된 에너지이다. 원자에너지는 태양보다 훨씬 더 큰 별이 수천 년이라는 단위로만 측정되는 시간이 흐른 뒤 스스로를 불살라 저절로 사그라지는 대신 태양과 마찬가지로 수십억 년 동안 엄청난 양의 빛과 열을 뿜어낼 수 있게 해 준다.

원자에너지는 약 40년 전 아인슈타인이 처음 발견했다. 당시에는 철저하게 이론상으로만 존재했다. 아인슈타인의 유명한 상대성이론의 연장선상에서 발견되었기 때문이다. 아인슈타인의 상대성이론은 움직이는 물체는 가만히 있는 물체에 비해 질량이 더 크며, 움직임이 커지는 것과 빛의 속도 간에는 직접적인 관계가 있다고 설명한다.

아인슈타인은 이런 질량의 증가와 빛의 속도의 관계를 나타낸 공식에서 질량과 에너지가 사실상 같은 것임을 처음으로 보여 준 유명한 수학 관계식을 도출했다. 이 관계식은 인류의 지성사에서 가장 혁명적인 개념이다. 아인슈타인의 질량-에너지 관계식은 모든 질량은 그에 대응하는 고정된 에너지를 지니며 그 반대도 성립한다는 것을 보여 준다.

고밀도 에너지

무엇보다 이 질량-에너지 관계식은 아주 작은 물질이 엄청난 양의 에너지를 지니고 있다는 (당시로서는) 믿기 어려운 사실을 일깨워 주었다. 아인슈타인의 식에 따르면, 콩알만 한 석탄 조각은 대형 범선이 대서양을 가로질러 왕복하기에 충분한 에너지를 지니고 있다. 그러나 당시에는 아무도, 심지어 아인슈타인 본인조차도, 이런 기초에너지의 우주적 원천을 활용할 방법을 찾을 수 있으리라고는 상상도 하지 못했다.

아인슈타인은 질량-에너지 정리를 통해 물질, 에너지, 빛의 속도라는 우주의 3요소는 서로 관계가 있음을 명확하게 보여 준다. 그리고 이 관계를 요약한 관계식은 초등학생도 이해할 수 있을 정도로 매우 간단하다.

질량-에너지 관계식인 $E=mc^2$에서 'm'은 그램 단위로 나타낸 질량, 'E'는 에르그erg(에너지나 일의 소단위) 단위로 나타낸 에너지, 'c'는 센티미터/초 단위로 나타낸 빛의 속도를 가리킨다. 이 관계식에 따르면 모든 물질은 어떤 질량에서든 에너지를 지닌다. 그리고 그 에너지는 물질의 질량(그램) 곱하기 빛의 속도(센티미터/초)의 제곱이다. 빛의 속도는 (대략)

초속 30만 킬로미터, 즉 초속 300억 센티미터이다. 어떤 물질이 1그램 있다고 치자. 아인슈타인의 관계식에 따르면 이 물질이 지닌 에너지는 1(물질 1그램) 곱하기 300억 제곱 에르그이다. 즉, 이 물질 1그램에는 9해垓(10의 20제곱–편집자)르그의 에너지가 들어 있다. 이것을 킬로와트시로 나타내면 약 500그램의 물질에는 1백억 킬로와트시의 에너지가 들어 있다는 말이 된다.

활용 가능성

만약 이 에너지를 최대한 끌어낼 수 있다면 10킬로그램의 물질만으로도 미국 전체가 1년 동안 사용하는 전기에너지를 생산할 수 있다. 물 3분의 1그램이면 1천 톤의 물을 끓여서 수증기로 만드는 데 필요한 에너지를 얻을 수 있다. 한 번의 호흡만큼의 공기로도 강력한 엔진을 장착한 비행기를 1년 내내 운항할 수 있다. 눈 한 줌으로 커다란 아파트에 1년간 난방을 공급할 수 있다. 작은 기차표로 아주 무거운 여객 열차가 전 세계를 여러 바퀴 돌게 할 수 있다. 물 한 컵으로 1년에 10만 킬로와트의 전기를 생산하는 발전소를 돌릴 수 있다.

어떤 물질이든지 500그램만 있으면, 그리고 그 물질의 원자에너지를 100퍼센트 끌어낼 수만 있다면 석탄 150만 톤이 생산하는 동력을 만들 수 있다. 그런데 효율성을 극대화했을 때조차 물질 속에 내재된 총 에너지의 10분의 1퍼센트만을 끌어내는 원자폭탄을 개발한 것이다. 실제로는 100분의 1퍼센트만을 끌어냈다 하더라도 여전히 이 지구상에서 가장 파괴적인 무기였을 것이다.

원자를 쪼갤 때 방출되는 원자에너지는 지금까지 인간이 사용한 그 어떤 일반적인 에너지와도 차원이 다른 에너지이다. 물질을 완전히 소멸시키기 때문이다. 원자가 쪼개지면 물질의 일부는 에너지로 전환된다. 이런 방식은 수차를 돌리거나 석탄 또는 석유를 태워서 에너지를 얻는 것과는 물리적인 원리가 다르다. 수차의 경우 힘을 얻기 위해 동원되는 물 분자 자체는 전혀 변하지 않는다. 댐에서 방수로로 이동하는 과정에서 위치에너지를 잃을 뿐이다.

원자의 정체성이 변한다

석탄이나 석유를 태울 때는 힘을 얻는 과정이 더 복잡하다. 탄소 원자, 수소 원자, 산소 원자(석탄 분자와 석유 분자를 구성하는 원자들)는 흩어졌다가 새로운 물질을 형성하는 새로운 분자로 재결합한다. 그러나 원자 자체는 여전히 그대로다. 탄소 원자, 수소 원자, 산소 원자로 남아 있는 것이다. 이 중 어느 것도 측정 가능한 범위 내에서는 질량을 잃지 않는다.

그런데 원자에너지의 경우에는 원자 자체의 정체성이 완전히 바뀐다. 그리고 이 과정에서 질량 일부도 잃는다. 그렇게 원자가 잃은 질량이 에너지가 된다. 이 과정에서 풀려난 에너지는 파괴된 원자 질량에 비례한다. 예를 들어, 태양은 태양을 구성하는 수소가 일부 파괴되면서 에너지를 얻는다. 그리고 그 과정에서 수소는 헬륨으로 변한다.

태양이 에너지를 얻는 과정에서는 각각 질량이 1.008원자질량단위인 수소 원자 네 개(총 4.032원자질량단위)가 결합해 헬륨 원소 하나를 형성한다. 그리고 이 헬륨 원소 하나의 질량은 4.003원자질량단위이다. 요컨대, 수소 원자 네 개의 0.029원자질량단위가 사라졌다. (그리고 양전하 두 개도 사라졌다.) 사라진 질량은 순수한 에너지로 변환되었다. 태양을 구성하는 엄청난 수소에서 풀려나는 에너지의 양으로 볼 때 태양은 실제로 1초당 400만 톤의 질량을 잃고 있다. 태양의 총 질량이 2000자秭(10의 24제곱) 톤이라는 것을 감안하면 이 질량은 티끌 하나 정도에 불과하지만 말이다.

그런데 태양이 같은 무게의 석탄 덩어리였다면 현재보다 30억 배 정도 더 많은 질량을 태워야만 현재와 같은 양의 에너지를 얻을 수 있었을 것이다. 만약 그랬다면 석탄으로 이루어진 이 태양에 저장된 분자에너지는 5,750년 안에 몽땅 소진되었을 것이다. 달리 말해 지구가 탄생하기도 전에 태양은 스스로를 전부 태우고 사그라졌을 것이다.

지구의 생명 활동 유지

태양은 원자에너지를 이용하기 때문에 1백억 년(현재는 태양의 총 수명이 1백억 년이며 현재 수명이 46억 년 정도, 남은 수명이 50억 년 정도 되는 것으로 추정하고 있다.—옮긴이) 동안 엄청난 양의 방사에너지를 내보낼 수 있었다. 그리고 현재 태양의 질량과 태양이 타는 속도를 고려하면 앞으로도 약 15조 년간(1945년 기준으로 현재와는 다른 추정치이다.—옮긴이) 더 에너지를 내뿜으면서 타오를 것이다. 물론 시간이 지나면 태양의 질량이 줄어들면서 태양이 방출하는 에너지의 양도 훨씬 더 줄어들 것이다. 지구의 생명 활동을 유지하는 데 필요한 에너지가 방출되는 기간은 앞으로 1백억 년 내지 1천억 년 정도 남은 것으로 추정된다.

원자에너지의 존재 자체가 상대성이론을 통해 발견되었으니 원자폭탄 개발은 이 이론이 옳다는 것을 입증하는 가장 극적인 증거가 된다. 또한 이 이론이 실용적인 목적으로 지구에서 활용된 첫 사례이기도 하다.

아인슈타인을 망명길로 몰아낸 독일의 전쟁광들이 패전을 피하기 위해 아인슈타인의 상대성이론에 기대어 원자폭탄을 개발해야만 하는 처지가 되었던 것은 역사의 대단한 아이러니가 아닐 수 없다. 현재 아인슈타인은 존경받는 미국 시민이 되었고, 미국은 나치가 실패한 일에 성공했다. 원자폭탄이 히로시마와 나가사키에 떨어졌을 때 철저하게 순수 수학이었던 개념이 현실 세계에서의 결과물로 탈바꿈했다.

이 개념이 적절한 시기에 고안되지 않았다면 원자폭탄 개발은 불가능했을 것이다. 그랬다면 전쟁은 더 오래 지속되었을 것이다. 따라서 수천 명의 미국 청년은 자신들의 목숨을 구해준 상대성이론에 감사해야 할 것이다. 요컨대, 순수 과학은 아무리 현실과 동떨어진 것처럼 보여도 결국에는 배당금이 아주 높은 학문이다.

하늘의 빛이 온통 휘어져 있다

아인슈타인의 빛에 관한 이론이 개기일식 탐사단의 조사로 입증되었지만, 과학자가 아닌 일반인이 알아들을 수 있는 말로 이 이론을 설명하려는 노력은 별 성과를 거두지 못하고 있다. 영국 왕립학회와 왕립천문학학회는 최근에 열린 모임에서 아인슈타인의 새로운 이론에 대해 논의했다. 왕립학회 회장 조지프 톰슨 경Sir Joseph Thomson은 아인슈타인의 이론을 이해하기 쉽게 설명하기는 진정 불가능하다고 단언했다. 그러나 동시에 톰슨 경은 "개기일식 탐사단의 조사결과는 별이 내보내는 빛이 그 빛에 영향을 미치는 다른 천체로 인해 정상 경로에서 휘어지거나 굴절된다는 것을 보여 준다. 그래서 빛에도 무게가 있다는 추론은 뉴턴이 만유인력 법칙을 제시한 이후 중력에 관한 법칙에 가장 중요한 기여를 했다"고 말했다.

톰슨 경은 뉴턴과 아인슈타인의 이론 간 차이는 대중의 관점에서는 아주 미미하며 순전히 수학적인 것이어서 엄밀한 과학 용어로 표현될 수밖에 없기 때문에 일반인에게 이런 차이를 구체적으로 설명하는 것은 무의미하다고 주장했다.

톰슨 경은 계속 이어서 대중에게 "쉽게 설명할 수 있는 내용은 아인슈타인이 별빛이 태양 옆을 지나갈 때 굴절된다는 사실을 예측했다는 것과 최근의 개기일식이 이 예측이 정확했다는 것을 입증했다는 사실"이라고 말했다.

"정상에서 벗어난 화성의 운동에 대한 아인슈타인의 두 번째 이론도 입증되었지만, 특정 태양 빛에 관한 그의 세 번째 예측은 아직 입증되지 않았다."

최근의 발견이 뉴턴이 제시한 중력 법칙을 뒤집느냐는 질문에는 중력 법칙은 여전히 일반적으로 유효하지만 고도로 수학적인 차원에서는 아인슈타인이 제시한 새로운 개념, 즉 특정 조건 하에서는 공간이 뒤틀리거나 휘어진다는 개념이 적용되어야 한다고 답했다. 탐사단에 참가한 한 일원은 이번 조사결과와 관련이 있는 수많은 다른 개념에 대해 설명하고 아인슈타인의 이론을 더 비중 있게 다루어야 한다고 주장했다. 그는 이번 조사결과가 많은 의미를 갖지만, 특히 이전까지는 일반적으로 평행하다고 여겨진 두 선이 언젠가는 만난다는 것, 원이 실제로는 원형이 아니라는 것, 삼각형의 세 각의 각도를 더했을 때 반드시 두 개의 직각을 더한 것과 일치하지 않는다는 것을 의미한다고 지적했다.

이 천문학자는 "아인슈타인의 이론을 명확하고 쉬운 말로 표현할 수 없는데도 그의 이론이 중요하다는 점은 충분히 논의되었다"고 웃으며 말했다.

또 다른 천문학자 W. J. S. 로키어W. J. S. Lockyer 박사는 "이런 발견들이 매우 중요하긴 하지만 그렇다고 지구에서 크게 달라질 것은 없다. 일반인의 삶에는 특별한 영향을 미치지 않는다. 이 이론은 천문학자들에게만 중요하다. 지금까지는 빛이 직선으로 이동한다고 알고 있었다. 그런데 이제 빛이 곡선으로 이동한다는 사실을 알게 되었다. 따라서 별 등 모든 천체가 천문학적으로 관측되는 그 위치에 없을 수도 있다는 결론이 나온다. 일례로, 별은 우리가 지금까지 추정한 것보다 훨씬 더 먼 곳에 위치해 있을 수도 있다. 이것은 지구에서의 비행에는 아무 영향을 미치지 않지만 수정되어야 하는 부분이다"라고 말했다.

왕립학회 모임에서 한 연사는 유클리드의 명제도 뒤집어졌다고 주장했다. 그러나 그런 주장에 학생들이 섣부르게 흥분할 일은 아니다. 모임에서도 지적되었듯이 유클리드는 만약 평행하는 직선을 끝까지 그린다고 해도 서로 만나는 일이 없다고만 말했기 때문이다. 유클리드는 빛에 대해서는 아무 말도 하지 않았다.

냉소적인 일부 비평가들은 아인슈타인의 이론이 이미 널리 알려진 현상을 과학 용어를 표현한 것에 불과하다고 주장하기도 했다. 즉, 물이 담긴 대야 속에 들어 있는 동전이 우리 눈에 보이는 그 위치가 아닌 다른 위치에 있다는 것은 이미 예전부터 알고 있던 사실이고, 빛의 굴절 또한 새로울 것 없다는 것이다.

앨버트 아인슈타인은 50대의 스위스 과학자이다. 취리히과학기술대학교에서 수리물리학 교수로 지내다 프라하대학교로 옮겼다. 전쟁이 발발하자 베를린의 윌리엄황제과학한림회Emperor William's Scientific Academy 회원으로 선출되었다. 그리고 전쟁이 끝났을 때는 혁명을 지지했다. 그는 지난 6년간 베를린에서 지내고 있다.

아인슈타인은 자신의 중요한 연구가 담긴 마지막 원고를 출판사에 넘길 때, 내용을 이해할 수 있는 사람은 아마도 전 세계에서 12명도 채 되지 않을 거라고 경고했다. 그러나 출판사는 그런 위험을 감수했다.

아인슈타인, 자신의 이론을 직접 설명하다

뜨거운 논란을 불러일으킨 아인슈타인 박사의 새 '상대성이론'이 11월 6일 런던에서 열린 왕립학회 모임에서 그 권위를 공식적으로 인정받은 이상, 인간이 우주를 바라보는 틀이 획기적인 변화를 겪을 전망이다. 실제로 뉴턴의 만유인력 법칙 공표 이후로 상대성이론이 과학계에서 가장 중요한 발견이라고 믿는 독일 학자들도 있다.

평범한 사람에게는 이 이론이 요한계시록에 나오는 일곱 개의 인으로 봉한 책에 관한 이야기만큼이나 혼란스럽게 느껴질 것이다(성경에서 예수의 재림을 예언한 요한계시록 5장~8장에는 일곱 개의 인으로 봉인한 책이 등장하는데, 일곱 개의 뿔과 일곱 개의 눈을 지닌 양만이 이 봉인을 풀 수 있으며 일곱 개의 봉인을 모두 열면 심판의 날이 온다고 한다. 요한계시록 전체가 비유와 상징으로 가득해서 해석에 어려움을 겪지만, 특히 이 일곱 개의 인으로 봉인된 책에 관한 이야기의 해석을 두고는 의견이 분분하다.—옮긴이). 이 이론에 대한 아인슈타인 본인의 해석을 듣기 위해 《뉴욕타임스》의 특파원이 베를린에 있는 아인슈타인 박사의 자택을 방문했을 때, 그는 자신의 이론이 뉴턴의 법칙만큼이나 인간의 사고방식에 혁명적인 영향을 미칠 것이라는 주장은 과장되었다고 겸손하게 말했다. 아인슈타인 박사는 베를린에서 엘리베이터가 있는 몇 안 되는 고급 아파트의 꼭대기 층에 살고 있었다. 어찌 보면 자신이 연구하는 별들과 더 가까이 살고 있는 셈이었다. 그는 망원경 대신 마음의 눈으로 별들을 연구한다. 수학 공식으로 설명할 수 있는 범위 내에 들어오는 것만 다룬다. 그는 천문학자가 아닌 물리학자이기 때문이다.

아인슈타인 박사는 인터뷰가 진행된 서재에서 이웃 건물의 옥상에서 한 남자가 떨어지는 장면을 목격한 적이 있다. 다행히도 그 남자는 부드러운 쓰레기 더미 위로 떨어졌다. 그래서 아무 부상 없이 멀쩡하다는 것을 확인할 수 있었다. 그 남자는 아인슈타인 박사에게 자신이 떨어지는 동안 소위 중력이라고 말하는 것을 전혀 느끼지 못했다고 말했다. 뉴턴의 법칙에 따르면 중력이 그를 지구 쪽으로 힘차게 끌어당겨야 하는데도 말이다. 이 사건은 이후 그와 비슷한 아이디어에 근거해 진행된 다른 연구들과 함께 아인슈타인 박사의 머릿속에 아주 복잡한 사고의 사슬을 엮다가 마침내, 박사의 말에 따르면, "뉴턴의 만유인력의 법칙이 틀렸다는 것은 아니지만 수정하거나 보충하는" 이론을 낳았다.

아인슈타인 박사는 《뉴욕타임스》의 인터뷰 요청 메시지를 읽었을 때 유쾌한 웃음을 터뜨렸다고 한다. 인터뷰 요청 메시지는 박사가 출판사에 원고를 넘기면서 전 세계에서 그 내용을 이해할 사람은 12명이 넘지 않을 것이라고 한 말을 인용했고, 본인의 이론을 12명 이상의 사람들이 이해할 수 있게 설명해 달라는 편집자의 요청도 포함하고 있었다. 아인슈타인 박사는 일반인에게 자신의 이론을 설명하기는 어렵다는 입장을 고수했다.

"그런데 저는 되도록 쉽게 설명하려고 노력하고 있어요. 제 이론과 뉴턴의 만유인력의 법칙의 차이점에 대해 우선 말해 보죠. 지구가 없다고 생각해 보세요. 대신 그 자리에 방이나 집채만 한 허공에 떠 있는 상자를 집어넣었다고 생각해 보세요. 상자 속 중앙에는 한 사람이 자연스럽게 떠 있습니다. 그를 당기는 힘이 아무것도 없는 것이죠. 그러다가 밧줄 같은 도구로 갑자기 이 상자를 한쪽으로 당겼다고 해 봅시다. 과학적으로는 이것을 가속운동이라고 부릅니다. 등속운동과 반대되는 개념이지요. 그러면 이 상자 속 사람은 당연히 상자가 당겨지는 것과는 반대쪽 면에 부딪힐 겁니다. 이런 결과는 뉴턴의 만유인력의 법칙이 적용될 때와 같은 결과입니다. 하지만 실제로는 아무런 중력이 작용하고 있지 않습니다. 즉, 가속운동은 언제나 중력과 같은 결과를 낳을 거라는 의미죠.

저는 이 새로운 아이디어를 모든 종류의 가속운동에 적용했습니다. 그리고 뉴턴의 법칙을 토대로 도출한 공식보다 훨씬 더 정확하다고 확신하는 수학 공식을 만들었습니다. 그러나 뉴턴의 공식은 제가 만든 공식과 거의 비슷해서 실제 현실에서는 눈에 띄는 차이를 관찰하기 어려웠던 거지요.

다만 그런 예가 화성의 운동에서 관찰되었습니다. 오랫동안 천문학자들을 당황하게 했던 운동이죠. 이 문제는 제 공식으로 완벽하게 해결되었습니다. 왕립학회 모임에서 왕실 천문학자 프랭크 다이슨 경Sir Frank Dyson이 설명한 그대로입니다.

또 다른 예가 중력장을 통과하는 빛이 굴절하는 현상입니다. 뉴턴의 법칙으로는 그런 굴절을 설명할 수 없습니다. 가속운동에 관한 제 이론에 따르면, 중력이 작용하는 어떤 질량을 빛이 스쳐지나간 뒤에 계속 운동을 이어나갈 때는 그런 굴절이 반드시 일어나야만 합니다. 이를 가장 잘 보여 주는 현상을 실제로 관찰할 기회가 가장 최근에 있었던 개기일식이지요. 관찰 결과, 지구에 도달하는 항성의 빛이 태양 옆을 스쳐 지나면서 제 공식으로 계산한 것과 똑같은 정도로 굴절이 되었습니다. 그래서 지금까지 중력의 작용이라고 여겼던 것이 실은 가속운동의 작용이라는 제 이론이 옳다는 것이 입증됐습니다. 아주 정교한 장치를 갖추고서 아주 어려운 과제에 엄청난 집중력을 쏟아붓고 포기를 모르는 집념을 보여 준 아주 뛰어난 과학자들이 참여한 영국의 탐사단 덕분이지요."

기자는 왜 '상대성이론'이라는 이름을 붙였는지 물었고, 아인슈타인 박사는 이렇게 설명했다.

"'상대성'이라는 표현은 시간과 공간을 가리키는 것입니다. 갈릴레오와 뉴턴의 이론에 따르면, 시간과 공간은 절대적인 독립체였습니다. 그리고 우주의 운동체계는 이런 절대적인 시간과 공간을 토대로 작동한다고 봤습니다. 그동안 이런 개념을 바탕으로 역학이 발전해 왔습니다. 이런 역학이 도출한 공식들은 천천히 움직이는 모든 운동을 설명하기에는 충분했습니다. 그러나 전기역학에서 관찰되는 빠른 운동을 설명할 수 없었습니다.

그래서 네덜란드의 교수인 로렌츠Hendrik Lorenz(상대성이론의 선구로서 로렌츠 단축短縮·로렌츠 변환식變換式을 제시한 물리학자로 1902년 노벨 물리학상을 받았다.—편집자)와 제가 특수상대성이론을 세웠습니다. 간략하게 말하자면, 이 이론은 절대적인 시간과 공간이라는 개념을 배척하고 시간과 공간을 운동체계에 대해 매번 상대적으로 존재하는 독립체로 상정합니다. 이 이론은 역학뿐 아니라 기존 공식으로는 환원할 수 없었던 전기역학이 다루는 모든 현상이 잘 설명할 수 있습니다. 그런 현상이 아주 많았거든요.

지금까지는 시간과 공간이 독립적으로 존재한다고 생각했지만, 즉 태양·지구·행성 등 다른 것들이 없어도 그 자체로 존재한다고 여겼지만, 사실은 태양과 지구, 그리고 하늘에서 빛나는 다른 존재들이 없이는 존재할 수 없습니다. 시간과 공간이 우주를 담은 그릇이 아닌 것은 말할 것도 없고요.

이 특수상대성이론이 제 이론의 첫 부분에 해당합니다. 이 이론은 모든 등속운동 체계에 적용됩니다. 즉, 같은 속도로 직선으로 움직이는 체계에 관한 것입니다.

저는 서서히 이 이론이 모든 운동 체계, 즉 가속운동 체계에도 마찬가지로 적용될 수 있겠다는 생각을 했습니다. 과학적으로는 매우 모순되는 것처럼 보이는 생각이기는 했습니다. 그리고 저는 이런 일반상대성 개념을 제 이론의 두 번째 부분으로 삼았죠.

이렇게 가속운동을 설명하는 공식을 만들던 중에 옥상에서 한 남자가 떨어지는 사건이 일어났고, 중력이 가속운동으로 설명될 수도 있겠다는 영감을 얻게 된 것입니다."

기자는 다시 절대적인 시간과 공간이 없다면, 즉 우주를 담는 그릇이 아니라면 에테르ether는 어떻게 되는지 물었다.

"지금까지 과학계에서 제시한 에테르는 존재하지 않습니다. 아주 저명한 미국의 과학자 마이컬슨Albert Michelson(정밀한 간섭계를 제작하여 광파光波의 간섭 현상을 실측한 물리학자. 1907년 노벨 물리학상을 받았다.—편집자)이 이미 잘 알려진 대로 실험으로 입증했습니다. 빛의 속도 변화를 통해 지구의 운동이 에테르에 영향을 미칠 수 없다는 것을 보였지요. 만약 기존의 가설이 옳다면 나올 수 있는 결과가 아니었으니까요."

기자는 아인슈타인 박사 스스로 이 혁명적인 상대성이론이 옳다는 것에 절대적인 확신을 가지고 있는지 혹시 조금은 망설여지는 점이 있지는 않은지 물었다.

"아니요, 저는 절대적인 확신을 가지고 있습니다. 제 이론은 앞에서 언급한 두 가지 사례로 입증되었습니다. 물론 아직 한 가지 시험이 남았는데 바로 분광 분석이죠. 제 이론에 따르면, 항성 빛의 스펙트럼은 그 빛을 내는 별의 중력에 영향을 받아 살짝 변형이 일어나야 합니다. 그런데 아직까지 관찰되는 현상은 이런 예측과는 모순됩니다. 그러나 저는 최종적으로는 이를 제 이론에 맞게 설명할 수 있으리라고 봅니다."

바로 그때 서재에 있는 커다란 괘종시계가 정오를 알리면서 아인슈타인 박사에게 베를린의 다른 장소에서 또 다른 약속이 있음을 상기시켰다. 구시대의 시간과 공간은 절대적인 시간과 공간이라는 관념을 호되게 비판한 박사에게 늘 하던 대로 절대적인 권력을 휘둘렀다. 그렇게 인터뷰는 끝이 났다.

주말 나들이에 나선 차만큼 빛의 속도를 늦추다

맬컴 W. 브라운

빈 공간을 이동하는 빛은 초속 30만 킬로미터의 속도로 순식간에 지나간다. 이론상으로도 어떤 물체가 낼 수 있는 최고 속도이다. 달빛이 지구에 닿기까지는 약 1초 너머밖에 걸리지 않는다.

그런데 덴마크의 물리학자가 이끄는 연구팀이 빛의 속도를 시속 60킬로미터로 늦추는 방법을 개발했다. 이 속도는 아주 뛰어난 자전거 선수라면 자전거로도 거뜬히 낼 수 있는 속도이다.

매사추세츠주 케임브리지 소재 롤랜드 과학연구소와 하버드대학교 소속인 레네 베스테르고르 하우Lene Vestergaard Hau 박사가 이끄는 이 물리학 연구팀은 곧 빛의 속도를 더 늦출 수도 있으리라고 기대한다. 그것도 빙하만큼이나 느린 시속 35.6미터로. 거북이만큼 느려지는 것이다.

하우 박사는 인터뷰에서 "빛을 쏜 다음에 커피를 사러 나갔다가 돌아와도 빛이 이동하는 장면을 볼 수 있을 정도로 빛의 속도를 늦출 수 있을 것"이라고 예상했다.

하우 박사와 하우 박사의 하버드대 제자 두 명, 그리고 스탠퍼드대학교의 스티브 E. 해리스Steve E. Harris 박사의 연구 논문이 오늘《네이처》에 실릴 예정이다. 물리학자들은 이들의 발견이 물질의 특수한 상태를 연구하는 도구로서뿐만 아니라 광학 컴퓨터, 고속 스위치, 통신 체계, 텔레비전 화면, 야간 투시 장치 등 앞으로 다양하게 응용될 것이라고 말한다.

하우 박사 연구팀이 빛의 속도를 늦추기 위해 만든 장치의 가장 뛰어난 점은 레이저 빛에서 나온 열에너지가 이 빛이 비추는 초저온물질로 전달되지 않는다는 점이다. 덕분에 광학 컴퓨터가 작동할 때 중요한 안정화 효과를 낼 수 있을 것으로 보인다. 광학 컴퓨터는 기존의 전자 대신 광자를 이용해 작동한다. 이 시스템을 적용한 스위치는 단 한 개의 광자로도 켜고 끌 수 있을 정도로 민감도가 높을 것이라고 하우 박사는 설명했다.

하우 박사 연구팀이 빛의 속도를 2천만 분의 1로 늦추는 데 사용한 매개물은 '보스-아인슈타인 응축물'이라고 불리는 절대영도보다 단 10억 분의 5도 높은 온도로 얼린 원자 무리이다. (절대영도는 모든 물체가 도달할 수 있는 최저온도이다. 섭씨로는 -273.15도, 화씨로는 -459.67도이며 켈빈 온도로는 0도이다.)

하우 박사팀은 밀폐된 기체 속 원자의 속도를 레이저로 늦추고 매번 가장 온도가 높은 원자를 수증기로 날리는 방식으로 단계를 나누어 점진적으로 초저온 상태에 도달했다. 이 연구팀이 도달한 온도는 실험실에서 도달한 온도로는 손에 꼽을 정도로 낮은 온도였고 자연계의 그 어떤 곳, 심지어 저 먼 우주 공간보다도 낮은 온도였다. 4년 전, 한 실험실에서 보스-아인슈타인 응축물(이 물질의 존재를 예측한 사티엔드라 나트 보스 Satyendra Nath Bose와 앨버트 아인슈타인의 이름을 땄다)을 만들어내는 데 성공했다. 그 뒤로 이 물질은 미국과 유럽에서 집중적으로 연구되었다. 이 물질이 존재할 수 있는 것은 모두 양자역학 법칙 덕분이다.

여기에 관여하는 양자역학 법칙 중 하나는 베르너 하이젠베르크 Werner Heisenberg의 불확실성 원리이다. 이 원리에 따르면, 입자의 위치 측정의 정확도가 높아질수록 운동량 측정의 정확성은 떨어진다. 반대로 운동량 측정의 정확성이 높아질수록 위치 측정의 정확도는 떨어진다.

보스-아인슈타인 응축물에서는 원자가 절대온도에 가깝게 냉각되어 거의 움직일 수 없는 상태가 된다. 따라서 운동량은 0에 가깝다. 그런데 0은 매우 정확한 운동량 측정치이다. 불확실성 원리를 적용하면 이 원자의 위치 측정치는 매우 불확실하다. 따라서 응축물에서는 그런 원자가 서로 겹쳐지면서 동일한 양자역학적 '파동 함수'를 공유하는 초원자, 즉 동등한 양자역학적 성질을 지닌 초원자로 통합된다.

중첩된 나트륨 원자로 이루어진 기체로 만든 초원자 덕분에 하우 박사팀은 빛의 속도를 늦추는 데 필요한 광학 당밀을 손에 넣을 수 있었다.

작년 여름, 하우 박사팀이 막 연구를 시작했을 때는 '접합' 레이저를 응축물 속 원자의 공명에 맞춰 설정한 다음 냉각된 원자 무리 속으로 쏘아서 레이저 빛과 응축된 원자들이 구성요소가 되는 양자역학 체계를 만들었다. 이 단계에서는 양자역학 체계가 납덩어리만큼이나 불투명했다고 하우 박사는 회상했다.

다음 단계는 조절된 레이저 빛의 짧은 파동을 '탐침'에서 응축물 속으로 보내는 것이었다. 이때 레이저-응축물 체계가 탐침 레이저와 상호작용을 할 수 있도록 이 파동이 접합 레이저와 직각을 이루도록 설정했다. 이런 조건하에서 탐침 레이저 빛의 약 25퍼센트가 '레이저 응축물' 속을 통과했다. 그런데 그 속도가 놀라울 정도로 느렸다. 이 장치를 빠져나온 빛을 맨눈으로 볼 수는 없었지만, 탐지기로 이 빛이 장치를 통과하기 전과 거의 같은 색을 유지한다는 것을 확인할 수 있었다.

빛의 속도는 물, 플라스틱, 다이아몬드 등 모든 투명한 매개물 속에서는 느려진다. 예를 들어, 유리 프리즘과 렌즈는 유리의 두께에 따라 빛의 속도를 각기 다른 비율로 늦춘다. 빛이 느려지면 렌즈의 초점에 따라 굴절된다.

그런데 레이저 접합 보스-아인슈타인 응축물을 통과하는 빛의 속도가 느려지는 것은 이와는 전혀 다른 양자역학적 방식으로 이루어진다. 빛이 기어간다고 할 정도로 속도가 느려질 뿐 아니라 응축물의 굴절률이 어마어마하게 커진다.

굴절률은 매개물에 의해 빛이 굴절되는 정도를 나타내는 단위이다. 하우 박사팀이 만든 응축물의 굴절률은 유리 광섬유의 굴절률에 비해 100조나 더 크다.

하우 박사팀은 이런 연구 결과를 상용화하기까지는 10년은 걸릴 거라고 말하면서도, 이 응축물의 굴절률이 워낙 큰데다가 세밀하게 조정할 수 있으므로 '상단-변속' 장치의 기반이 될 수 있을 것으로 보았다. 상단-변속 장치는 빛의 스펙트럼 한쪽 끝에 있는 적외선의 파장을 높여 눈에 보이는 빛, 그리고 더 나아가 자외선으로 변환하는 장치를 가리킨다. 초민감 야간 투시경과 아주 생생한 영상을 비추는 레이저빔 프로젝터 등에 응용될 수 있을 것이다.

레이저-응축물 조합은 광선 하나로 다른 광선을 제어하는 초고속 광학 변환 시스템으로 작동하는 컴퓨터 개발에도 도움이 된다. 이런 시스템은 현재 사용되는 전기 논리 회로를 대신해 광학으로 변환하는 논리 회로 역할을 할 것이다. 또한 하우 박사에 따르면, 속도가 느린 빛은 광학 통신 시스템에서 소음을 거르는 데에도 사용할 수 있다고 한다.

하우 박사의 연구를 잘 아는 하버드대학교 물리학과 교수 야나 골로브첸코Jene Golovchenko는 "하우 박사는 이 연구에 오랜 시간과 노력을 투자했다. 그리고 이제 그야말로 홈런을 날렸다"라고 말했다.

흥분할 이유는 수백억 가지: 힉스 입자 찾기

데니스 오버바이

대형 강입자 충돌기의 양성자 몰이꾼들이 마침내 5조 개의 고에너지 입자들을 제어한 다음 이리저리 비틀어 단단한 덩어리로 우겨넣고 서로 충돌하게끔 하는 데 성공한 것은 8월의 어느 저녁 무렵이었다.

해바라기로 가득한 들판과 대형쇼핑몰이 끝나는 이곳[프랑스 쎄씨]에서 제어실 당직을 서고 있던 플로리다대학교의 물리학자 대린 아코스타Darin Acosta는 투덜거렸다. "7분 늦었군." 아코스타를 둘러싼 벽에 걸린 컴퓨터 화면에는 갑자기 폭발하듯 퍼져서 소용돌이치는 온갖 색깔의 선과 궤적이 나타났다. 제어실에서 약 90미터 내려간 지하에 있는 충돌기 고리 주위에 묻어둔 대형 입자검출기 네 기 중 하나인 콤팩트 뮤온 솔레노이드CMS, Compact Muon Solenoid 안쪽에서 양성자들이 충돌하면서 야기한 태고의 아원자 혼란 상태를 보여 주고 있었다.

10여 명의 물리학자들이 화면 주위로 몰려들었다. 날아가는 입자의 이름을 소리 내 말하기도 하고, 중앙에 위치한 덩어리에서 아직 물리학계에서 밝히지 못한 입자들이 뿜어져 나오자 그 입자들이 무엇인지 짐작해보면서 우주가 보내는 신호를 찾으려고 애썼다.

한 사람이 "정말 멋져요"라고 말했다.

뾰족한 무언가가 튀어나와 빈 공간으로 사라지자 누군가 "뮤온"이라고 말했다.

"제트도 보이네요."

유럽입자물리연구소CERN 및 캘리포니아공과대학교의 물리학자 마리아 스피로풀루Maria Spiropulu가 "좋아요. 아주 좋아요"라고 말했다.

물리학자들이 CERN에서 스위스 제네바와 프랑스의 국경 근처 지하에 약 30킬로미터에 이르는 100억 달러짜리 전자기 경주 트랙을 마련하고, 새로운 입자와 자연의 힘을 찾기 위해 양성자를 풀어놓고서 충돌시키기 시작한 뒤로 7개월이 지났고 6조 번의 충돌이 있었다. 아직까지는 새로운 입자나 힘이 발견되지 않았다. 적어도 현재 이런 충돌의 잔해를 뒤지는 수천 명의 여성과 남성을 통계학적으로 설득할 만한 새로운 입자나 힘은 나타나지 않았다. 물론 세상이 블랙홀 속으로 사라지지도 않았다.

양성자 충돌 실험은 수요일에 끝날 예정이다. 11월에는 납 이온을 충돌시킬 것이고, 그 다음에는 연말연시를 맞아 연구 시설이 문을 닫는다. 2월에 다시 가동해서 2011년 말까지는 계속 운영할 것이다. 그러나 CERN의 물리학자들은 자신들이 분석하는 속도보다 훨씬 더 빨리 자료가 축적되고 있다고 말했다. 또한 이 충돌기가 이미 경쟁 충돌기인 페르미연구소Fermilab의 테바트론Tevatron보다 뛰어난 성과를 올렸다고 지적했다. CERN의 강입자 충돌기 건설을 감독한 린 에번스Lyn Evans는 최근에 "정말 아름다운 기계"라며 "예상보다 훨씬 더 잘 돌아가고 있다"고 감탄하기도 했다.

올해 10월 크로아티아 스플리트에서 열린 학회에서 스피로풀루 박사는 사진 한 장을 선보였다. 현재 과학계에서 노벨상 보험으로 불리는, '암흑 물질' 입자를 생성한 것으로 보이는 충돌 장면의 사진이다. 암흑 물질은 세상을 바꿀 수도 있는, 충돌기에서 튀어나오는 소수의 '흥미로운 사건' 중 하나이다. 그리고 암흑 물질은 실제로 존재한다.

그러나 고에너지물리학은 통계학의 기준을 따르고, 단 하나의 사건만으로는 구미가 당기는 단서가 되지 못한다고 스피로풀루 박사가 말했다. 이런 사건이 우주가 무엇으로 만들어졌는가에 지적 혁명이 일어날 것이라는 조짐으로 받아들여지려면 수조 번은 더 충돌을 일으켜야 할 것이다. 그도 아니면 충돌기에서 새로운 물리학이 탄생할지가 판가름 날 수도 있다.

스피로풀루 박사는 "CERN 연구팀이 새로운 발견을 할 때마다 여기에 거는 기대도 폭발적으로 커진다. 지난 25년간 지속된 물리학계의 꿈에 부응해야 한다. 지금 이 많은 데이터에 둘러싸인 우리는 사탕 가게에 들어간 꼬마 같지만 그래도 매우 진지하다"고 말했다.

현재 제네바의 CERN은 한껏 기대감에 부풀어 있지만, 2008년 9월 19일에 벌어졌던 암울한 사건을 완전히 떨쳐내지는 못했다. 그날 충돌기의 강력한 초전도 전자석 두 개를 잇는 전기 접속이 폭발하면서 충돌기 고리의 한 부분이 엉망이 되었고, 가동한 지 얼마 되지 않은 충돌기를 1년 이상 폐쇄해야 했다.

그 결과 충돌기는 양성자 한 개당 7조 전자볼트로 작동하도록 설계되었지만, 예민한 전기 접속이 또 폭발하는 일이 없도록 현재는 그 절반 수준인 양성자 한 개당 3.5조 전자볼트로 가동되고 있다. 2011년 말이 되면 CERN의 모든 가속기는 15개월 동안 폐쇄된다. 취약한 것으로 의심되는 약 1만 개에 이르는 스플라이스(두 개의 전선을 연결하는 부품—편집자)를 강화하고, 고전류를 감당하고 충돌기를 전력으로 가동하는 데 필요한 고전기장을 생성하는 능력을 알 수 없는 이유로 상실한 자석(몇 개나 되는지조차 파악되지 않은 상태이다)을 '재설치'해야 한다.

최근 CERN은 예산 삭감 압박을 받고 있다. CERN 소장 롤프 호이어 Rolf Heuer는 충돌기뿐만 아니라 모든 가속기를 함께 폐쇄하면 2500만 달러를 아낄 수 있을 거라고 밝혔다.

충돌기는 2013년에 양성자 한 개당 6.5조 전자볼트 수준에서 재가동될 것이다. 그러나 2014년까지는 최대 전력으로 가동할 수 없을 것으로 예측되고 있다. 최대 전력으로 가동되는 일은 영원히 없을 수도 있다.

최근 CERN의 과학자들과 직원들은 2008년 충돌기를 최대 전력으로 가동하는 일을 너무 서둘렀음을 인정했다. 2001년, 밀란대학교에서 CERN으로 옮긴 초전도성 전문가 루치오 로시Lucio Rossi는 "돌이켜보면 당시 처음부터 무리하게 욕심을 냈다"고 말했다. 그는 자신들이 너무 오만했다고 고백했다.

양성자를 빛의 속도의 99퍼센트에 가까운 속도로 지하 트랙을 돌게 하려면, 충돌기의 전자석이 약 12,000암페어에 달하는 전류를 전달해야 한다. 이를 위해서는 전자석의 온도와 절대영도와의 차이가 섭씨 2도 내 수준으로 유지되도록 초유도성 액체 헬륨으로 냉각해야 한다. 그래야 전자석의 나이오븀-티타늄 전선이 저항 없이 전기를 전도할 수 있다. 공학자들은 약 1만여 개의 초전도 자석을 일일이 냉각하는 데 성공했고, 충돌기를 조립하기 전에 시험도 했지만 그 자석들을 연결하는 전기접속을 시험하지 않았다고 로시 박사가 설명했다.

이 전기접속은 초전도 전선과 구리를 땜납으로 접합한 합판이다. 구리는 초전도체가 소위 급한 불을 끄는 동안 온도가 올라가서 초전도성을 잃으면 엄청난 양의 전류를 전도하는 역할을 맡는다. (자석이 엄청난 양의 위험한 에너지를 쏟아내는 데는 약 100초면 충분하다.)

로시 박사는 여러 번의 검토를 거쳐 전도체의 설계는 훌륭하다는 평가를 받았다고 말했다. 다만 검토 과정에서 납땜 부재 같은 부실 공정에 취약할 수 있다는 지적을 받았고, 그런 부실 공정이 2008년 사고의 원인이었던 듯하다.

전류가 갈 곳이 없었던 것이다. 불꽃이 주변의 초저온 헬륨관에 구멍을 뚫었고, 헬륨이 쏟아져 나와 30톤에 달하는 자석을 장난감인양 가볍게 밀어냈다. 양성자 빔을 운반하는 파이프를 따라 그을음 자국이 3킬로미터나 뻗어나갔다.

로시 박사는 "초전도성을 다루려면 완벽함이 요구된다. 사소한 실수로도 전체 시스템이 무너진다. 초전도성이 오히려 도화선이 되기 때문"이라고 말했다.

로시 박사의 말대로 이것을 바로잡는 작업은 꽤 간단하다. 전선 분기점이나 접합점에 납땜이 부족할지도 모를 경우에 대비해 임시 다리가 되어주고 일시적인 문제 해결사 역할을 하면서, 헬륨이 덜 새게 하는 분출구를 더해 시스템을 향상시켜 주는 구리 분로分路를 스플라이스의 바깥쪽에 추가로 설치하면 된다.

충돌기 운영을 책임지는 스티브 마이어스Steve Myers는 이런 조치로 충돌기는 "영원히 초안전성을 확보하게 되고 더 이상 전기접속에 대해 논의하지 않아도 될 것"이라며 "솔직히 이제 전기접속이라는 말만 들어도 지긋지긋하다"고 말했다.

실제로 과거의 사고에도 굴하지 않고 CERN은 충돌기 가동 및 충돌기와 탐지기 업그레이드에 관한 20년 계획을 발표했다. 이 계획에는 2030년에 총 양성자 에너지를 33조 전자볼트로 높이기 위해 충돌기의 모든 자석을 교체하는 작업이 포함되어 있다. 이 사항은 1993년에 미국 의회에서 취소된 불운의 프로젝트인 미국 초전도 충돌기 설립 계획에서 제안했던 수준으로, CERN 안팎의 물리학자들에게 비난받았다. 물리학자들은 무엇보다 차세대 대형 물리학 기계로 각광받는 국제선형가속기도 있으니 이런 계획은 과도하다고 지적한다.

에번스 박사는 "아직 33조 전자볼트를 논하기에는 이르다"고 말했다. 긴 휴지기는 충돌기의 주된 목표인 이른바 힉스 입자를 찾는 경쟁에 극적 긴장감을 더했다. 이론상으로는 힉스 입자가 다른 기본 입자에 질량을 부여하는 역할을 한다. 힉스 입자의 질량은 대략 1140억 전자볼트 내지 1850억 전자볼트 정도로 추정된다. 전자볼트는 물리학자들이 선호하는 질량-에너지 단위이다.

2011년 강입자 충돌기가 폐쇄될 무렵이면 CERN은 지금보다 20배나 더 많은 데이터를 축적했을 것이다. 그 정도 양의 데이터면 힉스 사냥에서 상당히 유리한 고지를 점할 수 있게 될 것이다. 현재 힉스 사냥의 선두주자는 테바트론이다. 테바트론은 작년까지 세계에서 가장 큰 가속기였으며, 일리노이주 바타비아의 페르미연구소에서 지난 20년간 1조 전자볼트의 에너지로 양성자와 반양성자를 충돌시키며 데이터를 축적했다. 작년 여름 페르미연구소의 물리학자들은 힉스 입자가 취할 수 있는 질량 범위에서 1580억 전자볼트부터 1750억 전자볼트까지의 에너지

영역을 제외했다고 발표했다.

테바트론은 2011년에 폐쇄될 예정이다. 그러나 페르미연구소의 소장 피어 오도네Pier Oddone는 최근 2014년까지 테바트론을 가동할 수 있도록 재정 지원 방안을 모색 중이라고 밝혔다. 2014년쯤에는 힉스 입자가 숨어 있을 만한, 혹은 숨어 있지 않을 만한 전체 에너지 영역을 검토하는 데 필요한 충분한 데이터를 모을 수 있을 것이기 때문이다. 그러나 페르미연구소의 다른 연구 프로젝트도 함께 유지하기 위해서는 매년 최소 3500만 달러가 추가로 확보되어야 한다.(연방정부가 추가 운영비 배정을 거부하면서 2011년 9월 30일 최종 폐쇄되었다.—편집자)

CERN과 페르미연구소는 힉스 입자를 찾고 물리학계에서 우위를 점하려고 치열한 경쟁을 벌이고 있다는 세간의 평을 반박했다. 호이어 박사는 "물론 우리는 테바트론을 의식하고 있다. 하지만 그건 전혀 중요하지 않다"고 말했다.

올해 9월, 호이어 박사와 오도네 박사는 두 연구소 간 경쟁 구도를 강조하는 뉴스 보도를 비난하는 공동 선언문을 발표했다. 이들은 서로의 연구소에서 공동 연구를 진행한 바 있으며, 페르미연구소가 CERN의 강입자 충돌기 건설에 적극적으로 협조했다는 점을 강조했다. 그리고 "우리들은 각각 CERN과 페르미연구소의 소장으로서 이 시대의 가장 중요한 근본 문제를 해결하기 위해 노력하는 전 세계의 입자물리학 연구공동체와 서로를 응원하고 있다"고 밝혔다.

CERN의 이론물리학자 존 엘리스John Ellis는 미래가 밝다고 했다. 힉스 입자와 관련해서는 "목적지에 성큼 다가가고 있다"고 말했으며, 암흑 물질과 관련해서는 새로운 입자 발견에 있어 CERN의 충돌기가 곧 테바트론을 제칠 것이라고 전망하면서 "흥분을 감출 수가 없다"며 기대감을 표출했다.

300여 명의 물리학자가 참여하는 협동 작업을 감독하는 CERN의 물리학자 파비올라 지아노티Fabiola Gianotti에게서도 이런 기대감을 느낄 수 있었다. 지아노티는 콤팩트 뮤온 솔레노이드 실험의 대표 경쟁자인 아틀라스 탐지기 실험의 팀장이기도 하다. 아틀라스가 있는 건물은 스위스 제네바 마이린 지역에 있는 CERN의 입구와 길 하나를 사이에 두고 있다. 지난 8월에는 화가 요제프 크리스토폴레티Josef Kristofoletti가 주변 시골 풍경과 뚜렷하게 대비되는 아틀라스 탐지기의 거대한 벽에 그림을 그려 넣는 작업을 마무리했다.

지아노티 박사는 자랑스럽게 아틀라스의 제어실을 안내하면서 작년 여름 충돌이 시작된 직후 아틀라스가 탐지한 충돌 결과가 더 풍부하고 입자도 더 많았다고 전했다. 그리고 이제야 그 풍부함을 분석하는 일에 착수했다.

지아노티 박사는 "우리는 지금까지 너무나 오랫동안 기다렸다. 앞으로는 아름답고 좋은 일들만 생길 것"이라고 말했다.

Chapter 13

과학기술

발명과 혁명

The New York Times

알렉산더 그레이엄 벨 교수 강연회 〈소리와 전기〉 열려 전화기로 통화하는 모습 시연

어젯밤 치커링홀에서 알렉산더 그레이엄 벨Alexander Graham Bell 교수는 '소리와 전기'라는 제목의 강연을 하면서 300여 명의 청중 앞에서 전화기로 통화하는 장면을 선보였다. 강연 자체는 전화기가 생성하는 음성의 질 차이를 설명하는 데 주력했다. 벨 교수의 말에 의하면 음성의 질은 진동의 정도에 따라 달라진다. 또한 벨 교수는 전기를 통해 소리를 전달하는 방식과 전화기의 역사에 대해 상세히 논했고, 환등기로 무대 뒷벽에 비춘 복잡하고 알아보기 어려운 숫자들로 자신의 설명을 보충했다. 강연이 끝날 즈음 벨 교수는 전화기가 얼마나 유용한지를 보여 주는 흥미로운 시연을 계획했지만, 직접 개량한 새로운 전화기가 아직 보스턴에서 도착하지 않아서 어쩔 수 없이 질이 조금 떨어지는 전화기로 시범을 보이게 되었다고 말했다. 그는 자신이 사용하는 전화기가 약 50킬로미터 떨어진 뉴저지의 뉴브런즈윅의 개량 전화기와 평범한 전신선으로 연결되어 있다고 설명했다. 그리고 뉴브런즈윅의 전화기는 간단한 멜로디를 연주할 평범한 오르간에 연결되어 있어서 그 소리가 전화기를 통해 뉴욕으로 전달될 거라고 덧붙였다. 벨 교수가 뉴브런즈윅으로 전보를 보내자 곧 홀의 여러 곳에 설치된 전화기를 통해 찬송가 〈다정한 그곳에서The Sweet By and By〉가 흘러나왔다. 그 다음으로 〈즐거운 나의 집Home, Sweet Home〉이 연주되었고 마지막으로 굵은 바리톤 음성에 실린 찬송가 〈요새를 사수하라Hold the Fort〉가 또렷하게 들렸다. 음악이 끝나자 벨 교수는 전화기로 C. W. 필드C. W. Field 씨에게 몇 가지 질문을 던졌다. 필드 씨는 뉴브런즈윅 쪽 전신선 끝에서 이 질문에 모두 만족스러운 답변을 제공했다. 이 시연은 전화기 너머로 또 다른 노래를 전해 듣는 것으로 마무리되었다. 강연장의 청중은 무대 위의 전화기를 지나칠 때 수화기 쪽에 귀를 댔고 그러면 노랫소리가 더 또렷하게 들렸다.

뢴트겐선 발견

뷔르츠부르크의 빌헬름 뢴트겐Wilhelm Röntgen 교수가 찍은 맨눈으로는 볼 수 없는 물체의 사진이 영국에 도착해 영국 내에서 내로라하는 사진가들의 논평이 쏟아지고 있다.

방사에너지의 한 형태에 붙여진 '음극선'이라는 명칭은 이미 널리 인정되고 있는 듯하다. 음극선의 특징은 투명한 유리는 통과할 수 없지만 젖빛 유리, 나무, 금속, 인간의 살은 통과한다는 점이다. 음극선이라는 명칭은 물론 이 광선이 크룩스관의 음극에서 발광된다는 사실에서 비롯된 것이다.

크룩스관은 가이슬러관(2개의 전극을 봉해 넣은 유리관의 내부를 진공으로 만든 방전관—편집자)을 개량한 것으로 공기를 거의 제거한 달걀 모양의 유리 전구로 구성되어 있다. 한쪽 끝에는 퓨즈된 백금선으로 양이온이 흘러

들어가고, 다른 쪽 끝에는 작은 원반 모양의 알루미늄 판이 달려 있다. 관의 아래쪽에는 비슷한 알루미늄 판이 달려 있어서 진공을 통과해 전달되는 전류를 받아들였다. 전류가 들어가는 곳을 애노드anode, 전류가 나오는 곳을 캐소드cathode라고 하며 각각 양극과 음극이라고 부르기도 한다. 흔히 플러스와 마이너스 기호로 나타낸다.

크룩스 교수가 이 관으로 전류를 흘려보내자 이런 류의 관에서 흔히 나타나는 아주 생생한 형광 효과가 나타났다. 그런데 음극 근처에는 자그마한 어두운 점이 생겼고 주위의 밝은 빛 속에서 이 점은 유독 눈에 띌 수밖에 없었다. 크룩스 교수는 몰타 십자 모양의 작은 알루미늄 조각 등 관 내부 물질에 어떤 변화가 생기는지 연구했고, 그 안에서 놀라운 에너지가 생성된다는 사실을 발견했다. 크룩스 교수의 발견은 뢴트겐 교수의 뢴트겐선 발견의 단초가 되었다.

영국 섈퍼드의 아서 보우스Arthur Bowes는 뢴트겐 교수의 사진을 본 뒤 《런던 사진 소식지*The London Photographic News*》에 아래에서 발췌 인용한 글을 투고했다. 보우스 씨는 섈퍼드시에 고용된 토목기사이자 꽤 유명한 아마추어 사진작가이다. 보우스 씨의 투고문의 일부다.

> 맨체스터 오웬스 칼리지 슈스터 교수의 배려로 영국에 온 사진을 자세히 살펴볼 기회를 가졌다. 그리고 뷔르츠부르크의 뢴트겐 교수가 찍은 이 경이로운 사진의 특징들을 파악할 수 있었다. 독자들 중에는 이미 아는 분도 있겠지만, 이 사진들은 평범한 빛은 통과하지 못하는 불투명한 물질 너머에 있는 피사체를 찍을 수 있는 가능성을 보여 준다.
>
> 그동안 속에 공기가 전혀 없거나 거의 없는 유리관을 이용한 방전 실험을 하면 유리관의 벽에 강한 형광 빛이 생성된다는 것은 잘 알려져 있

었다. 몇 년 전, 헤리츠는 이런 형광 불빛이 얇은 금속을 통과한다는 사실을 입증했다. 1893년 레나드 박사는 베를린 소재 프러시아왕립과학학술원에서 0.003밀리미터 두께의 알루미늄 판에 빛을 통과시키는 실험에 대해 설명했다. 가이슬러관에서 나온 빛은 평범한 빛은 통과하지 못하는 이 불투명한 알루미늄 판을 통과했고, 그 결과 공기가 희미하게 반짝이면서 아주 강한 오존 냄새가 났다.

뢴트겐 교수는 이런 유리관에서 형광 빛 외에 다른 방사선도 나온다는 사실을 발견했다. 다른 방사선의 성질은 아직 밝혀지지 않았으며 모든 물체를 통과할 수 있지만 통과하는 빛의 양은 제각각이다. 유리보다는 나무와 사람의 살을 더 쉽게 통과하며, 통과한 방사선 자체는 사람의 눈에 보이지 않지만 사진으로 기록할 수는 있다.

얇은 금속판을 통과할 때는 거의 저항을 받지 않으며, 낮에 투명한 유리창을 통과한 평범한 태양 빛을 사진으로 찍을 수 있듯이, 이렇게 통과한 빛은 사진으로 포착할 수 있다. 슈스터 교수가 처음 보여 준 사진은 알부민 인화지albumen paper 위에 반건판으로 찍혀 있었고 빛의 원천과 감광판 사이에 사람의 손을 넣었을 때 어떤 효과가 나타나는지 잘 알 수 있었다.

살의 윤곽은 아주 흐릿하게만 드러난다. 방사선이 살은 비교적 쉽게 통과하기 때문이다. 손가락뼈는 정말 잘 드러난다. 특히 손가락 관절 부위가 또렷하게 보인다. 손가락 하나에 끼고 있던 반지가 가장 눈에 잘 띄었다. 전체 결과물은 아주 대충대충 그린, 뼈대가 두드러지고 한 손가락에 반지를 낀 손이었다.

카메라는 전혀 사용하지 않았다. 슈스터 교수가 설명했듯이 새로운 빛(슈스터 교수는 '방사선'이라고 불렀다)의 기본적인 특징들이 보통 빛과는 다르기 때문이다. 지금까지 알려진 바 이 새로운 빛은 반사나 굴절되지 않는다. 렌즈로 이 빛을 모을 수도 없고 일반적인 방식으로는 사진을 찍을 수 없다. 이 빛으로 찍은 사진은 빛이 비추는 길에 다양한 물질을 집어넣어서 생기는, 일종의 그림자이다.

또 다른 사진은 선원이 쓰는 나침반 혹은 그 비슷한 금속상자 안에 든 바늘을 찍은 것이었다. 글자판은 지름이 약 5센티미터 정도였고 윤곽선이 아주 또렷했다. 또 다른 사진은 빛의 원천을 나무로 된 문 뒤쪽에, 감광판을 문 앞쪽에 두고 빛을 쏘았다. 이렇게 찍은 사진에는 문의 금속 문고리와 경첩의 윤곽뿐 아니라 나무의 문에 새겨진 무늬도 찍혔다.

아연을 찍은 사진에서는 겉으로 보기에는 하나의 덩어리로 보이지만 실은 얇은 여러 아연 조각이 돌돌 말려 있다는 것이 잘 드러났다. 즉, 금속 내부의 확실한 틈을 포착한 것이다. 방사선을 얇은 판, 유리, 방주석, 철, 알루미늄 등 다양한 물질로 된 판에 통과시켰을 때 얻은 사진들이 특히 잘 찍혔다. 방사선이 맞닥뜨린 저항의 상대적인 정도가 사진에서는 다양한 농도로 표현되었다. 그리고 슈스터 교수는 불투과성은 물질의 밀도를 그대로 반영하는 것 같다고 지적했다.

철, 납, 유리, 방주석 같은 무거운 물질은 나무, 종이 알루미늄, 살처럼 가벼운 물질에 비해 통과하기가 어렵다. 보통 빛이 이런 물질을 만났을 때와는 상당히 다르게 행동한다는 것을 알 수 있었다. 이 새로운 빛은 얇은 나무판은 비교적 쉽게 통과하므로 슬라이드의 셔터를 올리지 않고도 어두운 슬라이드로 감광판에 사진을 찍을 수 있다.

보우스 씨는 영매들이 이 새로운 빛의 존재를 이미 알고 있었으리라는 아주 놀라운 주장을 펼쳤다.

분명 스테드(W.T. Stead, 19세기 말에 활동한 영국의 탐사보도 전문기자—옮긴이)를 비롯한 여러 기자들에게 유령 사진을 제공하는 영매들은 드디어 과학이 자신들의 주장을 확인해 줄 것이라며 기뻐할 것이다. 슈스터 교수에게 금속상자 속에 있는 물체를 찍는 것이 심령 투시나 그와 유사한 초능력 같지 않느냐고 물었지만 그저 웃기만 할 뿐 가타부타 아무 말이 없었다.

사진이 진짜라는 것에는 의심의 여지가 없다. 뢴트겐 교수는 과학계에서 명망이 높고 사진을 조작했을 가능성이 전혀 없을 뿐더러, 아주 예리한 사람이니 다른 사람이 그를 속였을 가능성도 없다. 뢴트겐 교수의 발견이 아주 중요하다는 것은 분명하며, 물리학과 의학 분야에서 이 새로운 빛을 계속 연구하면 수많은 분야에 대한 우리의 지식이 이전에는 꿈도 꾸지 못했을, 그런 영역으로까지 확장될 것이다.

같은 잡지에 투고한 레슬리 밀러Leslie Miller의 견해는 이렇다.

요컨대, 음극선은 발광성을 띤 에테르 속에서 전류가 일으킨 방해 작용의 결과물이다. 전류는 광선도 아니고 전파도 아니지만 그 둘 모두의 성질을 조금씩 지니고 있다. 자석으로 굴절시킬 수 있고, 공기 분자·모든 기체·유리·금속·기타 물질에 의해 정도의 차이는 있지만 차단할 수도 있다. 하지만 빛에는 상당히 다르게 반응한다. 빛을 가장 잘 차단하는 물질은 전류를 거의 차단하지 못하기 때문이다. 또한 전류는 광선과는 달리 장애물을 돌아서 갈 수도 있다. 마지막으로 음극선은 전부 제각각이다. 빛이 자외선, 적외선, 녹색 선 등으로 구별되는 것처럼 말이다. 뢴트겐 교수가 사진을 찍는 데 중요한 몇몇 진동을 건드렸거나 강력한 화학적 효과를 내는 기타 물질을 건드린 것일 수도 있다.

이런 사진을 찍는 데 필수적인 장비에 대해 말하자면, 그리고 그런 장비를 만드는 사람의 관점에서 본다면, 사용하는 데 특별히 까다로운 점은 없다. 게다가 지금은 거리의 전기 공급기에서 교류 전기를 얻을 수 있으므로 변전기를 써서 필요한 전압으로 승압해서 쓰면 된다. 레너드 씨는 코일을 사용해서 유리관 속에서 약 2.5센티미터 정도 되는 불꽃을 일으켰다. 그런데 불꽃의 길이는 음극선의 성질을 바꾼다. 뢴트겐 교수가 얻은 또렷한 결과물에 비추어 보면 뢴트겐 교수는 이보다는 조금 다르게 조정했을 것 같다.

E. J. 월E. J. Wall은 《영국 사진 저널*British Journal of Photography*》에 방사에너지의 새로운 형태가 사진학적으로 지닌 중요성에 대해 좀 더 기술적인 견해를 피력했다.

물론 은銀의 할로겐 결정이 빛에 민감하기도 하지만 압력이나 전기, 또는 예를 들어 차아인산염 등 화학물질로 눈에는 보이지 않는 이미지를 인화할 수 있다는 것은 이미 잘 알려져 있다.

다음은 실바누스 톰슨Sylvanus Thompson 교수가 편집한 로제 기유맹Roger Guillemin의 『전기와 자기장*Electricity and Magnetism*』 371쪽에 나오는 내용이다. 이 인용문은 이 주제에 시사하는 바가 있다. 적어도 뢴트겐 교수의 이런 실험이 은 할로겐에 대한 빛의 작용이 광전기성을 띠는 것이 아니라, 광화학성을 띤다는 이론을 뒷받침하는 것이 아닌가라는 그럴듯한 추측을 낳기 때문이다. 빛에 대해 자석이 자기력을 행사한다는 패러데이Michael Faraday의 발견을 논의하는 부분에서는 제임스 클러크 맥스

웰James Clerk Maxwell)이 다음과 같은 이론을 도출한다고 적었다. “빛 그 자체는 단순한 전기-자기장 현상이다. 즉, 우리가 빛의 파동이라고 부르는 것은 결코 물리적인 파동이 아니며 실은 어디에나 존재하는 공간의 에테르에서 엄청나게 빠른 속도로 일어나는 전기 방출에 해당한다. (중략) 이 책의 편집자는 현재 젊은 물리학자들 사이에서는 대체로 정설로 받아들여지고 있는 이 이론이 적절히 수정을 거치고 발전하면 전기, 야광, 형광, 그리고 빛의 화학적 특징 간에 존재하는 흥미로운 관계를 설명할 수 있으리라고 본다.”

1886년 영국협회에서 크룩스가 한 회장단 연설에서 원소주기율표에 따른 원소의 분류를 상당히 자세히 그린 도표로 주목을 끌었다. 그리고 간략히 말해 이것은 진폭이 계속해서 줄어드는 진자에 비유할 수 있다. 다양한 시점에 원소는 전기-음성, 전기-양성에 따라 각자의 자리를 찾아간다. 이것이 사실이라면 앞에서 서술한 빛에 대한 전자기장 이론에 따르면 은 할로겐 필름도 빛이라고 부르는 전기 방출의 영향을 받아 분해될 수 있지 않을까? 민친Minchin과 워터하우스Waterhouse는 은염銀鹽으로 된 필름 위에 빛을 쏘면 전류가 흐른다는 것을 입증했다. 그리고 볼라스Bolas 씨는 합동강연에서 사진을 인화하는 사람은 단순히 전기회로를 완성하는 것에 불과할 수도 있다고 주장했다.

아주 열정적이고 실력 있는 아마추어 사진작가로 활동하는 뉴욕의 한 의사는 어제 본지와의 인터뷰에서 뢴트겐 교수의 발견에서 얻을 수 있는 가장 큰 가치는 컬러 사진 연구의 발판이 될 것이라는 점이라고 말했다. 그가 보기에는 자외선 스펙트럼 양 끝의 보이지 않는 빛 때문에 현재 컬러 사진을 일상적으로 사용하지 못하고 있는 것이다. 그는 뢴트겐 교수의 발견을 활용해 사진기 발명가들이 카메라에서 눈에 보이지 않는 빛을 제거하기를 바라고 있었다.

가정용 텔레비전이 점점 더 현실로 다가오고 있다

오린 E. 던랩 주니어

텔레비전은 몇 가지 단계를 거쳐 미국 가정에 점점 더 가까워지고 있다. 텔레비전 개발에서 가장 주목할 만한 사건은 지난주 제너럴일렉트릭GE의 개발실에서 일하는 E. F. W. 알렉샌더슨E. F. W. Alexanderson 박사가 이 마법 영상이 이제 극장 스크린 위에서도 상영 가능하다는 시범을 보인 것이다. 그동안 여러 텔레비전 시범 발표가 있었지만, 지난주 시범이 특히 중요한 이유는 이전과는 달리 훨씬 더 큰 스크린에 텔레비전 영상을 비출 수 있으므로 이제 예능 프로그램의 하나로 등록할 수 있기 때문이다.

전자기파를 이용한 시각 영상 과학의 발전은 매번 공학자들이 정교하고 긴밀한 협력 연구라고 부르는 것에서 비롯되었다. 매년 텔레비전 방송 절차는 간소화되고 있다. 이 새로운 과학 기술의 발전을 가까이에서 지켜보는 이들은 지금까지 텔레비전 방송 기술이 눈부신 발전을 이루었다는 점을 인정한다. 그러나 좀처럼 통제되지 않는 무선 영상을 미국 가정의 거실에 설치된 은막 위에서 순조롭게 포착해 오락거리로 제공하려면 아직도 개선되어야 할 점이 많다고 지적한다. 전문가들은 텔레비전 기술을 구현하는 기계적이고 전자적인 부분이 단순화될 때마다 공간을 이동하는 무선 영상 속 얼굴은 점점 더 커지고 또렷해지고 있다고 말한다.

과학자들은 세 가지 과제를 해결해야 한다.

첫째, 영상이 또렷해야 한다. 둘째, 영화처럼 스크린에서 영상이 움직이는 것을 가족 전체 또는 극장 관람객 전체가 볼 수 있을 정도로 영상이 커야 한다. 셋째, 궁극적으로는 가정용으로 설계될 텔레비전 수신기가 평범한 방송 수신기만큼 단순하고 조작이 쉬워야 한다.

과제 두 가지는 머지않아 해결될 듯

공학자들이 두 가지 목표에는 손이 닿을 만큼 가까워졌음을 알렉샌더슨 박사가 최근의 시범으로 보여 주었다. 일단 또렷한 영상을 만드는 데 성공했다. 그리고 인형 크기 수준이던 것을 극장 스크린 정도의 크기로 키웠다. 이제는 영상이 무선으로 전달되는 과정에서 영상 속 얼굴에 더해지는 주름만 좀 펴면 된다고 주장한다. 그러나 여전히 최종 목표, 텔레비전의 가정 보급이 남아 있다. 알렉샌더스 박사는 이렇게 말했다.

"새롭게 발명된 텔레비전이라는 기술의 잠재력은 아주 고무적이다. 원할 때마다 눈 역할을 하는 전자 장비를 끼면 이 전자 눈을 통해 다른 곳에서 일어나는 일을 마치 그 자리에 있는 듯 볼 수 있는 것과 같다고 생각하면 된다. 뉴스 기자가 비행기를 타고 흥미로운 것을 보면, 극장의 관람객 전체가 그 기자가 보는 것을 보면서 그 기자와 함께한다. 그 와중에 관람객은 아주 안전한 곳에서 편안하게 앉아 있다. 혹은 미래 전쟁에서도 아주 중요한 역할을 할 수 있을 것이다. 장교가 무선 영상을 전달하는 정찰 비행기의 전자 눈으로 적군을 보거나, 폭격기가 폭격을 할 때 사람이 탈 필요 없이 전자기파로 목표물을 보고 비행기를 조종할 수 있다면 어떨까? 하늘을 나는 비행선이 착륙할 지점에 안개가 자욱하게 끼었을 때 지역을 잘 아는 비행사가 직접 작은 비행기를 타고 나가서 비행선을 안내하는 게 아니라 텔레비전으로 안내한다면, 즉 능숙한 비행사의 눈이 텔레비전을 통해 비행선이 무사히 착륙할 수 있도록 안내한다면 전쟁이 없을 때의 비행선 운항에서도 아주 중요한 역할을 하게 되지 않을까?

3년간의 발전

과학의 피조물인 텔레비전은 해마다 성장한 모습을 보이고 있다. 1927년 4월, 당시 상무부 장관이었던 허버트 후버Herbert Hoover의 모습이 워싱턴에서 방송되었고 뉴욕의 전기선 끝에 이 영상이 닿았다(4월 7일, 후버 장관의 연설 모습이 벨연구소가 개발한 기계식 TV 시스템을 이용해 뉴욕에 있는 벨연구소의 데모룸으로 전송되었다. 이는 벨연구소가 개발한 TV를 이용한 최초의 공식 시연이었다.—편집자). 그 당시만 해도 텔레비전이 곧 가정에 보급될 것이라고 믿는 이들도 있었다. 공학자들은 그런 성급한 기대는 금물이라고 말했다. 그들은 수많은 장애물이 있을 것이라고 봤다. 물론 "바로 앞에서 마주보고 있는 것처럼 먼 거리에 있는 얼굴을 볼 수 있게 하는 과제를 몇 년간 연구한 결과물"은 대단한 성과이기는 했다.

여러 텔레비전 쇼에 매료된 대중의 상상력은 상품화할 수 있는 텔레비전을 개발하겠다는 꿈에 달려든 연구원들 앞에 놓인 가시밭길은 보지 못한다. 벨연구소의 공학자들은 1927년부터 실외 풍경을 찍어서 먼 곳에 있는 스크린으로 보낼 수 있는 직접 주사 시스템 또는 휴대용 무선 카메라를 개발했다. 이 장비를 이용해 사람을 텔레비전 전파로 전송하려면, 이 장비가 쏘는 눈이 부실 정도로 강한 빛 속에 앉아 있어야만 했다. 이런 장비의 개발은 더 민감한 광전지, 즉 '전자 눈'을 만드는 법을 발견한 사람들 덕분이다. 그들 덕분에 햇빛으로 물체를 광범위하게 비출 수 있게 되었다. 테니스 선수가 경기하는 모습도 스크린으로 볼 수 있었다. 1929년 6월, 벨연구소 소속 허버트 E. 아이브스Herbert E. Ives 박사는 텔레비전 영상에 색을 입혀 선보였다. 영상은 우표 크기만 했고, 조그만 구멍을 통해 어두운 상자 속을 들여다봐야만 볼 수 있었다. 영상을 본 사람들은 이런 무선 영상은 가정에서 쓰기에는 실용적이지 않다고 생각했다. 가족 모두가 함께 볼 수 있을 정도로 큰 스크린 위에서 영상을 볼 수 있어야 한다고 느낀 것이다.

작년 가을, 알렉샌더슨 박사는 뉴욕 라디오 쇼에 자신의 시각 장치를 가져왔다. 텔레비전으로 자신의 모습을 방송하려고 수천 명이 줄을 섰다. 다른 이들은 핑크빛이 도는 스크린에서 친구들이 자신을 보면서 미소 짓는 것을 보기 위해 어두운 방으로 몰려들었다. 영상의 크기는 한 변이 약 35센티미터 정도인 정사각형만 했다. 쇼를 방문한 관람객에게 텔레비전이 거실에 들일만 한 물건이라고 설득하기에는 부족한 크기였다. 무선으로 영상을 전달한다는 아이디어는 여전히 과학적 몽상에 불과한 것 같다는 말도 들렸다. 알렉샌더슨 박사와 전문가팀은 모호크 밸리에 있는 연구실로 돌아갔다. 텔레비전 영상의 크기가 더 커질 날이 머지않았다고 자신하면서.

양방향 텔레비전

아이브스 박사도 여전히 연구에 매진하고 있었다. 벨연구소의 전기광학 연구 책임자인 아이브스 박사는 바로 몇 주 전 양방향 텔레비전이 가능하다는 것을 선보였다. 대화를 나눌 사람들이 각각 텔레비전 선 양끝에 연결된 방음 처리된 방에 들어간다. 그들은 말하면서 서로를 보고 듣는다. 아이브스 박사는 이 시스템이 전기선이나 전파를 사용할 수 있으며, 원거리에서도 사용 가능하다고 설명했다. 그러나 거리가 멀어질수록 비용이 많이 들고 현재로서는 전파를 사용하더라도 마찬가지이다. 3킬로미터 거리를 연결한 전기선을 이용한 시연은 연구가 현재 어디까지 진행되었는지를 보여 주는 것이 주된 목표였다.

아이브스 박사는 텔레비전 영상을 전파에 맡기기에는 아직 완성 단계에 이르지 못했다고 본다. 따라서 전기선을 이용하며 영상을 전파로 보내는 데는 한계가 있다고 주장한다. 그는 무선으로 전달되는 영상 속 얼굴을 얼룩덜룩하게 만들고 구멍 내는 최악의 적은 수신기의 잡음과 페이딩(전파가 전파 환경에 따라 신호의 세기와 위상에 변화가 생기는 현상—편집자)이라고 지적한다. 기후 조건이 완벽하지 않은 이상 이런 방해 요인을 피할 수 없으며 기후 조건이 완벽한 경우는 거의 없다. 아이브스 박사는 현재 텔레비전 영상을 공간으로 전달하는 일은 인구밀도가 높은 지역을 통과하는 시냇물이 오염되지 않은 채로 맑게 흐르기를 바라는 것이나 마찬가지라고 주장한다.

그러나 아이브스 박사는 인간의 기발한 발명 능력이 그런 자연조건을 극복하고 광활한 공간에 잠복하고 있는 보이지 않는 적으로부터 텔레비전 영상을 구원할 것이라고 기대한다.

영국에서는 스코틀랜드 출신 존 L. 베어드John L. Baird가 텔레비전 개발 경쟁에 뛰어들었다. 베어드는 런던 관객을 위해 노래, 독백, 만화, 뉴스 등으로 구성된 영상과 소리를 방송 중이다. 베어드의 쇼를 본 사람들은 등장인물의 상반신 영상이 놀랄 정도로 깨끗하고 안정적이었다고 전했다.

미국 RCA(Radio Corporation of America, 무선 통신 회사)의 수석 공학자 알프레드 N. 골드스미스Alfred N. Goldsmith 박사의 웨스트엔드 애비뉴 집에는 텔레비전 수신기가 있다. 그는 친구들을 초대해 몇 마일이나 떨어진 텔레비전 방송국에 있는 사람들의 얼굴을 수신해 보여 주었다. 영상은 매우 깨끗했다. 골드스미스 박사는 영상이 전파의 힘을 약화하는 뉴욕의 마천루를 뚫고 온 것을 감안하면 영상의 질이 매우 좋았다고 말했다. 또한 거리의 구조물의 방해에서 자유로운 뉴욕 교외에서는 아마도 약 70킬로미터 떨어진 곳까지는 영상이 깨끗하게 전송될 것이라고 덧붙였다.

워싱턴 DC의 C. 프랜시스 젱킨스C. Francis Jenkins는 무선 영상 개발의 선구자로 저지시티에 영상 송출 실험을 위한 방송국을 세웠다. 피츠버그 소재 웨스팅하우스 전자회사의 블라디미르 즈워킨Vladimir Zworkyin은 새로운 유형의 음극선 관을 이용한 텔레비전 수신기를 개발했다. 그는 곧 일반 방송 신호 수신기에 달 수 있는 질 좋은 텔레비전 전구가 100달러에 공급되리라고 전망했다. 런던에서 베어드의 수신기 세트는 125달러에 완제품으로 판매되고 있다. 즈워킨이 개발한 관을 사용하면 주사판 및 기타 작동 부품이 필요 없다.

앞으로 남은 연구 과제

샌프란시스코의 연구원 필로 T. 판즈워스Philo T. Farnsworth는 회전판이 필요 없는 원뿔 모양의 진공관 장치를 개발하고 있는 것으로 알려졌다. 영상은 형광 스크린 위에 주사된다. 보스턴에서는 단파 및 텔레비전 실험실이 WEEI 방송국과 협력 관계를 맺고 컬러텔레비전을 개발 중이라고 한다. 실제 사람이나 물체 대신 필름을 주사하는 방식이다.

물론 알렉샌더슨 박사는 텔레비전 방송국에서 약 5킬로미터 떨어진 자택에 텔레비전 수신기를 구비하고 있다. 그러나 알렉샌더슨 박사는 전문가이며 이 수신기는 박사 본인이 직접 조심스럽게 관리하는 풀프루프foolproof(제어계 시스템이나 제어 장치에서 인간의 오동작을 방지하기 위한 설계—옮긴이) 장비이다. 평범한 부모와 자녀로 구성된 가족이 대부분인 일반 가정에서 사용하기에는 적당하지 않다. 알렉샌더슨 박사가 텔레비전 보급을 목표로 한 1930년의 연구 진척 상황을 극장에서 발표한 이유다. 그는 가정에서 전파로 영상을 감상하는 것에 대해서는 언급을 꺼리고 있다. 그에게 가정에서의 텔레비전 영상 감상은 완전히 다른 관점에서 다루어야 하는 별개의 과제다.

그러나 알렉샌더슨 박사가 텔레비전에 거는 기대가 큰 것은 확실하다. 1~2년 전에 비하면 훨씬 더 희망적이라고 말한다. 그는 아마추어 텔레비전의 물결이 미국 전역을 휩쓸고, 무선 방송이 1920~1921년에 그랬던 것처럼 사람들의 상상력에 불을 붙일 거라고 예측했다.

10년 전 공기에 실린 음악이 수천 명에게 무선 방송 수신기를 만들도록 영감을 주었다는 사실을 떠올려 보자. 이제 알렉샌더슨 박사는 수많은 무선 방송 아마추어와 기술자가 미국의 다락방이나 지하실에서 먼지를 뒤집어쓰고 있는 작업대의 먼지를 쓸어내고, 좀처럼 잡히지 않는 허공을 자유분방하게 떠도는 무선 영상을 제대로 받아낼 수 있는 장비를 만드는 모습을 그리고 있다. 마치 마법과도 같은 이런 영상은 생명력이 있다. 영화 속 연예인과 마찬가지로 말하고, 노래하고, 놀고, 연기한다. 텔레비전은 무성 영화가 아닌 유성 영화로 대중에게 소개되고 있다.

텔레비전 화면은 즉흥극을 위해 피아노를 무대 위에 밀고 들어오는 것만큼이나 쉽게 무대 위로 밀고 들어갈 수 있다. 지난주 목요일 극장 무대의 커튼이 열렸을 때 관객석에 앉아 있던 무선 통신 전문가는 알렉샌더슨 박사가 적어도 극장에서는 무선 영상에 실용성을 더하는 커다란 크기의 영상을 만드는 데 성공했다는 사실을 깨달았다. 영상은 더 이상 인형 크기 정도로 작지 않다. 움직이는 영상을 살짝이라도 보려고 작디작은 구멍에 눈을 대고 이리저리 눈알을 굴리며 보지 않아도 된다. 그리고 화면 옆이나 뒤에서 텔레비전의 목소리가 거대한 스피커를 통해 나온다. 몇 킬로미터나 떨어진 곳에서 말하는 사람의 움직임과 표정이 화면에 뜨는 것과 동시에 목소리를 들려준다.

영화와는 달리 관객 머리 위로 극장을 가로지르는 빛줄기가 없다. 텔레비전 영사기는 무대 뒤에 있다. 스크린 뒤에서 영상을 쏘아 보낸다. 이 새로운 오락 예술은 극장 오락에 혁신을 불러일으킬 운명을 타고 났다.

지난주 목요일, 스케넥터디 극장으로 오후 쇼나 저녁 쇼를 보러 온 관객은 자신들이 역사에 길이 남을 쇼의 목격자가 되리라고는 꿈에도 생각하지 못했을 것이다. 관객들은 늘 그렇듯 오케스트라가 오케스트라석에 들어가는 것을 보았다. 그런데 지휘자가 없었다. 지휘자는 몇 킬로미터 떨어진 곳에서 오케스트라 단원들이 악기를 조율하는 소리를 전화선 너머로 듣고 있었다. 극장의 불이 꺼지고, 커튼이 열렸다. 무대 위 은막 위로 빛이 쏟아져 내렸다. 영상이 나타났다. 텔레비전으로 오케스트라를 지휘할 준비가 된 지휘자가 지휘봉을 들어올렸다. 그 다음에는 배우들이 스크린 위에 깜짝 등장했다.

배우들이 지금은 알렉샌더슨의 실험실의 일부가 된 임시 방송국에서 텔레비전으로 전송되었다. 그들의 얼굴에서 반사된 빛 파동은 전기 파동으로 변환된 뒤 전자기파로 변환되었고, 영상은 140미터 파장으로 설정된 실험실의 전송기로 송출되었다. 연기자들 근처에 놓인 마이크는 말소리, 음악 소리, 노랫소리를 채집해서 소리를 전기로 변환했다. 그 전기는 92미터 파장으로 송출되기 위해 전선을 타고 스케넥터디 남부에 있는 단파 전송기로 보내졌다. 소리와 영상은 빛의 속도로 공기 중으로 흩어졌다. 극장에서는 알렉샌더슨의 조수가 제어기사 역할을 했다. 조수가 할 일은 공기 중 어딘가에 있는 움직이는 그림을 가로막는 장치를 조정하는 것이었다. 모니터 텔롭티콘이라는 이 작은 장치는 파동을 광판으로 이동시켰다. 거기서 빛은 나누어져 몇 킬로미터 떨어진 곳에서 송출되고 있는 사람이나 물체의 전체 모습의 모든 세세한 사항에 대응되는 영상을 만들었다. 그 결과 뜬 영상에서는 상반신만 보였다.

예민한 광판

광판은 독일 라이프치니에 있는 아우구스트 카롤루스August Karolus의 발명품을 토대로 만들어졌다. 이 광판은 매우 복잡한 렌즈 구조의 핵심이다. 이 광판은 복수의 렌즈로 이루어진 매우 복잡한 장치의 핵심 구성요소이며, 이 장치는 영화 영사기에 사용되는 아크등과 유사한 고밀도 아크등 앞에 놓인다. 광판은 매우 예민한 부품이다. 텔레비전 송출기에서 받은 파동에 완벽하게 대응하도록 빛을 통과시키려면 극도의 정확성이 요구된다. 텔레비전 송출기에서 받은 파동에 완벽하게 대응하는 빛을 통과시키려면 극도의 정확성이 요구된다. 이렇게 렌즈를 통과한 빛은 처음에 영상을 송출한 무선 '카메라', 즉 송출 장치의 원판과 회전율, 크기, 형태가 같은 원판으로 전달된다. 나머지 렌즈들이 1초당 4만 번 움직이는 빛 파동을 스크린 위로 비추면서 마치 살아 움직이는 듯한 영상으로 스크린을 물들이거나 덧칠한다.

렌즈와 광판으로 이루어진 장치와 함께 텔레비전 영사기를 구성하는 아크등은 스크린에서 약 40센티미터 떨어진 곳에 놓인다. 영사기와 스크린 사이의 공간을 덮는 무거운 검은 천은 효과적인 빛 터널이 된다. 이 천은 광선이 정해진 길을 벗어나 잡음처럼 작용해서 영상을 얼룩덜룩하게 만들거나 흐리게 만들지 않게 막는다. 텔레비전 영사기를 구성하는 장비는 모두 보드빌쇼vaudeville show(1890년대 중반부터 1930년대 초반까지 미국에서 유행했던 버라이어티쇼의 일종으로, 무용수와 가수를 비롯해 배우와 곡예사, 마술사 등이 무대에 나와 각각 별개의 공연을 차례로 펼치는 형태로 진행되었다.—옮긴이)의 한 꼭지를 담당할 수 있도록 조립과 해체가 편리하게끔 바퀴가 달려 있다.

두 번째 무선 방송 수신기는 극장에서 말이나 음악을 감지해서 커다란 스피커로 내보낸다. 텔레비전의 목소리가 되는 셈이다.

실제 사람 크기의 영상은 그림자가 아니며 단순한 흑백 영상도 아니다. 검은색과 흰색 사이에 존재하는 회색이 띨 수 있는 모든 색감을 재생한다. 원래 장면의 모든 그림자와 색감을 기록해서 영상에 깊이와 세밀함을 더한다.

공학자들은 무선 방송에서는 말과 음악의 주파수가 하늘의 전선을 타고 날아가는 전류를 조절하거나 형성한다고 지적한다. 그런데 텔레비전의 경우 공중의 방사선을 빛 파동의 연속이 전달하는 영상에 대응되도록 조절하거나 형성한다. 텔레비전으로 방송될 사람은 강한 빛 앞에 선다. 이 사람과 빛 사이에는 자전거 바퀴만 한 크기에 48개의 구멍이 뚫린 금속 원반이 놓인다. 이 원반은 사람의 얼굴을 1초에 20번은 찍도록 회전한다. 그러면 빛과 그림자로 이루어진 완전한 사진 20장이 생긴다. 큰 사각형의 틀에 4개의 광전지, 즉 무선 '눈'이 들어 있다. 무선 눈은 마이크가 소리에 민감하듯 빛에 민감하다. 이 눈이 텔레비전으로 방송되는 사람이 반사하는 빛의 파동에 1초에 4만 번씩 반응한다.

텔레비전의 미래

알렉샌더슨 박사는 이렇게 말했다.

"전자 공학 산업의 발달을 돌아보면 전기 과학이 전자 산업의 탄생에 어떤 식으로 기여하고 작용했는지 그 기원을 확실히 추적할 수 있다. 우리는 그 뒤로 전자 산업이 어떤 식으로 다른 과학 분야로 뻗어나가서 무선 통신 산업을 만들었는지도 알고 있다. 새로운 시대의 탄생을 여는 동력들이 어떤 식으로 작용할지 미래를 어느 정도는 내다볼 수 있지만, 그런 동력들이 작동하기 시작한 후에 이런 새로운 움직임이 어떻게 펼쳐질지 어떤 중요성이 있는지에 대해서 특히 공학자들은 장님이나 마찬가지이다.

오언 D. 영Owen D. Young(미국의 법률가이자 기업인으로 제너럴 일렉트릭의 이사장을 역임했다.—편집자)은 자신에게 가장 유리했던 점은 과학 지식이라는 장애가 없었다는 사실이라고 거듭 강조했다. 그의 미래에 대한 예측 역시 그와 함께 일한 공학자들의 예측에 비해 훨씬 더 엉뚱했지만 동시에 더 정확했다.

지난 15년간 무선 방송은 항로 표지의 보조 수단에 불과했다. 1915년과 1916년에 우리는 스케넥터디와 뉴욕 간 무선 전화기로 매일 통신을 했다. 많은 아마추어 무선사HAM가 우리의 통신을 꼬박꼬박 엿듣고 있다는 사실도 알게 되었다. 그렇게 우리의 정오 라디오 통신은 첫 정규 무선 방송이 되었다. 그러나 그것이 어떤 결과를 가져올지는 전혀 알지 못했다. 우리의 아이디어는 바다를 건너 전화 통화를 하는 것이었고 실제로 전쟁이 끝날 무렵 이것이 가능해졌다. 그러나 우리는 방송이 사회적으로 얼마나 중요한 의미를 가지게 될지 전혀 깨닫지 못했다.

오늘날 텔레비전은 1915년 무선 전화가 처한 것과 같은 상황에 놓여 있다. 우리는 과거의 이런 경험에서 조금이나마 위안을 얻을지도 모르겠다. 그러나 다른 한편으로는 그런 비유가 적절한지 텔레비전이 무선 전화의 역사를 반복할지 확신할 수 없다. 오늘날 과학계를 움직이는 힘을 고려하면 텔레비전 기술의 발전이 불가피한 대세라는 확신에 기대는 수밖에 없다. 그리고 그것이 한 사람이 이 진보에 기여했다는 유일한 보람일 것이다. 비록 이런 경우에는 그런 결과도 다른 무언가로 나아가는 디딤돌에 불과했다는 것으로 드러난다 할지라도 말이다."

3만 킬로미터의 여정

"이런 관점에서 아마추어와 전문가의 실험은 근본적으로는 같다. 우리는 호주로 텔레비선 전파를 내보내고 그 전파가 되돌아오는 결과를 얻자 정말 엄청나게 흥분했었다. 그 전파에 실린 내용이 아무리 간단했다하더라도 말이다. 우리는 3만 킬로미터를 돌아서 와도 직각은 여전히 모서리가 4개임을 확인했다. 우리의 기대를 훨씬 뛰어넘는 결과였다. 실제로 대부분의 경우 조각조각 나뉘어져 있었다. 그러나 힘을 낼 단서들이 조금씩 있었고 상상력을 펼칠 비옥한 땅이 있었다. 이것이 탐험가의 원동력이다. 아마추어건 전문가건 말이다.

일반 대중이 텔레비전에 충분히 관심을 가지거나 만족해서 가정용 텔레비전이 출시될지는 아직 알 수 없다. 새로운 오락 기술이 필요할 것이다. 방송의 보조재로서는 무선 방송 드라마가 현실이 될 수도 있다. 정치인과 교육자들은 이것을 매개체로 이용할 수 있고, 윌 로저스Will Rogers 같은 연예인이 오늘의 소식 시간에 최신 농담이나 논평을 들려줄 수도 있을 것이다. 당신은 이미 여기 프록터 극장에서 우리가 펼친 시연을 보지 않았는가? 대도시의 모든 극장에 단막극을 보여 주는 텔레비전이 설치될 수도 있을 것이다."

많은 단계 중 하나

"우리가 시연한 것은 텔레비전 기술로 거리를 극복하고자 하는 우리의 노력을 구성하는 많은 단계 중 하나에 불과하다. 빛 통제 기능의 향상으로 영상을 극장 스크린 크기로 보여 줄 수 있게 된 것은 카롤루스 박사의 발명 덕분이다. 몇 년 전 라이프치히를 방문했을 때 그를 만났다. 그의 발명은 우리의 연구를 완벽하게 한 요소였다. 그 이전에는 빛의 통제가 D. 맥팔레인 무어D. McFarlan Moore 박사와 그가 개발한 형광 전구 덕분에 가능했다. 다음번에 무어 박사가 카롤루스 박사가 발명한 전구보다 더 뛰어난 전구를 개발한다고 해도 놀라지 않을 것이다. 발명은 유쾌하고도 사교적인 스포츠이다. 경쟁이 없다면 발명품도 없다. 함께 뛸 사람이 없다면 경주를 할 수 없는 것처럼 말이다."

알렉샌더슨 박사는 자신이 상상의 나래를 너무 마음껏 펼치는 것이 아니냐고 생각할지도 모르겠다고 말했다. 그러나 알렉샌더슨 박사를 아는 사람들은 오히려 겸손하게 군다고 본다. 알렉샌더슨 박사는 무선 방송이나 텔레비전 시대의 예언자 역할을 꺼린다. 그러나 자신이 얼마나 확신에 차 있는지를 보이기 위해 현재 미 해군의 초대로 항공모함 사라토가를 타고 파나마로 가고 있다. 그곳에서 자신의 아이디어 일부를 현실화하는 데 필요한 일상 조건을 연구할 것이다. 그런 아이디어 중 하나가 무선으로 조종하는 무인 비행기이다. 이 비행기는 텔레비전 눈으로 '보고', 하늘에서 작동하는 이 비행기를 조종하는 이들은 그 눈으로 본 광경을 본다. 깊은 땅속에서조차도 말이다.

육군 레이더,
달과의 교신 시험 성공

잭 굴드

1월 10일, 인간이 달과의 교신에 최초로 성공했다. 어제 미 육군 통신대는 달에 레이더 신호를 발사한 지 2.4초 후에 달에 반사된 신호를 수신했다고 발표했다. 뉴저지주 벨마에 있는 에번스신호연구소에서 송출한 이 신호는 약 72만4천 킬로미터로 추정되는 거리를 왕복했다.

이 전기공학적 성과 덕분에 현재로서는 상상하지도 못할 일들이 가능해질 전망이다. 우주를 새롭게, 더 정확하게 연구할 수 있고 그 결과 먼 거리에 있는 행성의 상세한 지형도를 얻게 될 것이다. 전자기파가 지구의 전리층을 뚫을 수 있다는 새로우면서도 확실한 증거를 확보했으므로 우주 공간을 가로질러 날아오는 적군의 미사일도 탐지 가능할 것으로 보인다.

달이 반사한 소리의 높이는 180사이클 노트cycle note였다. 이것은 특정 라디오 방송국에 주파수를 맞추지 않았을 때 가정의 라디오 수신기에서 들리는 "삐" 소리보다 다소 높은 음이다. 달에서 돌아온 소리는 약 0.5초 정도 지속되었다.

육군은 오실로스코프oscilloscope(브라운관을 사용하여 변화가 심한 전기 현상의 파형을 눈으로 관찰하는 장치—편집자)로 이 반향을 시각적으로 기록했다. 역사에 족적을 남긴 "삐" 소리가 삐뚤빼뚤한 톱니 모양의 선으로 나타났다.

육군 개가를 발표하다

공학 및 기술 지원단 단장인 통신 담당 장교 조지 반 두센George L. Van Deusen 소장은 애스터 호텔에서 열린 전자기파공학자연구소의 연례 만찬에서 전자기파 신호가 달에 도달했다가 되돌아왔다고 공식 발표했다.

그러나 그보다 몇 시간 전에 결코 공식적이라고 할 수 없는 상황에서 처음 발표되었다. 애스터 호텔 2층의 작은 대기실에 기자 한 무리가 모여들었고, 이 실험을 이끈 과묵한 39세의 J. H. 디윗J. H. DeWitt 중령이 실험이 성공했다고 발표했다. 마침내 "달에 도달"한 사람이 된 디윗 중령과 실험에 참가한 네 명의 동료들은 지나치게 겸손했다. 기자들이 끈질기게 요구한 끝에 이 다섯 명의 이력을 조금이나마 알 수 있게 되었다.

디윗 중령은 테네시주 내슈빌에서 방송 엔지니어로 일한 경력이 있으며 (아마추어) 무선 통신사 '햄HAM'이다. 이번 실험 결과로 달에 신호를 보내는 자신의 취미생활이 절정에 이르렀다고 인정했다. 1940년에 한 번 실패한 경험이 있다고 밝혔다.

시티대학교 졸업생인 제이컵 모프센슨Jacob Mofsenson(32세)은 1942년 육군통신대에 합류했다. 자원 입대하기 전의 직업을 밝히는 것을 무척이나 꺼렸지만, 결국 "다이아몬드 거래상이었다"고 웃으며 말했다.

다른 주요 구성원은 연구를 감독한 쿠퍼유니언대학교 졸업생 E. K. 스토돌라E. K. Stodola 박사(31세), 버지니아주 웨스트리버티의 웨스트리버티칼리지에서 물리학 및 수학을 가르친 해럴드 웹Harold Webb 박사(36세), 뉴올리언스주 라디오 방송국에서 일한 허버트 카우프만Herbert Kauffman(31세)이다.

두 명이 첫 실험 실시

달에서 첫 반향이 왔을 때 전자기파 수신 장비 옆에 있었던 사람은 웹 박사와 카우프만 씨였다. 그러나 둘 다 특별한 감흥을 느끼지 못했다는 듯이 당시 상황을 전했다. 웹 박사는 "우리는 예상했던 결과를 얻었다"고 담담하게 말했다.

디윗 중령 말에 따르면, 레이더로 달에 닿으려는 연구 프로젝트는 대일 전승 기념일(연합군의 제2차 세계대전 종전 기념일로 미국은 일본이 공식적으로 항복 문서에 서명한 1945년 9월 2일을 기념한다.—편집자) 직후 시작되었고 1월 10일 송출 시험 준비를 마쳤다. 디윗 중령은 이날 달이 오전 11시 48분에 떴으며, 그로부터 몇 분 뒤 첫 레이더 파동을 111.6 메가헤르츠에 맞춰 하늘로 쏘았다고 말했다. 과학자들의 말에 따르면, 오전 11시 58분에 시험 성공을 알리는 첫 빛이 오실로스코프에 처음 나타났다고 한다.

이 실험은 5일간 계속되었다. 매일 달이 떴다가 질 때까지 3회씩 시험 송출을 실시했다. 달이 궤도의 최고점에 있을 때는 달의 '수신도受信度'를 시험할 수 없었다. 적절한 안테나 장비가 없었고, 때로는 신호가 되돌아오지 않는 날도 있었다. 알고 보니 지구 대기권 내의 전파 상황 때문이었다.

송출기 최대 전력은 3킬로와트였지만 특수한 안테나를 써서 송출기의 방사 능력을 200으로 높일 수 있었다. 달에서 되돌아온 신호의 강도는 3와트 정도로 측정되었다.

디윗 중령은 달과의 교신에서 "진짜 비법"은 송출 자체가 아니라 달이 돌려보내는 아주 약한 신호를 잡을 수 있을 정도로 극도로 민감한 수신기 제작에 있었다고 강조했다. 디윗 중령은 이 수신기의 민감도가 0.1마이크로볼트 정도일 것으로 추정했다.

레이더파는 빛의 속도인 초속 3만 킬로미터의 속도로 이동했다. 달과 지구의 평균 거리는 38만4,000킬로미터로 계산되지만, 과학자들을 가장 난처하게 만든 문제는 달과 지구의 운동 속도에 따른 거리의 오차를 파악해서 이를 반영하는 것이었다. 달의 궤도 운동 속도는 지구의 궤도 운동 속도보다 최대 1,200킬로미터 더 빠를 수도 더 느릴 수도 있다고 한다.

신호가 달에 도달했다가 돌아올 수 있다는 것을 입증한 디윗 중령은 이제 남은 문제는 신호가 갔다가 돌아오는 데 걸리는 시간을 계산하는 일이라고 했다. 반향이 2.4초 후에 돌아왔을 때 과학자들은 목표를 달성했다고 확신했다. "저 위에는 달밖에 없기 때문"이다.

오류의 가능성을 배제하기 위해 소수의 과학자들이(신상 정보는 기밀이다) 벨마를 방문해서 이 결론을 검토하고 확인했다.

달이 보내는 인사를 기대한다

디윗 중령은 벅 로저스Buck Rogers(공상과학만화 주인공—옮긴이)나 쥘 베른Jules Verne의 공상과학 소설 속 인물들처럼 명확한 과학적 근거 없는 추론을 제시하는 것에 거부감을 표했지만, 육군 과학자들이 송출기의 출력을 향상시켜서 목소리를 보낼 수 있게 되기를 바랐다. 그는 "우리가 '안녕'이라고 인사를 건네고 달이 '안녕'이라고 화답하는 것을 들을 수 있기를 바란다"고 말했다. 그리고 재빨리 "달이 '잘 가'라고 답하지는 않지 않겠냐"고 덧붙였다.

뉴욕에서 발표한 이 소식과 관련해서 워싱턴 D.C.의 육군성은 이런 성공이 갖는 중요성에 대한 공식 입장을 발표했다. 육군 통신 장교 해리 C. 잉글스Harry C. Ingles 소장은 "현 단계에서는 이 실험 결과가 어떤 식으로 상용화될지 확실하게 말할 수는 없지만 전시뿐 아니라 평시에도 유용한 중요한 기술"이라고 평가했다.

육군성은 "가장 가능성이 높은 것은 지구의 성층권 바깥을 날아다니는 장거리 제트나 로켓제어 미사일을 전자기파로 조종하는 것"이라고 말한 데 이어 "독일의 V-2 미사일은 이미 고도 95킬로미터에 도달한 것으로 알려져 있다"고 하며 다음과 같은 입장을 밝혔다.

"이번에 통신대가 올린 성과의 주된 의미는 과학자들이 처음으로 지구에서 보낸 고주파 전자기파가 지구와 성층권을 둘러싸고 있는 전하를 띤 전리층을 뚫고 나갈 수 있다는 것을 확실히 알게 되었다는 점이다. 전리층의 여러 층은 지구 표면에서 약 58킬로미터 떨어진 곳에서 시작되며 약 400킬로미터 지점까지 뻗어 있다.

이를 근거로 V-2 발사체는 이미 전리층의 저층부보다 더 멀리 나갔으며 이제는 전자기파가 전리층을 완전히 뚫고 나갈 수 있다는 사실이 밝혀졌다.

또한 이 신기술은 전자기파가 닿은 전리층의 변화를 연구하는 데 도움이 될 것이다. 과학자들은 이미 저주파와 중주파 전파는 전리층에서 반사되어 돌아온다는 사실을 알고 있다. 그리고 이렇게 반사된 전파가 원거리 방송에서 활용하는 '공간파'이다. 또한 전리층은 때로는 전자기파를 왜곡하거나 굴절시킨다. 프리즘이 빛의 파동을 굴절시키는 것처럼 말이다.

또 다른 가능성은 새로운 천문학 정보를 얻는 데 활용하는 것이다. 레이더 데이터를 활용해 먼 행성의 상세한 지형도를 제작하는 것이 가능할 뿐 아니라, 과학자들은 이 수단으로 다른 천체의 구성과 대기 특성을 파악할 수도 있을 것이다.

가능성은 더 적지만 신기술을 이용해 지구에서 수천 킬로미터 떨어진 먼 곳으로 여행하는 '우주선'을 전자기파로 조정할 수도 있을 것이다. 그런 우주선에서 계산한 천문학 데이터를 전자기파로 보고받을 수도 있을 것이다."

육군 장교들은 비공식적으로 '다이앤Diane'이라고 부른 이 프로젝트에서 기존 레이더 실험과는 달리 훨씬 더 긴 펄스 반복률을 사용했다는 점을 주된 특징으로 꼽았다. 기존 레이더는 초당 수천 개의 펄스률을 사용했다면 이번에는 3초에서 4초 정도 되는 펄스 반복률을 사용했다. 각 에너지의 파동 길이는 10분의 1초부터 2분의 1초로 다양했다. 이런 파동 길이는 전시 표준과 비교할 때 "어마어마하게 긴 간격"이다.

부속 안테나 문제에다 펄스 반복률과 파동의 길이 때문에 디윗 중령과 동료들은 화성과 금성과의 교신 성공 가능성에는 비교적 신중한 입장을 취했다. 신호가 도달해야 하는 거리가 멀수록 새로운 문제에 맞닥뜨릴 것이기 때문이다.

“흥미로운 도구”로 표현

하버드대학교 천문대 소장 할로우 섀플리Harlow Shapley 박사는 오늘 밤 육군이 달과의 교신에 성공한 것을 두고 “태양계를 탐구하는 흥미로운 도구”라고 설명했다. 앞으로 몇 년간 전쟁 중에 탄생한 놀라운 발명과 발견이 더 많이 쏟아져 나올 것이라고도 전망했다.

그는 “달과의 레이더 교신은 매우 유용할 것이라고 믿는다. 지구 주위의 유성 물질을 연구하는 데 도움이 될 것이기 때문이다. 이 기술로 다른 행성을 찾을 가능성은 전혀 없다고 생각한다”고 말했다.

과학자들이 적어도 2년 전부터 레이더 실험에 대해 알았다고 밝힌 섀플리 박사는 이런 성과는 원자폭탄 개발에는 비할 바가 아니라고 말했다. 그러나 그는 천문학자들이 전쟁 중에 이루어진 발견들을 연구하고 있으며, 앞으로 레이더 교신 성공 발표보다 훨씬 더 충격적인 발표를 듣게 될 것이라고 예상했다.

작디작은 관에 흥분한 전자공학 분야

트랜지스터라고 하는 아주 작은 반도체 결정 장치는 크기가 옥수수알 한 개 정도에 불과하지만, 잠재력이 무궁무진해서 전기 공학자들과 군사 전문가들을 흥분시키고 있다. 연합통신에 따르면 현대의 전화기, 라디오, 텔레비전, 레이더를 비롯한 수많은 전자기기의 바탕이 된 진공관 발명 이후 전자공학 분야에서 나온 가장 중요한 발명품으로 꼽는 이들도 있다고 한다.

트랜지스터를 사용하면 진공관으로는 불가능한 많은 것을 할 수 있다. 진공관으로 가능한 것들을 더 잘할 수도 있다. 진공관보다 크기가 현저히 작을 뿐 아니라 몇 배나 더 튼튼하고, 전기 소모량도 미미하며, 작동 전 준비 시간도 필요 없다. 타버릴 필라멘트도 없어서 반영구적으로 사용할 수 있다.

트랜지스터는 1948년 벨연구소에서 최초로 발명했으며, 눈부신 발전을 거듭해 1년 내에 장거리 전화기에서 실용화될 예정이다. 그밖에 진공관 없는 라디오, 1년 동안 건전지 교체 없이 사용할 수 있는 효율적인 초소형 보청기, 외딴 지역의 전선에 연결되어도 소리가 크고 또렷하게 들릴 전화기에 시범 적용될 것으로 보인다.

거대 산업의 토대가 될 것으로 기대

트랜지스터는 현재 진공관으로는 만들 수 없는 전자 제품을 만드는 데 사용되는 것 외에도 다른, 심지어 더 거대한 것들을 만드는 데 사용될 것으로 보인다. 벨연구소의 화학 실험 프로젝트 책임자인 로버트 M. 번스Robert M. Burns는 트랜지스터를 중심으로 새로운 전자 산업이 형성될 것으로 전망한다. 번스는 이렇게 형성된 전자 산업이 "모든 제조업을 장악할 기세로 성장 중인 화학 산업에 견줄 규모를 갖춘 유일한 산업이 될 것"이라고 전망했다.

그는 "주요 산업인 발전·교통 및 통신 산업은 앞으로도 전자 산업과 화학 산업에 균등하게 의존하게 될 것이다. 따라서 한편으로는 화학이 사람에게 식량과 의복을 비롯한 모든 것을 제공하고, 다른 한편으로는 전자가 사고 작용을 비롯해 사람의 일을 대신할 미래를 기대해도 좋다"고 주장했다.

트랜지스터를 발명한 사람은 벨연구소의 윌리엄 쇼클리William Shockley 박사다. 쇼클리 박사는 처음에는 티끌만 한 게르마늄에 작은 전선 두 개를 붙였다. 게르마늄은 반도체로 알려진 물질이다. 그는 이 구성품을 22구경 소총의 총알만 한 크기의 금속 원통에 집어넣은 다음 밀봉했다.

작년 7월, 벨연구소는 '접합 트랜지스터'라고 명명한 획기적인 유형의 새 트랜지스터 모형을 선보였다. 접합 트랜지스터는 음전하 판 두 개 사이에 얇은 양전하 판이 들어가도록 처리한 작은 게르마늄 조각과 각 판에 연결된 전선으로 구성된다. 이 구성품은 작은 플라스틱 통에 담겨 있으며 크기가 기존의 초소형 진공관 크기의 5분의 1밖에 되지 않는다. 접합 트랜지스터에서 전선이 삐져나온 모습이 거미를 닮았다. 벨 시스템에서 발표한 한 보고서에서는 트랜지스터의 잠재력을 분석하면서 이 트랜지스터를 '전자 뇌'로 명성을 얻고 있는 수리계산 처리기계에 적용할 수 있을 거라고 강조했다. 수리계산 처리기계는 현재 엄청난 양의 계산 작업을 수행하지만, 벨 시스템 보고서에서는 "지금의 기계는 사람의 정신 능력의 10억분의 1밖에 해내지 못하고 있다. 그런데 적어도 한 명 이상의 과학자가 트랜지스터를 적용하면 이 기계의 계산 능력이 10만 배는 향상될 것으로 예측한다"고 보고 있다.

빛 증폭기 레이저

지난주 캘리포니아주 컬버시티에 있는 휴스 항공사의 연구소에서 시어도어 H. 메이먼Theodore H. Maiman 박사가 빛을 증폭할 수 있는 새로운 전자 장비를 선보였다. 이 장비에는 '레이저LASER'라는 이름이 붙었다. 방사 유도 방출로 빛 증폭Light Amplification by Stimulated Emission of Radiation의 약자다.

보통 빛의 원천에서는 빛을 방사하는 원자가 개별적으로 제각각 빛을 내뿜는다. 그래서 이들이 생산하는 빛의 파동에는 '일관성이 없다.' 주파수가 맞지 않는 전파가 뒤엉킨 모습을 상상하면 된다. 그러나 레이저는 최초로 '일관성 있는 빛'의 줄기를 만들어낸다. 수년간 과학자들이 만들어내고자 한 빛이다. 휴스 항공사 연구소에 따르면, 이 장치는 탐사를 위한 새로운 과학 도구 역할을 할 것이다. 레이저를 개선하고 완성하면 빛을 모아서 우주 통신에 사용할 수 있는 강력한 고밀도 광선을 만들어낼 수 있을 것으로 기대된다. 그러면 전파가 아닌 광파를 활용한 통신 채널의 수가 획기적으로 늘어난다. 현재 생성 가능한 가장 순수한 주파수보다 수십억 배 더 순수한 '일관된' 광선을 만들어낼 수 있기 때문에 레이저를 로스앤젤레스에서 샌프란시스코를 향해 쏘아도 그 빛이 퍼져나간 원의 지름이 30미터 정도밖에 되지 않는다. 만약 탐조등을 쏘았다면, 빛이 퍼져나가서 만든 원의 지름이 80킬로미터나 될 것이다. 달을 향해 레이저를 쏜다면, 달 표면에서 지름이 16킬로미터보다 좁은 면적을 비출 것이다. 평범한 탐조등의 빛은 달 표면에 닿을 수도 없거니와 닿는다 해도 그 면적의 지름이 4만 킬로미터를 넘을 것이다.

답을 쏟아내는 전기 컴퓨터 덕분에 공학 작업의 속도가 빨라질 전망

T. R. 케네디 주니어

오늘밤 이곳 펜실베이니아대학교에서 미 육군성이 전쟁 당시 최고 기밀이었던 놀라운 기계를 선보였다. 지금까지 계산이 아주 까다롭고 품이 많이 든다고 알려진 수학 과제 해결에 전자속도를 적용한 최초의 기계이다. 처음으로 이 기계가 과제를 처리하는 모습을 목격한 고위급 관료들은 과학 분야를 새로운 토대 위에서 재구성할 도구라며 환영 의사를 표시했다.

이런 장비는 현대 공학을 혁신하고, 산업디자인의 새로운 시대를 열고, 궁극적으로는 복잡한 기계를 개발하는 과정에서 불가피하다고 여겨졌던, 시간이 매우 오래 걸리고 비용이 많이 드는 시행착오 개발 방식을 대체할 것이라고들 말했다. 지금까지 순수하게 수학적인 까다로움 때문에 비용은 더 많이 들고 계산 속도는 더 느린 최선보다 못한 문제 해결책을 받아들여야만 하는 일이 종종 있었다.

'에니악ENIAC'이라는 명칭이 붙은 이 새로운 전자 속도 천재는 그런 작업에 드는 시간을 거의 없애다시피 한다. 에니악 개발자들은 에니악이 이전에 비해 수학 문제를 1,000배나 더 빨리 푼다고 말했다.

핵물리학 문제를 푸는 데 이 기계가 동원되고 있다.

에니악의 공식 명칭은 '전자 숫자 통합 및 계산기'로, 기계적인 작동 장치는 단 하나도 없다. 18,000개에 달하는 진공관과 몇 킬로미터에 달하는 전선 안에서 움직이는 것은 오직 가장 작은 원소 물질인 전자뿐이다. 다만 인간의 수학 언어를 에니악이 이해하는 언어로 번역, 즉 '해석'하고 또 그 반대 작업을 수행하는 데 관여하는 기계 장치는 있다. 내일 에니악 개발을 축하하기 위해 정부 관료와 펜실베이니아대학교의 과학자들이 참석하는 만찬이 열린다. 만찬을 끝낸 뒤 다 함께 육군 병기 부서의 협조로 에니악이 설치된 무어전기공학대학교로 자리를 옮겨 작동하는 모습을 지켜볼 예정이다.

무어전기공학대학교의 젊은 과학자 두 명이 에니악을 발명하고 완성했다. 38세인 존 윌리엄 모클리John William Mauchly는 기상학氣象學에도 아주 관심이 많은 물리학자이고, 그의 조수인 26세의 J. 프레스퍼 에커트J. Presper Eckert는 이 프로젝트의 책임 담당 기술자이다. 이 학교의 다른 연구원들도 이 프로젝트에 협력했다.

육군 병기 부서 장교들은 그동안 대규모 탄도 데이터를 통합하고 정리해 줄 기계를 찾고 있었다. 해외로 나가는 새로운 공격 무기를 사용할 때 기본 재료가 되는 발사 및 폭격 표를 차질 없이 신속하게 마련하기 위해서는 그런 기계가 꼭 필요했다. 발사 및 폭격 표가 없으면 공격 무기를 효율적으로 사용할 수가 없다.

30개월이 걸린 프로젝트

육군 병기 부서 소속 수학자인 H. H. 골드스틴H. H. Goldstine 대위는 프로젝트 당시 아직 학생이었다. 그는 모클리 박사의 아이디어를 들었고 메릴랜드주 애버딘 성능실험장의 폴 N. 길론Paul N. Gillon 대령에게 이 아이디어를 전했다. 그리고 대령의 열렬한 지지 아래 정부 지원을 받아 프로젝트에 착수했다. 그로부터 30개월 뒤 프로젝트가 마무리되었고, 그 결과물은 많은 수학자가 힘겹게 하던 작업을 순식간에 해내고 있다. 에니악은 곧 애버딘에 영구 고정 설치될 것이다.

"전쟁 시 매우 까다로운 문제"는 완성되자마자 에니악의 회로에 전송되었다. 에니악은 그 문제를 두 시간 안에 해결했다. 에니악이 없었다면 이 과정을 해결하는 데 100명의 수학자가 1년 내내 매달려야 했을 것이다. 에니악의 계산 능력이 워낙 뛰어나서 에니악 개발자들은 에니악이 풀 수 없을 만큼 긴 수학 문제를 찾는 일을 이제 포기했다.

계산 전문가들은 이 까다로운 수학 문제 해결사를 '디지털' 계산기라고 부른다. 쉽게 말해 이 기계는 더하고, 빼고, 곱하고, 나누는 일밖에 하지 못한다. 그리고 1초당 10만 회의 속도로 진동하도록 정교하게 설정된 전기 파동 덕분에 이런 계산 작업이 가능하다. 매번 열두 번째 파동마다 계산을 하나씩 수행한다. 따라서 이를테면 1초당 더하기를 5천 번 할 수 있다.

모든 수학 문제는 아무리 난해하고 복잡해도 시간만 충분하다면 기초 산술 작업으로 해결할 수 있다. 이를 뒤집어 말하면 에니악처럼 기초 산술 작업에 필요한 시간을 줄이면 거의 모든 문제의 답을 도출할 수 있다. 적어도 에니악의 개발자들은 그렇게 말한다.

그러나 에니악은 단순히 계산만 하지 않는다. 특정 수학 문제를 적절한 순서로 풀기 위해 인간 같은 '기억' 능력이 있으며, 이 기억 능력에는 네 가지가 있다. 또한 '제어' 요소도 있다. 그래서 현재까지는 스스로 자신의 행동을 정할 수 있다. 예를 들어, 두 숫자를 비교하고 어느 쪽이 큰지에 따라 두 가지 가능한 경로 중 하나를 정할 수 있다.

먼저 구멍을 뚫어 문제의 '초기 및 한계 조건'을 표시한 카드 묶음에서 기본 숫자를 받는다. 에니악의 '정신' 중 하나가 이 문제를 푼다.

카드에 구멍을 뚫어 문제가 표시되면 그 카드를 '판독기' 투입구에 넣는다. 그러고 나면 답을 원하는 사람은 앉아서 기다리면 된다. 오래 걸리는 일은 거의 없다. 에니악은 거의 모든 수학 과제를 몇 초 안에 끝낸다. '마스터 프로그래머'라고 불리는 구성 조직이 전체 계산 과정을 지켜보면서 작업이 제대로 수행되는지 감독한다.

에니악은 높이 약 3미터의 패널 40여 개로 이루어져 있다. 이 패널은 제어판과 표시물로 가득하다. 버튼을 누르면 몇몇 패널에서 형광 핑크색 불빛이 깜빡거린다.

에니악의 시연을 지켜본 사람들은 가로 10미터 세로 20미터 크기의 방에 들어갔다. 컴퓨터가 내부 공간을 대부분 차지하고 있었다.

무어대학교의 아서 W. 버크스Arthur W. Burks는 계산하는 데 걸리는 시간이 충분히 짧다면 기초 산술 작업이 거의 모든 문제를 해결할 수 있을 것이라고 설명했다.

"아주 집중해서 보세요, 안 그러면 놓칩니다." 그는 97,367을 5,000번 반복해서 곱하게 하는 버튼을 누르면서 경고했다. 실제로 구경하는 사람들의 대부분은 놓쳤다. 계산 작업은 눈 깜짝할 사이에 끝났다.

에니악의 계산 속도가 얼마나 빠른지 보여 주기 위해 버크스 박사는 에니악의 속도를 1,000분의 1만큼 느리게 설정한 뒤 같은 작업을 시켰다. 방문객들이 16분 동안 기다릴 인내심이 있었다면 형광 불빛으로 표시되는 답을 관찰할 수 있었을 것이다. 그 다음 계산 작업은 3,975 곱하기 12,975였다. 1초 만에 답이 떴다. 제곱과 세제곱 표도 0.1초 만에 뚝딱 만들어냈다. 다음에는 비슷하게 생긴 사인sine과 코사인cosine 표를 만들어냈다. 대부분의 방문객들이 다른 방으로 이동하기도 전에 이 작업은 마무리되어 커다란 종이에 출력되었다.

그런 다음 수학자들이 에니악에게 몇 주에 걸쳐 풀어야 하는 복잡한 문제를 풀게 했다. 에니악은 딱 15초 만에 답을 내놓았다. 모든 문제는 처음에 기본 요소들로 재구성된 뒤 구멍을 뚫어 카드에 표시한 다음 판독기라고 부르는 IBM사의 부품에 집어넣어야 한다. 판독기는 수학언어를 에니악의 언어로 바꾸고 에니악의 언어를 수학언어로 변환한다. 이 작업이 끝나면 기계는 과제를 수행할 준비가 된다. 광범위한 과학 '상수'에 해당하는 숫자들이 그런 식으로 필요할 때마다 입력된다. 이 작업을 수행하기 위해 에니악은 네 가지 유형의 '기억'을 사용한다. 각 문제 유형에 따라 사전에 끊임없이 조정이 이루어진다.

대개 에니악은 10억 단위 숫자를 다루지만 20억 단위도 가볍게 다룬다. 그래서 천문학적인 단위로 나아가는 답변을 내놓는다.

기계 값은 40만 달러

에니악을 만드는 데는 20만 이상의 시간이 소요되었다. 500만 개 이상의 납땜 접합부로 이루어져 있으며 총 가격은 40만 달러 정도이다. 에니악을 작동시키는 데는 현재 미국에서 가장 큰 방송 송출기 한 대를 작동시키는 데 필요한 전기의 3배, 즉 150킬로와트가 든다.

약 3년 전까지만 해도 에니악은 아이디어에 불과했다. 오늘날 에니악은 기발한 전기 발명품 가운데 아마도 가장 놀라운 발명품일 것이다. 지난 1941년 모클리 박사는 자신의 야망을 실현할 수 있을지도 모른다는 희망을 품고 무어대학교에 왔다. 그는 복잡한 형태의 큰 단위 숫자를 다루는 기술을 혁신하고 싶었다. 예컨대, 모클리 박사는 장기 기상 예측 같은 것이 가능하리라고 믿었다.

모클리 박사는 전쟁과는 무관한 활용 분야로 몇 달 뒤의 기상 예측 정확도 향상을 꼽았다. 그 외에도 더 나은 성능의 비행기, 가스 터빈, 초단파 무선관, 텔레비전, 원동기, 평시에 짐을 음속으로 운반하는 발사체 개발 또한 애니악의 평시 활용 분야로 든다. 더 나아가 행성의 움직임을 더 많이 연구하고 더 정확하게 연구하는 데 기여할 것이라고 기대하고 있다.

골드스틴 대령에 따르면, 과거의 과학자들이 그저 감내할 수밖에 없었던 "거대한 산" 같은 계산 작업이 전기 컴퓨터의 등장으로 사라졌다. 그는 그동안 운동 관계식의 답을 구하는 일이 과거에 걸림돌이 되는 경우가 많았고, 항공기·고속 비행기·로켓 및 폭탄 연구가 "전기 컴퓨터 계산 작업으로 아주 큰 혜택을 볼 몇 가지 분야"라고 지적했다.

에커트 씨는 전자 속도로 계산하는 기계가 존재하는 덕분에, 일생을 다 바쳐도 풀지 못해 해결 불가능하다고 여겨지던 문제도 인간의 필요에 따라 금방 답이 나오는 시대가 올 거라고 전망했다. 그는 "구시대는 가고 새로운 전자 속도의 시대가 오고 있다. 그렇게 되면 우리는 새로운 지식을 가지고 과학 문제에 처음부터 다시 달려들 수 있을 것"이라고 말했다.

에커트 씨는 바로 몇 달 전 발표된 하버드대학교와 MIT의 최신 기계적 계산기와 전자-기계적 계산기를 간략하게 소개했다.

전자공학에 혁명을 일으킨 '칩'

찰스 리덤

1699년 11월의 어느 날, 아침잠에서 깬 레뮤얼 걸리버Lemuel Gulliver는 자기 가슴 위를 돌아다니는, 키가 15센티미터에 불과한 소인과 눈이 마주쳤다. 그는 자신을 잡은 소인들의 크기에 의문을 제기하지 않았다. 1960년대의 우리는 릴리프트 소인국 같은 소형화된 세계를 받아들였다. 휴대용 라디오, 휴대용 TV, 눈에 띄지 않는 소형 보청기, 기타 어디에나 있는 트랜지스터의 후손들에 둘러싸여 있다. 몇 년 전만 해도 말로는 표현할 수 없는 경이로운 광경이었을 것이다. 그리고 지금 우리는 단순히 소형 전자기기가 아닌 초소형 전자기기의 시대로 넘어가는 문턱에서 있다. 이들 초소형 기기는 믿을 수 없을 정도로 작은 집적회로로 이루어져서 말 그대로 바늘구멍도 통과할 수 있을 정도로 작다.

손목시계 라디오? 10년 전에는 환상에 불과했던 이런 기계는 이제는 구닥다리 아이디어 취급을 받는다. 오늘날에는 라디오 완제품을 인장印章반지 안에 충분히 넣을 수 있다. 주머니 크기의 TV? 전자공학이 얼마나 발달했는지를 고려하면 현재는 컬러 TV의 전체 회로를 곧 남성용 손목시계 안에 집어넣을 수 있을 것이다. 책상 위에 올릴 수 있는 컴퓨터? 이미 거의 현실화되었다. 제너럴일렉트릭에서 내놓은 무게 8킬로그램의 A-212 모델은 처리능력이 초당 16만6천 건인 전자 디지털 컴퓨터이다. 기본적인 사무용 타자기 정도의 크기이다. 이제는 꿈의 기계라고 할 만한 전자제품이 더 이상 없다.

이 모든 것은 '칩', 즉 집적회로 덕분에 가능해졌다. 이 환상적인 기술은 세상의 이목을 끌지 않은 채 모토롤라, 텍사스인스트루먼트, 웨스팅하우스, 실베니아 같은 대표적인 전자기기 제조업체의 실험실에서 수년간 놀라울 정도로 조용히 개발되었다. 집적회로의 핵심은 트랜지스터이다. 트랜지스터는 이미 그 자체로도 전자공학 혁명을 일으킨 바 있다.

전자공학은 진공관에서 시작되었다. 20세기에 들어선 직후 발명되어 전자기파 과학의 태동기를 견인했다. 진공관의 주요 기능은 증폭하는 것이다. 증폭되지 않은 전자기파는 쓸모가 없다. 전자기파는 송출 본부를 떠날 때는 굉장히 강력하지만, 수신기가 있는 곳으로 가는 동안 100만분의 1볼트로 그 힘이 줄어든다. 그런데 진공관을 통과하면 이 미미하게 움직이는 전자기파 에너지의 작은 파동이 들어올 때에 비해 훨씬 증폭되어서 나온다. 이런 방식으로 원래는 미미했던 전자기파 신호가 확성기를 활성화하고 우리가 듣는 소리를 만들어낼 수 있을 정도의 힘이 생긴다.

초기 진공관은 매우 크고 어설픈 장치였지만 곧바로 개량되었다. 관이 작아졌고, 지금은 좋은 추억쯤으로 남아 있는 방을 가득 채우는 거대한 진공관 라디오 애트워터 켄트의 크기가 확 줄어서 탁자에 올려놓을 수 있는 크기가 되었다. 진공관은 최대한 작아져서 새끼손가락 첫 마디 정도의 크기가 되었다. 그리고 트랜지스터가 등장했다.

1948년 벨연구소는 최초의 실용적인 트랜지스터를 선보였다. 소형화에 있어 아주 먼 발걸음을 내디딘 것이다. 첫 트랜지스터는 게르마늄이나 규소 결정으로 만든 바늘머리만 한 공간만으로도 진공관 같은 증폭을 하는 기적 같은 일을 해냈다. 그 뒤에 나온 더 정교한 트랜지스터 후속 모델은 전기회로에서 거의 모든 진공관을 대체하게 되었다. 트랜지스터는 진공관보다 훨씬 더 작다. 게다가 다른 장점들도 있어서 크기를 더욱더 줄일 수 있었다.

트랜지스터는 진공관보다 전력 소모량이 더 적다. 진공관은 100볼트 이상이 필요한 데 반해, 트랜지스터는 평균적으로 12볼트면 충분하다. 따라서 건전지와 전력 공급 장치도 더 작다.

트랜지스터는 진공관과는 달리 깨지거나 닳지도 않으므로 관 모양의 소켓이나 제거, 시험, 교체를 위한 공간을 마련할 필요 없이 회로에 영구적으로 꽂을 수 있다. 이론적으로는 적절히 관리해 주면 영원히 작동할 수도 있다. 트랜지스터 라디오에 다른 고장은 생길 수 있어도 트랜지스터 자체는 영구적이다.

그다음으로 소형화에 작은 기여를 한 것은 인쇄회로다. 인쇄회로는 전선 대신 전도 물질로 이루어진 좁은 길을 낸다. 비전도 물질로 만든 얇은 판에 복잡한 무늬가 직접 새겨진다. 그런 다음 트랜지스터를 비롯한 다른 구성 요소들을 이 판에 바싹 붙여서 올린다. 연결 부위는 전도 경로에 납땜으로 붙인다. 이런 식으로 다시 한 번 크기를 줄일 수 있었다.

소형화의 (적어도 현재로서는) 마지막 단계가 집적회로, 즉 칩이다. 크기가 아주 작다고 해서 칩이라는 이름이 붙었다(칩chip은 조각, 부스러기라는 뜻—옮긴이). 아주 대략적으로 설명하자면 집적회로는 초소형 인쇄회로이다. 연결 부위뿐 아니라 구성 요소 자체도 인쇄된 상태다. 그러나 이런 설명조차도 칩의 극단적으로 작은 크기를 제대로 전달하지 못한다. 칩이 얼마나 놀라운 전자공학 기술 발전에 해당하는지도 전달하지 못한다. 실베니아가 사용하는 한 공정은 25센트 동전만 한 크기의 순수한 규소(대표적인 트랜지스터 재료)로 된 얇은 막이 원본 필름이 된다. 그 자체로 놀랍도록 정교한 기술인 미세 사진 돈판 공정으로 이 규소 한 조각 위에 아주 작은 동일한 회로를 하나가 아닌 수백 개 '인쇄'한다. 현미경으로 봐야 할 정도로 작은 경로가 새겨지고, 다른 재료들이 한 번에 한 겹씩, 한 번에 한 무늬씩 완성될 때까지 눈에는 보이지 않을 정도의 양만큼 더해진다. 소형 트랜지스터 등 필수 구성 요소가 제작되고 1센티미터도 안 되는 공간에 각자의 자리에 서로 세심하게 연결된다.

기본 규소 막에서 재단된 각각의 소형 칩 회로는 너무 작아서 사람 손으로는 초미세 금속 끈이나 전선으로 필수 입력 및 출력 연결 작업을 할 수 없다. 대신 소형 기계로 각 칩을 더 잘 다룰 수 있는 크기의 '플랫백' 또는 '꾸러미', 즉 웨이퍼(실리콘 기판)로 만들어서 중앙에 올린다. 이 공정에서 칩의 연결 부위는 팩의 중앙에서 배출되는 좁은 금속 경로에 부착되고 사람 손으로 다룰 수 있을 정도의 크기가 된다. 예를 들어, 컴퓨터를 만들 때는 두세 개의 칩이 다부품 회로로 연결되어야만 한다. 사람이 운영 처리 순서에 맞춰 커다란 이음기를 납땜으로 서로 연결한다. 또는 이음기를 용수철 집게 속에 넣어서 필요한 곳에 건다.

집적회로 개발 초기 단계에서조차 칩은 크기가 1센티미터 남짓밖에 되지 않았고 최대 22개의 트랜지스터와 관련 구성 요소를 담고 있었다.

골무에 담을 수 있을 정도의 칩들로 12개의 컴퓨터나 수천 대의 라디오에 필요한 회로를 제작할 수 있었다. 이 정도면 이런 설명에 의심이 가겠지만, 칩은 실제로 존재하고 생산되고 있으며 제한적으로나마 벌써 사용되고 있다.

칩의 장점은 작은 크기만이 아니다. 많은 부품들 사이에서 끊어지는 등 문제를 일으킬 납땜 연결 부위가 칩 안에서 사라졌으므로 안정성이 굉장히 높아졌다. 전력 사용량이 100분의 1 수준으로 줄었고 과열 문제도 없다.

소형 전자기기가 우주 시대에 갖는 의미는 별다른 설명이 필요 없을 정도로 명백하다. 몇십 그램이나 몇십 세제곱센티미터를 줄이는 것이 몇백 그램이나 몇만 세제곱센티미터의 금보다 훨씬 더 소중하며, 안정성을 확보할 수만 있다면 과학자를 기꺼이 인질로 내줄 정도니 말이다.

로켓과 인공위성에 탑재된 유도 컴퓨터는 이미 칩을 부분적으로 사용하고 있다. 그래서 크기가 극도로 작아졌고 무게도 훨씬 가벼워졌다. 100킬로그램 넘게 나가던 전자기파 유도 시스템 하나는 덕분에 무게가 약 20킬로그램으로 줄었다. 그리고 칩을 더 많이 적용하면 이 무게는 앞으로 10킬로그램 이하로 줄일 수 있다. 인간이 달과 그보다 먼 우주로 나갈 때, 그 우주비행사는 로켓을 탔다고 말할 수 있지만 칩을 탔다고도 말할 수 있다.

미래에 지구에서의 군사적인 활용처에 대해 생각해 본다면, 소형 전자기기는 기본 전투를 수행하는 보병의 전술도 바꿀 것이다. 소형 전자 수신기와 송출기는 500그램도 되지 않을 것이고 헬멧 안쪽에 부착해 부대 간, 부대 내, 정찰병 간 소통이 즉각적으로 이루어질 것이다. 손전등만 한 소형 레이더로 적군의 영역을 탐색할 것이고, 게릴라 병사가 아무리 감쪽같이 잘 숨어도 준소형 열 감지기로 모조리 찾아낼 수 있을 것이다. 탐지기와 유도 시스템의 정교한 결합으로 기관총은 멀리 있는, 보이지 않는 적조차도 정확하게 타격할 것이다. 현재 그보다 크기가 큰 레이더 체계는 대공포대의 사격을 통제하고 있다.

칩의 민간 보급은 더 천천히 이루어지겠지만 이미 칩 하나가 꾸준히 작아지는 보청기 제작에 사용되고 있다. 보청기는 초기에 트랜지스터가 적용된 몇 안 되는 소비제품이다. 1963년 말, 제니스는 가로 0.1센티미터 세로 0.4센티미터 크기의 7그램짜리 실리콘에 트랜지스터 6개와 저항기 16개를 담은 소리증폭 칩을 중심으로 제작한 귀 뒤에 꽂는 보청기를 시장에 내놓았다. 올해 초에는 이보다 더 작은 모델이 출시되었다. 개인의 외이도에 맞게 맞춤 제작해 귀 안에 꽂을 수 있을 정도로 크기가 작아졌다.

의학 연구원이나 전자공학 연구원 모두 소형 전자기기의 의학적 활용에 대해 대중 앞에서 예측하기를 주저한다. 제아무리 신중하게 제시한다고 해도 그런 전문가의 예측이 거짓 희망을 낳을까봐 우려하기 때문이다. 그러나 가까운 미래에 수술로 소리증폭 칩을 귀 구조 자체에 부착할 수 있는 신기술이 개발될 가능성이 높다. 칩이 작동하는 데 필요한 전력도 매우 적어서 체온, 기압 차, 기타 신체 내에서 얻을 수 있는 전력원에서 필요한 전력을 얻을 수 있을 것이다. 연결 부위가 없는 구성이므로 고장률은 0에 가까워 수술을 통한 영구적인 삽입에 최적이다.

이미 캡슐에 들어가는 전자기파 송출기가 존재한다. 이 캡슐은 환자의 소화기 계통으로 들어가 이동하면서 산염기 균형, 압력, 기타 요인들을 진찰실의 수신기로 보낸다. 알약에 들어 있는 초소형 TV 카메라는 의사에게 위나 장의 현재 상태를 실시간으로 보여 준다. 입원 환자를 상대로 한 일상적인 간호를 수행할 때는 소형 TV 카메라가 각 병실을 감독하면서 값싸고 작은 모니터가 병동 간호사에게 환자들의 심박, 맥박, 호흡 상태, 체온 등의 정보를 지속적으로 제공할 수 있을 것이다.

또한 현재 초소형 의학기기가 개발 중이거나 초소형 전자기기의 등장으로 개발 가능해졌다. 러시아 연구팀은 인공 팔 안에 있는 작은 모터와 연결된 소형 컴퓨터와 제어 장치로 실험 중이라고 알려져 있다. 남아 있는 신경 끝에서 나오는 작은 전기 신호가 적절히 증폭되고 조절될 수 있다면, 정상적인 운동 신경 신호만으로도 활성화되어 운동성이 완전하게 구현되는 인공 팔을 만들 수도 있을 것이다. 그리고 종래에는 거의 정상적인 손과 손가락 움직임을 구현할 수 있을지도 모른다.

그런 컴퓨터 회로망이야말로 칩이 가장 큰 잠재력을 발휘할 분야이다. 컴퓨터는 유사하고 동일한 단순한 회로를 수백 개, 수천 개 복제하는 것이 필요하기 때문이다. 기본적으로 컴퓨터는 기초 산술만이 가능한 비교적 멍청한 작은 회로를 엄청나게 많이 모아서 만든 기계이다. 그러나 이런 멍청한 회로도 적절한 순서로 이으면 사람으로 구성된 위원회와는 달리 부분의 합보다 천문학적으로 훨씬 더 뛰어난 결과물을 낳는다. 초당 수천, 수백만, 심지어 수십억 회의 계산 및 과제 처리가 가능한 기계가 탄생하는 것이다.

최초의 진공관 컴퓨터는 가로 9미터 세로 15미터 정도 되는 공간을 차지하고, 무게가 30톤에 달하는 엄청난 크기에 이상한 소리를 내는 과열된 괴물이었다. 그리고 현재의 잣대를 들이댄다면 별로 명석하지도 않았다. 오늘날 칩을 사용한 더 뛰어난 컴퓨터는 책상에 맞는 크기로 제작된다. 그리고 기계가 차지하는 공간 대부분은 몸집을 줄일 수 없는 인간이 칩을 다루는 데 필요한 부속품과 제어판을 위한 것이다. 현재의 컴퓨터는 더 똑똑할 뿐 아니라 크기가 작아진 것만큼이나 속도도 무한대로 더 빠르다. 크기가 작기 때문에(그리고 설계상의 차이도 있다) 'J-K 플립-플롭'이라고 불리는 표준적인 실베니아 컴퓨터 칩 하나는 1,000만 분의 1초의 속도로 신호를 바꿀 수 있다. 크기가 큰 진공관에 비해 무한대로 빠른 속도이다. 그리고 진공관과 구성 요소로 이루어진 회로보다도 훨씬 더 빠르다.

주요 산업 절차도 이미 컴퓨터에 의해 혁명적으로 변화하고 있다. J. C. 페니 같은 거대 소매 유통업체도 각 매장의 일일 매출량을 데이터 처리 컴퓨터에 입력하는 방식으로 매출, 재고, 주문 조절을 손쉽게 처리한다. 초소형 전자기기 덕분에 컴퓨터의 크기와 가격이 충분히 낮아져서 소규모 소매업자도 기본 모델을 빌려서 사용할 날이 머지않았다. 그런 컴퓨터는 소매업자의 계산대에 놓여 구식 계산기를 대체하고 더 큰 중앙컴퓨터의 기억장치 및 처리장치와 연결될 것이다. 중앙컴퓨터는 모든 일상적인 사업 판단을 대신할 것이다. 소매업자의 물품 공급업자, 영업사원, 회계사, 급여 담당자의 역할을 하면서 그 외에도 10여 가지의 기능을 수행할 것이다.

예를 들어, 가게 주인이나 직원이 검은 신발 끈 한 쌍을 팔면 '신발 끈, 검은색, 한 쌍'을 의미하는 번호가 판매 가격과 함께 계산대 위의 컴퓨터에 입력된다. 그날 밤 늦게 마스터 컴퓨터가 소매업자의 가게를 탐색하면서 다른 것들과 함께 이런 판매 내역을 기록할 것이다. 그리고 곧바로 신발 끈 재고를 살필 것이고 계절, 해당 물품의 과거 1년의 판매율, 날씨, 기타 신발 끈 판매에 영향을 미친다고 알려진 모든 요인을 고려해 재주문을 할 것인지 말 것인지를 결정할 것이다. 영수증과 지불 금액을 입력하면 컴퓨터는 소매업자에게 일일 은행 잔고, 수중에 있는 현금 잔액, 지불해야 할 금액, 받을 금액을 보고할 것이다. 소매업자의 매출에 대한 세금을 비롯해 각종 세금을 계산하고, 세금 양식을 작성하고, 지불을 위한 수표를 작성할 것이다. 급여 항목도 계산해서 세금을 뗀 나머지 금액을 수표로 작성해 둘 것이다.

혹은 이와는 다른, 훨씬 더 복잡한 컴퓨터 시스템도 가능하다. 신발 끈 공장에도 컴퓨터를 설치하는 것이다. 판매 정보를 소매업자의 컴퓨터에서 중앙 마스터 컴퓨터로 곧바로 전달하며, 이 정보에 재주문 요청이 표시되어 있다면 중앙 마스터 컴퓨터는 신발 끈 공장에 있는 컴퓨터에 이 정보를 전달한다. 신발 끈 공장은 이 모든 과정을 촉발한 소매상점의 고객이 상점을 나서기도 전에 소매상점에 보낼 신발 끈의 청구서, 영수증, 배송 라벨을 인쇄해 놓을 것이다.

대기업에서는 이미 이런 시스템을 사용하고 있다. 오언스 일리노이 유리회사로 들어오는 주문은 즉시 재고를 확인하는 컴퓨터에 뜨고, 컴퓨터는 재고에서 해당 제품을 꺼내도록 지시하거나 자동 생산 공정을 시작한다. 유리를 주문한 고객의 컴퓨터가 주문 명세서를 인쇄하면, 이제 직접적인 컴퓨터 대 컴퓨터 주문 및 주문 실행을 실현하기 위해 제거해야 할 단계는 하나만 남는다.

마지막으로 은행 컴퓨터가 중앙 기억 장치 및 처리 장치와 연결되면 수표가 사람 손을 거칠 필요도 없게 된다. 주문이 들어가고 실행된 지 몇 분의 1초 내에 소매업자의 계좌에 출금이 기록되고 물품 공급업자의 계좌에는 동일한 액수가 입금된 것으로 기록되기 때문이다. 상점 주인은 이제 가게를 돌아다니면서 고객에게 미소를 짓기만 하면 되는 것이다.

조금 더 먼 미래에는 가정주부도 같은 컴퓨터 시스템을 활용하게 될 것이다. 그러면 부엌에 있는 컴퓨터가 냉장고를 채우고, 가계부를 작성하고, 식단을 짜고, 칼로리 섭취량을 정확하게 계산할 것이다.

지금 여기 현재에 주목한다면 가정에서 이런 소형화 원리가 적용될 곳은 무궁무진하다. 온도에 아주 민감한 오븐이 매번 고기나 케이크를 완벽하게 구워낸다. 세탁기에서는 빛에 민감한 스캐너가 옷이 그 누가 봐도 깨끗할 때까지 세탁기를 돌린다. 습기 센서가 달린 건조기가 주어진 세탁물이 완벽하게 건조되기까지 필요한 시간 동안 스스로 돌아가고 멈춘다. 미세 조정 냉각 및 난방 시스템이 각 방의 몇몇 지점에서 온도와 습기를 분석해서 난로, 공기 압축기, 송풍기, 환풍기를 미세하게 조정해서 최적의 수준으로 일정하게 유지할 것이다.

또 다른 컴퓨터 활용 가능성은 자가 발전이 가능하고 바퀴가 달린, 완벽하게 자동화된 소형 진공청소기이다. 그 청소기는 새벽 3시에 스스로 켜진 다음에 벽에 설치된 작은 '주차장'에서 굴러 나와서 정해진 순서에 따라 꼼꼼하게 여러 방바닥을 돌아다니면서 아주 조용하게 청소를 할 것이다. 가는 길에 장애물이 있으면 스스로 알아서 피한다. 청소가 끝나면 '주차장'으로 돌아가 먼지통을 쓰레기통에 비우고 스스로 꺼진 다음에 다음날 밤이 될 때까지 기다린다.

불가능한 이야기 같은가? 1948년 영국의 신경과 전문의 그레이 워커 Grey Walker는 이와 유사한 작은 기계를 만들어 전기공학적으로 동물의 반응 패턴을 흉내 내도록 하는 실험을 실시했다. 워커 박사는 진공관을 사용했다. 그러나 이 기계에 조종회로의 진공관을 칩으로 대체하고 나머지 공간은 흡입 장비로 채운다고 가정해 보자. 자동 진공청소기가 현실이 된다.

컴퓨터의 집적회로와 통신 회로망은 곧 개인 통신에서도 전화기가 말을 타던 전령을 대체했던 것만큼이나 대단한 혁명을 일으킬 것이다. 칩을 사용하면 손목시계 라디오가 일상용품이 될 것이다. 각 시계는 서로의 번호를 걸 수 있고 필요하다면 신호는 얼리버드 같은 인공위성으로 전달될 것이다. 또한 소형전기 컴퓨터 회로망이 있어서 모든 통신 장비를 설정해서 특정 번호로 걸려온 전화만 받고 자는 시간에는 모든 전화를 차단한다. 다만 전화를 거는 사람이 받는 사람의 차단 설정을 끌 정도로 위급한 상황에서만 사용하는 특수한 개인 번호로 걸면 상대 전화기가 그 전화는 받을 것이다.

그런데 이런 개인 전자 통신이 출현하기 훨씬 전에 소형 컴퓨터 회로망은 현재 우리의 일상 속 전화 시스템이 구시대의 유물로 보이게 만들 것이다. 당신이 전화를 걸었는데 통화 중 신호가 돌아오면 작동을 시작하는 회로가 존재한다. 회로는 당신이 걸었던 번호에 계속 신호를 보내는 일을 떠맡아서, 상대가 응답을 하면 다시 당신에게 전화를 걸어서 연결시킨다.

당신이 어느 곳에 있든지 전화기만 있으면 당신의 개인 번호를 그 전화에 입력할 수 있게 될 것이다. 그러면 누군가 당신 집에 전화를 걸었는데 응답이 없을 경우 컴퓨터 회로망이 즉시 시내의 모든 전화기를 탐색할 것이다. 그래서 당신의 번호가 임시로 등록된 전화기를 찾아서 전화를 걸 것이다.

호출자의 명령이 떨어지면 전기 회로망은 전 세계의 전화 시스템으로 탐색 범위를 넓힐 것이다. 그래서 마침내 당신에게 연락이 닿거나 혹은 현재 지구상에는 당신의 번호가 그 어떤 전화기에도 입력되어 있지 않다는 답을 내놓을 것이다.

《전자공학 세계*Electronics World*》의 편집자 레슬리 솔로몬Leslie Solomon이 이런 미래의 개인 통신 및 검색 시스템에 대해 "우리는 곧 상대방이 응답하지 않는다면, 그 사람이 사망했다고 확신할 수 있는 시대에 들어선 것"이라고 말한 바 있다.

이런 소형화의 응용 가능한 제품 및 기술 목록은 끝이 없어 보인다. 그리고 전자공학 산업계에 떠도는 소문에 따르면 어딘가, 어느 실험실에서 진정한 소형화 작업이 이루어지고 있다고 한다. 그리고 그 작업은 곧 현재의 집적회로를 크고 낡아빠진 장치로 보이게 할 것이다. 그게 정확하게 무엇을 의미하는지, 혹은 의미할지는 여전히 추측의 영역이다. 한 가지는 분명하다. 소형화는 우리의 삶과 후대의 삶에 우리가 상상조차 할 수 없고 결코 되돌릴 수 없는 변화를 가져올 것이다. 작디작은 칩, 그리고 아마도 작디작은 칩의 칩에서 미래 세상이 자라날 것이다.

공짜인데다가 간단하기까지 한 컴퓨터 링크

존 마코프

정보 시대에서 숨겨진 보물을 찾게 해 주는 지도라고 생각하면 된다. 초보 컴퓨터 이용자가 글로벌 인터넷을 헤매지 않도록 도와주는 새로운 소프트웨어 프로그램이 공짜로 배포된다. 글로벌 인터넷은 정보가 풍부한 네트워크의 연결망이지만, 이 네트워크에서 길을 찾기란 매우 곤혹스러운 일이 될 수도 있다. 올해 초 선보인 이 프로그램의 이름은 '모자이크Mosaic'이며 아주 인기가 좋아서 이 프로그램의 사용이 인터넷에 데이터 정체를 일으킬 정도이다. 일부 컴퓨터 과학자는 이를 두고 우려를 표명하기도 한다. 그러나 모자이크를 열렬히 지지하는 이들은 모자이크를 네트워크 컴퓨팅의 첫 '킬러앱'으로 떠받들고 있다. 지금까지의 응용프로그램과는 너무나도 다르고 너무나도 실용적이어서 아무것도 없는 상태에서 새로운 산업을 창조할 수 있을 정도다.

캘리포니아주 팔로알토에 위치한 디지털사(디지털 장비 회사 네트워크 시스템 연구소) 소장인 컴퓨터 공학자 브라이언 리드Brian Reid는 "모자이크 덕분에 무한한 기회의 가능성이 열린 것을 느낀다"며 "그런 가능성에 매료되어 처음부터 컴퓨터과학에 뛰어들기도 했다"고 말했다.

컴퓨터 제조업 분야의 선두주자인 디지털사는 모자이크를 완전히 새로운 전자 상거래 체계의 토대로 삼는 방법을 모색 중이다. 고객들이 온라인 상품의 제품 카탈로그를 쉽게 살펴볼 수 있도록 하는 것이 목표다. 제록스, 소프트웨어 회사 노벨, 그리고 R. R. 도넬리 출판사 등 다른 기업들도 모자이크로 가능할 사업 아이템을 개발 중이다. 그리고 캘리포니아주에서는 정부와 민간기업의 컨소시엄인 스마트 밸리가 모자이크를 활용해 실리콘밸리의 최첨단 기술 기업을 위한 전자 시장을 개발 중이다.

모자이크가 개발되기 전에는 전 세계에 흩어진 컴퓨터 데이터베이스에서 정보를 찾으려면 'Telnet 192.100.81.100.'처럼 낡은 주소와 명령을 알고 있어야 했고, 또 정확하게 입력할 수 있어야 했다. 모자이크는 컴퓨터 이용자가 컴퓨터 화면에 뜬 단어나 이미지를 마우스로 클릭만 해도, 모자이크와 연동해서 작동하는 인터넷상의 수백 개에 이르는 데이터베이스에서 텍스트, 소리, 이미지 등을 불러올 수 있다.

마우스를 클릭하면 태평양 위를 나는 위성이 찍은 NASA의 날씨 동영상이 뜬다. 클릭을 몇 번 더 하면 미주리대학교에 디지털 정보로 보관된 클린턴 대통령의 연설문 중 하나를 읽을 수 있다. 두 번 클릭해 볼까? MTV가 축적한 디지털 음반 샘플을 들을 수 있다. 다시 한 번 더 클릭하면 영국에 있는 케임브리지대학교의 컴퓨터과학 실험실 한구석에 있는 특정 커피포트가 비었는지 아닌지를 보여 주는 작은 디지털 사진 한 장이 짜잔 하고 등장한다.

모자이크로 검색 가능한 다른 데이터베이스로는 미국 의회 도서관의 도서 카드 목록과 수백 곳에 이르는 미국 및 외국 대학교 도서관, 연방 정부 기록보관소, 여러 NASA 컴퓨터, 캘리포니아주립대학교 버클리캠퍼스의 고고학 박물관 등이 있다. 프랑스 정부도 모자이크를 활용해 자국의 미술관에 전시된 그림 및 예술 작품을 디지털화해서 전시하는 방안을 검토 중이다.

래리 스마르Larry Smarr(슈퍼컴퓨터 인프라 연구 계획서를 공동 작성해 국립 슈퍼컴퓨터 응용센터 설립을 이끈 물리학자이자 컴퓨터 과학자. 슈퍼컴퓨터와 인터넷의 발전에 큰 공헌을 했다.—편집자)는 "모자이크는 사이버공간을 들여다보는 첫 창문 역할을 한다"고 말했다. 그는 모자이크를 개발한 일리노이주 샴페인에 있는 국립 슈퍼컴퓨터응용센터의 소장이다. 이 센터는 미국 연방 정부의 지원을 받는 슈퍼컴퓨터 연구소 네 곳 중 한 곳이다. 모자이크 이용자로부터 매주 60만 개의 전자 정보 요청을 받고 있다.

모자이크는 자신의 컴퓨터에 다운로드하고자 하는 인터넷 이용자에게 공짜로 배포되며, 몇몇 기업의 추산에 다르면 1년도 채 되지 않은 현재, 컴퓨터 네트워크 이용자 수만 명의 컴퓨터에 설치되었다. 이렇게 모자이크를 설치한 이용자는 컴퓨터 과학자, 사서, 소프트웨어 개발자, 잡지 출판사, 음반회사, 카탈로그 배포사 등이다. 이들은 모두 모자이크를 진화 중인 데이터 고속도로에서 사용할 수 있는 첫 다목적 내비게이션 도구로 보고 있다.

논쟁 형성 돕기

뜻밖에도 단기간에 모자이크가 상업 소프트웨어 개발사의 관심을 끄는 데 성공했기 때문에, 현재 미국의 정부 관계자와 통신 및 컴퓨터 회사 이사진들이 구상하는 '정보 기반시설'을 형성하는 데 결정적인 역할을 할 가능성도 있다.

로터스 개발 회사 설립자 미첼 D. 카포Mitchell D. Kapor도 모자이크 전도사를 자처하고 있다. 로터스 개발 회사는 1980년대 초 개인 컴퓨터 혁명의 불씨를 당긴 로터스 1-2-3 스프레드시트를 개발한 회사이다. 컴퓨터 분야에서 대중의 입장을 대변하는 단체인 전자개척자재단EFF을 이끄는 카포는, 지난주에 캘리포니아주 애너하임에서 열린 케이블 TV 산업 박람회에 참석해 모자이크를 선보였다. 그는 전화, 케이블 TV, 컴퓨터 산업이 많은 민간 기업들이 선호하는 것으로 보이는 사용료를 받는 민자 도로가 아닌 누구나 접속할 수 있는 개방형 국가 데이터 고속도로를 구축하도록 설득하는 캠페인에 모자이크를 동원하고 있다.

카포는 "나에게 모자이크는 전환점이었다. 모든 사람을 위한 C-Span(미국의 비영리 케이블 TV의 공중 통신망—옮긴이)이 될 수 있다"고 말했다.

검색을 하는 더 나은 방법

모자이크는 국립 슈퍼컴퓨터응용센터에서 일하는 소프트웨어 개발자와 학생들로 이루어진 작은 팀이 개발했다. 이 팀은 18개월 전에 월드와이드웹을 검색하는 시스템 개발에 나섰다. 웹은 제네바에 있는 유럽입자물리연구소CERN의 물리학 실험실에서 일하는 영국 출신 컴퓨터 전문가인 팀 버너스리Tim Berners-Lee가 1989년에 구축한 정보-검색 구조를 사용하는 국제적 컴퓨터 데이터베이스 연결망이다.

버너스리는 원래 전 세계에 흩어진 여러 고에너지 물리학자들이 하이퍼텍스트라고 알려진 형식으로 나타낸 정보를 교환할 수 있는 시스템을 고안했다. 하이퍼텍스트를 사용하면 키워드와 이미지가 이용자를 관련 정보의 소스로 안내한다.

버너스리는 "모든 사람이 나와 같은 정보를 가지고 있다면 내 삶이 더 편해질 거라고 생각했다"고 말했다.

물리학자로 이루어진 작은 전기 공동체였던 월드와이드웹www이 풍부한 정보를 제공하는 데이터베이스 '서버' 컴퓨터의 국제적 시스템으로 발전했다. 또한 WWW은 인터넷으로 정보를 검색하는 방식을 근본적으로 바꾸었다. 과거에는 먼 거리에 있는 호스트 컴퓨터에 접속하려면 일반적으로 아주 복잡한 소프트웨어 프로그램이 필요했다. 그 호스트 컴퓨터에게 현재 그 컴퓨터에 접속하는 방문자가 바로 그 호스트 컴퓨터의 자체 지역 터미널을 이용하고 있다고 속여야 했기 때문이다. 그러나 WWW은 클라이언트-서버 컴퓨팅이라고 하는 네트워킹 모델을 사용해 이 작업을 단순화한다. 그래서 먼 거리에서도 어떤 개인 컴퓨터나 워크스테이션을 써서 접속해도 정보를 요구할 수 있다.

버너스리는 "뇌와 정신 간의 차이라고 보면 된다. 인터넷을 탐색하면 케이블과 컴퓨터가 나온다. WWW을 탐색하면 정보가 나온다"고 설명했다.

현재 모자이크 이용자가 사용할 수 있는 웹데이터의 대부분은 이 기술을 시험하는 시범 프로젝트를 설계하는 대학 연구원들이 제공하는 정보이다.

그러나 다양한 상업 개발자도 상품화 가능성을 염두에 두고 모자이크를 연구 중이다. 컴퓨터 네트워크 소프트웨어 분야에서 가장 큰 개발회사인 노벨은 모든 컴퓨터 네트워크 이용자가 접속해서 참고할 수 있는 기술 참고 문헌을 정리했다. 이런 검색 자료는 사생활 침해의 소지가 없는 광고의 한 형태를 보여 준다. 이런 광고 형태는 전자 스팸 메일에도 곧잘 분노하는 이용자들의 인터넷 문화에도 잘 어울리는 것으로 보인다.

스프린트 코퍼레이션 회장 토니 러트코우스키Tony Rutkowski는 "빠른 시일 내에 이런 광고 방식을 활용하는 일종의 매디슨가(뉴욕 맨해튼의 거리 중 하나. 월 스트리트가 경제 거리의 대명사인 것처럼 이 거리에는 광고회사가 많기 때문에 광고 거리의 대명사이다.—옮긴이) 같은 새로운 광고 산업이 등장할 것이라고 확신한다"고 말했다. 현재 스프린트 코퍼레이션은 인터넷의 척추 역할을 하는 장거리 통신 기반 시설을 제공하고 있다.

캘리포니아주 세바스타폴에 위치한 기술 서적 출판사인 오라일리앤어소시어츠는 이미 모자이크와 웹을 활용해 광고가 실린 온라인 잡지를 만들었다.

그러나 모자이크를 사용하려면 아직까지는 여러 장애물을 뛰어넘어야 한다. 컴퓨터 이용자가 글로벌 인터넷에 직접 연결된 컴퓨터를 가지고 있어야 한다. 현재 많은 기업과 거의 모든 대학교에는 이런 컴퓨터가 구비되어 있다. 그러나 대다수의 개인 컴퓨터 이용자는 델파이나 아메리카온라인 같은 온라인 정보 서비스를 통해서 간접적으로만 인터넷과 연결된다.

현재 많은 기업이 이런 온라인 통신망을 통해 인터넷에 접속하는 것만큼이나 인터넷에 직접 접속할 수 있게 돕는 소프트웨어를 개발 중이다. 예를 들어, 이번 주 오라일리앤어소시어츠는 시애틀 소재 소프트웨어 개발업체인 스프라이와 협력해 내년에는 인터넷-인-어-박스Internet-in-a-Box라는 소프트웨어 패키지를 100달러도 안 되는 가격에 판매할 예정이라고 발표했다. 이 패키지를 사용하면 컴퓨터 이용자는 인터넷에 직접 연결할 수 있다. 그리고 모자이크의 버전 하나를 포함해서 네트워크 초보자가 웹에 저장된 데이터를 검색할 수 있게 할 것으로 보인다. 오라일리앤어소시어츠 대표 팀 오라일리Tim O'Reilly는 "현재 모자이크의 문제는 인터넷에서 가진 자에게 더 유리한 프로그램이라는 것이다. 이 상품의 목적은 이렇게 놀라운 인터넷의 종착지를 일반 이용자도 누릴 수 있게 하려는 데 있다. 우리는 이것이 온라인 출판의 미래라고 생각한다"고 말했다.

스스로 운전하는 구글카

존 마코프

최근 샌프란시스코와 로스앤젤레스를 잇는 복잡한 1번 고속도로로 차를 몰고 나간 사람이라면, 지붕에 깔때기처럼 생긴 이상한 원통을 얹고 가는 도요타 프리우스를 지나쳤을 것이다. 하지만 운전석에 앉은 사람이 실제로는 운전을 하고 있지 않고 있다는 사실을 눈치 챈 사람은 많지 않으리라.

그 자동차는 구글의 비밀 프로젝트를 수행 중이었다. 인공지능 프로그램을 탑재해 스스로 움직이는 자동차가 모두의 눈앞에서 버젓이 비밀 실험을 하고 있는 것이다. 이 자동차에 탑재된 인공지능 프로그램은 자동차에 가까이 다가온 물체는 모두 감지할 수 있으며 인간 운전자를 흉내 내서 판단을 내린다.

뭔가 일이 잘못되었을 때 운전대를 잡을 사람이 운전석에 앉고 내비게이션 장치를 관찰할 기술자가 탑승객 자리에 앉아 있다. 이런 시험 자동차 7대가 인간의 개입 없이 1,600킬로미터를 달렸고, 인간이 가끔 개입해서 달린 거리는 225,000킬로미터가 넘는다. 한 대는 심지어 스스로 운전해서 샌프란시스코의 롬바드스트리트를 달렸다. 롬바드스트리트는 미국에서 가장 경사가 심하고 구불구불한 길이다. 엔지니어들의 말에 따르면, 구글카가 빨간 신호에서 대기 중인데 뒤에서 다른 차가 박는 바람에 난 사고가 구글카가 낸 유일한 사고다.

자율주행 자동차가 대량생산되려면 아직 몇 년 더 있어야겠지만 자율주행 자동차를 오랫동안 꿈꿔 온 과학기술 전문가들은 구글카가 인터넷이 그랬던 것처럼 우리 사회를 근본부터 바꿀 것이라고 믿는다.

로봇 운전자는 인간 운전자보다 반응속도가 빠르고, 360도 전 방향을 전부 인식할 수 있으며, 한눈을 팔거나 졸거나 취하는 일도 없다고 엔지니어들은 주장한다. 또한 사상자를 줄일 수 있다는 점도 강조한다. 2008년 미국에서는 37,000명 이상이 자동차 사고로 목숨을 잃었다. 이 기술을 쓰면 자동차들이 더 가까이 붙어서 운전해도 안전할 것이므로 도로가 수용 가능한 자동차 수가 두 배로 늘어난다고 한다. 로봇 자동차는 사고를 낼 위험도 더 적기 때문에 더 가볍게 만들 수 있을 것이고, 따라서 연료 사용량도 줄어들 것이다. 물론 정말로 안전한 로봇자동차로 인정받으려면 자주 바이러스에 감염되고, 자주는 아니지만 때때로 다운되는 현대의 개인 컴퓨터보다는 훨씬 더 안정적이어야 할 것이다.

인공지능으로 자동차 산업에 혁명을 일으키고자 하는 구글의 프로젝트는 구글의 야망이 검색엔진 사업에 머물지 않을 거라는 확실한 증거다. 또한 이 프로젝트는 소셜네트워크와 할리우드식 디지털 미디어에 정신이 팔린 실리콘밸리에서 추진 중인 대표적인 혁신들과는 추구하는 방향이 다르다.

샌프란시스코에서 남쪽으로 약 56킬로미터 떨어진 구글캠퍼스에서 30분짜리 시범 운전을 하는 동안, 다양한 센서를 갖춘 구글카는 GPS 내비게이션 시스템에 입력된 경로를 따라 고속도로 입구에서 민첩하게 속도를 올려 실리콘밸리를 통과하는 고속도로 101 위를 빠르게 달리는 자동차 무리에 합류했다.

구글카는 제한속도를 준수했다. 모든 도로의 제한속도가 데이터베이스에 입력된 덕분에 자동차가 알고 있는 정보이다. 그리고 출구 몇 개를 지나친 뒤 고속도로를 빠져나왔다. 자동차 지붕에 달린 장치는 주위 환경을 담은 구체적인 지도를 만들어냈다.

구글카는 시내의 마운틴뷰를 통과했다. 간간이 신호등을 만나면 정지하기도 하고 빨간불에서는 멈췄다. 듣기 좋은 목소리로 (운전석에 있는 인간에게 상황을 알리기 위한) "건널목 접근 중"이나 "여기서 좌회전/우회전"이라고 말하기도 했다. 엔지니어들은 중앙제어장치가 각종 센서로 이상을 감지하면 같은 목소리가 운전자에게 경고를 할 것이라고 설명했다.

다른 차에게 양보를 잘하는 신중한 운전자부터 다른 차를 앞지르곤 하는 공격적인 운전자 등 운전자 성향을 선택해서 그에 맞게 구글카를 프로그래밍할 수도 있다.

카네기멜론대학교의 로봇공학 과학자 크리스토퍼 엄슨Christopher Urmson 박사가 운전석에 타고 있었지만 운전대를 잡고 있지는 않았다. 자동차를 직접 운전하고 싶으면 다음 세 가지 중 하나를 하면 된다. 오른손 가까이에 있는 빨간 버튼을 누르거나, 브레이크를 밟거나, 운전대를 꺾거나. 엄슨 박사는 딱 두 번 그렇게 했다. 한 번은 자전거를 타고 가던 사람이 빨간 신호를 무시하는 바람에 그랬고, 다른 한 번은 앞에 가던 차가 갑자기 멈춰서더니 주차하려고 차를 뒤로 뺐기 때문이다. 그러나 구글카에게 맡겼어도 스스로 알아서 사고를 예방했을 것으로 보인다.

다시 자율 주행 모드로 돌리자 구글카는 작은 "윙" 소리를 냈다. 〈스타트렉Star Trek〉에 등장하는 워프 이동을 연상시키려는 의도에서다. 엄슨 박사는 자율 주행 모드에서 양손을 편안하게 내려놓거나 뒤쪽에 앉은 사람과 이야기하면서 손짓을 할 수도 있었다. 그는 사람들이 지나가면서 구글카를 쳐다보기는 했지만 지도 제작을 위해 사진을 찍고 자료를 수집하는 구글의 스트리트뷰의 차세대 모델 정도로 여기는 듯하다고 말했다.

이 프로젝트는 올해 43세인 스탠퍼드인공지능연구소 소장 세바스천 스런Sebastian Thrun의 작품이다. 그는 구글 엔지니어로 일하고 있고 스트리트뷰 지도 서비스의 공동 개발자이기도 하다. 2005년 스런 박사는 스탠퍼드 학생 및 교수로 구성된 연구팀과 함께 '스탠리Stanley'라는 로봇 자동차를 제작했다. 이 자동차는 사막에서 약 212킬로미터를 스스로 운전해서 달린 덕분에, 미국 방위고등연구계획국DARPA이 주관한 제2회 자율 주행 자동차 경진대회에서 우승을 차지하고 미 국방부가 수여하는 2백만 달러 상금의 주인공이 되었다.

구글은 현재 구글카 프로젝트를 수행 중인 엔지니어 15명으로 구성된 연구팀 외에도 무사고 경력을 자랑하는 10여 명을 더 고용해 시간당 15달러 이상씩 주면서 운전석에 앉혀 놓고 있다. 구글카 프로젝트는 프리우스 6대와 아우디 TT 1대를 운행 중이다.

구글 연구원들은 구글이 이런 실험과 관련해 구체적인 사업 계획을 세우고 있지는 않다고 말했다. 스런 박사는 로봇 자동차로 고속도로를 더 안전하게 만들고 미국의 에너지 비용을 줄일 수 있다며 이 프로젝트의 상용화를 열렬히 지지하는 것으로 알려져 있다. 구글카 프로젝트를 잘 아는 몇몇 사람들은 구글의 공동설립자인 래리 페이지Larry Page도 스런 박사와 같은 생각이라고 전했다.

자율 주행 자동차 프로젝트는 구글이 몇 년 이상 돈이 되지 않을 기술에 투자하는 도박을 기꺼이 한다는 것을 보여 주는 사례라고 스런 박사가 말했다. 가장 낙관적인 전망조차 자율 주행 기술이 도입되려면 8년은 걸릴 것으로 내다보고 있다.

구글이 이 기술로 수익을 낼 수 있는 한 가지 방법은 자동차 제조업체에게 정보와 내비게이션 서비스를 제공하는 것이다. 또는 현재 안드로이드 스마트폰 시스템을 휴대폰 사업자에게 제공하고 있듯이, 내비게이션 기술 자체를 팔거나 넘길 수도 있다.

그러나 구글 연구원들은 자율 주행 자동차의 출현은 까다로운 법적인 문제도 야기한다는 점을 인식하고 있다. 현재 법 규정 아래에서는 반드시 사람이 자동차를 통제하고 있어야 한다. 그런데 만약 그 자동차의 운전자가, 예를 들어, 스쿨존을 통과할 때 어차피 로봇이 자기보다 더 안전하게 운전한다는 생각에 딴생각을 하고 있다면 어떻게 봐야 할 것인가? 또한 사고가 났을 때 누가 책임지는가? 운전석에 앉아 있던 사람인가, 아니면 소프트웨어 제조업체인가?

캘리포니아주 차량국 법무 담당자 버나드 루Bernard Lu는 "여러 영역에서 기술이 법보다 앞서 나가고 있다. 자동차 관련 규정을 들여다보면 많은 법규가 자동차 운전자에 관한 것이고, 하나같이 인간이 자동차를 운전하고 있다는 것을 전제로 하고 있다"고 말했다.

구글 연구원들은 캘리포니아주의 자동차 관련법을 꼼꼼히 검토했으며, 현재 시험운행 중인 구글카는 사람이 운전석에 타고 있으면서 문제가 생기면 운전대를 잡고 직접 운전할 수 있으므로 법에 어긋나지 않는다고 말했다. 루 씨도 동의했다.

과학자와 엔지니어들은 1960년대 중반부터 자율 주행 자동차를 개발하기 시작했다. 그러나 2004년에 미 국방부 소속 연구기관이 자율 주행 자동차 경진대회를 주관하기 시작하면서 중요한 전기를 맞이한다.

첫 대회는 실패로 끝났지만 2005년 대회에서는 우승을 거머쥔 스런 박사의 스탠퍼드팀이 만든 자동차와 카네기멜론대학교팀이 만든 자동차가 경쟁을 벌였다. 그로부터 2년도 채 되지 않아 열린 대회에서는 자율 주행 자동차가 도시 환경에서도 안전하게 운전할 수 있다는 사실이 입증되었다.

자율 주행 자동차가 기대 이상으로 빠른 속도로 발전하고 있다 보니 스런 박사가 로봇 자동차에 대해 이야기할 때면 복음을 전파하는 전도사처럼 여겨질 때도 있다. 급가속, 급제동을 남발하는 운전자로 인한 연료 소비를 줄일 수 있으며, 사고 가능성도 줄이므로 더 가벼운 자동차를 만들 수도 있다.

더 먼 미래에는 심지어 운전석에 사람이 앉아 있을 필요조차 없어질 것이다. 무선 통신으로 자동차를 부를 수 있으므로 다른 사람과 자동차를 공유하기도 쉬워질 것이다. 자동차가 많을 필요가 없게 되고 귀중한 땅을 잡아먹는 주차 공간도 그만큼 줄어들 것이다.

무엇보다 자율 주행 자동차는 인간으로부터 인간을 구할 것이다. 스런 박사는 최근 한 강연에서 "운전 중에 문자메시지를 두 배는 더 많이 주고받으면서도 죄책감을 느끼지 않을 수 있을까요? 물론입니다. 자동차가 스스로 운전한다면 말이죠"라고 말했다.

편저자 및 필진 약력 *Editor & Contributors' Biographies*

데이비드 코코런David Corcoran은 이 책 『뉴욕타임스 과학』의 편저자로, 13년간 《사이언스타임스》의 편집장으로 일했다. 《사이언스타임스》를 맡기 전에는 《뉴욕타임스》 교육 부장 및 사설란 부편집장으로 일했으며, 2001년에는 《뉴욕타임스》 창간 150주년 기념 기획 기사를 편집했다. 《뉴욕타임스》에서 일하기 전에는 뉴저지 북부에서 19년간 《더 레코드*The Record*》의 사설란 편집자로 일했다. 2014년 은퇴 후 뉴욕주 나이액에 살고 있다.

로렌스 K. 알트먼Lawrence K. Altman은 내과 및 역학 전문의로 1969년부터 《뉴욕타임스》에서 의학 기사를 담당했다. 1960년대 아프리카에서 천연두와 홍역 예방을 목적으로 한 미국 면역 프로그램에 참여한 바 있으며《사이언스타임스》에서 '의사의 세계' 칼럼을 담당했다.

나탈리 앤지어Natalie Angier는 1990년부터《뉴욕타임스》기자로 활동했다. 입사한 지 10개월만에 과학 기사로 퓰리처상을 수상했으며,《사이언스타임스》의 '재미있는 과학(Basic)' 칼럼을 담당하고 있다.『살아 있는 것들의 아름다움』(햇살과나무꾼, 2003)『원더풀 사이언스』(지호, 2010),『여자: 내밀한 몸의 정체』(문예출판사, 2016) 등의 책을 썼다.

윌리엄 비브William Beebe(1877~1962)는 자연보호주의자이자 탐험가이며 작가이기도 하다. 1930년대에 구형 잠수기로 심해 탐사를 한 것으로 유명하다.

샌드라 블레이크슬리Sandra Blakeslee는 오랫동안《뉴욕타임스》등에서 과학 기자로 활동했다.『생각하는 뇌, 생각하는 기계』(멘토르, 2010)『뇌 속의 신체지도』(이다미디어, 2011) 등 다수의 책을 집필 또는 공동 집필했다.

윌리엄 J. 브로드William J. Broad는《뉴욕타임스》의 과학 기자로 퓰리처상을 두 번 받았고, 에미상도 수상했다.『요가의 과학*The Science of Yoga: The Risks and the Rewards*』(2012)을 썼으며,『진실을 배반한 과학자들』(미래인, 2007)을 공동 집필했다.

제인 E. 브로디Jane E. Brody는 1965년부터《뉴욕타임스》에서 일했으며《사이언스타임스》의 '건강' 칼럼을 담당했다. 베스트셀러『제인 브로디의 영양 가이드*Jane Brody's Nutrition Book*』(1982)『제인 브로디의 좋은 음식

가이드*Jane Brody's Good Food Book*』(1980)를 썼다.

맬컴 W. 브라운Malcolm W. Browne(1931~2012)은 오랫동안 《뉴욕타임스》에서 과학 기자로 일했고, 1964년에는 AP통신사 소속으로 베트남 전쟁을 보도하여 퓰리처상을 받았다. 1963년 소신공양하는 베트남 승려를 찍은 사진은 분쟁을 다룬 사진 중에서 기념비적인 사진으로 꼽힌다.

존 F. 번스John F. Burns는 40년간 《뉴욕타임스》의 해외통신원으로 활동하다가 2015년 은퇴에 은퇴했다. 보스니아와 아프가니스탄의 분쟁 보도 기사로 퓰리처상을 받았다.

베네딕트 케리Benedict Carey는 《뉴욕타임스》의 행동과학 및 심리학 기사를 담당했다. 『공부의 비밀』(문학동네, 2016) 등의 책을 썼다.

오스굿 카루더스Osgood Caruthers(1915~1985)는 1955년부터 1961년까지 《뉴욕타임스》의 해외통신원으로 활동했다.

케네스 창Kenneth Chang은 2000년부터 《뉴욕타임스》 과학 기자로 활동했다. 여러 분야를 골고루 다루지만 특히 우주 비행과 수학이 전문 분야이다.

코넬리아 딘Cornelia Dean은 1997년부터 2003년까지 《뉴욕타임스》 과학부 편집자로 활동하며 주로 환경에 관한 기사를 작성했다. 『파도에 맞서다*Against the Tide: The Battle for America' Beaches*』(2001)의 저자이며 『뉴욕타임스

물리학과 천문학*The New York Times Book of Physics and Astronomy*』의 편집자이다.

모린 다우드Maureen Dowd는 1983년《뉴욕타임스》에 입사한 뒤 1995년부터 칼럼니스트로 활동했다. 1999년 클린턴 대통령의 섹스 스캔들 논평으로 퓰리처상을 수상했다.

R. L. 뒤퍼스R. L. Duffus(1888~1972)는 1930년부터 1962년까지《뉴욕타임스》에서 논설위원과 기자로 활동했다.

오린 E. 던랩 주니어Orrin E. Dunlap Jr.(1896~1970)는 1922년부터 1940년까지《뉴욕타임스》의 '라디오'면 편집자로 활동했다.

레너드 엥겔Leonard Engel(1916~1964)은 여러 잡지에 글을 기고하고 과학책을 펴낸 과학저술가이다.

톰 페럴Tom Ferrell은 오랫동안《뉴욕타임스》서평란을 책임진 편집자이다.

존 W. 피니John W. Finney(1923~2014)는 30년간《뉴욕타임스》워싱턴 지부에서 책임 통신원 및 편집자로 활동했다.

헨리 파운틴Henry Fountain은《뉴욕타임스》의 환경 전문 기자로《사이언스타임스》의 인기 칼럼 '관측소'를 기획했다. 현재 1964년 알래스카 지진을 다룬 책을 쓰고 있다.

제임스 글릭James Gleick은 《뉴욕타임스》에서 기자 및 편집자로 일했다. 『인포메이션』(동아시아, 2017), 『카오스: 새로운 과학의 출현』(동아시아, 2013), 『천재: 리처드 파인만의 삶과 과학』(승산, 2005) 같은 베스트셀러를 쓴 작가이기도 하다. 그가 쓴 3권의 책은 퓰리처상과 미국도서상 최종 후보에 오르기도 했다.

제임스 고먼James Gorman은 《뉴욕타임스》의 과학 기자로 진화생물학, 뇌과학, 자연보호 등의 주제를 다뤘다. '사이언스 테이크Science Take' 비디오 시리즈의 내레이터이기도 하다. 잭 호너Jack Horner와 공동 집필한 『공룡 만드는 법*How to Build a Dinosaur*』(2010) 등의 책을 썼다.

잭 굴드Jack Gould(1914~1993)는 1948년부터 1972년까지 《뉴욕타임스》의 텔레비전 담당 기자 및 논평가로 활동했다.

데니스 그래디Denise Grady는 《뉴욕타임스》의 과학 기자로, 새로 출현한 바이러스를 다루는 『뉴욕 타임스 무시무시한 침략자*New York Times Deadly Invaders*』(2006)를 썼다.

에이미 하먼Amy Harmon은 《뉴욕타임스》의 미국 내 통신원으로 'DNA 시대The DNA Age' 시리즈로 2008년 탐사보도 부문 퓰리처상을 받았다.

글래드윈 힐Gladwin Hill(1914~1992)은 44년간 《뉴욕타임스》 기자로 일했으며, 첫 환경 전문 통신원이었다.

린지 호쇼Lindsey Hoshaw는 환경 전문 저널리스트로 샌프란시스코에서 발행하는 《KQED Science》의 온라인판 제작자이기도 하다.

제임스 H. 진스James H. Jeans(1877~1946)는 영국의 천문학자이자 수학자이자 물리학자이다.

조지 존슨George Johnson은 오랫동안 《뉴욕타임스》 등 언론 매체에서 과학 기자로 활동했다. 《사이언스타임스》의 '미가공 데이터Raw Data' 칼럼을 담당했다. 『암연대기』(어마마마, 2016), 『스트레인지 뷰티』(승산, 2004), 『세상의 비밀을 밝힌 위대한 실험』(에코의 서재, 2009) 등의 책을 쓴 과학 작가이기도 하다.

앨바 존스턴Alva Johnston(1888~1950)은 1912년부터 1928년까지 《뉴욕타임스》 기자로 활동했다. 1923년 과학 기사로 퓰리처상을 받았다.

윌리엄 J. 조든William J. Jorden(1923~2009)은 《뉴욕타임스》의 외교 통신원으로 활동하다 외교관이 되어 1970년대에 파나마 미국 영사로 활동했다.

월데머 캠퍼트Waldemar Kaempffert(1877~1956)는 30여 년간 《뉴욕타임스》의 과학 기자로 활동했다. 《사이언티픽 아메리칸*Scientific American*》의 편집국장이며 시카고 과학 및 산업 박물관의 초대 관장이었다.

T. R. 케네디 주니어T. R. Kennedy Jr.(1891~1980)는 1927년부터 1955년

까지 《뉴욕타임스》의 '라디오'면 편집자 및 과학기술 전문 기자로 활동했다.

지나 콜라타Gina Kolata는 1987년부터 《뉴욕타임스》에서 과학 및 의학 기사를 썼다. 퓰리처상 후보 명단에 두 번 올랐으며, 퀼 도서상 최종 후보에 올랐던 『사상 최고의 다이어트 : 왜 모든 다이어트는 실패하는가』(사이언스북스, 2008)를 비롯해 『독감』(사이언스북스, 2003) 등 몇 권의 책을 썼다. 『뉴욕타임스 수학: 수와 식에 관한 100년간의 이야기』(열린과학, 2017)와 『뉴욕타임스 의학*The New York Times Book of Medicine*』의 편저자이기도 하다.

페르디난드 쿤 주니어Ferdinand Kuhn Jr.(1905~1978)는 제2차 세계대전이 일어나기 전 《뉴욕타임스》의 런던 책임 통신원으로 활동했다.

윌리엄 L. 로렌스William L. Laurence(1888~1977)는 1930년에 《뉴욕타임스》의 첫 일일 과학 기사 담당 기자였으며 퓰리처상을 두 번 받았다. 맨해튼 프로젝트의 공식 역사가로서 1945년 뉴멕시코 트리니티 원자폭탄 시험과 얼마 후 벌어진 일본 원자폭탄 투하를 직접 지켜본 유일한 저널리스트였다.

찰스 리덤Charles Leedham(1926~1999)은 1960년대 《뉴욕 타임스 매거진》에 과학과 기술에 관한 글을 기고했으며, 뉴욕시 항만 및 항공 위원으로 활동했다.

존 마코프John Markoff는 오랫동안 《뉴욕타임스》의 과학기술 통신원으로 활동했으며 2013년 탐사 보도 부문 퓰리처상 수상팀의 일원이기도 하다. 『자비로운 기계들*Machines of Loving Grace: The Quest for Common Ground Between Humans and Robots*』(2016)을 썼다.

도널드 G. 맥닐 주니어Donald G. McNeil Jr.는 《뉴욕타임스》의 의학 전문 기자로 주로 감염 질환과 개발도상국에 관한 기사를 쓴다.

로러스 밀른Lorus Milne(1912~1987)과 마저리 밀른Margery Milne(1912~2006)은 교육자이자 생물학자로 『동물과 인간의 감각*The Senses of Animals and Men*』(1962) 등의 책을 썼다.

존 노드하이머Jon Nordheimer는 1969년부터 30여 년간 《뉴욕타임스》에서 기자 및 미국 국내 통신원으로 활동했다.

데니스 오버바이Dennis Overbye는 《뉴욕타임스》의 과학 기자로 힉스 입자를 찾기 위한 과학계의 여정을 다룬 《사이언스 타임스》 기획 기사 〈힉스 추적〉으로 2014년 퓰리처상 후보에 올랐다. 『젊은 아인슈타인의 초상』(사이언스북스, 2000) 등의 책을 썼다.

로버트 플럼Robert K. Plumb(1922~1972)은 18년간 《뉴욕타임스》 기자로 활동했다.

보이스 렌스버거Boyce Rensberger는 1971년부터 1979년까지 《뉴욕타임스》의 과학 기자로 일했고, MIT 나이트 과학 저널리즘 펠로우십Knight

Science Journalism Fellowship 단장으로 활동했다.

A. M. 로젠탈A. M. Rosenthal(1922~2006)은 1977년부터 1988년까지 《뉴욕타임스》 수석 편집위원, 1999년까지 논설위원으로 활동했다. 1960년에 폴란드 관련 국제 기사로 퓰리처상을 받았다.

해럴드 M. 슈멕 주니어Harold M. Schmeck Jr.(1923~2013)는 《뉴욕타임스》의 과학 기자로 주로 의학 연구에 관한 기사를 썼다.

대니얼 슈워츠Daniel Schwarz(1908~2005)는 《뉴욕타임스》에서 44년간 근무했으며 사무직 사원에서 시작해 일요판 편집장에 오른 입지전적인 인물이다.

월터 설리번Walter Sullivan(1918~1996)은 1940년 필사 사원으로 《뉴욕타임스》에 입사한 이래 50여 년간 20세기 주요 과학 기사를 작성하면서 미국 과학 기자들의 스승으로 추앙받고 있다. 외계의 지적 생명체 탐사를 다룬 『우리는 혼자가 아니다*We Are Not Alone*』(1966) 등의 책을 썼다.

윌리엄 K. 스티븐스William K. Stevens은 1968년부터 2000년까지 《뉴욕타임스》의 기자로 활동했다. 1990년대 《뉴욕타임스》의 기후 관련 기사를 담당했다.

마닐 수리Manil Suri는 메릴랜드주립대학교의 수학과 교수이자 소설가이다. 《뉴욕타임스》에 논평을 기고하고 있다.

사브리나 태버나이즈Sabrina Tavernise는 《뉴욕타임스》 워싱턴 지부의 과학 기자로 이라크, 레바논, 러시아에서 해외 통신원으로 활약하기도 했다.

존 티어니John Tierney는 《뉴욕타임스》에서 기자와 칼럼니스트로 일했었다. 로이 바우마이스터Roy Baumeister와 『의지력의 재발견』(에코리브르, 2012)을 공동 집필했다.

니콜라스 웨이드Nicholas Wade는 1990년부터 1996년까지 《뉴욕타임스》 과학부 편집자로 일했으며 지금은 과학 기자 및 논설위원으로 있다. 『진실을 배반한 과학자들』(미래인, 2007) 『종교 유전자』(아카넷, 2015) 등 다수의 책을 썼다.

존 노블 윌포드John Noble Wilford는 지난 50여 년간 《뉴욕타임스》에서 과학 기자로 활동했으며 우주 계획, 고고학, 고생물학 등 다양한 분야를 다뤘다. 1984년과 1987년에 퓰리처상을 받았다. 지도 제작의 역사를 다룬 『지도 제작자들*The Mapmakers*』(1981) 등의 책을 썼다.

쿠르트 베게너Kurt Wegener(1878~1964)는 독일의 극지탐험가이자 기후학자이다.

리처드 윗킨Richard Witkin(1918~2013)은 오랫동안 《뉴욕타임스》에서 항공 관련 기사를 담당했다. 1987년 챌린저호 폭발 사고를 다룬 기사로 퓰리처상을 공동 수상했다.

캐롤 계숙 윤Carol Kaesuk Yoon은 생물학자로 〈사이언스 타임스〉에 생물학 관련 글을 기고하고 있다. 분류학에 관한 책 『자연에 이름 붙이기 *Naming Nature*』(2010)를 썼다.

칼 짐머Carl Zimmer는 《사이언스타임스》의 '물질Matter' 칼럼을 담당하고 있다. 다수의 과학 매체에 생명과학 관련 글을 기고했으며, 2007년 과학저술가로서는 최고의 영예인 '내셔널 아카데미 커뮤니케이션' 상을 수상했다. 『기생충 제국』(궁리, 2004) 『진화』(세종서적, 2004) 『영혼의 해부』(해나무, 2007) 『마이크로코즘』(21세기북스, 2010) 『바이러스 행성』(위즈덤하우스, 2013) 등의 책을 썼다.

감사의 글 *Acknowledgments*

『뉴욕타임스 과학』은 여러 사람의 도움을 받아 탄생했다. 기사를 작성한 기자들(1920년대와 1930년대 이전에는 대개 익명으로 작성했다), 기사를 기획하고 편집한 편집자들(오늘날에도 익명으로 일한다), 사진과 그래프를 마련하고 편집한 사람들, 이 기사들을 발굴한 저널리즘 고고학자들 등이다. 특히 《뉴욕타임스》 자료조사 부서의 수전 캠벨 비치Susan Campbell Beachy의 도움이 컸다. 《사이언스타임스》의 편집자 코넬리아 딘Cornelia Dean, 로라 챙Laura Chang, 故 바버라 스트라우치Barbara Strauch에게 각별한 감사의 마음을 전한다.

《뉴욕타임스》의 도서 기획부 편집장 알렉스 워드Alex Ward와 스털링출판사의 책임 편집자 바버라 버거Barbara Berger가 전문성을 발휘해 인내심을 갖고 이 프로젝트를 진행했다. 그 외에도 스털링출판사 직원들—편집장 마릴린 크레처Marilyn Kretzer, 편집자 킴벌리 브로더릭Kimberly Broderick, 내지 디자이너 크리스틴 훈Christine Heun, 표지 디자이너 데이비드 터-아바네시안David Ter-Avanesyan, 표지 아트 디렉터 엘리자베스 린디Elizabeth Lindy, 제작자 터렌스 캄포Terence Campo—에게 감사 인사를 전한다.

찾아보기

도서

ㄱ

ㄴ

ㄷ

ㄹ

ㅂ

ㅅ

ㅇ

ㅈ

ㅊ

ㅋ

ㅌ

ㅍ

ㅎ

뉴욕타임스 과학 질문, 발견, 탐구에 관한 150년간의 이야기

초판 1쇄 발행 2018년 6월 29일
초판 2쇄 발행 2019년 1월 15일

지은이 나탈리 앤지어, 월데머 캠퍼트, 월터 설리번,
존 노블 윌포드, 칼 짐머 외 52인
옮긴이 민청기 · 방진이
편집 한정윤
펴낸이 정갑수

펴낸곳 열린과학
출판등록 2004년 5월 10일 제300-2005-83호
주소 06691 서울시 서초구 방배천로 6길 27, 104호
전화 02-876-5789
팩스 02-876-5795
메일 open_science@naver.com

ISBN 978-89-92985-65-9 (03400)

• 잘못 만들어진 책은 구입하신 곳에서 바꾸어 드립니다.
• 값은 뒤표지에 있습니다.

이 도서의 국립중앙도서관 출판예정도서목록(CIP)은 서지정보유통지원시스템 홈페이지(http://seoji.nl.go.kr)와 국가자료공동목록시스템(http://www.nl.go.kr/kolisnet)에서 이용하실 수 있습니다.
(CIP제어번호:CIP2018020366)